交通运输文化建设案例集锦

中国交通企业管理协会　组织编写

人民交通出版社股份有限公司
China Communications Press Co.,Ltd.

内 容 提 要

本书是对交通运输行业践行社会主义核心价值观活动，全面提升交通运输文化建设水平，加快推进“四个交通”发展，总结交通运输行业构建核心价值体系以来的阶段性成果，共收录全国60余家企事业单位“核心价值体系”建设案例，主要内容是阐述各交通运输企事业单位开展文化建设的动因、核心价值体系、践行效果、主要经验与体会，以及成功的做法和社会评价，并且介绍了各单位在文化建设中产生的“文化品牌”。对全国各地交通运输企事业单位继续深化文化建设，践行行业核心价值体系具有积极的推动作用。

本书可以作为交通运输行业文化研究人员的参考用书，也可以作为交通运输行业各单位和广大干部职工参考用书。

图书在版编目(CIP)数据

交通运输文化建设案例集锦/中国交通企业管理协会组织编写.—北京：人民交通出版社股份有限公司，2014.11

ISBN 978-7-114-11828-9

Ⅰ.①交… Ⅱ.①中… Ⅲ.①交通运输企业—企业文化—建设—案例—汇编—中国 Ⅳ.①F512.6

中国版本图书馆CIP数据核字(2014)第253892号

Jiaotong Yunshu Wenhua Jianshe Anli Jijin

书　　名：**交通运输文化建设案例集锦**
著 作 者：中国交通企业管理协会
责任编辑：张征宇　赵瑞琴
出版发行：人民交通出版社股份有限公司
地　　址：(100011)北京市朝阳区安定门外外馆斜街3号
网　　址：http://www.ccpress.com.cn
销售电话：(010)59757973
总 经 销：人民交通出版社股份有限公司发行部
经　　销：各地新华书店
印　　刷：北京盛通印刷股份有限公司
开　　本：787×980　1/16
印　　张：29.75
彩　　插：4
字　　数：592千
版　　次：2014年11月　第1版
印　　次：2014年11月　第1次印刷
书　　号：ISBN 978-7-114-11828-9
定　　价：78.00元
(有印刷、装订质量问题的图书由本公司负责调换)

《交通运输文化建设案例集锦》编审委员会

安徽省交通运输厅

山东省垦利县交通运输局

六安市裕安区交通运输局

云南省公路局玉溪公路管理总段

青海省海西公路总段

黑龙江省牡丹江市公路管理处

新乡市公路管理局

河南省交通运输厅京珠高速公路
新乡至郑州管理处

山西省高速公路管理局

霍州至永和关高速公路
东段建设指挥部

山西省忻州高速公路有限责任公司

河北省高速公路管理局

山西省祁临高速公路有限责任公司

安徽省高速公路控股集团有限公司
ANHUI EXPRESSWAY HOLDING GROUP CO.,LTD

安徽省高速公路控股集团有限公司

苏州苏嘉杭高速公路有限公司

广州西二环高速公路有限公司

广东交通实业投资有限公司

广东广乐高速公路有限公司
Guangdong GuangLe Expressway Co.,Ltd.

广东广乐高速公路有限公司

京珠高速公路广珠段有限公司
Beijing-Zhuhai Expressway Guangzhou-Zhuhai Section Co.,Ltd.

京珠高速公路广珠段有限公司

广东省路桥建设发展有限公司广韶分公司
Guangshao Branch of Guangdong Road &Bridge Construction Development Co., Ltd.

广东省路桥建设发展有限公司广韶分公司

凝 心 聚 德 • 守 恒 致 远

河南中原高速公路股份有限公司郑新黄河大桥分公司

河南高速公路发展有限责任
公司驿阳分公司

陕西省高速公路建设集团
公司西汉分公司

陕西省高速公路建设集团
公司西略分公司

活力黄黄 激情绽放
HUANGHUANG Expressway Happy Everyday

湖北省交通运输厅黄黄高速公路管理处

湖北省交通运输厅京珠
高速公路管理处

长江三峡通航管理局

中国船级社

中国船级社

中华人民共和国海事局

中华人民共和国深圳海事局

精業興航 衛國護港

中华人民共和国天津海事局　　中华人民共和国宁波海事局港口国监督（PSC）团队

中华人民共和国芜湖海事局　　中国引航协会

宁波引航站

长江引航中心　　长江航道局

中交第一航务工程局有限公司

中交烟台环保疏浚有限公司

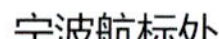
宁波航标处

烟台打捞局

天津港（集团）有限公司

湖南省交通规划勘察设计院

北京速通科技有限公司

首都养路人

北京公联洁达公路养护工程有限公司

新旅途 满意

江苏省扬州汽车运输集团公司

安徽省合肥汽车客运
有限公司长运分公司

阜陽公交
FUYANGGONGJIAO

阜阳市公共交通总公司

阜阳市汽运集团长途汽车中心站

山东交运
SDCT

山东省交通运输集团有限公司

云南金孔雀交通运输集团有限公司

珠海机场汽车运输有限公司

GTG
广州交通集团 天河客运站

GTG 广州交通集团天河客运站

广州天河客运汽车站

北京银建投资公司

上海申通地铁集团有限公司

上海浦东新区公共交通有限公司

前　言

为贯彻落实党的十八大精神，有效践行社会主义核心价值体系，深入推进交通运输行业核心价值体系建设，2013 年 5 月交通运输部印发《交通运输行业培育践行核心价值体系行动方案》，要求坚持教育和实践相结合、正面引导和问题治理相结合、解决思想问题和解决实际问题相结合、发挥典型示范作用和发挥群众主体作用相结合，深化培育践行核心价值体系的主题实践，在全行业开展核心价值倡导行动、道德模范引领行动、文明主题创建行动、文化品牌培育行动和行业形象塑造行动，切实推进价值践行落地生根。

近年来，交通运输行业企事业单位充分认识培育践行核心价值体系的重要意义，聚焦综合交通、智慧交通、绿色交通、平安交通建设，培育践行核心价值体系，结合各单位的自身特点与发展需求，开展企事业单位特色文化建设，取得了新的进展和成效。为系统展示以这些企事业单位为代表的行业文化建设新成果，中国交通企业管理协会和人民交通出版社组织策划、中国交通企业管理协会发展战略工作委员会组织有关人员编辑《交通运输行业核心价值观践行》和《交通运输文化建设案例集锦》。

《交通运输行业核心价值观践行》收录了 70 余家交通企事业单位富有自身特点和行业特色的价值理念，《交通运输文化建设案例集锦》收录了 60 余家交通企事业单位载体丰富、形式多样的文化建设实践案例，希望能对有关单位开展文化建设有所参考与借鉴。

目　　录

微笑服务　温馨交通

安徽省交通运输厅

根据安徽省机构编制委员会《关于印发〈安徽省人民政府机构改革方案实施意见〉的通知》精神，安徽省交通运输厅承担公路、水路交通行业的发展战略、规划、政策、计划的制定发布，以及基础设施建设、行业管理，综合运输体系的规划协调、统筹区域和城乡交通运输协调发展，承担民航机场建设行业管理、项目布局节点衔接以及项目前期和建设中的相关协调服务工作，邮政管理的相关协调服务工作，指导城乡客运及相关设施规划和管理工作等。按照三定方案规定，厅机关设有13个处（室），现定编83人（含工勤人员）；下辖10个直属单位。省交通运输厅对市、县交通运输局实行行业指导；公路系统实行条块结合管理；道路运输管理系统实行块块管理，"三权"均在地方；地方海事系统原实行垂直管理，2013年全省地方海事系统管理体制改革后，管理权限已全部下放到市。高速公路的建设营运管理主要由省高速公路控股集团公司、省交通投资集团公司两大国有交通企业（隶属省国资委）承担，省交通运输厅主要履行规划、协调、监管、服务的职能。

近年来，围绕推进交通运输科学发展，更好地服务经济社会发展、服务人民群众出行、服务新农村建设，坚持以学习实践社会主义核心价值体系为主线，以创建"微笑服务、温馨交通"为载体，以"学先进、树新风、建体系、创一流"为抓手，推动行业文明创建与抢抓机遇应对挑战、与深化改革促进转型、与提升服务优化环境紧密融合，促进了交通运输物质文明与精神文明建设同频共振、和谐发展。截至2013年底，全省公路总里程达到17.4万公里，路网密度达到124.65公里/百平方公里。高速公路通车里程3521公里，省辖市实现市市通高速，全省南北向6小时过境、东西向3小时过境。一级公路里程2280公里，二级及以上公路里程16213公里。内河航道总里程6525公里，营运船舶2.95万艘，2749万载重吨。拥有合肥、黄山、阜阳、池州九华山4个民用运输机场，安庆1个军民合用机场。运输保障和行业服务管理取得重大改进，"微笑服务、温馨交通"成为客运、出租、公交、收费、执法等服务行业和窗口单位的共同追求和行动，得到社会各界的充分肯定、行业内外的竞相学习、人民群众的广泛赞誉，并被交通运输部选树为"十二五"时期全国交通运输十大候选文化品牌，被中央创先办选树为全国"为民服务创先争优"70个典型范例之一，被省文明委培育为全省行业文明创建的先进典型，被省直工委表彰为党建十大创新品牌之一。省交通运输厅先后被表彰为第三批全国文明单位、第九届安徽省文明单位和全国交通运输文明行业。

一、文化建设动因

交通运输文化建设作为打造软实力的重要引擎，承载着提供思想保证、精神动力、智力支持的历史使命，是促进交通运输事业发展进步的开路先锋，也是激励交通运输员工建功立业的力量源泉。近年来，围绕加快交通运输科学发展、更好地服务美好安徽建设，坚持把创新文化建设与促进发展转型、与提升为民服务、与树立文明形象紧密结合起来，深化创建，打造品牌，推进交通运输物质文明与精神文明建设同频共振、和谐发展。

1.把推动交通运输文化建设，作为加快行业转型、推动科学发展的内在要求

转变发展方式，推动行业转型，既是交通运输行业面临的重要战略任务，也是积极适应交通运输发展改革变化与影响的重大考验。推动“微笑服务、温馨交通”创建，大力建设交通运输文化，作为加快交通运输发展方式转变的题中应有之义，一个重要目标就是通过推动精神文明创建与交通建设、管理、服务的有机融合，探索科学发展的新路径、结构调整的新模式、资源整合的新方法，最终要把“微笑服务、温馨交通”打造成为发展现代交通运输的文明品牌、形象名片。因此，交通厅坚持把转变发展方式、提高发展质量、增强发展效益作为全行业的重要任务，大力开展“微笑服务、温馨交通”创建活动，推进行业管理创新和文化进步，促进窗口服务品质和文明度的不断提升。

2.把推动交通运输文化建设，作为把握交通运输承载使命、更好地服务美好安徽建设的现实需要

服务美好安徽建设，强化先行使命和历史责任，不仅需要坚实的交通运输物质基础，同样也离不开强有力的精神文明支撑。作为一个中部欠发达省份的交通运输来说，要积极适应工业化、城镇化、市场化、国际化的加速发展，特别是打造“三个强省”、建设美好安徽带来的旺盛运输需求，没有一定的增长速度，交通运输先行的责任就会落空；没有一定的增长效益，满足经济社会发展和人民群众对交通运输需求的目标就难以实现。因此，交通厅立足服务美好安徽建设的现实需要，大力推动交通运输文化建设，深入开展“微笑服务、温馨交通”创建活动，切实转变发展理念，创新服务模式，着力推动速度与质量、效益相统一，促进交通运输更加有力地服从服务全省经济社会发展全局。

3.把推动交通运输文化建设，作为不断改善人民群众出行需求、提升公共服务水平的必然选择

推动交通运输发展的根本目的，在于不断适应经济社会发展和人民群众出行的需求。近些年来，随着全省交通运输投入的不断加大、改革的不断深入、管理的不断改进、服务的不断加强，一些影响供给与需求的矛盾正在逐步得到缓解。但同时也要看到，面对经济社会发展的不断加快、人民群众出行需求的不断增加，服务发展、服务民

生的压力和挑战依然存在。如何提高交通运输发展质量和效益，推动基础设施更好地转化为现实供给力，真正实现建养管良性循环；如何提高运输保障水平，推动运输产业结构转型升级，真正实现运输组织方式、安全生产、节能降耗良性循环；如何提高行业管理和服务水平，推动依法行政、规范执法、人性化服务，真正实现行业监管、行政执法、治理超限超载、人才队伍建设良性循环等等，始终需要积极面对、奋力实践的重大课题。因此，交通厅坚持从交通运输发展的阶段性特征出发，紧紧抓住改善交通出行环境、提升公共服务水平这个根本，加强思想引导、热点疏导，大力培育人便于行、货畅其流，微笑服务、温馨交通的行业核心价值观，最大限度地凝聚行业共识、增加文明因素，为更好地践行“三个服务”提供有力支撑。

二、核心价值理念体系表述

核心价值观：人便于行、货畅其流，微笑服务、温馨交通。

使命：发展现代交通运输、服务美好安徽建设。

愿景：建设综合运输体系，实现人便于行、货畅其流，更加有力地服务经济社会发展、服务新农村建设、服务人民群众通畅安全温馨出行。

精神：团结拼搏、勇于创新、艰苦奋斗、乐于奉献。

职业道德：爱岗敬业、诚实守信、服务人民、奉献社会。

三、践行效果

2009 年以来，抢抓加快发展的战略机遇，积极应对一系列挑战，坚持把推进交通运输文化建设、“微笑服务、温馨交通”品牌创建融入促进行业转型之中，落实到改进行业管理、创新公共服务的各方面，推进精神文明建设更好地围绕中心、服务大局。

1.明确创建主题，深入扎实推动文化品牌建设

坚持把突出主题作为“微笑服务、温馨交通”创建的基本要求。活动实施前，围绕推动科学发展、促进行业转型，提出以改进行业管理、创新公共服务为主题，以一笑、二礼、三心、四创为基本内涵，以解决管理和服务中存在的态度生硬、行为失范、工作粗糙、服务缺位、环境不优问题为着力点，先窗口后行业，集中三年时间、分两步走，在全行业开展“微笑服务、温馨交通”创建活动。活动中，围绕推动活动扎实开展，召开动员会、推进会，举行启动仪式，提出两大阶段实施方案，统一标识和徽章，组织经验交流，开展创示范工程活动，倡导比学习、比培训、比技能、比规范、比礼仪和“大练兵”等项竞赛，在全行业营造了竞相创建、比学赶超的浓厚氛围。2010 年，结合创建“微笑服务、温馨交通”示范工程，以打造“六个一工程”（一流精神、一流服务、一流管理、一流环境、一流诚信、一流品牌）为目标和要求，在驻地在合肥的 16 个交通运输单位先行开展创示范工程活动，推动各市、各县交通运输行业集中打造 2 个以上省、市级示范工程。2011 年，围绕推动活动深入扎实开展，结合“为民服务创先争优”活动，引导全行业特别是窗

口单位大力开展岗位练兵、技能培训、作风纪律建设、创建党员示范岗等项主题实践活动,亮标准、亮规范、亮礼仪,比技能、比作风、比业绩,创群众满意岗位、创文明示范标兵、创优质服务品牌,在创先争优中进一步打造"微笑服务、温馨交通"文明服务品牌。2012 年,围绕加强全行业文明诚信建设,结合道德领域突出问题进行专项教育和治理,推出合肥市交通运输局、省高速集团合肥管理处、省交通集团黄山管理公司等 13 个全国交通运输行业道德领域突出问题专项教育和治理督查示范单位,切实解决诚信缺失、职业道德失范等问题。2013 年,结合推动"微笑服务、温馨交通"创建进机关进处室,以加强作风建设、严明机关纪律暨效能建设为主题,在厅机关和厅直单位集中开展创建活动,切实增强省级交通运输机关的执行力和带动力。2014 年,结合建立不同行业创建工作长效机制,组织专家成立课题组,开展"微笑服务、温馨交通"文化品牌建设研究。重点推动高速公路收费和客运、路政、船检、出租、公交等 6 个行业创建工作突出的窗口单位,率先建设"微笑服务、温馨交通"长效机制,推进创建工作常态化、制度化、规范化发展。同时,突出"三线三边"环境整治这个主题,做好"微笑服务、温馨交通"创建大文章。

2.抓住创建之要,加强干部职工的能力素质培养

坚持把加强学习培训作为创建的基础工程、关键环节,通过组织员工业务培训、开展技能竞赛等项措施,规范服务行为,统一礼仪操守,行业,特别是窗口单位员工的文明素养、服务品质显著提升。收费、路政、客运、政务大厅等窗口单位,采取走出去、请进来等项方式,组织礼仪老师、业务骨干对员工实施全方位、多层次培训,练口型、练形体、练礼仪、练用语,锤炼微笑服务本领,打造温馨交通工作流程。路政、运政、海事等系统和单位,从规范干部职工行为举止抓起,集中开展全员军事化训练和"大练兵"活动,再造文明执法的新规范新形象。合肥、蚌埠、马鞍山、六安、芜湖、宣城等地针对客运、公交、出租等行业的不同特点和实际,因地制宜组织开展创建,切实把提升职工能力素质融入加强行业管理之中,落实到提升为民服务的各个方面。

3.培育创建典型,发挥示范的导向作用

坚持把打造示范工程作为创建的重要方法、强力推手,启动省、市、县 3 级创示范工程,丰富创建实践,激发活力动力,形成了以示范典型带动全行业共同创建的良好局面。驻地在合肥的交通运输单位集中在 16 个基层单位和窗口开展创示范工程活动,探索不同领域先进经验,打造各类示范标杆,培育了覆盖合肥地区高速公路收费、路政、客运、海事和政务窗口等领域的一批标兵典型。宿州、滁州、阜阳、池州、安庆等市针对各自特点和实际,集中打造具有辐射和支撑效应的创建标兵,先后推出了在省内外有重大影响的宿州市埇桥区交通运输局、滁州汽车中心站等一批创示范工程先进单位。

4.打造文化品牌,树立文明服务的新风尚

坚持把打造文化品牌、树立文明风尚作为创建的重要动力和目标,紧紧围绕创建

“微笑服务、温馨交通”优质服务品牌，大力开展“三亮”、“三创”、“三比”活动，深化实践内涵，强化载体推动，在全行业形成了奋力打造发展环境优化、服务流程规范、行为举止文明、行业风尚良好的浓厚创建氛围。合肥、黄山、亳州、淮南、淮北、铜陵等地通过启动“满意在交通”、“文明交通在行动”、“创双十佳”等项活动，打造特色品牌，巩固和扩大“微笑服务、温馨交通”创建成果。2013 年 5 月，交通厅联合省文明办共同表彰了 110 个创建“微笑服务、温馨交通”活动示范单位，200 名微笑之星。

“微笑服务、温馨交通”创建活动开展以来，按照省交通运输厅党组的统一部署和要求，行业各单位各部门高度重视，精心组织，严密实施，有序推进，促进了创建活动深入扎实开展、取得了良好的创建成效。

（1）窗口服务和管理进一步规范

倡导精细化管理、人性化服务，行业窗口单位通过实施集中辅导、全员培训，再造文明服务、温馨服务的新规范新流程，窗口单位文明服务、规范管理进一步加强。

（2）发展环境进一步优化

通过优化软件环境、改善硬件设施功能，扎实开展“三线三边”环境整治，一些制约交通运输发展的服务不佳、环境不优、信誉不好的问题得到了初步改善，“微笑服务、温馨交通”打造的服务品牌、文化品牌效应正在显现。

（3）行业作风进一步好转

微笑服务、温馨交通，切实增进了“两情”，改进了“两风”，拉近了与服务对象的距离，营造了风清气正、奋发向上、团结和谐、文明温馨的浓厚氛围，促进了全省交通运输行业政风和行风的进一步转变。

（4）交通运输形象进一步提升

创建“微笑服务、温馨交通”，适应了经济社会发展和人民群众温馨出行的新需求、新期待，在行业内外产生热烈的反响、积极的效应，塑造了安徽及安徽交通运输的新形象、新风范。

（5）先进典型进一步凸现

抓典型，树标杆，大力培育体现时代要求、凸显个性特色、具有示范效应的先进典型，影响带动窗口服务单位的竞相创建、共同发展，为创建活动深入扎实开展探索了新路、树立了典范。

（6）活动影响进一步扩大

中央和省委创先办先后在《人民日报》上刊登简报，推广“微笑服务、温馨交通”创建的做法，省文明办多次宣传推广交通厅的创建做法和经验。兄弟省市交通运输部门以及省内金融、旅游、供电等多个行业和单位，相继到安徽交通运输服务窗口参观，并把“微笑服务、温馨××”培植到各自的文明创建之中，在行业内外形成了广泛的扩散效应和辐射作用。社会各界也给予了高度褒奖，认为这项活动不仅体现了人民群众的心声，而且展现了安徽交通运输的良好精神风范和社会形象。

四、主要经验和体会

围绕深入推进交通运输文化建设，充分运用“微笑服务、温馨交通”这一创新载体和成功做法，在推动行业科学发展、转型发展等方面积累了一些经验，为推进交通运输行业精神文明建设常态长效发展提供了一些启示。

1.必须强化理论武装，引导广大干部职工在深化理论学习中提高思想认识，在加强能力素质培养中改进工作作风，不断锤炼干事创业、为民服务的能力本领。

2.必须紧扣科学发展，引导干部职工围绕中心、服务大局，着力解决制约科学发展的突出问题，始终把推进交通运输科学发展与深化创建紧密结合，不断夯实服务经济社会发展、服务人民群众出行的物质基础和承载力。

3.必须聚焦为民服务，认真总结创建中的成功经验和做法，充分发挥先进典型的示范和导向作用，最大限度地把全行业智慧和力量凝聚到推动科学发展、更好服务为民上来。

4.必须倡导错位竞争，引导创建工作薄弱的单位，通过承接先进经验，学习借鉴先进做法，提升创建实践，促进行业创建资源共享、整体联动。

5.必须加强组织领导，完善体制机制，充分发挥基层窗口单位的创建主体作用，激发创建骨干的工作热情，为推进创建工作常态化发展提供有力制度保障和动力源泉。

五、文化品牌

微笑服务　温馨交通

六、文化品牌诠释

坚持以“一笑、二礼、三心、四创”为基本内涵，深入推进“微笑服务、温馨交通”创建。

一笑，即微笑服务。倡导交通运输服务窗口通过创建微笑服务，创新服务，拉近距离，传承文明，凸显和谐，营造愉悦温馨的出行环境。

二礼，即行政执法人员执法过程中行举手礼，其他窗口服务人员在接待服务对象时行注目礼。倡导窗口人员在服务中，主动向服务对象行举手礼（注目礼），出示执法证件（相关凭证）等，做到精神饱满，表情自然，行为规范，便捷高效。

三心，即热心问候，精心服务，衷心祝愿。倡导窗口人员在服务中，传递真情，精细服务，使用文明用语，做到来有迎声、问有答声、走有送声。

四创，即创文明标兵，创文明窗口，创文明行业，创温馨交通。倡导通过大力开展“学树建创”活动，引领交通运输干部职工把深化“四创”作为人生的追求、创业的平台、价值的展现，把个人愿景与团队精神有机统一起来，从而推动本单位乃至全行业服务能力和服务水平的全面提升，实现创建微笑服务、铸造温馨交通的目标。

躬垦息壤　以利于行

山东省垦利县交通运输局

山东省垦利县交通运输局位于美丽的黄河入海口，现有在职干部职工61人，内设办公室（法规教育股与其合署）、规划基建股（财务股与其合署）、交通运输管理股（交通战备办公室与其合署）3个行政科室。直属单位有县交通运输监察大队、县交通运输管理处2个副科级事业单位及县乡公路管理所、垦东分局2个股级事业单位。垦利县交通运输局主要负责全县交通发展规划的制定和组织实施，县乡路的修建、养护和管理，落实国家交通行业管理的法律、法规和政策，宏观调控管理全县的运输市场及相关行业。

交通运输部《交通文化建设实施纲要》发布后，全国掀起了交通文化建设高潮。垦利县交通运输局积极响应号召，启动并推进文化的策划、实施工作。自2012年起，以"躬垦息壤，以利于行"文化品牌创建活动为载体，致力于打造中国县级交通新典范，提出了"文化统领全局、交通科学发展"的工作思路，以文化建设促进交通运输各项工作的深入开展。经过几年的不懈努力，交通文化建设取得了丰硕的成果，先后荣获了"省级文明单位"、"省级卫生先进单位"、"省级文明行业"、"全省交通运输系统四化管理示范单位"、"敬老模范单位"、"全市交通运输系统先进集体"等荣誉。几年来，全系统共荣获各类荣誉420多项，受到各级表彰、奖励650余人次。

一、文化建设动因

垦利县交通运输局是垦利县政府的主要组成部门，负责全县的道路运输规划、建设与管理，在全县社会经济发展过程中处于举足轻重的地位。近年来，随着垦利县域经济迅速发展，对交通运输的需求也迅速提高。东营市委、市政府将垦利纳入全市"一个龙头、三个增长极"的总布局，定位为东营经济重要增长极和主城区发展新空间，这为垦利交通运输事业的发展带来了发展理念的重大转变和提升。努力彰显交通运输作为垦利县域经济发展的基础性支撑地位，并深刻总结、凝练和提升交通文化特色，使其在全县经济社会发展过程中体现出更大的作用，逐步建成全国县级交通主管部门机关文化建设的典范，是垦利县交通运输局的重要使命和愿景追求。在垦利交通事业漫长的发展征程中，唯有文化才能持续激励，唯有文化才能成为不竭的动力，驱动所有人为实现远大目标不懈追求，为此，所有垦利交通人立足文化建设不懈努力，孜孜以求。

二、核心价值理念体系表述

核心价值观：大道为公，交通成和。

使命：驱动经济发展，服务社会民众，传播现代文明。

愿景：打造中国县级交通新典范。

精神：担当，有为，卓越。

职业道德：诚信，和谐，顺道，重人。

三、践行效果

交通文化落地工程的实施，形成了垦利交通文化的核心力，发挥了以共同愿景激励人，以先进理念武装人，以制度文化规范人，以职工文化熏陶人的良性互动和整体效应，促进了垦利交通运输事业的科学发展和快速发展。

1.明晰了发展目标与理念

伟大的事业立足于伟大的愿景。交通运输事业就像一艘航行于大海上的方舟，驶向何方，需要有一个明确的目标。没有目标，就会随波逐流，漫无方向；有了目标，才能齐心协力，朝着目标不断前进。垦利交通人把握机遇，博采信息，分析趋势，把脉未来，在交通文化建设中对发展目标进行战略规划和科学决策，明确提出"打造中国县级交通新典范"的愿景，同时确定了"文以载道，以文化人"的文化建设理念。愿景定位品质，理念构想未来。在全国2000多个县及县级市当中，提出"打造中国县级交通新典范"的愿景，体现了垦利交通运输局决策层的非凡眼光与气魄。从此，垦利交通文化建设有了明确的目标和方向。围绕这一目标，垦利交通运输局逐年制定文化建设推进方案，2012年建设"五大展示工程"、2013年开展"温情交通"系列公益活动、2014年提出"交通为民"文化建设主题，这些推进活动，犹如登楼之梯，使垦利交通文化建设每年都有新的发展和进步，每年都向实现共同愿景迈出坚实一步。

2.促进了管理创新与完善

创新是文化发展的生命力。良好的管理文化能够提高交通行业的凝聚力、感染力、号召力，进而推动交通运输事业又好又快发展。因此垦利县交通运输局勇于开拓、推陈出新，根据形势的变化和时代的发展，大胆进行管理创新和机制创新，赋予了交通文化新的载体和内涵。文化建设之初重新编印《垦利县交通运输局制度汇编》，共计10册，内容包含组织管理、安全管理、人事管理、交通法规、言行规范、道德准则等各个方面，不断提高管理的标准化、科学化程度。在村级网化工程中，实行了"三包、三监理、四同时"的创新工作方法，成为全省率先完成网化工程的单位，充分体现了"服务人民、奉献社会"的工作宗旨。在交通政务大厅印发服务指南，各类执法人员和从业人员的工作流程、岗位行为规范和交通职业道德规范全部上墙，方便群众直观地了解办事流程。以农村道路为重点，加强城乡交通基础设施建设，进一步巩固和探索新型农村公路建管养体制，为推进城乡文化一体化发展提供交通保障。联合公安交警、城市管理部门成立了城区道路交通秩序综合整治办公室，通过联合执法，严厉打击非法营运行为，维护了合法经营业户的利益。建立了垦利县交通运输系统安全生产信息管理平台，范围覆盖了全县运输企业、维修企业、驾校、浮桥等领域，及时了解各企业车辆、从业人员的信息以及安全生产工作的开展情况，全面实现了安全运营信息的网络化。

3.提升了服务品质与档次

近年来，随着垦利经济与社会的快速发展和人民生活水平的不断提高，人们对交通提出了新的、多元化、多层次的需求。在这样的背景下，垦利县交通运输局提出了"服务人民　奉献社会"的宗旨，以此为指导开展了一系列活动，提升了交通部门的服务水平和档次。一是推出了大企业"直通车服务"，提供"绿色通道"，前来办事的企业可以提前进行电话预约，急事急办、特事特办，不断提升服务水平。二是设置监督电话和意见箱，对服务情况进行监督，以行政审批服务大厅、监察大队违章处理大厅这两个直接面向群众的服务机构的建设为着力点，开展"四个零活动"（服务受理"零推诿"、服务事项"零积压"、服务质量"零差错"、服务基准"零投诉"），加大监察考核力度，切实提高了窗口服务质效，群众满意率达到了100%。三是政务大厅设置了便民设施，制作了服务指南，公开了各项工作流程及服务制度，营造了一流的交通服务环境。四是在交通政务大厅设置"党员先锋岗"，主动亮身份、亮承诺、亮形象，交通政务大厅被评为2013年县级巾帼文明岗。尤其值得一提的是大力推行了服务上门模式，对垦利县境内企业采取登门拜访的形式，提供诸如换发备案证件等上门服务。交通部门上门服务，不仅加强了与广大群众的联系，还融洽了与各运输企业间的关系，便于交通执法的进行，真正做到了以人为本，坚守了和顺、重人的道德观念，担起了服务社会民众的行业使命。此外还精心开展了"创先争优夺旗争星"，"擦亮窗口服务百姓"、"察民情、听民声、解民忧"、"交通为民・用心服务"服务明星竞赛活动等10项活动，全面提升了交通服务水平，赢得了社会声誉。

4.凝聚了团队力量与智慧

事业发展关键靠人。交通运输事业发展关键靠人才。交通文化建设必然离不开一支政治强、业务精、作风正、纪律严的交通队伍。为了适应新形势、新任务、新要求，垦利交通运输局充分发挥人才的作用，坚持科学择才观念和正确态度，以人为根本，发现人之所长，将人的长处充分利用，给有用之人一个合适的岗位，形成了一套完整的人才建设体系。人才建设体系起到了凝聚力量、融洽关系、提升素质、引发激情的作用，促进了交通队伍的全面、健康发展，一支具有凝聚力、忠诚度、事业心的交通队伍加速形成，为事业发展奠定了牢固的组织基础。在"黄蓝经济示范区和美幸福新垦利"建设中、在"省级文明县、国家卫生县城和国家园林县城"的三城联创工作中，这支队伍以大局为重的社会责任意识、严密的组织纪律性和高度的执行力、顽强的拼搏精神、无私奉献的精神和配合协作能力，都得到了充分的、集中的展现。这既是交通文化建设的成果，也是交通文化的实践，更是交通文化内涵的丰富。在这样一支队伍面前，任何困难都将被克服，任何困难都不能阻挡其发展的步伐。

四、主要经验和体会

资源是会枯竭的，只有文化才会生生不息。垦利交通文化的建设与实施是一个系统工程,遵循由浅入深、循序渐进、开放融合、逐步推广的过程。

1.领导干部争当文化建设的先行者和主力军

发展没有文化底蕴、不提升到文化的层面,就没有了根基,没有了生命力。而文化建设又是一个复杂的系统工程,需要投入大量的时间、精力、资金。没有领导,特别是主要领导的身体力行是难有成效的。为此,垦利县交通运输局领导干部清醒地认识到自己所担负的历史使命,紧紧抓住文化发展的大好时机,努力成为垦利文化建设的先行者和主力军。一是抓交通文化的意识强烈,把文化建设工作放在重要位置,亲自规划部署,既有条不紊,又一着不让地扎实加以推进。二是努力提高自身文化素养,在文化理念的提炼和形成过程中发挥主导、核心、关键的作用,在文化的践行中发挥领导的表率作用,以身作则、率先垂范。三是重视体系形成后的践行,在机关日常运行中把交通文化有机融合,无形渗透,做到"润物细无声"。

2.多措并举保障文化建设的合理性和科学性

文化理念要达到内化于心,外化于形的效果,就要有科学的方法。在实践中垦利交通运输局主要应用了以下几种方法,形成了宣贯践行的合力。

(1)文化的视觉渗透

将办公楼打造成一座交通文化博物馆,建设了"和美交通"文化展厅。以内外两层结构的形式进行展示,内层用36块展板展示了垦利交通发展历程,外层用60块展板展示了世界交通发展史。设置展板。在每个楼层的走廊、电梯内设置展板,图文并茂地展示了垦利交通行业的管理理念、文化理念和发展理念,营造浓厚的文化氛围。完善职工书屋。藏书5000余册,干部职工可随时借书阅览,丰富文化知识,提升文化水平。打造"交通文化建设示范街",通过公交候车厅、公益广告牌、交通文化墙等载体将交通文化的各层次建设成果进行平面展示。

(2)构筑文化平台

在交通运输局网站开辟文化建设专栏(随笔内刊栏目),为全局干部职工进行思想交流搭建一块话语平台,根据干部思想动态适时撰写随笔快评,将教育人、引导人、关心人的思想教育工作通过随笔这一载体实现。组织开展了"温情交通·庆祝东营建市30周年"、"青春与歌声"主题征文活动,广大干部职工谈交通、谈感受、谈雅好;举办"同读书·共智慧"主题读书会。充分发挥职工书屋的载体作用,干部职工每月读一本书,每季开展一次读书分享会,分享读书心得,以读书拓思路、以分享共智慧为干部职工搭建了一个服务干部职工学习成长的平台,通过这个平台增进广大干部职工对知识的渴求,提升个人修养,增强组织的凝聚力,为交通运输工作的全面创新发展打下坚实的人才基础。

(3)文化理念的融入

交通文化建设的最终目的是提升干部职工对事业的认同感,并融入实际的工作与服务中去。因此垦利交通运输局在原有文化手册基础上优化了《交通文化手册》,干部职工人手一本，随时翻看，随时检查自身行为的规范性、合理性、与组织目标的一致性，提升了组织自觉，提高了团队意识，最终提升了工作效率、改善了工作与服务质量。文化手册的推出把交通文化建设引向了深入，为后期建设成果推向更高阶段奠定了良好的基础。为使每一位职工对交通文化核心理念、职工行为规范要求等理论体系和各种行为准则做到了解于胸，垦利交通运输局还开展了形式多样的文化手册学习活动，如举办"《交通文化手册》有奖答题活动"、"《交通文化手册》践行模范评选"等，提高大家学习手册、实践文化要求的积极性。如此一来，手册不再是转眼即忘的摆设，每一个交通人牢牢记住每一条准则，每一个理念，每一项要求，随时检查自己，做到"日参省乎己"。

(4)开展特色文化活动

首先，组织开展了温情交通系列公益活动。开展了"温情交通，爱心助教"活动，向黄河口镇第二小学捐出5万元的"情系黄河口助学助老爱心基金"以及价值1.2万余元的办公会议桌椅，并组建助教爱心团队，定期到教学力量薄弱的学校担任爱心指导教师，与学生在学习习惯、理想树立、人际沟通等方面充分交流，帮助提高学生的学习能力和社交能力，促进学生素质的全面提升。连续7年开展了"温情交通，爱心送考"志愿服务活动，每逢高考，为广大考生提供免费乘坐服务。组建"爱心车队"，爱心车队全体司机为"5·12"汶川地震灾区踊跃捐款13000多元。举办"家乡关怀，点燃希望"活动，向部分垦利籍品学兼优的大学生进行资助，使他们感受到来自家乡的温暖。在垦利县内选择一批困难群体，开展"免费学考驾照"活动，帮助他们增加谋生的技能，进一步发挥交通文化的感染力和教化功能。

其次，精心策划了交通为民系列文化活动。开展了"交通为民，绿色出行"文明倡导行动，通过张贴《绿色出行、文明出行告知》、《致非法营运人员的一封信》等宣传材料，并且进行面对面的讲解以加深县区居民对绿色交通的认知，倡导了"绿色垦利，环保先锋"的绿色出行文化理念。组织开展了"交通为民，从严执法"军训活动，增强了队伍纪律观念，提高了团队意识，锤炼了吃苦耐劳、敢于迎接挑战、不折不扣执行命令的交通干部队伍。开展了"交通为民，情暖童心"爱心捐赠活动，为所帮扶村郝家镇侯家村的45名儿童送去了书包、台灯、笔记本、文具盒、彩笔等爱心学习用品，并与侯家村村委会研究决定对该村的3名特殊困难儿童每人捐赠500元爱心资金。精心筹备了"交通为民，情满旅途"公交文明行活动，充分发挥公交城市文明"窗口"示范作用，激励公交驾驶员安全行车、文明服务，旨在提升公共交通文化品牌的社会影响力。组织筹备了"交通为民，用心服务"服务明星竞赛活动，在交通政务大厅设置投票箱，让车主对办理人员进行投票，选出微笑服务明星。

(5)培育职工文化

机关的活力和创新，既取决于组织体制机制，也取决于机关的文化建设。为此，垦利交通运输局以理想信念、道德情操、价值观念、行为准则为核心，将美术摄影、经典诵读会等各种主题鲜明、内容丰富、易与大众产生共鸣的文体活动与交通行业文化结合起来开展活动，极大丰富了职工文化生活，使广大干部职工在文化活动中接受教育、升华思想、净化心灵。开展了“温暖交通”活动。通过特殊节日慰问职工父母、职工家事大家帮等形式为交通工作的健康发展凝聚人心和力量。组织了“书画展神韵，翰墨绘人生”书画展，展现了垦利交通人的文化素养，丰富了职工文化生活，同时也是一场文化与艺术的盛宴。开展了“诵读国学经典，喜迎元宵佳节”活动，通过诵读经典，营造健康向上的节日氛围。开展了文明乘车引导活动组织交通运输系统青年志愿者在车站、公交枢纽提供出行咨询、候车引导、行李运送等志愿服务。举行了“文明用餐，从我做起”主题签字仪式发放“文明用餐”倡议书，号召全局干部职工节日期间节约用餐、健康饮食、杜绝舌尖上的浪费。一系列活动的开展陶冶了情操，干部职工精神面貌焕然一新，2012 年成功举办和美交通京剧名家名段演唱会，在全县引起较大反响。不仅如此，垦利县交通运输局合唱队还以崭新的姿态在东营市“咱们工人有力量”合唱大赛和全县“和美幸福新垦利”群众合唱大赛中获得一等奖。

(6)实施队伍提质工程

积极“引进来教”。在垦利县交通运输局挂牌成立山东交通学院县域交通研究院，发现挖掘垦利县交通运输系统典型案例并进行研究推广，为垦利交通的发展提供有力的智力支持。依托山东交通学院成立垦利培训教学基地，根据行业职能和特点制定培训计划，每季度利用 3 天的时间学习一个专题，邀请专家教授来局授课，并针对具体问题进行现场交流。依托星期六学校、党的群众路线教育实践活动等载体，开设领导讲坛、先进模范报告会、道德讲堂等，让干部职工学历史、学先进，引导大家做文明的传播者、践行者。积极“走出去学”。组织交通文化建设小组分别赴邹平县、巨野县、曲阜市、莱阳市和龙口市 5 地，赴浙江省泰顺县、安徽省宿州市埇桥区、安徽省六安市裕安区 3 地的交通局学习文化建设先进经验。组织全体干部职工走入清华大学、厦门大学参加“垦利县交通运输局领导干部能力提升高级研修班”，通过自内而外的学习培训，文化素养不断提升。

(7)建设亚文化体系

时代不断进步，社会瞬息变化，垦利交通文化建设作为一个承上启下的过程，也必将与时俱进，积极积累，不懈传播，持续充实完善，推动交通文化纵深发展。垦利交通运输局把廉政文化全面纳入垦利交通文化体系，打造“廉政文化长廊”，让全体干部职工在文化艺术氛围的浸润中，得到廉政文化的熏陶，竖起了一道日渐厚重的“防火墙”。设置领导重视、文体活动、廉政漫画、案例警示、史海钩沉、廉政论坛、廉政书画等版块，使廉政文化创意新颖、题材丰富。以政策宣传和榜样教育为主题，穿插讽刺漫画、格言警句、名人典故与反面案例，以此强化廉政教育的积极作用。在此基础上探索廉政文化建设新思路。一是普及廉政知识，培育廉政意识，引导干部职工在发展中树立尊廉崇洁、积极向上、无私奉献的责任感、使命感。二是健全具有交通运输特色的惩戒和预防腐败制度体系，加强内部管理，强化外部监督，印制了廉政书，提高干部职工道德水平和廉洁守法意识。三是组织全局干部职工赴临沂革命老区接受党性教育，提升了干部职工廉洁自律的情操，将清正守廉内化于行为规范之中。通过文化建设的熏陶，垦利交通运输局的廉政建设渐入佳境。清正守廉，已内化于垦利交通人的行为规范之中，营造出一股“清白正直，无欲则刚”的浩然正气。

3.理念凝练提升文化建设的认同度和参与度

交通文化体系能否起作用、起到何种作用、作用程度如何，关键在于交通文化理念能否为干部职工所认同。垦利交通文化得到了广大干部职工的高度认同和肯定，具有扎实的群众基础。首先，它不是领导者的空想，也不是从外部移植而来，而是植根于垦利这块沃土，是黄河文化的沉淀和积累。垦利县交通运输局位于美丽的黄河入海口，万里黄河从这里入海，胜利油田在这里诞生，形成了独具特色的黄河入海口文化。其次，它在内涵和外延上具有鲜明的垦利特色和黄河入海口地域特点，移民文化、红色文化与黄河文化、石油文化、生态文化、海洋文化的融合交汇，也造就了垦利团结、和谐、包容、开放的文化特质。因而它符合时代发展的要求和趋势，满足垦利交通人对未来的期待和热盼，具有强大的生命力。第三，这一文化体系的形成是垦利交通人总结46年发展实践和经验的智慧结晶，广大干部职工是这一体系的主动参与者、创造者，而不是被动接受者，所以大家都倍感自豪和珍惜。

中流击水千帆竞，勇立潮头唱大风。

在深入开展文化建设实践中，垦利交通运输局以“躬垦息壤，以利于行”为品牌，全局上下附身向下，身体力行，集中力量和精神，用心用力去耕耘和付出。追逐梦想的新一代垦利交通人将不负历史与时代的重托，以驱动经济发展，服务社会民众，传播现代文明为己任，全力打造垦利大交通格局，努力实现全县交通运输事业的新跨越，合着黄河之水的涛声，奏响全垦利交通的辉煌足音。

五、文化品牌

躬垦息壤　以利于行

六、文化品牌诠释

“躬垦息壤，以利于行”准确地概括了垦利交通人用高度的责任感为垦利交通业安全、快速、高效发展，而上下团结，勇于奉献的精神和行为，也激励着垦利交通人为塑造文化品牌不断努力。

甘当铺路石

六安市裕安区交通运输局

六安市裕安区交通运输局是2000年六安市撤市设区后成立的政府组成部门。下辖公路局、运管所、交通执法督察大队、4个交通分局、质监站、案件处罚中心、市客运西站、汽车检测公司、旅游开发公司等企事业单位,现有职工1000多人(包括老集体运输企业),肩负着全区农村公路建管养、道路运输市场培育管理、交通产业发展等职能。

一、文化建设动因

党的十六大以来,裕安区交通事业进入了一个新的历史阶段。从管理的角度看,裕安区交通点多、线长、面广,任务重、负担重、压力重。面对这个实情,裕安区交通局党委清楚地认识到,交通行业的职能是服务社会,而服务社会的前提,是自身的稳定与发展,很难想象一个吃不上饭,而自身又不稳定的系统能够很好地去服务社会。因此,只有抓好自身的稳定与发展,以发展促稳定,以稳定促发展,才是裕安区交通运输局的唯一生存之路。为此,大力加强文化建设,才能解决自身存在的深层矛盾,才能保证交通事业的可持续发展,才能加快推动和谐交通建设的进程。

二、核心价值理念体系表述

1.核心价值观:奋进、创新、和谐

奋进是裕安交通人的责任和奉献,创新是裕安交通人的思想和文化,和谐是裕安交通人的方向和目的。

"奋进"的内涵:与祖国共奋进、与时代共发展,构建和谐裕安交通,实现裕安交通的可持续发展,既需要全体干部职工具有团结奋进、顽强拼搏的爱岗敬业精神,又需要全体干部职工始终保持勇往直前、不畏艰难的激情与活力。

新华社报道十七大盛况用了《团结·民主·开放·奋进》这样一个标题,事实上,奋进已经成为全国人民夺取全面建设小康社会新胜利精神动力。党中央面对未来、面向世界,提出了旗帜鲜明的发展目标:高举中国特色社会主义伟大旗帜,以邓小平理论和"三个代表"重要思想为指导,深入贯彻落实科学发展观,继续解放思想,坚持改革开放,推动科学发展,促进社会和谐,为夺取全面建设小康社会新胜利而奋斗。奋进是"奋斗"的同义语,但比"奋斗"更多一层含义,那就是在奋斗中前进。胡锦涛同志告诫全党:"一定要居安思危、增强忧患意识","一定要戒骄戒躁、艰苦奋斗"。

裕安区交通运输局党委把"奋进"提炼为核心价值理念,既是时代的要求,更是自身发展的追求,拼搏奋斗,锐意进取,是构建和谐裕安交通,实现裕安交通的可持续发展的基本前提。奋进不是一句空头口号,它需要干部职工在实际工作中爱岗敬业、求实奉献,尽心尽力、兢兢业业地工作;它要求干部职工敢打敢拼,加强团结、顾全大局,刻苦学习、埋头苦干求,戒骄戒躁、艰苦奋斗,以奋进为裕安交通人勇往直前的恒久动力。

"创新"的内涵:创新是活力之源、竞争力之本、持续发展之动力。做强做大裕安交通,需要全体干部职工始终保持思想创新、经营创新、管理创新、服务创新,积极建立有效创新机制,努力寻找最佳创新机遇,不断提高自主创新能力,力争做到创新无处不在,追求创新无止境。

创新是发展之魂。一个国家、一个企业、及至一个人如果没有了创新这个发展进步的灵魂,那么后果将是可怕的。创新的意义在于不断满足客观存在的需求,并能够有效解决工作生活中碰到的和即将碰到的问题。创新首先是一个观念上的更新,事物在不断发展变化,人的观念随着新的信息、理论和新事物的出现而不断更新,引领变革的思想和理论是最高层次的创新,由此可以说创新是发展的原动力。不创新,即灭亡。人在改造世界中的局限往往不是来自外部,而是来自内部,往往是自己限制自己。创意决定创新,创新决定发展。没有创新就没有活力,没有活力就没有竞争力,没有竞争力就没有持续发展。裕安交通要做强做大,全体干部职工必须牢固树立创新意识,永远保持创新活力,做到创新无处不在,追求创新无止境,不断创造人才创新、管理创新、服务创新、经营创新的新成果。创新对于创新者来说,其价值恰恰在于"价值"的增长。

"和谐"的内涵:夯实和谐基础,共建和谐社会。裕安区交通运输局的可持续发展,既依赖于自身的和谐,又依赖于社会的和谐。只有和谐,才能保证裕安区交通运输局稳定发展、持续发展,同时又富有活力。因此,裕安区交通运输局既需要为共建和谐社会而付出努力,又需要为营造全系统内部和谐氛围而不懈追求,着力构建活而不乱、活而有序、和而不同、矛盾统一的和谐裕安交通。

社会和谐是中国特色社会主义的本质属性,这是党的十六届六中全会提出的新的科学论断。深入贯彻落实科学发展观,要求我们积极构建社会主义和谐社会。和谐社会建设对于基层单位来说,最直接的要求就是把现实工作做好,把人与事协调好。裕安区交通运输局的可持续发展,既依赖于自身的和谐,又依赖于社会的和谐。和谐既是未来发展的日标,也是衡量工作的标准,任何一个基层单位都会出现矛盾,干部职工遇到不满意的事情,如果没有方式解决,矛盾就会不可避免地激化。实践证明,无论是经济社会的协调发展,还是人与自然的和谐相处,乃至于人与人的团结和睦和人自身的心理和谐,都离不开和谐文化的支撑。建设和谐文化,消解不同群体间在利益分配中可能形成的价值观分化与对立,确立一种全系统普遍信守的文化理念,实现对核心价值理念的集体认同,不仅是推动各项事业科学和谐发展,形成良好的人际关系的内在要求,而且是为全社会的和谐建设付出努力的重要责任。建设和谐裕安交通,需要有效协调全系统各方面的利益关系,只有和谐,才能保证裕安交通既能保持稳定,又富有活力。因此,必须建立一种有效、快速的协调机制,并能在解决问题、凝聚人心、实现和谐和全过程发挥重要作用,着力构建活而不乱,活而有序,和而不同,矛盾统一的和谐裕安交通。

以奋进为开拓进取的精神动力,以创新为继往开来的科学武器,以和谐为实现目标的最高标准,突出了思想、精神、科学、文化在裕安交通系统发展中的特殊作用,充分体现了精神转化为物质、文化建设推动经济建设持续发展的科学发展观,对全系统干部职工实现共同目标具有强大的凝聚力、感召力和约束力。

2.使命:全省争一流、全国争上游

全省争一流。裕安区交通运输局经过 8 年的拼搏,在农村公路建设、道路运输市场培育、交通产业发展和职工队伍建设等方面均进入了全省先进行列。这是裕安交通人追求卓越的前提和基础。在此基础上,裕安区交通运输局本着精益求精、追求不懈的原则,用全省争一流的目标来激励全体干部职工始终保持优势竞争力。

全国争上游。裕安区交通运输局在全省争一流的基础上,大步向更高的目标迈进,力求成为全国县级交通行业的先进。为此,裕安交通人将向全国交通行业的先进系统和先进人物学习,豪情万丈,奋起直追,努力实践超越和跨越。

3.愿景:率先跨入管理服务最优行列、率先跨入交通产业最强行列

率先跨入管理服务最优行列。交通作为服务行业,既有对交通行业的管理职能,又有为交通行业的服务职能,管理与服务相辅相成、缺一不可,管理寓服务之中,服务体现管理水平。裕安区交通运输局的价值、方向和目标,就是要力争在"十一五"和"十二五"期间,努力成为全省甚至全国交通行业管理服务最优秀的县级交通系统。

率先跨入交通产业最强行列。作为县级交通系统,由于历史和现实的原因,裕安区交通运输局所属公路、运管、企业主要依靠政策吃饭。离开现行政策,即将面临生存问题。在新形势下,裕安区交通运输局只有依靠自身,发展交通产业,才能逐步改变依靠政策收费吃饭的被动局面。通过发展交通产业,为国家减负,为政府分忧,为社会增加就业机会,为未来的下岗职工准备再就业岗位,为在职职工安定思想。裕安区交通运输局努力在"十一五"和"十二五"期间,做强做大交通产业,力争成为全省甚至全国县级交通产业最强的交通系统。

4.精神:创新不止、追求不懈、奋斗不竭

创新不止。生命的价值在于工作,工作的价值在于奉献,奉献的价值在于创造。创新是裕安交通人的精神追求,通过不断创新以赢得竞争优势,保持领先地位。不断创新是裕安交通人在工作中创新、学习中创新、实践中创新,并宽容由于实践创新而可能带来的挫折和失败。裕安交通人面对困难和挫折不会因循守旧、畏难不前,而是坚持科学发展观,始终正视挫折百折不挠、直面困难顽强拼搏、勇于探索不断攀越,从而

创新不止走向成功。

追求不懈。裕安交通精神是裕安交通人为实现发展目标，在长期发展实践中精心培育而成的，由思想、信念、价值观中积极因素所组成的具有人格化的理念和风范。裕安交通人的远大抱负和崇高追求，需要裕安交通人具有不懈追求的坚强意志。追求不懈的精神，是裕安交通人知难不难、迎难而上、不断谱写成功新篇章的驱动力。

奋斗不竭。艰苦奋斗，不仅是中华民族的光荣传统，也是裕安交通人的光荣传统。奋斗不竭既体现裕安交通人的精神状态，又反映裕安交通人的精神实质，裕安交通人将在不竭的奋斗中实现不断的跨越，在不断的跨越中夺取新的更大的胜利。

5.职业道德：发展交通、服务社会、责任在我、天天都有成就感

发展交通是裕安区交通运输局的本职。一个吃不上饭、自身不稳定的交通是谈不上履行服务社会职责的行业。只有交通事业发展了，才能促进社会经济的更好发展，才能使交通系统自身得以稳定和强生。服务社会的解释是裕安区交通运输局只有自身稳定和做强做大，加快发展了，裕安区交通运输局才能真正履行和发挥服务社会的职责。服务社会作为裕安区交通运输局存在的目的，要求裕安交通人在发展好交通事业的实践中，为社会提供更好更优的服务。对责任在我的阐释是发展交通、服务社会，既是裕安区交通运输局的责任，也是裕安交通系统每一个人的责任，从组织到个人，都要具备这种强烈的责任感和使命感，才能实现其存在的真正价值。最后一句是天天都有成就感。“成就感”既是裕安交通人实现自我价值的具体体现，也是裕安交通人责任意识的具体体现。因此，全系统的各级组织，每一名干部和职工，都要用“成就感”来具体量化自己的责任落实。

三、践行效果

自文化建设全面推进以来，裕安区交通运输局全系统已经形成了全员共识的“奋进、创新、和谐”的核心价值理念，并深深地植根于干部职工的心中。这个理念赋予裕安交通人以神圣感和使命感，并鼓舞他们为这个崇高的理念去努力奋斗。随着文化建设的深入，这个理念不断得到传承和发展，逐渐成为全系统干部职工共同的价值取向和行为取向。在这个核心价值理念的引导下，裕安区交通运输局形成了从系统到单位、从科室到班组、从领导到个人的层次分明、以人为本的裕安交通文化体系。

1.形成了务实高效的机关文化

交通行业的根本宗旨是“三个服务”。交通运输局作为政府职能部门，局机关确立了“执政为民、服务发展”的行政理念，着力提升两个能力，即学习力和执行力，通过加强文化学习，积极开展各种创建活动，不断增强工作人员服务意识，不断提高工作人员的执行力和工作效率，进而提升依法行政的能力，逐步形成以廉洁、服务为宗旨的行政文化。

2.形成了奉献社会的公路文化

裕安公路在实践中逐步形成了独具特色的公路文化，以“铺路石”精神为代表的裕

安公路形象受到社会的充分认可，涌现了以模范道班长卢士祥、市劳动模范、公路站站长周长霞为代表的一批先进人物。设区时，由于历史的原因，裕安的农村公路十分落后，因公路建设的严重滞后，制约了全区的经济发展。为此，裕安交通公路系统的干部职工在区委、区政府坚强领导下，抢抓机遇，积极争取项目和资金，发扬艰苦奋斗的优良传统，建管养并举，大打裕安交通翻身仗，彻底改变了全区公路建设的落后面貌。

3.形成了以人为本的执法文化

裕安区交通运输局着力打造高素质的行政执法队伍，并取得显著成效。交通执法督察大队女子中队在执法过程中，不断提升文明执法境界，先后获得“全国三八红旗集体”、“全国巾帼文明示范岗”、“全国青年文明号”等荣誉。女子中队在执法过程中秉持执法就是服务，效率来源于服务的观念，树立了“以公开促公正，以公正促廉洁”的先进文化典范。先进的思想、严格的管理、优质的服务、崭新的形象，使裕安区交通运输局执法文化建设结出了丰硕的果实。

4.形成了服务社会的企业文化

随着国家成品油价税改革，交通体制改革也正在实施中。为此，裕安区交通运输局充分发挥自身优势，大力发展交通产业，先后创办了六安市快捷汽运集团、汽车综合性能检测公司、六安市客运西站、快捷旅游开发公司。其中客运西站创立的女子亲情班在为民服务中创先争优，受到了省委领导的高度赞赏。

5.形成了独具特色的品牌文化

裕安区交通运输局党委围绕“全省争一流、全国争上游”的总目标，开发、挖掘、创造交通文化资源。自2006年起，分别成立了裕安区交通艺术团和裕安区交通体育队，创办了六安交通信息网、中国地方交通信息网和裕安交通政务网，3个网站折射出裕安交通文化建设的大视野，已经成为宣传裕安交通文化的最佳窗口。

四、主要经验和体会

在文化建设实践中，裕安区交通运输局党委全面贯彻实施交通部《文化建设实施纲要》，提炼形成了以“奋进、创新、和谐”为核心的价值理念，创作了裕安交通标识和《交通工作者之歌》，统一了视觉识别系统，提出了“全省争一流、全国争上游”发展目标，围绕这个目标，力争用5年左右的时间，基本形成科学、完整、规范、具有交通特色和时代特征的裕安交通文化体系，编印了7本《交通文化建设手册》，出版了文化建设书籍《裕安模式》，同时拟定了文化建设工作的指导思想和任务。

为了把文化建设抓出实效，抓出成果，局党委始终坚持狠抓三个重点：

1.全系统同步推进文化建设

(1)裕安区交通运输局党委班子率先垂范组织交通文化建设工作

全系统同步推进文化建设，增强了局党委加强全系统文化建设的高度责任感。一是加强领导。成立由局主要领导挂帅，分管局长具体组织实施的“裕安交通文化建设领导组”，局专设交通文化建设办公室，下属各单位成立相应的领导机构，形成领导加强、责任明确、齐抓共管、全面推进的组织领导体系。二是确立目标。局党委提出了“全省争一流、全国争上游”发展目标，围绕这个目标，力争用5年左右的时间，基本形成科学、完整、规范、具有交通特色和时代特征的裕安交通文化体系，同时拟定了文化建设的指导思想和任务。

（2）提升全系统文化建设的整体质量

由于全系统各单位工作性质不同、任务不同，决定了各单位、各班组科室文化建设的不同特点，在文化建设过程中，好的经验，好的创意，好的成果，能够在全系统得到及时推广，形成了互相学习，互相促进的态势，促进了特色创新，提升了全系统文化建设的质量。

（3）整合全系统文化建设的资源

一个单位或一个班组科室的局限性很大，各方面的资源有限，在文化建设过程中，裕安区交通运输局将全系统资源整合起来，运用一个载体，构建了一个共享平台。

2.行业管理全面渗透文化建设

通过几年多的文化建设实践，裕安交通人逐渐领悟到，文化建设不是一般性的文化工作，而是现代管理的必然需要，它是科学管理的最高境界。在裕安区交通运输局，文化兴局，文化兴所，文化兴企的文化管理内涵，已经全面渗透到各项工作实践中。

（1）创新人才管理

局党委确立了以人为本的发展战略，首先，是创新人才的培养机制。通过请专家讲学，有计划组织学习，量化学习任务，多元培训考察等办法，不断提升人才的素质。其次，是创新人才的激励和竞争机制。利用各种机会和形式，组织人员参加培训，外出参观学习，科学运用激励办法，实行公平竞争，实现人尽其才，才尽其用。其三，是营造人才成长的人文环境。充分考虑人才管理内因和外因的两个基本要素，并围绕这两个基本要素实施人才的组织管理，构建能适合人才成长的精神环境和物质环境。

（2）创新制度管理

在制度文化建设中，局党委充分体现“奋进、创新、和谐”的核心价值理念，并把它作为文化建设工作的根本。文化理念制度化，制度体系又融入了文化理念，在制度文化建设中，充分体现“用制度制约职工队伍行为”。

（3）创新行业管理

作为裕安交通行业管理部门，各项工作无不贯穿管理行为，而文化建设的根本目的，就是提高管理效益，因此，要把文化建设渗透到全局的管理工作之中，从而提高行业的管理能力和水平。

3.目标管理全面规范文化建设

（1）在文化建设中引导职工树立正确的价值观

裕安区交通运输局党委在长期实践基础上提出的“奋进、创新、和谐”的核心价值理念，必须把它转化为每个职工的价值观，才能最大限度地激发广大干部职工的工作积极性。局党委坚守诚信、公正、高效的行为准则，做人讲诚信、做事讲公平、办事讲高效，所以局党委提出的“全省争一流，全国争上游”目标理念，一呼百应，公路、运管、企业的广大干部职工把本单位以及个人的目标与这个理念融合为一体，处处以此订立目标，全力进取。

(2)科学制定规章制度

设区以来，尤其是全面推进文化建设以来，裕安区交通运输局大力加强制度文化建设，努力向实现文化管理的目标靠近。在制定完善科学合理的制度体系时，坚持二个原则：一是以人为本的原则。在制定完善各项规章制度时，努力做到人性化，在制度上主要体现公平公正，注重全体职工的利益随着单位和企业发展得到同步增长。二是实事求是的原则。立足于各单位的实际来决定其制度系统构成，并且在实践中不断检验制度的有效性。

(3)通过文化建设打造裕安交通新形象

交通文化建设的深入开展，有效地树立了良好的交通形象，特别是省交通厅提出在全省交通系统开展“微笑服务、温馨交通”活动后，全面丰富了交通文化建设的内容。按照省厅要求，一是全面动员。不仅参加了市局组织的启动仪式，而且局本级还进行了再动员活动，使全系统各级干部职工深刻理解领会活动的意义、目标、内容和要求。二是细化措施。结合单位实际，明确了活动推进日程表，明确了各单位的规范行为，设立了微笑服务示范岗。三是加强培训。局组织开展了系列培训活动，组织观看微笑服务专题片、邀请专家辅导并适时开展交流活动，通过培训既规范了各岗位的操作程序，又提升了服务形象。通过活动的不断推进，效果已经初步显现，目前在本系统窗口单位“您好！我能为您帮忙吗?”等文明用语已经蔚然成风，由于“微笑服务、温馨交通”活动的深入开展，所有对外窗口每天在办理业务整个过程中都充满了温馨和谐的氛围。

在交通文化建设的推动下，近年来，裕安区交通运输局各项工作也取得了显著的成效。公路通车里程大幅增加。全区公路通车里程2447公里，其中国道59公里，县道473公里，乡村公路1915公里，公路密度达到每百平方公里127.1公里。建设农村班车候车亭和招呼站248个，乡镇客运站16个。建设分独路、苏戚路、六新路、六徐路、红横路等县级道路快速通道，实现了城乡“40分钟交通圈”。运输管理工作出色开展。燃油税费改革实施后，运管工作的内容发生了重要转变。及时调整思路，在广泛调研讨论后，率先在全市成立交通行政案件处罚中心，进一步规范了执法行为和执法程序。取消收费职能后，除加强运输市场的管理服务外，早在2009年7月份，就全面开展了源头治超工作，并且对全区39家源头企业和1家进驻企业进行摸底登记，建立台账，完善治超长效工作机制。全区共设立4个固定治超点，3个流动巡查组，特别是开展了联合治超行动后，超限运输得到了有效控制，受到省、市、区各级领导的充分肯定，并得到了中央驻皖及省内新闻媒体的关注。交通产业发展稳步推进。局属老企业保持持续稳定，新兴企业快速成长。目前，所属市客运西站、汽车检测公司三年来经营成效显著，营利逐年递增，并新建了环保检测线，快捷旅游开发公司继虎头潭漂流、滑索项目建成运营后，又倾力打造了被誉为“省城后花园、市民休闲地”的龙井沟景点和九公寨景点，并通过国家4A级景区验收。

在各级党委、政府和上级部门的坚强领导下，裕安区交通运输局坚持以科学发展观为指导，紧密联系交通运输发展实际，大力推动交通运输文化建设，不断增强行业软实力，为加快裕安交通运输科学发展提供了重要精神动力和文化支持，先后被交通运输部授予“全国交通文化建设首批示范单位”称号，连续被省委省政府授予第五、六、七、八、九届文明单位称号；2008～2011连续4年被省交通运输厅授予“全省交通运输工作先进单位”称号；连续被市委市政府授予第一、二、三、四、五、六、七届文明单位称号，并受到区委区政府和市交通运输局的多次表彰。所属交通执法督察大队女子中队先后荣获“全国三八红旗集体”、“全国巾帼文明示范岗”、“全国青年文明号”3项桂冠。

文化引领玉溪公路抒写新篇

云南省公路局玉溪公路管理总段

云南玉溪，公路交通四通八达，繁忙的公路运输线承担着全市交通的主要运力，其中，由玉溪公路管理总段负责管辖的11条717公里国省干线公路占比重95%以上，公路昼夜交通流量高峰时超过30000辆次。

玉溪地处滇中腹地，素有聂耳的故乡、云烟之乡、花灯之乡的美誉。这里有蜚声中外的古滇国时期李家山“牛虎铜案”；有被誉为20世纪最惊人的发现的帽天山寒武纪古生物化石群和神奇美丽的抚仙湖；有中国十佳休闲宜居生态城市、国家园林城市、国家卫生城市、中国特色魅力城市等称号。20多个民族在这片土地上生息繁衍。厚重的历史文化、传统文化、民族文化与现代文明相交融，孕育了玉溪公路人淡泊修为、甘苦奉献的人文精神品格。

玉溪公路管理总段（以下简称玉溪总段）是云南省公路局直属单位，下设9个公路管理段，1个机械化养护和应急保障中心，主要职责是从事玉溪市境内的国省干线公路的管理与养护工作，服务玉溪市八县一区的经济社会发展。建国初期，云南公路百废待兴。1950年4月，玉溪总段的前身昆阳工务段和通海工务段相继成立，1950年8月昆阳工务段迁至玉溪，1956年2月云南省交通厅正式命名玉溪养护段，1958年2月云南省公路管理局批准成立玉溪中心管理段，1960年6月改称玉溪公路养护总段，1966年9月因时局需要改为云南省公路养护总队第十一团，1975年7月更名为玉溪总段至今。建段以来，玉溪总段始终以养好公路、保障畅通、服务社会为使命，在各个历史时期，为地方经济社会的繁荣发展和公众出行提供了安全便捷的道路运输条件。在新阶段，玉溪总段坚持“服务立段、主业稳段、辅业富段、人才强段、科技兴段、文化和段”工作思路，依托公路行业文化的传承与创新，引领玉溪公路管养事业开启新篇。

一、文化建设动因

追溯历史，公路延伸到哪里，养路职工就战斗在哪里，十里一道班的公路养护格局一直延续到20世纪90年代中期，“以道班为家，以养路为业”的基本责任担当和精神境界成为一代代公路人内心的人格要素。五六十年代，玉溪总段发起了学习董存瑞、雷锋、王杰等英雄模范“一不怕苦、二不怕死”的革命精神，争创先进蔚然成风；七八十年代，开展了学大庆、学铁人创业奉献精神。90年代，开展了以“整形路、文明路、文明运输线”以及“三好五无一畅通”等为内容的文化活动，破旧立新，实行“大班小点”养护体制,被省厅、局认定为走出一条具有特色的云南公路养护新路子。几十年间,玉溪总段职工和全省乃至全国的公路人一样,以不可撼动的职责态度和坚守品质,生动诠释了养好公路、保障畅通、默默无闻、无私奉献的“铺路石”精神文化内涵。

随着时代的嬗变与发展,“服务国民经济和社会发展全局,服务社会主义新农村建设,服务人民群众安全便捷出行”的公路管养要求向公路人提出了更高目标;“畅通主导、安全至上、服务为本、创新引领”的“十二五”公路管养方针确定了更高方向;创建“畅安舒美”公路交通运输线理念进一步解读了公路行业文化建设需要更高、更新、更广的包容性,更贴近社会公众的诉求和期望。

如何梳理总段自身长期积淀的文化品行,如何甄别文化软实力内质精髓、构架重组与创新融入,在新的历史时期摆上了玉溪总段行业文化建设的议事日程。2008 年起,总段根据云南省公路局党委行业文化建设总体目标要求,切入广大职工所盼、社会公众寄望、单位发展之需,结合公路管养护行业最根本的服务宗旨要求,启动了文化建设方案,通过实践探索,首先解决好 3 个方面的问题。

1.认识问题

(1)把握公路行业文化建设的重要意义

如果对公路行业文化建设的重要意义都把握不了的话,去谈文化建设就是一句空话。关键是要静下心来,进行深入的研究和探讨。只有真正理解了行业文化建设的重要意义,才会发自内心地把行业文化当作一件非抓不可的事情去抓。

(2)把握公路文化的基本内涵

公路行业文化就是具有公路行业特色的文化,是文化在公路行业的表现形态。它是公路行业在长期的公路管理与养护实践中形成的管理理念、经营理念、群体意识、价值取向、职业道德、行为规范的总和。它是公路行业、公路人先进性的集中体现,是公路行业文明程度的重要标志。在整个公路行业文化体系中,精神文化是公路行业的核心价值理念,是公路行业的核心文化;制度文化是体现公路行业价值理念,规范公路行业行为的规章制度;物质文化是展现公路行业建设发展成就的外在形象、工作环境和形象标识。行业文化是行业的魂,这个魂指的就是精神层面的文化。行业文化建设的根本任务,就是要塑造这种像“魂”一样的精神,只有形成了这种精神,一个行业才能生生不息。只有把握了基本内涵,才能找准行业文化建设的切入点。

(3)把握公路文化建设的目标和任务

明确了目标任务,才会有努力的方向,才会按照既定的目标去抓落实。先期用 3 年左右的时间,在硬件上,建设一批符合职工意愿,适应公路文化发展要求的文化设施,在软件上,初步建立起适应经济社会发展要求,遵循文化发展规律,符合公路行业实际,反映行业特色的文化体系。通过公路文化建设,构建一支适应公路行业发展要求的职工队伍,营造一个符合时代发展要求的公路文化氛围,打造一个职工安居乐业、和谐发展的美好家园,增强行业凝聚力和影响力,树立公路行业形象,提升公路行业软实力，促进公路事业又好又快发展。

2.理念问题

(1)树立抓文化建设就是抓发展的理念

事实上，在抓软实力的时候，同时也就是在抓硬实力，因为软实力的增强，比如社会形象、行业信誉、职工队伍素质，在硬实力发展中起到的作用甚至比硬实力本身要大得多。长期以来，由于认识上的差距，讲一个行业、一个单位的发展，主要是注重“硬”的方面，只要这个单位的经济工作上去了，就一好遮百丑，这种发展理念，是不可能确保一个行业、一个单位永续发展的。只有树立抓文化建设就是抓发展的理念，把“软”这一手抓强，才能使一个行业、一个单位可持续发展。

(2)树立抓文化建设与抓行政生产工作同等重要的理念

树立抓文化建设与抓行政生产工作同等重要的理念，不是一件简单的事，一方面取决于一个行业、一个单位的领导有没有长远眼光，有没有全局观念，另一方面，文化建设也是需要资金投入的，只有具备了长远眼光和全局观念的领导，才会意识到文化建设投入的价值。

(3)树立抓文化建设是党群部门的主要职责的理念

总段党群部门主动履行好文化建设的职责，只有主动去履行职责，才会有为，有为才会有位。

3.实践问题

建设行业文化，解决认识问题和理念问题固然重要，更重要的是要解决实践问题。

(1)在配置文化设施上下功夫

没有一定的文化设施，就失去了孕育文化的条件。比如：提高职工文化素质需要有图书和文化室；提高职工体育水平需要有体育器材和运动场地、提高职工网络文化水平需要有电脑和网络设施；提高职工艺术素质需要有乐器和排练场，等等。

公路管养行业点多线长、高度分散，建设规模较大的文化娱乐设施，没有必要也不切合实际，应联系实际，建设小型多样、符合职工要求的文化娱乐设施。比如职工书屋建设，首先要根据职工的多少来决定配备书籍的数量，其次要根据职工的文化程度和兴趣爱好来决定配备什么书籍，而不是越多越好，越全越好。在文化设施建设上，盲目追求规模和数量，只会是徒有虚名，不会有什么好的效果。

(2)在提高职工素质上下功夫

行业文化的提升需要有各方面的人才作保证，比如管理方面的人才、技术方面的人才、技能方面的人才、文艺方面的人才、体育方面的人才、宣传思想方面的人才等等。只有各方面的人才都具备了，整体素质才能提高。只有整体素质提高了，才能形成具有行业特色的文化。如果没有高素质的各类人才，文化活动就难以开展，文化氛围就形成不了，文化成果就创造不出来。提高职工素质，关键是要重视人才开发。要创造有利于人才成长的环境。要从战略的高度、从公路事业发展的角度去开发人才资源。

要加快人事制度改革步伐,让优秀人才脱颖而出,努力形成人人都想成才、人人都能成才的良好氛围。只有这样,才能从根本上提高职工整体素质。

(3)在塑造行业精神上下功夫

一个行业能不能可持续发展、跨越式发展,关键是看这个行业是不是真正形成了一种富有时代特色、切合行业实际、能够激励职工奋发向上的行业精神。

二、核心价值理念体系表述

1.核心价值观:路兴我荣

以"三个服务"为己任,用辛勤和汗水筑就康庄大道,使人畅其行、货畅其流、地尽其力、物尽其用、政通人和,惠泽民生,利济天下,为社会的繁荣和进步贡献力量。

2.使命:碧玉清溪公路畅

以强烈的责任感和不断增长的能力,管养好国省干线公路,为人们提供安全、畅通、便捷的出行环境;追求绿色梦想,培养绿色文明,建设绿色环境和绿色工程,让玉溪的天更蓝、云更白、山更青、水更秀;以便民交通带动玉溪经济社会发展,增加城乡居民致富的机会,拓展人们的生活空间,让人们的生活更丰裕、更美好。

3.愿景:构筑和谐绿色通道,共建职工快乐家园

珍爱自然环境,坚持清洁生产,最大限度地节能降耗;与利益相关者相生互惠、和谐共进,让路通畅、车顺畅、人舒畅。尊重职工、关心职工、信任职工、培养职工,使职工在玉溪总段能创造价值、成就自我,让玉溪总段成为职工快乐的家园。

4.精神:团结、奉献、创新、超越

互相尊重,互相欣赏,互相补台,互相激励;上下同心、相互协作、共同奋斗,不断提高运营效率和组织效能。富有责任心和大局观,不计较个人得失;甘于寂寞,埋头苦干,任劳任怨,用绵薄之力推动公路行业和经济社会发展。不因循守旧,敢于突破常规思维,创造新观念、新机制、新技术、新业务;不故步自封,勇于变革,勤于开拓,主动寻找和把握机遇,务求发展。善于发现不足,坚持持续改进,工作精益求精;发愤图强,不断超越自我、超越他人;我们自强不息,永不满足,敢为天下先。

5.道德规范

总段领导道德规范:博学善思,高远健行;守道尽责,廉洁公正。

行政人员道德规范:勤勉务实,严谨快捷;统筹兼顾,善解谦和。

政工人员道德规范:清醒敏锐,勤学善思;用心奉献,亲和求实。

生产技术人员道德规范:求真创新,善思慎行;专业技精,修身重誉。

监督保障体系人员道德规范:刚正不阿,不徇私情;谦虚谨慎,严守机密。

财务人员道德规范:开源节流,敬业重益;严谨准确,守信保密。

工程人员道德规范:奉公守法,依规行事;恪尽职守,不谋私利。

一线人员道德规范:敬业精艺,诚实守规;团结协作,宽厚亲和。

三、践行效果

公路管养行业点多面广的特点，长期以来形成了文化建设基础设施普遍薄弱的状况。就玉溪总段而言，尽管地处滇中发达地区，却因与日俱增的大交通流量、超载运输突出、养护资金不足等多重困境，导致养护保通任务压力较大，养路一线职工对精神文化的需求与实际存在差距。为稳步推进文化建设发展，玉溪总段自2008年启动文化建设工程以来，先后制定了各个阶段的行业文化建设规划，经过推进年、提高年、巩固年等几年来的努力，文化建设工作取得了一定成效，呈现出一些亮点。

1.通过组织保障抓落实

成立了由党委书记任组长、总段长任常务副组长、总段领导班子成员任副组长，各部门主要负责人、各二级单位党政一把手为领导小组成员的文化建设领导机构。实行党政一把手负责制，共同负责总段文化建设的规划、设计和组织，做到认识到位、责任到位、组织措施到位；实现管人、管物、管事一体化的文化建设格局；形成分工协作、齐抓共管的工作局面。将文化建设内容与组织规划、年度计划、考核指标合并编制，列入年度目标考核范围，定期对总段文化建设的成效进行考评和奖惩。加大文化建设的资金投入，合理配置必要的文化设施，出版文化创建成果，不定期组织相关文化活动。

2.通过实践活动促文化

一是组织完善了总段《文化调研报告》、《文化手册》、《VI视觉识别手册》、《文化实施纲要》、《员工行为规范手册》，为文化落地打基础。

二是开展玉溪总段核心价值理念宣传教育。将总段的核心价值观、使命、愿景、精神、道德规范等文化建设格言在总段所属机关到一线公路管理所上墙展示学习，增强职工的责任意识和使命意识。

三是利用内部报纸、网站、手机报、宣传栏等形式，广泛宣传总段文化体系，鼓励职工撰写心得体会文章，丰富文化建设认知内涵。

四是经常性邀请知名专家学者现场讲授国学文化和文化礼仪知识，让总段职工开阔文化视野，提升参与行业文化创建的浓厚兴趣。

五是创新路面养护理念，总段所创水泥混凝土路面预防性养护新技术“热油冷料层补法”在全省得到推广应用，并通过省交通运输厅科技示范项目专家评审，其研究成果《水泥混凝土路面碎石封闭技术预防性养护指南》已申报为地方行业标准。

六是创新安全管理理念，组织单位专业人才制作《云南国省干线公路养护施工安全防范解析》3D动漫专题片在全省推广，《云南省普通国省干线公路养护施工安全设施设置地方标准》通过省交通运输厅立项评审。

七是创新桥梁养护理念，率先对辖区公路全部大中小型桥梁修筑硬化桥梁检测安全通道，为日常养护和定期检测桥梁提供了安全保障和通行便利，并在全省局属单位推广。

八是践行群众路线教育实践活动要求，改造利用闲置站所开展种植养殖副业改善职工生活条件，让职工吃上生态菜、放心肉，提高了一线养路职工的生活质量；让职工文化格言进机关、进站所，初步建成一批生态文化示范管理所，解决了养路职工的后顾之忧，增强了服务社会公众的坚定信心。

九是设立职工“爱心捐赠金”帮扶机制，近年来数次帮扶困难职工、特困优秀大学生、留守儿童贫困户等解决燃眉之急，凝聚总段职工爱心关爱职工、关爱社会，履行社会责任。

十是开展了“玉溪公路讲堂”活动，全总段各级领导带头讲、邀请专家专题讲、上下联动交流讲，增色总段文化创建氛围。总段主要领导受邀“云南交通讲坛”宣讲总段养护文化。

3.通过培育典型亮风采

关注基层，一线养路职工陈开军、刘伟等多人先进事迹以“最美养路工”形象在玉溪电视台“玉溪好人”栏目专题播出，让新一代养路工的良好形象和精神面貌得到了展示和张扬。全国劳模姚生亮，省部劳模赵桂珍、沈丽芬、周树明，舍己救人的优秀养路工詹永生等一批总段先进人物典型为总段的昨天和今天抒写下无数优美华章。

4.通过文明创树立形象

近年来，玉溪总段先后多次荣获云南省公路局“先进党委”、“双文明”先进单位；省交通运输厅科技进步奖、“五星级安全生产管理单位”、厅级文明单位；被授予“云南省文明行业、文明单位”。先后建成国家级“青年文明号”1个，全国文明道班1个，全国“工人先锋号”1个；省级文明单位4个，省级“工人先锋号”1个。荣获2012年全国“安康杯”竞赛优胜单位，2009年、2010年“全国交通运输企业文化建设优秀单位”；2011年、2012年、2013年“全国交通运输企业文化建设卓越单位”。

5.通过宣传报道树影响

玉溪总段行业文化建设的成果共享受到了各级报刊、电视和新媒体的关注，以养路为主业的公路养护文化内容受众颇广。《玉溪新法》、《新法筑路道道通》、《玉溪总段情暖留守儿童》《玉溪总段投资百万建文化》等一系列宣传总段的报道文章在各级报刊、电视媒体发表、播出，从更深、更广的层面宣传了总段文化，展示了行业文化风采。

四、主要经验和体会

玉溪总段多年积累的文化创建实践经验表明，围绕“三个服务”使命，以养护公路、保障畅通、服务社会为基石的文化建设活动，最根本的着力点就是要体现服务性、公益性和社会性。

1.服务性

这是服务文化本身具有的特性。指服务文化是一种在服务过程中形成的文化，是一种以服务为载体的文化。公路行业作为服务业这个定位，使公路行业服务文化的服务性特征显现出来。这种服务性特征要求公路行业按照服务行业的要求去做好服务社会、服务建设、服务公众的工作。

2.公益性

这是由公路行业公益性的特点决定的。公路行业公益性这个定位,决定了这个行业在文化方面体现出的公益性特征。公路行业提供的是公益性产品,与之相关的服务是公益性服务。这种公益性特征要求公路行业按照公益事业的要求去做好服务工作,即把社会效益放在第一位,经济效益放在第二位。

3.社会性

这是由公路行业服务的对象决定的。公路行业服务的对象比较广泛,面对的是整个社会,决定了这个行业文化方面的社会性特征。这种社会性特征要求公路行业必须统筹做好对全社会的服务工作。

实践证明,玉溪总段行业文化创建活动的落地、生根、发芽、开花、结果,必然离不开上述属性要求,融入其中,行业文化建设才可能走到自发、自觉、自信的轨道上来。

柴达木盆地的“铺路石”

青海省海西公路总段

青海省海西公路总段(简称:海西总段)地处祖国闻名遐迩的柴达木盆地德令哈市,隶属青海省公路局,为正县级事业单位。总段下设1个养护中心和希里沟、德令哈、大柴旦、南八仙、冷湖、茫崖6个公路段,均为科级单位。在公路沿线有15个养护工区。总段现有在册职工837人,离退休人员816人,党员343人。

海西总段主要职责是负责青海省海西州境内2326.208公里国省干线公路和高等级公路的养护管理工作,所辖路段大多穿越没有绿色植被和人烟稀少的戈壁荒漠、雅丹地貌,平均海拔3000米以上,环境艰苦,是全省6个公路总段中建立时间最早,养护里程最多、服务地域经济总量最大,精神文明、文化建设方面走在全省公路交通行业前列的大总段。

一、文化建设动因

“十一五”以来,随着海西总段接养高速公路和养管公路里程的不断增加以及国情、省情和段情的发展变化,一方面干部职工特别是一线职工对文化知识需求的愿望更加强烈,另一方面为了传承老一辈海西公路人扎根高原的无私奉献精神,积极营造干事创业的工作氛围,激励广大职工在推动青海高原交通事业“四个发展”和实现“中国梦”的征程中再立新功,海西总段领导班子经过深入调研,达成以公路文化凝心聚力的思想共识。于2008年起把深化公路文化建设、强化思想政治工作以及鼓励创新贯穿到公路养护管理工作的全过程,以奉献交通、服务人民为宗旨,以打造海西公路文化品牌为目标,团结全总段干部职工坚守“诚信、责任、奉献、创新”的海西公路核心价值体系,大力弘扬新青海精神和交通行业精神,攻坚克难,勇于创新,为繁荣青海省公路行业文化做出了积极贡献。

二、核心价值理念体系表述

核心价值理念:诚信,责任,奉献,创新。

使命:养好公路,保障畅通,竭诚为经济社会发展和新农村建设以及人民群众出行提供优质高效的公路服务。

愿景:成为人民群众满意的责任单位。

精神:团结奉献,爱路敬业,甘当路石,创新超越。

职业道德规范：以路为家、无私奉献，精心养护、确保质量，珍爱生命、消除隐患，勤俭节约、提高效率，见难相助，共建和谐。

三、践行效果

1.文化发展规划

2008年以来，海西总段坚持以科学发展观为统领，以培育特色公路文化、强化“以人为本”的服务理念为内容，以服务人民、奉献社会为宗旨，确立了“立足当前、谋划长远、无私奉献、再创佳绩”的创建工作方向；创新提出坚持以人为本的管理理念，建设精品工程的质量理念，严格规范行为的服务理念和不断追求卓越的形象理念，在全力抓好公路养护管理的同时，狠抓公路文化建设，引导职工践行社会主核心价值观和提炼出的海西总段核心价值体系，积极参与创建“激情公路人、奉献柴达木”文化品牌，推动海西总段在物质文化、制度文化和精神文化建设方面取得了显著成效，实现了职工队伍素质硬、路网通行能力强、社会服务水平高的建设目标。

2.组织领导

为确保公路文化建设顺利推进，海西总段党委从加强组织领导和提高各级领导干部对品牌文化的认识入手，建立健全公路文化领导机构，采取中心组学习、专题讲座、集中培训、外出考察等方式，对管理干部进行公路文化知识专题培训，使公路文化核心价值体系和“激情公路人，奉献柴达木”品牌文化建设的目标更加明确、思路更加清晰。总段所属各单位结合实际，认真贯彻落实《海西总段公路文化建设实施方案》的各项要求，研究制定了加强本单位“戈壁文明通道”品牌文化建设计划，明确了分工、落实了责任，形成全员、全方位、全过程的公路文化建设格局。

3.经费保障情况

为确保文化品牌建设取得实效，海西总段强化财务管理，将公路文化建设资金纳入年度预算管理，有计划地安排公路养护、文明建设和文化宣传费用。2010年以来，在保障公路管养工作高效开展的同时，仅群众性创建活动投入达240余万元，有效提高了广大干部职工参与文化建设的积极性和创造性。

4.文化活动开展情况

(1)以养护管理展示公路文明

积极开展“养护上规程、操作上规范、质量上标准”活动；推广应用公路养护新技术、新工艺、新材料，开展冷补沥青混合料修补、LTC沥青再生还原剂实地应用，提高了公路养护科技含量；深入开展党员示范路、军(警)民共建示范路、“畅安舒美”示范路等公路养护品牌示范活动；把生态文明纳入公路养护重要内容，积极推广环保型新技术、新材料、新工艺在公路养护工作中的应用，一线职工自创发明多功能吹风式路面清洁车等养护新机械，节约沥青等原材料300余吨，既提升了养护质量和服务效率，又降低了职工劳动强度。

(2)不断完善公路服务功能

在养护工区设立“服务窗口”，免费为过往司乘人员提供简易机械维修器具、临时休息、常用医药和饮用水等帮助，被司乘人员亲切地称为“司乘之家”。设立路况咨询服务热线，制作大型路况信息电子显示牌，及时发布路况信息，为公众出行和公路运输提供了及时有效的公路通行信息服务。在海西州举办的“柴达木民族文化艺术节”、“激情穿越柴达木”、青海省第五届民运会等文化活动中，全总段广大干部职工无私奉献，创新服务，充分展示诚信文明的行业形象，受到柴达木各界的高度赞誉和八方来客的广泛好评。

(3)以文化活动延伸公路文明

每年都组织开展各种形式的知识竞赛、演讲、歌舞、摄影、绘画、书法比赛等，特别是近年来每年举办一届具有海西公路特色的“奉献在柴达木”系列活动，由于相对规模较大(所属各单位均组队参加)、参加人数较多(平均每年400余人)且内容精彩纷呈，在海西地区乃至全省交通行业中起到了文化活动“名片”作用。大力开展廉政文化建设活动，通过教育倡廉、读书思廉、活动兴廉、谈话促廉、结贫思廉、典型导廉等方式，在全总段上下营造了爱廉、崇廉、尚廉、守廉和风清气正、心齐劲足、人心思进的浓厚氛围。大力开展“知荣辱，树新风”主题道德实践活动和“送温暖献爱心”、“金秋助学”等扶危济困活动，“十二五”以来全总段职工向灾区、失学儿童、州残联等捐款捐物23万余元(其中向玉树地震灾区捐款76910元，向四川雅安地震灾区捐款32575元)；2010年支援格尔木市温泉水库抗洪应急物资铁丝15吨、编织袋和麻袋2万条；2012年8月13日夜间组织40余人和武警一道抗洪抢险一昼夜，确保了德令哈市巴音河下游河道的安全。积极组织开展文明单位、文明示范窗口、民族团结进步、文明家庭、青年文明号等群众性精神文明创建活动，把现代管理、现代文明、现代服务理念融入创建活动全过程。通过抓好文明素质、诚信建设、道德风尚、交通秩序、文化建设、窗口服务、环境整治等重要内容的创建工作，努力增强行业精神文明建设工作的广泛性和深入性。3年来组织700余人参与了地方政府组织的广播体操展演、柴达木之夏文艺会演等各类社会活动。

(4)大力实施职工队伍素质提升工程

推行“全员学习”、“全过程学习”、“团体学习”的学习目标，并制定出切实可行的鼓励、奖励措施，采取脱产与半脱产、长期与短期轮训、函授与面授、送外培训与鼓励自学成才等多种形式，有计划、有步骤地对广大干部职工进行文化、技术、专业知识和管理知识的各种教育培训，职工年培训率均达80%以上，极大地提升了广大干部职工思想道德素质和科学文化素质。

(5)改进作风，竭诚服务职工群众

总段党委把办好事、办实事的落脚点放在第一线，连续多年为全体职工办理人身意外伤害保险，“十二五”以来落实内部帮扶资金45万余元，完成所属基层单位庭院美化亮化、增设职工宿舍、建设浴室等民心工程，解决了基层单位和一线工区职工生产生活中的难题。深入开展领导干部联系群众服务基层等活动，全总段36名科级以上干部2013年慰问“一联一”帮扶职工家庭1.08万元。全段各单位都实施了职工住院探视、生日慰问和送书送报进工区等人文关怀制度，使职工群众感受到了党和组织的温暖。

5.形象设计、传播手段

（1）通过具有行业特色的视觉识别符号宣传公路文化

规范机械设备外表，统一宣传标牌的装置规格和标识，统一办公区域的标志、标识，设计并规范职工工作装款式及色调，形成具有海西特色的公路文化视觉识别系统。

（2）加强文化阵地建设

按照标准化要求，在每个单位都建起职工之家、职工文化站、健身房、图书室、党团活动室等文化活动场所。充分发挥总段及所属各单位门户网站和《柴达木公路报》、《八仙泉》、《红柳枝》等公路内刊的宣传教育阵地作用，大力宣传公路文化品牌——“激情公路人，奉献柴达木”的建设经验和亮点。与海西州文明办联合开展文明建设工作先进典型集中宣传活动，《精神文明报》、《中国文明在线》于2010年7月16日以《打造文明品牌，构建和谐交通》为题对海西总段文化建设进行了宣传，《中国道路运输》杂志2011年第12期对海西总段文化品牌建设进行了宣传。目前《柴达木公路》报刊发112期，总段门户网每年平均发布工作信息900余条。

（3）建立文化展馆

投资40余万元，建起彰显海西总段发展历程和老一辈柴达木公路人“五个特别”精神的段史展览馆，使广大干部职工在深入了解历史的同时，更加珍惜老一辈柴达木公路人创造的巨大财富，深刻认识到秉承优良传统，守好绩，创新业的重大责任和光荣使命；拓展了段史展览馆教育领域，每年接待学校、社区、企业等团体观摩者近千人。

（4）大力宣传海西公路总段文化

制作了海西总段宣传专题片《大漠之路》，印制《公路文化手册》和《彰显文化魅力、构建和谐交通》专题宣传册等600余本，多方式大力学习宣传公路宗旨、发展愿景，发展战略等，形成广泛的视觉听觉冲击，使每一名职工都能了解总段愿景及其行业核心价值体系，提升了职工对公路文化理念和岗位标准的认知率，增强了广大干部职工的工作动力和信心。

6.职业道德行为规范、职业行为规范建设

海西总段认真开展了以24字社会主义核心价值观为主要内容的基本道德规范教育和道德实践等活动，相继制定并完善《海西总段机关工作人员行为规范》、《改进作风联系群众的18项规定》、《管理干部职业道德规范》、《养路职工职业道德规范》、各部门、各岗位工作流程等岗位道德行为准则，《精细化管理办法》等制度，坚持把践行社会主义核心价值观教育活动作为道德建设的基础性、战略性任务常抓不懈。大力开展“学树建创”、“讲文明，树新风”主题道德实践活动，涌现出一批拾金不昧、热心公益、诚信服务等方面的道德建设先进典型。2012 年以来一线职工解救受伤司乘人员 19 人、冷湖段等单位帮助大雪封山等自然灾害被困群众 270 余人,所属怀头他拉工区连续 10 余年来义务养护他拉镇属 800 米地方油路,树立了行业文明新形象。

7.文化建设成果

近年来,海西总段把公路文化建设融入公路养护、基础管理、思想政治工作和精神文明建设的全过程,有效推动了全总段四个文明建设迈上新台阶:总段 2013 年建成"省级文明单位标兵","十二五"以来先后荣获"全国交通运输行业文明单位"、"全国交通运输文化建设示范单位"、"全国交通运输企业文化建设品牌单位"、"全省交通行业第一批文化建设品牌单位"、"十一五以来全省交通科教工作先进单位"、海西州"创先争优先进基层党组织"、海西州"六五普法中期先进集体"等荣誉称号,2011 和 2012 连续 2 年被海西州授予"服务支持地方发展先进单位",总段段史展览馆 2010 和 2012 年先后被海西州确定为"全州未成年人思想教育基地"和"全州廉政文化建设示范点"。所属单位建成并巩固省级文明单位 3 个、州级文明单位 4 个、厅级文明示范窗口单位 7 个、全国工人先锋号 1 个、省级青年文明号 3 个,3 个养护工区荣获省部级"优秀五型班组"、"红旗班组"等荣誉称号。涌现出全国劳模王平、全国模范养路工申梅兰等先进典型,一批先进党支部、优秀共产党员和先进个人受到海西州和省交通厅、公路局的表彰。

通过不懈努力,海西总段所属单位建成"文明单位"率 100%,是青海省海西州和青海交通厅公认的在文化建设上卓有成效的先进集体。

四、主要经验

通过多年来的工作实践和经验总结,海西总段文化建设能够取得目前的成果主要基于以下 5 点。

一是领导重视,各单位、部门协调合作,不断丰富完善基础资料,有一支爱岗敬业、业务娴熟的工作队伍是推进文明进步的重要前提。

二是紧密围绕公路中心工作,积极响应政府号召,坚持以"服务人民、奉献社会"为宗旨,让人民群众得到良好服务,是推进文化建设和公路事业科学发展实现"双赢"的根本保证。

三是丰富活动载体,通过每年举办奉献在柴达木等大型活动树立公路文化品牌,展示职工队伍精神面貌,是彰显行业文化繁荣的重要途径。

四是动员全员广泛参与,激发大家的工作热情和创造力,是推进文化建设的动力源泉。

五是坚持与时俱进,不断完善制度、细化措施,以核心价值观构筑共同理想信念,是推进文化建设常建常新的活力基础。

五、文化品牌

激情公路人　奉献柴达木

六、文化品牌诠释

激情公路人、奉献柴达木：作为海西公路总段文化品牌，充分体现了海西公路人的核心价值理念和海西公路精神，这个品牌承载着“营造氛围、凝心聚力，激励职工、规范行为，提高素质、塑造形象”的任务，其目标是通过实施“六个一”工程（即：建设一流班子、培养一流队伍、创造一流管理、提供一流服务、树立一流形象、争取一流效益），达到管理有序有效、队伍廉洁自律、设施配套完善、服务规范礼貌，通道文明通畅，沿线军民关系、民族关系融洽，为柴达木经济建设和人民群众出行提供安全、文明、便捷、高效的公路服务。

雄鸡报晓　四季畅通

黑龙江省牡丹江市公路管理处

牡丹江市公路管理处(简称:公路处)成立于1981年7月,管辖5个县(市)公路养路段(站)、农村公路管理站和两个直属站。全系统现有在职职工1638人,肩负着全市7732.8公里的公路养护管理任务。其中管养国道506公里、省道418.2公里、县级公路1014.1公里、乡级公路2809公里、村级公路2764.7公里。近年来,还完成农村公路建设项目825项,6311.7公里。全市形成了以鹤大、绥满干线公路为主的"X"形主骨架公路交通网络。

1992年至2010年,公路处连续被命名为省级文明单位标兵、全省交通系统文明行业;2011年被命名为全国文明单位;先后荣获了"交通运输部文化建设示范单位"、"全国交通运输企业文化建设优秀单位"、"全国交通运输企业文化建设卓越单位"荣誉称号。各项业务工作始终保持全省先进行列。

一、文化建设动因

公路处领导班子认识到:一个单位的发展,一年靠的是管理,十年靠的是制度,百年靠的是文化。谁拥有文化优势,谁就拥有竞争优势、效益优势和发展优势。正是对文化建设始终如一的坚持,才造就了驰名的企业。

公路行业是受国家政策影响较大的行业,随着经济社会的发展,公路行业的管理体制、运营方式和运营机制必将发生变化。面对发展环境的不确定性,如果不用共同的文化理念来统一思想,不用共同的发展愿景来凝聚力量,不用共同的价值观来规范职工言行,公路处将很难吸引和留住关键人才、调动广大职工的积极性和创造性,公路处就会因为缺乏凝聚力而各行其是,这对公路处的发展显然是不利的。

在公路处领导看来,公路文化是公路人在公路养护、管理、建设过程中所形成的价值观念、管理思想、管理方式、群体意识,以及与之相适应的思维方式和行为规范的总和,是推动公路处健康发展、提高核心竞争力的不竭动力。加强公路文化建设,用共同认可的文化把全体职工的力量拧成一股绳,使全体职工按照公路文化核心内涵的要求来规范自己的思想和行为,对公路处的持续发展是十分必要的。

二、核心价值理念体系表述

1.核心价值观:求真务实,简捷制胜,主动作为,持续发展

求真务实:讲求科学,实事求是;真抓实干,注重实效。

简捷制胜：塑造删繁就简、把握实质、举重若轻的“简捷心态”，追求工作流程简捷高效、人际关系简单直接、工作作风俭朴节约，最大程度提升人、财、物的价值。

主动作为：革除“等靠要”陋习，破除畏难情绪，敢于有为，努力作为，主动求发展、谋跨越。

持续发展：坚持协调发展、集约发展、和谐发展，不断夯实发展根基，保持永续经营的能力，打造长青基业。

2.使命：奉献公路，创造和谐

奉献公路：以促进公路行业发展为己任，为牡丹江经济社会发展提供坚实的基础保障，为国家现代化建设奉献力量。

创造和谐：与公路行业协调发展，与经济社会协调发展，与自然环境协调发展，与员工协调发展。

3.愿景：高品质服务典范

通过点点滴滴、锲而不舍的努力，以一流的文化、一流的管理、一流的技术、一流的队伍，打造中国公路行业知名品牌，致力于成为高品质服务的典范。

4.精神：领先一步

逆水行舟，不进则退。要以时不我待的紧迫感、高度的责任感和强烈的使命感，积极探索行业发展新模式，努力攀登超越行业发展新高度，始终领先同行一步，为公路处赢得更为广阔的生存和发展空间。

5.职业道德规范：忠诚、敬业、守纪、诚信、友爱、文明、勤俭

忠诚：忠诚不是相互间的人身依附，而是对组织目标的认同和对价值理念的承诺。做好本职工作是对公路处最大的忠诚，善待客户、维护公路处利益和荣誉是忠诚的直接表现。树立大局意识，敢于并愿意超越本部门或个人的短期利益、局部利益，勇于提出和支持符合公路处整体利益的意见和做法。

敬业：爱岗敬业是职工立身之本。以专业精到的职业能力奉献于公路事业，以高质高效完成工作为天职。敬业意味着要在细节上求突破、求完美；善于打破思维定式，不断尝试新的思路和方法。在处理客户、合作伙伴等相关利益者的关系时，信守承诺、遵守约定。

守纪：严格遵守国家法规，尊重、遵守、执行公路处各项规章制度。严格遵照流程开展工作，不因麻痹大意而让公路处蒙受损失。对安全规章制度要不折不扣地执行，决不允许一丝一毫的侥幸行为。廉洁自律，不利用工作之便谋取不正当利益。谨慎使用并保护包括有形资产、信息秘密及公路处声誉在内的资产。

诚信：诚实正直，言行一致，以坦荡心胸直面问题，以磊落行为立身职场。对公路处价值理念做出真心实意的承诺，将组织的信仰转化为个人的信仰。在逆境时坚守信念，在顺境时理性思考，冷静判断，辨识危机。坚守公路处的价值立场，维护公路处的信誉和形象。

友爱：倡导彼此褒奖、相互欣赏的工作氛围，营造团结互助、信息共享的同仁关系。视同事为生活中的益友、工作中的伙伴；主动为同事提供情感支持，工作配合、生活帮助。

文明：自觉遵守公民道德、职业规范，不参与不健康的社会活动，维护公路处形象。对待客户真诚热情，对待同事尊敬谦和，努力做到文明处事、礼貌待人。建立文明和谐的人际关系，妥善处理上下级关系，公平公正对待他人；妥善处理客户关系及社会关系。

勤俭：坚持艰苦创业精神，树立成本控制观念，充分利用有限的资源，不断提高资源利用率。在保证效率的前提下，通过精细管理优化配置资源，保护公路处财产，克勤克俭。工作中不讲排场、不搞形式，生活中不比阔气、不露财气。

三、践行效果

1.凝练升华过程

公路处领导始终坚持“以德兴业、以文化人”，切实抓好公路文化建设，取得了突出成效。回顾公路处的文化建设历程，可分为3个阶段。

(1)公路处文化建设起步阶段

2004年，公路处领导班子一边抓经营管理工作，一边思考公路处如何才能持续稳定健康发展。他们认为只有深入开展文化建设，用文化理念统一职工思想，规范职工行为，才能不断提高职工的素质，从而保证公路处长远发展。

2004年，公路处领导班子提出了“不等不靠、自强自立、艰苦创业”的理念，成立了全市公路系统工程公司、养护公司、机械公司三大公司，扭转了公路资金匮乏、难以发展的局面。与此同时，针对春季翻浆，夏季水毁，秋季冰霜，冬季雪阻，养护任务重、难度大的实际，公路处积极探寻管养好公路的有效途径，推出和开展了打造“四季畅通工程”品牌活动。

2005年，公路处提出了“雄鸡”文化，寓意着：“坚定信念，创新开拓；自力更生，积极进取；持之以恒，诚实守信；求真务实，和谐发展；敢于拼搏，奋勇争先”。创作出反映公路人心声的歌曲——《心系这条路》。“这条路通向城市乡村，这条路连起千家万户，这条路繁荣家乡经济，这条路带来百姓富足……”这首歌把牡丹江公路人的豪情壮志和美好理想表达得淋漓尽致。

2006年10月，公路处成立了以处长、党委书记任组长，其他领导班子成员为副组长，机关各处室主要负责人、各单位党政一把手为成员的公路文化建设领导小组，指导并推动公路文化建设。公路处制定了《牡丹江市公路管理处文化建设实施纲要》，提出在“十一五”期间，逐步建立和完善具有时代特征、行业特色和公路处特点的文化体系，形成能为公路处全体职工共同认同接受和自觉遵守的价值理念系统、行为规范系统、使价值理念内化于心、固化于制、外化于形，并付诸实践，成为推动公路处健康发展的强大精神动力。

(2)公路处文化体系建设阶段

2007年1月，公路处确定了从事文化理念体系撰写工作的人员名单。他们立即投入到工作中去，搜集相关资料，到有关单位参观访谈、研究优秀企业文化成果……2007

年1至4月，在全处范围内征集公路处使命、愿景、核心价值观及其他文化理念用语。2007年7月，在经过上下无数次讨论、修改后，体现公路行业特点又具公路处特色的《文化手册》、《职工行为规范手册》最终定稿。

(3)公路处文化贯彻落实阶段

为使公路处文化能够真正落地生根，切实做好《文化手册》和《职工行为规范手册》的宣贯工作，公路处利用3个月的时间对全体职工进行文化培训，并组织了研讨会、演讲比赛、企业文化知识抢答赛、图片展等一系列活动，掀起了文化贯彻落实的高潮。

为把公路处文化建设融入建管征养的全过程，贯穿到各项工作中去，与中心工作统一规划部署、统一检查考核、统一评比总结、统一表彰奖励，建立了目标管理机制，坚持把文化建设工作纳入年度责任目标管理，制定总体规划，层层分解任务，具体到每个班子成员，科室和职工中；建立了检查考核和奖惩机制，坚持把建设公路处文化与评优、奖励、提拔挂钩。

2010年、2011年，先后举办了全市公路系统第一届、第二届文化建设论坛会。2011年，被命名为全国文明单位；先后荣获了“交通运输部文化建设示范单位”、“全国交通运输企业文化建设优秀单位”、“全国交通运输企业文化建设卓越单位”荣誉称号。各项业务工作始终保持全省先进行列。

2.成果展示

多年来，公路处下大力抓文化建设，坚信文化也是生产力这一科学论断并用以指导实践，取得了累累硕果。

(1)构建了特色鲜明的文化理念体系

公路处结合实际，构建了由使命、愿景、核心价值观、公路处精神等组成的文化理念体系。同时，提出“五个转移”战略之道。确定了以文化建设为指导的管理方略。明确了专业化、标准化、职业化的管理理念；以绩效论英雄的绩效理念；质量就是生命的质量理念；安全为天，天天安的安全理念；消除一切环节的浪费的成本理念。

以人本主义为核心，在职工中普及事业心、进取心、责任心、沟通心的“四心”思想。牢固树立居危思进的危机意识；提倡先学做人，博采众长的学习意识。

(2)确立了别具一格的“雄鸡”文化品格

从2005年起，公路处领导班子及广大职工一道，反复探讨能够代表公路处文化的象征物。大家认为在中国历史上，鸡具有“文、武、勇、仁、信”五德之美誉，被称为“五德禽”，这与公路人的美德是相通的，因此，最终确立“雄鸡”为公路处的象征物，其寓意为：

谦逊：雄鸡有漂亮的鸡冠、华丽的容貌，却不趾高气扬，而是文雅有礼。公路人要戒骄戒躁，正确看待自己的优缺点，虚心倾听不同的意见，不自大，不虚夸。

拼搏：雄鸡遇到强敌袭击，会羽毛倒竖，鸣叫迎战。公路人不畏艰难困苦，总是迎难而上，有排头就占，有第一就争，有红旗就扛。

共享：雄鸡找到食物，不吃独食，而是招呼同类一起享用。公路人奉行合作双赢的理念,与利益相关者携手前行,共同分享劳动成果。

诚信:雄鸡守夜不失时,天明准时报晓。公路人视诚信为生命,恪守诺言,言必信,行必果。

(3)打造公路“四季畅通工程”文化品牌

为了突出文化建设特色,2005年,公路处结合交通部开展的“三学四建一创”活动和牡丹江公路发展实际,提出了以“打造四季畅通工程、争创一流工作业绩”为目标的文明创建品牌,制定了《牡丹江市公路管理处关于开展“四季畅通工程”活动实施方案》和《四季畅通工程考核标准》。“四季畅通工程”就是全面实施“281”工程,即全力搞好两个建设(公路养护建设、农村公路建设),强化八项管理(干线公路养护管理、农村公路养护管理、公路工程建设管理、路政管理、机务管理、财务管理、文明单位文明行业建设管理、政务工作管理),加强班子建设、带好一支队伍。

2006年8月,在“281”工程的基础上,公路处又明确提出了“168工程”:“1”要努力打造一个品牌,即“四季畅通”文化品牌;“6”要大力弘扬六大精神,即自强不息、奋发向上的拼搏精神,锐意改革、大胆创新的开拓精神,团结协作、荣辱与共的团队精神,依法治路、勤政为民的务实精神,规范管理、文明征稽的敬业精神,为民造福、甘当“铺路石”的奉献精神;“8”要勇于肩负起八项责任,即和谐公路的责任、文明公路的责任、优质公路的责任、平安公路的责任、生态公路的责任、阳光公路的责任、精品公路的责任、壮大公路的责任。

几年来,通过不断完善和规范“四季畅通工程”文化品牌活动,进一步激发了广大干部职工的工作热情和创新精神,增强了公路处的向心力和凝聚力,有力地促进了公路事业的全面发展,一个你追我赶、拼搏进取的行业精神在公路系统已蔚然成风。目前,全系统参加评比的11个基层单位全部进入先进单位行列,其中有7个单位进入标兵单位行列。

(4)全方位展示公路文化建设成果

一是全面打造畅、洁、绿、美、安的公路环境。在公路养护生产上,公路处坚持“1452”工程和“GBM”工程的标准要求,加大公路养护管理力度,全力开展公路绿化、美化、香化工作,创造了“人在车中坐,车在画中游”的优美环境。特别是通过不断完善应急抢险措施,来应对夏季汛期重点路段的水毁预防和冬季除雪保通工作,保障了全市公路四季畅通无阻。

同时,公路处因地制宜,建立苗圃基地,增添人文景观,使公路香化、美化、绿化成为生态文化建设中的一道风景线。

二是全面推进城乡洁净工程。按照全市“五城同创”的要求,立足公路处自身建设开展了“交通畅通工程”活动。自活动开展以来,2011~2013年共绿化4437.9公里,146万株;清运垃圾1434立方米(市区105立方米);完成了牡丹江至黄花2.8公里、牡丹江至三道关2.4公里、铁岭河至四道村4.2公里3项城区公路建设任务,完成投资1330万元。并多次组织处机关干部到牡丹江火车站北自建街进行城市洁净义务劳动,努力为建设美好家园贡献力量。

三是机关文化、道班文化、站所文化、工地文化、路边文化全面铺开。通过建服务型机关、“五园、五化”道班、“零缺陷”服务站所、文明优质工地，公路路旁人文景观、生态景观设置，为过往司机和游人提供休息的地方，宣传公路处文化等措施，将公路处文化建设具体体现在路上，让人民群众直观地感受到公路处文化。

(5)充分发挥“龙头”模范带头作用

在文化建设中，公路处坚持“抓龙头、带行业”的原则，发挥机关示范作用。制定了《机关职员守则》、《公路处聘任聘用制工作人员考核实施细则》、《公路处廉政勤政规定》、《考勤制度》、《文明科室评比活动管理办法》、《职工教育暂行规定》、《财务管理制度》、《安全工作制度》等 19 项管理制度，由一名副处长具体负责，定期不定期进行检查，以制度管人，按制度办事，使处机关的工作作风得到了明显好转，为公路处的发展带了好头，起到了龙头示范作用。

(6)坚持廉政的公路工程招标管理。

在公路工程建设管理上，公路处始终坚持严格管理体制，严格履行公路建设管理程序，坚持实行“三合同”(建设工程合同、安全生产合同和廉政合同)，把好“四关”(设计关、招标关、监理关、验收关)，做到“三公开”(招投标、建设要务、建设财务公开)，“六制”(项目法人制、招投标制、监理制、合同制、质量终身制、廉政建设责任制)，“八道质量关”(施工单位自检关、驻地监理办主检关、分指挥部全检关、总指挥部随检关、省推进组抽检关、场外群众监督检查关、新闻媒体监督关、审计检查关)，建立纪检、监察、检察院联合预防职务犯罪体系，为农村公路建设保驾护航，确保了农村公路工程质量。

(7)建设文明公路示范“窗口”

本着“三个服务”的精神，在抓好处机关制度管理的基础上，公路处还坚持在行业“窗口”管理建设下功夫，实行了路政管理服务承诺制，强化服务意识、创新理念，不断完善服务管理手段和服务设施、加强军事化管理，积极从源头上治理公路“三乱”，不断完善监督检查机制，在社会上聘请行风监督员，在人民群众中树立良好公路部门形象，使牡丹江路政管理连续十多年保持在全省路政管理标兵行列。

(8)夯实农村公路文化建设基础

“十一五”期间，公路处认真贯彻国家和省政府有关农村公路建设的政策，在省交通运输厅和市委市政府的大力支持下，充分发挥职能作用，在农村公路建设中，攻坚破难，奋力前行，牡丹江市的农村公路建设取得了巨大成果。共完成投资 22.5 亿元，建设农村公路 825 项 6311.7 公里。截至 2011 年底，牡丹江市 56 个乡镇，887 个行政村全部铺上了硬质路面，行政村通畅率达到了 100%。有力地支持了全市新农村建设，为全省经济快速发展做出了突出贡献。

同时，在全省公路建设“三年决战”中，公路处积极响应市委市政府号召，发扬新时期龙江交通“四特精神”，圆满完成全长 11.2 公里的杏山至镜泊小镇公路建设任务，向省委省政府公路建设“三年决战”献上了一份厚礼，也为牡丹江旅游发展增添了一道亮丽的风景线。

(9)公路文化建设硕果累累

公路处国省干线公路养护管理工作夺取全省“十六连冠”,机务管理工作实现全省“十五连冠”,农村公路养护管理、路政管理、工程管理等工作一直保持全省一流水平。1992年至2010年,连续被命名为省级文明单位标兵、全省交通系统文明行业;2011年,被命名为全国文明单位;先后荣获了“交通运输部文化建设示范单位”、“全国交通运输企业文化建设优秀单位”、“全国交通运输企业文化建设卓越单位”、“全省农村公路建设先进单位”、省公路局及市交通局“目标管理先进单位”等荣誉称号。

目前,公路处系统建成国家级文明单位2个,省级文明单位标兵3个,省级文明单位2个,市级文明单位标兵4个;省级青年文明号1个,市文明样板路5条,精品道班12个,文明道班18个。所属宁安市公路养路段兰岗道班保持“全国百强模范道班”称号。牡丹江市公路处系统被省交通运输厅授予“全省交通系统文明行业”。

此外,在四川汶川地震中,处机关职工情系灾区人民,踊跃捐款57140元,把公路处价值30多万元,最新、最好的机械设备无偿捐献给四川灾区,表达了公路人的一片爱心,被省总工会授予“工人先锋号”荣誉称号,被省交通厅授予“抗震救灾特殊贡献奖”荣誉称号。

四、主要经验和体会

从文化建设实践中,公路处获得以下启示。

1.文化建设必须得到领导的高度重视

公路处文化在很大程度上表现为管理层的文化,是管理层理念的升华。公路处领导干部坚持以身作则、率先垂范,不断提升自身的领导力、职业素养与精神境界,通过成立文化建设领导小组、设置文化建设执行机构、设立专项的文化建设基金、建立相应的组织制度、建立考核评价和激励机制等,为确立和实践公路处文化提供了强大的动力保障。

2.文化建设必须全员参与才有生命力

广大干部职工是牡丹江公路发展的主体,只有广大干部职工积极地参与公路文化建设,才能使公路文化在牡丹江公路这块肥沃的土地上生根开花。而公路文化也只有通过不断的激发广大干部职工的热情、开发他们的潜能,充分调动干部职工的积极性和创造性,使公路事业管理的更加科学,形成全员参与、奋勇争先的建设局面才富有生命力。

3.文化建设必须符合公路建设的实际发展

文化建设必须符合公路发展的实际需要,不能搞形式主义。必须制定切实可行的文化建设方案,借助必要的载体和抓手,建立规范的内部管控体系和相应的激励约束机制,逐步建立健全公路处文化体系。必须把公路处文化建设与思想政治工作、精神文明建设和党建工作等有机地结合起来,形成协调发展、相互促进的工作格局。要以科学的态度,实事求是地进行公路处文化建设。

4.文化建设必须强化管理常抓不懈

文化建设作为一项战略性、长期性的工作,是一项庞大的、复杂的系统工程,决不能凭空想象一蹴而就,要树立“打持久战”的理念。文化建设是一个渐进的过程,必须运用系统论的方法,搞好整体设计,分步推进,分层落实。必须明确总体目标和阶段性目标,只有上下同心、协调运作,文化建设才能落到实处。

5.文化建设必须坚持创新与时俱进

在公路处文化建设中,必须积极吸收中华民族传统文化与中国公路文化的精髓,广泛借鉴国内外先进经营管理思想,认真总结和提炼公路处优秀文化成果,不断发展公路处文化。

同时,文化建设必须有相应制度作为保证,并最终从流程上固定下来,没有制度保障的文化建设最终会流于形式,如果不能从流程上固定下来,文化建设就不能算真正成功。

五、文化品牌

“四季畅通工程”品牌

六、文化品牌诠释

针对春季翻浆,夏季水毁,秋季冰霜,冬季雪阻,养护任务重、难度大的实际,牡丹江市公路管理处积极探寻管养好公路的有效途径,推出并开展了打造“四季畅通工程”品牌活动,即全面实施“281”工程。“2”全力搞好公路养护建设和农村公路建设;“8”强化干线公路养护管理、农村公路养护管理、公路工程建设管理、路政管理、机务管理、财务管理、文明建设管理、政务管理;“1”加强班子建设,带好一支队伍。

畅达牧野　服务中原

新乡市公路管理局

河南省新乡市公路管理局(简称:管理局)成立于1949年6月,负责新乡市18条、总里程1017公里国省干线公路的规划、建设、养护和管理。辖7个县(市)公路管理局、8个直属单位,现有干部职工近4000人。先后荣获全国"文明单位"、"五一劳动奖状"、"模范职工小家"、河南省"创先争优先进基层党组织"、"思想道德先进单位"、"学雷锋活动先进单位"、"好路杯竞赛特殊贡献奖"、"公路文化建设示范单位"、新乡市"先进基层党组织"、"平安建设先进单位"等荣誉。

一、文化建设动因

开展文化建设是实现新乡公路文化建设目标的需要。

60多年来,新乡公路人始终牢记"畅达牧野,服务中原"使命,在努力为人民提供良好的出行条件,为社会创建物质财富的同时,在文化建设方面进行有益探索和尝试,形成了具有浓郁新乡地域特色的行业精神,鼓舞着一代又一代公路人迎难而上、克难攻坚、无私奉献、奋勇争先。管理局先后荣获"中国企业文化建设成就奖"、"河南省公路文化建设示范单位"等荣誉。

虽然管理局在文化建设方面做了大量工作,但都没有形成完整的体系,需要去做认真的总结,不断系统化,形成理论化;需要把这种精神进行精心提炼,大力弘扬,发扬光大。因此,局党委提出力争3到5年创建全国交通运输文化建设示范单位,实现6个发展的目标。

二、核心价值理念体系表述

1.核心价值观:修路修身,养路养心

"修身"取自《礼记·大学》中"修身、齐家、治国、平天下",从管理的角度讲,就是要做到修路先修身,以高尚的品行和职业操守,修出惠民泽众之路。"养心"取自《礼记·大学》中"格物、致知、诚意、正心"之意,通过"格物、致知、诚意、正心"达到修身。就是要做到养路先养心(性),以执着的追求和无私的奉献,养出公众满意之路。修路修身,养路养心是新乡公路人的道德规范和价值取向,通过物质文明建设和精神文明建设,修身养心,涵养道德,为社会奉献精品公路、为公众提供优质服务。

2.行业使命:畅达牧野,服务中原

畅达牧野就是让出行者享受新乡公路的畅洁舒美,享受牧野文化的独特魅力。服务中原就是通过创新和管理努力提高实现“三个服务”的能力和水平，最大限度服务中原经济区发展。畅达牧野，服务中原是新乡公路人的终极责任，通过构建更安全、更畅通、更和谐、更高效的公路支撑体系，实现人便于行、货畅其流，为建设中原经济区强市发挥先行和保障作用。

3.共同愿景：大道达天下，新路新生活

“大道”取自《礼记·礼运》中“大道之行也，天下为公”之意。大道是中国古代政治的最高理想。新乡公路不仅要四通八达，对接高速、辐射城乡、承东启西、连南贯北，而且也要立足中原，面向中国，迈向世界，更要成为行业的领跑者。“新路”不仅是新乡公路简称，更有走创新路之意，就是要坚持不断创新来推动公路事业科学发展，为新乡人民建设幸福宜居城市，提升生活品质发挥先行作用。同时，还要让新乡公路为新乡公路人开启全新生活，让他们快乐的工作，幸福的生活。大道达天下，新路新生活是新乡公路人的理想追求，通过科学规划，优化布局，建设一流干线公路路网，推动新乡经济社会跨越发展。

4.公路精神：创先争优，唯旗是夺

创先争优就是用敢创一流的勇气，实现光荣与梦想。唯旗是夺就是用超越自我的气势，铸就荣誉与辉煌。创先争优，唯旗是夺是新乡公路人彼此共鸣的内心态度和精神支柱。新乡公路将通过开展“精细化管理”活动，以创促建，以创带建，以创保建，打造“和谐畅通、整洁美化、安全便捷、创新优质、廉洁高效”的新乡公路大交通形象，使新乡公路成为“事业科学发展，职工安居乐业，单位和谐稳定，行业祥和文明”的典范。

5.职业道德：爱路敬业，团结协作，文明诚信，廉洁奉献

爱路敬业是一种态度。新乡公路人常怀感恩之心，忠于职守，扎实工作，用强烈的事业心和高度的责任感努力做到职业精通，工作精细，技能精专，为新乡公路发展建功立业。团结协作是一种能力。新乡公路人携手前行，通过增强合作意识，做到识大体，顾大局，彼此尊重，协调配合；通过增强团结意识，做到互相学习，互相帮助，共同进步；通过增强团队意识，做到群策群力，取长补短，形成合力。文明诚信是一种美德。新乡公路人把文明写在脸上，把诚信装进心里。通过不断创新精神文明建设，做到对事业赤诚，对顾客真诚，对同事坦诚，对单位忠诚。廉洁奉献是一种境界。新乡公路人通过廉政文化建设，做到常修为人之德，常思私欲之害，常除非分之想，常怀律己之心；以为民服务的情怀，勇挑重担的觉悟，敢于吃苦的品质为公路奉献、对交通负责。

三、践行效果

新乡，古称牧野。地处河南北部，南临黄河，北依太行，文化底蕴深厚。牧野大战、比干剖心忠谏、官渡之战、陈桥兵变等重大历史事件均发生于此。建国初期曾为平原省省会。新中国成立以来，相继涌现出史来贺、吴金印、刘志华、张荣锁、耿瑞先、裴春亮、范海涛等英模人物和著名作家刘震云、奥运冠军刘国梁、歌唱家关牧村等杰出人物，形成了新乡典型辈出、群星灿烂的独特现象。在深入挖掘新乡传统文化的基础上，结合公路部门行

业特点，采取自上而下，全员参与，深入开展公路文化建设活动。把建设公路文化的过程作为宣传发动的过程，把建设公路文化的过程化作教育提高的过程。

1.从制度文化层面来看，建立了精细化管理体系

(1)先后开展了“规范化建设年”和精细化管理活动

把制度文化渗透到公路管理制度层面上，围绕公路的建、养、管，组织修订体现服务宗旨和公路精神的工作流程、职业道德行为规范等，从细节入手，从程序抓起，通过决策程序化、考核定量化、组织系统化、权责明晰化、奖惩有据化、目标计划化、业务流程化、措施具体化、行为标准化、控制过程化，进一步提升工作标准，拉高工作标杆，全面提升工作水平。

(2)制定了《精细化管理手册》

《精细化管理手册》在机关管理、公路建设、养护管理、路政治超等方面，突出规范化、制度化、精细化，形成了近10万字的精细化管理办法。通过制定科学、系统、精细的管理细则，运用程序化、标准化、数据化和信息化手段，做到了各项工作运作有序，执行有向，推动各项工作达标进位，全面升级，初步形成了具有新乡公路特色的“精细化管理”品牌。

(3)编制了文化建设的相关手册

这些手册面向全国公开征集新乡公路标识，在此基础上建立了新乡公路VI体系，编印了VI视觉识别手册。同时，又几易其稿，编印了《新乡公路文化》，包括《理念篇》、《行为篇》、《视觉篇》。其中，《理念篇》包括5个核心价值理念及释义；《行为篇》包括新乡市公路管理局职业道德行为规范等内容；《视觉篇》包括VI识别系统等内容。

2.从物质文化层面来看，形成了新乡公路服务品牌

新乡公路管理局提出了以项目实施为主导，推动跨越发展；以科学养护为引领，推进持续发展；以精细管理为目标，促进健康发展；以科技进步为支撑，指导创新发展；以制度建设为抓手，实现和谐发展；以文化建设为载体，引领科学发展的目标。明确提出要发挥文化的引领作用，着力推动机关文化向基层文化渗透，推动外在文化向内涵文化延伸，推动公路文化向文化公路拓展，推动精神文化向物质文化转化，新乡公路成为一张亮丽的城市名片，受到了各级领导和人民群众的高度赞誉。局项目争取、工程管理、科技创新、养护管理、路政管理和精神文明建设一直保持全省领先位次。形成了对接高速、辐射城乡、承东启西、连南贯北的交通大网络，有力地推动了新乡经济社会的发展。近年来，省、市领导多次做出批示给予肯定。张大卫副省长专门做出批示，“请交通厅继续在全省推行新乡作法”。河南省治超办提出了“全国治超学山西，河南治超学新乡”的口号，省交通运输厅和省公路局多次在新乡召开全省公路养护、路政管理和“三基建设”工作现场会，向全省推广管理局的经验和做法。作为省厅唯一推荐接受国家交通运输部干线公路养护管理检查的地级市，管理局受到了交通运输部检查组的一致好评。

3.选准载体，搞好文化落地

(1)开展“四讲四做”，在提高职工文明修养上下功夫

以“四讲四做”教育为抓手，把加强社会主义核心价值体系教育，积极推广行业核

心价值体系建设，融入文化建设中，积极探索知行合一的新途径。充分利用文明市民学校，以建设和谐文化、培育文明新风为重点，大力开展争做“文明有礼公路人”文明礼仪教育，进一步提升文明素质。以“道德讲堂”为阵地，积极开展公民道德基本规范、新乡城市精神和《新乡市公路职工职业道德行为规范》教育，大力弘扬“创先争优，唯旗是夺”的新乡公路精神，涌现出了全国模范养路工任爱民等一大批先进典型。新乡公路注重发挥先进典型的示范带动作用，在全系统开展向全国模范养路工任爱民同志学习活动，举办先进事迹报告会，向社会展现了新乡公路人的无私大爱。

(2)实施提升工程，在提高队伍综合素质上下功夫

先后开展了“四个一”素质提升工程、“五学五新”集中教育培训活动和以提升学习力、执行力、创新力、发展力为主要内容的“四力提升”工程。与河南财经政法大学建立合作关系，设立了思想政治教育实践基地，坚持每周举办一次专题讲座，每月组织一次中层干部结合本职工作演讲活动，每季度举行一次讲评活动，每年进行一次总结表彰活动。提升了干部职工素质和工作能力，坚定了发展信心。

(3)加强“三基”建设，在提升“三个服务”能力上下功夫

把文化建设融入抓基层，打基础，练基本功(简称“三基”)建设中。

一是文化建设与提升幸福指数有机融合。在全市公路工作会议上，响亮提出：要让干部职工，特别是一线职工快乐的工作，幸福的生活，在人们的关注中挺直腰杆，在事业的发展中感受幸福，在社会的进步中享受快乐，以自己是一名光荣的公路人感到骄傲和自豪，在本职岗位上实现个人的美丽梦想。管理局提出“大道达天下，新路新生活”的共同愿景，不仅要为新乡人民创造新生活，而且还要让新乡公路人过上幸福的新生活。

二是文化建设与公路建设有机融合。在实施新、改建工程项目中，将公路文化建设作为其中一项重要内容，融入前期设计方案中，充分考虑管养中心的建设、超限站的改造、重要节点、绿化美化等，丰富文化内涵，浓厚文化气息，打造文化公路。

三是文化建设与“五小”工程有机融合。全面推进小阅览室、小健身房、小洗衣房、小浴室和小食堂等“五小”工程建设。为8个养护单位统一配备了道路清洁车。所有养护职工统一服装，所有养护设施统一标识。进一步增强了凝聚力、向心力和认同感。

四是文化建设与基层建设有机融合。对道班、路政大队和超限站等公路沿线的重要场所，按照“一班一队一站一方案”原则，结合基层实际，突出原有特色，丰富文化内涵，实施高标准绿化美化，全面进行节点提升改造。将道班改建为集管理、养护、服务为一体的综合性管养中心。加大各超限站的文化建设。将管养中心、超限检测站建成了公路沿线的亮丽景点，公路文化的展示窗口，公路职工的快乐家园。

五是文化建设与活动载体有机融合。积极开展“和谐畅通杯”竞赛活动，提升了全市干线公路养护水平，优良路率始终保持在全省领先位次；深入开展“和谐发展杯”竞赛活动，提高直属单位自身管理水平，实现改革、稳定、效益同步发展的目标；开展“和谐文明科室”竞赛活动，以季评机关科室为主要手段，切实提高了机关的管理和服务水

平。实现了“业务工作争一流,保证工作见成效,保障工作出特色”的目标,促进了各项工作晋位升级,全面提高服务能力。

六是文化建设与文明创建有机融合。积极引导和激励基层创建文明单位,目前,提前3年实现了全市公路系统文明单位创建满堂红的目标,有2个直属单位荣获“全国青年文明号”。

(4)采取多种形式,在活跃职工文化生活上下功夫

充分发挥文化阵地的作用,先后成立了乒乓球协会、羽毛球协会、摄影协会、书画协会和自行车运动协会,积极引导职工树立健康向上的娱乐方式。坚持每年举办一次大型文体活动,每两年出版一本反映新乡公路文化建设成果的图书,丰富职工的文化生活,形成了浓郁的新乡公路文化特色。在全系统开展学唱《父亲》、《母亲》、《好人》、《爱拼才会赢》4首歌活动,既弘扬了中华民族优良传统,又鼓舞了斗志。举办拓展训练和汇报演讲,进一步增强了团队意识和协作精神。在机关设立了文化长廊,其内容全部采用职工自己拍摄的照片,图文并茂,寓意深远,营造了浓厚的文化氛围。

4.围绕中心,彰显引领作用

管理局坚持以新乡公路价值理念为核心的公路文化,渗透到日常工作中,加快公路文化向文化公路的转变,把建设文化公路的过程变成推动工作的过程,激发了干部职工的荣誉感、自豪感、归属感。强烈的主人翁意识焕发了活力,新乡公路人把对事业的热爱转化为工作的动力,以极大的热情投入到工作中,创造了一流的工作业绩。

(1)中心工作全省领先

坚持科学规划、适度超前、保证重点、整体推进、完善网络、利于报批的指导思想,做到建设一批、申报一批、谋划一批、储存一批,保证了公路建设的连续性。连续9届夺取全省公路“好路杯”竞赛金杯,去年以来,先后有浙江省湖州、四川省南充等10多个省、市公路部门到管理局参观考察。2013年在河南省公路系统表彰的10个项目中,夺取了9项荣誉,被省交通运输厅授予“好路杯竞赛突出贡献奖”。

(2)应急体系成为亮点

积极整合已有收费站资源,在全省率先建成路网监测与应急处置指挥中心和4个应急处置服务中心,实现了指挥中心对全市重要道路、重要节点、重点桥梁、道班、路政大队、超限站(点)的实时监控,提升了路网监测和应急处置的能力,受到交通运输部科研院专家的一致好评,被确定为全省试点。

(3)数字路管成为新模式

在公路养护管理中引入了现代城市管理理念,建立了数字路管新模式。按照全覆盖、无缝隙、精细化的管理原则,实现了快速化、准确化、精细化、信息化,使日常养护质量大幅度提高,优良路率近年来始终保持全省领先,全市道路基本推迟了一个大修周期,其中省道225山詹线等路段15年未大中修,10年以上未大中修的路段比比皆是,节约了大量的养护资金。

(4)科技创新增添活力

坚持以科技创新为依托,切实转变发展方式,有2项科研成果获得国家发明专利,有10余项成果荣获省、市科技进步奖。公路沥青路面厂拌热再生技术课题研究及推广应用,使新乡市公路路面废旧材料回收率100%,循环利用率达到90%,远远高于交通运输部"力争到2015年,国省干线公路废旧沥青路面材料循环利用率达到70%"的要求。

管理局积极开展公路文化建设,有力地推动了新乡公路事业的发展,进一步提升了"三个服务"能力,实现了由城市"名片"到"名牌"的跨越,为建设幸福新乡和中原经济区强市做出了突出贡献。展望未来,管理局更加充满信心,决心继续大力开展精神文明创建工作,认真学习贯彻党的十八大精神,以科学发展观为统领,在推进公路建设事业发展和行业文明建设工作中再接再厉,谱写新的篇章。

(5)机制产生效率

创建全国交通运输文化建设示范单位,是管理局引领方向激发斗志的一面旗帜,更是凝聚人心鼓舞士气的源泉和动力。建立了3个机制。

一是建立领导机制。近年来,管理局紧紧围绕新乡市委、市政府建设幸福新乡和中原经济区强市的总体目标,按照交通运输部《交通文化建设实施纲要》和《全国交通运输行业精神文明建设规划(2011~2015年)》总体要求,确定了活动的指导思想、总体目标、推进原则、工作载体、实施步骤和保障措施。成立了由局党政一把手任组长,相关科室共同参与的领导小组,具体负责文化建设推进工作。形成了党政负责、整体推动、各方配合、全员参与的工作体系和领导格局。

二是建立长效机制。始终坚持"重点突破,整体推进"的工作思路,围绕中心,服务大局,立足行业特色,创新活动载体,确保公路文化建设的连续性、实效性。

三是建立激励机制。管理局党委每年都足额列支文化建设的专项经费,用于活动的开展和奖励。每年对创建活动中涌现出的先进集体和个人在全系统进行通报表彰,进一步营造浓厚的文化氛围,极大地激发职工的热情。

路畅人和　服务海西

福建省公路管理局

福建省公路管理局内设17个机关处室，下辖省筑路机械厂、省公路路网应急保障中心、省公路职工疗养院3个直属单位，对9个设区市公路局、74个县（区）公路分局实行行业管理和业务指导。

受福建省交通运输厅委托，福建省公路管理局依照有关法律法规，负责具体实施全省普通公路交通基础设施建设、养护、管理等工作；同时，坚持两手抓，两手都要硬的方针，大力推进行业党建、精神文明建设和文化建设；尤其是借力公路文化建设，福建公路全行业加快转变公路发展方式，在更好地服务经济社会发展新需求方面迈出了坚实的步伐。截至目前，全省公路总里程达9.95万公里，等级公路8.09万公里，占总里程的81.3%，国省干线1.2万公里，实现县城二级以上公路连接，国省干线路况和综合服务水平明显提升。福建省公路管理局先后被交通运输部授予全国交通运输系统文明行业、全国交通运输系统先进单位、全国交通运输行业文明单位和全国模范职工之家称号，先后5届获省级文明单位，连续3年被省人民政府评为“安全生产目标管理责任制考评先进单位”。省局党委被福建省委授予全省先进基层党组织。目前全省公路系统保持国家级和省级以上文明单位26个，“全国五一劳动奖状”单位1个、“全国模范职工小家”14个、“全国文明道班”3个、“国家级青年文明号”2个、“省级青年文明号”24个，省部级以上劳模共计126人。青年绿色生态路和厦门文曾路等被评为全省交通运输行业文化服务品牌，三明市公路局被评为全省交通运输行业文化服务建设示范单位。

一、文化建设动因

国民之魂，文以化之；国家之魂，文以铸之。一个发展的民族，一个发展的地区，必然要有一种生机勃勃、昂扬向上的精神。当今时代，文化与经济的关联度日益加深，文化越来越成为行业凝聚力和创造力的重要源泉，越来越成为推动发展的核心竞争力。

一方面，公路文化具有突出的社会整合功能、明确的价值取向和强烈的感召力，它能够发挥先进文化对思想的引领和启迪作用，有效激发广大公路干部职工目标一致、团结奋斗的精神追求，从而凝聚干部职工的智慧与力量，为推动公路行业全面进步提供思想基础和动力源泉。随着改革开放30多年我国经济社会和人民群众生活的各方面得到迅速发展，人们对衣食住行的要求也逐渐提高，服装文化、美食文化、住宅文化日益丰富多彩,不断满足人们多方位、多层次的文化需求。属于“行”方面的公路行业则是带有政府职能的公共设施建设和公共管理服务部门,由于缺乏竞争机制,在公路发展进程中不同程度存在重建设轻管理、重发展轻环保、重物质轻人文的问题。因此,公路行业的各级领导不断转变观念,更新理念,成为公路文化的倡导者、组织者。积极培育具有行业特点和时代精神的公路文化,充分发挥先进文化对思想的引领和启迪作用,有利于充分激发广大干部职工团结奋斗的价值追求,展示公路人的精神风采。

另一方面,公路文化可以说是公路行业的灵魂,它是公路事业不断发展的内在动力和源泉,是公路系统软实力最重要、最核心的内容,是公路系统广大干部职工在长期生产实践中创造和形成的,为广大公路职工普遍认同并自觉遵守的,具有时代精神和行业特色的物质财富、行业精神、道德规范和发展目标等诸多因素的集中概括、提炼和升华。公路行业肩负着国民经济建设和发展“先行官”的重任,与人民群众生产生活息息相关,公路行业的根本宗旨就是为社会经济发展和人民群众生产生活提供畅通、安全、舒适、美观、和谐的公路交通基础设施,因此,必须坚持把文化建设有效贯穿到公路基础设施和公路服务设施中,充分展示海西公路文化建设的物质成果。

二、核心价值理念体系表述

核心价值观:路畅人和,服务海西

愿景:推动科学发展,构建和谐公路,服务海西建设,造福人民群众。

精神:艰苦奋斗、勇于创新,不畏风险、默默奉献。

职业道德:爱岗敬业、诚实守信、服务群众、奉献社会。

三、践行效果

福建省公路管理局在传承传统文化精髓的基础上,把文化建设有效贯穿到公路基础设施和公路服务设施建设中,创造出具有时代感和实用性的现代公路文化。

1.积极开展了“美丽交通生态公路”创建活动

围绕文化建设,制订了《“美丽交通、生态公路”三年行动方案》,在全省9个设区市公路局各抓1~2条生态示范路建设,制订公路文化服务品牌和示范单位管理办法,探索建立创品牌树典型的长效机制,积极选树公路文化服务品牌、示范单位并争创全国、全省交通运输文化品牌、示范单位和先进典型。一是加大路面改造力度,完善提升附属设施,努力做到“创建一条,成型一条,保持一条”,使创建成果得到长期保持;二是重点实施国道以及通往4A级以上重要旅游景区、交通枢纽、机场、港口等其他干线公路。三是充分利用现有路线,集约节约利用现有各类资源,通过养护改造工程等措施提高路况水平;四是坚持路内路外综合治理,主体工程与附属设施同步开展,硬件和软件同步提升,建立长效果机制。通过创建活动,营造更加“畅通、安全、舒适、美观”和更加“生态、和谐及富有地域特色和文化品位”的国省干线公路环境,更好地服务海西交通运输发展和建设交通强省，争取到“十二五”末，基本实现国道干线“生态文明路”覆盖率达80%以上，优良率达98%以上、路面旧料回收率达95%以上，实施公路绿化6000公里，增设文化景观80处。

2.强化了“畅、安、舒、美”理念，努力打造路文化品牌

各级公路部门注意结合实际，致力建设具有区域特色的生态公路，积极营造“车在路上行、人在画中游”的动态美感。

厦门文曾路以追求自然、质朴为导向，合理利用地形，通过修复性的生态绿化景观设计，营造出令人耳目一新的都市“世外桃源”，获得“大地艺术品”的赞誉。

厦门环岛公路宽敞整洁，两旁绿树成荫、鲜花似锦，体现奥林匹克精神、展示闽南民俗文化和特区改革发展成就的各种雕塑错落有致；书法广场中的传世书法经典、文房四宝、书法典故赏析与海滨自然休闲融为一体，共同构成一道旅游胜景。

在泉州惠安，由900多尊形态各异石雕作品构筑成的一条长32公里黄崇线石雕文化景观路，使行路人在车上就可以欣赏当地石雕的艺术魅力。

省道203线福州至永泰段，以自然、生态、和谐为设计理念，保持道路原生态环境，在公路沿线添加自然石、职工书法作品雕刻，打造出一条舞动的生态画卷。

莆田蒲禧古城省道202犀湄线，以抗倭英雄戚继光雕塑广场和公路青年文化园区为主线，人造景观与自然景观相对应，充分展示生态环境、历史文化元素的统一、和谐。根据福建多山的具体实际，聪慧的公路人顺应自然，依山开路，一条条山间公路如盘旋的巨龙，在绿意盎然的山林中掩映着飘逸动感。

龙岩上杭古田大道沿途以鲜红的八一军旗为模型，设置“星星之火可以燎原”、“古田会议永放光芒”、“人民军队从这里诞生”等一系列红色宣传标语牌，把“红色之路”、“古田”等景石景点设置其中，借助自然生态景观的优势，着力把古田大道建成生态示范之路和红色文化之路。

3.深化了“传承历史、展望未来”理念，努力打造桥文化品牌

在桥梁设计和建设方面，积极汲取廊桥、栈桥、石拱桥等古代桥梁的技术和文化元素，应用现代技术工艺和施工手段，融入时代精神，展现现代文明。

厦门海沧大桥的悬索结构是我国首次采用不设竖向塔支座的全漂浮连续结构，堪称现代桥梁艺术的精品，成为厦门一座标志性的工程。

泉州晋江大桥采用双索面的门式塔，选取“开”字作为桥梁设计理念的载体，既传承闽南古民居的建筑特色，又体现泉州作为海上丝绸之路起点重新走向世界、“开放、交流”面向未来的时代精神。

厦门五缘大桥则通过5桥连绵，见证海峡两岸同胞之间的血缘相亲、地缘相近、文缘相承、商缘相连、法缘相循。

《泉州桥文化》画册荟萃了历史文化名城泉州自唐以来至21世纪初的古桥和现代桥近200座，无论是传承桥梁浓郁文化气息的传闻轶事，还是表现现代桥梁与自然和

谐相处的美丽画卷,无不透出泉州那厚重的桥梁文化。

4.坚持尊重自然、以人为本、凸显地域特色理念,努力打造公路隧道文化品牌

厦门环岛干道上的黄厝、金山、曾山3座隧道群的洞口景观分别以“盛世开元”、“中左所营”、“嘉禾故里”、“海西鹭门”等厦门历史上的别称进行命名、设计,充分体现对厦门的历史地域文化的挖掘。翔安海底隧道五通洞口的“永不言弃”浮雕及洞内的浮雕群,展现了建设者建设翔安隧道的施工场景,艺术再现了翔安隧道的主要建设场景和建设者们不畏艰险的英雄气概,体现了“攻坚克难,永不言弃”的厦门城市精神。下穿隧道内,两侧设置了12座闽南古厝浮雕,一排排闽南红砖古厝,让驾车者感觉如同驶入了闽南传统村落,闽南气息扑面而来。在梧村山隧道两壁,为减少隧道过长的压抑感,建设者设置了景观灯箱牌,一侧碧海蓝天,一侧麦浪滚滚,使驾驶员和乘客心情愉悦。

5.按照“突出特色、打造亮点”原则,努力打造班站文化品牌

建瓯南雅公路站融入浓郁的地方色彩,充分利用当地丰富的笋竹资源,营造出别样的文化氛围。位于“中国丹桂之乡”浦城的桥亭道班,在桂花树上做文章,桂花吐蕊竞馨,香浓如雾,置身其中,心旷神怡。漳州平和黄井公路站优美的环境、花园式的布局,成为官九线上一道亮丽的风景。在创建国道205示范路过程中,将省界市界、桥梁隧道、养护中心等进行统一的文化设计,统一公路站、服务区、停车区、养护机械、养护职工服装等外观标识。

6.着力提升“三个服务”水平,全面推进机关文化建设,创建“作风优良、服务优质、环境优美、业绩优异”文明处(科)室

加强机关效能建设,切实提速、提质、提效,重点落实限时办结制度,进一步简化办事程序,压缩办事时限,提高办事效率,推进依法行政;创新服务方式,进一步拓展服务内涵,推行导办服务、限时服务、延时服务、预约服务等,尽量使基层和群众少跑机关,少费时间,少耗精力,最大限度地享受便捷高效的优质服务。

弘扬主旋律,用高尚的文化生活感染人。成立全省公路系统书画摄影协会以及12个分会,组织篮球、羽毛球、太极拳等各种兴趣小组,开展文艺会演、颂歌献给党、我们的节日等系列文体活动。积极组织开展“为海西建功立业”和“党建带团建”优秀团建项目评选活动,举办全省公路系统绿化岗位技能竞赛和公路桥梁技术评定技能竞赛。全系统共有2个集体获全国交通建设系统工人先锋号荣誉称号,4个集体获全国交通系统“模范职工小家”荣誉称号,省局荣获“全省交通运输产业技能竞赛”特别贡献奖,省局团委获省级五四红旗团委称号。

坚持全民阅读,积极推进“职工图书馆”建设,每年不断增加新的书目,号召干部职工“读一本好书品一部经典”,努力提升干部职工的思想素质。充分利用清明、端午、三八、五一、七一等节日开展各种球类比赛、书画摄影展、文艺会演、包粽子比赛、职工健身等活动,丰富了职工文化生活。组织开展职工摄影采风和“平安交通”知识竞赛,积

极参加省直机关工委“喜迎十八大·翰墨抒情怀”主题活动，省局机关4件作品入围并受到通报表彰。这些活动的开展，有效地提升职工的文化素养、业务技能和精神境界，增强队伍的凝聚力和向心力。

7.突出“惩防并举、廉洁发展”理念，努力打造廉政文化品牌

注重从培育核心理念、推进制度创新、引导群众参与、营造反腐倡廉氛围等方面，推进公路廉政文化建设。以项目带活动，实施廉政教育。通过开展读文思廉、警示教育、家庭助廉、上廉政党课、办廉政专刊专栏、编写格言警句、举办廉政文化演讲和知识竞赛、廉政文化书画摄影展等活动，拓展廉政文化阵地外延，营造良好的氛围。开展“崇廉尚俭”廉政文化作品征集活动，通过干部、职工创作的作品，宣传福建省公路系统艰苦奋斗、廉洁办公、勤俭节约、崇尚科学的廉政文化价值观。围绕规范权力运行，完善建章立制，把廉洁从业的要求贯穿于公路廉政监督工作的全过程。落实廉政建设“三谈两述”制度、干部个人大事报告制度和领导干部廉洁提醒谈话制度，建立定期检查和抽查制度，编制《廉政风险防控手册》，以廉政制度培育规范行为，为廉政文化发育成长提供深厚土壤。积极探索廉政理论、行业文化理论、企业管理理论，深入研究和探索公路廉政文化建设的规律、特点、内涵、功能和载体，不断提升行业廉政文化建设理论水平。

8.构建“红、绿、蓝”三原色理念，努力打造青年绿色生态路品牌

制定全省公路系统绿色生态路建设规划，形成规范的考核制度和管理办法。在保护天然的山水形态与生态格局的基础上进行植物造景，并运用多种设计元素突显公路文化和地域风情，提升公路服务品质，彰显品牌的生态、文化、科技和人才效应。青年绿化带是福建省绿色生态公路建设的一个品牌，设计青年绿化带标识，明确青年绿化带标志牌上的内容和格式以及青年绿化队的队名、旗帜。

构建“红、绿、蓝”三原色青年绿化带文化品牌价值理念体系，红色寓意世代传承的红色传统，体现公路青年传承公路“铺路石”精神；绿色寓意人类与生存环境的一种自觉协调关系，体现公路青年的活力四射和绿色环保意识；蓝色寓意公路青年在追求理想过程中展现出多元的面貌和个性。

各地青年绿化带建设遵循“地域性、生态性、景观性相协调”的原则，保持公路沿线原有自然风貌，注重人文与地域文化结合，综合运用各种新工艺、新科技、新方法，被过往驾乘人员称为“流动的风景线”。全省共组建青年绿化带101个，为广大团员青年的积极作为提供了一个宽阔的舞台，全系统涌现出1个全国青年号，11个省青年文明号、青年突击队、五四青年集体标兵；1个全国青年岗位能手，20个地市级以上青年突击队员（队长）、优秀团员、优秀青年岗位能手。

9.提升了干部职工队伍素质，增强了公路文化建设活力

干部职工队伍是公路文化建设的主体，福建省公路管理局始终坚持以人为本的方针，把提高队伍的综合素质作为公路文化建设的根本任务持续抓好。加强思想政治工

作研究，成功举办全国公路政研会第20届年会以及两年一届的福建省公路职工思想政治工作年会，把强有力的思想政治工作主动融入公路文化建设，及时掌握职工思想动态，维护全系统的安定稳定，使思想政治工作真正服务于公路中心工作，服务于改革发展稳定大局。

深化“学树建创”活动，深入开展“创先争优活动”，大力选树和宣传先进典型，组织先模人物巡回演讲、先模事迹报告会、“先模风采”专题片摄制评选活动，充分发挥先进典型的示范、导向作用。涌现出“新中国60年感动交通人物”、全国劳模洪养养、中央文明网“孝老爱亲”道德模范唐亚丽、创新型职工全国劳模蔡蒙军、“交通人先模”刘国才、全国劳模陈文生、全国“模范养路工”修连金和曾维森，为保护公路路产路权献出了宝贵生命的叶善飞，舍小家顾大家的抗洪抢险先进典型黄国辉等先进典型。提升思想道德情操，大力践行社会主义核心价值体系。积极参与道德模范评选、“我推荐，我评议身边好人”、爱心捐助、文明志愿活动。全系统1人荣登“中国好人榜”，4人荣登“福建好人榜”，1人入围中国好人榜和福建好人榜“敬业奉献好人”候选人。泉州永春玉斗公路站站长康清洁入围交通运输部“寻找最美养路工”前20名，该站被命名为“康清洁公路站”，成为福建省公路系统首个以养路工的名字命名公路站。福建省公路管理局被树为全国交通运输行业道德领域突出问题专项教育和治理活动示范单位，并被福建省交通运输厅推荐为全国交通运输行业文化示范单位，青年绿色生态路和厦门文曾路等被评为全省交通运输行业文化服务品牌，三明市公路局被评为全省交通运输行业文化服务建设示范单位。

四、主要经验和体会

在多年来的公路文化建设实践和探索中，福建公路管理局深刻认识到，要确保公路文化建设取得实效，主要有以下几方面的启示。

1.公路文化建设要注重实践性

福建省各级公路部门转变公路发展方式，把文化元素有效融入公路基础设施和公路服务设施建设中，力求彰显文化内涵及和谐氛围，精心打造科技含量高、人文景观与自然环境和谐统一、具有浓郁行业特征和地域特色的公路文化精品工程，逐步形成了具有行业特征和地域特色的海西公路文化品牌。

2.公路文化建设要注重长期性

公路文化建设工作的长期性，在于它伴随着公路建设和发展的全过程，要使文化理念化为职工的自觉行为，必须要有长期作战的准备。公路文化建设不是一朝一夕的事情，需要领导者和广大干部职工不断地去经营、培养和发展。因此，需要有机制、制度等方面的保证。

3.公路文化建设要注重创新性

坚持历史文化与现代文化相结合，用发展和丰富地域文化的理念，围绕各地深厚的历史文化积淀、丰富多彩的地方特色文化进行扬弃和创新，突出公路文化的特点和可操作性。通过精心设计载体，创新思维，倾力打造品牌，彰显公路亮点，注重人文关怀，把公路文化建设不断向纵深推进。

4.公路文化建设要注重社会性

福建省公路管理局立足以人为本，突出绿色和谐，以不断满足人民群众日益增长的出行需求为目标，同时，不断完善公路服务和安全设施，完善应急管理制度机制，提升了公路服务品质，公路行车环境显著改善，社会各界对公路行业的认可评价明显提升。充分利用文化建设对社会经济发展具有促进的功能，深入挖掘地方文化资源，力求有机融入公路建设、养护、管理等工作中，从而推动当地文化信息，产业信息的交流与良性互动。

5.要充分发文化载体的辐射作用和导向作用

福建省公路管理局通过举办海西公路文化论坛、海西公路青年文化创意大赛、政研会，培育具有福建公路行业精神和时代要求的路文化、桥文化、隧道文化、机关文化、青年文化、党建文化、班站文化，向社会展示良好的公路行业形象。通过积极开展专题理论研讨与文学创作征文等活动，相继编印《福建公路文化手册》、《泉州桥文化》，创作公路行业歌曲《福建公路之歌——和谐之路》，出版《海西公路文化》、《海西公路和韵》、《海西公路先锋》、《公路、稽征职工书画摄影作品集》、职工文学作品集《和谐之路》等专题文集和文学作品，制作专题宣传片《和谐之路》、《文明之路》、《希望之路》，展示福建公路人新时代的良好精神风貌。通过福建省公路文化四大宣传平台：福建公路杂志、福建公路简报、福建公路网、福建公路文化手册，积极宣传公路文化建设取得的成效。

行业文化建设是一项长期的系统工程，“路漫漫其修远兮，吾将上下而求索”，管理局将继续深入贯彻落实交通运输部《交通运输文化建设“十百千”工程实施方案》，顺应先进文化发展方向，进一步拓展提高公路文化建设的深度和广度，建立和完善具有鲜明时代特征、地域特色和行业特点的福建公路文化体系。

立中国中枢　畅南北通途

河南省交通运输厅京珠高速公路新乡至郑州管理处

河南省交通运输厅京珠高速公路新乡至郑州管理处（以下简称“新郑管理处”）成立于2004年10月1日，是河南省交通运输厅直属事业型单位，实行企业化管理，主要承担京珠高速公路新乡至郑州管理段及郑州西南绕城高速公路的运营管理任务。

一、文化建设动因

1.新郑管理处管辖路段地理位置特殊，社会责任大，工作标准高

郑州作为河南省省会和全国中心城市之一，地处我国腹地，在历史上，一向是我国人民南来北往、西去东来的必经之地，也是各族人民频繁活动和密切交往的场所。国道主干线京珠高速与连霍高速公路在新郑管理处所属刘江立交交汇。因此，无论从全国经济联系考虑，还是从经济技术交流着想，郑州均处于交通中枢位置，而新郑管理处无疑是这一中枢中的重中之重。

新郑管理处运营管理的主要路段京珠高速系中国南北主动脉的中央地段；所辖刘江黄河大桥是黄河最宽大桥，被誉为京珠高速公路的一颗明珠。由于其连贯南北，承东启西，位居周边辐射的良好区位，是南北两大经济区域的接合部，在全国经济发展格局中具有十分重要的战略地位。是我国南北地区实现经济联系的重要连接和传递地带，具有较强的聚集和扩散效应。既是我国南北方向物流、商流、资金流、信息流、人才流的重要连接点，也是贯通全国交通运输大发展的重要动脉。

2.新郑管理处是河南的窗口和郑州门户

新郑管理处经过不断地扩建和改造，对增强河南省物流运输能力、服务经济建设、提升对外形象等方面的作用日益凸显，所辖路段对河南首府郑州形成U形环绕，已经成为郑州市重要门户和中原经济区对外交往的窗口。

如果说在道路开通初期，新郑管理处是以优良的硬件设施来展示和树立形象的话，那么，随着新建高速公路在新科技、新设施上的不断投入和应用，如何在硬件设施大体相同、管理模式基本一致的情况下，提高自己的综合实力和竞争力，如何以进一步形成和明确我处的核心价值观、企业使命、企业愿景和企业精神，来凝聚广大职工的向心力和归属感，创造出富有新郑管理处特色的品牌形象，则是管理处长期以来一直思考和探索的问题。经过几年的积累和摸索，新郑管理处的领导班子充分认识到，文化是企业灵魂，如同一个人的气质内涵，反映一个单位的整体素质和精神面貌。认识到

加快企业文化建设，是提升管理处软实力，实现“打造高速公路优质服务品牌”目标的重要途径。管理处将企业文化建设作为当前和今后一个时期的重点工作，切实抓紧、抓好、抓出成效。

二、核心价值理念体系表述

核心价值观：守中致和，守道致远。

使命：立中国中枢，畅南北通途。

愿景：做示范路中的示范路。

精神：一路有我，一路争先。

员工之道：三大道德，八项准则。

三、践行效果

新郑管理处的“中和文化”建设整体规划分为5个阶段实施：自发期，（建处之初~2009年3月）；导入期，时间一年半（2009年3月~2010年9月）；深化期，时间两年零三个月（2010年9月~2012年12月）；调整期，时间半年（2013年1月~2013年6月）；常态管理期（2013年6月~），成功打造了“中和”文化，取得了良好的效果。

1.展现了优美的文化环境

在管理处机关和各基层单位建立了企业文化主题墙，设立了“中”字主题雕塑，建设了以“中和园”和“中和楼”为代表的文化视觉工程。以“三园”（花园、菜园、果园）、“五路”（中和路、致和路、致远路、和畅路、和谐路）“八景观”（中和文化景观区、核心价值观景观区、企业愿景景观区、企业使命景观区、中和之歌景观区、和谐景观区、企业精神景观区、廉政文化景观区）为主要内容的“中和园”；以展现“中和魂”、“中和文”、“中和韵”为主要内容的“中和楼”，使职工在潜移默化中受到教育和熏陶。优美的“中和文化”环境在行业内和社会上得到肯定。河南省交通运输厅厅直党委组织的党委书记座谈会、河南省省高速公路行业文化建设动员会在新郑管理处成功召开，管理处企业文化建设成果得到了与会领导的一致认同。河南省委、省政府有关领导以及省交通运输厅的各级领导、省高速公路运营管理兄弟单位也多次亲临管理处观摩我处文化建设成果，赢得了社会各界的广泛好评。

2.打造了优质服务品牌

服务品牌，是社会公众对服务有形部分的感知和服务过程的体验的总和。新郑管理处地处京珠高速公路和连霍高速公路交汇处，是河南省高速公路的重要窗口单位，代表着河南交通运输系统的对外形象。因此，我们在“中和文化”体系中明确了“中通天下，和畅同行”的服务理念，创建了“和畅同行”的服务品牌。在这一理念的引领下，新郑管理处坚持以企业文化推动文明服务，加强文明创建活动，先后开展了丰富多彩的“文明单位”、“青年文明号”、“工人先锋号”、“文明示范窗口”、“巾帼文明岗”等集体创建活动，以及“文明标兵”、“劳动模范”、“岗位能手”、“明星收费员”、“明星路政员”等个人创建活动。通过以上活动的推动，全方位、多角度地向社会各界展示了新郑管理处良好的形象。新郑管理处以和谐的服务，实现路通畅，车顺畅，人舒畅；新郑管理处的服务始终与司乘人员同行，与社会公众同行，与时代文明同行。

四、主要经验和体会

1.组织和经费保障

在文化建设的过程中，新郑管理处成立文化建设领导小组，管理处的处领导、中层领导的模范带头作用，是管理处文化建设的重要保障。同时，在文化建设过程中，新郑管理处设立文化建设专项资金，保障了企业文化建设的项目立项及经费支出。

2.确立文化建设基本原则

(1)以人为本的原则

企业的竞争从根本上说是人才的竞争，企业员工的素质和积极性、主动性决定了企业的兴衰成败，建立以人为本的中和文化是时代的要求。在建设中和文化、实施文化战略过程中，新郑管理处从“尊重人、理解人、关心人、发展人”等方面充分体现了以人为本的原则。主要从以下几个方面着手：

尊重员工的人格、尊严、情感和权利，信任员工，爱护员工，激发员工的主人翁意识和积极性。

企业内部形成了尊重知识，尊重人才的良好文化氛围，建立培训机制，完善培训制度，对全体征收、路政人员进行了岗位培训，组织业务骨干赴先进的高速公路管理部门进行学习考察，开展观摩交流活动，鼓励员工接受再教育、再培训，给员工提供良好的培训和学习机会，为员工成才创造了良好的环境。

重视“感情投资”，培养员工的集体归属感。

建立公平的竞争机制，中层管理者实施竞聘上岗，对部分中层管理骨干，如养护科长(对社会招聘)、运维大队长，服务区监管主任、收费站长等实行公开竞聘、笔试面试、审查考核等环节，竞聘上岗，体现公平公正。

(2)个性化原则

新郑管理处的文化要素受中原地域文化的滋养，不但借鉴和传承了中国交通行业文化核心价值理念，而且所辖路段作为河南高速公路网的重要组成部分，其文化形态同样也受到了河南高速公路行业文化的影响。同时新郑管理处成立以来就倡导以和谐为核心，建设了具有本单位特色的和谐文化，打造了一支团结和谐的员工队伍，营造了创先争优的传统精神，这些都为“中和文化”体系框架的构建积累了丰富的资源。

(3)参与性原则

中和文化建设的主体是“人”，中和文化的参与者也是“人”，中和文化的建设始终围绕“人”来展开，那么中和文化的建设就必须人性化。所以在建设中和文化、实施文化战略过程中,新郑管理处强调重视员工的较高的参与性。管理处在文化建设过程中,通过开展问卷调查、中和文化知识考试、“中和之歌”歌咏比赛、演讲比赛等活动,让尽可能多的员工参与进来。实践结果证明,这是一种非常好的企业文化建设方式。

(4)诚信原则

诚信是一个单位一笔巨大的无形资产,可以在复杂的市场竞争中凝聚职工,招揽顾客,吸引外资,能明显增强企业的竞争优势。诚信对中和文化建设乃至企业生存发展是十分重要的。新郑管理处在中和文化建设过程中着重加强诚信建设。在开展文化建设的过程中,以加强职业道德建设为重点,先后开展了以“好人就在身边”为主题,践行管理处“三大道德、八项准则”的道德讲堂活动,塑造诚实守信的企业价值观。

以构建现代企业制度为努力方向,塑造信誉高于一切的企业形象。

(5)创新原则

新郑管理处将创新与中和文化建设结合起来,塑造自己的创新文化。

积极鼓励观念创新,培养员工的创新意识。让企业中的每一位员工都要深刻理解企业在激烈的市场竞争中“人无我有,人有我优,人优我特”的理念和“穷则变,变则通,通则久”的游戏规则。唯有强烈的创新意识,才能激发员工的创新动机。比如采取多种形式创建“五个好”先进基层党组织,争做“五个表率”优秀共产党员为主要内容的创新活动,为促进窗口及服务单位创先争优活动取得明显成效打下良好基础。

初步形成了鼓励创新的文化氛围。这主要包括以下几个方面:建立知识共享平台,加强教育培训、向学习型组织转变等。比如每月定期编撰、出版《中和之道》报刊,截至目前共编辑出版报刊42期,在管理处各部门和单位引起了较大的反响,获得了广泛好评;整理出版企业文化故事集《中和颂》,整理出版我处创先争优人物丛书《群星灿烂》;精心组织团队编撰、审稿和出版管理处企业文化教材。自上而下的创新行为在整个管理处初步形成了鼓励创新的文化氛围。

3.坚持内化于心,提高职工综合素质

企业文化只有获得了广大员工的广泛认同,并转化为干事创业的自觉行动,才能真正发挥他的能动作用。为此,我们重点强化宣传教育,强化教育培训、强化典型引领,使企业文化不断深入人心。

(1)强化宣传引导　“中和文化”体系确定后,新郑管理处有计划地开展了一系列的宣贯活动,召开了动员会,编印了宣贯实施方案,广泛宣传引导,为基层各收费站、路政大队、运维大队、服务区培训了企业文化宣传员,分批组织了基层收费员、路政员参观学习。并在中和楼文化展厅设立了宣传版面,编印了《中和之道》宣传册,制作了有统一文化标识的笔记本、手提袋、纸杯、信纸等企业文化产品,在中和文化景观园建立文化长廊,进行大面积、高频率、多层次的宣传,同时充分利用收费站电子屏播报文化理念等形式,营造浓厚的企业文化建设的氛围。

(2)强化教育培训　按照企业文化建设总体部署,新郑管理处结合工作实际,扎实推进以爱岗敬业、诚实守信为主要内容的职业道德建设，积极践行企业核心价值观，不断提高干部职工的道德文化素质。在职工每年的驻站培训、新员工岗前培训中着重加入企业文化培训内容，通过对《中和文化宣言》的宣贯、座谈、研讨、知识考试等形式，增强职工对“中和文化”的认同。目前，新郑管理处已经整理编印了《中和文化宣言》、《中和画册》、《中和文化故事集》、《中和文化培训教材》、《中和之歌》、《中和企业文化专题片》等企业文化产品。

（3）强化典型引领　在企业文化建设过程中，新郑管理处注重发挥模范人物的示范引领作用。通过开展先进集体，争当优秀个人，开办道德讲堂等活动，用身边好人，讲身边好事，让做好人、做好事成为一种习惯、一种风尚。新郑管理处先后推选出道德模范、服务明星、创新标兵、业务能手等优秀个人，编辑出版了先进人物系列丛书《群星灿烂》。在这些先进人物中，有用委屈服务化解司乘矛盾的收费员；也有管理创新堵漏增收成果显著的收费站站长；还有孝敬公婆，团结邻里的好媳妇；更有在工作岗位默默奉献、成绩突出的业务能手。为了充分发挥这些先进个人的模范示范引领作用，结合中和文化的宣贯，新郑管理处为每位先进个人都制作了PPT宣传视频，并组织管理处全员进行学习、观看，通过这些先进人物的事迹充分展现了管理处的员工之道、服务之道，以及“一路有我，一路争先”的企业精神。

4.坚持固化于制，建立文化建设长效机制

企业文化源于企业历史的长期积淀，也源于在实践中不断探索总结提炼和升华，前者是企业文化存在的基础，后者是企业文化生命力的源泉。为此，我们不断探索建立完善企业文化制度，努力实现企业文化建设的常态化、规范化。

（1）制度建设常态化　新郑管理处在企业文化建设实践中，将行之有效的做法以制度的形式固定下来，并始终把企业文化建设贯穿于业务工作的全过程，先后建立完善了机关、征收、路产、服务区、机电、养护等部门在管理文化、服务文化和员工文化中的各项管理制度，以及各自标准化工作流程和服务标准手册等。一方面保证了企业文化建设的正确方向、健康发展；另一方面防止了企业文化建设与业务工作相互脱节、两张皮的问题。

（2）活动开展经常化　文体活动是企业文化建设最具活力的一个组成部分。开展丰富多彩的文化、体育活动，可以提高队伍的凝聚力，增强职工体质，使职工置身于各种文体活动之中，管理处先后开展了书画摄影比赛、文化主题晚会，成立兴趣小组，开设了文化论坛，举办了“中和文化”基本知识问答、我心中的“中和文化”演讲比赛、唱响《中和之歌》比赛等活动，使干部职工在潜移默化的文化氛围中受到感染、得到教育，提高职工对中和文化的认知度。最终将“一路有我，一路争先”的精神化为全体员工的自觉行动。同时，还开展了企业文化“一站队、一特色”活动，使企业文化建设既有整体的统一性还有各站队个体的差异性。

（3）员工行为规范常态化　优秀的企业文化融合了个人与工作的关系，通过制度建设使员工逐步形成共同的行为规范。按照企业建设规划，结合上级业务主管部门要求的行业规范，新郑管理处先后制定了“三大道德、八项准则”的基础规范、“着装、仪容、举止”的形象规范和“机关、征收、路产、服务区、机电、养护”人员的岗位行为规范。同时建立督导员制度，即：各科室、各基层单位推荐一名文化建设骨干，由专家老师进行强化培训，负责本部门、本单位企业文化建设的检查督导，每年年初组织文化宣传员工作会议，布置一年的文化宣贯计划，交流文化建设经验。同时把文化建设情况纳入到年底评先的考核中。通过企业文化建设的不断深入，使员工行为规范固化于心，外化于行。

5.坚持实化于效，促进企业科学发展

加强企业文化建设的目的，就是把文化力量逐步转化为生产力量，通过文化的力量促进企业的科学发展。近年来，新郑管理处通过加强企业文化建设，全处广大干部职工的精神风貌、整体素质、服务水平得到大幅提升，管理处的养护管理、路产管理、通行费管理、服务区管理有了明显的进步，工作水平和效率，发展质量和效益有了显著提升，新郑管理处各项工作保持了健康快速发展，连续被河南省交通运输厅评为高速公路管理先进单位，并先后3次获得“全国交通运输企业文化建设优秀单位”、获得“省级文明单位”、“全国交通行业文明单位”、“五一劳动奖状”、“省模范劳动关系和谐企业”等荣誉，可以说，在中和文化旗帜的引领下，管理处职工整体风貌、整体素质得到进一步提升，运营管理事业逐渐步入到了健康、高效、快速的轨道。

在今后的发展过程中，新郑管理处将以交通运输部《交通文化发展实施纲要》为指导，在“中和文化”旗帜的引领下，选准载体、注重创新，创造性地开展企业文化建设工作，继续提高单位整体文明程度，打造运管行业崭新形象，为高速公路运营事业的发展做出更大的贡献。

五、单位标识诠释

新郑管理处的形象标识，体现了中和文化理念：东西走向的立交与南北走向的大道交汇，象征着中国中枢的概念，纵贯南北的大道，象征着南北通途的意境。

心路相融　畅享三晋

山西省高速公路管理局

山西省高速公路管理局成立于2000年12月，隶属省交通运输厅，主要负责全省已通车高速公路的运营管理和资产管理工作。现辖41个高速公路运营管理单位，4个直属事业单位，2个经营性单位。局机关内设13个行政职能处室和3个党群工作部门。截至2013年11月，全省高速公路已通车运营4016公里，其中政府还贷高速公路3251公里、经营性高速公路765公里，全省共有254个收费站、24个路政大队、83对服务区、88个养护单元、11个片区信息监控中心。全系统现有职工22600余人。

一、文化建设动因

1.传承和弘扬山西高速公路优秀文化

20世纪90年代初，为了摆脱落后的公路交通对山西经济社会发展制约，山西人民在省委省政府的坚强领导下，以“就是卖掉省委大楼也要修建高速路”的坚强决心，克服了建设资金严重短缺、施工难度大、质量要求高等重重困难，不畏艰险，顽强拼搏，万众一心，众志成城，举全省之力建成了山西省第一条高速公路——太旧高速公路，不仅改善了山西落后的交通条件，推动了山西的对外开放和经济发展，而且用心血和汗水铸就了享誉全国的自力更生、艰苦奋斗、不屈不挠、勇于奉献的“太旧精神”，成为建设山西、振兴山西的巨大力量源泉和宝贵精神财富。之后，在建设大运高速公路的过程中，又创造出了代表山西交通创新、人文、科技等新形象的“大运精神”。从“十一五”开始，山西高速公路建设和运营管理事业进入了崭新的发展阶段，广大干部职工充分发扬敢于担当、勇于奉献的时代精神，抢抓机遇、拼搏奋战，在创造了巨大物质文明的同时，也谱写了丰富的精神篇章，成为山西高速公路的重要文化源流与优秀文化元素。

在运营管理工作中，大力开展行业文化建设，弘扬好、传承好高速公路建设和管理中形成的“太旧精神”、“大运精神”等丰富的精神财富，全面梳理和凝练具有山西特色的高速公路行业核心价值体系，是山西高速公路行业深入学习实践科学发展观，积极践行社会主义核心价值观和交通运输行业核心价值体系，全面实现高速公路管理发展战略目标的客观要求；是发挥党的政治优势，加强精神文明建设的有力抓手；是造就高素质员工队伍，促进人的全面发展的重要途径；对于进一步振奋精神，凝聚力量，增强广大干部职工的归属感、使命感和责任感，推进行业管理创新，实现高速公路管理事业转型跨越发展具有十分重要的意义。

2.树立和提升高速公路行业"服务人民,奉献社会"的良好形象

高速公路运营管理的成果回馈于社会,就是要为人民群众提供安全、畅通、高效、便捷、舒适的通行环境。随着社会经济的发展,人民群众的出行需求和服务要求逐步呈现出多样化、个性化的趋势,如何破解高速公路"不断满足社会公众的服务需求"这一难题,文化建设是一个很好的选择。因为,文化建设所围绕的 3 个问题,即:我们的行业是什么、为什么、怎么办,能够从探索高速公路行业生存和发展的关键要素着手,在全行业明确"服务是高速公路的第一属性"这一定位,进而以更好地为公众服务为基本内容,凝练高速公路行业的核心价值理念,通过对核心价值理念的传播、渗透,使行业员工牢固树立"服务人民,奉献社会"的宗旨,做到以公众的服务需求为导向,加快高速公路新型产业向现代服务业的转变,把为社会提供的服务项目、服务内容、服务标准、服务流程等,与顾客的需求紧密结合,从根本上提高服务的实效性,促进全行业整体公共服务水平的提高。

同时,高速公路作为现代交通行业的重要组成部分,是公路交通网络中最高层次的公路通道,在国家政治稳定、经济发展、社会和谐等方面具有重要的地位和作用。加强文化建设,能够以先进的行业文化为引领,营造富有高速行业特色的核心凝聚力和行业精神,以健康、完备的行业价值观培养优秀的职工队伍,提升行业团队整体素质,推动高速公路健康、稳定、持续发展。同时,通过文化建设的辐射功能,将高速公路行业的社会价值,以更生动的形象、更具体的形式和更广泛的途径全方位地传播出去,扩大高速公路行业的社会认知度和影响力,让社会公众在享受高速公路新型公共服务带来的舒适、畅快之时,也能感受到高速公路行业所承载的重要社会责任,进一步树立高速公路行业的良好社会形象。

3.引领和推进行业管理思想和管理方式的持续优化

多年来,由于高速公路建设投资主体不同等原因,行业管理一直存在体制多样化、主体多元化等问题,严重制约和影响着高速公路资源的充分利用和共享优化,因此,对高速公路资产进行重组、优化和整合,理顺管理体制,突出整体效应,使高速公路运营达到最佳效果,已经迫在眉睫。而文化建设正是实现行业体制改革和资源整合的最佳切入点。一方面,改革和整合是一个不断深化、循序渐进的过程,也是人们逐步转变观念、提高认识的过程,只有通过文化的认同和凝聚,才能够更好地引导行业职工转变观念、创新思维、提高认识,以卓越的行业愿景、行业精神和行业价值观为"内驱力",鼎力推动系统的变革,推进和加速行业的全面整合。另一方面,对于行业内不同体制的管理单元,如:BOT、BT 等一些经营性企业,能够通过制度、观念、价值观等文化因素的渗透、传播,形成全行业统一的"文化圈",从而较好地实现行业的"软"整合。

同时,高速公路的迅猛发展迫切要求必须更加注重管理创新,努力实现管理的持续改进和系统优化,而加强文化建设,能够以先进的管理理念和行业核心价值体系为主导,对行业管理体系的完善、管理制度的健全、管理流程的再造等起到一种无形的引

领、指导和影响作用，为行业管理水平的全面提升提供良好的、持久的“软环境”支持。而且，先进的行业文化是运营管理诸要素之间的特殊“黏合剂”，能够有效解决“以人为本”的文化观和“以事为本”的传统管理理念之间的矛盾，保证管理制度和运行机制的科学合理，做到激励与约束并存，对于促进行业“人、财、物”三大资源的和谐，全面推进行业管理现代化具有重大的战略意义。

二、核心价值理念体系表述

1.核心价值观：心路相融，和畅通达

行业核心价值观是山西高速公路行业核心价值理念的统领，是山西高速公路行业文化的灵魂和核心组成部分，是行业改革和发展的根本任务和全体员工的共同追求。

“心路相融”表现了高速公路管理、服务的价值取向和不懈追求。包括两层含义：把心放在路上，即是山西高速公路管理行业广大干部员工以高度的事业心，全心全力投入高速公路管理事业之中；把路放在心上，即全行业坚持以路为家、以路为业，以强烈的责任感，为做好“三个服务”尽心竭力，为更好地为公众服务不懈努力。

“和畅通达”体现了高速公路行业的基本功能定位和服务特性。“和畅”即路畅人和之意，寓意山西高速公路通过高效优质的管理服务，把为民、利民、便民贯穿到工作的各个环节，达到道路的安全畅通、行车的愉悦舒畅，实现人、车、路的和谐融洽；“通达”即四通八达之意，寓意山西高速公路以更加完善的路网功能、更加便捷的出行服务，不断满足人民群众多样化、舒适性、经济性的出行需求，努力推进本行业向现代服务行业转型。

2.使命：为社会提供安全、畅通、便捷、经济的高速通道

行业使命是山西高速公路行业核心价值理念的主题，是行业核心价值观的载体和反映，是行业生存和发展的崇高责任。

“安全”意味着山西高速公路行业始终坚持安全第一的工作方针，努力保障高速公路的行车安全，最大限度地减少人员伤亡和财产损失；“畅通”意味着最大程度地提高高速公路的覆盖率、通达度和机动性；“便捷”意味着要牢固树立以人为本的服务理念，不断优化管理方式、提高工作效能、强化服务功能、延伸服务链条，为社会提供更方便、更及时、更有效的服务；“经济”意味着科学规划，科学设计，科学管理，力争实现行业管理的低成本和公众出行的低消费。

“安全、畅通、便捷、经济”体现了高速公路的基本功能和服务特性，紧扣高速公路交通大通道的特点，是实现道路畅通化、设施安全化、工作标准化、管理精细化、服务人性化、运行信息化的高度凝练，也是山西高速公路行业的服务方向和管理目标。

3.愿景：社会满意、行业领先、员工自豪

共同愿景是山西高速公路行业核心价值理念的宣言，是实施行业发展战略与加强行业文化建设的内生动力，是山西高速公路行业全体员工共同向往的美好图景。

山西高速公路的行业愿景立足从社会、行业、员工3个层面阐述未来发展的和谐景象；

“社会满意”就是要积极打造平安、绿色、科技、温馨、智能、人文的高速公路服务品牌，建设高效优质的公共服务体系，实现社会对行业的高度认同；

“行业领先”就是要形成统一协调、上下顺畅、高效灵活的体制机制，积极建设人尽其才、环境优美、持续发展、具有活力的高速公路行业，实现行业内外共同和谐发展，做全国高速公路管理行业的领先者；

“员工自豪”就是要积极拓展公平、竞争、有序、合理的高速员工发展平台，构建规范化、人性化的管理激励机制，实现员工对行业的充分信任和高度自豪。

4.精神：勇于担当，精细务实，创新有为，乐群协作

行业精神是山西高速公路行业核心价值理念的精髓，是行业广大干部员工长期奋斗共同展现的宝贵的精神财富，是行业创新和发展的强大动力。

“勇于担当”与山西高速公路建设、发展中孕育的精神、传统一脉相承，是发展之要、是成事之基、是动力之源，是山西高速人从建设到管理，不畏艰难、直面困难、坚守使命的生动写照，是新时期推进转型跨越发展，勇于承担、勇于负责、勇于攻坚的行动自觉。

“精细务实”是山西高速的精神特质，融合了地域传统文化特色，是行业致力推行精细化管理，脚踏实地、求真务实的集中概括。

“创新有为”是山西高速公路行业不断适应时代发展要求，以革故鼎新的精神状态，敢为人先的行业风貌，不断提升高速公路管理服务水平的具体体现。

“乐群协作”中的“乐群”出自《礼记·学记》，“协作”指协调与配合，意为乐于融入群体，乐于融入社会，乐于与他人合作，体现了团结、友爱、互助、协作的人生态度，既具有优秀传统文化的丰富内涵，也具有鲜明的时代特征和现实针对性，是高速公路行业对待工作、生活的积极态度和哲学思考。

5.职业道德：爱岗敬业，明礼诚信，尽职尽责，服务公众

职业道德是山西高速公路行业核心价值理念的基础，是行业职工在管理与服务活动中应当遵循的道德准则、道德情操与道德品质的总和，是行业规范和发展的根本要求。

“爱岗敬业”，就是热爱本职岗位，以恭敬严肃的态度对待自己的工作，认真负责，一心一意，任劳任怨，精益求精，达到以路为家，以路为业的职业境界，是山西高速行业职业道德的基本要求。

“明礼诚信”，就是讲文明、重礼仪，讲诚实、守信用。建设高速公路现代交通文明，弘扬山西诚信传统文化，是山西高速公路行业职业道德的重要特征。

“尽职尽责”，就是始终做到恪尽职守，牢固树立责任意识，时刻把忠实履行职责放在首位，勇于担当、甘心付出、积极作为，是山西高速公路行业职业道德的精髓所在。

"服务公众",就是紧扣山西高速公路行业的核心价值观,充分体现山西高速公路行业致力提高管理能力和服务品质的本质要求,把为社会公众提供安全、畅通、便捷的高速公路交通服务作为行业的第一追求,努力实现高速公路行业由新型产业向现代服务业的转变,是山西高速公路行业职业道德的根本属性。

三、践行效果

1.行业核心价值体系逐步完善,文化理念深入人心

在深入挖掘和整合全系统的文化资源,对各运营管理企业的文化理念、发展脉络、管理现状等进行全面梳理的基础上,总结、提炼形成了行业职工普遍认同的,具有鲜明行业特点、地域属性和时代特征的山西高速公路核心价值体系。从"理念识别"、"行为识别"和"视觉形象识别"3 个层面,对山西高速公路行业文化建设的发展方略、价值体系、行为规范、标志形象等进行了全面系统的定位,形成了山西高速公路行业文化体系的基本架构,并进行了广泛的宣贯和践行,努力推动核心价值体系进班组、进站区、进企业,文化建设开始由自发进入自觉阶段,呈现出了体系完善、理念入心、行为自觉的良好格局,为培育和发展行业文化奠定了良好的思想基础和广泛的价值认同。

2.行业文明程度和职工文明素质持续提升,推动发展的精神动力明显增强

积极探索和实践行业党的建设、精神文明建设和文化建设"三结合,三促进"工作模式,将行业文化建设与行业党建、精神文明建设紧密结合、互为载体,广泛开展了时代特色鲜明、行业特色突出、地域特色浓厚的文化实践活动,强化了党的基层组织建设,拓展了思想政治工作领域,增强了党组织的吸引力、凝聚力和号召力,丰富了精神文明建设的内涵。总结提炼出崔景云速度、谢娜工作法、程晓琳礼仪标准等享誉三晋的文明服务成果,创建了一大批文明和谐单位、文明和谐示范窗口、文明和谐标兵等,培育和选树出了吕文忠、张帆、荣海凤、崔景云、米小斌、王云峰等一大批实践行业核心价值体系的先进典型。

3.运营管理和公共服务水平不断提高,行业发展充满活力

行业文化建设的深入开展,有力促进了全系统广大干部职工的观念转变和思路创新,贯彻落实科学发展观的自觉性和坚定性不断增强,主动作为、破解难题、统筹协调、科学发展的能力普遍提高。结合行业实际,科学制定和确立了建设"六大工程",提升"四种能力",实现"六化"目标,加快推进高速公路由新型产业向现代服务业转型等一系列思路和理念,全省高速公路基础管理不断优化,服务质量不断升级,各项运营指标不断刷新,行业管理服务水平全面提升。根据山西省社情民意调查中心的调查显示,社会公众对山西高速公路系统的总体满意度由 2007 年的 79.6 提高到了 2013 年的 86.96,受到了社会各界的广泛赞誉。2010 年以来,山西省高速公路管理局先后荣获"全国交通系统文明单位"、"全国交通系统先进集体"、"全国五一劳动奖状"、"山西省文明和谐单位"、"全国交通运输企业文化建设优秀单位"等荣誉称号。

四、主要经验和体会

1.必须切实加强对行业文化建设的组织领导,使行业文化建设统领于决策

多年来,山西省高速公路管理局始终坚持把加强行业文化建设作为实现高速公路事业又好又快发展的重要战略任务和一项基础性工程来抓,精心组织,扎实推进。要求全系统各级领导者坚持从自身做起,带头学习领会和贯彻落实科学发展观,切实强化决策层对行业文化的认知和认同。组织各级管理者带头学习、倡导行业文化,率先研究、践行行业文化,认真探索、总结和凝练行业文化理念体系,全方位增强各级管理者特别是各决策层对行业文化建设重要性、紧迫性的认识,促使各级管理者在决策和领导过程中,切实遵循行业文化理念,率先垂范行业文化建设,成为行业文化建设的坚定推行者、实践者和先行者。同时,在全系统自上而下建立健全了各级文化建设组织机构,制定了相应的管理制度和职责体系,形成了党委统一领导,有关部门通力合作、齐抓共管的工作机制,为行业文化建设提供了有力的组织保障和决策保证。

2.必须切实重视行业文化的宣贯和导入工作,使行业文化建设形成于观念

山西高速公路管理局在文化建设过程中,坚持从文化塑造抓起,大力实施文化灌输工程,积极构建起了由行业核心层进行提炼设计、各管理层积极推进、全体员工广泛认同并积极实践的行业文化"落地生根"工作模式。结合行业实际,编写了理念鲜明、形式活泼、印制精美的《行业文化手册》。通过集中培训、专题讲座、主题教育、案例展示、学习讨论等多种形式,认真组织广大职工深入学习社会主义核心价值观、"中国梦"重要论述、全国交通运输行业核心价值体系,学习"右玉精神"、"太旧精神"、"大运精神"等优秀传统,全方位开展山西高速公路行业核心价值体系的宣贯传播和教育培训,并把每年的 4 月份确定为核心价值体系宣贯月。通过广泛的宣贯和引导,切实使广大员工充分了解和深刻认识行业核心价值体系及其内涵,从而逐步改变固有的传统观念,形成新的思维模式,在全行业形成相对统一的价值准则和行为规范,并且在实践中转化为广大干部职工的自觉行动。

3.必须积极推进行业管理制度的建设与创新,使行业文化建设规范于制度

几年来,山西高速公路管理局坚持以制度建设为基础,把先进的文化理念贯穿于各项管理制度建设之中,不断强化制度规范,积极推进制度文化的建设,依靠建立先进科学的管理制度保证行业文化的先进性和稳定性。1999 年管理局在全省交通系统率先引入 ISO 9000 质量体系认证;2003 年实施规范化管理,编印了《规范化手册丛书》;2008 年又积极倡导开展精细化管理,提出要从提高员工基本素质入手,以提高基础管理为着眼点,以提高基层组织的执行力为突破口,大力提升精细化管理水平;2009 年提出以精细化推进行业规范化的要求,并于当年开始编制高速公路精细化管理标准;2010 年依据新的行业文化理念,在认真清理、调整、完善、健全各项规章制度的基础上,坚持制度创新,在全国交通运输行业率先编制完成了《高速公路精细化管理标准体系

总则》和5个管理规范，配套制定了涉及600余个岗位的《山西省高速公路精细化管理岗位工作标准应用手册》，经过山西省质量技术监督局评审发布，在全系统推广应用。精细化管理标准的颁布实施和常态化、制度化、标准化运作，将价值理念融入管理制度中，把有形的制度以无形的文化方式渗透到了行业运营管理的方方面面，使刚性制度的约束转化为员工的自觉行动，不仅对山西高速公路行业内部规范管理具有较强的指导和约束作用，而且成为山西高速公路行业对社会的公开承诺书，成为山西高速公路行业公开接受社会监督、及时解决社会问题、持续提升服务能力的强大动因，受到了交通运输部和全国同行的广泛关注和认可。

同时，山西高速公路管理局紧紧抓住精细化管理这条主线，积极推进精细化管理向文化管理过渡。牢固树立"人本管理"的理念，不断健全和完善用人、用工、薪酬、奖惩等管理中的激励机制和竞争机制。加大力度，精益求精，构建了"六大管理体系"，即：精细化管理体系、新型薪酬激励机制、科学绩效考核体系、顾客满意度测评体系、突发事件应急管理体系、国有资产监管体系。在运营管理中以制度化的方式使山西高速公路系统核心价值体系得到了充分激活，刚性的制度约束与柔性的文化管理有机融合、互为支撑，成为调整和改变员工行为方式的催化剂，改善了员工的精神面貌，提升了员工的人文素质，带来了一流的服务和一流的团队形象。

4.必须精心设计形式多样的行业文化建设活动载体，使行业文化建设浓缩于活动

(1)扎实抓好基层业余文化活动

以"职工之家"建设为依托，加强基层的文化基础设施和文化阵地建设，各站区队普遍设立了阅览室、活动室、网吧等，许多公司还建立了体育场馆、拓展培训中心、文化娱乐中心等活动基地，并且积极组织开展职工运动会、文艺会演、知识竞赛等形式多样、职工喜闻乐见、健康有益的文化体育活动，极大地丰富了广大干部职工的精神文化生活，提高了身心素质，促进了人的全面发展。

(2)不断深化群众性文明创建活动

坚持把现代管理、现代文明、现代服务的理念融入群众性创建活动全过程。结合交通运输部"学树建创"活动要求，深入开展全系统的文明和谐单位、工人先锋号、青年文明号、巾帼文明岗等群众性创建活动和"星级信誉考核"、"双百千亿无差错"劳动竞赛、"七比七看，服务创优"立功竞赛等主题实践活动。同时，积极拓宽文明创建领域，在开展路警、路地、路军共建活动的基础上，组织开展了"晋陕共建省际畅通文明高速"和"晋蒙携手共创文明交通示范公路"活动，在跨行业、跨省区文明共建方面做出了有益的尝试。

(3)繁荣发展文化艺术创作活动

探索和尝试性地开展各类文化组织的建设和各类文化艺术活动的组织工作。成立了祁临诗社、业余合唱团、篮球队等群众性文化组织，举办了百名诗人书家颂高速等活动，创作并编辑了《晋路风景》、《大运亨通》、《路标》、《高路走天脊》等一批

有影响的文学作品，创作了《高速放歌》等大型文艺节目，完成了《“畅享三晋”高速组歌》的创作，多角度、多侧面讴歌山西高速公路管理事业，提高行业的知名度和影响力。

(4)高度重视文化传播活动

充分利用山西高速网站和系统内部网络平台，以及报纸、杂志、网络、论坛、短信平台、可变情报板等文化传播渠道，通过宣传视频、宣传手册等各类文化传播介质和各类接触界面，开展生动活泼、富有特色、卓有成效的行业文化传播活动，全面实施行业文化渗透，不断深化社会公众对高速公路行业文化的认知度和理解度。

5.必须充分依托高速公路独特的人文环境，加强“路”文化建设，使行业文化建设识别于形象

(1)以建设优美的高速公路行车环境为着力点，结合高速公路沿线的地域文化等，大力开展文化景观建设，初步形成了具有佛教文化、晋商文化、根祖文化、黄河文化等诸多元素的“千里大运”文化长廊，以“太行精神”、“抗战精神”为内涵的太长高速公路“红色文化长廊”，以“女娲补天”、“精卫填海”、“后羿射日”等神话故事为内容的长晋高速公路“远古神话故事文化景观”，以及忻保高速公路芦芽山“自然生态文化长廊”等，使高速公路现代文明和山西丰厚历史文化积淀相互融合、相得益彰，形成了具有山西高速特色的“路”文化，实现了以“路”认“省”，提高了山西高速公路的“文化名片”作用。

(2)结合站区建设和职工之家建设等，大力开展“窗口”形象建设和站区文化景点建设，在收费站、服务区等，因地制宜建设了一批风格各异的小景点、小雕塑、小园林等文化景观设施，打造集文化、休闲于一体的新型生态文化设施和场所，既为广大员工提供了舒适优美的充满文化气息的工作生活环境，又为人民群众出行提供了更高层次的服务。

(3)按照统一、规范、明确、美观的要求，完成了山西高速公路行业标识的设计和应用，形成了统一的山西高速公路视觉形象标识系统。独特的“路”文化，使行业内部职工和行驶在山西高速公路上的司乘人员，直观地感受到了山西厚重的人文历史，感受到了山西改革开放的现代化气息，感受到了山西高速公路迅猛发展的行业活力。

6.必须真正做到行业文化建设与运营管理中心工作的有机结合，使行业文化建设植根于管理

(1)以信息化推进管理现代化，以“三大机电系统、两大服务平台”为依托，加强信息运行网络体系的建设，全面提升智能化管理服务水平。全面完成了省交通运输厅“1166”信息化建设的交通通信专网工程，建成了全省高速公路专网系统；构建了全省高速公路收费网络安全系统，建立了省局收费网络监控系统平台；实施了治超联网监控，建成了交通量和特殊事件自动检测系统；启用了12122客服电话，升级了信息监控

中心的短信发布平台，初步建立起了集数据采集、信息发布、出行服务为一体的综合信息服务体系。

(2)以运营一体化推进路网效能最大化，按照"集中统一、依法监管、保障公益"的原则，坚持"建设多元化、管理一体化"的发展思路，大力推进集中统一管理的深度。深化行政区域范围的高速公路改革，先后完成了10个地市的区域路段整合，整体路网效能得到了充分发挥；创新运行管理机制，出台了从通行费收入中提取公共管理费用、公路质量保证金的管理机制，对服务设施与服务水平达不到运营管理标准要求的经营性路段实行强制性履约，有力保障了全省高速公路基础设施及路况的完整统一，国家与社会公众利益得到了有效维护，行业依法监管职能得到了进一步体现。

(3)以发展集约化推进资产经营规模化，一方面加快推进高速公路运营管理向经营管理的转变，增强理财观念，实行精打细算，努力在提高资金使用效益、降低运营管理成本上实现新的突破；另一方面统筹高速公路存量资产的最小化和增量资产的最大化，努力实现资产经营的规模化、转型发展的集约化。充分发挥政府还贷公路统贷统还的政策优势，依托全省已运营的政府还贷高速公路，为新建高速公路筹集项目资本金，有力地支撑了山西高速公路建设庞大的资金需求。

(4)以服务最优化推进社会效益最大化，从满足群众出行需求，改善群众出行质量着手，在养护、收费、路政、服务区、综合管理中全面、持续、深入地对应开展了畅通、形象、阳光、温馨、素质、便民"六大工程"建设，着力优化基础管理，全面提升服务品质，为全省经济发展和社会公众的出行营造了良好的通行环境。

7.必须切实扎实文化品牌建设，使行业文化建设彰显于品牌

在文化建设工作中，山西高速公路管理局坚持走品牌发展之路，把品牌建设作为实施"文化强局"战略的切入点和着力点。交管局紧密结合高速公路以服务为第一属性的行业特点，提出了在全省高速公路系统积极打造"畅享三晋"文化品牌的目标，把行业文化建设拓展到了与社会共享、与时代同行的广度和深度，制定了《行业文化品牌建设指导意见》和《行业文化品牌管理办法(试行)》，全面启动了文化品牌建设"三大工程"，科学构建了品牌建设的"物质承载、制度保障、社会责任和精神动力"四大支撑体系，确立了全面营造"道路环境、窗口服务、路政执法、温馨家园、现代信息、机关文化"六种顾客享受的品牌定位。以品牌建设为引领，不断深化服务内容，创新服务手段，提升服务质量，凸显服务特色，促进行业文化与行业管理的深度融合。同时，紧密围绕行业文化的核心价值观，开展品牌宣传，强化品牌管理，推进品牌成长，通过理念、制度、行为、物质等层面不断向品牌注入优秀的行业文化，努力彰显品牌个性，提升品牌内涵，突出品牌精髓，不断扩大品牌的知名度。在此基础上，积极鼓励和支持行业内各运营管理企业结合各自实际，积极打造个性独具、特色鲜明的山西高速公路多元化的文化子品牌，让更多的"晋路"故事、"晋路"声音、"晋路"印象，走出山西，走向全国。行业文化品牌的支撑点、承载点不断丰富，"畅享三晋"在行业文化建设中的引领作用

日益突出，对内、对外的影响力不断提升，被列入了交通运输部“全国首批交通运输文化品牌候选名单”。

五、文化品牌

畅享三晋

六、文化品牌诠释

“畅享三晋”行业文化品牌，是山西高速公路行业核心价值理念的直观显现。

“畅”，有道路通畅和心情舒畅两层含义。道路通畅，体现了高速公路的基本功能定位和服务特征。实现高速公路人流、物流、信息流的全方位畅通，是山西高速公路行业的根本职责和对社会的郑重承诺。心情舒畅是人民群众对山西高速公路行业精细管理、文明服务的独特感受。“享”，即享受，寓意山西高速公路坚持以人为本，注重顾客体验，一切以顾客的“服务享受”为着力点和出发点。

“畅享”即在畅行的旅途中享受之意，示意山西高速公路行业，将不断提升服务品味，力求实现群众满意，努力使广大人民群众充分享受到高速公路事业改革与发展的丰硕成果，同时又是“唱响”、“畅想”的谐音，预示着山西高速公路行业的持续健康发展和品牌文化的不断繁荣创新。

“三晋”，是山西的代称。山西，因居太行山之西而得名，位于我国中部地区，东与河北省为邻；西、南以滔滔黄河为堑，与陕西省、河南省相望；北跨绵绵内长城，与内蒙古自治区毗连，历史悠久、人文荟萃、文化灿烂，是华夏文明的发祥地之一。“晋”是秦统一以前，中国历史上一个悠久的诸侯国。山西大部分地区在春秋时期为晋国所有，故简称“晋”。战国初期，韩、赵、魏3家瓜分了晋国的领地，因而又称“三晋”。山西高速公路行业文化品牌中的三晋，点明了地域特色，使山西厚重的文化底蕴在高速公路现代文明建设进程中得到充分的渲染和承载。

“畅享三晋”，是山西高速公路心路相融，和畅通达行业核心价值观和“勇于担当，精细务实，创新有为，乐群协作”行业精神的集中体现和高度凝练，是行业发展的形象引领和行动指南。

“畅享三晋”，勾勒出了一幅人在路上行，车在画中游的美好景象，喻示着山西高速公路行业将努力传承山西优秀文化，以精细的运营管理、优质的公共服务、完善的道路设施、强大的路网功能，让四方宾朋在行驶高速公路的过程中，畅快地享受到山西厚重的历史文化、独特的地域风情和现代改革开放的巨大成果，享受到山西文化的沐浴和洗礼，为“人说山西好风光”的优美旋律赋予时代的内涵，使“高速改变生活”的行业宣言成为广大社会公众共同的认知，真正把山西高速公路打造成为山西改革开放的新“窗口”、文化强省的新载体和转型跨越的新“名片”。

让霍永高速公路成为我们的名片

霍州至永和关高速公路东段建设指挥部

霍州至永和关高速公路东段建设指挥部是负责起点位于山西省霍州市大张镇辛庄村北，终点位于隰县寨子乡下桑峨村北高速公路建设段工程建设的指挥机构。霍州至永和关高速公路东段是山西省高速公路网规划“三纵十二横十二环”第九横晋高速S70黎永高速公路的重要组成部分，是山西省中部地区西接陕西省通往延安市，达陕、甘、宁等地，东经霍州接黎城高速公路至河北省邯郸市，抵达冀、鲁、豫等地的重要通道。

霍永高速公路东段路线全长80.48公里，路线途经临汾地区霍州市、汾西县、隰县3个县(市)区。主要技术标准如下：全线采用双向4车道高速公路技术标准，设计速度80公里/小时，路基宽度24.5米，桥涵设计汽车荷载等级采用公路—Ⅰ级。路基土石方1583.2万立方米，路基排水17.6万立方米，路基防护50.5万立方米；采空区治理9.0公里。桥隧全长为33.4公里，占路线总长的42%。桥梁共长27.56公里/62座，其中特大桥4座；涵洞77道；通道35道；天桥8座；设互通式立体交叉4处，即辛庄枢纽、霍州南互通、汾西互通、山云互通；设服务区1处(汾西服务区)，停车区1处(汾西停车区)；汾西连接线9.7公里。

一、文化建设动因

霍永高速公路东段工程开工之初，总指挥部的领导和广大建设者面临着5个问题。

一是霍永高速公路东段工程最大的难点是地质病害多：滑坡崩塌、采空区、泥石流、岩溶和湿陷性黄土等不良地质遍布全线。本项目最大的亮点是科技含量高，特别是许多大桥桥位要穿越煤矿采空区，已知的和未知的难题向建设者发出严峻的挑战：这么一项艰巨的工程将如何完成？

二是霍永高速公路东段建设工程采用“省投市建”的建设模式，建设资金由省交通运输厅筹措，工程建设由临汾市政府承担。这一管理模式固然有增强地方政府修路积极性、优化建设环境、减少征地拆迁难度的诸多长处，可是也带来管理多头的问题。

三是霍永高速公路东段主体工程分为18个路基桥涵施工合同段、5个采空区施工合同段、4个路面施工合同段；汾西连接线分为2个合同段。29支施工队伍是经过全国招投标确定下来的，这些队伍来自全国各地，人员不熟悉，底细不清楚，能不能把他们统率起来,他们能不能做到指到哪打到哪,大家心中无数。

四是担任霍永高速公路东段建设指挥部总指挥之前,樊肖林仅参与指挥了运城市国省道县级油路工程建设,直接指挥了河津至运城一级路建设,还真没接触过高速公路工程。自己能不能把指挥部这一班人马带好,能不能把这 29 支施工队指挥好,能不能把霍永高速公路东段工程建设好。不仅社会上的人们,就连总指挥樊肖林本人对此也多有顾虑。

五是霍永高速公路东段建设工程投资高达 74 亿多元人民币,能不能把这么大的投资真正管好用好,管出效益,用出效益,作为每一笔钱都要经手签字拨付的总指挥,樊肖林更感到肩上责任重大。经过反复的座谈,多方的请教,深刻的思索,领导和群众的指点,总指挥樊肖林和指挥部成员明白了一个道理:谋事要有目的,为文要有主题,做人要有追求,无源之水流不远,无本之木长不高,搞施工搞建设也要弄清根本和源头,也要有主题和追求。

二、核心价值理念体系表述

核心价值观:大道之行,德蕴足下。

使命:受命苍天,立足大地,畅通国脉,顺应民意。

愿景:与你同行,携手辉煌。

精神:忠诚、拼搏、效国、福民。

职业道德:忠于职守,爱岗敬业,勤奋学习,精通本职。自立自信,自动自发,顾全大局,团结协作。厉行节约,讲求效率,遵章守纪,奉公守法。

三、践行效果

建管文化与企业文化的不同之处在于建设和享用文化的对象不同。建管文化面对的是不断流动变化的人群,而企业文化的主体则相对稳定。这就决定了这两种文化建设的内容和方法既有联系,又有区别,必须在坚持社会主义文化大方向的前提下,结合实际制定具有霍永高速公路东段特点的建管文化的方法、内容、措施。于是,指挥部研究确定了"文化引领,科学严谨,以人为本,敬业乐群"的工作理念,提出了"打通吕梁山,建好霍永路,促进临汾经济转型跨越发展;树立新思路,创造新模式,描绘平阳大地精美神奇画卷"的口号。制定了开展霍永高速公路东段建管文化建设具体行动措施,以建设一条高标准高质量的高速公路为目的,以精细化管理为手段,以关心人、教育人、完善人为根本,把具有霍永高速公路特色的文化建设具体化、条理化、人格化,满足员工物质和精神方面的需要,提高建设管理工作的向心力、凝聚力和使命感,激发员工的工作积极性、创造精神和自律作风,提高工程的管理效益、投资效益和经济效益。这就是霍永高速公路东段工程的建设管理文化的最高境界和全部内涵。在实际工作中,从观念落实,宣传广,到工作活动,对外宣贯等方面采取可行措施开展了建管文化建设。一系列行之有效的措施像一部交响乐曲，环环相扣，前后呼应，衔接自如，一路做下来，如行云流水，顺畅通达。

1.落实文化建设观念

(1)编写霍永高速公路东段建管文化系统工程读本

指挥部请来了北京大学文化发展公司的专家，委托其研究编制霍永高速公路东段指挥部建设管理文化系统工程的工作内容和落实措施。几经调研座谈和反复征求意见，编制出3大本建设管理文化系统文本。其一《霍永高速公路东段理念文化识别系统》，其二《霍永高速公路东段行为文化识别系统》，其三《霍永高速公路东段视觉文化识别系统》等3个读本。这一套文本紧密联系霍永高速公路东段工程的实际，包括三方面的内容，即思想认识、行为规范、环境建设等3个相对独立而又互相联系的系统。每个系统包含着不同的具体内容。既有理论方面的观点，又有实践方面的要求；既有感官层面的概念，又有行为层面的规范；既有行政业务上的条文，又有政治廉政上的准则，林林总总，方方面面，囊括了霍永高速公路建设管理的每个细节。从生产、生活、精神3个方面对霍永高速公路东段的建设者提出了既丰富而又明确，既严格有富于人性化的规范和要求。读本定稿以后，又请专家学者对管理层进行了两期培训。专家学者从人的世界观、价值观的角度讲解了文化元素在霍永高速公路建设中的具体体现，从建设和谐社会的高度解释了霍永高速公路建管文化建设工程的意义和要求，从加强个人修养塑造个人形象的角度提出了具体要求。全线施工单位和施工监理部门的领导以及总指挥部机关的全体工作人员参加了讲座和培训。2011年4月在霍永高速公路东段建设指挥部举行了建管文化启动仪式，干部职工与专家学者进行了互动和热烈讨论。为了使建管文化建设真正落到实处，使建管文化建设持久升温，形成气候，真正发挥作用，总指挥樊肖林召开指挥部部务会议研究决定，下一步要在全线认真落实上述3个文本提出的学习内容和行为规范，在施工的每一个重要阶段都要结合建管文化建设文本的贯彻落实推出一项文化活动，以活跃工地文化生活，激发员工精细化施工和认真负责的热情。

(2)领导带头学，员工跟着干

指挥部领导成员和机关各处室负责人深入工地，宣讲建管文化建设的意义和内容，检查建管文化落实情况，把建管文化深入持久地开展下去。

2.深入宣传推广

(1)编辑出版《同行》杂志

杂志每月一期，主要刊发霍永高速公路东段建设的全线动态、工程进度、工程管理、工作经验、存在问题、员工风采等内容。在各个工地建立通联队伍，每一个干部职工既是作者，又是读者，把自己身边发生的事情和产生的感想及时用文字或图片的形式反映出来。这些携带着工地火热温度和燃烧着建设激情的文章、照片极大地激发出大家的工作积极性和主动搞好建管文化的主动性，成了工余时间大家争相传阅的最佳精神食粮。

(2)号召干部职工选择学习自己最喜欢最欣赏的精彩语句

这些精彩语言可以是名人名言,也可以是自己的所思所想。整理出版了《我最喜欢的一句话》一书。共收入255位作者的255句话,字字珠玑,句句精彩,具有很强的可读性和收藏价值。这本书最显著特点就是广泛性。凡是参与霍永高速公路东段建设的施工、监理、机关的领导和基层干部以及普通员工都可以提出自己喜欢的一句话。古代先哲告诉我们"太上有立德,其次有立功,其次有立言,虽久不废,此之谓不朽"。这一本《我最喜欢的一句话》正是霍永人不废不朽的"立言",恰当地彰显了霍永人的最高精神境界,充分体现了霍永高速公路东段指挥部建管文化建设的丰硕成果,极大地改变了公路职工的形象,提升了公路职工的素质。

3.以活动寓教于乐

(1)组织演讲比赛

根据工程进度和干部职工中出现的问题,及时出题目,组织了题为"高速建设做贡献,霍永平台我表现"的演讲比赛。总共收到近100篇演讲稿件,选择了30篇参加了演讲。演讲人员慷慨激昂,条理清晰的演讲收到了良好效果。会后,编辑演讲稿,印刷成书,分发到各个项目部,供一线员工学习。共收入30位作者的30篇演讲稿,每一篇文章还配以作者演讲的精美照片。员工们见到自己的文章被编成了书,又掀起一轮读书、欣赏、学习的热潮。

(2)组织干部职工开展增强团队凝聚的户外拓展活动

2011年5月28日,指挥部组织40余人在户外拓展基地进行了一次非常有意义的拓展活动,通过这次活动,让大家认识了自身潜能,增强自信心,磨炼意志,启发想象力,提升创造力,进一步明确组织目标,重树相互配合、互相支持的团队精神,增进了员工彼此间的了解和组织的凝聚力,提高了团队的协作意识。鼓励大家在霍永高速这个工作氛围中,去最大地,更好地去发挥自己的光和热,付出自己的工作热情,为自己的团队增添新的力量。

(3)结合重大节庆组织文艺活动

每年七一、十一、元旦,都要组织文艺活动。2011年"七一",成功组织了大型唱红歌比赛,各个标段和指挥部机关各处室都出了节目,总指挥长樊肖林、党委书记靳航带头上台演唱。歌唱伟大的中国共产党,歌唱伟大的中国,歌唱伟大的人民,歌唱霍永高速公路东段所取得的建设成就,对大家进行了一次生动活泼的思想教育。还借此机会慰问工地沿线老党员、贫困村民和小学生活动,共慰问沿线36个村庄贫困户75户,老党员20人,赠送大米、面粉、食油价值15300元,还慰问小学校10所小学生700多名,共赠送书包、铅笔、笔记本、彩笔、文具盒、体育器械等价值49226元。这些活动,指挥部领导班子成员都带头参加,产生了较大影响。每年元旦春节之际,都要认真组织文艺活动,指挥部领导成员全部上台和大家同娱同乐,既丰富了职工的业余生活,又密切了干群关系。

(4)组织军训

指挥部利用冬闲季节组织机关工作人员进行军事训练,聘请部队教官按照部队条例一招一式地严格教练。训练完毕,还进行了正规的汇报表演。通过军训,工作人员的行为姿势、个人仪表、工作态度、工作环境都发生了明显变化,收到预期效果。

4.建设沿路文化

工程结束后,在高速公路的重要部位设置了管理、励志、服务的雕塑、景观石、摩崖石刻。首先确定了以宣传临汾悠久文化、鼓励职工励志奋斗和高速公路安全行车为中心,在霍永高速公路东段沿线建设文化设施,明确了沿线不同路段、不同设施、不同功能的文化建设的重点和内容。

在沿路人工构造物的景观建设方面。包括桥梁上下道、隧道进出口、互通上下道、枢纽、挡土墙、护坡等设施。坚持粗犷、简约、明了的文化风格,宁简单不烦琐,宜粗略勿细致,突出经久耐用的特点,设置简明扼要的文化要素和符号。追求一目了然,耳目一新的视觉效果。

在收费站亭、出口、入口以及邻近的收费机关生活和工作设施方面。在适当点缀根祖文化、三晋文化、红色文化的基础上突出现代科学文化元素,为社会提供公众服务的特点,展现高速公路工作人员工作质量和精神风貌,追求轻松、微笑、便捷、安全的视觉效果。

在服务区方面。包括内场及进出口、超市、厕所、餐厅、停车场、车辆检修、加油站等设施,结合服务区是司乘人员和乘客在高速公路设施里面停留时间较长的特点,在突出公众服务的基础上,适当多设置一些文化设施,包括临汾市的历史文化、霍永高速公路建管文化、农耕文化等内容,追求厚重、温馨、浏览、舒适的视觉效果。

在高速公路设施附近适合摩崖石刻的山岩山体上设置了一些励志性的词语短句,比如“攀登”、“无畏”、“淡泊”、“致远”、“求索”、“风光无限”、“高山仰止”、“吕梁玉带”等,涂以鲜红的色彩。

所有沿路文化设施的建设,都坚持了勤俭节约,就地取材的原则,简洁而不累赘,质朴而不浮躁,系统而不零散,凝神而不花哨,取得了花钱不多,作用明显,经久耐用的效果,成为霍永高速公路东段文化建设的一个个新亮点。使司乘人员行进在霍永高速公路上,犹如穿梭在一个文化长廊里面,既消减了因为长时间驾驶和乘车带来的疲倦,也得到一点文化享受。

沿路文化设施作为霍永高速公路建管文化建设的延伸部分,已经作为高速公路管理企业文化的一个重要组成环节,融合在高速公路的生产运营管理之中了,寓教于乐,赏心悦目,余味悠长,产生了积极向上催人奋进的激励作用。

四、主要经验和体会

随着开展建管文化建设活动的深入,对筑路员工思想行为和工程建设的引导和促进作用很快就在筑路工人的言行举止上彰显出来，在霍永高速公路东段施工的质量和进度中体现出来。

1.增强了干部职工的认同感

从各个单位抽调来的指挥部机关工作人员，感觉到自己不再是临时工，各个部门的大小头头也感觉到自己这一摊摊不再是维持会，而是受命苍天之责，顺应民众之意，肩负着国家建设的神圣使命，霍永高速公路的建设已经成为自己生活的一个重要内容，纷纷安下心来，严格管理，各司其职，搞好工程建设。尤其是临时抽调来的一批“80后”的大学生和青年职工，敬业精神和事业心大大增强，工程总指挥部机关设在小县城汾西县，距离中心城市临汾市100多公里，来回一趟很不方便。这些年轻人，有的刚刚结婚，有的正在谈恋爱，有的家里有这样那样的事情拖累。但是，他们以工作为重，以事业为重，没有节假日连轴转，常常是连续几个礼拜坚守在工作岗位，不是坚持机关值班，就是下工地检查，表现了新一代交通人不同凡响的人生追求，审美观念和思想境界。

2.增强了工作人员的归属感

那些来自全国各地的筑路工人，他们的第一个反应就是感觉到很新鲜，多年来他们转战国内各个高速公路工地，还没遇到像霍永高速公路东段指挥部这样关心筑路工人的精神信念和思想行为的事情。使他们的心灵感受到高强度的震撼，他们已经习惯了干活挣钱，养家糊口的概念在这里受到强烈冲击，他们多年养成的白天干活黑夜睡觉的生活规律也在这里被无情颠覆。他们感觉到自己不再是一个打工仔，而是国家的脊梁，工程的主人，更是霍永高速公路的建设者，霍永高速公路建设不仅是自己赖以养家糊口临时住所，而是自己为之奋斗的一项伟大事业，其施工质量和工程进度与自己政治声誉和物质生活密切相关。在上述思想认识的推动下，员工们除了严肃认真地完成自己的本职工作以外，还主动为工程建设操心，积极向领导献计献策，促使工程又好又快进展。他们把建管文化当作自己搞好霍永高速公路工程建设独立而高尚的价值观，是自己独特而深刻的审美观。

3.明确了思想认识，增强了行动自觉

思想明确了，认识提高了，行动就自觉了。于是，“文明施工，平安工地”活动和“精细化管理”活动扎扎实实开展起来了，脏乱差现象不见了，工地上施工机械和施工材料放置有序，一副居家过日子的样子。宿舍里面不再是乱七八糟，气味难闻，而是整齐划一，空气清新；个人不再是破衣烂衫，蓬头垢面，而是穿戴整洁，神清气爽；言行不再是粗话连篇，懒散无忌，而是文明礼貌，举止得体。作息制度得到严格遵守，以前随意迟到早退，出工不出力的现象再也看不见了。那些刚刚走出大学校门的年轻人克服工地上的种种不便，在坚守岗位完成任务的同时，还积极写新闻稿件，报道工地上涌现出的好人好事。各个施工单位的领导更是严格要求，严格管理，认真抓好施工。

建管文化建设的深入开展，提高了员工的思想觉悟，增强了大家的工作责任心，极大促进了工程质量和进度,这一点在施工质量上明显地表现出来。3 年来霍永高速公路东段各项工作始终处于齐头并进的态势,在工程环境综合治理上,实现了“零干扰”。在建设资金管理上实现了“零失误”。在廉政建设上实现了“不是查不出问题,而是没有问题可查”。在安全生产上,杜绝了重大事故,最大限度地减少了一般事故。在工程质量上,实现了“精细创精品,和谐铸辉煌”,建设工程所完成的工程项目,经过省交通运输厅质监部门历次验收,全部达到了合格以上质量标准,并多次名列全省在建的 21 项高速公路工程和前几名中,受到表彰奖励。一条高质量高标准的高速公路终于在规定时间以内横亘在吕梁山中,霍永人用这条高速公路表达了自己对祖国和人民的忠诚。

践行建管文化体系,重新梳理审视已有的成功做法,霍州至永和关高速公路东段建设指挥部总结出了许多经验。建管文化建设是体现霍永高速公路建设者道德价值观的舆论导向,是一个人生征途跋涉的明确信号。有了它的指引,通过使广大员工在深刻理解潜移默化基础上不断修正自己的人生坐标,把握正确的行动方向,在工作和生活中产生自觉自愿的行动。文化建设步步深入,招招出彩增强了干部职工的认同感和归属感,明确了思想认识,增强了行动自觉。干部职工文明礼貌,认真负责,主动为工程建设做贡献。

同路同行　至精至仁

山西省忻州高速公路有限责任公司

山西省忻州高速公路有限责任公司是由山西原太高速公路有限公司和山西新原高速公路建设有限责任公司于2006年7月整合成立的区域性国有独资高速公路运营管理企业，现担负着山西省境内新广武至太原152公里主线（含雁门关隧道左线长5160米，右线长5235米）和41.4公里匝道及连接线的高速公路运营管理任务。公司实行高层决策、中层管理、基层执行三级管理模式，设7个职能部室、下设3个运营管理处和1个信息监控稽查中心、1个后勤管理服务中心、1个隧道管理站、2个省局派驻管理单位（原太路政大队和新原路政大队）共8个二级机构，还有11个收费站、3个养护工区、3个服务区监管办、1个养护机械管理中心18个基层单位，现有员工1011人。自整合成立以来，公司坚持以科学发展观为统领，紧紧围绕"三个服务"和"六高"目标，按照文化引领、精细管理、科学发展的思路，以文化建设促运营管理水平提升，树立了良好的社会服务形象，取得了经济和社会效益的双丰收。

一、文化建设动因

21世纪是一个文化大发展、大繁荣的时代，企业的发展比任何时候都呼唤文化的支持。企业管理已经经历了经验管理、科学管理阶段，进入了崭新的境界——文化管理阶段。文化管理是管理模式的更高阶段，它超越了科学管理的机械式理性但吸收了其合理理性成分，又融合了经验管理的随意式经验并上升为管理学艺术，使企业管理真正实现了科学性和艺术性的有机结合。企业文化对于企业的成长与发展是最持久的决定性因素。"如果一个企业没有自己的文化，这个企业可能在一段时间中发展得很好，但是最后不一定能够发展下去。"任何一个想获得成功的企业，都必须充分认识到企业文化的必要性和不可估量的巨大作用。现代企业靠什么实现企业员工价值理念和行为的统一？靠什么把不同文化背景的企业员工凝聚起来？靠什么提高企业的运作效率？无数成功企业的实践证明，只能靠强有力的企业文化，用文化来管理企业。

二、核心价值理念体系表述

核心价值观：同路同行，至精至仁。

使命：打造文明和谐的高速通道，创造社会价值，成就员工自我。

愿景：员工理想的舞台，顾客温馨的驿站，行业知名的品牌。

精神：敬业（尽职尽责的敬业精神）；奉献（甘于寂寞的奉献精神）；民主（平等宽容的民主精神）；合作（诚实守信的合作精神）；务实（真抓实干的务实精神）；创新（开拓进取的创新精神）。

职业道德：爱国守法，忠诚企业，诚实守信，遵章守纪，爱岗敬业。

三、践行效果

1.员工对企业的认同感明显增强

通过几年来企业文化建设项目的实施与运行，特别是在文化落地过程中领导宣传、文化论坛、知识竞赛、三星评选（服务之星、敬业之星、创新之星）等文化宣贯活动的深入开展，使企业文化精神和精髓深入人心，成为员工日常生活、工作、行为的准则，员工对企业的认同感、归属感，团队的凝聚力、向心力得到不断增强，员工爱岗敬业、爱企如家的奉献精神得到进一步激发，大大提高了公司的核心竞争力。

2.运营管理水平得到不断提高

在企业文化建设的引领下，忻州高速公路公司坚持“服务为本、责任为天”的运营理念和“员工为本、效率为先”管理理念，从强化内部管理出发，实施管理升级战役，实现了由规范化管理向精细化管理的转变，由制度管理向文化管理的迈进。积极履行社会责任，先后在忻州兰村、解原高架桥两侧路段等增设声屏障，解决了对沿线居民的行车噪音污染问题。在雁门关隧道安装地下管道，解决了新庄村人畜吃水问题等。忻州高速公路公司被中国质量协会评为“全国实施卓越绩效模式先进企业”和“全国质量管理小组活动优秀企业”，被交通运输部评为“全国交通运输行业文明单位”，被山西省高速公路管理局评为“完成工作目标责任制标兵单位”，被山西省委、省人民政府授予“劳动模范单位”称号。

3.公共服务能力得到持续增强

忻州高速公路公司将企业文化建设与各项业务工作进行有机融合，按照交通运输部“三个服务”要求，结合忻州高速公路运营管理服务实际，积极倡导“您满意、我快乐”的大服务理念，以最大程度地满足公众出行需求为根本，不断引深养护服务畅通工程建设、收费服务形象工程建设、路政管理阳光工程建设、经营服务温馨工程建设、综合管理素质工程建设，为公众出行营造了文明和谐的高速公路通行环境，路段公众服务能力得到不断增强。2012 年顾客满意度测评得分 89.02，顾客有理投诉事件为 0。

多年来，忻州高速公路公司坚持从实际出发，遵循文化建设的基本规律，求真务实、勇于创新，文化建设脚步一刻不停，一年一个新突破、一年一个新亮点、一年一个新台阶，在文化建设领域取得了丰硕成果。公司“同路同行”文化品牌建设得到了社会的充分认可，连续 5 年荣获中国交通企业管理协会颁发的“企业文化建设优秀单位”荣誉称号，2010 年被国家交通运输部评为“交通运输行业文明单位”，2011 年获得“全国交通企业管理创新成果一等奖”，2012 年被交通运输部评为文化建设卓越单位，为全系统赢得了荣誉,对"畅享三晋"文化品牌起到了支撑和传播作用,为推进全系统行业文化建设做出了突出贡献。

四、主要经验和体会

1.理念先行,坚定建设企业文化的信心和决心

针对员工对企业文化建设的重要性认识不清的问题,忻州高速公路公司从加强宣传教育入手,通过聘请专家举行企业文化建设专题讲座和举办各种文化培训活动,使职工明确了对企业文化建设重要性和必要性的认识:企业文化建设对于一个企业来说不是可有可无的装饰品,而是树立企业形象,密切企业与社会、员工之间的关系,提高员工综合素质,解决企业可持续发展战略的重要手段。企业文化建设能够使企业目标和员工个人目标最大限度地结合起来,可以在企业组织内部形成基本统一的思想意识和行为准则,并渗透到企业的全部生产、经营和管理活动之中,通过软科学的方法,实现对企业的宏观管理和调控,从而更好地完成企业各项任务,实现企业所肩负的使命。企业文化建设是一项复杂的系统工程,它不仅是现代企业管理理念和方法的灌输和运用,更重要的是发掘文化影响力、示范力和辐射力对提升企业管理效率的促进作用,对最大限度的发挥员工积极性和创造性的激励作用,对实现企业与社会、高速公路与自然环境和谐发展的推动作用。

在企业文化建设伊始,公司按照建设"绿色大运、人文大运、科技大运、诚信大运、和谐大运"和"完善交通运输企业文化核心价值体系、深化交通运输企业文化建设实践"的目标要求,把文化建设纳入发展总体规划,不断提高对企业文化建设的认识,把认识高度放在构建和谐高速,促进高速公路管理事业又好又快发展上;把认识深度放在转变发展方式、促进企业、社会和自然环境的和谐发展上;把认识广度放在经济社会的协调发展上,从而明确了文化建设的意义,坚定了建设企业文化的信心和决心。

2.因地制宜,建设具有自身特色的企业文化

针对企业文化建设过程复杂的问题,忻州高速公路公司加强组织领导,以"四个精心"为重点启动企业文化建设项目,通过不断创新发展,将先进的管理思想和优秀的传统文化融入企业文化之中,初步形成了符合公司实际、具有自身特点的企业文化体系。

(1)精心研讨,制定文化建设实施纲要

为明确企业文化建设的基本原则、总体目标和主要任务,公司文化建设领导小组多次组织开展专题研讨,对文化建设的实施步骤、主要内容以及预期效果进行科学评估,把长期运营管理过程中逐步形成的价值观念、管理思想、群体意识和行为规范进行汇总分析,准确把握文化建设的规律和要点,于2008年制定出台了《企业文化建设三年实施纲要》,围绕打造"文化理念、制度体系、行为规范"三大系统,对具体实施项目的每一步、每一个环节做了详细部署,通过定期召开企业文化建设推进会,突破难点,挖掘亮点,及时总结经验,确保文化建设稳步推进。

(2)精心挖掘,建立核心价值体系

构建核心价值体系是建设企业文化的首要任务,在近几年的企业文化建设和管理实践中,忻州高速公路公司高度重视对优秀文化资源和文化内涵的深层次挖掘,从构建和完善核心价值体系入手,汲取优秀文化基因,丰富文化内涵。

一是挖掘地域文化。地域文化是企业文化的重要来源,它直接影响着企业文化的形成。在构建价值理念过程中,公司拓宽视野,追溯以宽怀包容和谐友爱为价值取向的山文化、以交融奋进为特征的水文化和以凝聚坚毅为特征的关文化,使"山水关文化"成为塑造人、激励人、感召人、凝聚人的强大精神动力,成为忻州高速公路公司企业文化的基石。

二是挖掘行业文化。秉承交通行业"人便于行、货畅其流、服务群众、奉献社会"核心价值观,把树立"人文高速、绿色高速、科技高速、诚信高速"的品牌形象和弘扬"与时俱进、勇于奉献、讲求科学、争创一流"大运精神作为企业文化的重要组成部分。同时,围绕对文化核心的认同、组织个性特征、文化类型及价值导向,探寻具备自身特色的文化基因,为核心价值理念的构建提供了厚重的底蕴。

三是形成企业文化的核心价值理念。忻州高速公路公司把《纲要》的制定作为传播公司企业文化的契机,组织发动广大干部员工参与企业文化理念的实践,经过广泛讨论,反复提炼,形成了一套由企业使命、愿景、核心价值观、企业精神等基本要素构成的既科学完善又具有自身特色的核心价值理念,为企业文化的顺利推进奠定了坚实的思想基础。

(3)精心构建,完善制度体系

制度文化是连接行为文化与精神文化的中间层,忻州高速公路公司坚持"以人为本、追求卓越"的经营管理理念,以"三标一体"文件为纲,以各类管理制度为目,结合精细化管理,逐步健全完善了以领导体制、组织机构、运行机制、规章制度为主要内容的制度文化体系,通过实施精细化管理,提高工作执行力,使各项制度得到了不折不扣的执行。

(4)精心提炼,建立员工行为规范系统

形成全员的行为规范标准并落实为自觉行动是文化建设的目的之一。忻州高速公路公司以精心培育行为文化,作为贯彻企业文化价值理念体系的切入点,编制了《员工文化手册》,在对公司文化价值理念的内涵和视觉识别系统做出了深刻论述的同时,着重对行为规范做出了阐释和详细规定,建立了一套以职业道德礼仪为主要内容的员工行为规范系统,形成规范干部员工职业行为的衡量指标和价值评判体系。公司所属各部门单位,尤其是各收费站、路政大队等重点形象窗口加大了学习力度和执行力度,通过大力宣传、践行,使全员的工作作风、工作方式、服务意识得到了提高,使员工行为规范成为内化于每位员工心中的精神信仰和指导工作规范开展的行动指南。目前,企业文化理念和各项行为规范要求已被全体员工所熟知并认同,员工语言规范、行为举止及整体形象都有了显著提升。

3.立足长远，着力推进企业文化宣贯落地

针对企业文化贯彻实施难的问题，忻州高速公路公司在成功建立企业文化“三大系统”的同时，明确提出实施文化提升战役，把企业文化落地摆在重要位置，把完善价值理念体系和文化宣贯作为推动企业文化落地的强大引擎，通过夯实文化根基，将文化建设的软任务转化为实现公司科学发展的硬实力。

（1）完善价值理念体系

在核心价值理念的统领下，忻州高速公路公司形成了运营、管理、安全、服务、人才、学习、节约等七大应用价值理念，构建起多元化和立体化的基本价值理念体系。这是在对忻州高速原有文化积淀进行挖掘、整合的基础上，吸取当前先进社会文化和其他优秀企业文化中适合公司的合理内容，经过反复讨论修改完善形成的，体现了对优秀文化基因的继承和发展，多角度诠释了忻州高速公路公司的发展愿景和目标追求。

（2）加强视觉识别系统建设

为有效传播核心价值理念，切实提高员工对企业的认同感，达到提振士气的效果，忻州高速公路公司着眼于以环境影响人，以环境提升文化，坚持分步推进，设立了文化建设专项经费，加大对文化建设软、硬件的投入，为工作人员定制了工作服，统一了着装。对象征图形、标准字、标准色、做出了明确规定。对办公场所进行了规范，制作了统一标识标志。加强了企业文化内涵宣传，塑造了统一的社会形象，使员工在无形之中受到感染，使公司的形象为社会公众认同和赞誉。

（3）推进企业文化落地生根

文化培训、宣讲是推进文化落地的重要手段。忻州高速公路公司把文化宣贯落地作为文化建设的一项重点工程和关键任务，分步骤、分阶段，积极推进企业文化宣贯工作。主要领导分片包点，带头深入基层一线对企业文化建设的背景、意义、要点以及核心理念、行为规范等内容进行了宣讲；中层领导干部也结合部门工作实际，主动深入基层大力宣传企业文化，协助领导扎实开展文化建设实践活动，促使广大员工不断增强文化认同感与归属感；各站区通过装点反映企业精神、企业品牌、企业文化的标志、标语，反映公司面貌、公司管理、员工生活的照片、展板、书画作品等，营造了良好的工作、生活和服务环境，有效地焕发了员工的工作热情。同时，以公司内部期刊《先锋园地》为平台搞好内部宣传，利用《山西交通报》、《山西日报》、《忻州日报》和省直文明网、山西交通文明网等省内主流媒体搞好外部宣传，努力营造了良好的内外部发展环境。

通过宣传培训，使企业文化内涵对内内化于全体职工的心中，成为每位员工自觉遵守的行为准则，对外得到社会大众广泛的认知和认同，营造了良好的企业文化传播发展氛围。

（4）加强企业文化的考核评价

考核是推进文化落地的有力保证。忻州高速公路公司建立了长效学习机制，让广大干部员工特别是各级领导干部充分认识到企业文化建设的重要性和必要性。加大对企业文化建设工作的考核力度，将文化建设列为工作目标责任制绩效考核的重要内容，通过季度考核、半年检查等方式，对企业文化普及宣贯、深化落地、提高巩固阶段情况进行持续考核评价。引入奖惩机制，对企业文化普及、落地措施不得力、成效不明显的单位给予警告，对企业文化普及、落地措施成效明显的单位给予奖励和表彰，切实做到有实施、有检查、有考核、有反馈，确保了文化建设效果。

4.丰富载体，着力搭建文化普及平台

针对文化建设突破口不好把握的问题，忻州高速公路公司将开展各式各样、丰富多彩的活动作为推进企业文化建设的有效载体，制定活动预案，有计划、有重点地加以实施。

(1)积极开展典型选树活动

典型事迹、典型人物是价值观的人格化，集中体现企业精神，是强有力的文化中枢形象。在文化建设中，忻州高速公路公司用先进人物和模范事迹引路，收集多年运营管理工作中涌现出来的典型人物和典型事例，编制了《企业文化故事集》，把企业精神和价值观具体化。在全公司范围内广泛开展“敬业之星、服务之星、创新之星”三星评选活动为重点的一系列争创活动，对乐于奉献、爱岗敬业、文明服务、务实创新、大家公认的先进典型，在公司范围内进行大力表彰，营造了尊重劳动、尊重知识、尊重人才的良好氛围，使全体员工学习有榜样、工作有方向、赶超有目标，有效增强了广大干部员工的进取意识。

(2)积极开展文化主题活动

为保证文化建设成果，忻州高速公路公司建立长效活动机制，通过年初制定《党群活动预案》，将丰富多样的活动系统地固定下来，不断丰富、规范了活动的形式与内容，并制定了配套的实施方案和操作细则，确保了党群活动的规范化和经常化，引导并激发了广大干部职工的参与热情。坚持每年开展军事训练月活动、登山健身、“七比七看、服务创优”劳动竞赛活动，七一歌咏比赛、营销文艺演出、文化下基层活动和新春联欢会等一系列活动，创办了顿村文化大讲堂，每季度组织一个主题讲座活动，充分发挥出了用文化影响人、凝聚人的作用。

(3)积极开展站区品牌文化建设活动

优秀的企业文化，对于提升企业的品牌形象将发挥巨大的作用，独具特色的文化能产生巨大的品牌效应。因此，忻州高速公路公司在推进企业主流文化建设的同时，结合高速公路运营管理点多、线长、面广的实际，以提升窗口服务质量，树立行业品牌形象为目标，每年坚持选定一些基层单位开展站区品牌文化建设活动。先后开展崞阳收费站生态文化、顿村收费站温馨文化、忻州收费站窗口文化、大盂收费站班组文化、隧道科技长廊等站区文化建设活动，打造了一批特色鲜明，在全省高管系统具有示范作用的站区，树立了窗口服务新形象。

五、文化品牌

同路同行

六、文化品牌诠释

“同”，取共同、陪同的释义。

“同路”含有“同在”、“同仁”和“同道”之义。“同在”特指公司全体员工工作生活在一条高速公路上，员工与顾客同在忻州高速上；“同仁”指忻州高速公路的员工同事，和共同参与忻州高速公路运营管理的司乘人员、社会相关方。“同道”引申为“同一信念”、“同一目标”，意指忻州高速公路公司全体员工、顾客、社会相关方为了共同的事业，携手并肩、同舟共济。

“同行”含有“同心”、“同等”、“同行”之义。“同心”指司乘人员驶入忻州高速公路后，不仅是接受服务的对象，更是维护道路交通安全的重要参与者，同心同德、齐心协力是我们共同的心愿；“同等”体现了高速公路管理者和高速公路使用参与者平等的关系，二者没有主次之分；“同行”寓意忻州高速公路公司全体员工时刻与顾客同行相伴。

“同路同行”确立了一种共同的价值取向。它既强调公司全体员工要相濡以沫、同舟共济，又希望与顾客相互理解、相携相伴，共享高速公路发展成果。

祁临贯通 大运亨通

山西省祁临高速公路有限责任公司

祁临高速公路是国道主干线京昆高速公路的一段，是山西省“三纵十二横十二环”高速公路网中的“中纵主干线”——千里大运高速公路的重要组成部分，起点位于祁县城赵镇，止于临汾泊庄，途经祁县、平遥、介休、灵石、霍州、洪洞、临汾市尧都区7个县市，全长175.394公里，于2003年9月28日正式通车运营，是山西省第一条利用国际金融组织亚洲开发银行贷款修建的高速公路项目。祁临高速公路有限责任公司下辖机关、收费、路政、养护、服务区、信息机电6大子系统，共有职工1134名，其中管理人员202名，一线职工932名（含服务区合作单位的260名人员和养护协作单位的132名人员）。公司下设综合办公室、党委工作部、人力资源部、技术质检部、计划财务部、信息监控维护中心、收费稽查部、养护工程部、经营开发部、纪检监察室、晋中片区基建办11个职能部门和基层8个收费站、1个路政大队所辖3个路政中队、5个养护工区、4个服务区和1个桥隧管理站。公司党委下设3个党总支、19个党支部，现有党员172名。

一、文化建设动因

企业文化是企业在生产经营中逐步形成的，为全体员工所认同并遵守的，带有本组织特点的使命、愿景、精神、价值观、经营理念、职业道德以及这些理念在生产经营实践、管理制度、员工行为方式和企业对外形象体现的总和。它是一个企业的灵魂，是推动企业发展不竭的动力，其核心是企业的价值观，即企业或企业中的员工在经营中持有的价值观念。当然，企业文化建设还包括企业的规章制度建设、企风企貌等。

1.企业文化建设是新时代的要求

国家“十二五”规划纲要明确提出：“坚持社会主义先进文化前进方向，弘扬中华文化，建设和谐文化，发展文化事业和文化产业，满足人民群众不断增长的精神文化需求，充分发挥文化引导社会、教育人民、推动发展的功能，增强民族凝聚力和创造力。”要推动社会主义文化大发展大繁荣，需要：

提高文化软实力；

建设社会主义核心价值体系；

建设和谐文化，以增强诚信意识为重点，加强社会公德、职业道德、家庭美德、个人品德建设；

弘扬中华文化，建设中华民族共有精神家园；

加快构建文化传播体系。

企业是社会的一个细胞，企业文化是社会文化的亚文化，是社会文化的重要组成部分。贯彻落实党的十七届五中、六中全会精神和"十二五"规划纲要，对于企业来讲，一个很重要的方面就是要大力加强企业文化建设。这不仅是提高企业管理水平，增强企业凝聚力、竞争力的需要，更是建设社会主义先进文化，提高整个国家文化软实力的必然要求，也是企业贯彻落实党中央关于建设社会主义核心价值体系要求的具体体现。

2.企业文化建设是国家对企业的要求

优秀企业文化是先进文化的重要组成部分，是企业发展的动力之源、活力之本、制胜之策。企业要进一步加快发展，必须以加强企业文化建设为重要支撑点，着力打造企业核心竞争力。实现企业文化与企业发展战略的和谐统一，企业发展与员工发展的和谐统一，企业文化优势与竞争优势的和谐统一，为企业的改革、发展、稳定提供强有力的文化支撑。近年来特别是2010年新的一届党委成立以来，山西省祁临高速公路有限责任公司（简称祁临高速公司）着力推进企业文化建设，不断丰富企业文化内涵，深入宣传贯彻落实全国交通运输行业核心价值理念，逐步梳理、提炼、总结形成了继承祖国优秀传统文化、体现交通行业特点和时代特征、传承晋商地域文化、符合祁临高速公司工作实际的卓越企业文化。

3.祁临高速公司的历史沿革

祁临高速公路是山西省第一条利用亚洲开发银行贷款修建的高速公路项目，也是山西省"三纵十一横十一环"高速公路网中的"中纵主干线"——千里大运高速公路的重要组成部分。起于祁县，止于临汾，全长176公里，路线穿越山岭重丘区和平原微丘区，全线于2003年9月28日通车运营，途经的两市7县是晋商文化及晋南根祖文化聚集地。

山西省祁临高速公路公司有限责任公司经省政府批准成立，被授权负责祁临高速公路（含附属设施）的建设、运营、养护、管理及开发。

4.晋中地域文化对企业文化建设的影响

地域文化对一个企业的文化有着重要的影响。地域文化是群体文化，是企业文化的重要影响因素之一。它直接、深刻地影响着人的心理、性格和气质等。晋中的地理形态、历史渊源、人文精神都孕育在晋商精神之中，因此，晋中文化也就是晋商文化。

明清时期发端于晋中平遥、祁县、太谷等地的山西商人的成功，就在于他们是在一定的历史条件下自觉或不自觉地发扬了一种特殊精神，它包括进取精神、敬业精神、群体精神，我们可以把它归之为晋商精神。这种精神贯穿在晋商的经营意识、组织管理和心智素养之中，可谓晋商之魂。

晋商文化造就了晋中另一个令世人称奇的"晋商大院文化"。乔家、渠家、常家、王家以及曹家都曾走过西口，塞外的风沙磨炼了他们不甘贫穷的意志与毅力，他们用自己饱含着汗水的业绩,衣锦荣归之后,给后人留下了雕梁画栋的宅院和古色古香、风韵犹存、遍布城乡、数以千计的庭院建筑,而且给中国建筑学、晋商文化的教学与研究提供了难得的直观资料。

晋中地区的晋商精神和晋商文化是以"忠贞诚信友善,务实创新自强"为核心内容的先进地域文化。

因此,以晋商精神为特色的晋中地域文化对祁临高速公司企业文化的形成有着重要的影响。在这"静、深、奇、古、幽"的山西晋商文化、大院文化群中,祁临高速人将把高速公路建成与大自然和古晋商文化完全融为一体的"动、巧、精、细、博"的现代文明载体。在繁忙和枯燥的公路施工和运营管理中去体会水的灵动、草的碧绿、花的幽香、土的凝重、山的豪迈、石的沉静、人的耐力和活性,去赞叹天工造就的一幅田园风光、世外桃源。追求"融入山水之间、承载晋商文化、建立绿色通道、构建安全走廊"的总体修建和运营理念。

5.祁临高速的人文地理特征

祁临高速公路是山西省千里大运文明路的"咽喉"。地处晋中裂陷、霍山大断裂的地质构造交汇区,穿越鸡爪地形,35 公里山岭重丘区桥高隧长、桥隧相连,气候变化多端、雨雪雾等恶劣天气频繁,成为大运高速挺进晋中南的"中枢"路段。

祁临高速公路是畅游山西文化的"黄金路"。把乔家大院、平遥古城、绵山、王家大院、陶唐峪、大槐树、尧庙、华门等集中展现晋商文化和根祖文化的精品旅游景点珠串成一线,缩短了景区间的时空距离,极大地促进了晋中、晋南旅游经济的良性发展。

祁临高速公路是拉动地方经济的"大动脉"。促进了晋中、临汾 2 市 7 县的人流、物流、资金流、信息流,推动了地方采矿、煤焦、精细化工及旅游等产业的快速发展,使沿线成为山西县域经济最为强劲的发展板块,极大地推动了沿线灵石、介休、洪洞 3 个县市快速进入全国中部百强县市的行列。

祁临高速公路是一条带动农民奔小康的"致富路"。推动了晋中瓜果蔬肉产区的农产品产业化和晋南棉麦种植产区的农业现代化,引领着农民奔上致富的康庄大道,促进了社会主义新农村的蓬勃建设。

6.祁临高速文化宣言

21 世纪是一个文化大发展、大繁荣的时代,企业的发展比任何时候都呼唤文化的支持。企业管理已经经历了经验管理、科学管理阶段,进入了崭新的境界——文化管理阶段。文化管理是管理模式的更高阶段,它超越了科学管理的机械式理性但吸收了其理性成分,又融合了经验管理的随意性的经验并上升为管理学艺术,使企业管理真正实现了科学性和艺术性的有机结合。企业文化对于企业的成长与发展是最持久的决定性因素。"如果一个企业没有自己的文化,这个企业可能在一段时间中发展得很好,但是最后不一定能够发展下去。"

任何一个想获得成功的企业,都必须充分认识到企业文化的必要性和不可估量的巨大作用。现代企业靠什么实现企业员工价值理念和行为的统一？靠什么把不同文化背景的企业员工凝聚起来？靠什么提高企业的运作效率？无数成功企业的实践证明，只能靠强有力的企业文化，用文化来管理企业。

祁临高速公司深入挖掘企业的文化基因，经过提炼、整合、升华，形成了新的企业文化体系。公司企业文化体系的基本价值理念由核心价值理念和应用价值理念组成，核心价值理念包括企业使命、共同愿景、核心价值观、企业精神和职业道德，应用价值理念包括企业的运营理念、管理理念、服务理念、人才理念、学习理念、廉政理念、安全理念等。祁临高速公司的核心价值理念是由企业的优秀基因提炼升华而成，是祁临高速公司全体员工所共享并共同遵循的基本价值观念，是公司本质特征的总和，是核心竞争力的重要组成部分，是祁临高速公司的灵魂和宝贵精神财富。

祁临高速公司的员工肩负着“实现三个服务，建设和谐交通”的崇高历史使命，在继承和发扬多年来为社会、为顾客做出卓越贡献的基础上，努力为顾客、为员工、为社会创造更加辉煌的业绩，把公司建设成为基业长青、员工快乐、社会尊重的现代高速公路运营管理公司。

为了实现使命，达成愿景，祁临高速公司的全体员工必须遵循公司的核心价值观，在所有的工作和行为中，按照核心价值观的要求行事，并将其内化于心、外化于行，逐渐成为每个员工的自觉行为。

自编的《企业文化手册》所表述的企业文化内涵是祁临高速公司管理经验的总结和升华，是公司员工智慧的结晶，也引领公司未来发展的方向，更是企业全体成员所共同创造和享用的精神财富。让企业员工认真领悟企业文化内涵，真正认知企业文化内涵，切实认同企业文化内涵，自觉践行企业文化内涵，实现公司基业长青，永续发展。

二、核心价值理念体系表述

核心价值观：以人为本、以质为本，祁临路畅、通衢天下。

使命：奉行为民服务理念、打造温馨畅通大道，为顾客营造安全、舒适、耐久、美观的公路服务产品。

愿景：致力于成为具有公信力的“省内领先、国内先进”的高速公路运营管理企业。

精神：务实、感恩、笃信、奋进。

职业道德：勇于奉献、严格认真、品行端正、追求卓越。

三、践行效果

经过10年特别是近3年来的持续改进，祁临高速公司通过企业文化建设的打造、凝练、升华，总结出来一系列继承中华优秀文化传统、符合社会主义核心价值体系、遵循交通行业文化规律、吸取晋商文化精髓、体现高速行业核心价值体系、彰显工作实际的祁临高速公司企业文化的具体内容共有60项。

1.塑造文化品牌方面

确定了祁临高速公司的企业文化品牌为"人文通衢"。2013 年 10 月,祁临高速公司"人文通衢"作为省高管局"畅想三晋"首批企业文化子品牌进行了公布。

2.在文化文艺作品方面

发动职工连续四届举办了"麒麟杯"有奖征文活动并编辑成册,编辑了《祁临高速建设与运营管理集锦》、《祁临高速人文学风采录》及《祁临高速企业文化手册》3 本书,分别由人民交通出版社和山西出版集团出版。公司职工自己写词编曲谱写创作了名为《奔向远方》的祁临高速公路之歌;文学专著方面,公司党委书记出版了《浪迹留踪》、《三晋飞烟》、《意韵随谈》3 本诗词集。

3.在文化社团、杂志创办方面

从 2011 年 8 月份开始,在全国交通系统首家成立了山西诗词学会麒麟诗社,创办了《麒麟诗刊》月刊,目前已经出版 32 期,并在中华诗词论坛注册。积极承办了由山西诗词学会与山西省交通运输厅联合举办的"喜庆十八大,爱祖国、颂交通诗歌征文活动"、"中国梦、新山西、高速情高速公路建设工地诗歌采风活动"诗歌征文活动,在全国诗词界和山西省交通运输系统形成了较大影响。2014 年 4 月 15 日,经山西省作家协会研究批复,山西省作家协会高速公路行业作家协会正式成立,秘书处就设在祁临高速公司,公司党委书记担任常务副主席兼秘书长。山西省作家协会高速公路行业作家协会,将会成为山西省作家协会联系山西省高速公路运营管理行业广大作家、文学爱好者的桥梁和纽带,是山西省高速公路运营管理行业广大干部职工的文学创作阵地和精神家园,是繁荣山西省文学创作事业和加强社会主义精神文明建设的重要社会力量。

4.在路文化建设方面

从 2012 年 7 月起,在全公司范围内广泛进行了祁临高速公司企业文化建设的培训教育活动,将企业文化建设的成果普及到收费站、路政队、养护工区、服务区等基层单位,并在公司机关大楼、基层一线单位利用网站、展板的形式积极推广宣传企业文化理念。建立了机关大楼、祁县收费站、平遥服务区、临汾服务区奥运餐厅 4 个企业文化建设示范基地,并打造推广了"企业文化走廊"、"奥运餐厅"、"铜手铁算盘"和"车轮滚滚"等具有代表性的文化活动阵地和具有视觉冲击力的文化雕塑等。

5.在典型塑造方面

2013 年,祁临高速路政大队路政一中队王云峰同志荣获山西省省直机关第一届"见义勇为"道德模范。

6.公司主要领导积极撰写有关企业文化建设方面

由党委书记和总经理撰写的《祁临高速企业文化建设》一文先后被《高速公路精细化管理论文集》、《山西交通》和《中外企业家》登载发表,入编《盛世中国》文集,并获"(全国)经济建设与社会发展优秀论文"一等奖;中国社会发展研究院"2011 年中国城市建设交流会”一等奖;“2011 全国交通科技成果”一等奖。入编《经济社会发展文献》(2011 年卷-中国社会发展研究院、中国图书国际出版有限公司);中国领导科学研究会优秀作品奖;入编《中国领导管理艺术文库》;获中共交通运输部党校“推进基层党建创新喜迎党的十八大召开征文活动一等奖。党委书记和总经理撰写的论文《加强企业文化建设、塑造祁临高速品牌》一文在《中国交通报·山西交通》发表、编入《中国崛起·中国特色社会主义理论创新与发展论坛卷》一书并获优秀理论成果奖;同时编入中国领导科学文库——向党的十八大献礼(理论成果卷)党委书记撰写的《祁临公司建设“人文通衢”企业文化品牌的目标与途径研究》一文被山西省高管局编入《2007~2012 年山西高速公路行业文化发展报告》。

7.祁临高速公司企业文化建设硕果累累

公司先后被中国质量协会评为“全国质量文化建设示范单位”,2012 年、2013 年连续被中国交通企业管理协会、交通行业优秀企业管理成果评审委员会评为“全国交通运输文化建设优秀单位”,2013 年被中国交通企业管理协会、交通行业优秀企业管理成果评审委员会评为“全国交通运输文化建设品牌单位”。在《喜庆十八大、爱祖国、颂交通》诗歌征文活动中被山西诗词学会、山西省交通运输厅文明办评为“优秀组织奖一等奖”。

四、主要经验和体会

企业文化建设是一项系统工程,祁临高速公司用昂扬向上的社会主义核心价值体系主流文化熏陶人、引导人、塑造人、培育人,不断提高干部职工的思想道德、业务技能、文化智力等综合素质。在总结、提炼、宣传祁临高速公司的精神品质和文化内涵的基础上,积极开展学习型企业建设,落实干部职工的继续教育和岗位培训,丰富大家的文化生活,展示祁临高速人昂扬自信的精神风貌,激发广大干部职工的工作热情和活力,使大家身心健康、全心全意地投入工作,共谋公司事业的和谐发展。从战略保障的思维出发,以省高管局《行业文化品牌管理办法》为指导,积极构建了企业文化建设的“四大支撑保障机制”。

1.构建品牌建设的物质承载体系

加强“路”文化建设,充分依托和利用沿线丰厚的文化资源和高速公路的路、桥、隧、站、区、队等特有的物质资源,以“山西高速公路行业标识”和“行业文化品牌标识”为统一的视觉形象识别,重点推广“祁临高速公路企业标识”和“祁临高速企业文化品牌标识”的应用和规范,因地制宜地开展高速公路文化走廊、文化雕塑、文化景点、文化园林等文化景观建设和站区环境建设,形成地域风情浓厚、文化内涵丰富的具有山西高速特色的“路”文化。

2.构建品牌建设的制度保障体系

坚持制度创新,鼎力推进系统革新,进一步完善精细化管理、薪酬激励、绩效考核、顾客满意度测评、突发事件应急处理、国有资产监管和文化品牌建设等“七大”管理体系，使文化品牌建设的内涵借助制度工具得到全面的解读和体现，成为全体员工广泛的文化认同，实现刚性的制度约束与柔性的文化管理的有机融合。

3.构建品牌建设的社会责任体系

全方位规范管理和服务行为，严格按照道路畅通化、设施安全化、管理精细化、工作标准化、服务人性化、运行信息化的“六化”目标和《山西省高速公路行业文化手册》以及《祁临高速企业文化手册》、《祁临高速员工行为规范》的要求，加强文化培训，规范行为礼仪，统一着装用语，落实管理目标，以鲜明的服务色彩、人文的服务关怀、特色的服务元素，践行行业和企业的核心价值观。进一步引深“五大工程”建设，继续提升高速公路安全保畅、公共服务、突发事件处置和行业创新“四种能力”。

4.构建品牌建设的精神动力体系

进一步加强党的建设、精神文明建设和企业文化建设，充分把握高速公路企业转型跨越面临的诸多因素，进一步构建“五位一体”的党建工作新格局，积极开展“保持党的纯洁性教育活动”、“基层组织建设年活动”、“党的群众路线教育实践活动”，不断引深创先争优活动，以建设标准化党支部为抓手，全面提高公司党的建设科学化水平。进一步拓展精神文明与文化建设的思路，深入开展“学树建创”等文明创建和主题实践活动，认真做好典型选树工作，全面强化党政干部队伍、专业技术队伍、运营管理队伍“三支队伍”建设，不断创新祁临高速公路公司社会管理，努力为山西高速“畅享三晋”和祁临高速“人文通衢”文化品牌丰富人文内涵和提高社会认同度，以积极向上的高速公路文化凝心聚力，推动发展。

和谐高速助推经济社会发展

河北省高速公路管理局

河北省高速公路管理局(简称:河北高管局)是在原高速公路管理局、国际金融组织贷款项目办公室、道路开发中心和引资办4家单位的基础上于2009年1月6日组建成立的副厅级事业单位,局机关设8个部室,局属单位25个,全局干部职工近2万人,现运营高速公路19条段2506公里、在建高速公路12条段。

一、文化建设动因

当今社会,组织文化正在发挥着越来越重要的作用。河北高管局搞文化建设,不是追潮流、赶时髦,而是要使其成为河北高速公路事业可持续发展的基本推动力和精神源泉。原因有三。

1.开展文化建设是时代发展的必然要求

从1987年河北省第一条自行设计、施工的京石高速公路破土动工开始,河北高管局已走过了20多年的发展历程。20多年来,河北高速人逢山开路、遇水架桥,用汗水铸就了4300余公里的高速公路,创造出了骄人的业绩,锻造出了一支过硬的职工队伍,形成了有特色的、优秀的文化理念。2006年交通部制定了《交通文化建设实施纲要》,2010年提出了行业核心价值体系,在全行业实施文化建设“十百千”工程,即打造十大文化品牌、创建一百家文化建设示范单位、培养一千名先进典型。省交通运输厅在2010年9月,专门召开了交通运输文化建设推进大会,全面部署全省交通运输行业文化建设工作。之后,河北高管局也先后组织了4次文化建设的专题学习研讨和考察活动,经过考察学习,更深切地感受到全国其他各省高速公路管理部门对文化建设的高度重视,有一批单位已经在文化建设方面取得了显著的成效,走在了前面。由此可见,时代的发展、中央的战略部署、交通运输行业的要求、兄弟省份取得的成果使河北高管局更深刻地认识到文化建设已经是摆在河北高管局面前的一项重要而紧迫的任务。

2.开展文化建设是树立河北高速品牌形象的重要举措

高速公路是交通运输行业的重要窗口,河北省高速公路环绕京津、通达全国,其窗口地位尤其突出。随着河北省高速公路通车里程的不断增长,车流量迅速增加,以及公众对服务需求的增长和服务要求的提高,河北高管局面临着严峻的保畅压力、管理压力和服务压力,急需由繁重的建设任务逐步向精细的运营管理转变,向千方百计提高服务水平转变。所以,树立统一、规范、优质的河北高速品牌形象成为发展的必然。

这给河北高管局的管理和服务提出了更高地要求。而文化建设正是提高现代管理和服务水平的重要途径,更是提高行业软实力的有效措施。近年来,河北高管局系统在增强服务手段,拓展服务内涵,打造服务品牌上进行了一些探索和尝试。京秦管理处的“同行”文化,荣获“交通运输部文化建设示范单位”称号;石黄管理处的“守护·阳光·路”文化、服务管理中心的“高速之家”文化、石安管理处的“春雨服务”品牌等文化建设工作取得了阶段性成果。但高管局总体上还没有形成统一的品牌,需要河北高管局通过文化建设,整合资源优势,统一标准规范,全面提高服务能力和服务水平,树立起河北高管局的品牌形象。

3.开展文化建设是历史赋予我们的责任和使命

从1987年开始,河北省高速公路事业已走过了20多年的发展历程。形成了许多有特色的、优秀的文化理念。这些理念就好比散落在燕赵大地上的一粒粒珍珠,有待于进一步梳理和提炼。搞文化建设,就是要用文化这条线,把散落的珍珠穿成美丽的项链,给企业的发展带来新的力量。全局2万余名职工,只有树立起河北高速人的共同理想信念和价值取向,才能朝着共同的目标迈进。作为新一代的高速人,总结历史经验、发扬优良传统、建设优秀文化是河北高管局义不容辞的使命和责任。

二、核心价值理念体系表述

核心价值观:安全畅通,服务至上。

使命:打造畅通、平安、和谐高速,助推经济社会发展。

愿景:品牌化管理,人性化服务,现代化高速。

精神:敬业,奉献,务实,创新。

职业道德:遵纪守法,爱国诚信,团结友爱,朴实勤奋。

三、践行效果

文化建设是全局性工作,是系统性工程,为了切实做好河北高管局文化建设,2009年3月,成立了局文化建设领导小组,领导小组下设文化办公室,负责文化建设的具体工作,并聘请咨询单位作为第三方机构,对文化建设进行咨询辅导。河北高速文化建设分为3个步骤进行,第一步是2009年至2011年调研设计阶段,第二步是2012年推广宣贯阶段,第三步是2013年以后提升巩固阶段。

为确定河北高管局文化建设工作思路,局文化建设主要领导带领文化办成员先后考察走访了交通运输部文化建设先进单位7家,并参加了第五届全国交通运输企业文化建设论坛,提交了《学习文化建设先进单位考察报告》3份。通过实地学习考察,结合河北高管局的工作实际,2011年3月召开了河北高速文化建设推进方案研讨会,研讨会为局文化建设提供了理论支持,指明了建设目标及方向,并通过了《河北省高速公路管理局2011年文化建设工作实施方案》,在方案中确定了河北高速文化建设工作思路:提炼整合,建立文化体系;分块建设,打造行业品牌;加强物质反映,提高文化影响力。

为摸清河北高管局文化现状,在全局开展了广泛的调研访谈活动,对局机关处级以上领导干部,以及局属各单位职工代表共计300人进行了访谈,同时发放调查问卷1250份。通过对访谈和问卷调查的科学系统分析,做出《河北高速文化建设调研报告》。调研报告全面反映了河北高管局文化的现状,对河北高管局的发展历史进行了划分,提出了积淀的文化因子,同时也找出了河北高管局文化中存在的价值冲突。

根据调研报告和河北高管局文化现状,开始了文化核心理念的提炼和组织文化手册的起草工作。由于这部分是文化建设的核心和灵魂,局领导及文化办成员以高度负责、非常审慎的态度,本着宁缺毋滥的原则,在理念上力求精准,在表达上力求精确,在文字上力求精练。由于局属单位点多、面广,在文化核心理念提炼上采取了自下而上、广泛发动基层一线职工参与、层层提炼、层层上交的金字塔式方法。期间召开文化讨论会10余次,先后易稿20余次,通过专家指导、全员参与、研讨、凝练、提升,最终推出了《河北高速文化手册》。《河北高速文化手册》提出了使命、愿景和核心价值观,一共是3句话41个字,即:"打造畅通、平安、和谐高速,助推经济社会发展"是河北高管局的使命,"品牌化管理,人性化服务,现代化高速"是河北高管局的愿景,"安全畅通,服务至上"是河北高管局的核心价值观。这41个字简洁、易懂、易记,易于接受与传播,是河北高速文化的核心,是我们的思想精髓、价值取向和行动指南。

河北高管局标识标志的确定,采取了全局征集、专家评选并修改完善的办法,共收到征集作品100余件,评选出优秀作品10件,最后由聘请的设计专家在此基础上设计修改,最终形成了具有河北高管局文化特点、特色的"河北高速"标识标志,体现出河北高管局的核心价值观和核心价值理念。

2012年9月召开了河北高管局文化宣贯大会,会上局领导提出宣贯要求,即做到"知行合一","知"是河北高管局文化宣贯的前提,实际宣贯中应实现"三知":一要自己知。二要职工知。三要社会知。"行"是河北高速文化宣贯的关键。要达到知行合一,就要做到"两个相融":一是文化要与管理工作相融。把文化转化为管理,成为总论、精髓;让管理体现出文化,成为检验管理等各项工作的标尺。二是文化要与制度建设相融。要结合自身实际,用已取得的文化建设理念成果与规章、制度进行对照梳理,使规章制度不再生硬,更加人性化,使广大干部职工自觉自愿去遵守和执行。

河北高管局文化宣贯以"一主多元、外部统一、内有特色"的原则推进。

(1)对室内外环境办公环境和省管高速公路外部环境统一推行河北高速文化理念体系、标识、标志,对局属路段外部环境要按照局文化宣贯方案要求统一更换为河北高速统一外宣内容。

(2)发放《河北高速文化手册》和《河北省高速公路管理局视觉形象识别系统推广手册》到部门、基层单位、班组。

(3)强化学习培训,按照宣贯方案要求采取了"三级培训法",即一级培训以基层收费站、管理所、养护工区、路政支队(大队)、ETC营业厅和服务区为单位,组织基层一线人员学习,达到人人熟知、熟记手册内容;二级培训以处级单位(管理处、筹建处、路政总队、服务管理中心、指挥调度中心)组织人员对手册内容及释义进行精读,达到人人能讲、人人会用文化手册;三级培训以局为单位组织所属各单位主管文化建设的领导和文化骨干到交通运输管理干部学院,由聘请的中央党校、中国青年政治学院、国际关系学院、交通运输部管理干部学院、中交企协等专家授课,对社会主义核心价值体系、交通运输核心价值体系、管理者的文化素养、《河北高速文化手册》《河北高速视觉形象识别系统推广手册》内容进行详细解读。

(4)以活动为载体,将手册内容融入工作岗位中,开展了"中国梦、交通梦、我的梦"读书征文大赛、河北高速文化知识竞赛、演讲比赛、书法比赛、文化会演等。

(5)文化落地生根。以开展活动践行河北高速文化。服务管理中心在各服务区开展了"美丽驿站我的家"主题活动。运营管理单位开展"最美高速人"评选活动。

以创建服务品牌践行河北高速文化。指挥调度中心的"96122高速公路服务热线"品牌,坚持"全心全力,服务至上"的核心价值理念,践行"服务公众出行、服务决策管理、服务交通建设、服务社会发展"的使命,打造了一张"温馨导航·畅行河北"的高速公路服务名片。路政总队打造"诚正文化"品牌,围绕"品正、德高、忠诚、为民"核心价值理念,践行"依法护路、保畅利民、成就卓越、铸造辉煌"使命,实现"人有立、业有荣、路有法、行有道"愿景。服务管理中心的"河北高速之家"已形成较为完整的品牌体系。京秦管理处的"一路同行"和黄石管理处的"守护·阳光·路"文化品牌建设已获得全国交通运输文化示范单位。

以开展便民服务践行河北高速文化。各高速公路服务区设置了问询投诉处,及时为广大出行公众提供咨询服务、受理意见建议、处理各种投诉问题。西兆通服务区还推出了特色服务项目"大拇指小分队",将要我服务变为我要服务。各运营管理单位以"5A"服务理念为载体,在沿线收费站打造"5A"服务,"5A"就是用五个"爱之心"迎接过往八方来客即爱心服务卡、爱心服务台、爱心小驿站、爱心示范岗、爱心志愿者。

四、主要经验和体会

1.落实"一把手"责任制,保证河北高速文化建设的质量

只要一把手重视,工作肯定能抓好,再重要的事一把手不重视也搞不好,做文化建设工作一把手必须亲自抓。

2.坚持全员参与原则,用群众的认可度衡量文化建设的成效

河北高管局文化建设来源于基层,文化成果应该惠泽于广大职工和社会公众,文化成型后,群众和社会认可不认可,是河北高管局检验这项工作成功与否的重要标准。因此,河北高管局必须要始终坚持全员参与的原则。

3.理清“母文化”和“子文化”的关系,使河北高速文化建设协调统一发展

河北高管局是由几个单位整合而成,下属单位有20多个,一些路段,如京秦、黄石、石安等单位在文化建设上进行了一些有益的探索,有的已形成了自己的文化体系,并得到了上级单位、社会和职工的认可。如果河北高管局现在要搞的河北高速文化是“母文化”的话,那各单位的文化建设可以称之为“子文化”。所以要搞好河北高速文化建设,确定发展方向,必须要理清“母文化”和“子文化”的关系。

4.整体推进,使文化建设真正推动各项工作协调发展

一是树立做工作是在做文化,做文化也是在做工作的理念,用文化推动工作,在工作中应用文化。二是正确处理好全局文化建设与个体文化建设的关系。确定的原则:按照“小文化服从大文化,专业理念服从核心价值”的原则,构建起以局文化价值为中心,分部门、分单位、分阶段落实,各专业文化、专项文化相互补充的河北高速公路文化体系。

五、单位标识诠释

标识以“河北高速”汉语拼音四个首写字母“H、b、g、s”作为基本元素巧妙组合,形成一个具有高速公路和立交桥特征的抽象图形。

标识设计造型突出河北高速的重要特征,笔直的高速公路。高速公路是快速链接两地的主要通道,是带动地方经济发展的大动脉,笔直的高速公路在华北平原上快速延伸通向远方,准确地反映了河北高速“打造畅通、平安、和谐高速,助推经济社会发展”的行业使命。

标识设计以一条高速公路为主线,两条弯道环绕两旁,体现了河北高速的核心价值观“服务至上,安全畅通”,两条弯道寓意高速公路收费站和服务区两个主要服务窗口,以“服务至上”的核心理念“安全畅通”的高速公路保驾护航。

“微笑文化”的构建和笃行

安徽省高速公路控股集团有限公司

安徽省高速公路控股集团有限公司(简称“安徽高速集团公司”)是安徽省最大的交通基建与运营企业,全国交通企业100强,中国服务业企业500强,拥有19个公路运营管理处和12家全资(控股)子公司。截至2013年底,营运总里程2019公里,其中高速公路营运里程2161公里,占全省高速公路通车里程的60%。在建和拟建高速公路及跨江大桥项目总里程逾1000公里。公司总资产1128亿元,员工10000余人。

近年来,安徽高速集团公司为促进企业持续、健康、快速发展,从提升管理水平着眼,以企业文化建设入手,构建独具特色的“微笑文化”体系,并进行系统的文化深植和文化管理实践,开创了科学人文管理新格局,聚变出巨大的发展动能,增强了公司的核心竞争力。

一、文化建设动因

高速公路企业作为面向大众的社会服务行业,其窗口服务不仅关系到企业的社会形象,也体现着交通运输行业的整体作风。长期以来,包括高速公路在内的交通行业普遍存在着重建设、轻服务的观念,难以满足人民群众从走得了到走得好、再到走得满意的交通运输新需求。随着高速公路对经济社会发展促进作用的日益显现,高速公路服务问题受到了社会越来越多的关注。一段时间以来,特别是在一些车流量大的收费所,由于员工的工作量和劳动强度大,导致服务水平下降,道口的服务纠纷与投诉明显上升。如何增强服务意识,做好高速公路的服务工作,提高社会满意度,一时间成为安徽高速集团公司基层一线服务单位面临的难题。

面对这种局面,公司所属合肥管理处等基层一线服务单位开始探索通过以微笑服务为主要载体的企业文化建设破解这一难题。2007年底,合肥管理处启动开展了以“使用文明用语、展示微笑服务”为主题的文明服务劳动竞赛活动,从提高服务意识、开展礼仪培训、规范收费程序、强化岗位纪律等方面着手,要求一线收费员工心怀真诚、面带微笑为司乘人员服务。这一活动的开展,使合肥管理处收费一线员工的精神面貌焕然一新,收费矛盾和纠纷也明显减少,取得了良好的效果。同时一线员工为司乘人员的微笑服务也深深感染了管理处机关管理人员,领导和机关管理人员为基层一线员工服务的意识有了显著提高,增强了管理处内部凝聚力与外部亲和力。合肥管理处总结出两个“没想到”:一是没想到社会反响这么好,二是没想到机关管理人员精神面貌变化这么大。

公司领导敏锐地意识到,“微笑服务”蕴含着巨大的价值:它正是破解高速公路服务难题的不二良方。2008年公司因势利导,决定在全公司开展微笑服务活动。2009年更进一步将“微笑服务”作为公司企业文化建设的主阵地,在全公司范围内广泛倡导和推广。公司董事长周仁强这样寄语全体员工:“微笑服务,对个人来说,是一种形象,一种修养,也是一种工作态度;对企业来说,是一种工作作风,一种精神风貌,也是一种企业文化;对社会来说,是一种真诚,一种关爱,也是一种社会亲和的力量。”阳光般微笑服务在公司所辖的千里高速公路上遍地开花,极大地提高了高速公路上的服务管理水平,有效化解了矛盾和纠纷,大大增进了社会和谐,在安徽省内外产生了广泛而强烈的影响,很快成为安徽交通运输行业的一面旗帜,也成为安徽的靓丽新名片,得到了各级领导和社会各界的好评。交通运输部将“微笑服务”确定为全国交通运输行业建设的十大品牌的首要品牌,在全国范围内加以推广。微笑服务取得的巨大成效,让公司更深刻地意识到,如果将这种“微笑文化”延伸扩展,形成企业自己独有的文化,员工能够认同这种文化,并在这种文化的引领下忠诚、笃实、快乐工作,这必将会产生促进企业发展的巨大能量。微笑服务活动的开展成为公司自觉开展企业文化建设的肇始。

正是基于以上这些方面的综合考虑和分析判断,安徽高速集团公司党委和经营层统一思想、明确认识,决定从促进公司改革发展的战略高度,集中全公司的智慧和力量,高层次规划、全方位动员开展系统的企业文化建设。

二、核心价值理念体系表述

核心价值观:重道笃行,通达致远。

使命:高速先行,引领安徽崛起;微笑服务,促进社会和谐。

愿景:成就投资典范,追求卓越服务,创造乐活时空。

精神:微笑高速。

职业道德:诚实守信,团结合作,持续学习,爱岗敬业,遵章守纪,廉洁自律,服从大局,艰苦奋斗。

三、践行效果

“微笑文化”为安徽高速集团提供了科学发展的方向指引、管理转型的方法支撑和奋发作为的思想动力,有力地保障了安徽高速集团公司各项事业快速健康发展,取得了提升管理、文化强企的明显成效。

1.文化深入人心,激发了员工服务大局的主动性、创造性

源自企业实践、员工亲身参与形成的“微笑文化”,得到了安徽高速集团公司广大干部员工的深刻认同和自觉践行,起到了鼓舞士气、升华思想、增进共识、凝聚力量的作用。企业与员工在奋力先行、超越自我中良性互动,激发出了企业和员工勇于担当、

实现跨越的巨大动能。

2009年以来，安徽高速集团公司秉承"为政府融资，为人民修路"的立业宗旨，克服高速公路建设融资任务重、施工难度大的困难，尤其是面对2011年以来国内经济环境复杂多变，调控政策力度持续加大，保建设、保运转压力巨大的形势，在全体干部员工的共同努力下，公司进一步加大高速公路建设投资力度，相继建成通车六潜、阜周、周六、绩黄、蚌淮、芜雁、宣宁、黄祁、阜新等9条高速公路，为安徽经济社会发展提供了坚实的交通支撑。

在各单位高速公路的营运和服务工作中，广大干部员工创新管理方式、丰富服务项目。小到改版管理日志，强化实用性，创制通俗易懂的工作流程歌诀，增设夜间金库"软关机"节电功能的小革新，大到实战推演完善应急保畅预案、创立"一笑二快三规范"微笑服务工作经典、建设"微笑服务，温馨置业"子公司亚文化、建立服务区品牌引进淘汰机制，都展现出了广大干部员工创造活力竞相迸发、源泉充分涌流，与企业共创价值、共同成长的精神风貌。4年来，公司主营业务收入增长206.14%，总资产增长76.25%。

2.文化融入经营，促进了公司实现转型发展、跨越发展

安徽高速集团公司的"以路为主、四轮驱动、适度推进多元化"核心战略拓宽了管理视野和发展空间。多元化的成功探索，提高了公司整体优势和资源利用效率，取得了以辅补主的预期成效。公司的第二主业房地产业稳步发展，路域经济规模不断壮大，股权投资深入拓展，成功进入银行、证券、创投、典当、小贷、物流、石化等领域，投资的有效性、灵活性进一步增强；通过盘活存量资产、推进信托贷款、开展融资租赁、发行短期融资券、推行票据结算等方式多方筹集资金，保障了建设、营运和还本付息的资金需求，确保了公司的稳定运转。

3.文化植入管理，推动了企业管理科学化、人文化

制度文化建设将"微笑文化"理念融入制度，渗透到经营管理的各个流程和环节中，渗透到员工的日常工作中。在核心理念的指导下，企业各项工作的决策水平和执行效率得到了大大提高，推动了安徽高速集团公司整体经营管理水平的提升。在"以人为本、科学人文"管理理念的指导下，着力建立健全制度流程，以制度管人、管事、管资产，提高了管理的规范性，增强了管理的透明度，营造了愉快和谐高效的工作环境；着力健全干部选拔任用、人才引进和干部管理工作机制，开展多层次的学习培训，为员工搭建了公平开放的成长平台；着力完善员工参与企业民主管理机制，尊重和保障员工的政治、经济、文化权利；着力加强工资总额预算管理，启动薪酬管理制度改革、推行宽带薪酬体系、保持人均工资稳步增长，重点向一线员工倾斜，采取适时增建员工公寓楼、设立学习和娱乐场所等一系列措施改善员工工作及生活环境，提高员工的幸福指数。以管理检查整改为契机持续改进管理，以推进建立微笑服务长效机制、强化成本管理优化成本结构为契机强化机制保障，在推进规范化、精细化管理进程中夯实了管

理基础，提升了管理效能。以质量管理体系为载体的制度文化建设，推进了管理创新，完善了管理机制，持续提升了公司核心竞争力。

安徽高速集团公司从文化建设到文化管理跨越的经验和做法，被中国企业联合会、中国企业家协会在全国企业文化年会上广泛推介，周仁强董事长被授予“2010—2011 年度全国企业文化突出贡献人物”荣誉称号。2013 年 10 月，安徽高速集团公司被中国交通企业管理协会授予“全国交通运输企业文化建设优秀单位”称号。

4.文化形成品牌，提升了企业和地区的知名度、美誉度

“成就投资典范、追求卓越服务、创造乐活时空”的企业愿景、“用心微笑、真诚服务”的服务理念等一系列文化理念和相应制度措施，引领和推动安徽高速集团公司在各个方面不断追求卓越、树立品牌：收费窗口的微笑服务，日益责任化、制度化、规范化、常态化；服务区的餐饮质量、卫生条件、服务功能不断提高和完善；所属高速石化公司加油站油品更加丰富优质，微笑服务逐步向收费窗口看齐；所属地产企业在省内外坚持高品质、高效益的开发理念，开展“微笑服务、温馨置业”营销，为业主创造乐活时空；从创行微笑服务促进社会和谐，到勇担社会责任加大高速公路投资建设力度，再到崇道重质奉献精品、追求卓越，“微笑文化”的品牌内涵得到拓展，公司整体品牌形象得到提升。从南来北往的客商，到千里跋涉的司机，从省内外嘉宾，到过境安徽的游客，都对安徽高速集团公司的微笑服务称赞有加、印象深刻，为宣传安徽、展示安徽、推介安徽做出了突出贡献。

对外微笑服务和对内微笑服务的长效机制建设，在服务支持、服务条件、服务内涵等方面探寻思路。安徽高速集团公司用“用心微笑、真诚服务”的服务理念等一系列文化理念，引领和推动公司在各个方面不断追求卓越、树立品牌，不断深化微笑服务的内涵。进一步明确领导机制，公司领导按路段包干负责，每人分管两个以上路段，负责督导检查分管路段、服务区的微笑服务工作，进一步调动各级管理人员和一线收费人员的主观能动性。加强岗位培训，增强考核实效，狠抓责任落实，做到与绩效考核挂钩。为确保微笑服务的深入推进，公司出台了《收费人员微笑服务标准》，并成功申报为安徽省地方标准，2012 年 12 月公司成为国家级服务业标准化试点单位。

5.文化形成引领，系统管理促转型

随着企业文化使命、愿景、核心价值观等相关理念逐渐落地生根，入脑入行，广大员工自觉开始思考如何将文化融入经营、植入管理，文化引领管理提升的诉求日益明显。安徽高速集团公司党委适时提出必须把文化核心理念与管理实践紧密结合起来，推动管理体制机制的转型，使企业文化转化为现实生产力，企业文化的功效得到真正发挥。

2010 年 3 月，全系统管理咨询活动正式启动，经过深入的调研访谈和梳理分析，形成了《安徽高速控股集团全面管理诊断报告》和《安徽高速控股集团全系统管理模式》两项成果。

2010 年 4 月下旬至 2010 年 9 月底，针对系统管理的核心模块：战略规划、组织架

构、管控模式、流程建设、人力资源管理、财务管理等6个方面的状况,安徽高速集团公司组织相关人员,进行深入的剖析、分解、探讨,先后制定了《安徽高速发展战略规划》、《安徽高速管控模式及组织结构调整方案》、《安徽高速核心管理流程方案》、《安徽高速人力资源管理体系方案》、《安徽高速财务管理方案》、《安徽高速系统管理支持行动计划》六项成果。为便于推动各项咨询成果顺利实施,公司对所有咨询成果进行系统梳理、综合提炼,进行提纲挈领的概括,形成了《安徽高速全系统管理提升建议》,在系统研究分析公司管理现状的基础上,列出管理中存在的主要问题,同时结合实际给出"咨询建议"和"改进的要点"。

2011年6月,安徽高速集团公司启动了制度文化的建设;确立了制度文化建设"四个转变,一个建立"的目标:即管理由业务型向服务型转变,由经验性向科学性转变,由粗放式向精细化转变,由传统式向人文化转变,建立起以规范化、精细化为基础,制度化、标准化为特征的科学管理体系。

各单位、部门按照与贯彻落实公司第一次党代会精神,《我们的行动纲领》、《全系统管理提升建议》等文件的要求开展管理检查分析工作,恰如其分地对管理现状做出评价,实事求是地检查管理上存在的问题和困难,系统全面地分析产生问题和困难的原因,有的放矢地制定改正问题、克服困难的办法,最终形成了50万字的《管理检查分析报告及整改方案汇编》。

为促进安徽高速集团公司制度文化建设成果的集成和实际运用,公司决定按创新管理的思路,将贯彻企业文化理念,体现制度文化建设"四个转变,一个建立"的目标作为总体要求,全面开展ISO9001质量管理体系的建设,通过制度、流程的优化再造,进一步将制度文化建设推向更高水平。

2012年5月,安徽高速集团公司在合肥、全椒、阜阳3个管理处启动了ISO9001质量管理体系建设试点工作。经对试点工作进行总结,进一步优化了体系文件(试行)模板,形成了在全公司管理处正式推广应用的《集团公司管理处质量管理体系文件(统一模板)》等管理成果。

2012年底,安徽高速集团公司在机关和管理处两个层面全面推进ISO9001质量管理体系建设,以质量管理为主线,按照重建立、严实施的工作方针,着力构建统一、高效、科学、规范的管理体系并扎实贯彻实施,精心打磨出一套适应公司持续发展需要的管理工具。

在机关层面,安徽高速集团公司用系统的观点、站在全局的高度分析和解决工作中的问题,全面梳理各项工作制度,按明晰职能、优化流程、科学严谨、管用实用的原则,整合、补充、完善现有的工作制度,构建体系文件框架,高质量完成体系文件编写,切实履行贯标责任,按照体系文件要求,采取切实措施保持质量管理体系长期有效运行并持续改进。

在管理处层面,各管理处结合本单位实际,在保持与安徽高速集团公司模板大方向、大原则和操作方法基本一致的前提下，将公司体系文件模板转化为本单位实际操作的体系文件，切实处理好共性与个性、统一与独特的关系，坚持“科学管理，打造安全、畅通、文明的高速公路；持续改进，追求微笑、满意、卓越的服务品质”的质量方针，完善质量目标管理机制，做到了转换模板与贯彻实施、持续改进有机统一。

安徽高速集团公司注重激发全体员工的创造活力，充分挖掘其智慧和力量，让全体员工积极主动地参与到质量管理体系文件的编制及贯彻实施工作中来，使质量管理体系的理念和规范融入全体员工的工作行为中，使之成为一种工作习惯，通过增强全体员工的执行意识和认同度，有效提升体系运行的效果。广大干部员工将建立和实施质量管理体系作为践行企业文化的重要方式，用质量管理体系重新审视自己的工作，积极消化吸收、真学真用，增强质量管理意识，切实提高执行力，持续提升公司核心竞争力。

四、主要经验和体会

安徽高速集团公司领导决策层认识到，优秀的企业文化聚变的巨大能量，是企业发展的强大动力。然而这种力量要想发挥作用，就必须使企业文化从理论回到实践，指导和服务实践。企业文化核心理念体系形成后，公司按照深植试点、动员部署、深植实施、评估总结 4 个阶段，开展了大规模的文化深植工作。主要任务是使企业文化的核心理念深入人心，为融入经营、植入管理打好基础。

1.精心提炼，“微笑文化”寓新意

2009 年底安徽高速集团公司成立了企业文化项目指导委员会，在专业咨询机构的协助下，启动了企业文化咨询项目，全面开展对“微笑文化”的梳理和提炼工作。

(1)文化盘点，全面调研

全面的文化调研可以理清公司的文化发展现状，为文化建设提供详实可信的第一手资料。在全面调研之前，公司隆重召开了企业文化咨询项目启动大会，极大地调动了全体员工的参与热情。

从 2009 年 12 月开始，访谈调研公司总部、管理处以及分(子)公司的各级管理者、员工代表和外部人员 182 人，其中内部访谈 170 位，外部访谈 12 位。实地调研涉及公司总部、三个管理处和两个分、子公司，问卷调研覆盖到公司所有单位，共回收问卷 659 份。通过深入细致的调研，结合资料研读对公司企业文化现状进行系统的梳理和诊断，对公司 20 多年发展历程中积淀的深厚文化底蕴进行了充分挖掘。

通过对安徽高速集团公司历史发展阶段的梳理，可以看出企业在成长过程中形成了深厚的文化元素，其中既有支撑企业不断成功的优秀文化基因，也有面对未来挑战需要调整的部分。公司员工具备较高的社会责任感、较强的服从意识，同时，艰苦的建路过程也形成了安徽高速人团结、务实、敬业、忠诚、奉献的优良作风。在企业的发展壮大过程中，展现了优秀的企业家精神，高层领导的开拓和创新意识引领了企业的发展，而员工也体现出较为强烈的归属感和自豪感。

但员工普遍的思想意识依然是由内部导向占据主要位置，缺乏现代化经营方略和管理手段，反映出外向型思维、主动负责意识不足，缺乏整体意识、规范化意识、精益意识，有相当一部分员工安于现状，忧患意识缺失，市场意识淡薄，人们的观念总体滞后于企业的发展。

(2)深化微笑服务，形成微笑文化

怎样才能推动公司发生转变呢？安徽高速集团公司不仅将“微笑服务”作为破解高速服务难题的不二良方，而且也将之作为撬动公司工作惯性、破旧立新的不二良方。

周仁强董事长认为，“微笑服务”不仅仅只是一项活动，更应该成为高速人的一种工作习惯、安徽高速的一种企业文化、一种促进和谐的强大力量。他这样形容企业文化的功效：“通过构建企业文化，用文化的力量引导、规范员工的行为，激励人的精神，激活人的潜质，激发人的智慧，发挥员工的积极性、创造性，使员工自觉地把个人价值的实现与企业的发展、事业的进步融为一体。”他强调：“微笑面对工作，是对职业的最好诠释；微笑面对生活，是人生的最好追求。让我们共同微笑，面对未来，让微笑的安徽高速连通江淮的山山水水，通达祖国的四面八方。”在周仁强董事长和企业文化项目指导委员会的推动下，公司逐步把“微笑服务”上升到“微笑文化”的高度，不断推进着“微笑文化”的建设工作。

此时的“微笑服务”，已经不仅仅停留在收费员通过收费窗口展示的温馨笑容，而是包含了“大服务”的内涵，也不仅仅是公司窗口形象，而是拓展到公司每个人、每项工作中。“微笑”展示的是发自内心的关爱和理解，用内心的真诚来感染客户，感染同事，感染所接触的无论是熟悉还是陌生的每一个人，从而形成一个温馨和谐的氛围，在这样的氛围下，人们的工作和生活都将变得更加快乐美好。

(3)微笑文化特色

“微笑文化”充分考虑了安徽高速集团公司作为国有大企业和交通运输公共企业的特点，充分考虑了公司追求经济效益的企业属性和提供公共服务的社会属性，充分考虑了公司高速公路建设管理的主业特色和房地产、路域经济等各个板块的共同特征，充分考虑了公司发展中的历史传承和未来发展的战略定位，同时，坚持总结挖掘与引进吸收相结合、承继过去与创新创造相结合、咨询意见与自身决策相结合的原则，多渠道征集和听取上上下下、方方面面的意见建议，有创建性地提出了一整套独具安徽高速特色的企业文化体系。

“微笑文化”最大的亮点和特色在于，文化的名字可以直接拉近员工、客户之间的距离，直指人心，引发人们的情感共鸣，既便于员工理解文化的本质和内涵，从而更好地践行文化，也便于外界传播和推广，易于人们接受。

2.周密布置，文化践行谱新曲

(1)精心计划，贴近员工

企业文化建设是一项综合性、系统性很强的工作。安徽高速集团公司建立健全了组织机构，成立了企业文化深植工作领导小组，下设办公室，负责企业文化深植日常工作。公司下属各单位相应成立领导小组，负责推动本单位的企业文化建设工作；确定了企业文化联络人，负责联系协调和组织本单位企业文化工作的开展。全公司形成了党委统一领导，党政工团齐抓共管，职能部门支持配合，上下联动、全员参与的企业文化建设运行机制和工作格局。

在实施计划制定过程中，充分考虑员工的接受和理解程度，每个步骤环节都体现了以人为本的特点，包括手册的设计，考虑到近一两年新进了很多年轻的员工，采用了漫画的形式，贴近员工的工作和生活方式，拉近了和员工的距离。

(2)试点先行，全面开花

在全面文化深植前，确定了两个二级单位——合肥管理处和高速地产集团作为深植试点单位，摸索工作经验，取得了初步成效，也积累了一些深植工作的宝贵经验。试点单位认真组织员工学习，每个单位和每位员工结合工作实际，认真拟定本单位和本人的提升计划，对照企业文化手册规范和提升自己。同时，对照核心理念的要求，分析诊断现有规章制度的文化特点以及存在的问题，以企业文化的内涵和精神为指导，对有关管理制度进行修改和完善。试点单位先行，使得公司及时总结了文化深植的经验，优化了文化深植的步骤和环节，为全面深植推广做好了准备。

2010年10月，安徽高速集团公司隆重召开企业文化深植工作动员大会，全面启动了企业文化深植工作。会后，公司举办了企业文化集中培训会和分组讨论会。公司员工1500余人分别在主会场和各单位视频分会场同步参加了启动大会和培训会议。参加分组讨论会的中层管理人员针对如何做好企业文化深植工作畅谈了心得体会，提高了思想认识。公司召开了企业文化高层讨论会，就如何在工作中发挥企业文化功能、体现企业文化核心内容进行了探讨。公司举办了企业文化辅导员培训班培训机关各处室、各直属单位辅导员，使参训人员对如何履行企业文化深植工作职责有了深入的认识，了解和掌握了企业文化深植相关表格的填写方法，切实提高了开展企业文化深植辅导和成果撰写水平。

(3)营造氛围，活动多样

安徽高速集团公司设计、刊印并发放了“微笑文化”手册《我们的行动纲领》，做到人手一册。同时，公司注重拓展宣传渠道和手段，采取在信息专网开辟专题、在内刊开设专栏、编发活动简报等方式，宣传深植进展情况，反映深植动态，交流深植经验，塑造深植典型。对企业文化可视化形象进行了认真策划，统一模板和式样，在各单位醒目位置进行悬挂，营造浓厚的企业文化深植氛围。

从2010年12月到2011年元月，深植领导小组办公室根据领导小组的部署在公司开展“五个一”活动，即每个单位和部门都要开展“撰写一篇学习心得、开展一次故事征集、举行一次座谈研讨、组织一次知识测试、举办一次演讲比赛”活动，以促进深植工作深入开展。

各单位在做好“规定动作”的同时，积极创新“自选动作”，开展了丰富多彩的文化深植活动，促进了广大员工对企业文化的掌握和理解。如，有的单位把核心理念编成文化训词，植入工间操和岗前队列训练中，有的单位把核心理念制成对联进行张贴等。

（4）强化考核，注重实效

安徽高速集团公司下发《企业文化深植工作考核办法》，各单位对照考核办法开展了自查、自评和档案归集工作，保证深植工作不漏项。加强对各部门和各单位企业文化建设的跟踪反馈和检查评比工作，通过不定期测评、召开座谈会、听取汇报等多种形式，跟踪掌握员工的文化表现，表彰先进、批评后进，促进深植工作的开展。

（5）深刻理解，入脑入心

文化如春雨，润物细无声。安徽高速集团公司通过系统的深植和培训，使“高速先行，引领安徽崛起；微笑服务，促进社会和谐”的企业使命转化为每一位员工实实在在的使命感和责任感，使“成就投资典范、追求卓越服务、创造乐活时空”的企业愿景转化为每一位员工真真切切的理想心愿，使“重道笃行、通达致远”的核心价值观转化为每一位员工孜孜以求的价值理念。配合鼓舞激励、督促考核、沟通关怀等一系列科学化、人文化的举措，“我微笑、我美丽、我快乐”的微笑服务理念逐步深入人心，促进员工实现从要我笑到我要笑，从脸上笑到心里笑，从自己笑到大家笑的3个转变。

微笑使司乘人员倍感温馨和亲切，拉近了收费人员与司乘们的距离，收费道口生硬刻板、纠纷频发的状况得到根本改观，在有效化解收费矛盾的同时，节约了管理成本。

与此同时，安徽高速集团公司其他各个岗位的员工，也开始了“微笑”的旅程，让“微笑文化”真正影响到每一个员工。比如：在深植讨论当中，员工结合使命学习对工作职责进行了深化理解，讨论中大家发现原来冷冰冰的各项职责都有生命力和活力，都指向了两个字“服务”，大家最后得出了结论，只要心里装着“微笑”，各项工作都可以做得更好、更愉快。再比如，一位收费员发现学习了“微笑文化”之后，不仅工作舒心了，连婆媳关系都得到了改善。

通过文化深植，员工都对“微笑文化”的内涵得有了更好的理解，“微笑”的种子开始在公司内外部生根发芽。每一个认真践行“微笑文化”的人都有了不同的收获，阳光更多，温暖更多，天地更加广阔。

笃信而行，其程必远。企业文化建设是一个长期的系统工程。安徽高速集团公司将继续探索大型国有企业文化建设的独特规律和道路，在增强企业核心竞争力、促进公司优质快速健康可持续发展的同时，努力为全国的企业文化建设做出新的更大的贡献。

路畅人和　以道达远

苏州苏嘉杭高速公路有限公司

苏州苏嘉杭高速公路是江苏省第一条以“省市共建，以市为主，股份制建路”模式建设的高速公路项目，始建于1999年7月，全长100公里，双向4车道，总投资48亿元。南段（苏州至吴江段）于2002年12月正式开通，北段（常熟至苏州段）于2003年11月投入营运，至2004年8月，北段董浜收费站建成，实现了全线贯通。

“南拥钱塘潮，北抱长江浪”苏嘉杭企业歌中的一句歌词，形象地描绘出了苏嘉杭所处的区域优势和战略地位。苏嘉杭高速公路北接苏通长江公路大桥，南联浙江乍嘉苏高速公路，可直达杭州湾跨海大桥，中与苏州绕城北、宁沪高速、苏州绕城南、沪苏浙高速互通，是国家高速公路网“七射九纵十八横”主骨架中纵向“沈海高速”（沈阳至海口G15）的并行线，在国家高速公路网中命名为“常台高速”（常熟至台州）。在区域高速公路网中，苏嘉杭高速公路是江苏沿海高速公路的重要组成部分，同时又是苏州“一纵三横一环五射二联”高速公路主骨架中唯一的纵向线，与沪宁高速公路、沿江高速公路、沪苏浙高速公路、苏州绕城高速公路共同构成区域高速公路网骨架，成为通江达海的黄金大通道。

苏嘉杭高速公路一开通流量就迅速攀升，2006年断面流量就超过设计负荷（日断面流量2.5万~5.5万辆），2013年平均日交通断面流量达到7.5万辆，其中南段超过10.5万辆。苏嘉杭高速公路不但沟通了江苏苏北与苏南的经济联系，也促进了江苏与浙江的社会往来，使苏州的发展与长江三角洲社会经济发展更加紧密地融合在一起，为苏州实现率先战略，构筑更高的发展平台提供了交通保障。

苏州苏嘉杭高速公路有限公司（简称：苏嘉杭公司）成立于1999年6月18日，主要负责苏嘉杭高速公路的建设、养护和通行收费业务，以及与苏嘉杭高速公路有关的广告、餐饮、商贸和加油等业务。

苏嘉杭高速公路全线共设1个监控指挥中心（同时又是苏州市高速公路指挥调度中心），12个收费站，2个服务区，2个排障大队，1个稽查大队，另有1个全资子公司——苏州高速投资发展有限公司。公司现有员工1000多人。

一、文化建设动因

高速公路企业区别于其他企业的一个显著特点，在于它是依附于特定的高速公路和政府批准的收费权限而存在的，江苏省政府批准苏嘉杭高速公路的收费年限为30

年。随着营运初期的新鲜感逐步消退,以年轻人为主体的员工队伍面临着现实的思考:30 年收费期预示着企业的"短寿"、依附于 100 公里高速公路的苏嘉杭有何发展、不断重复的收费业务枯燥乏味、人的能力难有提升、个人职业生涯设计和才能发展"路在何方"？如果找不到回答和解决问题的途径,任何思想政治工作都会显得苍白无力,难有成效。在这个背景下,开展企业文化建设,有着重大的现实意义。苏嘉杭公司的企业文化建设系统地、成功地回答了企业发展中不可回避的四个重大课题:即以什么样的理念、打造什么样的团队、通过什么样的途径、实现什么样的目标。这些问题的科学回答,在很大程度上消除或缓解了员工的疑虑和困惑,让大家看到了目标和希望。

二、核心价值理念体系表述

1.核心价值理念:团队、创新、专业、卓越

"团队",以缘为亲,志同道合,是苏嘉杭公司的行动主体;"创新",敢为人先,日新又新,是苏嘉杭公司的发展动力;"专业",精诚服务,精益求精,是苏嘉杭公司的生存保障;"卓越",永葆激情,力求完美,是苏嘉杭公司的目标追求。

2.使命:路畅人和,以道达远

"路畅人和"是苏嘉杭公司的神圣使命,涵盖了苏嘉杭公司的经营责任和社会责任。"路畅"是苏嘉杭公司的责任,促进苏州社会经济发展,承担国防后备义务,推动南北人流物流。"人和"是中国优秀传统文化的至高境界,构建和谐社会是当代社会倡导的主流精神;"以道达远"体现了苏嘉杭公司的未来愿景和历史使命。"以道"之道既是苏嘉杭高速公路之道,也是苏嘉杭公司的员工之道、管理之道、服务之道,就是苏嘉杭公司文化的和畅之道。"达远"之远是苏嘉杭公司的企业愿景和远大目标,成为国内著名的高速公路专业化管理品牌,成为中国高速公路行业的一面文化旗

3.愿景:成为国内著名的高速公路专业化管理品牌

为实现这一愿景,公司将专业化、多元化、品牌化设定为企业的核心发展战略。

4.精神:志同道合争一流

一流精神是苏嘉杭公司从建设时期起就体现的创业精神,在进入管理运营阶段后,苏嘉杭人继续保持着对"一流"的不懈追求。志同道合争一流,苏嘉杭人志向相同,道路一致,同心同德,一心一意,追求一流的目标。

三、践行效果

经过多年的宣贯实践,回头再看,愈加清晰地凸显企业文化的作用。苏嘉杭公司企业文化建设工程的实施,形成了苏嘉杭文化的核心力,发挥了以共同愿景激励人,以先进理念武装人,以管理文化规范人,以服务文化熏陶人,以员工文化培育人的良性互动和整体效应,这是企业发展的立足之基,力量之源、成长之本。

1.企业文化是明晰发展目标与路径的"导向仪"

苏嘉杭公司营运之初,首先制定了"一年强基,两年达标,三年争创一流(设施、管

理、服务、效益四个一流)”的阶段性目标。经过两年多努力,到2005年初,3年目标已经基本实现。企业向何处去?这个现实的问题摆在苏嘉杭公司面前。企业就像大海中的一艘帆船,没有航向,就会随波逐流;只有有了明确的航向和目标,才能乘风破浪,到达理想的彼岸。在关键的时间点抓住关键的问题,把握机遇,开阔视野,博采信息,分析趋势,把脉未来,在苏嘉杭公司的企业文化建设中首次对企业发展目标进行战略规划和科学决策,明确提出“成为国内著名的高速公路专业化管理品牌”的企业愿景,同时确定了“专业化、品牌化、多元化”的发展路径,其中专业化是坚实基础,品牌化是自然结果,多元化是追求目标。多年来,苏嘉杭公司每年设立年度重点目标任务,每年都有新的发展和进步,每年都向实现总体目标迈出坚实一步。

2.企业文化是促进管理创新与完善的“原动力”

苏嘉杭公司十分重视制度建设,营运之初先是制定了近10万字的《企业规章制度汇编》,保证了营运管理有序进行;稍后,为使企业管理在更高平台上运行,迅速导入ISO9001质量、ISO14001环境、OHSAS18001职业健康与安全三大管理体系,并通过认证。企业文化体系形成后,在企业文化先进管理理念的指引下,在管理制度、管理机制、管理模式、管理手段、管理技术等方面进行创新和完善。2007年底,苏嘉杭公司在通车营运5周年之际编印管理成果集,内容涉及企业高层管理、生产营运、行政事务、人力资源、道路畅通、绿化养护、排障抢险、应急处置、环保安全、政治工作等方面,归纳出管理成果经验总结28篇,特色管理项目85项,大大提升了苏嘉杭公司特有的专业化管理水准,获得全国卓越绩效管理优秀企业和特别奖、江苏省科技创新、群众性技术进步和苏州市质量管理金奖等多项管理荣誉。2011年3月,全国质量协会企业质量文化培训班把苏嘉杭公司作为一个示范点来参观,并由苏嘉杭公司作了专题介绍。2012年底,苏嘉杭公司通车营运10周年,再次汇编管理成果集,从经验总结、探索创新、固本强基、服务社会4个方面总结了10年营运管理经验,进一步巩固成果。2013年,苏嘉杭公司完成三合一贯标体系文件的电子版化工作,使各部门日常工作和程序得到不断完善和规范,推进管理,加强管理。

3.企业文化是提升服务品质与档次的“推进器”

“服务态度亲和化、服务质量诚信化、服务行为规范化、服务手段智能化”的理念和“诚心、热心、专心、耐心、放心”的服务准则,进一步规范和提升了苏嘉杭公司的服务水准。公司把所有服务类型进行细分,明确服务的目标追求,以优美、畅通作为行车服务标准;以“快捷、文明”作为收费服务标准;以“及时、便利”作为配套服务标准,并按专业化、精细化的要求,制定各岗位服务质量量化标准,推进6S现场管理标准化工作,改革星级服务明星评选办法,试行月度先进评比表彰,实行新绩效考核制度,建立录像审看系统,开展服务品牌创建活动,进一步推动服务程序规范和服务质量提升,为客户提供优质服务,展示了良好形象,赢得了社会声誉。公司先后获交通运输部文明单位、全国交通十佳文明畅通工程、全国实施用户满意工程先进单位、全国企业文化建设百强单位、全国第三批交通运输文化建设示范单位、江苏省客户满意服务明星企业、江苏省文明单位、江苏省企业文化建设成果奖、江苏省职工文化建设先进单位、苏州市文明单位标兵等称号。

4.企业文化是凝聚团队力量与智慧的“强力胶”

员工是企业的主体,是企业最可宝贵的财富。“四美”、“五讲”、“六修养”员工文化的实践,起到了凝聚力量、融洽关系、提升素质、引发激情4个方面的作用,促进了员工的全面、健康发展,一支具有凝聚力、忠诚度、事业心的员工队伍加速形成,为企业发展奠定了牢固的组织基础。

在2008年初的抗冰雪保畅通战斗中,苏嘉杭公司这支队伍强烈的社会责任感、严密的组织纪律性、高度的执行力和顽强拼搏、连续作战、无私奉献的精神,得到了充分的、集中的展现。许多员工连续3天3夜坚持在现场岗位,有的员工眼睛熬出血丝,有的员工满手磨出血泡,还有的员工带病坚持工作,轻伤不下火线,等等。这既是企业文化建设的成果,也是企业文化的实践,更是企业文化内涵的丰富。在这样一支队伍面前,任何困难都将被克服,任何困难都不能阻挡企业发展的步伐。

5.企业文化是推动“双同”深化与发展的“润滑剂”

苏嘉杭公司在营运初期的实践中,敏锐地觉察到高速公路的管理是综合性管理,必须和相关方密切配合,才能保证企业目标的实现,由此自发地形成了“双同”活动的雏形。企业文化体系明确提出了“同在苏嘉杭,同为苏嘉杭”的合作方理念和互益互惠,共荣共赢的甲乙方理念,有力地推动了“双同”活动的深化。2006年初,形成公司高层统筹、五个层面协调、三个条线活动、九大举措并举、三种能力提升的“双同”活动总体格局,通过向“双同”参与单位的宣贯,逐步走向理念认同,目标趋同,行动协同的目标,提升了高速公路应急情况处置、路产路权维护、服务品牌建塑能力。此后又向党建联协、联合巡查、基层一线等领域延伸和发展。2010年按照“互利共赢”的原则和“速度、标准、形象、整顿”八字要求进一步向前推进,进一步强化和巩固了活动效应。2011年8月以苏嘉杭公司监控指挥中心为基础,联合市交巡警支队和路政苏州支队组建了苏州市高速公路指挥调度中心,加强了苏嘉杭公司、交警、路政“一路三方”资源的整合,有效提高了各类特情的应急处置能力。

四、主要经验和体会

1.主要经验

(1)领导重视

企业文化建设需投入大量的时间、精力,资金也必不可少。没有领导,特别是主要领导的重视是难有成效的。苏嘉杭公司领导的重视主要体现在几个方面:一是主要领导抓企业文化的意识强烈,把工作放在重要位置;二是总经理亲自规划部署,既有条不紊,又一着不让地扎实加以推进;三是领导班子有较高的文化素养,在企业文化理念的提炼和形成过程中发挥主导、核心、关键的作用;四是重视体系形成后的宣贯实践,决不把体系束之高阁;五是在宣贯实践中发挥领导的表率作用,身体力行企业文化的各种理念;六是在企业日常运行中把企业文化有机融合,无形渗透,做到润物细无声和水银泻地无处不在;七是把企业文化的宣贯实践工作情况和取得的成效作为对部门、个人评价的重要内容,并与相应的考核奖励挂钩。

(2)机制完善

一是组织制度,建立由公司党委书记、总经理负总责,分管党务、精神文明建设的党委副书记具体负责,机关各部门主要领导共同参与的组织领导制度。公司党政联席会是企业文化建设管理的决策统领机构,综合部为企业文化建设管理的日常工作部门,解决谁负责抓,哪个部门来抓的问题。

二是工作制度,形成党委书记、总经理亲自抓,分管领导具体抓,各方面各层次协力抓的工作机制,明确机关各部门、公司各层级和工会、共青团等在企业文化建设中的职责、分工和工作内容。

三是考核制度,把企业文化建设管理工作纳入目标管理体系,作为重要的目标任务,有计划安排,有实施步骤,有检查考核,在公司对基层的绩效考核、日常检查、中层干部的述职述廉和员工的评先评优中,都要涉及企业文化的内容。

四是测评制度,建立企业文化建设测评体系,对企业文化建设状况进行系统测评,找出问题和薄弱环节,加以整改、提高。

五是经费保障制度,涉及企业文化建设所需投入,用预算管理和按实列支的办法,加以保证。

(3)员工认同

企业文化体系能否起作用、起到何种作用、作用程度如何?关键在于企业文化理念能否为员工所认同。苏嘉杭公司企业文化得到了员工的高度认同和肯定,与其具有扎实的群众基础分不开。首先,它不是领导者的空想,也不是咨询单位从外部移植而来,而是植根于企业这块沃土,是苏嘉杭公司短暂历史中文化的沉淀和积累。其次,它在内涵和外延上具有鲜明的高速公路企业特色和苏州地域特点,符合时代发展的要求和趋势,满足员工对未来的期待和热盼,因而具有强大的生命力。再次,这一文化体系的形成是全体员工智慧的结晶,广大员工是这一体系的主动参与者、创造者,而不是被动接受者,所以大家都倍感自豪和珍惜。第四,在宣传的口径上,苏嘉杭公司特别强调,作为个体,对公司的文化体系有个人的认识,或有一个逐步认识提高的过程,是允许的,可以理解的,但作为公司员工,你必须对企业文化知晓、认同,并付诸实践,这样你才有可能成为一名合格的员工;如果你对企业文化不理解、不认同,乃至反对,那企业是不会欢迎这样的员工的。

(4)方法科学

要达到企业文化理念在员工中内化于心,外化于形,发挥作用,收到效果,要有科学的方法。在实践中主要应用了以下 7 种方法,形成了宣贯实践的合力。

一是教育培训的方法,公司《企业文化蓝皮书》人手一册、举办 1+1 文化营集中培训、高速公路企业文化论坛、企业文化研讨、企业文化案例分析、企业文化知识竞赛、企业文化大家谈、企业歌人人唱、各类活动中穿插企业文化知识抢答等。

二是视觉强化的方法,建立企业文化展示厅、公司企业文化网站虚拟展示、公司机关和站区队企业文化墙、企业文化宣传画、企业文化宣传册、统一服装标识,VIS 视觉识别手册的全面应用等。

三是活动推进的方法,企业文化理念故事征集,企业文化创新成果总结,发生在我身边的企业文化征文,以员工漫画形式编印企业文化图解集,重大活动中的企业文化因素分析,企业文化与路车人摄影展和员工摄影集等。

四是载体渗透的方法,企业文化日纪念活动、通车营运周年庆、员工综合竞技运动会、集体生日活动、思想政治工作研讨会、集体签订劳动合同、"双同"活动、集体年夜饭、正月初一拜年、爱心捐助、扶贫帮困、准军事化管理、学习型组织建设、季赠一书、建立帮困基金、组建保畅志愿队、青年志愿者服务等。

五是工作结合的方法,如文明创建、子品牌创建、营运特情汇编、收费十六字操作法、微笑服务练习十八法、技能等级考核、设备维护业余兴趣小组、服务承诺和便民措施、党团员亮证亮牌服务、6S 现场管理标准化、班组长管理员竞聘等。

六是考核测评的方法,建立测评体系,列入工作考核。

七是制度规范的方法,把企业文化理念与制度相结合,渗透到规章制度的制定、完善、执行、监督的过程与环节,以制度的强制力量来推进文化建设。

2.主要体会

科学发展观提出了关于发展的科学理论。任何事物都处于动态发展之中,苏嘉杭公司的企业文化也不例外。无论从企业文化自身的发展,还是企业文化与企业发展的密切关系看,我们都应该重视企业文化的可持续发展问题,使其在企业发展的过程中取得自身的发展,同时又促进企业的发展,两者相互促进,相得益彰。

(1)坚持与时俱进

在苏嘉杭高速公路通车营运的 10 年发展过程中,企业内外部环境也在不断变化中。例如,费改税的政策变化,二级公路收费站的撤销,高速路网的完善,收费优惠政策的调整和扩大,党和政府对民生的关注和对低碳、环保、生态的日益重视,各种资源的利用,新技术的发展和应用,企业内部主要领导的调整,等等,都对企业产生了深刻的影响。苏嘉杭公司企业文化建设虽历经 3 任主要领导,但面对不断变化的新情况,公司始终倡导企业文化既要传承原本优秀的理念和做法,又要随实际变化的形势不断调整、完善、提高,做到传承和创新并举,既保持体系的系统性、连续性、稳定性,又做到与时俱进,不断发展。

(2)坚持实践原则

如果说在企业文化体系形成初期,把宣贯和实践放在同样重要的位置,是必需的,也是合适的。那么,在大多数员工对体系的主要内容已有所了解、掌握,企业文化进入长效管理以后,就应当把实践放在更加突出的位置。企业文化不是为了好看,为了装门面,而是行动的指南,实践的基础。宣贯与实践相比,实践更为重要。宣贯是手段,实践是目的,宣贯是为实践服务的。一个人,即使对体系的内容背得滚瓜烂熟、了然于胸,不付诸行动仍然是空的。因此,要认真研究强化体系实践的办法和措施,从制度设置、典型培育、绩效考核、先进评定、工作评价等方面,引导各级重视实践、员工自觉实践,让企业文化理念之树结出丰硕的实践之果。当然,在更加重视实践的同时,也不能忽视宣贯,尤其对新进员工,企业文化的教育培训是必不可少的一课,对老员工,隔一两年也应重新系统培训一下,同时,企业各类宣传形式和阵地,仍要把企业文化的宣传贯彻作为重要内容,长期坚持不放松。

(3)坚持阶段测评

2008 年底 2009 年初,苏嘉杭公司在全国同行中率先建立了企业文化测评体系,这是一项开创性、创新性工作,类似于贯标认证。依据这个测评体系,公司进行了首次测评,采样 234 份,占员工总人数的 32.18%,符合样本比例要求。测评中收集了企业 20 项综合数据和“一心三道”四类指标系列中 11 个一级指标,47 个二级指标,69 个三级指标,16 个四级指标。经分析和评估,摸清了主要的优势强项有二:①员工、司乘人员、同行及社会各界对苏嘉杭公司的总体评价非常高。②公司领导十分重视企业文化建设,文化出效益,提升了公司品牌形象,增强了企业凝聚力。找到了主要的改进机会,即需进一步加强员工对核心价值观和“双同”活动的了解和认知;需要定制企业文化预算,员工职业发展计划指南;员工素质有待提升训练。得到了分析结论和建议,即加强在服务区、低学历、新员工群体中对公司核心价值观的宣贯,鼓舞士气;提高员工的工资待遇,激励员工、提升品牌;建立和扩大图书室,开展读书活动;组织广泛的员工素质培训;更加重视“五心”服务,“五星”品质;建立长效机制,培养劳动模范;建立预算管理。通过测评,对阶段性的企业文化状况进行评估,找出成功的经验继续保持,薄弱的环节予以改进,对企业文化建设的持续提高具有十分重要的意义和非常明显的作用。

(4)坚持常态管理

企业文化体系阶段性的集中宣贯结束后,就进入了常态管理阶段。为此苏嘉杭公司制定了企业文化长效管理办法,对处于常态运行中的企业文化管理做出了规范,在完善 5 项制度、采用 7 类办法的基础上,明确长效管理中需坚持的 7 项原则,即坚持全体员工都是宣贯实践主体的原则;坚持“知晓、认同、践行、实效”循环提升的原则;坚持领导率先示范的原则;坚持形式与内容相统一的原则;坚持员工自我教育的原则;坚持文化建设与文化管理、宣贯与实践并重的原则;坚持与运营管理、文明创建、日常工作、制度规范有机融合的原则。还采取包括建立企业文化日、评选企业文化年度 10 件新事等在内的15项措施，更加注重与营运管理的结合，向日常工作的渗透，员工的自我教育，制度的规范，政策的引导等，从而保证企业文化与企业相伴相生，水乳交融。

(5)坚持规律探索

企业文化，作为意识形态，精神文明，如何转化为物质力量，物质成果，应有其规律可循。遵循其规律行事，就事半功倍；反之，则事倍功半。几年来，苏嘉杭公司在实践中摸索和积累了一些好的做法，但总体看，还处于经验层面，未上升到对规律的总结和把握。实现企业文化的可持续发展，要求公司能够探索和发现企业文化运行的内在规律，并结合实际应用于实践，以获得企业文化建设的更好效果。要重点探索企业文化理念如何为员工迅速、系统地掌握的规律，探索理念如何为员工所认同并自觉转化为行为实践的规律，探索企业文化如何与企业其他方面工作互相渗透、融合的规律，探索企业文化的实际效果如何评价的规律，探索企业文化如何向"双同"单位宣贯并为他们由衷认同的规律等。在方法上，要防止夜郎自大、盲目自信，虚心向他人学习，取人之长补己之短；要参加专业培训，提升自己，培养公司内部一批企业文化建设管理上的业余专家；要开展专项研讨活动，集大家的智慧来总结提高；要加强调研，多了解实情，了解员工，从中掌握真实想法和需求；要借脑，借助专业人士、专家团队的力量来把脉会诊，持续提高。

苏嘉杭公司的企业文化建设已经有了良好的开端，有了实际的效果，也取得了中国交通运输部、中国企业文化促进会、中国质量协会、江苏省颁发的各类荣誉称号，但苏嘉杭公司深知，公司的企业文化建设还仅仅处于起步阶段，与一些先进企业相比，还有很大的差距。企业文化建设只有起点，永无终点。苏嘉杭公司一定要在科学发展观指引下，努力开创企业文化建设可持续发展之路，收获企业文化建设更为丰硕之果。

五、文化品牌

和畅之道

六、文化品牌诠释

苏嘉杭公司于2005年提出以"和畅之道"命名的企业文化，它包含了"和"和"畅"两个核心要素。"和"是吴文化的核心思想和重要标志，"畅"是高速公路最重要最本质的要求，这两个要素与各方面内容的结合，构成了苏嘉杭公司企业文化的完整体系。

和：就是要建设和谐共进的企业，要打造和衷共济的团队，要提供和善共赢的服务，要建立和合共荣的关系。

畅：就是要保障安全畅通的道路，要维护畅洁绿美的环境。要具有畅快的精神，去实现畅达的愿景。

苏嘉杭公司的"和畅之道"将精神文化、行为文化、形象文化融为一体，形成了"一心三道"的核心文化体系。

“一心”即“道之魂——核心理念”,它明确了苏嘉杭公司的企业愿景、企业使命、核心价值观和企业精神等。提出企业愿景是“成为国内著名的高速公路专业化管理品牌”,企业使命是“路畅人和,以道达远”,核心价值观是“团队、创新、专业、卓越”,企业精神是“志同道合争一流”。

“三道”,一是“人之道——员工文化”,它规范了员工的行为素养,包括“四美”即员工职业道德规范;“五讲”即员工团队行为准则;“六修养”即员工品行操守等。二是“路之道——管理文化”,它确定了公司管理的行为规则,包括公司的组织理念、管理理念、质量方针、环境方针、职业健康和安全方针等。三是“车之道——服务文化”,它确立了公司的服务宗旨,包括公司的服务理念、服务准则、合作理念、甲乙方理念等。

广通八方　福泽万家

广东交通实业投资有限公司

广东交通实业投资有限公司(简称“投资公司”)成立于1993年,是广东省交通集团有限公司属下的二级企业,目前注册资本人民币13.66亿元,业务板块包括高速公路投资建设、营运管理、养护管理及非高速公路资产管理,是以高速公路投资建设为主,多元化发展的国有企业。公司目前拥有9家全资或控股子公司、4家参股公司,总资产达120多亿元,员工人数1700多人。

公司成立以来,高质量完成了西部沿海高速公路台山段、梅河高速公路和兴畲高速公路共计230多公里的高速公路项目建设,参股投资了揭普、阳茂、广清、粤赣高速公路等20多个公路桥梁项目的建设,2012年底开始动工建设济南至广州平远至兴宁段100公里高速公路。目前,公司高速公路专业营运管理里程达420公里,高速公路道路土建养护和机电养护里程达500公里。

一、文化建设动因

企业文化作为一种独特的意识理念和精神力量,对企业的经营管理和改革发展起着举足轻重的作用。投资公司建设企业文化是加快现代国企改革发展的需要,是市场经济中的主客体之间内外在需求和满足各种价值关系的必然结果。

1.行业竞争的需求

当前,处在市场经济体系中的高速公路行业,面临建设成本高、投资融资难、合理回报慢、职工心理压力大等现状,行业内竞争态势严峻。投资公司要始终把自身的特点向社会和人民群众做充分的表达,高速公路营运企业竞争也要从单纯的道路质量竞争中拓展开来,不断向环保质量、服务质量、服务品牌的竞争中寻求经济效益和社会效益的“双赢”。企业文化正是展示企业公众态度,求得广泛认同的有效载体和重要途径,这是一种赢得社会满意、群众满意和市场竞争的潜质。

2.经营管理的需求

现代企业管理制度和市场经济体制给国有企业带来的最大冲击就是对原有管理理念和管理方式的“革命”。长期以来,投资公司管理制度的不完善、职工激励机制的不成熟、职工文化阵地建设的力不从心、部分职工工作效率低下等不良因素的存在,使企业职工队伍建设缺乏动力,职工文化生活得不到改善,一定程度上影响了企业健康、稳定、和谐发展进程,使企业在市场竞争和行业竞争中面临较大压力。为了消除上述不良因素，推动企业良性发展，这就形成了企业对需求管理变革的共识。所以，企业管理理念和运作模式必须成为企业文化体系最基本的内容，并使之成为每位职工的行动指南。

3.培树价值观的需求

随着投资公司资产的关系变化和社会发展的要求，投资公司的行为要对投资者、员工和社会负责，要接受法律和道德的约束，加之每一位员工与公司固有的特殊关系，需要有一个深度关联的理念来关照、维系多方价值追求。因而，公司必须在社会核心价值观的统领下，培育适合企业自身及相关利益者要求的共同的价值观，以实现公司的总体价值目标和战略发展目标。

4.持续发展的需求

投资公司除了在总结过去生产经营经验、完成当前各项主营任务以外，还必须考虑未来可持续发展的问题，还应当通过合适的途径表达公司的这种展望未来的态度和理念。企业文化正是实现这个需要的最好载体，它既公开展示了公司发展的态度和前景，又无声地培育了公司员工的凝聚力和竞争力，因而建设企业文化是促进公司长远发展的必然要求。

二、核心价值理念体系表述

核心价值观：修德敬业，止于至善。

使命：和谐交通，美好生活。

愿景：广通八方，福泽万家。

精神：担当实干，拼搏奉献。

三、践行效果

在“广通善道”文化的引领下，投资公司积极主动融入全省交通事业发展大局，勇担对社会、合作伙伴、客户、员工的责任，以服务和责任驱动企业发展，向社会展示了一个“服务员工成才，服务群众生活，服务社会进步，服务企业发展”的富有高度责任感和使命感的国有企业形象。

1.注重基层组织文化建设，企业发展活力进一步增强

党的基层组织文化建设是增强企业凝聚力、生命力和战斗力的基础。投资公司通过不同载体、多种形式，深入开展“书记项目”活动及“社会主义核心价值观 24 字人知人晓工程”，塑造基层组织文化建设品牌。为广泛听取企业呼声，吸收基层建议，帮助企业克服困难。公司领导干部深入基层，就基层单位经营管理、班子建设、团队建设、制度建设、党风廉政建设及落实“三重一大”决策制度等工作情况进行了全面调研，为促进公司发展提供科学决策奠定了坚实基础。

2.注重企业服务文化建设，企业品牌形象进一步提升

一直以来，投资公司以开展好各年度“文明服务月”活动为载体，依托直属营运单

位（西部沿海营运公司、东御分公司）着力建设企业服务文化，擦亮了企业服务品牌。2012 年 6 月 8 日，在省交通集团主办的“南方最美、最新高速公路”评选活动颁奖典礼上，投资公司被中国交通企业管理协会、广东省交通集团联合授予“最佳组织奖”称号。公司直属西部沿海营运公司荣获“最佳文化风情奖”，有效地树立了良好的企业品牌形象。2013 年，公司荣获“2013 年度全国交通运输企业文化建设优秀单位”称号，公司直属河源河龙高速公路有限公司 2011—2012 年连续两年被中交企协评为“全国交通运输企业文化建设先进单位”。

3.注重履行社会责任，企业社会形象进一步提升

投资公司深入践行集团“大责任”文化，认真落实扶贫开发“双到”工作。2009—2012 年，公司加大对兴宁市陂下村的对口帮扶工作的力度，将广通苗圃场 200 多万元毛利全部用于陂下村扶贫；同时为该村村民缴纳新型农村社会养老保险金，购买新农村合作医疗保险，为贫困户子女捐资助学等，并形成了特殊困难群体的长效救助机制，圆满完成了阶段性扶贫工作目标，被省扶贫办评定为优秀，树立了企业的良好形象。2013 年 5 月，投资公司在集团统一组织下，再次担当重任，对兴宁市五华县金石村进行对口帮扶，开始新一轮扶贫开发“双到”工作。

4.注重人才队伍建设，企业核心竞争力进一步提升

一直以来，投资公司将人才队伍建设作为构建和谐企业文化的根本保证。一是采取内外培训结合的形式，提高职工整体素质，近 3 年来，先后组织开展各类培训达 2500 人次，为公司长远发展、提升核心竞争力提供了人才保障。二是进一步拓宽选人、用人的渠道，实现人力资源的优化配置，积极做好干部储备和人才梯队管理工作。三是将职工薪酬与绩效挂钩，同时关注基层员工和一线员工待遇，尽可能提高其福利、津贴等工资性收入，构建科学合理、相对公平、富于激励的考核机制及配套的薪酬、福利体系。

5.注重创新文化载体，精神文明建设取得新成果

投资公司将企业文化建设与经营生产工作相结合，以开展趣味性浓、启发性深、感观性显、实践性强的主题活动为实践载体，不断创新文化活动内容与形式，同时把培育和弘扬社会主义核心价值观作为企业凝魂聚气、强基固本的基础工程，体现到文化建设及精神文明建设的全过程和各方面，引领企业管理改革创新，推动企业文化发展繁荣。通过在职工中开展以“讲诚信、倡友善、知感恩、尚节约”为主题的思想道德教育实践活动，开展爱岗位、爱社会、爱企业、爱家庭、爱国家为主题的岗位实践活动，使核心价值观深深植根于每个职工的头脑。通过成立“党员义工队”、“保安雷锋班”、“青年志愿者服务队”开展学雷锋，见行动主题实践活动，不仅得到当地政府及广大群众的赞扬，树立了良好的社会形象，同时让职工切实从爱惜家庭、珍惜工作、服务企业、回报社会中深刻领悟社会主义核心价值观的重要内涵，营造积极、健康、向上的企业人文环境。近年来，投资公司先后荣获“全国工人先锋号”、“全国青年文明号”、“全国交通运输行业文明示范窗口”等国家级荣誉 25 项，荣获“广东省重大建设项目档案金册奖”、

"省属企业五四红旗团委"、"广东省诚信示范企业"等省级荣誉 70 项,地市级荣誉 40 项、省交通系统荣誉 102 项,极大地丰富了企业文化建设和精神文明建设成果。

四、主要经验和体会

企业文化建设是一项长期的系统工程,要充分考虑企业改革发展的不同阶段、内外环境、职工素质和文化背景等要素,循序渐进,逐步丰富、发展和完善企业文化内涵,使企业文化建设的目标、内容、方法和手段符合实际,凸显其创新性、系统性、科学性、指导性和可行性,进一步增强文化凝聚力和影响力。

1.企业文化建设必须强化组织领导的引领作用

企业文化建设重在加强领导,明确目标,着力增强企业文化体系的推动力与凝聚力。随着企业的不断发展,投资公司已经逐步认识到,企业文化体系的形成需要加强领导,需要一种制度、一种氛围,不断加强企业文化建设,用优秀的文化基因激发员工的积极性、主动性和创造性,从而增强员工对企业、对群体的归属感和荣誉感,形成推动企业战略实施的文化力量。

2.提炼企业文化应该讲究阶段性与实效性

企业文化的提炼不可能一蹴而就,也不可能一劳永逸,新生事物的发展、巩固、壮大都有一个循序渐进的客观规律,作为企业文化的倡导者与建设者,不能逾越这条线而走所谓的捷径。投资公司在提炼企业文化体系的过程中总共分为全面启动、逐步深化、总结提高、宣贯实施 4 个阶段,最终才提炼形成了以"广通善道"为核心的具有行业特色的企业文化体系。

3.建企业核心价值观是打造企业文化品牌的关键

构建企业核心价值观,创建科学的企业行为准则是推动企业文化建设,强化企业文化体系执行力与影响力的核心内容。企业文化体系构建的首要部分是文化核心的确定,企业的核心价值观念是超越制度文化之上的精神文化与行为文化的总和,唯有确立了正确的文化核心,迈上管理新层次,追求精神文化、行为文化才成为可能。

4.提升企业文化品位必须以创新精神为动力源泉

领导是表率,创新是灵魂,企业文化的构建除了正确领导和创新的精神是办不到的。领导身体力行、以身作则,坚定理想信念、加强精神修养、正确掌权用权、注重文化学习,处处起好表率作用,这是企业文化发展壮大的重要动力。由于企业文化建设的可变性,要求企业管理者必须用发展的眼光、创新的思维分析和处理企业发展中的重重困难,把视角放在全局的高度,用超前的战略思维和心智模式,突破常规和经验束缚,才能提升企业文化的品位,使企业文化之树长春不老。

5.发挥企业文化最大功效必须实施以人为本理念

培育和增强职工对事业的崇高感,激发职工的使命感和责任心,是企业与职工命运共同体的凝聚力的集中体现。人是有思想、有情感的,职工的工作兴趣、工作热情、敬业精神等隐性的因素对工作的效果起着十分重要的作用。因而，企业管理者必须按照文化建设规律，注重过程、注重实践，把企业文化建设与企业改革发展有机结合起来，把全体员工认同的文化理念用制度的形式固化并渗透到企业经营管理的全过程，使企业规章制度与价值准则协调同步，以企业文化建设促进企业经营管理水平的持续提高。

五、文化品牌

广通善道

六、文化品牌诠释

投资公司"广通善道"文化品牌的内涵即：以海纳百川、有容乃大的胸襟，畅行无阻、兼容并包的情怀，践行尽善尽美，永无止境的目标，探寻"至善之道"。"广通"既是公司的姓与名，属广东交通集团，是广东交通实业投资有限公司的简称，也是在比喻和祝愿公司"广交好运，通达天下"；"善道"既是公司对所从事的高速公路板块臻于完美的追求，也彰显公司求实奉献、脚踏实地的工作作风和"大道至简"的管理理念。简而言之，公司既要善建高速路，善管高速路，还要走出一条"广通八方，福泽万家"的公司发展之路、员工幸福之路。

"广通善道"，既可以分为"广"、"通"、"善"、"道"的独立阐述，亦可合并整合为"广通善道"的文化解读。"广通善道"囊括了公司的企业使命、企业愿景、核心价值观与企业精神，承袭了集团的"大责任"文化，以"修德敬业、止于至善"的核心价值观，秉持"担当实干、拼搏奉献"的企业精神，不仅要善建、善管高速路，还要走出一条至仁至善、共创共赢、路畅人和、粤畅悦享的公司发展之路，最终承担"和谐交通、美好生活"的企业使命，实现"广通八方、福泽万家"的美好愿望。

七、文化品牌标识诠释

企业文化品牌标识的形象设计与公司标识（LOGO）一脉相承，是投资公司形象在文化上的延伸与拓展。标识整体由"广通善道"核心文化理念以及其汉语拼音的首字母"GTSD"组成。4个字母连接在一起，体现交通行业的高速公路、桥梁、隧道、互通立交等特征，其中“S”以红色毛笔手写形式，象形道路、飘带和彩虹，凸显企业“善”的社会责任和交投人积极进取、面向未来，充满激情、活力、自信的精神面貌，寓意“和谐交通，美好生活”的企业使命以及“广通八方，福泽万家”的企业愿景。

八、单位标识诠释

广东交通实业投资有限公司标志设计上体现“方圆兼济、阴阳平衡”的美学观念，寓意高速公路、桥梁、隧道、大厦、昂首阔步等物象与概念。组成公司标志的基本构成元素是汉语拼音字母“G”、“D”、“J”、“T”的变形组合，既代表公司名称，同时也隐喻着“广通善道”的企业文化精髓。标志外圆内方，体现传统美学中“内外兼修、圆融方刚”的深刻内涵。趋于闭合的圆、向右、向上的势态，传达“广”、“通”、“善”、“道”的文化理念，表达了“交投人”积极进取、追求卓越的意识，以及面向未来、创造辉煌的期许和诉求；蓝色主体图形传达着科技创新、人文关怀、精益求精的企业文化基本理念。红色字体则表达了企业激情奋进、昂然自信、温暖幸福的文化内涵。

广行天下　乐善通达

广东广乐高速公路有限公司

广东广乐高速公路有限公司(简称广乐公司)成立于2009年11月12日,主要负责广乐高速公路项目的投资、建设、经营、管理。广乐高速公路是广东省新10项工程和高速公路“六纵”的重要组成部分。作为京港澳高速公路粤境段复线,广乐高速公路走向大致与之平行,途经3市8区(县)34镇,起点位于湘粤两省交界的小塘,向南经过乐昌市、韶关市、英德市、清远市,止于广州市花都区花东镇,主线新建线路长约270公里(含扩建段约5公里),连接线约32公里,合计总长302公里,总投资333.42亿元,具有工程规模大、工程难度大、施工条件艰苦、安全生产管理压力大、跨地区多、地方协调难度大等特点,计划于2014年9月28日建成通车。

为把广乐高速公路建设成为经得起人民、时间和历史检验的优质工程、效益工程、民心工程、和谐工程、廉洁工程,广乐公司在工程建设伊始便立足于高起点、高标准、高质量,把项目建设整体定位为安全耐久、节能环保、设计美观、利于管养,并通过全面落实交通运输部、省交通运输厅和省交通集团标准化管理的各项要求,率先推出以标准化管理和标杆管理为主要内容的“双标管理”理念,设立了5个示范项目和5项大奖的“5+5”建设管理目标,即:把广乐公路项目打造成广东省“工程建设管理标准化示范项目”,交通运输部“安全、耐久性示范项目”,“节能环保(科技成果推广)示范项目”,“平安工地示范项目”,国家发改委、住房和城乡建设部、交通运输部“隧道照明节能示范项目”;广乐全线争创“詹天佑奖”、公路交通优质工程奖、五一劳动奖状、全国企业管理现代化创新成果奖、大瑶山隧道群22公里路段争创“鲁班奖”。

针对广乐高速公路线路长、项目规模大的特点,广乐公司本着精简、高效的原则,于2009年12月创立“1+4”管理模式,即“广乐公司本部+四个管理处”的管理机构设置。公司本部设在清远市,4个管理处分别设在乐昌市、韶关市、英德市和清远市(清远管理处与公司本部合署办公)。广乐公司根据工程建设实际,设置了计划合同部、工程管理部、机电房建部、安全生产监督管理部、总工室、财务部、综合事务部7个职能部门和乐昌管理处、韶关管理处、英德管理处、清远管理处4个管理处。4个管理处均下设工程管理部、计划合同部、房建机电部、征地拆迁部和综合事务部5个职能部门。公司本部职能部门与管理处对应部门根据业务特征,实行纵向管理,通过上下联动,高效推进广乐高速公路项目建设。2013年,广乐公司根据工程建设进展对机构设置进行整合,广乐高速公路项目北段的乐昌管理处与韶关管理处于4月合并为韶关管理处;广乐高速公路项目南段的英德管理处与清远管理处于8月合并为清远管理处。机构整合后，广乐公司管理模式由原来的"1+4"转变为"1+2"，即"广乐公司本部+两个管理处"。广乐高速公路将于2014年9月底建成通车，届时，广乐公司营运管理将由目前的"1+2"转换为"1带1"管理模式，即"广乐公司+下设韶关管理处"，公司本部设在清远管理中心。

一、文化建设动因

近年来，交通运输行业文化建设不断深入推进，交通运输部"十二五"期间印发了《交通文化建设实施纲要》，组织开展了行业文化建设23个课题的研究，出版了《21世纪交通文化建设研究与实践》系列丛书，开展企业文化示范单位、卓越单位、优秀单位评选和十百千工程等行业文化建设实践活动。广东省交通行业主管部门也多次印发指导意见，组织参与交通运输部的文化实践活动，并以文化推进会的形式组织行业内的文化交流。全国各省交通运输行业的文化建设工作也是百花齐放。"十二五"时期，实现科学发展，构建现代综合交通运输体系的新形势、新任务，对高速公路设施供给能力、服务保障能力、科技创新能力都提出了新的更高要求，交通系统面临着紧迫而繁重的发展任务。在这样的环境背景下，落实省、部文化建设精神，适应大交通发展的形势，都要求高速公路项目公司要坚定不移地开展好文化建设工作，从而助力广东交通运输事业的大发展。

随着社会经济的快速发展，高速公路行业所发挥的作用越来越大，这就要求高速公路项目业主在建设、管理和服务中全面提升行业管理服务水平，最大限度地得到社会各界的认可和支持，为公众建立便捷高效的平台，在窗口工作中营造功能完备、整洁美化、舒适便利的交通运输服务环境，树立起高速公路行业良好的社会形象，打造畅通、高效的高速品牌，更好地服务于经济社会发展。落实这些要求都需要文化建设提供坚强支持和有力保障。

广乐高速公路项目是目前我国高速公路建设规模最大、专业类型较广（桥、路、隧）的交通工程之一，其中大瑶山隧道群路段地质条件和施工环境复杂、技术含量高、施工期短，分项工程多，环保要求高，工程建设极具挑战性，为目前国内建设规模大、技术含量高且最具挑战性的公路项目之一。为适应工程建设过程环境的动态性和复杂性，以高绩效对环境变化做出调整，更好地推动高速公路项目建设，广乐公司在企业文化打造方面进行了有效的管理创新，重点根据工程建设阶段特点和任务，分类打造具有自身特色的广乐高速文化，并使企业文化在提升工程建设管理水平、打造企业核心竞争力上发挥应有的作用，全面推进广乐高速公路优质高效建设。广乐高速文化是以工程建设为主要任务的建设文化，文化建设的主要任务是服务于工程建设目标的实现。

二、核心价值理念体系表述

企业价值观：广行天下，乐善通达。

使命：自主创新、追求卓越，为用户提供优质服务，成为一流里程碑高速公路工程。

目标：安全、优质、高效、和谐、创新。

精神：尊重劳动、为民造福、敢于为先、勇于跨越。

职业道德：责任，守信，服务，奉献。

三、践行效果

广乐公司根据工程建设阶段特点和任务，以人本文化、质量文化、安全文化、廉政文化和柔性文化等“5 种文化”为切入点，在打造企业文化方面做了大量有效的探索与创新，并取得了显著成效，有效地推动了广乐高速公路项目建设，使工程建设管理水平得到明显提升。

1.人本文化——善待员工，给每个人成长机会

人本文化是以人为本的文化理念，以人本主义为核心的文化。广乐公司牢固树立以人为本的理念。广乐高速参建者按工作性质划分可分为管理人员和施工人员。管理人员由于文化程度较高、工作稳定、有较好的生活保障，所以他们希望有更好的成长机会和更大的发展空间。广乐公司采用“1+4”的管理模式，设立广乐公司本部和 4 个管理处，广乐公司对本部各业务部门以及 4 个管理处充分授权。项目建设管理中的充分授权，使各级管理人员能够在工程建设管理过程中独立开展工作，得到了充分的锻炼，为他们将来走上职业专业道路提供了成长的机会。

工程是一线施工工人用双手干出来的，一线施工人员大部分是原农业人口的转移，文化程度较低，技术水平不高，有的甚至没有参加过工程建设，所以他们希望能通过学习掌握一些技能，便于在职业生涯有一技之长。同时，施工人员绝大部分是家庭的主要经济支柱，他们对劳动报酬也充满着期待。为此广乐公司设计了全线覆盖整个建设期的劳动竞赛，并提出竞赛在基层，奖励到一线的基本原则。设立了劳动竞赛专项资金，对评出的先进集体和个人予以奖励，重点奖励一线施工工人，充分调动和激发一线施工工人的积极性。劳动竞赛过程中事迹特别突出者，符合清远市、韶关市、广州市劳模条件的由广乐公司劳动竞赛委员会分别向清远市、韶关市和广州市工会申报市劳动模范奖章；符合省部级劳模条件的，由广乐公司劳动竞赛委员会逐级向广东省推荐。

胸襟不大，事业就一定做不大。不能善待员工，特别是一线施工人员，员工的异常情绪必然会带到生产中去，从而影响着工程品质，并最终使国家与人民利益受损。善待员工，给每个人成长，已经成为广乐高速的核心价值观和文化体系中的重要组成部分。

2.质量文化——标准化先行提质量，双标引领上水平

质量文化就是工程建设实践中，企业管理层特别是主要领导倡导的，并被职工普遍认同的，逐步形成并相对固化的群体质量意识、质量价值观、质量方针、质量目标、采

标原则、检测手段、检验方法、质量奖惩制度的总和。

广乐高速公路工程实施过程中,广乐公司坚持安全第一、质量至上、工期服从质量安全的原则,通过强力推进"双标"管理、合理利用经济杠杆、加强质量监控、开展专项治理等多种途径,严把工程质量关,为争创优质工程、精品工程打下了坚实的基础。

(1)推进"双标"管理

广乐公司以贯彻落实"双标"管理为主线,通过全面动员、明确目标、建章立制、分解责任、层层落实、强化考核、树立标杆、奖优罚劣等有效手段,建立起纵向到底、横向到边的责任体系,并在全线确立了55个标杆工程参选项目,要求在施工合同中制定具体的标杆工程实施方案。通过树立标杆、以点带面、示范引领,大力营造你追我赶、争先进的良好氛围,有效促进了项目建设管理,质量水平明显提升。在省交通运输厅2010年、2011年标杆工程评比活动中,广乐项目12个合同段共获得22项样板(标杆)工程,占全省在建高速公路标杆(样板)工程总数量的27%;在省交通运输工程质量监督站组织的5次全省建高速公路质量监督综合检查评比中,广乐项目一直名列前茅,监理标段囊括5次第一名,施工标段斩获3次第一。

(2)合理利用经济杠杆

广乐公司通过合同条款落实优质优价、优监优酬的实施意见,用制度让"标准成为文化,文化符合标准,结果达到标准"。通过奖优罚劣,全面促进标准化建设,提高工程质量,营造争先创优的良好气氛,并取得了显著效果。

(3)全方位加强质量监控

通过组织定期与不定期的质量检查,大力加强原材料管理,加强施工工艺及工序监督。同时,对路基、桥涵及隧道工程的实体质量检测,除各监理单位规定频率的检测外,还重点加强了第三方质量监控、桩基检测、隧道监控量测及超前地质预报、隧道锚杆无损监测等。通过业主第三方的日常检测及时掌握施工质量情况,以检测数据及时指导现场施工及质量管理。

(4)积极开展劳动竞赛

劳动竞赛是促进广乐工程建设总体目标实现的重要管理手段,也是公司文化创新的一个重要方面。为又好又快推进项目建设,广乐公司大力开展以争先创优为主题,以比安全生产,创平安工地;比工程质量,创精品工程;比工程进度,创一流效率;比科技攻关,创科技工程;比文明施工,创标准化工地;比廉政建设,创和谐工程为基本内容的"六比六创"劳动竞赛活动。通过开展劳动竞赛,形成良好的比、学、赶、帮、超氛围,有效地促进了工程质量的提升,并涌现出一大批先进典型。T10、T5、T4、T28、T3、T23、T26、T27、T21、T8标等10个项目部在标准化管理劳动竞赛中被评为"标杆项目部";广乐全线先后涌现出3个质量优秀总监办、6个质量优秀项目部、30个优秀项目部、2位优秀项目总监、16位优秀项目经理、16位优秀总工、60位优秀项目监理人员、12位优秀设计代表、272个优秀施工班组。2012年,广乐公司荣获"全国公路交通系统重点工程劳动竞赛先进单位”称号；邱利税同志被评为“广东省十项工程劳动竞赛模范科技工作者”，同时被授予“广东省五一劳动奖章”；陈达章、刘志岳、杨钦伦、陈贵锋、陈宁青、王毅东、司永明等7人被评为“2011年全省公路建设重点工程劳动竞赛先进个人”。

3.安全文化——以标准化推动平安工地，以信息化确保工地平安

安全文化就是安全理念、安全意识以及在其指导下的各项行为的总称，主要包括安全观念、行为安全、系统安全、工艺安全等。多年来，广乐公司牢固树立安全生产理念，构建安全文化体系，进一步强化基础和细节管理，坚持从源头抓起，通过加强组织机构和制度建设，落实安全责任制，加大宣传教育培训和安全检查力度，及时整治安全隐患，积极推进“平安工地”建设活动，落实“双基”管理工作，为创建广乐高速公路“零伤亡”工程打下坚实的基础。2011年，被交通运输部评为第一批“平安工地”示范工程；2011年、2012年，被广东省交通运输厅授予“广东省公路工程“平安工地”示范工程”称号；T10和T27合同段被评为广东省公路工程“平安工地”优秀工地。

(1)建立有效安全生产运行机制，加强各类生产安全事故应急管理

一是广乐公司、各管理处、各施工监理单位均建立了安全生产领导小组及办公室、各级事故应急指挥中心等组织机构。

二是全面梳理、细化、健全、完善了《安全生产管理办法》等安全管理制度体系并编印成册。

三是通过举办讲座、组织安全生产相关负责人参加安全主任继续教育培训、各项目部民工夜校、印发《施工现场安全生产手册》等手段加强从业人员的安全培训教育，进一步提高从业人员的安全意识。

四是按照谁主管、谁负责，群策群力、齐抓共管的原则，通过签订《安全生产责任书》，量化细化管理目标，实现分级管理，确保责任落实到位，在管理上做到横向到边，纵向到底，形成齐抓共管的良好局面。

五是加大监督检查力度，对检查中发现的安全隐患，责令受检单位或个人限期整改，对未能及时整改的均采取严格的临时防范措施，并落实人员跟进。

(2)结合“双标”工作创造性地开展安全生管理工作

一是根据省交通集团平安工地建设活动的实施要求，在省交通集团和省高公司指导下，广乐公司将平安工地建设与“双标”管理紧密结合，切实将安全生产法律法规、技术标准落实到基层，做到施工现场安全防护标准化、场容场貌规范化、安全管理程序化。

二是结合项目实际，建立了广乐项目应急预案体系，并经过专家评审，成为省高速公路公司系统内第一家在广东省安监局备案的单位。

三是加强施工危险源的管理与控制，通过抓各标段对施工危险源预警挂牌管理制度、实施班前会学习制度的落实，有效降低了施工风险。

四是积极开展“安全生产月”、“应急演练月”等专项活动，各管理处结合实际举行

了隧道突涌泥水、施工高处坠落、桥梁支架坍塌等一系列应急演练,通过演练有效提高了应急处置能力。

(3)信息化全面提升安全管理水平

一是全面落实推广使用安全生产管理信息系统,实现省高速公路公司、广乐公司、管理处、监理及施工单位安全生产管理信息的互通,形成上下协同、信息共享、动态监督的安全管理网络办公平台,使公司能及时掌握整体的生产安全状况,对重大危险源信息实现动态管理、汇总分析,对事故隐患能及时、科学地提出预防方案和整改措施。

二是对全线施工关键点实施监控,施工监控系统的建设和试点使用,为项目现场安全管理信息化建设提供了技术支持,为工程建设的安全生产和应急救援提供了有力保障。

三是启用了隧道无线监控定位系统,该系统在T4标大瑶山1号隧道和T10标长基岭隧道安装投入使用,能精准定位每一位施工人员在隧洞内的洞壁距离、洞口距离,能实时显示其姓名、年龄、工种、岗位、进入隧洞时间等信息。改变了传统的现场点对点管理模式,方便管理人员实行动态化、信息化、远程管理,配合现场视频监控可形象化、及时掌握生产动态,并对可能发生的事件进行及时处置,万一发生坍塌等事故,就能迅速组织人力,有针对性地开展营救,将人员伤亡降到最低。作为省安全生产科技发展项目,该系统已通过了广东省安全监督管理局的鉴定验收。

(4)加强安全专项费用管理,实施工程进度和劳动竞赛奖励

广乐公司制定了《安全生产费用管理办法》明确了安全专项费用的提取标准、支付要求、使用范围等内容,同时加大对安全生产费用使用情况的检查力度。广乐公司将施工单位的安全生产管理与工程进度奖金挂钩,并作为劳动竞赛评比的门槛条件。对在平安工地建设工作中季度考核不达标的标段,将取消该标段的季度工程进度考核奖金和劳动竞赛评比资格。

4.廉政文化——构建廉洁风险防控管理新机制,争创廉洁阳光示范工程

“腐败之事不在小,绊人之桩不在高”,质量、安全、廉政是公路建设中的3根高压线,廉政建设是工程建设管理中的重中之重。广乐公司始终坚持把创先争优与廉政建设相结合,贯穿于工程实施的全过程,大力推进廉洁工程建设,坚持把廉政建设与工程建设摆在同等重要的位置,切实做到同步谋划,同步落实。广乐高速公路作为广东省迄今为止投资最多、线路最长、参建队伍最多的高速公路项目,一直备受社会各界关注。面对错综复杂的社会环境、繁重的工程建设任务,广乐公司积极构建惩防体系,把廉洁风险防控工作融入大型高速公路项目建设管理中,确保实现权力行使安全、资金运用安全、项目建设安全和干部成长安全,为重大工程廉政文化建设做了一些新的探索。通过搭建内部管控、全过程跟踪审计和社会监督3个平台,形成了有效的监督机制,使广大党员干部的廉洁从业的意识明显增强,工作效率和业务水平明显提高,形成党员干部求真务实、脚踏实地的浓厚工作氛围。截至目前,广乐项目工程资金使用规

范、安全，无违法违纪行为发生。

(1)狠抓责任落实

按照“一岗双责”的要求，由广乐公司每年与各管理处、各业务部门负责人签订党风廉政建设责任书，在广乐公司与参建单位签订工程和廉政建设“双合同”的基础上，要求各管理处每年与参建单位签订党风廉政建设责任书。此外，为把党风廉政建设责任制扩展到每一位员工，广乐公司还与每位员工签订廉洁从业承诺书，把员工落实廉洁从业承诺的情况作为年度绩效考核的重要指标和人事任免的重要依据。通过抓责任的层层落实，在公司上下形成了党政齐抓共管、部门各负其责、全员共同参与的工作格局。

(2)筑牢“四道防线”

一是制度防线。广乐公司按照“谁行使、谁清理”的原则，对“1+4”管理模式下的内控管理体系进行全面梳理，进一步明确了公司本部和各管理处的工作职能和权限。对勘察设计、征地拆迁、招标、设计变更、工程计量和支付、财务管理、物资采购等职能部门进行人员职权清理，将每项职权的各个部位划分为若干必经环节，并绘制了权力运行流程图，确保了权力更加明晰、流程更加优化、监督更加到位、管理更加规范。

二是风险防线。广乐公司以纵向工作流程为主轴，分工程建设前期、实施及交竣工 3 个阶段，将“流程、所处环节、所涉对象、廉政风险点、防控措施、责任主体”六项内容逐一分解，排查具体工作环节中可能产生的廉政风险，并提出相应的防控措施。

三是监督防线。作为省交通集团全过程跟踪审计试点单位，广乐公司积极主动配合审计机构对设计变更、隐蔽工程、招投标、施工及监理履职、工程结算、计量支付、合同、施工图台账、征地拆迁等工程事项进行定期不定期的审计或巡查。对审计机构提出的问题及建议，本着边建设、边审计、边整改、边规范、边提高的原则，均限期进行了相应整改，并形成全过程跟踪审计整改工作情况报告。审计机构全过程介入，前移了审计监督关口，进一步规范了工程建设行为，对工程造价起到了行之有效的控制作用。

四是科技防线。广乐公司依托 HCS 网签操作系统固化办事流程，使各项工作审批系统化、网络化，进一步提高了业务处理效率，提高了项目管理水平，实现了项目建设管理工作分权制衡、流程制约、风险预警以及权力运行进系统、留痕迹、可追溯、有监督，纪检监察和审计机构对各项工作流程能进行实时监控，企业运作更加公开透明。

5.柔性文化——柔性组织系统高效运作的保障

柔性文化是一种能够增强企业灵活性、适应性、创新和快速反应的文化。它更突出人性化，通过在企业内部形成一种柔性的价值准则和行为模式，渗透到个性的组织系统中去。

广乐高速公路建设期长达 5 年，为了适应工程建设进展，同时提高组织对外的适应能力，广乐公司根据项目模式大、线路长、跨越地区广的特点及项目进展情况建立了面向工程建设全生命周期的柔性组织，即在工程的前期决策和设计前期阶段采用 1 个项目筹备管理处的管理模式，设计后期及土建施工阶段采用“1+4”管理模式(1个公司+4个管理处)、路面及后续工程施工阶段采用“1+2”管理模式(1个公司+2个管理处)、竣工结算阶段和运营阶段采用“1+1”管理模式(1个公司+1个管理处)，随工程建设内容的变化和工作重心的调整，动态地调整组织结构、运作机制和岗位配置，以形成面向工程全生命周期内的组织结构的动态演化，从而改变了工程建设组织在整个建设期一成不变的刚性组织，有利于充分利用各类资源，尤其是人力资源。广乐公司柔性组织调整整理时，同时面临的未来工作重心也会有所差异，所需要的人力资源的结构和数量会发生相应的变化，因此需要进一步调整组织结构及岗位配置，为此，广乐公司在公司内部形成了柔性文化。柔性文化对广乐高速的影响主要体现在价值观、组织理念、组织氛围和群体认识论等方面。

广乐公司把劳动竞赛活动与工程建设管理、项目管理创新、科技创新等工作相结合，使劳动竞赛成为提升项目管理水平，提高工程建设质量，加快项目建设进度的重要抓手。在开展劳动竞赛过程中，广乐公司开创性地把企业文化建设融入工程建设过程中，深入打造具有自身特色的企业文化，构建了包括人本文化、质量文化、安全文化、廉政文化、柔性文化5种文化在内的既规范统一，又丰富多彩的企业文化管理体系，有效推动了项目建设管理水平的全面提升。2012年、2013年，广乐公司连续两年被评为“全国交通运输企业文化建设优秀单位”；2013年，广乐公司“三重一大贯彻落实、廉洁风险防控机制建设”项目荣获广东省监察厅、省国资委2012~2013年度省属企业优秀效能监察项目。

广乐高速文化建设潜移默化地使业主以及参建单位形成共同价值观，把思想、行为引导到实现广乐高速公路的建设目标上来；提高参建者认同广乐公司的责任感、自豪感和使命感，增强对广乐高速公路建设者这个集体的认同感和归属感。广乐高速文化氛围能够以无形的、非正式的、非强制性的方式，对思想和行为进行约束，协调广乐公司与管理处，以及业主与各参建单位的关系，共同完成工作目标；协调企业和社会的关系，实现了双赢，提高了工程建设管理的软实力。

四、主要经验和体会

任何优秀的文化，都不是自发形成的，需经历策划和培育的，在这一点上，工程建设管理企业的文化与企业文化并无区别。但由于工程建设组织和企业组织在组织方式、目标、市场环境等方面的不同，所以文化建设路径自然也就不同，一般企业文化的形成是一个随着企业的发展被逐步认识、逐步提炼、逐步强化的建设过程。但工程建设企业的文化建设则不同，参与建设的组织各自文化存在差异，工程一旦实施便涉及文化碰撞与认同的问题，而工程建设周期有限，因此工程文化建设一般需要快速构建。

广乐高速工程文化源于工程，用于工程，使工程得到文化的滋养，发挥文化的功能。广乐高速文化建设的路径是依靠广乐高速建设者的智慧，首先提炼出工程蕴含的精神与价值观,然后通过宣讲、树立模范、专题讨论,以及各种显现活动等方式,特别是领导阶层的率先垂范,使全体员工对广乐高速精神与价值观达成共识,从而影响并规范员工的行为。其文化建设主要经验可总结为两个方面:一是凝练广乐高速精神是文化建设的龙头。首先向优良的传统文化借思想;其次立足工程建设、符合工程建设的特点,工程建设管理是不断深入的,广乐公司选择的传统文化元素既要有传承性,又要能对解决工程实际问题有针对性;最后吸收较为成熟的做法,调动所有参建者的积极性和智慧,充分发挥各种可利用的文化资源与优势。二是充分发挥业主在文化建设和推广中的核心作用。在广乐高速文化建设和推广过程中,广乐公司充当并发挥建设者、引导者和推广者的作用。广乐公司文化建设、推广过程中还需要将广乐高速精神从价值观层面落实到工程建设理念上;并采取恰当有效的方式将广乐高速文化理念转化成广大建设者的行为规范和准则。

阳光春风伴客行

京珠高速公路广珠段有限公司

1999 年 12 月 6 日，在改革开放前沿的珠江三角洲这片热土上，南粤人民实现了历史上的跨越，为澳门回归献上一份特殊的厚礼——京珠高速公路广珠段建成通车。

广珠段位于国家“两纵两横”高速公路网中京珠高速公路的最南端，起点为广州市南沙区塘坑，终点为珠海市香洲区金鼎，全程 62.4 公里。公路于 1995 年 10 月 15 日正式开工，1999 年 12 月 6 日建成通车，是第一条由内陆直接通往澳门地区的高速公路，是第一条纵跨珠江西岸，连接广州、中山、珠海 3 市的大通道。广珠段在交工验收中以 91.3 分的综合评分创当时广东省高速公路建设的最高分，曾被誉为“广东省高速公路建设样板路”。

广珠段高速公路的建成通车，首度实现了以高速公路为纽带，将广东省的一个中心城市（广州）、两个经济特区（深圳、珠海）与两个特别行政区（香港、澳门）连成一体。这不仅对于加强祖国内地与港澳地区的联系与沟通，促进祖国统一有着十分重要的意义，更是为珠三角各类产业集群的诞生、发展起到了助推器的作用，成为一条推动经济发展的“黄金路”。

管理这段“黄金路”的广珠段有限公司下设综合事务部、人力资源部、财务部、路政管理部、养护工程部、企业文化部、收费管理部 7 个职能部门及 4 个中心站，设有 1 个服务区。所管养路段有 11 个收费站，收费管理采用集约式中心站模式管理。至 2013 年底，共有出口收费车道 68 条（含 ETC 车道 7 条）；入口车道 19 条（含 ETC 车道 6 条），收费、监控、通信、机电“四大系统”设备完善、先进，自动化程序和科技含量水平较高，与粤中片区实现了联网收费。广珠段公司经济效益一年上一个新台阶，车流量由刚通车时日均出口 2.18 万车次到 2013 年增至 14.42 万车次，创造了良好的经济效益、人才效益和社会效益。

广珠段有限公司始终坚持以顾客为中心，以人为本，科学管理，和谐发展的经营管理思想。以顾客为中心，以广大司乘人员对公路及公路设施的服务质量、管理水平的满意度作为衡量工作绩效的标准；以人为本，和谐发展，完善激励机制，激发员工工作热情和创造性劳动，将员工实现个人价值、抱负与实现企业的目标统一起来，建设一支高素质的员工队伍；与时俱进地采用科学管理手段和现代技术，加强以计算机技术为基础的信息化建设，持续提高企业的管理品质和公路的服务水平。

在步入营运期的十余年里，广珠段有限公司始终把企业文化建设列入发展战略的重要内容,并融入营运管理和“三个文明”建设的全过程,打造出了具有广珠段特色的文化品牌和企业形象,由此派生出繁荣的企业文化体系。

2004年在省交通集团系统内,广珠段有限公司提出打造具有广珠段特色的“阳光·春风”营运管理品牌,为企业文明创建活动注入了新的活力和动力。省级“青年文明号”、“十五”期间全省公路养护管理先进单位、全国模范职工小家、全国交通运输企业文化建设优秀单位等等,在这无数的不凡业绩中,广珠人用实际行动生动地诠释着“阳光·春风”品牌的实质内涵,锤炼了“务实求真、团结奋进、廉洁清正、优质服务”的企业精神特质。

十余年的文化沉淀,十余年的理念践行。从“阳光·春风”营运管理品牌,到“阳光·春风伴你行”的核心价值观;从创办内刊《广珠风采》到成立“企业文化部”;从率先建立“企业文化展示厅”到编撰《企业文化手册》;从“书香飘广珠,活力展风采”到“展广珠文化,为亚运喝彩,育文明之花”,再到“学习贯彻‘十八大’,谱写广珠新篇章”为主题的连续5年企业文化周活动,充分展现了广珠段公司企业文化建设的信心和决心,展示了广珠人崇尚文化、热爱生活、传播文明的精神风貌,真正将企业文化内化于心,外显于行。

日出东方,普照大地,和煦春风,一片生机。有着深厚企业文化底蕴的广珠段有限公司正向下一个更高目标展翅飞翔。

一、文化建设动因

地理位置特殊、迎接澳门回归、高速公路样板等,建设期这些耀眼的光环,给广珠段公司带来厚重历史荣誉感的同时,客观上也要求广珠人传承历史、开拓创新、再创样板。步入营运期后,广珠路段车流量日益增长,社会对高速公路优质服务的呼声日渐增高。同时,广珠段公司青年员工占的比重较大,年轻人思想活跃、激情似火、敢想敢干的特性,促使公司想方设法发掘渠道,把年轻人的特点有效引导到服务企业、服务社会的光辉大道上来。

历史的要求、社会的呼唤、青年人的现状,促使公司经营班子不断思考如何来总结和提炼有广珠段有限公司特色的企业文化,如何通过创新企业文化活动载体提升企业管理水平和服务质量,以及推进公司创“阳光·春风”营运管理品牌的进程。围绕着这些问题,经营班子在实践中不断摸索和探讨。

二、核心价值理念体系表述

核心价值观:阳光·春风伴你行。

使命:为员工拓展价值空间,为顾客提供优质服务,为股东创造最佳效益,为社会创造最大财富。

愿景:以人为本,尊重员工;合法经营,优质服务,获取效益最大化。

精神：务实求真，团结奋进，廉洁清正，优质服务。

道德观：自强不息，厚德载物。

三、践行效果

企业文化也是生产力，广珠段公司对这一理论实践的效果可谓是立竿见影，成效显著。经过多年的实践，回首公司的企业文化建设历程，越加清晰地凸显企业文化的作用。

1.建立了富有特色的广珠段文化体系，形成了文化建设的良好氛围

通过对广珠段文化的培育、整合、宣贯和实践，广大员工对企业文化建设的重要性达成了共识。在这种情况下，全面推进企业文化建设有声势、有思路、有方法、有载体，走出一条具有广珠段公司特色发展的新路子。

2.公司经济效益连年增长，员工收入逐年增加，企业得到健康发展

经过近年来的努力，广珠段有限公司进无论在规模、还是在抗风险能力都有较大的提升，为公司进一步持续健康发展奠定了基础。

3.赢得社会各界广泛赞誉，树立了良好的企业形象

通过发挥企业文化“软”实力的作用，广珠段有限公司近年来取得了丰硕成果。2003年，公司获中国质量协会、中华全国总工会、共青团中央委员会、中国科学技术协会联合授予“2003年度全国优秀质量管理小组”称号；2005年，公司所属珠海收费站获全国妇女“巾帼建功”活动领导小组授予“全国巾帼文明岗”称号。2008年，珠海收费站获共青团中央、交通运输部联合授予“青年文明号”称号；2010年，公司获中华全国总工会授予“模范职工小家”称号；2011年、2012年连续两年获“全国交通企业文化建设优秀单位”称号；2013年，公司获共青团中央、交通运输部联合授予“2011~2012年度青年文明号”称号。

四、主要经验和体会

经过多年的实践，广珠段公司愈加清晰地体会到企业文化的作用。企业文化建设工程的实施，形成了公司文化的核心力，发挥了以共同愿景激励人，以先进理念武装人，以管理文化规范人，以服务文化熏陶人，以员工文化培育人的良性互动和整体效应，形成了一支具有凝聚力强、忠诚度高、事业心强的员工团队，这是企业发展的立足之基，力量之源、成长之本。

1.明晰了发展目标与路径

企业就像一艘航行于大海之舟，驶向何方，需要有一个明确的目标；没有目标，就会随波逐流，漫无方向；有了目标，才能齐心协力，朝着目标不断前进。在关键的时间点抓住关键的问题，把握机遇，开阔视野，博采信息，分析趋势，把脉未来。

广珠段公司在企业目标规划和决策时，明确提出“以人为本，尊重员工，合法经营，优质服务，获取效益最大化”的企业愿景，同时确定了“一个中心，两个高效，三个服务，

四个和谐,五个保障”的营运管理理念。从此,企业发展有了明确的目标和方向。围绕这一总体目标,公司每年有年度目标。这些年度目标,犹如登楼之梯,使公司每年都有新的发展和进步,每年都向实现总体目标迈出坚实一步。

2.促进了管理创新与完善

广珠段公司十分重视制度建设,营运之初先是制定了《营运管理手册》,保证了营运管理有序进行;2008 年,为使企业管理在更高平台上运行,迅速导入 ISO9001:2000 质量管理体系。体系形成后,在企业文化先进管理理念的指引下,在管理制度、管理机制、管理模式、管理手段、管理技术等方面进行创新和完善。到 2009 年底,公司通车营运 10 周年庆时出了一本《十年磨一剑》成果集,内容涉及企业高层管理、生产营运、行政事务、人力资源、道路畅通、绿化养护、排障抢险、应急处置、环保安全、政治工作等。成果归纳总结管理经验,大大提升了公司专业化管理水平。

3.提升了服务品质与档次

“服务态度亲和化、服务行为规范化、服务方式灵活化”的理念和“严格、守纪、规范”的服务准则,以“快捷、礼貌、安全”作为收费行车服务标准;进一步规范和提升了公司的服务水准。公司把收费服务类型进行细分,明确服务的目标追求,并按专业化、精细化的要求,制定各岗位服务质量量化标准,推进 6S 现场管理标准化工作,推行星级收费服务之星评选办法,试行半年度评比表彰,实行新绩效考核制度,建立录像审看系统,开展服务品牌创建活动,进一步推动服务程序规范和服务质量提升,为客户提供优质服务,展示了良好形象,赢得了社会声誉。公司两度获广东省交通集团文明服务之星称号。

4.凝聚了团队力量与智慧

员工是企业的主体,是企业最宝贵的财富。通过企业文化周系列活动文化的实践,起到了凝聚力量、融洽关系、提升素质、激发热情 4 个方面的作用,促进了员工的全面、健康发展,为企业发展奠定了牢固的组织基础。广珠段有限公司这支队伍以大局为重的社会责任意识、高度的执行力和配合协作能力,都得到了集中的展现。这既是企业文化建设的成果,也是企业文化的实践,更是企业文化内涵的丰富。

同心同德　高速高效

广州西二环高速公路有限公司

广州西二环高速公路(G1501)是国道主干线沈海高速的重要组成部分,是广东省“十一五”交通规划的重要组成部分,是广州市城市空间发展规划中的“西联”战略和广佛经济圈的重要通道,是广州市“十一五”期间建成通车的第一条高速公路,也是市公路部门按照“广州主干公路逐步城市化管理”新理念建设的一条创新之路、人本之路、和谐之路。

广州西二环高速公路(国道主干线广州绕城高速小塘至茅山段)起于佛山市南海区小塘镇,止于广州市白云区江高镇茅山村,于 2004 年 12 月 16 日动工兴建,2006 年 12 月 19 日建成通车,路线全长 39.126 公里,与京珠高速、新机场高速、广三高速以及国道 G324、G321、G105、G107 等公路形成庞大的公路网络。公司下设四部一队一总站,现有员工 300 多人,注册资本 100000 万元。

一、文化建设动因

企业文化是企业发展的第一凝聚力,是企业凝聚和激励全体员工的重要力量,是企业综合实力的重要标志,是企业可持续发展的重要保证。西二环高速公路有限公司作为交通运输企业中的一员,加强公司文化建设,提升全体员工素质,提高道路服务水平显得尤为重要。自公司建立以来,几届领导班子都意识到文化建设的重要性,并高度重视公司的文化建设,根据交通运输行业要求,结合自身实际特点,积极打造公司温馨的“家”文化,达到“人人为公司,公司为人人”的目标,从而教育、引导、激励员工积极进取,努力向上,爱岗敬业、乐于奉献,在为社会和企业付出中实现自我价值,同时提升公司的整体经济价值和社会价值。

二、核心价值理念体系表述

1.核心价值观:同心同德,高速高效

企业发展靠大家,企业发展为大家。齐心协力,团结拼搏,提高工作效率,提升服务质量。

2.使命:服务高速,回报股东,发展企业,造福员工

“服务高速”是西二环高速公路有限公司的生命线所在,时刻提醒全体员工,为广大司乘人员提供畅通、高速、快捷、舒适、安全的服务,从而不断促进公司的持续、快速

发展。创造良好的经济效益和社会效益，公司不忘回报股东的同时，致力于提升员工整体生活质量，为员工打造温馨的家园。

3.愿景：打造“低成本管养，高效益回报”的现代高速公路企业

作为一家高速公路营运管理企业，西二环高速公路有限公司运用多种现代养护技术，引入现代企业管理模式，从而降低成本，提升效益。“现代高速公路管理企业”的社会定位也充分表达了公司锐意进取、争创一流的理想追求。

4.精神：敏行，诚信，实干，奉献

诚信经营，诚信做人，努力提升企业的信誉度。脚踏实地做事，根基才稳，因此敏行、实干是西二环高速公路有限公司进步的动力。有了动力，立足岗位，建功立业。乐于奉献是一种更高的精神追求，即坚持集体利益和全局利益优先。

三、践行效果

西二环高速公路有限公司积极开展文化建设，推行文化管理收到了明显的效果。员工在“家”文化的熏陶感染下，爱岗敬业、乐于奉献，被评为广州市“三八红旗手”1人、广州市“技术创新能手”1人，广州市“女职工建功立业标兵”1人，广东省劳动模范1人。公司也多次被评为先进集体，得到了公司内外的一致好评：公司被广东省公路管理局评为广东省公路系统“勤政廉政先进单位”；2008年、2009年先后被广州市劳动和社会保障局、市总工会、市企业联合会评为“广州市劳动关系和谐企业2A级”；公司小塘收费站被共青团广州市委评为“青年文明号”荣誉称号，财务清点室被市总工会评为“女职工建功立业标兵岗”；2012年广东省公路养护管理工作检查中获得第二名；2012年、2013年连续被评为“全国交通运输企业文化建设优秀单位”等。这些成绩的取得、荣誉的获得得益于公司班子成员的正确领导，得益于全体员工的努力拼搏，更得益于公司“家文化”的倡导和实施。

四、主要经验和体会

1.高度重视，为“家文化”建设提供组织、人才保障

自成立以来，西二环高速公路有限公司一直把文化建设作为企业的重点工作来抓，坚持把企业文化建设工作作为重要议题进行讨论研究及部署安排。公司领导班子把企业文化建设作为推动公司全面可持续发展的重要战略手段，对公司企业文化建设做出了长远规划，并把企业文化建设作为永续发展战略之举，纳入重要议事日程。成立了包括班子成员在内的公司文化建设领导小组和工作小组，明确了企业文化建设由领导班子主抓，党、工、团组织共同参与；设立了宣传工作小组，专门负责企业文化建设工作的对内和对外宣传工作，为公司的文化建设提供了组织保障。促进“家文化”理念体系的落地。

企业文化建设工作小组专门负责公司企业文化建设工作，加大力度建设公司企业

文化。为加强公司企业文化建设,公司还分批次选送优秀的党员干部、业务骨干到我国著名高等学府清华大学参加高级管理人员研修班进行培训学习。通过学习工作管理方法和企业文化建设知识,进一步提高了公司管理人员的执行力和综合素质,为公司企业文化建设工作提供了人员保障和支持。

经过系统地整合、梳理、提炼,公司制定出台了《西二环"家文化"建设方案》,对"家文化"建设的指导思想、战略目标、工作思路、建设规划等做出理性思考、方向指引和理论上的升华。西二环公司"家文化"不仅是广州地区高速公路管养行业的首创,而且抓住高速公路服务行业的特点,把人们最亲切最向往的"家的感觉,家的关怀"作为核心价值理念,具有鲜明的特色。

2.周密部署,为"家文化"建设提供物质保障

和谐的企业文化建设离不开物质的保障和支持,为了积极开展"家文化"建设,西二环高速公路有限公司建立了企业文化建设物质和资金保障机制,适时、适度加大企业文化建设场地、设施、设备和资金、知识管理等软硬件的投入,积极改善办公、住宿、饮食、活动条件,以物质保障顺利推进企业文化建设。

为了让员工工作开心、顺心,公司确定了"让员工先安居后乐业"的工作方针。针对大多数员工为外地流动人口的特点,公司积极从与员工密切相关的生活环境、饮食条件、业余活动等热点着手,围绕"衣食住行"4 方面不断加大物质投入,加强基础设施建设,努力使员工"衣美观、食丰盛、住舒适、行方便"。例如,为员工修建了环境优美的宿舍大楼,并为每间宿舍配备了电视、空调、洗衣机、饮水机,首先让员工住得舒心、开心。同时,饭堂每天早、中、晚饭均设置丰盛的自助餐,保证每日"八菜一汤",食物营养健康,深受员工的欢迎,有道是"满足了员工的胃,也得到了员工的心"。公司每日安排专门的交通车分几个班次接送员工出入。公司每年还为留守的工作人员举行年夜饭聚餐活动,为他们安排 KTV 大舞台、自助烧烤等活动,丰富员工的假期生活,让员工在公司也能找到回家过年的幸福之感。

公司努力将公司建造成员工的家,精心打造优美、宜人的员工生活、工作区,营造一种家庭式温馨的生活环境。经过几年的努力,公司各项配备逐渐齐全,员工的精神面貌也焕然一新,极大地增强了员工队伍的向心力,为全体员工构筑了一个环境优美、温暖舒适、友爱互助、幸福快乐、和谐活力的大家园。公司内处处都是绿色的草坪、美丽的花卉。而在宿舍区的周边,为员工修建多功能运动场馆,不仅运动项目增多,配套设施更加齐备,运动环境也得到质的改善,不论刮风下雨、烈日酷暑,员工都有舒适的健身场所,并且定期举办篮球比赛、网球赛、毽球比赛、羽毛球赛、拔河比赛等丰富员工的生活,受到了广大员工的一致好评。

3.以人为本,为"家"文化建设提供精神支持

企业文化是企业的灵魂,它可以把员工紧紧凝聚在一起,使他们目标明确、协调一致。关怀文化是西二环高速公司企业文化的建设中重要环节,它主要通过员工幸福指

数来衡量。因此，大力践行关怀文化，有助于提高企业员工的幸福指数，增强凝聚力。

公司营造“家文化”，不仅是在物质方面务实，也在精神方面务实。公司积极从精神生活方面对员工给予关心和关爱，将“家”这一无形的企业文化积极落到实处，将无形化为有形，让员工切实感受到“家”的温暖、“家”的温馨。尤其是发挥工会的作用，每月为员工举办集体生日晚会，夏季为员工送清凉，冬季为员工送温暖，员工喜庆之时有人祝贺，生病之时有人慰问，困难之时有人帮助。

同心同德，高速高效是西二环公司营造“家文化”一直坚持的核心价值观，公司在实际工作中真正践行了这一准则，真正做到与员工同荣辱，共奋进。公司成立之初，办公、生活场所工程尚未建成完毕，供水用电设施还未完善，工作和生活环境相当艰苦。面对这些困难，公司并没有屈服，领导没有退缩，而是在公司留守了将近两个月，与基层员工一起面对，想方设法地采取一切措施大力改善员工的工作生活环境，共渡难关。面对初期收费经营工作的困境，公司带领全体员工艰苦拼搏、开拓奋进，想方设法促收费额快速增长，艰苦奋斗、自强不息，在工作中塑造了敏行、诚信、实干、奉献的企业精神面貌。

企业最大的责任首先是对员工成长的关怀，企业关爱员工、员工热爱企业才能形成强大的向心力和凝聚力，推动企业又好又快发展。西二环公司在日常工作生活中积极对员工进行关怀，视员工为兄弟姐妹。通过每年为员工办 10 件好事，努力创造一切条件为员工搭建展现个人才能和魅力的舞台，让员工在分享企业发展成果的同时获得更大的成长空间。

针对外地员工多的特点，公司围绕员工切身利益开展“安家乐业”工程，为员工“积分入户广州”提供指导，制定专门的工作方案和制度，并广泛征求员工的意见和建议，不断完善各项工作措施，确保这项好事能有效地落实到位，为员工谋取福利。经过不懈努力，公司已有 8 名员工成功入户广州，实现了从农民工到广州市民的转变。针对外来青年工作者择偶难，公司每年都自行举办或组织参与外单位的单身青年联谊活动，为单身男女青年择偶提供渠道，最终有 8 对青年牵手成功，此举获得了公司员工的广泛好评。

经过持之以恒的不懈努力，员工的工作生活产生了可喜变化，并爱上西二环公司这个家。公司也赢得了“有良心的企业”的赞誉，并被市劳动和社会保障局、市总工会、市企业联合会评为“广州市劳动关系和谐企业”。

4.健全制度，为“家文化”建设提供制度支持

优秀的企业文化不是自发形成的，而是必须通过一定的条件培养和打造而成。全体员工普遍自觉遵守的行为准则是企业文化中的重要组成部分，而员工行为习惯的形成，也只能在一定的规章制度的约束和干预下形成，在良好的舆论氛围影响下得以巩固和完善的。严格的规章制度和良好的企业舆论氛围，既是衡量企业员工行为的尺度，也是造就优秀企业文化的前提。

为适应现代化管理需要、体现科学发展观要求，西二环高速公路有限公司还对企业各项管理制度和办法进行全面的梳理和修定。例如制订《公司管理制度》、《岗位工作手册》、《员工绩效奖励考核办法》等制度规定，使公司管理更加制度化、规范化。完善了《公司工会探视慰问伤病会员和退休人员经费开支规定》等，为公司关心员工、工会开展各项慰问提供了制度依据。

5.通过企业文化教育，使"家"文化理念深入人心

打造优秀的企业文化，就要把企业的优良传统、价值观念、品牌形象、服务理念、经营目标、行为准则等等有关方面都融入每个职工的思想和行为之中，使之贯穿在企业的各项工作之中，真正做到以和谐的企业文化指导员工开展工作，为员工提供思想导向和精神动力。随着公司推进企业文化建设各项工作的不断深化，西二环公司企业文化建设的工作重心也由着重改善物质生活转移到员工的思想培养方面，通过企业文化教育和思想培养，使员工形成"家文化"概念，使"家文化"日益深入人心。

(1)创建企业文化阵地，营造企业文化氛围

西二环高速公路有限公司在员工宿舍区域和楼梯通道建起文化长廊，将"家文化"理念体系及解读和公司参与的公益活动、员工文体活动等重要活动照片，制成画板，挂在文化长廊中。在公司大堂设置企业文化宣传栏，以图文并茂的方式宣传公司"家文化"，在各个楼梯口和员工食堂，张贴企业文化核心理念，让广大员工时刻置身于"家文化"的熏陶之中。

(2)宣传核心价值体系，以文化理念引导人

从领导、理念、规划、制度、硬件等领域，全面铺开学习型组织创建活动，确保公司企业文化建设落到实处，并切实收到成效。通过组织广大员工学习公司企业文化的方式，使员工形成"家文化"理念，在实际工作中真正做到以企业文化理念来要求自己、完善自己，为营造西二环"家文化"注入精神活力和精神支持。通过开展企业文化教育讲座、向员工发放企业文化手册、制作企业文化宣传栏等方式积极引导员工践行同心同德，高速高效的企业精神，充分激活员工为西二环高速公路有限公司这个"大家"无私奉献的热情，营造和谐活力的企业文化氛围，使公司不仅具有"家"的外表，还具备了"家"的精髓。

(3)开展企业文化培训，以人本文化凝聚人

以行为信念、组织信念和行为规范为重点，西二环高速公路有限公司结合实际采取专题报告、分组讨论、模拟训练等方式，使员工都深刻理解公司"家文化"的含义，领会其精神实质。通过企业文化内部培训和外部培训，公司员工深刻地理解了公司企业文化核心价值理念，在交流培训中使公司员工之间的关系更加融洽，团队精神得到增强。

此外，公司还制作了大量代表公司形象、蕴含公司企业文化理念的视觉形象产品，例如印制了具有公司标志和口号的宣传册、信封、信纸和笔记本，制作了公司"家文化"

纪念衫,统一公司员工工装,佩戴公司徽章,统一公司各类标志标牌等,从外在形象上完善公司“家文化”理念。

6.开展各类文体活动,使员工在活动中感受“家文化”

为了使广大员工将“家文化”理念体系铭记于心,付诸于行,西二环高速公路有限公司充分创新方式,丰富载体,宣传导入“家文化”理念。

(1)开展劳动技能大赛,促进员工成长成才

西二环高速公路有限公司积极组织员工参与公司内外劳动技能大赛,例如点钞识伪钞比赛、厨艺大赛、路网信息大赛、路政业务大赛,道路拯救大赛等,公司还承办了收费速度大赛,并取得了优异的成绩,受到广州市总工会的高度赞扬。各种技能大赛在员工中引起了强烈反响,增强了员工“人人都是人才,人人都可成才”的人才意识,引导员工立足自身岗位,建功立业,发展成才。

(2)开展各类文体育动,增强团队凝聚力

西二环高速公路有限公司成立了舞蹈协会、醒狮队等,利用节假日,员工自发组织晚会,为大家表演节目,送上欢声笑语。公司成立了毽球协会、羽毛球协会、足球协会、篮球协会等,定期或不定期组织毽球赛、足球赛、篮球赛、拔河赛等,同时,加强与其他公司的交流切磋,不断增强了员工的体质,更是增强了员工团队协作的能力,提高了西二环高速公路有限公司这个大家庭的向心力和凝聚力。

(3)开展各种主题活动,丰富员工业余生活

西二环高速公路有限公司结合时段特点,开展了“绿满西二环怡人心、花开遍地增活力”主题植树活动、“中国梦、劳动美”主题活动、“标杆指路、知行合一”主题征文、演讲活动以及“弘扬传统文化,品味魅力端午”小龙舟竞赛等紧跟时代步伐、充满公司特色的主题活动,丰富了员工的业余生活,也提升了员工的文化素质,增强了部门之间的互动,营造了快乐工作、温馨生活的“家文化”良好氛围。

7.不断总结经验,持续推动“家”文化建设

西二环高速公路有限公司为企业文化建设提供了组织和人才保障、物质基础、制度保障和精神关怀,而员工自身也成为公司企业文化建设的重要组成部分,形成了独特的西二环文化理念:员工爱企业,企业爱员工,企业与员工和谐发展。西二环大家庭使广大员工找到“家”的幸福感和安全感。在职员工对公司就好像爱护家一样,对工作认真负责,爱护公共财物,真正做到企业爱员工、员工爱企业。

开通营运以来,公司企业文化建设工作开展得有声有色,受到了上级及系统内外单位的广泛好评,成为其他单位学习借鉴的榜样。西二环高速公路有限公司企业文化建设方面的成果不仅被《广州日报》、《南方都市报》等多家媒体报道,相关纪实性文章还在《广州公路》报等刊物中发表。公司通过营造“家文化”氛围,增强了员工的凝聚力和战斗力,为公司各项事业发展提供了坚实力量。在收费工作中,公司“好、快、准”的收费服务质量深受上级和过往车主的好评,树立了“西二环高速,平安又快速”的文

明窗口形象。在拔河、舞蹈表演、运动会等多项上级举办的比赛中，西二环人的凝聚力总是让人赞叹，西二环人的团结精神总是感染到周围的人。

“十年企业靠人，五十年企业靠制度，百年企业靠文化。”企业文化作为一种管理理念，它是企业在工作过程中形成的一种共同的行为方式和价值观，是推动和促进企业持续稳定发展的决定性因素，是企业发展的主导和灵魂，是企业发展的最终核心竞争力。在今后的企业文化建设工作中，西二环高速公路有限公司将坚持以物质文明建设为基础，以精神文明建设为重点，以制度文明建设为保障，紧扣交通运输行业的特点，结合公司实际发展情况，不断加强与外界交流，及时总结经验，学习先进榜样，进一步推进“家文化”建设。将企业文化建设与公司的各项工作有机结合，力争做到在物质环境上安置好员工、在精神文化上激励员工，最大限度地增强公司的凝聚力和竞争力，使员工积极地投身工作，并在实际工作中认真践行“家文化”理念，从根本上形成强大的企业文化建设合力，推动公司又好又快发展。

企业文化建设没有终点，西二环高速公路有限公司将不断超越自己，以“家”文化凝聚全体员工力量，以文化软实力提高公司的经济效益，带领全体员工一起铸就西二环公司辉煌的明天和未来。

阳光路上情满怀

广东省路桥建设发展有限公司广韶分公司

京港澳高速公路粤境韶关甘塘至广州太和段(简称"广韶分公司"),是国家"7918"高速公路网的重要干线,编号为"G4",路段北起韶关甘塘,接京港澳高速公路粤境北段,经曲江、翁源、英德、佛冈、从化、花都,南止于广州白云区太和镇,与广州北二环高速公路和华南快速干道北延线相连,全长199.34公里,沿线共设有14各收费站,总投资累计达到107亿元。

广东省路桥建设发展有限公司广韶分公司前身是广东省公路管理局京珠高速公路粤境南段建设管理处。1998年10月经省人民政府批准,按《中华人民共和国公司法》改组为广东广韶高速公路有限公司,并于1998年10月26日在广州注册成立,负责投资、建设、经营、管理广韶高速及沿线配套服务设施。2000年6月起公司与省公路管理局脱钩,划归广东省交通集团所属,成为广东省路桥建设发展有限公司全资控股的子公司。2002年12月,公司改制为广东省路桥建设发展有限公司控股85%、广东省高速公路有限公司参股15%的国有合资企业。2009年12月29日,广东省高速公路有限公司将持有股份划转给广东省路桥建设发展有限公司。2010年5月27日,在广州注册成立广东省路桥建设发展有限公司广韶分公司;2010年8月1日,广韶分公司揭牌并全面承接广韶高速相关业务。

目前,分公司设有8个职能部门、3个路段管理处,共有14个收费站、4个路政中队和1个隧道管理所,员工结构呈现年轻化、知识化、专业化。

一、文化建设动因

广韶高速公路全长近200公里,有160公里路段处在相对落后的粤北山区,营运管理中心设在佛冈县汤塘镇黄花湖,最北端的收费站离管理中心139公里,员工来自全国各地,其中有一半左右是广州市各学校刚毕业的大、中专学生,如何使国家用巨额资金建设起来的高速公路发挥其功能,最大限度地发挥社会效益和经济效益,实现一流的专业化营运管理的目标,成为管理者思考的重大问题。关键在于员工思想观念的转变和素质的提高及科技、人才工程的建设。广韶高速公路自2001年分段通车以来在营运管理上做了大量工作,进行了积极探索,在实践中发现营运管理上存在一些较为突出的问题。

1.思想观念滞后,工作作风问题是造成服务质量差的根源

一线员工中服务意识差,思想观念滞后,由于历史原因,交通营运管理一直带有较

浓的"官方"色彩。员工穿上制服,便觉得自己是个管理员,除收费外,主要工作是"管好过往司机、管好过往车辆、管好路面养护",缺少服务质量。

公司本部工作作风方面的问题:因公司是从原事业单位转制为企业的,所以存在计划经济时期的遗风,存在"门难进、脸难看、话难说、事难办"的"衙门"作风。

员工中大部分是年轻人,而各基层单位绝大部分处于偏僻山区,精神文化服务设施落后。业余生活单调,难于留住人才。

2.管理建设方面的不足,是制约服务质量的原因

管理目标不明确,落实力度不够,没有站在培养"忠诚顾客"的战略高度去设计和分解目标。

管理制度不健全,高速公路在营运管理上有其特定的规律,鉴于我国目前尚无统一的高速公路管理法规,只能套用某些相关法律、法规及其政策,由于其适用性差,缺乏与现行管理相匹配的实施政策,往往给营运管理工作造成很多困难。

企业管理缺乏程序化的工作流程,缺少用数据分析和解决问题的方法,对"事"的判断凭经验和印象,不注重用数据说话,在工作中随意性大、程序化弱等问题。

重建设轻营运,重收费、轻养护、路政、监控、服务经营管理等,无论从政策、资金、人力上对营运管理投入的力度都不够。

3.科技人才工程跟不上是制约企业提升服务水平的关键因素

由于科技水平没有跟上,影响了快捷通行能力,人才缺乏影响了管理水平,制约了服务水平和服务质量的提升。

4.现代化企业管理,专营化发展趋势使企业发展有较强的危机感和紧迫感

随着高速公路营运管理专营化的发展趋势,委托式管理势在必行。如果不创新、墨守成规、不求进取,一旦被托管,员工中将有一大部分沦为"下岗"的可能。

广韶分公司经过认真分析存在的问题和面临的形势,明确提出:要实现"一个目标",采用"二种手段"全面提高服务水平和服务质量,经营班子要当好全体员工的服务员,公司本部要当好基层的服务员,全体员工要当好司乘人员的服务员。为此,对"顾客"进行定位(即外部顾客:指行驶广韶高速公路的司乘人员;内部顾客:指下一道工序是上一道工序的顾客)。顾客像"太阳"一样发射光和热(对交纳通行费的比拟)照耀着广韶分公司的蓬勃生长。而广韶分公司就像"向日葵"一样沐浴阳光的抚爱,吸收它的养分。永远围着太阳转动,服务顾客并实现顾客满意是广韶人工作的基本标准。

二、核心价值理念体系表述

核心价值观:勇担责任,共享成果。

使命:为员工谋实惠,为企业求发展,为社会促和谐。

愿景:致力成为高速公路营运管理的领先者。

精神:热情,活力,开放。

三、践行效果

通过建设企业文化，调动员工的积极性，提高了服务质量，树立了营运品牌，培养了大批忠诚的顾客，通行费收入逐年增加，资产净利润也迅速增长，2013 年，公司年度主营业务收入为 26.23 亿元，对企业发展产生很好的促进作用。

1.调动了员工的积极性，提高了服务质量

实践证明：广韶分公司实施“向日葵”式服务文化取得了成功的经验，促进了公司经济效益和社会效益的同步增长，增强了员工爱岗敬业意识、学习意识、责任意识、现代化企业管理意识，特别是服务意识，一种“你的服务好，我比你更好，我们一起变得越来越好”的“向日葵服务”文化理念正在形成，员工队伍整体素质有了质的飞跃，为企业培养了大批人才。员工中争创优质服务的积极性被极大地调动起来，服务质量得到了提高，收到的各类表扬信、锦旗 993 次，取得了良好的社会效益，而且服务质量一年更比一年好。

2.树立了营运品牌

随着“向日葵服务”文化的实施，广韶分公司员工的潜在创造性被大大激活，个人价值得到展现，在创建“青年文明号”和“岗位能手练兵”活动中涌现了多个省级收费能手和先进个人，其“亮点”工程受到了中央、省、市多家媒体的追踪报道，得到了沿路各级政府、企业、学校、医院、敬老院和广大司乘人员的广泛赞誉。通过以顾客为关注焦点，特别是对“向日葵服务”文化的不断深入和拓展，以服务制胜的理念去吸收、培育一大批“忠诚顾客”，广韶分公司的管理成本在业务量大幅度提高的基础上，保持较小的幅度增加，从而降低了单位绝对营运成本上升。

3.企业经营管理和发展取得实效

（1）广韶分公司“向日葵服务”文化引来汕梅、广惠、广肇、京珠北等高速公路项目公司的参观考察。汕梅公司明确提出：“学习广韶、赶超广韶”的口号，并从广韶分公司引进一批各级管理人才；京珠北分公司、广惠公司则聘请广韶分公司管理人员协助培训其公司员工；广肇公司则派人到广韶分公司交流经验，提出服务质量零缺陷的口号。

（2）广韶分公司作为省内 ETC 不停车收费系统和联网收费系统的实验单位，为全省 ETC 系统和联网收费系统的建设奠定了基础，创建了省内京珠南联网收费模式。

（3）广韶分公司实施的“向日葵”式企业文化服务质量的持续改进效果得到了世界著名的路桥行业认证权威香港品质保证局的高度评价，并在其向全世界发行的《管略》杂志上以《以客为本——顾客、企业、股东三赢》为题对广韶分公司的营运服务质量进行专访。广州企航管理顾问公司在其咨询的其他高速公路营运公司的项目中（如新台、深汕西高速公路公司）均以广韶分公司的质量管理体系为蓝本。香港品质保证局、企航顾问公司以“品质典范”4 个字作为对广韶分公司的服务质量的总结。

（4）与广东交通职业技术学院合作编写的《高速公路营运服务质量管理》已计划列

为大学交管系的教材,同时,广韶分公司还承担了省路桥公司《高速公路营运岗位培训教程》的部分编写任务,该教材的其实践部分以广韶分公司现行运作方式为蓝本。

四、主要经验和体会

经过十余年的沉淀,在广韶人的共同努力下,广韶分公司在企业文化建设中取得了骄人的成绩,也积累了一定的经验。

1.以一流的设施,塑“向日葵服务”文化之“形”

广韶分公司在“向日葵服务”文化建设中,加大资金的投入,改善道路通行环境,力争为社会公众提供安全、畅通的出行条件。

(1)加大对路面养护投入力度

为保证道路的通行能力,提高行车舒适度,广韶分公司2012年度投入3500万元,用于25公里沥青路面维修罩面;投入769万元,用于完成了各服务区、主线及佛冈、沙溪匝道互通10300平方米混凝土路面维修。

(2)积极参与“三部委”课题建设

“十一五”期间,京珠高速公路作为全省唯一一条高速公路参与国家科技部、公安部、交通运输部联合启动的“山区公路网安全保障技术体系研究与示范工程”课题建设,广韶分公司于2011年10月底按课题要求完成工程建设,提高了恶劣气象条件下的道路安全运行保障能力。

(3)建立全程监控巡逻体系

广韶分公司公路监控范围覆盖了全线的路面,基本上实现了无盲点全程视频监控,大大提高了道路保安全、保畅通能力。2012年通过监控体系发现事故135宗,占全年62.45%;2012年巡逻里程比2011减少8573公里。

(4)率先开展国标网改造及计重收费

广韶分公司率先在省内组织实施高速公路命名改造示范工程,把京珠高速构建成一条便民高效、安全快捷的“数字高速”。自广韶高速公路在省内率先实行计重收费以来,路面行车环境改善明显,超载超限车辆明显减少,道路运输井然有序。

(5)率先开展生态景观带建设

2012年度,为响应省委省政府号召,广韶分公司投资3362万元,用于沿线的绿化改造升级,率先试行的景观生态带建设示范路。在7月24日广东省高速公路生态景观带建设示范工程竣工典礼上,刘昆副省长对广韶高速公路的生态景观带建设给予了肯定。

2.以一流的队伍,培“向日葵服务”文化之“元”

广韶分公司以加强培训为重点,努力打造学习型、发展型、创新的员工队伍,为企业文化建设提供“源”动力。一是在员工培训方面,广韶分公司坚持培训与强化管理相结合,推进文明服务质量的提升。二是按照“文明执法、文明收费、文明施工”的原则,广韶分公司加强了职业技能的培训和监督考核，尤其是文明服务礼仪培训，推行了3级稽查体系，努力保持文明服务的常态化。三是严格绩效考核，充分发挥良好竞争激励机制的作用，真正体现员工日常工作状态，反映员工真实能力和水平，鼓励员工参与文明创建，为司乘人员提供优质服务，使员工懂得文明服务的真谛。四是定期举行收费业务技能大比武活动、路政业务技能大比武活动、机电业务技能大比武活动，提升队伍业务能力。

3.以一流的机制，铸“向日葵服务”文化之“核”

广韶分公司创新管理理念，建立完善了路警联动机制，该机制在第八届“京港澳情”联谊会上获得与会人员一致好评。

(1)建立健全联合巡逻信息共享机制

广韶分公司结合路段的管理特点，创造性地提出了适合粤北山区复杂路况条件下的路警联动新模式——路警联合交叉巡逻机制，并通过全程路面监控，实现路面交通状况和事故信息更快掌握，大大缩短了到达现场的时间。

(2)建立健全轻微事故快速处理机制

广韶分公司联合广州、清远、韶关高速交警制定了《交通事故简易程序处理办法》，该办法的实施实现了路政、交警职能互补，最大限度地缓解交通拥堵。

(3)建立健全减少分流联合保畅机制

广韶分公司经过与沿线高速交警部门沟通联系，提出了道路交通事故“零分流”方案。据统计：2011~2013年共实施零分流方案5次，减少分流约60小时。在保障道路安全畅通的同时，减低了通行费的损失，保障了高速公路的正常营运，为司乘人员提供了舒适、安全、便捷的行车环境。

(4)建立健全联合整治行车秩序机制

广韶分公司与沿线高速交警联合行动，以打通救援应急车道为重点，通过加强对客运、货运企业的宣传教育，以及在沿线设置相应标志标牌，联合整治应急车道行车秩序，收到良好的效果。

(5)建立健全联合整治治安环境机制

广韶分公司积极配合沿线高速交警大队、通驿公司实行“警务前移”，强化治安防范，提高服务一线群众能力；设立路警联合执勤点，切实提高整治治安环境能力，优化收费站正常的收费秩序和治安环境。

4.以一流的服务，表“向日葵服务”文化之“旨”

广韶分公司以司乘人员为焦点，提炼深化“向日葵”式服务，以标准化、人性化为重点，让文明之风感染每一名司乘人员。

(1)与文明服务月活动相结合

广韶分公司以文明服务月活动为载体，进行重点引导和难点突破。每年文明服务月期间，广韶分公司面向社会设立便民服务点，开展便民服务日和站长服务日，向司乘人员免费提供行车指引、地图、收费政策资料等服务。

(2)与"为民服务创先争优活动"相结合

广韶分公司擦亮窗口形象,积极组织开展为民服务、创先争优各种便民利民活动,开展文明服务、温馨服务和人性化服务,努力提升及深化"向日葵服务"内涵。广韶分公司在创建过程中树立了微笑服务、空乘服务、许霞式微笑等品牌。2012 年 3 月,省总工会在关领导亲临广韶分公司调研文明创建工作,给出了"阳光路上情满怀"的高度肯定。

(3)与"企业文化建设年活动"相结合

广韶分公司把"向日葵服务"文化建设活动与企业文化建设年活动有机结合,通过打造优质的服务文化,力图将创建活动常态化,把企业文化全面、有效地融入公司日常各项工作,形成了"人人参与文化创建"的良好氛围。

"向日葵服务"文化,不是广告也不是口号,而是一份坚定的社会责任。广韶分公司将以"向日葵服务"为标杆,围绕更高的目标,不断创新管理、充实内容、巩固成果、提升内涵,让文明之花常开不败,让文明之风永远吹拂在广韶路上。

永续大桥青春

河南中原高速公路股份有限公司郑新黄河大桥分公司

2005年，为加快河南交通发展，河南省委、省政府决定建设郑州第三座黄河大桥。经与铁道部协商，决定共同建设河南第一座公路、铁路共用的特大桥梁。该项目北起新乡市平原新区，南连郑州市郑东新区，全长24.27公里，为双向6车道一级公路。其中桥梁长11.65公里，公铁合建长9.177公里，是世界公铁合建最长的公铁两用大桥，也是目前黄河上最长的公路桥。项目投资概算总额为49.82亿元，其中河南中原高速公路股份有限公司投资29.31亿元。2010年9月29日，大桥公路部分顺利建成通车并投入运营。根据省政府统一命名，该桥定名为郑新黄河大桥。

根据郑新黄河大桥运营需求，经河南交通投资集团批准，依照《中华人民共和国公司法》等法律、法规，河南中原高速公路股份有限公司组建了郑新黄河大桥分公司，主要负责大桥及南北引线的运营管理工作。分公司设置了办公室、财务室、人力资源部、党群工作部、纪检监察部、通行费稽查管理部、路产管理部、养护工程管理部等8个职能部室，下辖1个收费站、1个路政大队、1个运营监督管理分中心，现有员工200余人，是一支思想过硬、业务娴熟、作风严谨、和谐奋进的管理团队。

一、文化建设动因

优秀企业文化是企业发展的动力之源、活力之本、制胜之策。建设先进的企业文化，是大力发展社会主义先进文化、构建社会主义和谐社会的重要内容，是做强做大优势企业的灵魂工程，是实现郑新黄河大桥分公司创新发展的实际需要。同时，企业文化作为崭新的管理理念和管理模式，已成为现代企业管理的主导趋势，以文化力打造核心竞争力，以文化管理提升企业管理已成为成功企业共同的经验。

现代企业已经进入到了“文化制胜”的时代，企业都很注重“文化管理”。党的十八大报告提出，扎实推进社会主义文化强国建设，再次吹响了建设文化强国的时代号角。习近平总书记在党的十八届三中全会上提出，要继续坚持走中国特色社会主义文化发展道路，推动社会主义文化大发展大繁荣，深化文化体制改革，提高国家文化软实力，加强社会主义核心价值体系建设，丰富人民群众精神文化生活，增强人民精神力量。文化强国战略提上日程，推动文化强企刻不容缓。

郑新黄河大桥作为郑州北大门的一个重要“窗口”，不仅代表着中原高速的形象，也代表着河南交通行业的形象。各级领导对大桥的运营管理非常重视，提出很高的标准,对企业文化建设提出了新的要求。作为郑新黄河大桥的管理单位,要打造一流团队,实现一流管理,树立一流形象,创一流品牌,也需要建立一种能够凝聚人心、共同奋斗的企业文化来助推飞速发展的势头。因此,加强企业文化建设,是时代发展的迫切要求,是实现分公司创新发展的必由之路。

二、核心价值理念体系表述

1.核心价值观:凝心聚德,守恒致远

凝心:就是凝聚人心,凝聚智慧,打造和谐团队,增强企业凝聚力、向心力。

聚德:就是要求我们在企业管理中,着力培养员工忠于企业的高尚情操,做到同心同力、同心同德,依靠员工智慧促进公司创新发展。郑新黄河大桥分公司致力于打造一支凝心聚德的团队,以和凝心,以和聚德,把员工心思凝聚到公司创新发展上来,形成共同的发展愿望、强大的团结合力,力求创造卓越的成绩。

守恒:就是意志笃定,坚守信念,恒常恒久。要精心打造大桥这座新地标,提升郑新黄河大桥品牌形象,需要大桥人执着的坚守,持之以恒的付出。

致远:取自诸葛亮《诫子书》中“非淡泊无以明志,非宁静无以致远”。有目标才有方向,有追求才有动力。致远就是要始终心存远图,有目标、有方向、有追求,并且崇尚行动。守恒致远就是要心向长远、面向未来,团结协作,孜孜以求,用敦厚稳重的行动去实现共同的愿景和目标。

2.使命:畅通南北,大桥永新

作为贯通黄河南北的重要通道,大桥既是一条交通动脉,也是一条联系纽带,使郑州对周边城市的辐射作用得以彰显。大桥畅通与否,将直接关系到大桥功能的发挥,影响到河南交通行业的形象。保障大桥的安全通畅,实现中原城市群之间的交通联动、经济联动和城市联动,是公司遵守、信奉的使命,又是公司义不容辞的职责。

永新,就是永远除旧布新。大桥永新,要求在工作中注重管理创新,锐意进取,始终保持蒸蒸日上的发展势头,永远以崭新的风貌呈现在中原大地。在运营管理中,抓好优质文明服务,立足精心养护、科技养护,维护好路产路权,确保道路安全畅通。通过不断提升管理和服务水平,持续增强大桥的辐射效应,努力打造郑新黄河大桥优质品牌,使大桥成为河南交通行业创新管理的排头兵,成为河南一张名副其实的亮丽“名片”。

3.愿景:团队精干,管理一流,形象卓越

团队精干,管理一流,形象卓越:是郑新黄河大桥分公司的奋斗方向,是公司上下努力追求的目标。公司积极为员工提供广阔的发展空间,促进员工的进步与成长,打造一支爱岗敬业、奋发有为、激情干事的优秀团队。围绕争一流、创优质、有特色的目标,推进精细化管理、规范化建设,提供高质量的服务,合力创大桥一流管理,保障大桥安全、畅通,把郑新黄河大桥打造成最美丽、最安全、最畅通的桥,塑造分公司良好的内外部形象。

4.精神:奔腾激越,砥砺奋进

黄河激荡澎湃,奔涌入海,孕育了百折不挠、积极进取、勇往直前的黄河精神。奔腾激越的黄河无私地滋润着中原这片古老而神奇的土地,成为一条精神河流和文化河流,成为中华民族不惧艰险,勇于开拓,勇往直前精神的象征。

如今,大桥如一道飞虹般完美地横跨黄河,天堑变成通途。时代赋予的机遇与担当,公司要求必须做好运营管理工作,精心打造这座崛起的新地标,为中原崛起提供有力的交通支撑。黄河精神能够鼓舞斗志、催人奋进,激励着大桥人拼搏进步。因此,要大力弘扬黄河精神,以黄河精神守护大桥,激发和调动全体大桥人爱岗敬业、乐于奉献的热情,不断超越,赢得发展。

砥砺就是磨炼、锻炼,还有相互勉励之意。砥砺奋进可以归结为坚韧不拔、不屈不挠的精神,埋头苦干、吃苦耐劳的精神,兢兢业业、精益求精的精神。在运营管理中,需要保持这种昂扬的斗志,务实的作风,勉励奋进,勇敢前行。

奔腾激越,砥砺奋进这一理念,凝聚着奋发图强、不畏艰难的气概和斗志,体现了大桥人蓬勃向上,拼搏进取的精神面貌和不懈追求。郑新黄河大桥分公司这支自强不息、团结拼搏的团队,要成就大桥的辉煌,也需要有黄河一样奔腾的气势,需要黄河奔腾激越的精神与动力,需要有黄河一样无私奉献的精神。

三、践行效果

1.文化建设过程

(1)高度重视,构建企业文化体系

郑新黄河大桥分公司党委高度重视企业文化建设,把企业文化建设当作促进企业发展的大事来抓,建立了党政工团齐抓共管,广大员工积极参与的工作机制,分公司领导积极倡导并带头参与,加大资金投入,加强文化设施建设,组织开展形式多样的文体活动,进行了企业文化建设的有益探索和尝试。

文化理念体系。总结提炼了“奔腾激越,砥砺奋进”的企业精神,“精细铸品牌,文化聚人心”的管理理念等具有分公司特色、员工认同的企业文化理念。在廉洁文化建设上,提出了“心清行远、得舍有道”的廉洁核心理念、“风清气正、人和企兴”的廉洁愿景和“遵纪守法、以廉为荣、以德立身、做好表率”的廉洁行为规范等廉洁文化理念,编印了《廉洁文化手册》。召开了企业文化宣贯培训会,对企业文化知识进行讲解。

形象体系。导入CIS(形象识别系统),对企业视觉识别系统进行了整体设计,并对各类标志、标牌进行了制作安装。完成了集文学、书法、雕刻为一体的《黄河长虹赋》石刻,创作了《激情飞越黄河》企业歌曲,制作了《黄河长虹今更美》形象专题片。建成了“三廊一室”(廉政教育长廊、廉洁文化长廊、行为规范长廊和企业文化室);改建完善了“正心亭”,在办公院内西围墙栅栏上,建立党的群众路线推选的道德模范事迹展,让员工在潜移默化中接受教育。

行为规范体系。制定了职业道德规范和日常行为规范，包括领导班子行为规范、管理干部行为规范、员工日常行为规范，以及员工基本礼仪规范、道德形象规范和廉政行为规范，还制定了机关部室行为规范、基层班组行为规范，使各项规范成为大家行动的标尺。在提炼价值理念、总结企业文化建设成果的基础上，编印了《企业文化手册》。

管理制度体系。不断制定标准、细化流程、完善制度，编印了《工作职责规章制度手册》、《应急预案方案管理手册》和《精细化管理手册》，内容包括工作职责83项，制度98项，专项预案23个，细化了68个岗位的工作标准及流程，建立了与分公司文化相适应、相配套的管理体系，使文化品牌的内涵借助制度工具得到了解读和体现。

(2)创新载体，积极开展文化建设

郑新黄河大桥分公司坚持围绕中心、服务大局、创新载体、注重实效，积极开展形式多样的创建活动，不断提升企业文化建设的水平和层次。

注重提升服务水平。组织开展岗位练兵活动，举办各项业务技能培训和知识竞赛活动，开展消防安全应急演练、冬季恶劣天气保通模拟演练等活动，不断提升管理和服务水平。将收费管理各个环节纳入日常管理和评定考核，全面推行星级评定工作。不断加强收费"窗口"形象建设，深入开展"微笑中原"活动，每月评选"微笑之星"、"服务标兵"，让司乘人员享受到郑新黄河大桥分公司的精细管理、优质服务和特色文化。

持续推进班组建设。班组是提升服务水平、创造文化品牌的直接参与者，在建设特色的文化品牌中发挥着重要作用。积极推进"六型班组"(学习型、创新型、规范型、节约型、安全型、和谐型)建设，注重自主管理，注重素质培养，注重技能提升，注重文化引导，着力打造示范班组，进一步增强基层实力，激发基层活力。

努力创建学习型企业。郑新黄河大桥分公司把企业文化创建学习型组织结合起来，积极培育文化建设的新亮点。提出了"以学立身，自我超越"的学习理念，以"五个一"读书活动为载体，即每天学习一小时，每月一篇学习心得，每季度精读一本好书，每半年进行一次学习交流，每年一次总结表彰，引领员工读好书、学业务、练技能，积极推进"创建学习型组织，争做知识型员工"活动深入开展。开办了"员工讲堂"，让员工得到成长和锻炼，不断提升队伍的整体创新能力。

开展文化建设活动。郑新黄河大桥分公司积极形式多样的文体活动，举办了书法、摄影、绘画、演讲、征文和文艺会演、知识竞赛、拓展训练、职工运动会等活动，如"熔铸协作团队，增辉美丽中原"拓展训练活动、"我与郑新共成长"征文比赛、"企业文化理念在我心中"演讲比赛、"龙腾盛世·齐聚大联欢"迎新联欢会、精细化管理暨企业文化知识竞赛等，以群众性文化活动为载体凝聚力量、推动发展。加强文化阵地建设，建立了活动室、图书室、电子阅览室、道德讲堂等，营造了浓厚的企业文化氛围。

为深化廉洁文化建设，开展了反腐倡廉宣传教育月活动，制作了《廉通你我，路畅人和》廉洁公益广告宣传片，开展了"廉政体裁楹联作品"、"廉政亲情寄语"征集活动和反腐倡廉书画摄影评选活动等，增强了干部员工的廉洁从业意识。分公司把廉洁文化与企业文化同步推进，开办了“美丽郑新，快乐之声”小广播，通过播放廉政故事、廉洁理念等内容，进行岗位廉洁提醒等，推进廉洁文化“进企业”活动，争创河南省廉政文化“进企业”示范点。

（3）典型引路，发挥示范带动效应

为促进企业文化落地，开展了寻找文化践行人活动，在员工工作实践中挖掘案例和企业文化故事，并组织员工自编、自导、自演各种文艺节目，将郑新黄河大桥分公司倡导的理念和行为形象地展现出来，让员工融入企业文化建设中。分公司党委每年评选表彰学习型班组、学习标兵、优秀班组和一大批先进集体、先进个人，充分发挥先进典型的示范引领作用，激发调动全员的积极性、主动性和创造性。

（4）优化提升，创建特色文化品牌

郑新黄河大桥分公司先后召开企业文化专题会、推进会，认真总结文化建设取得的成绩和不足，研究完善的机制和措施，完成了《激情飞越黄河》公司司歌的创作、谱曲，着力培育、塑造“激情飞越黄河”文化品牌，全力提升企业文化建设新境界，争创全国交通运输企业文化建设“品牌单位”、“交通运输文化建设示范单位、文化品牌”，借助打造文化品牌来实现企业管理质的飞跃，来提升企业文化。

2.成果展示

郑新黄河大桥分公司经过不断地持续推进，完成了企业文化体系框架的构建，整体形象得到了提升，企业文化凝聚人心的作用得到了发挥，为分公司创新发展提供了精神保障，企业文化建设取得了明显成效。2011 年、2012 年，分公司连续两年被中国交通企业管理协会授予“全国交通运输企业文化建设优秀单位”荣誉称号。2013 年，分公司获得“全国交通运输企业文化建设卓越单位”荣誉称号。

（1）企业文化框架体系的整合初步完成

郑新黄河大桥分公司总结提炼了具有分公司特色、员工广泛认可的企业文化理念、廉洁文化理念；规范了行为识别系统，制定出了职业道德规范和日常行为规范，机关部室行为规范、基层班组行为规范等；以企业文化理念为核心，建成了“三廊一室”，为企业文化的推广和传播提供了现实载体。在此基础上，编印了《企业文化手册》、《廉洁文化手册》，形成了统一规范、层次分明、具有郑新黄河大桥分公司特色的企业文化体系。

（2）企业文化建设活动扎实有效推进

积极开展形式多样、内容丰富的文化建设活动。完成了《黄河长虹赋》石刻，改建完善了“正心亭”，建立了党的群众路线推选的道德模范事迹展，广泛开展“五个一”读书活动体，开办了“员工讲堂”、“美丽郑新，快乐之声”小广播，积极推进廉政文化“进企业”示范点创建工作，着力培育、塑造“激情飞越黄河”文化品牌，努力打造具有郑新黄河大桥分公司特色的企业文化。

（3）企业文化凝聚人心的作用得到发挥

郑新黄河大桥分公司举办了丰富多彩的文体活动，促进了企业文化理念与员工行为的有效融合。目前，分公司总结提炼出的核心价值观、企业精神及管理理念等，已经在凝聚人心上发挥了重要作用。大家都很热爱这个和谐的集体，荣誉感、责任感比较强，真正做到了大事讲原则，小事讲风格，同志讲感情，工作讲配合。大家在想问题、办事情时，都能自觉地用我们提出的核心价值观指导自己的思想和言行，把分公司制定的行为规范作为自己行动的标尺。

(4)精神文明创建水平得到显著提升

企业文化是企业精神文明建设的有效载体。郑新黄河大桥分公司通过加强企业文化建设，精神文明创建工作也取得了显著成效。2011年，分公司被命名为"省级文明单位"、"河南省园林单位"，分公司党委被中原高速授予"五好党总支"荣誉称号。2012年，分公司党委被交通集团评为"先进基层党组织"，分公司工会获得了"全国公路交通系统模范职工小家"荣誉称号，所属收费站团支部被省交通运输厅授予"五好团组织"称号。2013年，郑新黄河大桥收费站被共青团河南省委授予省级"青年文明号"。

四、主要经验和体会

郑新黄河大桥分公司成立以来，无论是在管理模式和管理方法上，在深化服务和提升形象上，还是在企业文化和队伍建设上均实现了新突破，分公司呈现出崭新的面貌和良好的发展态势。之所以取得这样的成绩，企业文化建设在促进分公司发展中也功不可没。对企业文化建设的体会与思考，总结起来，主要有以下几点。

1.注重理念创新是打造特色企业文化的主题

企业核心价值体系是企业各个要素相互协调，并发挥积极作用的精神支撑和内在驱动，是企业健康、和谐发展的灵魂。郑新黄河大桥分公司结合运营管理实际，征求员工意见，不断提炼、不断完善、不断创新，形成寓意深刻、内涵丰富的文化理念，在潜移默化中养成员工的共同价值观和行为规范，让全体员工认可遵守核心价值观并融入各自的行为中去，发挥核心价值观的强大推力，为企业文化落地提供思想基础。

2.领导者率先垂范、知行合一是文化落地的关键

企业是由领导者来管理的。企业领导者是企业文化建设的核心推动力量。企业文化在很大程度上取决于领导者的决心和行动，取决于企业领导者对企业文化内涵的深刻认识，取决于企业领导者对建设企业文化的见解和管理思想。分公司领导者率先垂范，带头践行企业文化理念，为员工当好表率，不但带动全员参与的积极性，而且有力地推动着企业文化的宣贯和推广。

3.全员参与、全员推进是企业文化建设的落脚点

企业是由人组成的，人是企业文化建设的根本对象。员工认同企业文化，就会自觉参与企业文化建设，用文化理念指导个人行为。因此，员工是推动企业文化发展的主体力量，必须依靠全体员工来推进企业文化建设。企业文化理念要落地，前提是让全体员工对文化理念普遍了解并广泛认同。提升企业文化，必须自始至终围绕全面提

高员工素质、调动员工积极性、主动性和创造性，实现员工与企业共成长这一主题进行。

4.制度建设是推动企业文化全面提升的可靠保证

制度建设是企业文化建设科学化、规范化的可靠保证。要把无形的企业文化建设落实为有形的行为方式，形成规范的制度程序，增强制度的针对性、实效性和可操作性，把制度渗透到每个环节。通过制度的强制性，使其在执行中不断强化，最终变成员工自己的价值观和行为方式，从而自觉履行符合企业理念的行为。

5.企业精神是企业文化建设的核心

企业精神是企业的灵魂和支柱，是凝聚、激励企业员工奋发工作的不竭动力。在企业文化建设中，要根据运营管理实际概括提炼企业精神，能够激发员工爱岗敬业、奋发向上的工作热情。

6.思想政治工作是推动企业文化建设保障

思想政治工作和企业文化建设是企业建设和发展的重要内容和组成部分。做好员工的思想政治工作，用活动吸引，竞赛激励，典型引路，能够启发员工爱岗敬业、爱厂如家，引导员工与企业同命运共发展。

用阳光品质铸高速品牌

河南高速公路发展有限责任公司驿阳分公司

河南高速公路发展有限责任公司驿阳分公司，成立于2008年3月25日，主要负责省道S38新阳高速公路、S49焦桐高速公路泌阳段、泌阳至桐柏段的运营管理工作，管辖高速公路总里程272.719公里。所辖路段连接了G45大广高速、G4京港澳高速、G40沪陕高速等多条国道主干线、省道线，组成了完善的豫南公路网络。

驿阳分公司所辖高速公路道路设计为双向4车道，全封闭、全立交，设计路基宽度26米，行车速度每小时100公里。运营管理机构设置9个职能科室，下辖新阳豫皖省界、栎城、新蔡、平舆、汝南、驻马店天中、确山西、竹沟、泌阳北、春水、泌阳东、桐柏朱庄、桐柏东、焦桐豫鄂省界等14个收费站，汝南、确山、泌阳、桐柏4个路政大队，1个运营维护分中心。公司现有员工731人，是一支思想过硬、业务娴熟、作风严谨、和谐奋进的管理队伍。

驿阳分公司自成立以来，以"广纳众智、和谐共创"的核心价值观为引领，以凝心聚力、构建和谐、促进发展为目标，围绕创新管理模式，夯实管理基础，提高能力素质，加强文化建设等主要工作，以创建学习型组织，争做知识型员工活动为载体，以标准化、规范化、精细化建设为抓手，以班组建设为平台，以文体活动增强集体凝聚力，以企业文化打造驿阳高速品牌，以文明创建活动推进整体工作上水平，通过为员工办实事、办好事构建和谐企业，公司呈现出崭新的面貌和良好的发展态势。

一、文化建设动因

建设先进的企业文化，是大力发展社会主义先进文化、构建社会主义和谐社会的重要内容，是贯彻落实十八大精神的具体行动，是做强做大优势企业的灵魂工程，是实现驿阳分公司又好又快发展的实际需要。同时，企业文化作为崭新的管理理念和管理模式，已成为现代企业管理的主导趋势，以文化力打造核心竞争力，以文化管理提升企业管理已成为成功企业共同的经验。企业理念的完善是整个企业不断创新、发展的精神所在，也是企业文化建设的源动力。这种精神与力量，影响企业内部的动态、活力与制度、组织的管理与教育，并最终经由组织化、系统化、统一性、规范化的视觉识别传达企业经营的信息。

企业理念是企业文化中最为深层次的文化范畴，属于思想、精神、文化的意识层面，它对于企业的各类活动、行为、制度、视觉传播具有统摄作用。优秀的企业理念能对企业当前及未来一个时期的经营目标、经营思想、经营方式和经营形态做出清晰的规划和界定，能够总结、制定、阐述一个企业将要到哪里去、如何去，是企业理想与现实高效连接的渠道。

伴随着河南高速公路的成长，运营管理也面临着新的机遇与挑战，需要全体员工始终保持昂扬向上的风貌和艰苦奋斗的精神，在精细管理上下功夫，抓品牌、树形象、创特色，这就需要建立一种能够凝聚人心、共同奋斗的企业文化来助推飞速发展的势头。因此，推进企业文化建设，是时代的迫切要求，是实现公司创新发展的必由之路。

驿阳分公司历届领导班子都十分重视企业文化建设，确立了以文化的融合推动公司创新发展的战略目标，进行了企业文化建设的有益探索和尝试，提炼出清晰明确的核心价值观、企业精神、企业愿景等文化精髓，形成规范的驿阳分公司理念体系；规划、设计出一套彰显自身特色与个性的视觉识别体系，并通过实施导入，统一、完善驿阳分公司的整体对外形象；构建富有创造性、高度组织化，且与企业理念相辅相成的行为识别规范，健全制度管理、明确操守规则，为提升运营管理水平和服务水平，为河南高速公路事业新跨越、新崛起，为中原经济区建设做出了积极的贡献。

二、核心价值理念体系表述

核心价值观：广纳众智，和谐共创。

使命：服务民众出行，助力经济腾飞。

愿景：建卓越团队，铸高速品牌，惠驿阳员工。

精神：自信自强，求是求精，思危思进，争先争优。

职业道德：团结协作，遵章守纪，勤勉尽责，博学善思，诚信廉洁，勤俭节约，胸怀仁德，知义明礼。

三、践行效果

1.文化落地工程

驿阳分公司不断创新形式，丰富载体，利用各种传播媒介积极宣传、推广、贯彻企业文化，使企业文化逐步深入人心，并融入日常运营管理工作中，为公司创新发展提供了强大的精神动力。

（1）创办内部资料《驿阳高速》

以"弘扬优秀企业文化，展示员工青春风采，让学习与梦想同在，引导员工成长成才"为宗旨，为员工搭建了展示才艺的平台，提高了全体员工的综合素养，营造了浓厚的企业文化氛围。紧随时代发展步伐，开辟了公司博客、微信等现代信息交流平台，多途径推进企业文化建设进程。上述媒介对于展示员工与公司与时俱进、奋力拼搏的精神风貌，起到了积极的促进作用。

（2）积极利用各种媒介宣传推广企业文化

驿阳分公司企业文化理念识别系统、行为识别系统、形象识别系统相继完成后，公司分别组织编成《驿阳分公司企业行为识别》、《驿阳分公司企业理念识别》、《驿阳分公司企业形象识别》手册，下发到公司各单位供员工学习。公司对日常运营管理工作及开展的各项文体活动及时进行资料整理，统一设计制作宣传画册、工作汇报材料；组织编写公司大事记；公司开展的每一项活动公司都要制作成宣传版面，及时更新橱窗里的宣传内容，弘扬员工的优秀事迹，反映企业文化的故事，加强企业文化的宣传和阐释。

(3)组织开展企业文化的学习与培训

通过举办征文赛、进行问卷调查、召开座谈会、开展培训等方式对员工进行企业文化理念的导入。让每个员工了解企业文化的内涵，从而用企业文化来约束自己的行为。

(4)全面推行规范化管理，修订和完善各项规章制度

驿阳分公司全面推进标准化、规范化、精细化建设，各科室共建立制度职责 108 项，制定业务流程、工作标准 177 项，管理办法 151 项，涵盖了 50 多个岗位，健全完善了一整套规范化管理制度，用制度来衡量日常工作，使制度成为工作习惯。同时，公司注重用实践检验各项制度，对于可操作性不强、不适应新形势的及时进行修订；对于在实践中受到干部员工推崇、效果好的做法及时形成制度规范，使公司各项管理制度也能够与时俱进。

2.践行效果

经过不懈努力，驿阳分公司企业文化的各项工作在公司各层面不断推进和提高，公司上下对企业文化的认识进一步增强，企业文化理念正潜移默化地影响着员工的价值取向和行为方式，企业文化内聚人心、外树形象的作用已清晰显现。

在"广纳众智、和谐共创"的核心价值观的指导下，领导班子团结和谐，班子成员之间以诚相待、相互信任、相互支持，呈现出了精诚团结的良好局面。公司上下团结一致，人心思干，企业和谐，形成了和谐共创的强大合力。

在提出了核心价值观的基础上，驿阳分公司把"站队建设人文化，全员参与民主化，运营管理精细化"作为管理理念，突出做到：站队建设注重人文关怀，培养员工的团队精神和主人翁意识，塑造积极向上的精神面貌，追求规范性管理和人性化管理的最佳组合；尊重员工的主人翁地位，通过民主交流，实现和谐管理，形成企业管理全员参与的崭新气象，增强员工的归属感，提高员工的满意度和忠诚度；运营管理追求精细化，专注地做好每一件事，在每一个执行细节上精益求精，彰显公司追求完美和实现卓越的时代精神。

不仅如此，驿阳分公司还注重人才的挖掘和培养，提出"想干给机会，能干给舞台，干好给荣誉"的人才理念。把人才作为企业发展的第一资源，重视提升员工价值，为员工提供广阔的发展空间和舞台，让每位员工都能跟上公司创新发展的步伐。建立人才成长的长效激励机制，引导员工在工作中成长成才，促进企业与员工共同成长。想干给机会是公司贯彻执行的用人理念。公司为"时刻准备着"的员工搭建平台，创造机

会，帮助员工实现个人价值，鼓励员工敢于实践，激情工作。能干给舞台是公司一贯遵循的选才标准。公司选择能力强、素质高的人才，安排适宜的工作岗位，得到更好的实践锻炼，给予更好的发展空间，使个人潜能得到充分发挥。干好给荣誉是公司着重健全的激励机制。公司对做出突出贡献的员工给予荣誉和奖励，增强员工的工作热情和责任感，激励广大员工为公司创新发展贡献力量。

“创建学习型组织，争做知识型员工”活动作为企业发展的强烈追求和企业文化建设的重要内容，把学习与工作有机地融合起来，使广大干部员工在掌握新知识、新技术、新理论、新方法中实现自我价值。通过全体员工学习力的不断提高，提升了队伍的整体创新能力，促进了企业持续发展。

为继续完善企业文化视觉识别系统建设，进一步靓化企业形象，公司制作了《驿路辉煌》荣誉集等企业文化宣传资料，文化建设成果更加丰富。驿阳分公司注重发挥文体活动表达和宣传企业文化理念的作用，不断加强文化载体的建设，组织开展了“三亮三创三评”、“红色教育月”、向模范人物学习等活动，把我党的优良传统、伟大精神和公司的企业理念、职业道德规范有机结合起来对员工进行教育培训，着力打造一支精神好、干劲足、道德优的优秀高速公路管理团队。除此之外。驿阳分公司每年坚持举办职工运动会，开展了以“党在我心中”、“我心中的驿阳”为主题的征文活动，以“我与驿阳共成长”为主题的周年感言征集和座谈会活动，还组织了以“爱我驿阳，勇攀高峰”为主题的登山活动等。通过开展演讲比赛、文艺会演、职工运动会等形式多样的文体活动，丰富了员工业余文化生活，使公司凝聚力和战斗力进一步增强。

在正在开展的党的群众路线教育实践活动中，驿阳分公司注重将“和”的精神融入群众路线教育的每个环节，通过教育活动使“广纳众智、和谐共创”的核心价值观更加深入人心，开创路畅人和的发展新局面。

优秀的企业文化是提升精神文明创建水平的有效途径。通过加强企业文化建设，精神文明创建工作也取得了显著成效。驿阳分公司先后获得“全国交通运输企业文化建设卓越单位”、河南省“文明单位”、“卫生先进单位”、“高速公路管理先进单位”、“计量诚信示范单位”，驻马店市“高速公路建设管理先进单位”、“交通精神文明建设先进集体”、“交通服务地方经济发展先进集体”，河南交通投资集团“先进集体”、“标准化、精细化提升活动先进单位”、“纪检监察工作先进集体”，河南高速公路发展有限责任公司“文明服务形象示范公司”等荣誉称号。公司党委被河南省交通运输厅党组授予“2010~2012 年全厅创先争优先进基层党组织”，被厅直党委授予“五好基层党组织”称号。团委荣获河南省“五四红旗团委”、河南省交通运输厅“五好基层团组织”称号。工会荣获“全国交通建设系统先进工会”称号。公司所辖驻马店至泌阳高速公路荣获“国家优质工程银质奖”。公司所辖确山西站等一些基层单位也获得“全国交通建设系统工人先锋号”、“河南省学习型组织标兵班组”、河南交通运输系统“工人先锋号”、“河南交通巾帼先进集体”等荣誉。公司总经理袁栋栋被河南省政府国资委授予河南省省管企业创先争优活动“优秀共产党员”荣誉称号；公司员工于永强荣获“河南省职工职业道德先进个人”、2011年度“感动集团人物”荣誉称号；赵倩等5名员工被河南省交通运输厅授予“明星收费员”荣誉称号。

四、主要经验和体会

驿阳分公司成立以来，无论是在管理模式和管理方法上，在深化服务和提升形象上，还是在企业文化和队伍建设上均实现了新突破，公司呈现出崭新的面貌和良好的发展态势。之所以取得这样的成绩，虽然靠的是制度，靠的是管理，但公司全面推进的企业文化建设，在促进公司发展中也功不可没。总结起来，主要有以下几点。

1.要有计划地去做

在开始进行企业文化建设之前，企业必须要有一个较为周详的计划，包括财务预算、建设目标、建设周期等等，即使是寻找经验丰富的设计、咨询公司，周详的计划也会令后面的工作事半功倍。

2.要系统地去做

企业文化建设贵在一个规范、系统性，如果今天做点儿办公用品、明天搞个培训、后来再搞个活动的，到最后肯定会做乱，如果公司小或者是资金不足，可以做个小的系统，如果是东一榔头西一棒子的去做，没有统一的思想约束和指导，到最后浪费了大量人力、财力、物力，却得不到预期的效果。

3.要作为一个长期计划去做

企业文化建设关乎企业的未来发展，企业文化建设也不是一件一蹴而就、一劳永逸的事情。作为现代企业，一定要将企业文化建设作为一项长期发展战略，坚持不懈地做下去，而且企业员工在工作实际中还要认真践行企业的文化理念，才会对企业真正起到作用。

4.要防止企业文化进入四大误区

一是企业文化口号化。不要把企业文化等同于空洞的口号，企业文化的形成是一个渐进的过程，是企业文化被干部、员工承认、接受并真心实意自觉实行的过程，是从实践到理论深化的过程。

二是企业文化文体化。企业文化不是唱歌、跳舞、打球，文化活动只是陶冶员工的情操并增强凝聚力，并不是实质。

三是企业文化表象化。企业文化不仅是创造优美的企业环境，注重企业外观色彩的统一协调，花草树木的整齐茂盛，衣冠服饰的整洁大方，设备摆放的流线优美。更主要的是精神层面的提升。

四是企业文化僵化。不能片面强调井然有序的工作纪律，下级对上级的绝对服从，把对员工实行严格的军事化管理等同于企业文化建设，造成组织内部气氛紧张、沉闷，缺乏创造力、活力和凝聚力，这就把企业文化带到了僵化的误区。

一路温馨　飞越秦岭

陕西省高速公路建设集团公司西汉分公司

西汉分公司成立于2009年1月，内设工程养护科等8个部门和路政大队等2个附属机构，下设户县、秦岭、宁陕3个管理所和秦岭隧道管理中心，辖三星、户县、涝峪口、纸坊、朱雀、皇冠、宁陕、大河坝、金水9个收费、治超站和秦岭标识站、涝峪口危化品安全检查站。员工812名。先后被全国总工会授予抗震救灾"工人先锋号"、交通运输部授予"交通运输文化建设示范单位"、"除雪保畅先进集体"、陕西省委省政府授予"省级文明路"、"先进集体"等荣誉称号20余个。

西汉分公司养护与管理着国家高速公路G5京昆高速西安至洋县段163.75公里。西汉高速公路2002年8月开工建设，2007年9月建成通车，双向4车道。西安至户县段路基宽26米，设计时速120公里/小时，户县至洋县段路基宽24.5米，设计时速60～120公里/小时。设互通式立交8处，停车区9处，服务区2处。

西汉高速公路是国家重点建设项目、交通部全国公路建设标志性工程、陕西省21世纪标志性工程，是我国同期一次性开工里程最长、建设投资最大、自然条件最差、施工难度最大的高速公路。它突破了南北交通屏障，改写了千年蜀道难的历史，成为连接西北与西南的黄金大通道，将西安至汉中的行车时间缩短至3小时。对深入推进西部大开发，加强成渝经济圈与关天经济圈的联系，促进陕南突破发展具有重大战略意义。

西汉高速公路穿越秦岭主山脉，山岭重丘区占全线79.4%，桥隧占全线67%，拥有目前全国最多的隧道群。其中，桥梁458座(单幅)，特大桥9座，连续刚构桥2座；隧道137座(单洞)，特长隧道6座；路线弯道半径小；40公里以上长大纵坡2处，最大坡比5%；沿线气候复杂多变，降雨量大，冰雪期长5个月，呈现出桥梁多、隧道多、弯道多、坡道长、封冻期长的"三多两长"特点。

一、文化建设动因

1.价值观念重树的需要

一方面由于交通服务企业要适应社会发展的要求，高速公路运营企业要员工和社会负责，要接受法律和道德的约束；另一方面由于管理者和员工与企业之间的特殊依存关系，而要求企业的每一位员工与企业要有一个深度关联的理念，因而企业就必须再造和培养适合企业这个要求的共同的价值观，以实现企业自身的总体价值目标。当然，尽管社会总的价值观念和每个企业内部的价值观也有其共性，但企业要想独树一帜，从主观上来说也需要有自己的特点，企业文化为这个表达提供了手段，而同时这个共同的价值观也就成了企业文化的内核。

2.实现管理自觉的需要

文化建设给高速公路运营管理注入了活力，改变企业管理上纪律松懈、效率低下、企业发展缓慢，职工队伍没有活力。这其中原因是多方面的，但最重要的就是不讲科学、不守纪律，这样的团体在市场竞争的环境中是不可能生存的，这就形成了对需求管理变革的共识。尽管管理具有共同的规律，但仍应当结合企业自身的特点，所以，管理理念作为企业最基本的要求，必须写入企业自己的文化之中，使之成为企业每一个员工行动的指南。

3.满足长期发展的需求

除了做好当前的生产经营以外，还要更多地考虑未来长期的发展，还应当通过合适的途径表达企业的这种展望未来的态度和理念。企业文化正是实现这个需要的最好载体，它既公开展示了企业发展的态度和前景，又无声地培育了企业员工的凝聚力和拼搏精神，当然，这样的文化必定是量体裁衣的结果。从这个意义上来说，建立本企业文化也是必要的。

综上所述，企业文化作为一种独特的意识理念，已经走进了企业的日常生活、工作学习和社会交往之中，企业文化的建立使企业比以往任何时候都感到自己的完整、自信和充实，企业内部成员也自然而然地生活在与自己最贴近的文化氛围里，与此同时，在社会各个组织的交往中，企业文化已作为一个要素为双方所共同关注。尽管当前对这种文化的必要性和实际作用还存在不同的看法，但不可否认的是，它已经成为当今中国社会文化意识中不可忽视的组成部分，人们已经开始并越来越多地受到其潜移默化的影响，事实已经说明，企业文化具有独特的价值魅力。

二、核心价值理念体系表述

核心价值观：道宽人和，路畅业兴。

使命：打造安美通衢，塑造蜀道新颜，服务三秦发展。

愿景：打造山区高速公路运营管理典范。

精神：和谐、创新、高效、卓越。

职业道德：诚为道，善为桥，业为基，人为本。

三、践行效果

1.不断积淀，形成特色文化理念体系

定位“一路温馨，飞越秦岭”企业文化品牌，充分挖掘事业责任感、使命感，构建核心价值观。

(1)赋予品牌厚重文化内涵

“一路温馨”——依托西汉高速公路这个产品，将“和谐、创新、高效、卓越”企业精神融入运营管理，建设“微笑服务、温馨驿站、文明执法、科学养护”四大服务品牌，持续提升社会满意度和企业竞争力。

“飞越秦岭”——展示西汉人以顽强拼搏的无畏精神，以过人的胆识和气魄，洞穿秦岭千年交通屏障，实现“蜀道不再难”的浪漫情怀和建设科技高速、生态高速、文化高速的理想，凸显了人文关怀与文明服务的时代特征。

(2)构建企业核心价值观

核心价值观是西汉分公司发展的动力源泉和企业文化的灵魂，将企业使命、企业精神、企业宗旨、共同愿景和职业道德深深根植于员工心中，明确对社会、对员工所遵循的价值取向和判断，树立“创中求新，争中求进，不畏艰难，追求卓越”的理念，自加压力，敢为人先，激发新活力、新动力，树立“永不言败、力争第一”的雄心壮志，争着干工作、争着提效率，破解制约发展难题，好中求优，追求卓越，成为奋发向上的精神力量和团结奋斗的情感纽带。

(3)创新公路建设新理念

西汉高速公路建设融入秦岭自然景观，最大限度保持秦岭原有生态，与深邃的蜀道历史文化(路域文化)结合，修建260米长反映蜀道历史变迁的大型雕塑群《华夏龙脉》，开辟黑虎垭等5处景观停车休息区等，连通古今，传承文明，延伸未来，打造了生态环保路、历史文化路、人文关怀路“三大亮点”，绘就了“车在路上行，人在画中游”的美丽画卷。

2.着眼长远，形成了可持续发展的企业文化机制

通过“内化于心、外化于行、固化于制、实化于果”，理清企业文化思路，明确中长期发展规划。

一是挖掘蜀道历史文化内涵。搜集整理秦岭和古蜀道相关资料，了解掌握历代蜀道变迁，增强员工的历史责任感和工作厚重感。二是加强精神文化建设。宣贯执行企业价值观、管理信念、用人之道等，规范企业和员工行为。三是加强制度文化建设。围绕建设和谐型、创新型行业，完善劳动、人事、分配、绩效考核等百余项管理制度，运营实现制度化、程序化、规范化。四是加强物质保障建设。大力投入服务设施和站点建设，物质形态文化建设符合展示企业风采、直面社会群众、塑造企业形象的要求。

3.创新载体，开拓了企业文化建设着力点

依据企业文化战略规划，西汉分公司把握企业文化建设的着力点，创新载体，文化活动开展红红火火。

(1)层层推进，完善企业理念、行为、视觉识别系统

西汉分公司重视企业文化建设专业人才培养，每年进行相关培训和对外交流学习，企业文化建设高起点。一是统一图文标识和包装。各办公场所等都有醒目的标识，凸显西汉高速品牌，提升企业形象和美誉度。二是推行精细化管理。制定工作流程、职责、质量、标准和行为等标准，形成一套完善的行为识别系统。三是总结提炼理念体系，把理念意识渗透到员工个体，员工明白只有实现企业着力追求的价值标准才

能维护个人的利益，从而积极主动地为社会提供“文明、优质、快捷、高效”的通行服务。

(2)内外并举，塑造良好公众服务形象，打造品牌文化

西汉分公司建设管理中，“让千年蜀道早日打通”成为建设者心中最强烈的愿望和最执着的信念，会战西汉线，决战郭家山，顺利实现通车目标。

运营管理中，坚持工作勤一点、脑子活一点、微笑多一点、语言暖一点、技能高一点、放行快一点的服务标准，拓展内涵，推行半转身注目礼。通过请进来走出去的方式，广泛组织员工参加现代礼仪、职业道德等业务培训，吸纳其他单位服务经验，采纳司乘意见，提供了热心、细心、耐心、贴心、真心的“五心”服务。

(3)寓教于文，塑造优美整洁的环境形象，打造行为文化

西汉分公司围绕打造山区高速公路运营管理品牌，以人文关怀和历史文化为主题抓好“十大工程”建设。即征费管理实施“特色、增收、微笑”工程；养护管理做好“美化、靓洁”工程；路政、治超管理开展“畅通、严控”工程；隧道管理实施“点亮、清新、消防”工程，在提高通行能力保障硬件和提升高效管理软件上下功夫，西汉高速公路成为“地域文化、自然景观、历史人文、美食文化、生态环保”为一体的文化长廊。

以“读好书、爱本职、献交通”读书活动和主题教育活动为载体，赠书籍，读经典，建阵地，广征文，加强“书香型企业、知识型员工”建设和学习型团队建设，全员学习读书氛围浓厚。规范了员工言行，创新了工作方式，端正了工作态度，强化了责任意识，增强了服务意识，树立了敬业精神。深入开展“爱我西汉高速，共建美好家园”和创先争优等活动，让干部员工深刻理解建设时期攻坚克难的无畏与拼搏，增强归属感和自豪感；深刻理解抗击冰雪、抗震救灾的艰难与顽强，增强使命感和责任感；深刻理解战胜8·18泥石流灾害、破解西汉高速运营管理难题的不懈与勇气，增强成就感和紧迫感。

(4)以人为本，创建和谐团队，打造“家文化”

西汉分公司不折不扣地贯彻落实各项制度和考核规范，体现了“严”字。但“严”中饱含着对员工深深的爱，把员工视作企业最大的财富，以人为本，在高速公路点多线长，工作条件艰苦的环境下，培养团结友爱、相互信任的和睦气氛，营造家的氛围，提高员工幸福指数。

一是夯实民主管理基础，成立5个工会分会，按期召开职代会，广泛征求员工对分公司发展的意见和建议，提供决策参考。二是推行无固定期限劳动合同制度，缴纳“五险一金”，合理表达员工的利益诉求，依法维护员工合法权益。三是积极推进“四个一工程”建设，员工有了温馨舒适的宿舍、干净卫生的食堂、能四季淋浴的浴室、学习知识文化的书屋。四是为一线员工提供免费工作餐，过集体生日、建职工菜园、配备接班车、组织体检、定期心理辅导等，实现“快乐工作、快乐生活”。五是开展“三问三解三创”活动，党员干部结对帮扶解困，设身处地解决员工生活上的后顾之忧。六是举办各类文体比赛，成立6个文娱协会，定期不定期地开展群众性文娱活动等，让交通大发展的成果真正惠及员工。

4.文化催生,培育了一批成熟的文化产品

西汉高速公路的建设、运营中,西汉分公司文化凝聚团队力量,并爆发出惊人的战斗力。犹如《诗经》中歌颂劳动的"手之舞之、足之蹈之"一样,浓厚的文化氛围孕育出了一批文化产品。

员工作词,赵季平作曲,王宏伟演唱的歌曲《飞越秦岭》,散文诗配舞《鹰之魂》、《金秋时节》,还有《生命线》、《秦巴大穿越》、《你让我荡气回肠》等专题片及《员工文学作品集》等广泛流传,展示了西汉高速人宽阔的胸怀、丰富的情感,以及对高速公路事业的无限忠诚和热爱之情,展现了企业文化不断成长的厚度和深度,在陕西交通行业和社会各界引起强烈反响。

5.精神引领,谱写出感人事迹

(1)故事之一:国之大殇义薄云天

西汉高速公路作为沟通西北与西南的黄金大通道,真正引起世人瞩目的是在举世震惊的"5·12"汶川大地震发生之后。地震造成灾区通往四川的交通中断,巨大的灾难面前,需要十万火急救援的关键时刻,西汉高速公路成为大半个中国通往四川灾区最为快捷的通道之一。温家宝总理亲自打电话,要求陕西省密切关注西汉高速公路运行情况,确保入川的救灾人员和救灾物资畅通无阻。省委书记赵乐际、省长袁纯清要求必须保畅通、保安全、保供应。

地震发生时正值西汉高速公路实施安全强化工程的特殊时期,西汉高速公路上行线(西安汉中方向)实施单幅双向通行。面对巨大的保畅压力,西汉人顾大局、讲奉献,夜以继日、通宵达旦、不顾疲倦、连续作战,全力以赴捍卫"生命线"的安全和畅通,为救援赢得了宝贵的时间,为灾区人民编织了希望,彰显了行业大爱。

抗震救灾期间,西汉高速公路累计投入保畅人员11479人次,巡查3549次,保障救灾车队通行2129次,车辆通行148229辆,减免通行费5433.33万元,为救灾车辆加水、加油、排险、排障5561次,服务区接待救灾人员687221人次。运送救灾人员和物资的车辆在西汉高速公路上畅通无阻,西汉人的关爱也随着滚滚车流驶向灾区。

西汉高速公路的安全保畅工作赢得了4位政治局常委的赞誉,胡锦涛总书记深切地赞扬西汉高速公路为"抗震救灾的生命线"。西汉高速公路成为名副其实的具有政治及战略意义的救灾快速通道,并由黄金大道跃为举世瞩目的"英雄路·生命线"。2008年8月,西汉公司被中华全国总工会授予全国抗震救灾重建家园"工人先锋号"荣誉称号。

(2)故事之二:大雪无情热血开路

2008年元月10日开始,中国遭遇50年不遇的强降雪冰冻天气。西汉高速公路作为川陕两省的咽喉要道,在108国道、210国道、316国道全部封闭的情况下,成为春运物资、人员通往西北、华北、西南的希望之路。

西汉高速公路穿越秦岭主山脉,地形复杂,每年冰雪期长达5个月,被人们形象地喻为"陕西的青藏线"。随着雪灾的加剧,秦岭山区气温低寒至-20.6℃,部分路段路面结冰厚度达30厘米。

面对6000辆客货车辆、4万多乘客受阻的险情，公司成立6个工作组，领导分片包干，进驻一线，利用沿线可变电子情报板、发放温馨提示单等多种形式及时发布路况信息，做好疏导分流；投入全部机械设备、人力物力，除雪破冰；组建服务小分队，为滞留司乘人员24小时提供热水、方便面、保暖品、药物等，为车辆提供防滑链以及加油、修理等服务，保证了春运人员和物资的运送，打赢了除雪保畅"攻坚战"，赢得了社会各界的广泛赞誉。

每年的除雪保畅工作，公司都提早动手，精心准备，建立高效统一的领导机构，具备完善的除雪保畅预案；明确分工，逐层落实除雪保畅责任；突出重点，分区域开展除雪保畅工作；掌握科学的除雪方式和方法；全员发动，充分发扬不怕苦、不怕累的精神，兑现了使西汉高速公路"大雪不封路"的承诺。

(3)故事之三：灾难无情勇于担当

2009年8月18日晚23时许，陕西省宁陕县遭遇历史罕见的特大暴雨，造成西汉高速公路宁陕段发生特大泥石流灾害，流量约3万立方，导致交通双向中断，1300余辆车滞留，连接川陕的交通大动脉顿时陷入瘫痪，社会各界又一次将目光聚焦昔日的"英雄路·生命线"。

西汉分公司紧急启动应急预案，省交通运输厅、陕西高速集团和公司领导连夜赶赴一线，带领抢险突击队员们，冒着生命危险展开抢险抢通工作。同时，公司所有员工前往一线，给被困司乘送去水和食物，指挥疏导滞留车辆……抢通过程中，高速集团兄弟单位、建设单位火速支援，团结协作，经过两夜一天连续作战，仅用36个小时就抢通了道路，使京昆交通大动脉恢复畅通，谱写了一曲感人至深的抢通凯歌，赢得了社会各界的高度赞誉。

(4)故事之四：以路为家一路无阻

保畅是近年来公路管理的难点，也是社会关注的热点。西汉高速公路"三多两长"特点，造成安全保畅压力大。坚持"保畅优先"原则，实现了"降事故，保畅通"目标。

实施安保工程。西汉分公司在秦岭Ⅰ、Ⅱ、Ⅲ号隧道砼路面纵向刻槽，增加抗滑性能；在隧道洞口铺设彩色防滑路面，增加摩擦系数；增设双河停车区，完善原有3处停车区设施，设置降温池、加水点；增设避险车道4处，挽救失控车211辆；增加龙门架式标志标牌11处、安全警示标志标牌84块、电子情报板10块、爆闪灯54个；加宽应急救援通道27处，解决大型车辆分流问题；升高隧道电缆沟，完善隧道盖板封闭改造工程161.114公里；加宽户县收费站车道，保证车辆快速通行。

强化管理手段。加强路政管理，增加山区路政人员编制，充实力量，24小时不间断巡查；建立路警联勤联动机制，与高速交警部门定期召开联席会议，开展交叉巡查，协调配合事故处理；加强安全警示宣传，发放山区安全行车须知、安全行车线路图等资料，提高司机安全行车意识；推行客货分道行驶，限制大型货车长时间占用超车道；采取单幅双向或间断放行的分流措施，减少事故发生后车辆拥堵时间；设立执勤点和临时交通管制点，根据实际情况管制交通，避免继发性事故，保证了重大活动、节假日畅通。

(5)故事之五:履行责任情暖山乡

西汉分公司在深化温馨服务、加快企业发展的同时,积极履行企业应尽的社会责任,谱写了一曲构建社会主义和谐社会的动人凯歌。2010年,按照陕西扶贫办相关安排,西汉分公司包扶安康市紫阳县向阳镇贾坪村。公司发挥自己的特长,修建公路的同时,指导农民发展特色产业,增加收入,全面推动了该村发展。两年来,投入扶贫资金60多万元,修建村路5公里,硬化部分道路,解决村民出行难问题。依托贾坪村良好旅游资源、优越的地理位置、茶园的自然风光,支持村里策划旅游产业,规划生态游休闲山庄。发展橘园500亩,推动特色产业的形成。在紫阳2010年7月18日洪灾后,公司情牵帮扶村,第一时间从西安紧急购置优质军用棉被500床,长途送达,捐助受灾群众,奉献爱心。

四、文化品牌

一路温馨　飞越秦岭

五、文化品牌诠释

一路温馨:西汉分公司在运营的过程中,突出服务社会的职能,依托高速公路“产品”,创建了“微笑服务、温馨驿站、文明执法、科学养护”四大服务品牌,为广大司乘人员提供更安全、更畅通、更便捷、更高效的道路通行环境。并且努力追求不断满足、超越社会公众期望,把“求实、创新、高效、和谐”的企业精神融入运营的方方面面,把人性化服务和人文关怀渗透到管理和服务的各个环节,使温馨的氛围充满西汉高速公路。

飞越秦岭:西汉高速公路以恢宏气势,选择直线飞越秦岭中段主峰,桥梁凌空飞架,隧道半空开凿,洞穿千年屏障,连通华北与西南,被誉为“陕西的青藏线”。既包含了征服秦岭实现“千年蜀道不再难”的浪漫情怀,又概括了顽强拼搏、勇攀高峰的大无畏精神;既容纳了建设科技高速、生态高速、文化高速的理想,又凸显了人文关怀的突出特征,实现与秦塞通人烟的千年夙愿,更以豪迈情怀战胜桥梁多、隧道多、弯道多、坡道长、冰雪期长的科技难题,以恢宏的气势飞跃苍茫秦岭山。

六、文化品牌标识诠释

文化品牌标识图形以延绵起伏的华夏龙脉秦岭为源点，一条气势恢宏的高速公路像一条巨龙，飞越秦岭这一天然屏障，以流畅优美的肢态从秦岭主峰凌空飞越而过。表现了西汉高速人克服重重困难，征服秦岭实现“千年蜀道不再难”的浪漫情怀，以顽强拼搏、勇攀高峰的大无畏精神直线飞越秦岭；也蕴含了西汉分公司运营中，努力追求不断满足、超越社会公众期望，为广大司乘人员提供更安全、更畅通、更便捷、更高效的道路通行环境，把人性化服务和人文关怀渗透到管理和服务的各个环节，使温馨的氛围充满西汉高速公路。

蓝色书法笔触的路基寓意西汉高速人借助现代科技的力量，实现与秦塞通人烟的千年夙愿，更以恢宏的气势飞越苍茫秦岭山。

绿色的巨龙寓意了西汉高速公路在建设之中，保护原始生态环境构筑绿色生态走廊的环保理念；标识的表现形式以具有文化气息的书法、笔触、优美线条和印章构成，表现西汉高速是文化高速的典范。

七、单位标识诠释

陕西高速集团企业徽标采用陕西高速的中文缩写 SXGS 中字母 G（高）S（速）为设计主体元素，上半部为仰视的立交桥，寓意高速集团发展有无限的扩展空间；下半部为伸向远方的高速公路，寓意集团公司产业链的不断延伸；上下部分连自中心点，寓意高速集团各个产业间息息相关，处处互动、和谐发展。整个徽标中，方形为讲原则，圆形为讲团结，方圆并济体现高速集团和谐、创新、高效、卓越的企业精神。

三米微笑　暖万里行程

陕西省高速公路建设集团公司西略分公司

西略高速公路是陕西省“2367”高速公路网七条东西横向线中的重要组成部分，也是国家高速公路“7918”网十（堰）天（水）线（G7011）陕西境内的重要一段。它是陕南地区安康与汉中两大城市之间的交通运输大动脉，对进一步提升陕南的区位优势，促进陕南地区突破性发展，实现陕南与关中经济区、成渝经济区和武汉经济区的通畅连接，发挥汉江经济带对陕南地区的辐射带动作用具有十分重要的意义。

西略高速公路西起安康汉中界西乡县茶镇，途经西乡、洋县、城固、汉台、勉县、略阳5县1区，连接已投入运营的西（安）（安）康高速公路和（北）京昆（明）高速公路（陕西段），全长262.9公里。线路地处秦岭、巴山山地之间，是汉中地区重要的茶乡、橘园和粮油基地，土地、生态及人文旅游资源丰富。为保护沿线的环境，路线尽量绕避受保护的森林、湿地、文物等景观地带和村镇、良田，避免深挖、高填，是一条生态环保路。

一、文化建设动因

通过企业文化建设，进一步增强企业文明程度，贯穿精神文化，规范制度文化，推进行为文化，提高物质文化，形成员工共同遵守的企业价值观和企业理念，运用物质形象建设手段全面促进企业、持续、健康快速发展，打造人企合一，人尽其才的企业文化。

二、核心价值理念体系表述

1.核心价值观：服务人民，服务交通，服务社会

企业价值观是指企业及其员工的价值取向，是指企业在追求经营成功过程中所推崇的基本信念和奉行的目标。效益的增长来源于服务，品牌的树立依靠于服务，国家的重托实现于服务。在企业的整体发展过程中，服务社会的价值观念为企业发展决策指明了方向。作为高速公路运营管理企业，西略分公司将服务作为核心价值，在具体工作中，以服务人民、服务交通、服务社会为核心，建设服务品牌，实现企业发展。

2.使命：发展现代交通，奉献一流服务

企业使命是企业发展的哲学定位，也就是发展观念。西略分公司企业使命是对高速公路发展规律的精辟总结，是新时期高速公路发展使命的庄严承诺，是高速公路行业贯彻落实科学发展观的具体体现，是新时期高速公路发展的总方针和总纲领。现代交通就是科技交通、环保交通、人文交通，一流服务就是文明服务、优质服务、全心服

务。“发展现代交通、奉献一流服务”的提出，对于西略分公司行业统一思想、凝聚合力、促进发展具有重大战略意义。

3.愿景：努力把陕西高速集团建成西部一流、全国领先、行业地位突出，为陕西经济社会发展提供坚强交通服务保障的大型现代高速公路企业集团

企业愿景是企业中全体成员的个人愿景的整合，是员工心中的愿望，能把各种不同的活动融会起来，它是个人、团队行动的坐标。企业愿景是富于激情的宣言，是对企业发展蓝图的清晰思考，更是共同去开创和成就的事业。

4.精神：和谐，创新，高效，卓越

企业精神是企业文化建设的核心，指企业员工所具有的共同内心态度、思想境界和理想追求。西略分公司的企业精神是高速公路事业发展历程的生动写照，也是引领分公司科学发展的精神动力，更是推动各项工作不断进步的强大动力。

和谐：就是要努力实现高速公路事业发展与自然生态和谐，与经济社会发展和谐，与员工发展和谐，最终达到与整个社会的和谐。

创新：就是在实践中不断推进体制创新、机制创新、管理创新和服务创新。

高效：就是保持奋发进取的精神面貌，高标准、高质量、高效率的圆满完成各项工作任务。

卓越：就是追求卓越的管理水平、卓越的创新能力、卓越的品牌形象和卓越的服务能力，全面实现高速公路事业可持续发展。

5.职业道德：爱岗敬业，忠于职守，不谋私利，乐于奉献

关心交通行业，热爱本职工作。忠诚地对待自己的职业岗位，以企业利益为重，维护企业形象，与企业共荣辱。遵守服务社会承诺，以个人价值体现为乐，不谋私利，不贪不腐，乐于奉献、甘于奉献。

三、践行效果

1.形成视觉识别系统，完善行为识别系统

统一标识、服装等实施配套管理，以务实的态度不断完善视觉识别各要素。西略分公司根据陕西高速集团相关要求，统一了企业标识、宣传用语、标识标牌、服装、信笺、徽章、印刷品模式、收费站站容站貌等。规范员工行为礼仪和精神风貌，在社会上建立起企业的高度信任感和良好信誉。

通过行为识别系统，形成了严格领导干部、收费人员、路政执法人员、养护人员等行为规范。拟定了收费服务承诺标准、收费管理基本标准、“三米微笑”服务标准、路政交通行政执法风纪、养护管理作业规范、服务区服务标准、文明服务软件规范。

2.创建四大服务品牌：微笑服务，温馨驿站，文明执法，科学养护

(1)微笑服务品牌标准

微笑真诚甜美，仪态端庄得体；问候文明亲切，服务用心周到；政策执行严密，咨询

解答明晰；流程标准科学，操作规范高效；车型判断准确，收付快捷无误；站区环境优美，便民措施贴心；车道畅通安全，应急保障有力；承诺公开务实，投诉处理公正；管理科技创新，发挥路网效能；关注司乘需求，构建和谐高速。

微笑服务品牌标准的贯彻落实，形成了西略分公司的特色服务品牌——“三米微笑”服务品牌。

西略分公司“三米微笑”服务是陕西省交通运输厅开展“文明我先行、服务我更优”活动的有效延伸，是陕西高速集团开展“微笑在红亭、满意在高速”活动的具体实践，是西略分公司“微笑服务”品牌创建的重要推进手段和结果。2012年以来，西略分公司坚持以“科学发展观为指导，以“发展现代交通，奉献一流服务”为理念，紧紧围绕运营管理整体工作目标，积极拓展文明服务内涵，丰富文明服务方式，通过学习“三米微笑”服务标准、开展“三米微笑”服务活动、评选“三米微笑”服务大使、建立健全“三米微笑”服务监督体系及服务档案等措施，倾力打造具有西略分公司特色的“三米微笑”服务模式，切实提高服务资源和服务质量的利用率与满意度，努力实现西略高速公路通行力与品牌度的最大化。

(2)温馨驿站品牌标准

硬件星级标准，功能完善齐全；人文自然和谐，环境优雅美观；标识标线醒目，车辆停靠有序；人员着装整洁，仪表大方得体；服务细致入微，待人接物热情；饮食卫生安全，名优小吃丰富；超市商品齐全，价格公道合理；加油快捷便利，品种质量满意；汽车维修服务，执行明码标价；司乘宾至如归，处处温馨驿站。

(3)文明执法品牌标准

规范着装，持证上岗；态度和蔼，语言文明；环境整洁，团结协作；恪守职责，法为准绳；清正廉洁，执法公正；办事公开，接受监督；首问负责，限时办结；简化程序，减少摩擦；有困必帮，有难必助；胸怀交通，服务司乘。

(4)科学养护品牌标准

养管模式先进，养护体系健全；分级责任明确，运转协作高效；应急反应机敏，奉献一流服务；决策科学及时，工程技术创新；现场管理规范，施工文明安全；推行预防养护，技术状况良好；贯彻精细养护，路容路貌美观；道路安全畅通，养护质量优良。

3.四大服务品牌建设成果丰硕

西略分公司一直以来高度重视四大服务品牌建设工作，将其作为企业文化建设的重要一环，在充分建设集团公司提出的“微笑服务、文明执法、科学养护、温馨驿站”四大服务品牌建设的同时，着力打造西略特色“三米微笑”服务品牌，以严格的“三米微笑”标准打造“收费服务、执法服务、养护服务、驿站服务”四大服务理念。在品牌建设过程，充分发挥业务技能竞赛活动作用，在“比技能、赛服务”的过程中，进一步强化服务能力，优化服务措施，提高服务水平。

先后有1个收费站被评为“2012年度通行费征收优秀站所”，1个收费站被评为

“创建人民群众满意基层单位活动标兵单位”，1个收费站被评为“创建人民群众满意基层单位活动优秀单位”，5个收费站被评为“创建人民群众满意基层单位活动先进单位”，1个治超站被评为厅级“文明治超站”，10个收费站被评为二星级收费站。

在2013年陕西省第二届“收费中心杯”文明收费服务技能竞赛中荣获团体三等奖，1名参赛队员荣获“陕西省交通运输系统技术能手”称号，1名参赛队员荣获“陕西省收费机监控技术能手”称号，4名参赛队员荣获“陕西省公路收费岗位能手”称号。

在养护技术创新方面先后获得1个“全国优秀质量管理小组”荣誉称号、2个陕西省质量管理成果二等奖、1个西安市质量管理成果一等奖以及4个西安市质量管理成果二等奖；在陕西省第二届职工科技节上获得1个发明创造金奖、1个发明创造银奖以及两个先进工作法荣誉。

4.党群建设与企业文化建设有机结合

(1)党员亮责上岗，引领企业新风尚

在各收费(治超)站建立党员先锋岗，向人民群众亮明党员身份，在工作服务中以身作则，引导普通职工提高服务意识，主动提高工作能力。通过先锋岗的建设在企业中形成向党员看齐，团结在党员周围的巨大合力，促进企业党建工作顺利开展。同时，把这一理念融入团建工作中，团员先锋岗有效凝聚青年职工力量，发挥团组织生力军作用，给企业带来创新动力。

(2)党员干部调研，助推文化再扎根

把党员干部下基层调研作为常态化工作，时时了解基层工作生活动态。在避免工作疏漏，及时解决有关问题的同时。党员干部作为企业文化的传播者，配合分公司企业文化落地工程，向广大职工传播企业精神、理念，在座谈交流的过程，潜移默化地将企业文化扎根于职工心中。

(3)青年志愿活动，思想道德再引导

借助共青团组织的力量，在分公司范围内大力开展青年志愿者活动，通过社会公益活动、交通宣传活动等形式，传播志愿服务精神，树立良好企业形象。同时，通过活动的开展进一步加强对青年职工的道德引导，传播正能量，推动职工道德的再深化、再教育。

(4)打造学习平台，职工讲堂再升级

2014年3月，由西略分公司工会组织的第一期“职工大讲堂”正式开课，这是西略分公司在职工文化交流上迈出的重要一步。“职工大讲堂”不只局限于业务技能培训，更多的是职业道德、企业文化、法律法规等方面的学习交流，是一个职工共同学习、共同成长的交流平台。

5.将奉献文化融入文化建设

西略分公司成立以来，始终把“三个服务”作为企业发展的准绳，在收费、路政治超、养护、服务区管理四大业务上狠下功夫，始终以饱满的热情保证人民群众便捷出行。同时，在企业文化建设中重视奉献文化的引导。将汉中南郑县南郑中学高一学生小龚作为首个帮扶对象，组织广大员工纷纷响应、踊跃捐款。2013 年 8 月份，受强降雨影响，延安地区受灾严重，为帮助灾区群众重建家园、恢复生产，西略分公司组织干部、员工 414 人，开展了向延安灾区捐款活动，累计募集善款 16293.5 元。各管理所、服务区针对山区村镇留守老人、儿童问题，深入敬老院、学校，为老人儿童进行义务劳动、表演，企业奉献文化得到地方政府以及群众的肯定。

6.荣誉展示

西略分公司 2013 年被评为“全国交通运输企业文化建设优秀单位”，被汉中市委、市政府评为市级“文明单位”，2012 年被评为厅级“组织人事工作先进集体”。下属各单位 1 个管理所被评为“陕西省交通运输系统文化建设示范单位”，1 个管理所被评为市级“文明单位标兵”，3 个管理所被评为市级“文明单位”，1 个单位被评为县级“文明单位标兵”，4 个单位被评为县区级“文明单位”。2 个单位被评为县级“平安单位”，1 个管理所被评为市级“卫生先进单位”，1 个收费站被评为省级“巾帼文明岗”，1 个收费站被评为县级“巾帼文明岗”。3 个管理所被评为市级“青年文明号”，1 个管理所被评为省国资委“青年文明号”，1 个管理所被评为县级“青年文明号标兵”，6 个单位被评为县区级“青年文明号”，1 个管理所被评为县级“共青团工作先进集体”。2 个职工书屋被评为一类职工书屋。

四、主要经验和体会

企业文化建设是企业活力的内在源泉，是决定企业生存和发展的灵魂，要以提升企业文化软实力为着力点，使企业文化落地生根。一是领导班子要重视企业文化建设，立足企业实际，抓好设计规划，从行业特点出发，提出相应的工作措施，加大大对企业文化建设的指导力度，并从资金、人员等方面给予保障。二是要以先进的企业管理提升企业文化建设，通过企业文化这种软性管理使每位干部职工感受到文化的影响和熏陶，得到员工高度认同和肯定，具有扎实的群众基础，它的内涵和外延要具有鲜明的高速公路行业特色，符合时代的发展趋势。三是加强企业文化理论研究，及时把企业文化研究成果转化为企业管理实践。加强企业文化外延推进研究，逐渐由“以内部创建为主”转向“内外建设并重”并制定相适应的企业文化管理体系。

五、单位标识诠释

西略分公司的企业标识即是陕西高速公路集团的标识，用陕西高速4个字的拼音缩写SXGS中字母G（高）S（速）为设计主题元素。为体现集团公司行业特点，此方案上半部为仰视的立交桥，寓意集团公司发展的无限扩展空间，下半部为伸向远方的高速公路，寓意集团公司产业链的不断延伸，上下部分连自中心点，寓意集团公司各个产业间息息相关，处处互动，和谐发展。

活力黄黄

湖北省交通运输厅黄黄高速公路管理处

湖北省交通运输厅黄黄高速公路管理处主要负责鄂东区域高速公路的管理工作，现辖黄黄高速公路、武英高速公路、麻武高速公路，另对大广北高速公路派驻，4条高速公路总长530公里，成“丰”字形连通鄂赣皖豫4省。管理处下设21个管理所，8个路政大队，3个信息监控分中心，3个养护管理站，2个服务区管理所和机关9个业务科室，是湖北省最早探索实践“投资多元化、管理一体化”高速公路区域管理模式的单位之一。获得“全国交通运输行业文明单位”、“湖北省五一劳动奖状”称号，黄黄支队被评为全省交通运输系统“五五”普法先进集体、全省高速公路路政管理工作先进集体，成功通过省级最佳文明单位、省级文明路的复核验收，30几个集体和个人获得厅级以上表彰荣誉。

一、文化建设动因

“通则活，活则兴”。鄂东地处长江中游，自古六水并流、长江贯通，交通十分便利。鄂东因交通而兴，成为汉江文化、江淮文化交汇地，并由此诞生了印刷术、《本草纲目》、禅宗四祖五祖和蜚声海内外的黄梅戏，孕育了爱国诗人闻一多、地质学巨人李四光等历史名人，发生过震惊中外的黄麻起义，走出了两位共和国主席、200多位开国将帅，为中华文明和中国革命做出了卓越贡献。有史以来，“活”的灵气久藏于蕲黄山水，“活”亦成为造物赋予鄂东交通的神圣使命。

进入新世纪，“中部活，则全国活”成为国家发展重要战略，“建设祖国立交桥”成为湖北交通运输必须担当的战略使命。作为祖国“立交桥”的重要组成，历史一如既往地选择交通来激活鄂东大地的文明。1998年底，代表着先进公路生产力的黄黄高速公路第一次在鄂东大地诞生，建设者们披荆斩棘，汲取鄂东大地的丰富文化营养，创造了多个全国第一，孕育出富有开拓活力的“自信自强，科学严谨，坚韧不拔，无私奉献”的黄黄精神。2010年，湖北省黄黄高速公路管理处正式成立，以鄂东大地黄黄、武英、麻武、大广北4条高速公路“三横一纵”的“丰”字型路网连接鄂赣皖豫，再次凭借连通4省的优势成为中部和长江中游城市群战略崛起的支撑点和大通道。

立足湖北交通运输“打牢发展大底盘，建设祖国立交桥”的战略定位，黄黄人积极思考如何履行好鄂东路网的管理使命，促进中部地区经济开放开发、服务长江中游城市群建设、更加突出地为经济社会发展当好交通先行的时代命题，做出激发活力、服务发展的科学判断，赋予时不我待、激发内力、奋发进取的创业使命，以“活力黄黄”为发展之魄，着力展现用心服务、激情绽放的精神风貌，展现内畅外连、连通4省的发展使命，彰显以路为家、甘于奉献的责任意识，传递服务社会、服务发展的创业意志，全力打造鄂东高速公路文化高地，构筑黄黄人共同精神家园，强烈使命感、责任感、时代感催生了“活力黄黄”文化品牌。

二、核心价值理念体系表述

1.核心价值观：激情，奉献，创新，高效

激情是干事创业的高昂热情，黄黄人始终保持着对交通运输的热爱和发展鄂东高速公路事业的拼搏姿态。

奉献是全身心投入事业的忘我境界，黄黄人在促进事业发展中投入最大的真情，贡献最大的力量。

创新是突破超越的精神品格，意味着黄黄管理处团队与时代同进步，在高路管理中率先示范，不断提高管理水平和行业竞争能力。

高效是科学规范的工作方法，黄黄人把落实作为最大的能力，用严谨的作风，精细的流程，高效的执行，产出最优的工作效率。

2.使命：立足红色鄂东，服务中部崛起，实现跨越发展

路为纽带，传承革命前辈为老区人民创造幸福生活的恒久梦想；

路为国脉，促进鄂东老区和中东部地区经济社会资源要素的交融互通；

路为标杆，通过拉动经济社会发展实现高路跨越发展的自身价值。

3.愿景：树立精细管理理念，打造活力黄黄品牌

打造具有典型示范效应的区域高速公路管理模式，发挥黄黄文化的辐射力、精细管理的推动力、窗口服务的影响力，推动鄂东高速公路管理特色和经验引领行业、走向全国。

4.精神：自信自强，科学严谨，坚韧不拔，无私奉献

自信自强是不惧困难、勇攀高峰的坚定信心；

科学严谨是严守规范、求真务实的工作准则；

坚韧不拔是百折不挠、不胜不休的精神状态；

无私奉献是以路为家、路兴我荣的思想境界。

三、践行效果

黄黄管理处坚持服务人民，奉献社会的宗旨，开展“活力黄黄”文化品牌创建以来，管理处全面加强文化载体建设，丰富文化活动，拓展文化内涵，不断提升文化的凝聚力、感召力，发挥创新力和推动力，不断推进“活力黄黄”宣贯落地，管理处的社会影响力和品牌美誉度不断提高，主要表现如下。

成功承办2012全国公路交通安全应急演练，第一次在全国舞台展示“活力黄黄”的形象活力。

建成以全省首个应急预警管理系统——智真会商系统为主要支撑的信息化管理平台，鄂东信息化高速公路建设渐见成效。

探索建立省级应急联动保畅机制，在长江中游城市群综合交通运输示范区推进联席会议上做交流发言，成为高速公路省际应急联动保畅的成功范例。

大力推行精细管理，以“精、准、细、严”为内涵，形成涵盖高速公路主要业务的《黄黄管理处精细管理执行手册》，全面开展标准化收费站、标准化养护站和标准化路政大队建设，为全省高速公路创新管理做出了示范。

根据辖区高速公路基本涵盖省内所有投资模式的实际，按照厅党组赋予的建设高速公路“试验田”的目标定位，大力推进多元化投资一体化管理模式下资产、人事、养护平台创建，发挥了创新示范效应。

在全省首批将医疗服务体系引入高速公路服务区管理，促进了服务水平提档升级。

创建“青年读书活动”、“雷锋基金”、“红色高速”、“家”文化、党员巡逻车等系列子文化品牌。

反映鄂东高路服务老区发展的深厚情怀、由职工自编自演的音诗画节目《高速路上映山红》荣获第六届全省交通运输“先行颂”文艺会演牡丹金奖。反映职工以路为家精神风貌、由职工自导自演的微电影《团圆的日子》在全省交通运输系统引起强烈反响。职工文化和精神文化生活空前丰富。

实施文化品牌创建以来，鄂东高速公路文化路、服务路、效益路、爱心路、景观路建设取得丰硕成果，得到社会各界广泛赞誉，荣获全国青年文明号、全国交通运输行业文明单位、全国交通运输系统“五五”普法先进集体，以及全省交通运输行政执法示范单位、全省高速公路路政管理工作先进集体等荣誉，通过了省级最佳文明单位、省级文明路的复核验收，区域一体化管理取得全新成效。

四、主要经验和体会

黄黄管理处成立以来，积极汲取鄂东地区的丰富文化营养和活力基因，把激发活力作为时代赋予高速公路的发展使命，按照文化立路、文化管路的理念，大力实施品牌战略，提炼推出“活力黄黄”文化品牌。管理处以“活力黄黄”为发展之魄，着力展现用心服务、激情绽放的精神风貌，彰显以路为家、甘于奉献的责任意识，表达勇于创新、追求卓越的远大理想，传递奋发有为、激情跨越的创业意志，全力打造鄂东高速公路文化高地，构筑黄黄人共同精神家园，有效提升了区域高速公路管理水平。

1.注重精神孕育，立足鄂东、服务中部的行业使命催生“活力黄黄”

活力是鄂东高速公路与生俱来的独特气质，黄黄管理处通过品牌创建，用活力聚集鄂东人气，承担路网使命，凝聚创业动力。

(1)地域文化、红色文化赋予文化品牌创建使命

作为铺陈于大别山区的高速路网，鄂东4条高路穿行于有着医圣李时珍、民主战士闻一多、“天下祖庭”四祖寺、五祖寺、享誉世界的黄梅戏，以及诞生200名将军、两位国家主席等丰厚文化底蕴的山水之间，浸染了独特的文化灵性，特别是革命老区的红色文化赋予了黄黄人与生俱来的创造活力，增强了推动事业发展的动力和信心，给予了黄黄人“立足红色鄂东、服务中部崛起、实现跨越发展”的品牌创建使命。

(2)黄黄精神、黄黄文化培植文化品牌成长基因

早在鄂东第一条高速的建设中，建设者们用革命者的魄力和智慧创造了8个湖北乃至全国第一，孕育了“自信自强、科学严谨、坚韧不拔、无私奉献”的黄黄精神。随着黄黄管理处的成立，鄂东高速公路从“人”发展壮大为“丰”字形，蕴藏于黄黄人心中的黄黄精神、黄黄文化迅速在鄂东路网薪火传承、辐射延伸，管理处历经10余年锤炼的服务鄂东、服务中部的价值使命，以及树一流高速公路品牌、立行业创优典范的发展愿景等得到干部职工的广泛认同，成为培植品牌的丰厚基因。

(3)行业使命、发展愿景催使文化品牌成熟产生

进入新世纪特别是“十二五”以来，黄黄人立足湖北交通运输“打牢发展大底盘，建设祖国立交桥”的战略定位，积极思考如何履行好鄂东路网管理的使命，促进中部地区经济开放开发、服务长江中游城市群建设、更加突出地为经济社会发展当好交通先行的时代命题，做出激发活力、服务发展的科学判断，赋予时不我待、激发内力、奋发进取的创业使命，强烈使命感、责任感、时代感催生了“活力黄黄”文化品牌。

2.注重价值设计，携手奋进、砥砺同心的团队气场聚造“活力黄黄”

(1)把“活力”落实为发展的愿景

结合区域实际，把“提升活力”落实到管理的方方面面：落实为推动发展的创新力，不断提升管理效能；黄黄精神的辐射力，着力凝聚和激发创业激情；标准建设的推动力，实现硬件、服务标和管理标准化；精细管理的执行力，按照精、准、细、严标准提升管理科学化、标准化、规范化、流程化和信息化水平；用心服务的感染力，将温馨、阳光、微笑、真情奉献给社会司乘；投资主体的聚合力，立足多元投资、一体管理，实现社会效益、企业利益和谐共赢，切实将“活力”变成了一种助推发展的价值愿景。

(2)把“活力”表现为拼搏的精神

坚持以活力提升能力，认真抓好政治理论教育，坚定干部职工的理想信念，激发岗位争先的创争精神；认真抓好职工队伍业务培训，坚持围绕中心工作开展劳动竞赛、志愿服务、文明创建，以及服务明星评选、优质服务月、服务礼仪比赛等活动，坚持微笑服务、淡妆上岗，不断提升队伍政治和业务素质，推动完成全年目标任务，以最美丽的形象和最温馨的笑容服务过往司乘人员，把高速公路窗口塑造成司乘人员眼中的风景线。

(3)把“活力”激发成创业的激情

坚持能上能下,促进优秀人才脱颖而出,选派正派、责任心强、能力素质好、群众公认高的优秀党员担任基层书记;坚持在“赛马场上找马”,组织了单位主管、路政、养护等多次竞争上岗;开展五好党团支部、党团员示范岗评选,向交通服务明星张兵学习等活动,引导干部职工争当十大标兵、先进个人,每年评树先进集体50余个、先进个人200余人次,培养了一大批“十行百佳”、“青年服务先锋”,以及无差错、无投诉、无违纪的职工身边先进典型,将干部职工的朝气活力转化成了创业激情。

3.注重创建载体,立足行业、一体多元的文化体系撑起“活力黄黄”

(1)不断充实完善文化品牌体系

“活力黄黄”文化品牌推出以来,为提升品牌创建的科学性、系统性和效用性,一方面,管理处注重顶层设计和体系支撑,创建理念文化、行为文化、形象文化三大基本体系,注重涵盖政治文化、行业文化、地域文化等品牌创建基本要求,包含基本理念、管理理念、行为准则、行为规范、形象标识等内容,注重品牌的愿景、实践、宣传等各个环节,创建了基本品牌体系。另一方面,管理处注重为“活力黄黄”文化品牌提供载体和内涵支撑,打造了一系列特色文化品牌。

一是塑造“青年读书活动”品牌。坚持“青年读书活动”10余年来的成功做法,深化推出“每天学习一小时,每半月写一篇读书心得,每季度读一本好书,每年写一万字学习笔记”的“四个一”读书机制,把青年读书打造为岗位成长成才的平台,促进了优秀干部职工脱颖而出。

二是实施文化创建“321”工程。即坚持每3年组织一次“活力黄黄,激情跨越”文艺会演,每2年举办一次职工运动会,每年组织一次书画摄影手工制作比赛。成立黄黄管理处书画摄影协会,不断掀起群众性文体活动热潮,激发职工队伍内在活力。

三是打造“红色高速”党建品牌。发挥党建工作的行业特性和区域特色,以革命前辈李先念夫人林佳楣为麻武高速题写“红色高速路”为动力,自觉担负起传承老区红色文化、革命精神和党的优良传统的光荣使命,广泛开展“党员志愿服务队”、“党员巡逻车”等党建创建活动,把高速公路作为延续革命前辈为老百姓创造幸福生活梦想的重要载体,把“红色高速”打造成黄黄管理处党建工作、服务职工群众的党建品牌。

四是打造“雷锋基金”品牌。坚持在各站所捐款设立“雷锋基金”,在收费广场、执法现场等一线救助受困司乘人员,10余年来每年帮助过往司乘人员数百起、发放帮扶资金万余元,取得了良好的社会效应。

(2)不断推进文化品牌宣贯落地

黄黄管理处开展“文化品牌宣贯年”活动,向各单位发放《VIS视觉识别管理手册》,向全体干部职工发放《活力黄黄文化品牌手册》,制定文化品牌执行标准,在全处开展品牌故事征集、文化理念学习培训、书画摄影手工制作比赛、品牌文化汇报演出、品牌建设成果展等活动,引导职工理解文化品牌、宣传文化品牌、践行文化理念,强化干部职工的理念认同，建立契合品牌内涵的行为模式。坚持通过在收费亭、办公场所、文具用品等处加大VIS视觉识别系统，以及各级运动会、演讲比赛、结对共建等创建活动传播品牌形象，推进品牌宣贯落地。

4.注重深化内涵，以人为本、服务惠民的高路形象彰显“活力黄黄”

坚持以人为本，按照“活力黄黄，用心服务”的服务理念，把“活力”落实为爱心、细心、责任心，塑造了靓丽窗口形象。

(1)提升窗口形象展活力

本着“活力黄黄，用心服务”的服务理念，黄黄管理处在全省高路系统率先推出微笑同行歌、健康形体操，制定“扬手问候、转体接卡、挥手送别”等突出细节的收费服务程序，在一线窗口推行“五心”服务，广泛开展优质服务月、窗口亮起来、微笑班组、服务明星评选等活动，坚持文明用语、淡妆上岗、窗口微笑与手势礼仪服务；坚持开展志愿服务，设立“雷锋基金”帮扶过往困难司乘人员。严格按星级标准配置服务区标识设施，增加医疗救助站等服务设施。开展“城乡互联，结对共建”活动，积极与沿线各地共建文明和谐社区，树立了温馨靓丽、惠民利民、富有活力的高路窗口形象。

(2)提升执法形象展活力

着力建立鄂东区域“投资多元化、管理一体化”新模式下的路政制度体系。开展“执法课堂”和“体能练兵”，推行路政责任区“双人包保”工作法、“3456”联勤联动现场工作法，统一路政大队办公区、执法大厅、治超站和车辆形象标识，开展路警执法服务竞赛、“有困难找路政”等便民主题活动，坚持业务培训、体能练兵和素质测试常态化，大力推动行为军事化、形象统一化、管理精细化、标准同步化，提升路政人员的“五种能力”、“五类技能”、“五项水平”和“五好作风”，提升了路政执法形象。

(3)创优通行环境展活力

着力美化路容路貌，在黄黄路段按照星际标准改造沿线服务区；针对武英路段位于风景秀丽的大别山区、沿线植被丰富、林泉密布的实际，因地制宜地处理边坡和隧道绿化布景设计，实现了路与自然景观的和谐交融。根据麻武高速沿线红色文化浓厚的实际，在全线中央分隔带种植杜鹃花，在沿线边坡树立革命先烈雕塑，设置100多位将军故里的指示牌，添置黄麻起义、烈士纪念碑、战场遗迹指示牌，营造浓厚的红色文化氛围。坚持按照国检标准抓好各路段小修保养，始终保持各路段技术状况指数MQI值在90以上，为司乘人员塑造“如在画中游”的行车体验。

5.注重创造效益，率先实践、主动履责的管理担当诠释“活力黄黄”

着力文化创效，按照“激情、创新、奉献、高效”的核心价值理念，不断创新超越，实现区域管理的多个率先、突破。

(1)探索建立“多元投资、区域一体”管理模式

按照交通运输部“投资多元化，管理一体化”的总体思路和省厅“高速公路区域一体化”的总体要求，根据麻武、武英为国家投资建设、黄黄为鄂港合作经营、大广北为央

企投资运营这一实际，在鄂东高速公路事业管理体制和投资利益不变的总体框架下，顺利接管黄黄高速公路经营业务，不断提升武英、麻武高速公路管理水平，建立完善大广北路政派驻模式，委托管理鄂东大桥散花所，编制了《黄黄管理处管理制度汇编》，形成规范统一的费收、路政、养护、经营开发管理体系，在省内外率先探索建立了“投资多元、管理一体、利益共存”的高速公路管理模式。

（2）大力推行“精细管理”机制举措

把精细管理作为一种理念、标准和状态。按照“精、准、细、严”大力推行硬件标准化、服务标准化、执法规范化、工作流程化。开展“多元投资体制下高速公路精细化管理模式的研究与运用”课题研究。紧扣职责、制度、流程和考核 4 个要素，规范细化收费、路政、养护、资产、财务，以及人事、综合管理等一系列管理制度和流程。依据全国统一的标准样式，统一了执法场所。大力开展了以智真会商系统、应急预警管控平台为代表的信息化高速公路建设，培育了适合区域一体化管理需求的工作机制。

（3）探索建立省际高速公路应急保畅机制

打破地区分割，联合三省六方签订“鄂赣皖高速公路黄梅区域应急联动运行机制”。顺利开展九江二桥派驻路政管理工作，探索运用“未堵先疏，远距离分流，近距离控制，现场疏导管控”工作法，依托跨省多部门分工负责、协调联动，成功突破九江二桥拥堵瓶颈，实现“中南第一堵点”鄂赣省际“堵点不再堵、高峰不见峰、集中无滞留”的全新局面，成为省际应急联动的成功范例。以良好路网条件和应急处置能力承办全国公路交通联合应急演练，进一步锤炼提升突发事件应对能力和区域路面保畅水平。

五、文化品牌

活力黄黄

六、文化品牌标识诠释

活力黄黄 激情绽放

HUANGHUANG Expressway Happy Everyday

“活力黄黄”是黄黄管理处推出的一款公共服务和交通文化建设品牌，其内涵包含有科学的发展理念、和谐的管理境界、高效的运营机制和阳光的窗口服务形象。

标识采用形象图案与品牌口号语相结合的形式，中间是由 6 种颜色构成的变形圆，象征生生不息的太阳，寓意着黄黄管理处永远充满活力，不断前进，创造辉煌。同时，6 种色彩也分别表达着不同的含义。

1.以黄黄精神为支撑

以“自信自强、科学严谨、坚韧不拔、无私奉献"的黄黄精神为支撑，发挥黄黄精神强大感染力和辐射力，凝聚和激发黄黄人的创业激情，引领黄黄人勇往直前，争创一流。

2.以科技创新为突破

把创新作为适应交通发展新形势的根本手段，不断推动理念更新、技术创新、设施升级，提升道路科学化、信息化、规范化、现代化管理水平。

3.以精细管理为保障

推行精、准、细、严标准，注重目标、程序、措施、落实等要素设计，提升细节意识、服务意识、执行意识和全局意识，确保日常管理过程可控、结果可见。

4.以标准建设为基础

把标准化、规范化作为提升管理的基础，提升效能的措施，不断推动硬件标准化、服务标准化、管理标准化，提升整体管理水平。

5.以用心服务为标准

将注重责任、关怀、细节的服务内涵提高到更高水平，体现在时时处处，将温馨、阳光、微笑、真情奉献给社会。

6.以和谐共赢为动力

立足多元化投资、一体化管理，实现政府投资、鄂港合作、央企投资的有机融合，形成社会效益、单位利益的和谐共赢。

黄黄管理处的文化品牌标识展现了黄黄人用心服务、情满高路的精神风貌；彰显了黄黄人内畅外联、路畅人和的责任意识；蕴含着黄黄人行业示范、走向全国的远大理想；“活力黄黄”传达了黄黄人先行先试、激情跨越的创业意志。

微笑京珠　情满荆楚

湖北省交通运输厅京珠高速公路管理处

京港澳高速公路湖北段全长339公里，途经孝感、武汉和咸宁3个市区，其中湖北北段、武汉军山长江大桥于2001年12月15日建成通车，南段于2002年9月28日建成通车。京珠高速公路管理处负责京港澳高速公路湖北段的收费、养护和经营管理等工作。机关设8个科室，下设23个管理所、1个后勤中心、1个监控中心、4个养护管理站，省交通厅派驻路政支队下设7个路政大队、1个超限检测站。同时，还负责武汉市周边由社会资本投资建成的7路1桥（即青郑、汉英、武麻、汉蔡、汉洪、和左、咸通高速公路和东荆河大桥）的委管工作。

一、文化建设动因

高速公路是公众出行的重要公益性设施，向社会提供优质服务是高速公路的本质要求。在2007年全国交通工作会议上，交通运输部提出了把"三个服务"作为今后工作重点的行业发展思路。省交通厅也提出了2007年为"服务创新年"的要求。京珠高速公路管理处在服务创新上先行先试，在全省高速公路系统率先推出"微笑京珠"。早在2006年10月，所属武汉西所率先推出了"手势服务"，扬手问候、接递规范、挥手道别等一系列温馨的动作，让过往的司乘人员感到非常亲切，这是"微笑京珠"的前身。2007年8月，京珠高速公路管理处组织专班赴全国各地先进服务行业进行学习考察。回来后，总结各地的实践经验，结合京珠高速公路管理处自身的特点，以武汉西所为试点单位，在全省收费岗位率先推行"微笑服务"，形成了"微笑京珠"的雏形。2008年1月，在武汉西所成功试点的基础上，首次提出"微笑京珠"的概念，制定并下发了《开展"微笑京珠"活动的实施方案》及《"微笑京珠"收费管理服务标准》等文件，"微笑京珠"活动正式启动。3月至12月，"微笑京珠"工作从费收逐步向路政、服务区、养护、机关延伸和拓展，一场高速公路服务的创新，正式从酝酿进入实践。京珠高速公路管理处从3个层面对"微笑京珠"进行品牌攻略和实化，"微笑京珠"不仅是一套行为规范，也是一套服务标准，更是一种服务理念，形成统一、配套的服务规范标准体系和考核办法，在行业内外产生了一定的反响，形成了良好的口碑与服务信誉。

二、核心价值理念体系表述

核心价值观：我微笑，你微笑。

使命:建设畅通的京珠、兴鄂的京珠、摇篮的京珠、品牌的京珠。

愿景:做高路行业服务创新的领跑者。

精神:勇于担当,敢于创新。

职业道德:爱岗敬业,明礼诚信,服务群众,奉献社会。

三、践行效果

1.“核心价值观”的潜移默化

价值观是高路职工行为方式、群众意识、价值观念的反映,是一个行业意识形态凝聚力和软实力的象征。京珠高速公路管理处的核心价值观是“路畅,人和,乐业,奉献”,体现了对民生的关爱与尊重,是服务品牌塑造的核心和主导,是高速公路经营理念、管理方式、服务质量、社会责任所渗透的文化内涵。“路畅”体现了高速公路的基本功能。“人便于行,货畅其流”是交通人永恒的承诺。京珠人坚守“畅通主导、安全至上”的理念,用责任和诚信为每一位司乘人员保驾护航。“人和”体现了高速公路的服务属性。惟人和,聚力量;惟人和,成事业。京珠人用真诚的微笑表达尊重,收获理解;用真诚的微笑谋求发展,互利共赢;用真诚的微笑传递友善,共创和谐。“乐业”体现了京珠人的职业态度和工作素养。快乐在岗位上,生命在事业中。以乐观豁达的心态面对社会、面对司乘、面对工作、面对生活,把重复的工作创出新意,把平凡的工作做出特色。“奉献”体现了京珠人的高尚情操与责任品质。奉献是无微不至的真情问候、是伸向司乘温暖的双手、是危险时刻的挺身而出,是京珠人服务人民、奉献社会的真实写照与缩影。

2.“京珠使命”的服务定位

使命是一个行业生存和发展的基石。高速公路是国民经济和社会发展的重要基础设施,也是为社会公众服务的公益性设施。必须勇于担当社会责任,切实解决社会关心的热点、焦点和难点问题,提升道路服务品质,体现了高速公路行业的基本功能和服务特性,也是行业的服务方向和管理目标。京珠高速公路管理处以“打造微笑新名片,共建南北大通途”为使命,着力打造一个安全畅通、服务优质、运转高效、节能环保的运营管理体系。时代呼唤文明,社会需要文明。京珠高速公路管理处作为窗口服务的前沿阵地,传播文明,关注民生,责无旁贷。微笑既是服务理念,又是工作标准。京珠人用微笑架起沟通的桥梁,用微笑诠释行业价值,用微笑传播文明风尚,微笑成为京珠人优质服务的代名词。在打牢交通“大底盘”、建设祖国“立交桥”、当好交通“服务员”的历史机遇期,京珠人作为国家南北交通大动脉上的高速公路执业者,始终把社会和司乘的权益需求放在心上,以服务经济发展、促进中部崛起、构建和谐社会为己任,努力建设畅通快捷、安全舒适的南北大通道。

3.“京珠精神”的传承延续

京珠精神只有植根历史,才能内涵丰富、根基深厚;只有基于现实,才能形象生动、焕发活力；只有紧跟时代，才能承前启后、引领未来。从建设时期“不计得失、顾全大局的整体精神，团结互助、风雨同舟的协作精神，勤政廉洁、公而忘私的公仆精神，依靠科技、开拓进取的创新精神，脚踏实地、埋头苦干的实干精神”到“勇于担当、敢于创新”的京珠精神，无论是精神的内涵还是思想灵魂，展现了京珠人特有的品质，是团结鼓舞全体干部职工共同奋斗的精神动力和发展引擎，是京珠高速的理念先导力、政治亲和力、文化吸引力、精神感召力、舆论引导力的实践提炼。京港澳高速贯通南北，得中独厚，关乎千家万户，牵动各行各业。唯有勇于担当，才不辱光荣使命和历史责任，才能成就事业和引领时代的发展。勇于担当需要京珠人具备乐于担当的精神、善于担当的品质；也需要京珠人有埋头苦干的执着、勇立潮头的决心；更需要京珠人有义无反顾的果敢、如履薄冰的谨慎。创新是一个行业发展的核心竞争力，也是抢占制高点的动力源泉。创新是在观念上、管理上、机制上、服务上勇于吃螃蟹，敢于求新求变，敢于突破传统，善于推陈出新，善于另辟蹊径。只有敢于创新，敢为人先，才能体现京珠人的时代进取精神，才能体现京珠人自强不息的品质，才能体现京珠人勇立潮头的气魄和胆略。

4.“京珠愿景”的同频共振

愿景是大家希望看到的、愿意为之奋斗，并通过共同的努力而实现的一个远景规划和目标。京珠管理处的愿景立足从社会、行业、员工 3 个层面阐述未来发展的和谐景象。愿景必须把个人的理想与追求融入到单位的发展规划中，实现经济效益与社会效益、单位发展与员工成长双赢的目标。

京珠管理处的社会愿景为“司乘微笑，社会满意”，树立“微笑相伴、京珠相连”的服务理念，致力于建设高效优质的公共服务体系，构建“神态、姿态、状态、心态”常态化的服务规范，为公众提供畅、舒、洁、绿、美的出行服务环境，用良好的口碑和信誉，赢得社会对湖北京珠的认同和满意，努力实现“司乘微笑，社会满意”的目标。

行业愿景是“路景相融，行业引领”，坚持科学发展观，牢固树立“两型”发展理念，实现公路与自然、与环境、与人的和谐发展。通过良好的路容路貌、温馨的窗口服务、自然的绿化景观、厚重的文化底蕴、高效的执法环境，达到自然景观和人文景观的融合，实现“满意在费亭、服务在沿线、舒适在旅途、安全到终点”的愉悦行车体验，做高速公路行业管理的领跑者。

员工愿景是“荣辱与共，圆梦京珠”，践行行业核心价值观，不断提升京珠品牌的效应和社会影响力，让全体员工共享京珠高速公路管理处全面、快速发展的成果。京珠人在公平、公正、公开的氛围中，各尽其能、才尽其用，找准自己的定位和价值，追逐人生梦想，实现“我的梦”与“中国梦、京珠梦”同频共振，不断提升员工的认同感和归宿感。

5.“职业道德”的根本要求

职业道德是行业核心价值体系的基础，是职工在管理与服务中应当遵循的道德准则、道德情操与道德品质的总和，是行业规范和发展的根本要求。京珠高速公路管理处的职业道德是“爱岗敬业 · 明礼诚信 · 服务司乘 · 奉献社会”。爱岗敬业就是对本职工作认真负责,尽心尽力,精益求精。爱岗是一种工作态度,敬业是一种工作境界;明礼诚信就是要讲文明,知礼仪,尊重他人,互相礼让。诚信就是讲诚实,重承诺,守信用;服务司乘人员就是要紧扣行业使命,关注司乘人员的需求,想司乘人员之所想,急司乘人员之所急,为司乘人员之所求,向社会公众提供安全、畅通、快捷、舒适的出行服务。奉献社会就是围绕"三个服务",以社会需求为导向,在惠民利民便民、新农村建设等领域积极履行社会责任,情系社会公益事业,关注民生,回报社会。"坚定明确的奋斗目标,忠于职守的职工队伍;积极向上的价值取向,开拓创新的思维理念;勇于奉献的牺牲精神,宽松和谐的内外环境;以身作则的管理团队,团结拼搏的领导集体"为实现"京珠梦、我的梦"奠定了坚实的基础,是京珠事业永不言败的宣战。

文化建设,内聚人心,外塑形象。经过十多年的文化实践,京珠文化"铸魂、聚神、塑形"的作用日益凸显,并在文化践行过程中形成了多层次、个性化的京珠文化亮点,呈现出生动活泼、健康向上的文化氛围。

(1)铸魂

用社会主义核心价值观引领员工思潮,把赋有行业和时代特点的"勇于担当,敢于创新"的京珠精神,作为培养人、锻炼人、激励人的精神元素植入京珠人的思想意识。持续开展文化建设,以"青年文明号"、"全国五一劳动奖状"、"全国文明单位"为载体,创建范围、层级和品位不断跃升;京珠网站、《湖北京珠》刊物成为员工文化交流、思想碰撞的主流媒介;一年一度的"十佳标兵"、"微笑明星"评选机制,发挥了先进典型的强大示范效应;"银华"工作法、"芳式"微笑等工作法,不仅香浓京珠,而且在行业内传播发扬。

(2)聚神

以先进理念引导人,以高尚情操塑造人,以优秀文化凝聚人,形成强大的凝聚力和向心力。每月"读一本好书"活动,每季度一次"京珠课堂",每年一次员工优秀论文汇编,一年一次职工运动会,两年一次书画摄影展,三年一次"京珠之光"文艺会演,占领了员工文化阵地;京珠艺术团、篮球队,基层站所队写作、摄影、绘画、文体等兴趣小组丰富了员工的文化生活;学习型、技能型、服务型等各具特色的班组建设特点鲜明,"细胞工程"建设充满活力。

(3)塑形

建立京珠视觉形象识别系统、微笑京珠服务标准体系、微笑京珠礼仪行为规范、微笑京珠常态培训机制。用微笑京珠的服务标准、礼仪规范、行为准则规范员工的言行,提升湖北京珠高速公路管理处社会形象。塑形工程从点到面、由表及里,从武汉西站所微笑文化的试点探索,到孝感、凤凰山、咸宁北所的示范先行,"江北"微笑圈、"江南"服务链、梦圆鄂北、书香汉北、永安育人文化、凤凰文化、孝感绿景文园林站所等一批站所品牌竞相迸发。随着"人民满意执法示范单位"、标准化站所队、星级服务区的创建,塑形正逐步从外在形象向内在气质渗透转变。

四、主要经验和体会

在文化品牌创建的过程中，京珠高速公路管理处坚持在传承中创新、在管理中融入，在创新中发展，努力实现组织文化的引导、精神文化的落地、制度文化的融合、行为文化的规范、标识文化的统一，把文化行为转化为决策行为、经营行为和员工行为，不断提高行业管理水平和服务能力。

1.几点经验

（1）以价值体系建设为根本，增强价值观念的渗透力，为文化品牌创建提供思想保障

高速公路点多、线长、面广，地理位置偏僻，远离城市、远离家庭、远离亲人。京珠高速公路管理处必须适应职工变化了的思想实际，围绕“铸魂、立道、固本、塑形”的总体思路，着力打造优秀团队，培树行业核心价值观，保持良好的精神面貌。一是强化“理想、信念、追求、责任就是生命力”的价值理念，引导职工提高政治素养；二是强化“服务、技能、业绩、争先就是竞争力”的价值理念，引导职工扩大知识和技能容量；三是强化“敬业、拼搏、奉献、协作就是执行力”的价值理念，引导职工施展创业的能量；四是强化“关爱、理解、帮扶、培养就是凝聚力”的价值理念，引导职工树立与高速公路共命运的大局理念，从而形成包含使命、愿景、精神等为基本内容的职工价值理念体系，进一步坚定信念，凝聚共识，力求做到内化于心、外化于形，增强广大员工的认同感和归属感。

核心价值观在很大程度上表现凝聚力，而这种凝聚力主要来自于人们对行业核心价值的认同。实践科学发展，需要一支开拓进取、干事创业的职工队伍。当前，职工来自工作、家庭、社会的责任和压力，一些职工受到来自家庭、工作、婚姻等问题上的困惑，职工的工作热情消退和工作疲软期的到来，这对培树行业凝聚力提出了新要求。在宣贯的过程中，管理处结合职工的思想变化情况，有针对性地组织全员学习核心价值体系等主要内容，开展社会公德、职业道德、家庭美德教育实践活动，形成并成为全体成员遵循的行业使命、共同愿景、行业精神和职业道德等职工价值理念体系，引导职工树立正确的世界观、人生观和价值观，解决职工工作生活中的具体问题，维持职工思想稳定，激发青年职工的工作热情与活力，构建和谐的工作氛围。

（2）以京珠文化建设为重点，增强文化氛围的影响力，为文化品牌创建提供精神动力

加强高速公路文化建设，必须想方设法提升先进文化精髓的凝聚力和感召力，以先进的文化影响人、鼓励人、带动人，增强文化自觉，树立文化自信。京珠高速公路管理处坚持以人为本，打造了人文京珠的工作模式。文化阵地吸引人气，“两站一刊”成为员工关注的主流媒介，京珠文联、摄影、绘画、写作、文艺、体育等兴趣小组相继建立并彰显活力；活动品牌凝心聚力，三年一次“京珠之光”文艺会演，两年一次书画摄影展，一年一次职工运动会，提振了团队的协作精神；典型效应日益显现，一年一度的“十佳标兵”、“微笑明星”评选机制发挥了先进典型的强大示范效应，一大批特点鲜明、个

性明显的先进典型不断涌现。

在文化载体上，运用京珠课堂、党委中心组理论学习、文化长廊、文化沙龙、兴趣协会、博客 QQ 等群众喜闻乐见的形式载体，活跃和丰富基层职工的精神文化生活，激励广大职工在本职岗位上建功立业。同时，加强文化品牌建设。积极引导京珠文化产品的制作，以“推进微笑京珠、完善管理模式、打造京珠品牌”为主要内容的文化建设要形成一个体系，推出了一套高速公路管理体系丛书，推出了一套高速公路服务体系丛书，拍摄了一大批京珠成就纪录片，提炼了一部部文艺节目历史纪录片，推出了一批高质量的文学作品和书画摄影作品，充分展示了湖北京珠的文化底蕴和文明风采。

(3)以行业文明建设为主题，增强文明创建的辐射力，为文化品牌创建提供坚实基础

十多年来，京珠高速公路管理处始终围绕“建一流班子、带一流队伍、争一流服务、创一流管理、树一流形象”的要求，一方面把精神文明建设放在突出位置。坚持把文明创建纳入整体发展规划，制定了近期、中期和远景精神文明创建规划；坚持把文明创建工作纳入制度化轨道，构建起科学有效的监督、考核、激励和管理体系；坚持把文明创建纳入重要议事日程，推行“一岗双责”制度，形成党政工团齐抓共管的精神文明建设工作模式；坚持把文明创建纳入行业特色管理，在全国成功开启广告经营权拍卖、启动市场化的服务区经营、实行社会化的养护模式、建立了标准化的管理体系和现代化的机电监控体系、成功探索了六个一的警路共建模式，实现了一个又一个历史性的跨越与突破，成为湖北省筹集资金最多，经济和社会效益最好的高速公路。

在创建的过程中，通过良好的路容路貌、温馨的窗口服务、自然的绿化景观、厚重的文化底蕴、高效的执法环境，达到自然景观和人文景观的融合，实现“满意在费亭、服务在沿线、舒适在旅途、安全到终点”的愉悦行车体验。以“文明交通示范路”为主题，进一步实施绿化、美化、畅通工程，为司乘提供舒适、安全的行车条件，营造功能完备、整洁美化、舒适便利的服务环境。以“同在一条路，同是一家人”共建的形式，深入推进“管好路、保平安”的警路共建体系建设、“养好路、保畅通”的社会化养护管理体系、“收好费、保目标”的六省共建机制、“服好务、保形象”的市场化经营管理机制，提升创建的合力和动力。同时，京珠人将社会需求作为发展己任，积极履行社会责任，回报社会。2008 年“抗雪灾、保畅通”的重大考验、5·12 汶川大地震的爱心大捐助，京珠奖学金、困难司机救助资金，无一不彰显着京珠人服务人民、奉献社会的践行和承诺。“同管一条路，共建一个家”京珠情的首次发起，全国《京港澳安全畅通公约》的大联动、京珠特色的“三二一”活动品牌、先行颂的精彩表演，“二站一刊”的文化建设，处处彰显着文明创建的勃勃生机。

(4)以十大文化品牌为目标，增强京珠品牌的软实力，为文化品牌创建提供强大支撑

近年来，根据交通运输部文化建设“十百千”工程实施方案，京珠高速公路管理处

提出了建设“微笑京珠、情满荆楚”十大交通运输文化品牌的重大战略部署，力争在湖北中部崛起、打造长江中游城市集群“五个湖北”宏伟蓝图、建设华中最大物流集散中心、以汽车制造业为主的产业结构调整、“1+8”城市圈和新型城镇化建设等一系列重大战略中有所作为，在湖北交通“打牢发展大底盘，建设祖国立交桥”战略发展中大有作为。不断寻求精准定位，不断地自我完善与创新，不断丰富和完善京珠文化品牌的内涵，拓展外延，争当引领高速公路发展的领头雁和排头兵，打造成为湖北交通精细化管理的品牌，打造成为湖北交通优质服务的品牌，打造成为湖北交通先进文化的品牌，成为湖北交通走向全国、展示形象的靓丽“名片”。

京珠人跳出湖北看全国，用开阔的思维和非凡的胆识，站在全国的大坐标中寻找定位，探索一套国内领先水平的管理经验，对社会有所借鉴，将湖北京珠打造成中国一流的高速公路服务品牌、管理品牌、文化品牌，使湖北京珠成为全国最具活力和竞争力的知名品牌之一。同时，以服务湖北交通大发展为己任，打造实用型人才培养基地。着力培育管理人才、技术人才和业务骨干，为湖北交通输送优秀人才、传送先进管理经验。大力实施“511”管理人才培养工程、“8421”高层次专业技术人才工程，大力营造“想干事、能干事，干成事，不出事”的干事环境，积极探索德才兼备、注重品行、廉洁实干的人才培养选拔机制，建设一支“素质优良、作风正派、结构合理、数量充足”的人才队伍，使之成为湖北交通人才的摇篮。

2.几点体会

(1)领导重视是保障

京珠高速公路管理处坚持组织文化的引导，大力实施“文化兴路”战略，充分发挥党的政治领导作用，做到思想上重视、组织上保证、工作上支持、经费上保障，形成党委统一领导、党政工团齐抓共管、职能部门分工负责的工作机制，形成“上下联动，齐抓共管”的工作机制，为“微笑京珠”文化品牌提供政治保障。

(2)员工参与是前提

京珠文化提炼升华的过程，是一个感受京珠品质、领略京珠精神的过程，也是一个充满快乐而富有创意的过程。在编写《微笑京珠 情满荆楚》文化品牌手册的过程中，全体员工献计献策，从不同角度、不同视角提出了很多理念和观点，经历过多次思想火花的撞击和激烈的讨论，其内容都经过字斟句酌、反复修改后形成，成为员工一致认同的行业核心价值观和发展愿景。

(3)抓好结合是基础

文化建设必须与中心工作、发展战略相结合，与宣贯体系相结合，与行业文明创建相结合，与典型培树相结合，与基层班组细胞建设相结合，与文化艺术创作和群众性精神文化生活相结合，不断增强京珠文化的时代感召力和引领力。

(4)文化落地是关键

围绕“铸魂、立道、固本、塑形”的思路，文化活动成为丰富生活、培养情操的重要载体。以“班组细胞文化、健康运动文化、温馨服务文化”为主要内容，以先进的文化提升队伍素质，强化基层站所队文化建设，塑造队伍形象，增强管理的内在动力和活力，合力推进文化建设落地生根。

在未来文化发展的道路上，形成文化自觉，增强文化自信，汇聚京珠文化品牌的力量任重而道远。京珠高速公路管理处将发扬“勇于担当、敢于创新”的京珠精神，持之以恒将文化理念融入运营管理的具体实践，品牌的力量整合资源驱动发展，抢占高路文化建设的“精神高地”，奏响进军十大交通运输文化品牌战略的号角，助力湖北京珠成为全国最具活力和竞争力的知名品牌之一。

五、文化品牌

微笑京珠　情满荆楚

六、文化品牌诠释

湖北京珠文化的内涵，是京珠高速公路管理处在建设施工和运营管理中形成的价值观、人生观、行业精神等，它由以路景相融为主要内容的建设文化、以京珠模式为主要内容的管理文化、以微笑京珠为主要内容的服务文化3个部分组成，包括在全体员工中形成的“我微笑，你微笑”的核心价值观、“勇于担当，敢于创新”的京珠精神等一系列共识。这些共识是京珠高速公路管理处珠的特质和底蕴，是十多年来全体员工视为“根基”的精神家园，最终浓缩概括成为“微笑京珠，情满荆楚”的文化理念。

“微笑京珠，情满荆楚”作为京珠文化理念的核心具有丰富的蕴意。“微笑京珠”既是一种服务理念，也是一套工作标准，还是京珠人特有的做事态度和做事理念。京珠人视微笑如品质，始终保持平和心态、阳光豁达、乐观进取的精神状态，传递乐业奉献、服务社会的正能量。“情满荆楚” 就是用京珠人永不止步的创新服务，让社会司乘体验和感受“忘不了的微笑”，领略京珠人热情周到、真诚友善的服务品质，让所有通行在湖北京珠高速公路上的人享受宾至如归的感觉。

一路阳光　畅行三峡

长江三峡通航管理局

长江三峡通航管理局(简称三峡局)是交通运输部设置在长江三峡河段负责长江三峡枢纽工程和葛洲坝枢纽工程水域通航综合行政管理的事业单位，实行集通航指挥、船闸运维、海事监管、航道维护、锚地管理、通信服务于一体的综合管理模式，设置9个机关处室、12个基层单位，现有职工968人，大专以上学历601人，高级职称人才85人。

三峡河段横亘着三峡和葛洲坝两大水利枢纽，汇聚三峡双线五级船闸、葛洲坝三座船闸、三峡升船机等世界级通航建筑物，是枢纽运行的关键河段，是长江黄金水道贯穿东中西部地区的咽喉要道和关键节点，具有政治敏感度高、安全风险度高、社会关注度高、民生关联度高的显著特点。

三峡局坚持以邓小平理论、"三个代表"重要思想和科学发展观为指导，深入贯彻落实党的十八大精神，秉持"发展现代三峡通航、发挥枢纽航运效益、服务经济社会发展"的使命，积极践行"一切为了通航、一心服务船方"的核心价值观，出色完成了三峡工程建设期导流明渠和临时船闸通航、三峡船闸完建期单线运行、三峡工程135米、156米、175米水位蓄水以及奥运、世博安保等通航管理维护任务，安全形势持续稳定。三峡船闸通航以来，货物通过量年均增长17.26%，2011年、2013年，两坝船闸年通过量双破亿吨大关，三峡船闸提前20年达到设计通过能力，葛洲坝船闸通过量较通航初期增长28倍，为枢纽安全运行、长江航运发展和沿江经济建设做出了积极贡献，赢得了社会的广泛赞誉。

三峡局坚持"文化立局"，不断加强职业道德建设、提高通航效率、规范通航服务、树立文明新风，工作作风明显改进，队伍素质显著增强，船东满意度持续提升，职工文化素质和单位文明层次逐年提高，打造了"畅行三峡、一路阳光"的文化品牌。三峡局荣获"全国五一劳动奖状"、连续五届"湖北省最佳文明单位"、"全国交通行业文明单位"；三峡河段被授予"全国文明样板航道"、全国交通运输"十佳文明畅通工程"；局领导班子被交通运输部评为"五好领导班子"；徐文寿、罗静、向望等一批省部级先进典型。2013年，三峡局荣获"全国交通运输企业文化建设品牌单位、优秀单位"称号。

在新的历史时期，三峡通航人正抢抓机遇，努力实现"通航智能化、装备现代化、管理协同化、服务便捷化"，构建"安全、畅通、和谐、高效"的三峡通航，打造"通航管理服务、通航安全保障、通航科技研发"三个世界一流，推进三峡通航事业新的飞跃。

一、文化建设动因

文化建设是凝聚职工思想、提高职工素质、展现单位形象、扩大社会影响的有效途径和根本保证，对于促进三峡通航事业持续、快速、健康发展有着重要的现实意义。三峡通航文化建设既有外在动力，又有内在驱动。

1.从国家层面看

党的十七届六中全会确立了建设社会主义文化强国的战略目标。文化建设成为全局各级党组织和广大党员干部当前和今后一个时期重大政治任务，必须认清形势，把握机遇，以高度的文化自觉、强烈的文化自信实现文化自强，大力推进三峡通航文化大发展大繁荣。

2.从行业层面看

根据社会对现代交通运输业的新需求，为转变发展方式，加快综合运输体系建设，提高“三个服务”的能力和水平，交通运输部提出构建交通运输行业核心价值体系和打造交通运输文化建设“十百千”工程的总体思路，把推进文化建设的“软任务”变成了“硬要求”。

3.从事业发展层面看

随着长江等内河水运发展上升为国家战略，三峡通航发展进入了关键时期，要求文化建设更加繁荣，有效发挥文化的引导、约束、凝聚、激励功能，以坚定的信心、坚实的步伐，全面提高服务能力和水平，推动事业更好更快的发展。

二、核心价值理念体系表述

核心价值观：一切为了通航、一心服务船方。

使命：发展现代三峡通航、发挥枢纽航运效益、服务经济社会发展。

愿景：枢纽通航典范、平安和谐航程、职工美好家园。

精神：担当、奉献、协作、创新。

职业道德：忠于事业、精于专业、乐于善助、坚于操守。

三、践行效果

1.三峡通航文化落地工程

三峡局深入贯彻落实党的十七届六中全会精神和交通运输部文化建设“十百千”工程，确立“文化立局”方略，成立领导机构，制定文化建设规划和实施方案，健全机制，落实“五个到位”（思想认识到位、组织保障到位、规划设计到位、运行机制到位、推广应用到位），实施“六大举措”，实现“六个增强”，确保文化落地生根、开花结果。

（1）完善文化体系，增强事业发展内驱力

按照《交通运输行业核心价值体系建设实施纲要》要求，凝练形成“一切为了通航、一心服务船方”的核心价值观,“发展现代三峡通航、发挥枢纽航运效益、服务经济社会发展”的崇高使命,“枢纽通航典范、平安和谐航程、职工美好家园”的共同愿景,“担当、奉献、协作、创新”的三峡通航精神和“忠于事业、精于专业、乐于善助、坚于操守”的职业道德等5大核心价值理念。在此基础上,建立完善了安全、服务、发展、管理、人才、创新、廉政和学习等八大应用价值理念,形成了完整统一的三峡通航核心价值体系。

(2)提炼文化品牌,增强三峡通航影响力

组织文化品牌专题讲座、品牌名称征集与投票公选活动,精心打造了与核心价值体系相适应、深受干部职工喜爱和船方认可的——“畅行三峡、一路阳光”文化品牌,诠释品牌内涵、设计品牌标识(LOGO)、制作动画和宣传画,举办文化品牌启动仪式,使“畅行三峡、一路阳光”文化品牌成为三峡局和船方的共同价值追求。

(3)丰富基层文化,增强文化建设辐射力

开展文化建设示范单位创建活动,1个基层单位被评为首批长航局文化建设示范单位、2个单位被评为三峡局文化建设示范单位。局属9个基层单位全部形成了符合规范、独具特色的子文化和子文化品牌,如三峡海事局“畅安·求索”、通信信息中心“信步通途”等子文化品牌,异彩纷呈,三峡锚地处“温情驿站”品牌获得长航十大品牌。

(4)创新文化产品,增强通航文化感召力

发动职工高质量编制完成《三峡通航文化手册》、《VI手册》、《三峡局员工手册》、《三峡通航故事》、《职工书画摄影作品集》等一大批文化书籍,摄制《三峡通航之歌MTV》,制作《畅行三峡、一路阳光》等20余部专题片,编排了一批文艺精品节目,举办了一次以通航文化为主题的职工文艺会演等,为干部职工提供了高品位的精神食粮。

(5)夯实文化阵地,增强通航文化吸引力

统一文化理念与规章制度,完善《质量管理体系》和《职业健康管理体系》。创办文化长廊、建设基层文化活动中心等,拓展职工文化活动阵地。规范统一办公场所、服务窗口、车辆船舶等外观标识。充分利用网络、微信等新媒体阵地,大力宣传通航文化;组建“畅行三峡、一路阳光”志愿者服务队,以实际行动践行核心价值体系,传播通航文化,展示通航形象。

(6)深入文化宣贯,增强干部职工凝聚力

为每名职工发放《文化手册(简版)》,举办文化培训、组织文化征文、学唱行业歌曲等文化活动,营造浓厚的文化氛围。开展三峡通航“科技英才”、“感动人物”、“服务明星”评选活动,选树先进典型。主动加强与《中国水运报》、《中国交通报》、《领导科学论坛》、三峡电视台等新闻媒体的合作,让“畅行三峡、一路阳光”文化品牌得到更加广泛的认知、认可。

2.三峡通航文化建设主要成效

三峡通航文化建设坚持与中心工作、文明创建、职工队伍建设、内部管理相结合,实现了“五大提升”。

(1)职工队伍素质明显提升

以文化人,职工队伍的综合素质进一步提高,优质完成了奥运安保、特大洪水、175米蓄水等重大任务,确保了三峡河段安全畅通和谐高效。多个集体获得全国学习型优秀班组、全国交通建设系统“工人先锋号”,多名职工获得全国五一劳动奖章、交通建设系统“金锚奖”等荣誉。

(2)安全保障能力明显提升

秉持“所有的风险都能控制、所有的事故都能预防”理念,加强风险防控,近5年主动发现和处置各类险情近100起,三峡河段事故数量减少50%左右,实现区间客渡船连续15年安全无事故,三峡河段连续3年取得水上交通安全零人员伤亡佳绩,打造了“平安文明无违章“河段。

(3)为民服务能力明显提升

“满意服务、从心开始”理念深入人心,想方设法提升通航效率,2011年和2013年,创造了三峡、葛洲坝两坝船闸通过量双破亿吨的佳绩,三峡船闸提前20年达到设计水平。实行“阳光通航”,不断优化便民利民措施,船东满意度在长航系统稳居前列。

(4)改革创新能力明显提升

牢固树立“人人都能创新、事事都可创新”理念,组建长江干线上第一个水上政务中心,建立三峡船舶监管、GPS和调度辅助决策系统,实现船舶过闸远程式服务,自主研发“大型人字门同步升降系统”,使船闸检修效率提高4倍、精确度提高20倍、检修工期由100余天缩短至20天。

(5)单位社会形象明显提升

牢固树立“安全高效、开放协调、特色发展”理念,大力推进“四四三”发展战略,取得了全面进步,荣获了“全国五一劳动奖状”、“湖北省最佳文明单位”(连续五届)、“全国交通行业文明单位”、长江上首个“全国文明样板航道”、“全国交通运输十佳文明畅通工程”、全国交通运输企业文化建设品牌单位和文化建设优秀单位等荣誉称号。

四、主要经验和体会

多年来的工作实践,三峡通航局深刻体会到,加强三峡通航文化建设,必须认真贯彻落实上级指示精神,必须把上级指示精神与本单位的具体工作实际相结合,创造性地开展工作,努力做到“四个坚持”:

1.紧紧围绕中心,坚持走品牌化服务之路

三峡通航的本质属性是服务,三峡通航文化的核心是服务文化。加强三峡通航文化建设,就是要求坚持走服务品牌化之路,全力打造三峡通航服务品牌,这是三峡通航体现服务能力、实现科学发展、提升社会知名度和影响力的必然选择和战略决策。服务品牌,包含先进的服务理念、执着的敬业精神、热情的服务态度、便捷的服务方式、先进的服务手段和高超的服务艺术,体现规范服务的程序性、承诺服务的严肃性和优质服务的人本性等，是三峡通航连接社会的纽带和亮点，是服务文化成熟的标志和落地的保证。

2.坚持以人为本，坚持走文化惠民之路

三峡通航文化建设的出发点和落脚点是为了更好地服务船方、服务职工。加强三峡通航文化建设，就是要求始终坚持以人为本，坚持走文化惠民利民之路。多年来，面对广大船方和社会公众对通航服务的高要求，三峡局积极构建和完善通航服务平台，加快现代化装备和业务基础设施建设，不断提高服务能力。面对职工群众精神文化需求快速增长的新形势，三峡局创新思路，不断研究，进一步加强文化基础设施建设，完善文化服务网络，不断满足职工群众丰富多彩、健康有益的精神文化需求，真正做到文化发展为了职工、文化发展依靠职工、文化发展成果由职工群众共享。

3.突出行业特点，坚持走特色化发展之路

多年来，三峡局牢固树立特色意识、精品意识，突出行业特点，以特色文化引领三峡通航发展、展示三峡通航特质、彰显三峡通航魅力，以特色浓厚的文化氛围推动文化创作和文化创新。一方面，突出特色打造文化载体，展现三峡通航的个性和特质，有效形成三峡通航文化的视觉冲击力和强烈感染力。另一方面，以开放的心态、开阔的眼界吸收行业内外一切有益的文化，从更高层面提升了三峡通航文化品质，不断扩大了辐射力和影响力。

4.高度重视人才，坚持走人才兴文之路

人才是文化发展繁荣的第一推动力，要提升文化软实力，必须有足够的人才支撑。为此，三峡局牢固树立人才资源是第一资源的观念，着力培养造就一支提升文化发展繁荣的人才队伍。重视文化人才的引进，坚持长效化；重视开展高层次文化培训，坚持制度化；同时活化选人用人机制，积极搭建有利于人才脱颖而出的舞台，不断优化人才成长环境；积极开展先进典型的培养选树和宣传工作，充分发挥先进典型的示范、引领作用，形成比学赶超的良好氛围。

五、单位标识诠释

长江三峡通航管理局标识由象形河流、船闸、船舶、航标、海事肩章及圆形外框组成,隐含"TH"(通航)专属识别标志,象征着三峡局各专业职能的综合统一、和谐高效。图案简洁、明快,对称平衡,视觉效果强烈。

(1)图案底部三条水平线为三峡局的"三"字变形,代表辖区管辖河段。

(2)两边的斜梯形块示意海事制服的肩章,代表海事行政执法职能。

(3)中间的三角形示意航道标志,代表航道管养职能。

(4)两边的斜梯形块与三角形中间的折横线体示意船闸水工建筑和人字门,代表船闸运行管理职能。

(5)两边的斜梯形块与三角形中间的折横线体以及下边的五边形块组成"通航"二字汉语拼音的声母"T"、"H"两个字母,作为长江三峡通航管理局专属识别标志。

(6)图案中心的五边形块示意过往船舶,体现三峡局"一切为了通航、一心服务船方"的核心价值观。

(7)以圆形外框环抱主体图案,寓意三峡局各专业职能的综合统一、和谐高效,以及三峡河段的安全畅通。

创建国际一流船级社

中国船级社

中国船级社(CCS)系交通运输部直属事业单位,成立于1956年,总部设在北京。中国船级社是国家的船舶技术检验机构,中国唯一从事船舶入级检验业务的专业机构,国际船级社协会的正式会员。

中国船级社依据国家有关法规和国际公约、规则,为船舶、海上设施及相关工业产品提供技术规范和标准,提供入级检验、鉴证检验、公证检验、认证认可服务,以及经中国政府、外国(地区)政府主管机关授权,开展法定检验和有关主管机关核准的其他业务。

中国船级社设有80多个分支机构,覆盖国内外主要港口,形成了遍布亚洲、欧洲、美洲、非洲、大洋洲的全球服务网络。目前,接受了32个国家或地区的政府授权,为悬挂这些国家或地区旗帜的船舶代行法定检验。

中国船级社不仅在船舶、海上设施、集装箱以及相关工业产品领域从事提供检验业务,还在可再生能源、交通运输、基础设施、大型钢结构等领域广泛开展认证、审核、监理、检测、评估、试验、咨询、培训等服务。

中国船级社以"安全、环保,为客户和社会创造价值"为宗旨,坚持"技术立社、诚信为本、与众不同、国际一流"的建社方针,秉承"客户第一、优质服务"的价值理念,牢牢把握服务国家水运安全、维护国家海事权益、推进航运和造船强国建设的根本要求,努力建设与海洋强国相适应的国际一流船级社。

一、文化建设动因

对海上安全的需求推动了船级社安全文化的形成与发展。船级社自诞生以来,就一直努力致力于保障水上人命财产安全和防止水域环境污染。正是在这样持续不断地努力和实践中,安全成为船级社文化的基本内核,船级社的一切活动都是围绕着包括人命、财产、环境在内的海上安全这一独特的文化内核进行的。

中国船级社在近60年的发展历程中,面对国际、国内经济社会发展对安全、环保需求的不断提升,始终围绕海上安全这一独特的文化内核,形成和发展了包括质量文化、服务文化、竞争文化等在内的一系列子文化。

二、核心价值理念体系表述

核心价值观:安全、环保,为客户和社会创造价值。

使命:致力于服务海洋强国的国家战略,致力于船检文化的建设,致力于船检员工队伍的建设。

愿景:国际一流船级社。

精神:团结、奉献、公正、高效。

职业道德:忠于职守,独立公正,客观诚信,高效严谨,严格把关,有错必纠,努力钻研,遵守纪律,团结协作,清正廉洁。

三、践行效果

长期以来,中国船级社把文化建设摆在突出位置,在其文化体系的发展过程中,坚持把核心价值观与中国船检实际相结合;坚持把推动发展与提高员工素质相结合;坚持把发展船检文化与推动船检实践相结合;坚持把突出核心文化精神与文化全面发展相结合;坚持把吸收先进船检文化与发扬优秀民族文化相结合,努力推进文化建设落地,并取得了积极成效。中国船级社的品牌得以提升,地位和作用得到中国政府和相关行业的认可。安全文化深入人心,促进了船舶安全质量水平的提高;推动了中国船级社检验业务的快速增长;促进了科技创新;促进了国际融合与行业合作。

中国船级社荣获全国交通行业文明单位和中央国家机关文明单位称号。同时,全系统还涌现出了全国文明单位、全国工人先锋号、全国青年文明号、全国三八红旗手、全国五一劳动奖章、全国巾帼建功标兵、全国青年岗位能手及一大批省部级先进集体和个人。

中国船级社的文化建设,重在落实而不力虚。在文化建设的过程中,根据自身的具体情况,制定并落实了一系列重要措施。

1.转换管理模式夯实文化建设的体制基础

良好的内部管理体制,是增强自身竞争能力,保证中国船级社各项事业健康快速发展的前提。通过对国外船级社成功经验的学习与借鉴、对中国社会主义市场经济体制的深入分析、对中国船检管理模式的分析与研究,逐步明确了"三条业务主线、两个支持保障系统"的内部管理体系,并据此进行了一系列内部管理模式的战略调整。

2.强化员工队伍建设构筑文化建设的主体基础

中国船级社坚持改善工作环境,满足员工物质需求;改善一线文化生活环境,满足员工精神文化需求;改善学习培训环境,满足员工提升素质需求,使一线员工综合素质不断提升。船级社还特别注重把推进文化落地与不断加强和改进基层党的建设和思想政治工作密切结合,以广泛开展各种行之有效的活动为载体,培育了一支思想先进,作风过硬,技术精湛的过硬的员工队伍。一批具有时代性、先进性的员工先后走上了"全国五一劳动奖章"、"三八红旗手"、"全国巾帼建功标兵"的领奖台。极大地提升了企业的知名度和美誉度。

3.完善传播方式打造文化建设的载体基础

文化只有通过传播才能保证其为员工接受和传承。中国船级社将文化传播载体建设重点放在以下几个方面：

(1)加强了文化传播媒体建设,分别创立了中国船级社网站、中国船检杂志、中国船级社简讯、中国船级社年报等内外部传播媒体。中国船检杂志凭借对全球海事事件的敏锐把握及深度挖掘而成功进入中国期刊方阵,并被列为国家优秀期刊的候选刊物,成为海事界的品牌媒体。

(2)积极开展文明创建活动,与中国船级社的文化建设互为呼应,互为促进。多年的文明创建活动,在全系统造就了全国文明单位、全国青年文明号等一大批的先进典型,同时也深刻地影响和改变着员工的思想认识、行为方式。

(3)加强了模范人物的塑造,使之成为中国船级社文化实践的楷模。多年来已在全系统培养和塑造了一批包括全国五一劳动奖章、全国巾帼建功英雄、三八红旗手、全国青年岗位能手、全国交通系统先进工作者、全国优秀验船师等在内的模范人物。

(4)开展丰富多彩的员工文体活动,传播中国船级社的文化理念。文体活动作为文化传播的媒体与员工的工作生活密切相关,也最易受到员工的欢迎和喜爱。多年来,丰富多彩的文体活动一直是中国船级社文化传播的重要阵地,使广大员工时刻身处文化的熏陶之中。

(5)积极参与社会公益活动,树立中国船级社的良好社会形象。中国船级社一直将积极参与社会公益活动作为对内凝聚人心、培育文化,对外展示中国船级社良好品牌的重要媒体。与社区街道结对共建、为贫困地区培养人才和捐款捐物、支持希望小学工程、在高校设立奖学基金、支援抢险救灾等,广泛而扎实的社会公益活动收获的不仅是社会对中国船级社品牌与形象的认可,更重要的是培育了员工的社会责任感和使命感。

四、主要经验和体会

中国船级社文化建设的实践表明,要建设具有中国船级社特色的文化,必须始终做到“四个坚持”,即:坚持以安全质量为核心、坚持以提升核心竞争力为目标、坚持世界先进船检文化与优秀传统文化相结合、坚持全员参与。

1. 坚持以安全质量为核心

安全质量始终是中国船级社的工作主线。一直以来,以安全文化为核心建立起来的包括质量文化、服务文化、竞争文化在内的中国船级社文化体系,对于进一步强化员工的安全质量意识、进一步提高中国船级社的整体服务质量、不断拓展中国船级社的市场份额发挥了积极的推动作用。

2.坚持以提升核心竞争力为目标

文化建设的最终目标是要提升组织的核心竞争力,保证组织在激烈的市场竞争中脱颖而出,保持不败。

中国船级社在文化建设中,始终将不断推动自身核心竞争力的提升作为目标。一是不断加大对规范科研的投入力度,组建了独立的规范研究所、规范科研中心和审图中心;二是通过质量体系建设、服务理念的宣传与确立、积极参与市场竞争、组织机构调整、机制与体制改革等措施,不断加强质量文化、服务文化、竞争文化的建设;三是通过强化员工队伍建设,努力提高员工的综合素质与能力。

文化建设对核心竞争力的推动,一方面促进了中国船级社的快速发展,另一方面,也使文化建设焕发了勃勃生机。

3.坚持世界先进船检文化与优秀传统文化相结合

中国船级社文化首先根植于中华民族的传统文化之中,同时,作为世界的船级社,中国船级社在不断的国际竞争与融合中,也广泛而充分地吸取着世界先进船检文化的元素与营养,以开放的胸怀、包容的心态,不断地接纳、吸引世界先进船级社的经验、制度与文化,并将自己的发展战略确定在了建设国际一流船级社的宏伟目标上。

4.坚持全员参与

文化建设必须得到上至决策层、下到基层员工的广泛而深入的参与,才能落地开花。长期以来,中国船级社各级领导干部十分重视文化建设。他们率先学习文化建设的基本理论、率先将先进的文化理念在自己的工作中加以贯彻。各下属机构根据总部的统一部署也积极开展相关的文化建设,其中上海规范所获得了"全国交通运输企业文化建设品牌单位"的荣誉称号。广大员工也以强烈的责任感和使命感,积极投身到文化建设的具体实践中,以自己的实际行动创造灿烂的物质文化的同时,也不断丰富和推动着中国船级社精神文化、制度文化和物质文化的进步与发展。

大鹏一日同风起,扶摇直上九万里。新中国成立的65年,也是中国船检事业从无到有、从弱到强,不断进步,勇攀高峰的65年。58年前,国家船舶登记局宣告成立,共和国的大家庭第一次有了独立自主的保障水上人命和财产安全的"守护神";28年前,中国船级社成立,国际船检行业大家庭第一次听到了来自东方文明古国越来越强劲的声音;15年前,船检体制改革确立了中国船级社作为国家船舶检验主力军的地位。一直以来,中国船级社全体干部员工背负着航运强国和造船强国的嘱托和期望,带着建设国际一流船级社的远大理想,与航运、造船等相关行业一起开始了艰难而辉煌的追梦之旅,走过了一段辉煌壮丽的金色航程,实现了一个又一个历史性跨越。如今,站在新的历史起点上,中国船级社正信心百倍地揭开新的历史篇章。

方寸规范　船海于心

中国船级社上海规范研究所

中国船级社是中国唯一从事船舶入级检验业务的专业机构，上海规范研究所作为其直属单位，承担了海船规范、法规的制定和维护、技术支持等职责，是中国船级社科研系统的一个重要组成部分。上海规范研究所的企业文化是中国船级社企业文化重要组成部分之一，它体现了时代特征、行业特色和单位特点，既是企业健康持续发展的内在需求，也是在竞争环境日益激烈形势下企业成长的现实要求。在新的历史时期推进建设具有上海规范研究所特点的先进企业文化体系，有利于内强精神，外塑形象，提高企业在市场中的竞争能力。

上海规范研究所企业文化建设，坚持以中国特色社会主义理论体系为指导，根据《交通文化建设实施纲要》，按照“中国船级社企业文化建设”的总体部署，充分发挥精神文明建设、职业道德建设、思想政治工作的优势资源；在继承船检优良传统文化的基础上，积极吸收、借鉴现代管理的优秀思想和实践成果，积极融入时代特征、行业特色和单位特点，为推进和实现上海规范研究所整体发展目标和全体员工的全面发展提供精神动力和思想保障。

一、文化建设动因

中国船级社的前身为中华人民共和国船舶检验局，在 1956 年成立之初，老一辈船检人以饱满热情、冲天干劲进行筹建工作，他们以惊人的毅力、忘我的奉献、执着的追求，形成了船检人最初的价值取向：创建船检、壮大船检。在随后几十年的发展中，中国船级社逐渐形成了“团结、奉献、公正、高效”的 8 字船检精神，并在其引导下，团结一心、立足本职，克服重重困难稳步发展。进入新世纪，随着时代的前进、科技的创新和国内外情况的变化，中国船级社根据所承担的使命及愿景，将船检精神又增加了“诚信、公正、严谨、创新”的内容，更有效地凝聚和激励广大员工。

随着中国船级社的不断发展壮大，作为中国船级社技术保障系统中重要组成部分的上海规范研究所，也逐步形成了“质量为本、服务至上、精诚团结、不断创新”的企业价值观，以“团结、奉献、公正、高效；严谨、务实、创新、和谐”为核心内容的企业精神，形成了独具特色的企业文化。上海规范研究所的企业文化不仅是几代船检人历经艰辛、创业奋进的历史写照，是船检人集体智慧的结晶，更是船检人价值观的集中体现。上海规范研究所通过对企业文化多维度的大力倡导，增强了广大员工的爱国奉献精神、爱岗敬业精神和创先争优的工作精神，不断提升企业整体实力，促进了稳定、健康的发展。

近10年来,当企业的竞争已从技术的竞争转变成服务的竞争,从服务的竞争转变成文化力的竞争的时候,文化的创新与变革也成了上海规范研究所孜孜以求的目标。上海规范研究所近年来对内积极构建"和谐"文化,对外大力打造"诚信"文化,牢固树立"客户第一"的理念,围绕客户需求提供优质、规范、高效、诚信的服务,坚持以自主创新,引领发展的科研指导思想,强化服务与质量,围绕企业宗旨,逐步完善发展具有上海规范研究所特点的企业文化体系,积极打造"方寸规范 船海于心"的文化品牌,结合实际,体现自身特色,企业文化建设贯穿业务工作始终,并团结带领全体干部职工努力提升技术研发能力、对外服务能力和可持续发展能力。在国际公约、绿色技术、船舶新技术、目标型标准(GBS)、软件等方面积极开展工作,为业界提供了先进、安全、绿色、适用的规范标准,为推进国际一流船级社建设做好技术支持和技术保障作用。主动应对国际新规则、新规范,在高端技术研发方面引领我国船舶技术发展方向。积极参与国际海事组织(IMO)、国际船级社协会(IACS)相关公约、规则、规范的研究和制定,不断增强国际话语权,为扩大海事大国的影响、维护国家海权和造船航运利益积极发挥作用。

二、核心价值理念体系表述

核心价值观:质量为本、服务至上、精诚团结、不断创新。

宗旨:为促进航行安全、防止水域污染和维护海上保安,提供先进合理的技术标准和一流的技术服务;为中国船级社的发展提供强有力的技术支持保障;为企业员工的发展提供实现价值的平台和成长空间。

目标:成为中国船级社技术高地,为中国船级社成为国际一流船级社提供强有力的技术支持保障。

精神:团结、奉献、公正、高效、严谨、务实、创新、和谐。

三、践行效果

上海规范研究所的企业文化建设注意贴近生活,贴近群众,贴近实际,运用多种形式和载体,开展了一系列旨在凸现企业精神、弘扬先进典型、塑造企业形象、增强竞争力的企业文化建设活动,并取得了丰硕成果,全所干部员工团结一心,形成了文化建设的良好氛围,推动了企业的快速发展。

近年来,上海规范研究所荣获交通运输部授予的"2008~2009年度全国交通运输行业文明单位"、中国交通企业管理协会授予的"2013年度全国交通运输企业文化建设品牌单位"、"2012年度全国交通运输企业文化建设卓越单位"、"2011年度、2010年度全国交通运输企业文化建设优秀单位"、中央精神文明建设指导委员会授予的"2008年度全国精神文明建设先进单位"、中国交通企业管理协会和交通行业优秀企业管理成果评审委员会授予的"2007年度全国交通企业文化建设优秀单位"、中国海员建设工会全国委员会授予的"2007年度全国交通建设系统工会工作先进集体"等称号。

科研成果多次荣获国家级、省部级奖励，特别是随着海事界对环境保护关注程度越来越高，"节能减排"成为国家乃至船级社的重要任务之一，上海规范研究所深入研究，并协助部海事局在国际海事组织（IMO）就温室气体（GHG）问题的谈判工作中制定了相关技术提案，成为在国际海事组织（IMO）会议上唯一的代表发展中国家提交提案的代表团，成功地遏制了发达国家激进的主张，为我国代表团圆满完成谈判任务做出了重要贡献。为此，外交部及交通运输部国际合作司联合向中国船级社发了一封书面感谢信，感谢杨忠民、王慧芳同志在温室气体谈判中所做的贡献。杨忠民、王慧芳同志的《船舶温室气体减排研究》项目也于2010年荣获中国航海学会科技进步二等奖。

"船舶应急响应服务（ERS）系统研究与开发"课题获得了2008年度中国航海学会科技进步二等奖，已经应用到了近千艘国际、国内航行船舶，覆盖国内所有的航运公司的绝大多数大中型液货船、散货船、集装箱船、多用途船、客船等，并已经为30多艘发生重大海损的船舶提供了应急响应服务。

"武器装备海上运输主要船型装载标准"科研项目于2006年获中国人民解放军总后勤部三等奖。"动力定位系统检验指南"课题荣获2006年度中国航海学会科技进步三等奖。

研究所规范研究部和法规与环境标准研究部分别荣获中国海员建设工会全国委员会授予的2011年度、2010年度全国交通建设系统"工人先锋号"称号。

2012年，中华人民共和国海事局授予杨忠民、王方园同志"全国优秀船检法规科研人员"荣誉称号；交通运输部授予杨忠民"国际海事组织事务先进个人"荣誉称号；授予杨忠民、王慧芳、温苗苗、王方园等同志提交的4份提案"国际海事组织事务优秀提案"荣誉称号。2010年10月，全国交通运输科技大会表彰了一批"十一五"期间推动行业科技进步、提升交通运输可持续发展能力的优秀团队和个人，研究所张高峰同志荣获"'十一五'交通运输行业优秀科技人员"荣誉称号，王慧芳同志2012年荣获中国海员建设工会全国委员会授予的"第十三届金锚奖"，王方园同志荣获"2011年度全国交通建设系统工会先进工作者"，王慧芳同志、毛欣维同志分别荣获中华全国妇女联合会、全国妇女"巾帼建功"活动领导小组和中华人民共和国交通部联合授予的"2012年度、2006年度全国巾帼建功标兵"荣誉称号，曹俊同志荣获中国交通企业管理协会和交通行业优秀企业管理成果评审委员会授予的"2007年度全国交通企业文化建设先进个人"荣誉称号，张高峰同志荣获交通运输部授予的"2008～2009年度交通青年科技英才"称号。

1.完善协调和评先创优机制，促进团结协作

（1）加强沟通，促进合作

上海规范研究所每月召开由所领导、各部门领导参加的业务协调会，重点研究阶段性工作重点、重大事项、需改进的方面及具体改进方案等以及对工作过程中发现的需要相关部门协调的问题。通过业务协调会，进一步强化了企业凝聚力，加强协调，形

成合力；加强沟通，充分利用所内部资源，收集到有益的建议和智慧；及时发现和解决内部问题，提升和改进各部门的合作，提升企业绩效。

（2）开展优秀论文评比，加强学术交流

结合工作特点，为鼓励广大科技工作者积极钻研业务，加强学术交流，促进岗位成才，每年开展优秀论文评选工作，这是促进多出成果、多出人才的重要手段，是鼓励科技工作者奋发进取，不断创新，为争创国际一流船级社多做贡献的重要举措。员工的科技论文多次在专业学术杂志和核心期刊上发表，显示了研究所的科研实力。

2.提高员工满意度，永葆企业生机

（1）加强员工与企业的和谐与共同发展，完善共同愿景

上海规范研究所注重保障员工的知情权、话语权、参与权，在完善员工代表大会实施办法的基础上，探索基层民主管理经验，广大员工通过座谈会、意见箱、内部信息网、所领导信箱等途径，参与单位决策、关注单位动态、监督管理热点等问题，提高了单位管理及重大事项的透明度，加强了员工与单位的和谐度，促进了员工主人翁地位的落实。

开展员工职业生涯规划活动，使员工把个人岗位学习成才和团队创业结合起来，引导员工从个人愿景向单位愿景迈进，初步形成个人发展与企业发展相一致，个人愿景与企业愿景相结合，单位愿景与中国船级社发展愿景相结合的三级愿景体系。

（2）形成人才选拔机制，促进优秀人才脱颖而出

随着知识经济时代的到来，需要建成一个有利于人才脱颖而出和人尽其才的良好环境。在人才选拔上研究所注重让每个员工都感到主体意识得到了尊重，命运掌握在自己手中，能充分发挥自己的能力并实现自己的价值。在人才的选拔使用上坚持公开、公平、竞争、择优的原则，在竞争中识别人才，在竞争中优胜劣汰，打破论资排辈，不拘一格培养选拔优秀人才。

对技术岗位、行政管理/业务辅助岗位，根据《上海规范研究所岗位聘任管理办法》的规定，公布岗位及岗位职责，部门和员工均可按照自己的意愿双向选择，研究所则根据员工个人竞聘、部门提名、考评组评审，所办公会议审定等程序，进行岗位调整及岗位聘用工作。

对中层领导，坚持党管干部原则，用科学的制度、民主的方法、严密的程序、严格的纪律来选拔聘任。对所有岗位，不论年龄大小、学历高低、资历深浅，只要有才能、有水平、有贡献，就委以重任，给予相应的待遇，使优秀人才脱颖而出，形成“能者上、平者让、庸者退”的内部用人机制，通过合理的岗位竞聘，形成富有生机与活力、有利于优秀人才脱颖而出的选人用人机制，提高了员工的工作积极性、主动性、创造性。

（3）提高队伍素质，创建学习型企业

以构建工作、学习一体化的学习型企业为目标，不断为员工创造、提供学习和培训的机会，倡导并营造全员培训、终身学习的氛围。在实际工作中，始终坚持管理、装备、培训并重的原则，立足当前，着眼长远，采用全面培训与专业培训相结合、内部培训与

外部培训相结合、理论培训和技术培训相结合、全员培训与滚动培训等的立体培训方式，营造积极向上、和谐健康的学习氛围，培育一支政治合格、作风正派、技术精湛、素质过硬的员工队伍，增强企业发展的动力。

大力加强对中层干部的理论学习，通过参加党委中心组扩大学习会议、党校学习、观看教育片等方式提高干部责任意识、服务意识、大局意识和创新意识，提高理论素养和管理能力。

注重培训的及时性，员工从进入单位开始就需接受一系列有针对性的新进单位教育培训，内容包括船检历史、礼仪、职业道德、公文处理、质量体系等。在日常工作中注重培训的常态性，比如岗前培训、岗位培训、知识更新培训等，以确保员工的知识和技能及时更新提高。

努力把营造环境、优化环境作为服务人才的重要途径，在尊重人、理解人、关心人的过程中造就人才，努力营造鼓励人才干事业、支持人才干成事业、帮助人才干好事业的良好环境，激励他们发挥聪明才智，实现自我价值。通过多层次、多形式的职业培训，员工的思想意识和观念有了很大的改变，促进了各项业务的开展。

(4)建立完善的保障体系，增强企业凝聚力

为保证员工更好地发挥作用，在做好人才任用、培养和管理的同时，还建立了关心和爱护员工的激励机制，想员工之所想，急员工之所急，对于员工生活中的实际问题，尽可能地帮助解决，解除员工的后顾之忧。春节、中秋佳节之际，研究所领导走访慰问困难员工家庭，将真情与温暖送进员工心中；夏日高温，领导亲临试验现场，慰问奋战在一线的员工，送上防暑降温的劳防用品，员工有了领导的关心和问候，工作更有干劲。通过为员工办实事，排忧解难，增强企业的凝聚力，密切了企业和员工的关系，调动了员工的积极性和创造性，进一步促进了企业的健康发展。

3.加强精神文明建设，丰富员工文化生活

(1)与南京军区航务军代处开展文明共建活动

上海规范研究所与南京军区航务军代处确定了在党建工作、精神文明建设、文化建设、技术交流、人才培养、信息共享、项目开发等方面加强合作，开展文明共建活动，努力增强军民合作的关系，实现“军民一体、优势互补、相互促进、共谋发展”的目标。

(2)积极开展“创先争优”活动

活动以增强党性、提高素质为重点，以青年职工为主体，以党支部为阵地，推动党员更好地发挥先锋模范作用，在本职岗位上爱岗敬业、多做贡献，以党员带动群众，积极开展重点规范科研、试验项目如 GBS、节能减排、绿色船舶计划、海洋维权等技术自主创新活动，在研究所承担或参与的重点项目中鼓励并推广创先争优活动。

(3)每年举办读书笔谈活动，培养员工忠诚度

自 2004 年起，每年举办读书笔谈活动，至今已举办了 10 届。研究所党委每年就时事热点或工作重点向干部员工推荐一本书籍，引发干部员工对形势和任务的思考，对

突破和创新的探索，旨在丰富干部员工文化生活，增强情感交流，塑造团队精神、全面提升综合技术服务能力。还编辑出版《优秀征文作品集》系列丛书，举办优秀作品演讲比赛，获得了员工一致好评。

(4)组织拓展训练，培育团队意识

为进一步树立沟通意识、增强团队合作精神，提升团队凝聚力，上海规范研究所每年组织50岁以下的员工开展野外拓展训练，拓展训练在充满乐趣、挑战和体验中进行，看似游戏，但给人深刻的启迪。训练项目为背摔、断桥、天梯、盲人孤岛、激情鼓乐等，近两年，受训人数超过50人，此项培训帮助新进员工更好、更快地融入研究所这个大家庭，有力促进了团队建设。

(5)开展企业文化建设，加强宣传工作

组织制定了《上海规范研究所企业文化建设纲要》、《员工礼仪手册》、《企业文化建设成果总结报告》、《企业文化故事汇编》，扎实推进研究所的企业文化建设。组织开展了企业文化建设用语征集活动和企业文化宣传片的制作拍摄工作，进一步整合企业文化资源。

上海规范研究所组织编印了内部刊物《上海规范》，内容和质量得到了员工的认可，受到了上级机关的好评，对精神文明建设起到了宣传鼓劲的作用。《上海规范》紧紧围绕中心工作，认真做好宣传工作，通过出版学习先进专刊、主题活动专刊和专题学习专刊等，集中、全面、深入地宣传党和国家的方针政策、交通运输部和中国船级社工作部署和要求，至今已编辑出版300余期，组稿超过1500篇。

4.加强职业道德规范、岗位行为建设

上海规范研究所紧紧围绕中心工作和安全质量，深入开展“四个意识”、“四个不准”的教育，严格执行《中国船级社员工道德准则》和《中国船级社员工从业禁止规定》。

根据中国船级社党组部署，上海规范研究所不断推进廉政风险防控管理体系建设工作，不断深化岗位廉政教育，确保每个党员在岗位工作中无差错、在用户服务中无投诉、在党风廉政中无违纪。在廉政风险点的识别、分析、评价和处置工作中，突出重点岗位和关键环节，着力查找思想道德、业务流程、岗位操作、制度机制、外部环境等风险，努力形成“制度+科技”的预防腐败的长效工作机制，建设具有自身特色的廉政风险防控管理体系。

5.丰富员工业余生活，陶冶员工的情操

为丰富广大干部员工业余生活，上海规范研究所充分发挥工会、共青团的作用，组织了一系列文化、体育活动，坚持知识性、娱乐性、趣味性相结合的原则，坚持业余自愿、形式多样、健康有益的原则，积极创新各种文化载体，并通过这些寓教于乐的文体活动，陶冶了员工的情操，提高了员工的道德水准。

休假旅游、部门二日游等活动增强了部门之间、员工之间的沟通和交流；春节联欢会、运动会、每周足球训练、每周羽毛球、乒乓球锻炼等活动既有益员工的身心健康，提高员工身体素质，同时也有利于团队建设；连续7年举办的业余摄影比赛，集中展示了员工热爱祖国、热爱船检事业、热爱生活的情怀；开展健康知识讲座、插花艺术讲座等；组织开展员工论坛，如“提高摄影技能研讨”等；组织员工观赏文艺演出，陶冶情操。丰富多彩的文体活动在员工在紧张的工作之余得到放松，做到劳逸结合，从而有更大的精力投入到工作中。

6.开展爱心捐助，履行社会责任

人道主义精神、奉献社会的精神是可贵的精神财富，上海规范研究所干部职工积极响应中央、上海市政府号召，近年来组织开展了多项救灾扶贫募捐活动，用实际行动奉献爱心、弘扬美德、参与社会公益，这是研究所的社会责任，是树立研究所良好社会形象的具体行动。

上海规范研究所试验中心员工唐德新同志不幸被诊断为尿毒症，依靠每周两次的透析治疗来维持生命。为了生命的延续，2011年5月27日，唐德新同志进行了肾移植手术。唐德新同志是家中的顶梁柱，爱人是家庭妇女，无固定收入，儿子尚在职校读书，家中的经济来源全靠他一个人。为了挽救他的生命，帮助他克服严重经济困难，上海规范研究所于2011年6月初开展了“献出您的爱心、挽救同胞生命”的捐款活动，全所每位干部员工都慷慨解囊，此举亦得到中国船级社上海地区其他兄弟单位积极响应、纷纷向唐德新同志伸出援助之手，共募集到捐款10万多元，全部用于唐德新同志肾移植手术和后续的治疗，其中上海规范研究所共募集捐款近4万元。在他住院期间，研究所党政工领导和部门领导多次前往医院看望，鼓励他战胜病魔，点燃生命之光。大家表示如果治疗需要，还愿意为他再次捐款。此举亦感动了为唐德新同志手术的中国人民解放军长征医院，主动表示将减免大部分手术费用。

7.推动业务工作，实绩显著，取得良好社会评价

上海规范研究所紧紧围绕“安全、质量、改革、发展”船检中心工作，继续贯彻“三个导向、两个面向”的工作方针，按照“满足需求，适度超前”的工作要求，坚持自主创新与吸收引进先进技术相结合，注重资源节约、环境友好，为中国船级社的成长壮大，做好规范、科研等各项工作。面向生产制造，面向检验发证，为相关行业提供安全、可靠、适用的规范和标准，提升技术服务能力。为构建创新型船检、和谐船检，全面履行了总部赋予的工作职责，全面完成了总部下达的工作任务，为中国船级社提高规范科研水平、建设成为创新型国际一流船级社的奋斗目标做出了突出贡献。

为保护人命财产安全，构建和谐水上交通安全环境，规范科研工作进一步突出了以政策、市场、安全为导向。规范编制在符合“满足需求，适度超前”工作目标的前提下，以不发生因规范、法规、指南的研究编制责任所出现的船舶安全质量事故为根本目标，在实际工作中，加强项目实施策划和日常监控，坚持充分的调研、细致的分析，确保纳入规范和法规要求的合理可行，适应期望的安全水平，真正将规范编制工作做细、做

实。几年来未发生因规范科研和法规责任产生或出现的安全质量事故。

随着海事界对环境保护关注程度越来越高，“节能减排”成为国家及船检部门的重要任务之一，中国船级社作为国家交通系统的技术机构，理应在节能减排的艰巨任务下发挥更大的技术支持作用。上海规范研究所在国际海事组织（IMO）对国际防止船舶造成空气污染规则（MARPOL 附则 VI）进行审议和修订的过程中，针对发达国家提议的柴油机氮氧化物（NOx）排放标准建议，深入调研国内柴油机厂的排放现状和技术储备情况，并及时组织召开国内技术研讨会，较全面地掌握国内柴油机厂及造船厂等的意见，并深入分析国外几个国家提出的标准建议后的背景和意图，及时提出了一个有利于我国柴油机厂的柴油机 NOx Tier II 排放公式标准，成为中国在散装液体和气体分委会（IMO BLG）会议上的第一个技术提案（BLG-WGAP2/2/6），并被国际海事组织完全采纳及正式通过，成为国际海事组织修订的国际防止船舶造成空气污染规则（MARPOL 附则Ⅵ）中的 Tier II 标准。该标准的采纳极大地保护了我国自主品牌中高速柴油机生产商的利益，避免了被欧、美、日等极少数国家专利厂家的技术和市场垄断，也间接地保护了我国的造船和航运公司利益。

国际海事组织在航运温室气体问题上的谈判自 2007 年底进入了实质性阶段，在欧盟、美、日等发达国家主导的论调下，极希望在 2009 年推出实质性结果，对我发展中国家的造船及航运业极其不利，且会影响到国家关于温室气体问题的整体谈判进程。根据外交部、交通运输部和工信部的要求，贯彻国务院批准的“坚持 IMO 只能处理相关技术问题，防止谈判重点重回政治层面”的与会原则，本着坚持“共同但有区别”原则和尽量迟滞强制性二氧化碳设计指数应用于我国船舶的方针，上海规范研究所与中国造船界的专家们潜心研究积极参加国际海事组织温室气体减排谈判，与各部委及造船设计单位密切协作，对国际海事组织拟推出的新造船能效设计指数标准相关议题展开深入研究，制定并成功提交了 13 份技术提案，并协助部海事局制定了 1 份提案、协助工信部制定了 5 份技术提案。这些技术提案成为国际海事组织会议上唯一的为维护发展中国家利益可利用的有力武器，成为我国团结其他发展中国家共同应对发达国家压力的宝贵工具，极大地发挥了影响会议进程的作用，成功地遏制了发达国家激进的主张，迟滞了国际海事组织相关技术规则的出台。提案提出的船舶能效设计指数（EEDI）要求的适用阶段及折减率的建议被最终采纳并纳入在 2011 年 7 月份通过的国际防止船舶造成空气污染规则（MARPOL 附则 VI）下的能效要求条款中，为我国造船界赢得至少 6 年的缓冲期。提出的船舶能效设计指数要求对大型油船和散货船的影响评估得到会议认可并同意继续审议。这些提案为我代表团圆满完成每届会议的谈判任务做出了重要贡献。

“蛟龙号”是一台由中国自行设计、自主集成研制的载人潜水器，是国家“十五”期间的 863 重大专项，具有世界先进技术水平和极高的国家战略意义。上海规范研究所针对“蛟龙号”的相关入级工作，制定深潜器审图与检验原则，并成功地验证了潜器耐压球壳的极限承载力公式。所取得成果不仅表明了中国船级社掌握先进的非线性有限元垮塌分析方法已进入技术成熟时期,有信心有能力使用该先进技术方法去解决更深更高层次的结构技术问题,还对提升中国造船界的总体技术水平发挥了积极重要的作用。

上海规范研究所组织编制了《薄膜型液化天然气运输船检验指南》以适应我国天然气能源运输的需要。该《指南》综合了国内外、特别是中国造船业在薄膜型液化天然气运输船的设计、建造和检验方面所取得的最新科技成果和实践经验,形成了液化天然气(LNG)船舶的安全技术标准。该《指南》的出版实施提升了中国船级社为船公司和船厂检验服务的能力,对促进我国液化天然气(LNG)船设计和建造水平的进步与发展做出了积极贡献。

为适应我国高性能船舶航运市场的需求,上海规范研究所综合了国内外高速和非高速两种技术形态的小水线面双体船设计与建造检验领域当时的最新科研成果、技术标准和成功经验,组织编制了《小水线面双体船指南》,并在国际上首次明确提出"高速"和"非高速"的概念,严格界定了不同的适用技术条件。该《指南》为我国研制小水线面船提供了必要的技术基础和规范依据,填补国内小水线面双体船的技术标准的空白,使我国的小水线面船技术标准在国际上有一席之地,大大提高和增强了我国在国际小水线面船市场的竞争力,直接推动了这一高性能船型在我国水声监控、监管、交通、旅游等军民两个领域的应用与发展,对促进我国国防水声学、军事海洋学、海洋科考事业及造船工业均具有重要意义。

"应急响应服务"是世界各大船级社展现服务能力的重要领域,以解决船舶发生海损事故后,能在第一时间对事故进行分析并提出解决方案,为航运公司的决策提供技术依据。为推进中国船级社船舶应急响应服务工作的开展,作为计算技术支持单位,上海规范研究所建立了近100艘船舶的数据库,提供了富有成效的技术支持,在历次应急服务工作中得到了船东的肯定,为中国船级社大力开拓检验业务奠定了良好基础。

上海规范研究所在总部的统一领导下,积极跟踪国际上船舶建造、检验最新技术的发展,正根据国际海事组织GBS规范体系要求,进一步加强自主创新,加强规范基础性研究,提升规范标准研发能力,促进规范体系由经验型向分析型的转变、由传统型向先进型的转变。同时在总部的统一部署下,在绿色船舶规范前期研究的基础上,积极开展绿色船舶规范体系研究,积极开展节能环保技术的研究和绿色船舶规范的编制工作,推进绿色规范标准和服务产品的研发,以适应我国节能环保、低碳经济对航运业的要求。目前已经出版发行中国船级社《绿色船舶规范》。

四、主要经验和体会

近年来,上海规范研究所企业文化建设持续深化,总结积累了宝贵经验。

1.必须始终坚持围绕中心

只有紧紧围绕改革发展这个中心,为做好交通运输部提出的"三个服务"提供动力和保障，为中国船级社建设国际一流船级社的目标努力奋斗，才能使企业文化品牌建设找准定位、促进发展、推动工作。

2.必须始终坚持系统运作

在企业文化建设的过程中，要运用系统论的方法，做出整体设计，分步推进，按层次落实。明确总体目标和阶段性目标，根据目标来进行具体操作和建设。

3.必须始终坚持夯实基础

只有从基层单位、基础管理、基本素质抓起，以广大干部职工喜闻乐见的形式和方法增强吸引力和凝聚力，才能充分激发干部职工的热情和创造力，筑牢企业文化建设的群众基础。

4.必须始终坚持以人为本

只有把解决人民群众最现实、最关心、最直接的切身利益问题融入企业文化品牌建设，才能赢得干部职工的认可，树立良好的单位形象。

5.必须始终坚持创新载体

只有牢牢把握时代发展的新方向、干部职工的新需求，不断创新载体，才能使企业文化品牌建设与时俱进，增强活力。

6.必须始终坚持突出特色

进行企业文化建设的关键在于突出企业的鲜明个性，追求与众不同的特色、优势和差异性。在建设过程中，要根据企业的实际情况，重视挖掘和提炼，整理出具有本企业鲜明特色的文化内涵。

五、文化品牌

方寸规范　船海于心

六、文化品牌诠释

上海规范研究所规范科研人员编制海船规范、法规、指南时，时刻牢记自己的使命和责任，心中所想是船舶安全和海洋清洁，规范虽仅方寸大小，却包含船舶与海洋工程质量要求，为检验服务指引方向，为船舶与海洋事业助力，为促进航行安全、防止水域污染和维护海上安全，提供先进合理的技术标准和一流的技术服务。

企业文化建设是一个注重实践、与时俱进的过程，上海规范研究所在边探索、边实践、边总结的过程中，积极探寻和把握企业文化建设的规律，不断增强企业文化建设的针对性、开创性、有效性，继续弘扬“团结、奉献、公正、高效；求真、务实、和谐、发展”的企业精神，以不断创新发展的企业文化为依托，以文化力进一步提升企业核心竞争力，以优秀的企业文化“聚人心、塑精神、促发展”，用饱满的热情和蓬勃的活力，书写更加辉煌壮美的篇章。

“船韵清风”助船检事业发展

中国船级社广州分社

中国船级社(简称CCS)成立于1956年,是中国唯一从事船舶入级检验业务的专业机构,是交通运输部直属事业单位(实行企业化管理),现为国际船级社协会(IACS)正式会员。中国船级社广州分社(简称广州分社)是隶属中国船级社的二级单位,曾于1960年为中国远洋运输第一轮“光华轮”发出了中国船检机构首张远洋船舶入级证书,现主要负责广东广西和南海海区的船舶检验、船用产品检验和海上设施检验,下辖深圳分社、湛江分社、汕头办事处、北海防城办事处4个三级单位。广州分社目前拥有一支专业技术力量雄厚、服务能力强、综合素质高的员工队伍,现有职工249人,其中工程技术人员191人,本科学历占90%以上,硕士以上学位占40%,65%以上拥有高级工程技术资格。

近年来,广州分社牢牢把握推进航运造船海洋强国建设、维护国家海事权益、服务国家水运安全的根本要求,充分发挥华南地区国家船检主力军的作用,两个文明建设取得了丰硕成果,成功荣获了“全国文明单位”、“全国精神文明建设工作先进单位”、“全国交通运输行业文明单位”、“广东省五一劳动奖状”、“全国交通运输企业文化建设优秀单位”、“全国交通运输企业文化建设卓越单位”等荣誉称号。

一、文化建设动因

1.服务造船、航运、海洋强国建设的现实需要

广州分社始终将文化建设作为对内提升团队凝聚力与员工创造力,对外增强核心竞争力与品牌影响力的重要战略。近年来,随着我国造船、航运、海洋事业的蓬勃发展,人们对海上安全的强烈需求与关注,以及船检行业的国际竞争与融合,推动了中国船检事业的迅速发展。面对着日益更新与发展的时代环境,广州分社始终坚持以确保水上人命财产安全和环境安全为核心的安全文化取向,以努力为客户和社会创造价值为服务文化取向,提出要在文化践行中遵循规律、不断创新以形成富有特色的单位文化。

2.培育和践行社会主义核心价值观的必然要求

社会主义核心价值观是社会主义文化建设的核心内容,对于推进各行业的文化发展具有重要意义。中国船级社作为国家船检主力军、海洋强国建设生力军,始终将“安全、环保”作为自己应当承担的社会责任,肩负着推进中国船舶工业、航运事业、海工装备制造等行业科学发展的职责。社会主义核心价值观的提出进一步为船检文化建设

指明了方向。培育和践行社会主义核心价值观就是要求我们要以更加有效、更加扎实的工作来履行所肩负的社会责任。

3.塑造国家船检主力军整体形象的有效途径

中国船级社文化作为中国船检文化的重要组成部分,也是中国交通文化的重要组成部分。以中国特色社会主义理论体系为指导,建设有特色的中国船检文化,有利于塑造中国船检行业的整体形象,有利于提升中国船级社在国际船检行业中的市场竞争力。广州分社提出把文化建设与业务工作紧密结合,它既是对整个船检行业特色的思考与把握,又是践行社会主义核心价值观和交通运输行业核心价值理念的有效载体,更是塑造行业整体形象与增强行业核心竞争力的有效途径。

二、核心价值理念体系表述

1.宗旨:安全、环保,为客户和社会创造价值

安全:是船级社的行业使命,也是平安交通的基础。所谓安全是指通过船级社对船舶"全生命周期"的质量控制,以保证船舶的航行安全,进而保证水上人命、财产的安全。

环保:是船级社的社会责任,也是绿色交通的核心。所谓环保是指通过船级社对节能环保技术的研发、推广、应用,不断提升船舶及相关产品的环保能力,进而保证环境不受污染。

为客户和社会创造价值:是船级社的不懈追求,也是综合交通和智慧交通的必然要求。所谓"为客户和社会创造价值",是指通过提升技术标准的先进性和适用性,强力推动我国航运、造船、海洋工程产业实现由大到强的转变,发挥水运比较优势,促进"综合交通、智慧交通、绿色交通、平安交通"建设。

2.愿景:建设国际一流船级社

建设国际一流船级社即在服务能力上、服务规模上、员工受益、管理水平上,达到国际一流船级社水平。

3.精神:诚信、公正、严谨、创新

诚信:就是诚实与守信,讲真话、办实事、守信用。

公正:就是对客户公心、公道,对自己坚持正义之心,按章办事。

严谨:就是按章办事、做事认真,服务质量第一。

创新:就是敢于突破,勇于实践。

4.道德准则:忠于职守、独立公正、客观诚信、高效严谨、严格把关、有错必纠、努力钻研、遵守纪律、遵守纪律、团结协作、清正廉洁

忠于职守:认真贯彻执行国家有关法律法规、政府主管部门的规定,遵守行业公认的职业道德和行为规范,立足本职、忠于职守,保障水上生命和财产的安全,防止水上污染。

独立公正:提供的检验结果不受任何行政干预及其他人为因素和经济利益的影响,在发现与服务对象存在利益关系可能影响检验公正性时,主动申请回避。

客观诚信:坚持原则,实事求是,客观正确地记录检验情况,确保提供的信息真实、准确、完整,未进行相应的检验和经过所需的适当程序,不颁发、盖印或签署任何证书和报告,不弄虚作假。

高效严谨:以所见事实为依据,标准条文为准绳,不主观臆断或偏听偏信,对于重要的和没有把握的事项请示报告,不擅自决策,工作不拖拉,不敷衍塞责。

严格把关:严格执行有关公约、法规、规范和标准,以及船旗国政府的有关检验规定,不因个人或者集体的私利,导致技术标准实施的降低。

有错必纠:持续改进检验质量,若发现因自身过错导致的检验质量问题,勇于承担责任,并本着实事求是、有错必纠的原则及时采取改正措施。

努力钻研:热爱本职工作,钻研专业知识和检验技术,具有与所承担检验工作相适应的技术水平,熟悉有关公约、法规、规范和标准。

遵守纪律:严于律己,有令则行,有禁则止,服从领导,保守在检验活动中知悉的国家秘密、商业秘密,以及申请方提供的要求保密的信息,不以私人名义或未经单位同意以单位名义,接受船旗国政府和其他机构的委托进行检验。

团结协作:树立全局观念,自觉维护船舶检验行业的整体形象,与本单位,以及其他单位的验船师应当加强协作配合,互相尊重,互相学习,互相支持。

清正廉洁:依法检验,正确行使职权,不以权谋私,不接受申请方的宴请、馈赠,克己奉公,清正廉洁,自觉主动地接受各级组织和广大群众的监督。

三、践行效果

文化建设推动了广州分社各项事业发展:市场业绩保持高速增长、安全质量形势持续稳定、优质服务品牌广受认可、“船韵清风”廉洁文化铸成精品。

1.市场业绩保持高速增长

以文化促发展,把中心工作与文化建设紧密结合,各项业务保持了较快发展,每年均以大比例超额完成总部下达的市场指标,市场工作每年均得到总部表扬,并多次获得“市场工作突出贡献奖”。数据显示,在 2007~2013 年间,广州分社共计开拓了约 1466 万总吨的国际航行入级(CSA)新造船检验,共计争取约 244 万吨转级船检验,共计开拓约 301 万总吨国内航行新造船检验;海洋工程检验服务向深海领域拓展,获得了中国由浅海向深海石油勘探开发的标志性“荔湾 3-1”1500 米深海等一批海工检验项目,派员参与完成了具有标志性意义的 3000 米作业水深的“海洋石油 981”半潜式深水钻井平台的入级检验和年度检验。

2.安全质量形势持续稳定

在安全文化、质量文化建设的支持下,广州分社持续改进管理体系,创新质量监控方法和形式,形成了可靠的安全质量控制机制。一是切实落实安全责任制,加强安全质量监管,特别是加强节假日期间的船舶检验与监控,促进了水上安全形势稳定。二是借助与海事局和辖区船公司搭建的“港口国监督服务平台”,加强与辖区海事部门的沟通和交流,确保中国旗船舶出航的安全。三是结合港口国监督(PSC)形势,定期组织辖区船公司进行安全管理工作交流研讨,努力促进船公司管理水平的提高。连续多年来,分社无重大安全质量事故和客户投诉事件发生,安全质量形势保持持续稳定。

3.优质服务品牌广受认可

2011 年,广州分社成功创建“全国文明单位”。2011、2012 年,连续两年获得“全国交通运输企业文化建设优秀单位”称号。2013 年,荣获“全国交通运输企业文化建设卓越单位”称号。荣誉纷至沓来,广州分社还连续 4 年获得中国船级社双文明建设先进单位,近年来分别获得广东省直机关先进基层党组织、广东省建设学习型组织“标兵单位”、广东省“五一劳动奖状”、全国交通运输行业文明单位、全国精神文明建设工作先进单位;分社多个处室分别获广东省工人先锋号和全国交通建设系统工人先锋号,广东省文明单位、青年文明号,交通运输部亚运会交通运输保障先进单位等称号;多位职工获全国五一劳动奖章、全国交通运输系统劳动模范、企业文化建设先进个人等称号。仅在 2011~2013 年,广州分社就获得了中央、交通运输部、广东省、中国船级社总部等上级单位授予的集体荣誉 29 项,个人荣誉 20 项;下属三级单位获得当地政府部门授予的集体荣誉与个人荣誉 9 项;收到客户单位送来的感谢信函、锦旗约计 49 封(面),优质服务取得良好信誉。

4.“船韵清风”廉洁文化铸成精品

廉洁文化是广州分社文化体系建设的重要组成部分。结合质量、安全文化的实践,分社以推进廉政风险防控管理体系建设为支撑,逐渐凝结提炼形成了独特的“船韵清风”廉洁文化品牌,全面营造了“勤勉务实、廉洁从业”文化氛围。特别是充分利用已经运行 20 多年的质量体系的成功经验,建立了具有船级社特色的廉政风险防控管理体系。该体系运用风险管理的理论来分析识别员工履职过程、资源(人、财、物)管理过程、基本建设实施过程以及对外提供服务过程的廉洁从业风险,用质量管理的方法来管理廉洁从业风险的控制过程,包含教育、监控、检查、改进等各项工作程序。该体系运行实施动态监控管理,每季度监控一次,每年组织运行审核一次,并通过对监控、内审发现问题的不断改进来优化体系运行,确保防控有效性。该体系的全面实施,很好地将廉洁文化理念融入机制建设,用体系规范从业行为,弘扬廉洁精神,并逐渐形成常态机制,有效实现了廉洁文化建设与制度建设的深度融合。在全国交通运输企业文化建设高峰会上,分社向来自全国交通运输行业的 200 多家企事业单位 439 名代表介绍了“船韵清风”廉洁文化建设经验。

四、主要经验和体会

在文化建设中,广州分社充分吸取和借鉴了先进单位的文化建设优秀做法和经验，并结合自身的建设实践，在推进文化建设工作以品牌为导向的征程中也取得了一些经验或体会：

1.要找准文化建设基准

广州分社坚持以社会主义核心价值观、交通运输行业核心价值理念和中国船级社核心价值体系作为文化建设的基准，始终将文化建设作为对内提升团队凝聚力与员工创造力，对外增强核心竞争力与品牌影响力的重要战略。

2.要践行行业服务宗旨

“安全、环保，为客户和社会创造价值”的服务宗旨，是中国船级社数代船检人在长期的实践中积淀浓缩而成，是中国船级社也是广州分社业务属性和核心价值的精确诠释，是建设“综合交通、智慧交通、绿色交通、平安交通”的内在要求。践行服务宗旨是广州分社文化建设的落脚点和中心环节。

3.要坚持行业永恒主题

安全质量是中国船级社永恒的主题，也是交通工作永恒的主题。广州分社作为中国船级社的重要组成，一直以来牢牢把握国家船检主力军使命的内涵和本质要求，时刻以确保交通运输安全为己任，在文化建设中更是坚持把安全质量贯穿始终。文化建设最终的目标是为了推进工作，提升核心竞争力。一直以来，围绕行业永恒主题建立起来的服务文化、安全文化、质量文化、廉洁文化、管理文化在内的文化体系，对于进一步强化员工的安全质量意识、进一步提高分社整体服务质量、不断拓展市场份额发挥了积极的推动作用。

4.要坚持理念和方法创新

文化建设中，广州分社敢于开拓，推陈出新，积极倡导开放包容、求真务实、勤于思考、勇于探索的作风，将文化建设融入业务、融入队伍、融入制度；同时，注重文化育人，鼓励青年解放思想、大胆创新、积极作为。

5.要始终注重以“人”为本

人是生产力诸多要素中最积极、最活跃、最具主观能动性的因素。文化建设需要人来规划和实施，文化的精神和价值需要人来传承和发展。不管是在业务拓展中重视技术进步、安全质量、优质服务，还是在内部管理中强调和谐团结、人才培养、廉洁从业，这些都是在从“人”的角度出发来进行“顶层设计”。

五、文化品牌

船韵清风

六、文化品牌诠释

“船韵清风”是广州分社文化体系建设里廉洁文化建设的品牌。近年来，广州分社从单位实际出发，注重载体创新，着眼长远、立足长效，基本形成了管理文化、安全文化、质量文化、学习文化、专业文化、创新文化、服务文化、廉洁文化等“八大文化”体系，丰富了文化建设的内涵价值，营造了较为浓郁的文化氛围。“船韵清风”是廉洁文化建设的品牌项目。

在廉洁文化建设上，广州分社秉承中国船级社优秀的传统精神，发扬光大，并结合质量、安全文化的实践，逐渐凝结提炼，形成了独特的“船韵清风”廉洁文化。“船韵清风”既是一种内在的行业操守，也是一种外在的行业形象与客户需求。“清风”，意指廉洁之笃行与操守。“清风”体现了质量、安全背后的严格要求，是广大客户对船检精神的独特感受。“船韵”，意指富有船检特色的感召和谐图景，彰显了国家船检主力军、海洋强国建设生力军的使命感和责任感，寓意干部职工廉洁从业、优质服务，努力建设政府信任、行业满意、员工热爱的一流船级社。“船韵清风”蕴涵清廉之风，清廉之风滋润人的心灵，体现在学习工作和生活娱乐的各个方面，描绘出了“清风荡漾船安行，船检和谐平安君”的美好愿景。

七、单位标识诠释

中国船级社社徽

中国船级社社徽采用标准色蓝色，呈椭圆形，中心图形为龙和锚，四周环绕“中国船级社”及英文“CHINA CLASSIFICATION SOCIETY”。中国船级社社徽整体以椭圆勾勒画面，笔画流畅而舒展，龙紧紧缠绕着船锚，更使得图案紧凑而具有凝聚力，这些都表明社徽中的每一个因素都是精心配置，综合完成的，象征了中国船级社的个性、和谐以及永无止境的进取之心。

蓝色：代表高远宽阔、兼容并蓄。海至深为蓝，天至高为蓝，梦至遥为蓝。蓝色，是时代呼唤的生命律动的色彩，是博大的色彩，表现出一种美丽、文静、理智、安详与洁净，给人以高远与宽阔的感觉。蓝色亦是大海的颜色。大海容纳百川、托举红日，每一束浪花都激荡着不断创造的力量。

龙：代表团结奋进、福生谐天。龙是中国各民族共同崇奉的图腾，它是民族性格、民族精神的最好体现。龙的精神可以概括为团结凝聚、奋发开拓、造福人类、天地和谐的精神。龙图腾产生了一股巨大的向心力和凝聚力，使炎黄子孙共同为祖国繁荣富强而奋斗。

锚:代表安全护航、无私奉献。船锚是确保船舶安全的一种不可缺少的设备,主要作用就是固定、稳定船舶,将船舶安全可靠地停泊在预定的水域或海区。船舶有了锚,船上就有了安全感。“海事安全链”的“链”就是锚链。因此,在徽标中的锚反映的不仅仅是指船舶安全,而且还隐含系固船舶安全的各链环的共同安全责任。同时,船锚不怕埋没自己,当人们看不见它的时候,也正是它在为人们服务的时候。船锚的这种工作态度象征了中国船级社员工默默奉献、埋头苦干、扎实工作的可贵精神,也寓意着中国船级社为促进人命安全和环境安全所做出的不懈努力和贡献。

中国船级社社标

中国船级社社标是由“中国船级社”英文缩写简称为主体及中英文全称组成。社标以蓝、红两色作为基本色彩。整体呈长方形,象征着庄严、权威。中英文结合的方式,中文是中国的官方语言,英文表示中国船级社走向世界。英文简称的3个字母,圆润、饱满,象征着中国船级社的自信与实力。独创的中文字体,方正和谐,象征着中国船级社的创新精神与和谐理念。

社标以蓝色为基调,与社徽的颜色一脉相承,突出了中国船级社蓝色文化的内涵。红色象征庄严、权威,它是中国国旗的颜色,代表着中国船级社行使国家授予的船舶检验的权力,意味着中国船级社船检行为的国家属性。

红色亦是太阳的颜色,火的颜色,暗含着中国船级社的立志高远、胸怀梦想,还代表中国船级社的技术权威性,代表中国船级社员工工作严谨、警醒的科学态度。

“深海”之路

中华人民共和国深圳海事局

深圳作为一个改革创新、富有活力的年轻滨海城市，辖区海岸线长约260公里，自东向西包括东部港口群(以盐田港为主)、西部以招商集团为主的蛇口、赤湾、妈湾港口群和大铲湾为主的港口群。2013年，辖区船舶交通流量58万艘次，深圳港口集装箱吞吐量2327.8万标准箱，历史上首次超越香港，跃居全球第三，是中国华南地区国际集装箱枢纽港和中国综合运输体系中的主枢纽港。中华人民共和国深圳海事局是对深圳沿海水域和内河通航水域安全实施监督管理的主管机关。依据相关法律法规赋予的职权，负责辖区船舶交通安全和防止船舶污染工作，同时承担深圳海事救助分中心日常事务。局内设机构16个，处室办事机构4个，分支机构6个，所属事业单位1个。截至2014年5月31日，深圳海事局现有职工总数611人，其中在编公务员486人，在编事业编制人员8人，社会化用工117人。其中，研究生占26.94%，大学本科学历占63.88%，大学专科占7.55%。

深圳海事局经过十几年不懈努力，目前已形成了价值体系科学、规范，活动载体立体、丰富，建设成果全面、丰硕，在全国海事系统处于领先位置的“深海”特色文化品牌，培育了一支以“和谐促进事业发展，创新推动能力建设”核心价值观为日常行为准则的高素质执法队伍。在文化引领，和谐发展的思路指引下，在全国海事系统率先基本实现海事现代化，海事现代化水平节节攀升，海事文化指标100%达标，辖区水上交通事故率连续9年低于万分之零点四，推动深圳港，在港口船舶流量达到历史最高位58万艘次的超高密度复杂通航环境下，辖区水上交通事故率创历史新低，成为世界最安全的海港之一。在2007至2013年的社会满意度调查中，社会对深圳海事局的总体满意度连续7年超过或接近90%，2013年第三方测评社会满意度达94.89%。先后获得“交通运输文化建设示范单位”、“全国海事系统先进单位”、“深圳市文明单位”、“全国交通运输企业文化建设品牌单位”、“全国交通运输企业文化建设优秀单位”等荣誉称号。

一、文化建设动因

文化作为上层建筑，由物质基础决定，并对物质基础发展具有能动作用。跨入新世纪，通过全体干部职工的共同努力，深圳海事局进入快速发展阶段，海事队伍不断壮大，监管服务水平全面提升，辖区安全形势日趋稳定。如何把握时机，明晰方向，乘势而上，顺势而为，是深圳海事人不断思考的问题，此时的深圳海事迫切需要先进文化的引领与推动，队伍建设也需要营造共同的精神家园。正是基于海事科学发展的需要，深圳海事局在21世纪初便较早确立了文化建设与业务发展两手抓、两手都要硬的发展方针，以文化引领、和谐发展为总体思路，紧扣地域特点，将“深海”文化建设根植于“开拓创新、诚信守法、务实高效、团结奉献”的深圳精神。十几年来，深圳海事人以特区人勇争一流的精神和海纳百川的胸怀，走出了以“思路创新为先导，过程引领为重心，效果检验为推进”的特色文化创建之路，积淀出以核心价值体系、员工行为规范等为代表的精神文化，打造出海事文化季、读书活动、系列文化产品等物质文化，形成了海事服务质量管理体系、现代化指标体系等制度文化。海事局的“深海”文化以其日益强大的生命力，为深圳海事现代化发展提供源源不断的精神动力和智力支持，以其潜移默化的感召力凝聚深圳海事人的精气神，使和谐创新的因子内化于心，外化于行，成为引领深圳海事人干事创业，全面履职的核心价值观。

二、核心价值体系表述

深圳海事核心价值体系由使命、宗旨、愿景、精神、核心价值观五个部分组合而成。其中使命、宗旨与中国海事局保持一致，由中国海事局统一推出，在此指导下，结合深圳海事局文化特征、全局干部职工的文化气质，确定了具有深圳海事局特色的深圳海事核心价值观、深圳海事发展愿景和深圳海事精神。

核心价值观：和谐促进事业发展，创新推动能力建设。

愿景：海事科学发展“试验田”，海事国际化现代化“窗口”。

精神：一流海事服务，一流港口。

三、践行效果

1.“深海”文化落地工程

深圳海事局“深海”文化建设之路，是一个从不断摸索到思路清晰的过程，是一个长期反复实践的过程，更是一个内化于心，外化于行的过程，经历了文化自觉、自信、自强3个阶段。

(1)2002~2007年，是以明晰思路为先导的文化自觉阶段，全方位开展文化建设的探索活动

以学习深圳海事局全国劳模黄机宏同志为契机，通过典型导入的特色引导方式全面开启了文化建设大潮。成立党政一把手为主要负责人的文化建设专项工作小组，通过论文、发帖等形式调动全局干部职工主动讨论、思考文化建设的意义、作用与方式。开展多层次培训、文化专栏、文化大讨论活动等普及性工作，营造文化建设的浓厚氛围。在局外，开启第三方机构评估，全方位地对海事局的海事业务、内部管理、党建工作等内容进行评估诊断。在此阶段，明确了海事文化与业务发展软硬实力建设两手抓、两手都要硬的发展方针，逐步形成了“文化引领，和谐发展”的发展思路。

(2)2008~2010年，是以过程引领为重心的文化自信阶段，形成了系列实践模式与

文化载体

为保证文化建设的大众性与广泛性,将宏观的文化理论体系建设具象而微到每年的文化建设活动组织和实施,深圳海事局围绕每年的党组工作主题,设计年度文化建设主线,制定年度文化建设活动方案,实现了文化理论从抽象到具体,文化建设从无形到有形的转化;确立"一主多元"的文化实践形态,明确以"和谐促进事业发展,创新推动能力建设"为核心的"一主"文化实践形态,同时结合各基层单位特点,鼓励创建"多元"文化实践形态,确保了"深海"文化主题集中与内涵丰富的辩证统一;自 2008 年起倾力打造年度"海事文化活动季",先后举办了新年音乐会、趣味运动会、辩论赛、诗歌朗诵、书画摄影大赛、半军事化管理训练等活动,形成了以"海事文化季"为载体,涵盖"深海"论坛、"深海"对话、"深海"讲堂、"深圳海事超越号"等在内的特色平台。

(3)2010~今,是以深化实践为主题的文化自强阶段,深耕核心价值体系,打造"深海"文化品牌

经过多年"深海"文化浸润,"和谐·创新"氛围浓厚,涌现出一系列闪光点,在此基础上,不断完善层级先进典型培树和宣传机制,建立深圳海事局重大先进典型信息库,干部职工"想干事、能干事、会干事、干成事"的精神得到充分激发。通过北京中交企协的第二次第三方独立咨询评估,结合文化访谈、六次大讨论的成果,凝结形成深圳海事文化手册。手册内容包括核心价值体系、执法之道、管理之道、职工之道等,系统全面地阐述了深圳海事局的核心价值观、发展愿景、发展精神等一系列关键内涵,出版《深海之路》、《十年磨一剑》等系列文化有形产品,设计完成独特的动态三维形象识别系统,"深海"特色文化品牌构建逐渐完善。海事局结合全面推进深化改革和海事"三化"建设,2014 年创新文化活动形式,以随手拍活动进一步激发干部职工参与文化建设热情,特色文化品牌的生命力得到进一步加强。

2."深海"文化成果展示

"深海"文化建设走过十几年历程,其成果全面、丰硕,包括了记录"深海"历程和特质的有形文化产品、"深海"文化建设的科学评估与规划体系、"深海"文化的典型培树和激励机制等,从物质、制度和精神方面正深刻地影响着深圳海事科学发展和全面推进海事"三化"建设的进程。

(1)物质成果

拍摄制作了正式出版的《追梦之路》、《深圳海事局海事文化季新年专场音乐会》等 20 余部宣传片,立体展现了全局各项工作及机关基层单位的风貌,这在全国海事系统尚属首次。来自于"深海"论坛和海事文化活动季,深圳海事人近百万字的原创文章,集结成"深海·色彩"等系列丛书 8 册;印制各类文化画册、文化墙报专栏等数十期;设计了第一套完整的平面、立体及动画标识,已对"深海"文化标识(LOGO)进行了知识产权注册;制作"十年磨一剑"系列文化产品,包括画册《深海之路》、视频《责任铸就海上安全特区》,回顾了深圳海事局十年来攻坚克难,勇攀高峰,用责任铸就海上安全特区,

努力创建"深海"特色文化品牌的历程。

(2)制度成果

建成了海事系统内第一个经第三方机构评估通过的深圳海事文化手册,内容包括核心价值体系、执法之道、管理之道、员工手册等,系统全面地阐述了深圳海事的核心价值观、发展愿景、发展精神等一系列关键内涵;形成定期开展海事文化季的机制,制定文化建设活动方案,并纳入局年度工作目标;印发海事局"十二五"精神文明建设工作规划,在海事现代化指标体系中建立明确的海事文化指标,使文化建设与海事中心工作紧密结合,文化理念固化为干部职工的自觉行为;创新思路,将"深海"文化品牌认知度及核心价值观认同度纳入第三方社会满意度测评指标体系,构建起以理论体系为支撑、总体规划为指引、指标考核为保障、社会满意度为监督的特色文化品牌建设制度系统。

(3)精神成果

通过发挥"深海"文化的激励、引导和凝聚作用,以文化人,以文育人,层级先进典型培树机制将"和谐·创新"精神内化为全局干部职工的日常行为准则,形成了一支富有战斗力、追求一流的"深海"执法队伍。全局干部职工共有8人入选中国海事领军人才库,包括船舶安全检查官、危管防污监督官、海事调查官及船舶交通服务(VTS)专业队伍在内的"四支队伍"初步建成,数十人通过竞争上岗走上局、处两级领导岗位,全局干部职工齐心协力,成功应对了深圳世界大学生运动会水上安保、西气东输二线海底管道铺设大型涉海重点工程安全保障等一系列急难险重任务,全局"十一五"期间共取得包括中国航海科技奖特等奖等在内科技项目成果101项,发表海事专著及论文235项。

在"和谐·创新"的文化引领下,深圳海事人的政治觉悟不断提高,理想信念更加坚定。在党的群众路线教育实践活动中,广大干部职工以高度认真的态度、无私无畏的勇气听取意见、查摆问题,以团结共进、互帮互助的精神开展相互批评,在和谐的文化氛围下达到了提升自我、帮助同志、增进团结、促进工作的效果。

(4)社会评价

随着"深海"文化品牌影响力的不断扩大,受到各级、各类媒体的广泛关注。如中央电视台五套报道深圳海事局组织开展的"绿色大运 海洋之星"评选活动,宣传关爱海洋环境的文化氛围;中央电视台《我爱发明》栏目,就海事局职工发明的"落水集装箱应急处理装置"等发明项目制作了一期时长60分钟的节目——《怒海捕手》,开创了海事系统在中央媒体进行此类宣传报道的先河;凤凰卫视、湖南卫视等主流媒体先后对深圳海事局海事工作进行宣传报道;《中国交通报》曾以《让精神的力量飞翔》为题头版报道深圳海事局文化建设;《"深海"文化名片获肯定》获中国交通报、中国水运报头版报道,《文化魅力济"深海"——深圳海事特色文化建设彰显品牌效应》获中国交通报深度报道,《世界最安全港口,我们的追求》获中国交通报"海事正能量——'人民满意海事'好形象推选展示"专栏报道等。

"深海"文化品牌的创建获得了行业、政府、社会的支持与认同。近几年来,全局及所属部门、单位先后荣获“全国五一巾帼标兵岗”、“全国交通文明行业”、“广东省文明单位”、“交通运输文化建设示范单位”、“全国交通运输企业文化建设优秀单位”等荣誉称号,2012 年、2013 年深圳海事局连续两年被评为全国交通运输企业文化建设优秀单位,2013 年被评为深圳市文明单位、全国交通运输企业文化建设品牌单位。2005 年至今共获国家、省市级以上各类荣誉 100 余项,有 150 余人次荣获“全国五一劳动奖章”、“深圳市劳动模范”等各级各类荣誉称号。

四、主要经验和体会

1.以思路创新为先导,建成层级文化建设模式和“一主多元”文化实践形态,形成内涵科学、丰富的“深海”文化品牌理论体系

明确的建设思路是确保“深海”文化品牌创建的前提保障,为此,深圳海事局在部署“十一五”文化建设规划基础上,在第三方评估机构全面访谈、调研的前提下,先后两次出台“深海”文化品牌建设规划及推进手册,并制定了“十二五”精神文明建设工作规划,确立了特色鲜明的层级建设模式和“一主多元”文化实践形态,建成了完备、规范的“深海”文化品牌价值体系,为科学、有序开展各项文化实践活动提供了有力思想保障。

(1)打造层级建设模式,确保“深海”理论体系科学规范

一方面注重文化理论体系的落地生根,将文化建设与局党组年度工作重点紧密结合,明确每年文化主题,实现理论体系从宏观具象到微观,从抽象转化为具体的转变。如 2012 年以践行核心文化体系,深化“深海”文化品牌,推进“四型海事”建设为主题,2013 年以深入推进“四型海事”建设,全面塑造“深海”文化形象为主题,2014 年以全面推进“三化”建设,丰富“深海”文化品牌为主题等。另一方面注重大众参与性与理论科学性的深入结合。自 2007 年至 2012 年底,聘请三家专业第三方评估机构,共组织覆盖全局所有部门、单位,半数以上干部职工的 3 次文化访谈、诊断,开展了 6 次“深海”价值体系大讨论。通过这种总体思路—特色文化实践理念—具体工作主题—工作思路第三方验证的层级建设模式,建成了以“和谐促进事业发展,创新推动能力建设”核心价值观为重心,包括使命、宗旨、愿景、精神、核心价值观等在内的完整的“深海”核心价值体系。经第三方机构测评,干部职工对核心价值体系的认同度达到 95%,确保了“深海”文化理论体系的科学性、广泛性。

(2)确立“一主多元”文化实践形态,丰富“深海”理论体系内涵

为强化“深海”文化理论体系对于海事业务工作的引领激励作用,形成了文化的大众性与个性化相结合的实践思路。在强调以“和谐促进事业发展,创新推动能力建设”核心价值体系为核心的“一主”文化实践形态的同时,结合各部门、单位业务特点和人员结构,鼓励“多元”文化实践形态创建,分别指导建立了以“自我超越”为核心的学习文化实践形态,以“从心沟通开始”为核心的和谐文化实践形态,以“担重解难”为核心的责任文化实践形态,以“特别能战斗”为核心的甲板文化实践形态,这种从全局到基

层的“一主多元”文化实践形态，确保了“深海”文化内涵主题集中和丰富多元的辩证统一，凸显了“深海”文化的生命力。

2.以过程引领为重心，打造海事文化季为主线，涵盖系列“深海”平台的立体载体

“深海”文化建设过程中，深圳海事局坚持过程引领，通过打造海事文化季这一特色载体，形成了包括“深海”论坛、对话、讲堂、音乐会、深圳海事超越号等系列平台，突出了全员参与、过程引领的创建思路，“深海”文化品牌的大众性与引领性特色得到充分展现。

(1)依托海事文化季，打造“深海”文化品牌坚实载体

为推动“深海”文化深入人心，充分发挥助力海事中心工作的作用，自2008年起，深圳海事局倾力打造“海事文化季”这一载体，文化季强调“深海”文化品牌打造与海事发展、业务工作的结合，强调全局性活动与各部门、单位主题活动结合的原则，由专门的领导小组和工作人员根据年度工作主题负责策划，实施推进。组织开展了诗歌朗诵、辩论赛、职工文艺会演、巡航体验、报告会、书画摄影展、新年专场音乐会等系列丰富多彩的活动。各基层单位围绕学习、和谐、责任、特别能战斗等主题，组织了拓展训练、读书活动、签证比武等单元主题文化活动。这些活动涵盖从加强理论学习到提升文化素养的方方面面，有效实现了品牌创建理论与实践的有机结合，激发了全局干部职工参与到文化建设中，共同塑造“深海”文化品牌的积极性，海事文化季成为熔炼“深海”文化品牌的最重要载体。2012年深圳海事局承办全国海事系统海事文化季启动仪式，使“海事文化季”这个载体走出深圳，走向全国，充分展示“深海”文化品牌的魅力。

(2)立体培育“深海”系列平台，深入提升干部职工文化素养

深圳海事局“深海”文化建设形成了一批特色鲜明、立体丰富的平台，确保了文化建设过程的扎实有效。依托综合办公平台创建实名制“深海”文化论坛，各部门、单位人员围绕构建海上安全特区、寻找身边闪光点等系列主题发表原创文章，“深海”文化论坛成为深圳海事人凝神聚力、谈思论想的网上精神家园。创办“深海”讲堂，邀请局领导、专业领军人才、业务骨干授课，内容从业务知识到党建专题，从公文写作到国际公约，几年来共举办过百期，成为干部职工学习交流、成长进步的重要阵地。定期举办“深海”对话活动，围绕“海事现代化”、“廉政文化”、“读书心得”、“深海梦”等主题，实现了局领导和干部职工代表、机关与基层之间的良好互动和交流，“和谐·创新”文化因子得到充分展现。组织由深圳海事合唱团与深圳交响乐团共同合作的“深海”专场音乐会，邀请全局干部职工的家属和社会各界人士参加，在高雅的艺术氛围下，“深海”文化广泛传播，良好的深圳海事形象得以塑造。将文化建设与党的群众路线教育实践活动相结合，充分依托“深海”对话、“深海”讲堂等平台，广泛听取干部职工、群众的意见，增进领导干部与普通职工的交流，达到了听民声、察民情、解民忧的效果。

3.以效果检验为推进，层级典型培树机制提升队伍素质，形成“深海”系列文化产品

“深海”文化经过数年精心打造，“和谐·创新”精神深植全局干部职工心中，“和

谐促进事业发展,创新推动能力建设"为核心的价值体系已成为深圳海事人干事创业的自觉行为与精神动力。

(1)助力海事中心工作,全方位提升干部职工综合素质

"深海"文化建设始终坚持与海事中心工作紧密结合,在全面履行监管服务的实践中检验文化品牌建设的实效。在多年"深海"文化浸润下,深圳海事人逐步形成了"一流海事服务一流港口"的精神,涌现出以"甲板上轻骑兵"等为代表的系列身边闪光点,以"深圳海事超越号"帆船队为代表的系列集体闪光点,以"为大运安保尽每一份力"为代表的关键时刻闪光点。在此基础上不断完善层级典型培树和宣传机制,形成了海选局内年度十大标兵,从一线干部职工中挖掘海事系统先进典型等良性机制。2013 年建立深圳海事局重大先进典型信息库,以"自动纳入、定期调整"的运行方式,进一步巩固了先进典型培树和学习长效机制。2014 年深化"长志创新团队"、"女子开箱队"等先进典型团队建设,干部职工"想干事、能干事、干好事"的精神得到充分激发,在各项海事中心工作、党的群众路线教育实践活动、"三化"建设中真抓实干,展现了良好的深圳海事队伍形象。

(2)打造系列有形文化产品,立体展示"深海"文化品牌形象

借助看得见、摸得着、用得上的文化产品,文化品牌理念能得到形象直观地展现和传递。深圳海事局结合文化访谈、六次大讨论的成果,凝练形成了深海文化手册,与此同时,"深海"文化标识(LOGO)、文化丛书、宣传片等系列产品不断出炉,举办了 120 多次全局性文化活动、超过百万字的职工原创文章、愈千次的媒体报道,"深海"文化品牌通过文化产品的传播,展示出巨大生命力和影响力,"深海"文化品牌形象得到全方位展示。

五、文化品牌

"深海"文化

六、文化品牌诠释

深圳海事文化在长期的建设与发展中,形成了内涵丰富、体系完善、载体创新的特色文化品牌——"深海"文化品牌。"深海"文化品牌形式上能够直观、鲜明的反映深圳海事业务特点,符合深圳地域特色,内容上意蕴深远,可展现出与海事系统、深圳特区文化的一脉相承,体现深圳海事局文化建设源远流长,深圳海事人"和谐、创新、忠诚、一流"等众多优秀品质也尽含其中。"深海"文化品牌的内涵可从以下几个层面进行诠释。

1.文字层面

"深海"是深圳海事局的简称,能够形象、直观地反映深圳海事的地域特色和职能属性,在海事系统中具有标识的唯一性和较高的辨识度。

2.感性层面

能激发联想,并因而产生认同和接受是品牌设计的要求之一。如同广为人知的人物形象,谍战片《潜伏》中以“深海”为代号的余则成。“深海”象征着深圳海事人在科学发展之路上不断追求、传承、并强化的精神特质:

对理想信仰的坚定执着。坚定于海事科学发展“试验田”、海事国际化现代化“窗口”的深圳海事发展愿景,加强规范化管理,持之以恒地推进海事现代化建设。

对履行使命的不懈努力。在海事管理各领域追求理念创新、制度创新、科技创新,坚持“一流海事服务一流港口”的深圳海事精神,持续提升素质能力,全面履职,辖区安全形势持续稳定。

对组织的高度忠诚。在重大考验面前团结一致、同心同德,以对组织的高度忠诚抵御内外部的强大冲击,经受住了考验。

面对各种挑战时的坚韧不拔。在国家海洋发展战略、深圳市产业转型升级、海事系统核编转制等一系列挑战中始终保持忧患意识和进取精神,以“和谐促进事业发展,创新推动能力建设”的核心价值观为引领,找准发展定位,创造发展动力,展现深圳海事价值。

3.实践层面

“深海”文化品牌的内涵来自于发展历程的提炼,是反复实践、总结、提升的递进过程。2012年,深圳海事局开展了以“和谐·创新”为主题的评选深圳海事科学发展10件大事活动,选出的10件大事全面诠释和凝练了深海之动、容、衡、新、矩、美、涌、清、力、蓝等十大内涵,展现了和谐共处、安全共赢、科学管理、优化服务、创先争优等深海精神。

4.理性层面

“深海”亦可体现基于蓝海战略和“深蓝”理论的目标,即要适应国家经略和由近海走向深海的发展趋势,在“九龙治海”到“五龙治海”直至目前的“两龙治海”的形势下,保持自身的发展空间,保证全面履职。

5.文化层面

“深海”文化品牌创建与马斯洛需求层次理论紧密相通,它从满足深圳海事干部职工的生存、安全、情感归宿、尊重和自我实现的层级需求出发,因时制宜,乘势而为,形成了具有深海特色的精神文化、制度文化、物质文化、行为文化,确保文化建设对事业发展和队伍建设的推动作用。

“深海”文化品牌作为深圳海事局“十二五”规划中特色品牌建设的重中之重,将从理论体系完善、载体平台丰富、文化产品出台等方面进一步予以推进。深圳海事局将结合党的十八大和十八届三中全会的精神以及海事系统加强“革命化、正规化、现代化”建设的要求,继续发挥文化引领作用,打造人民满意的深圳海事。

万里长江海事魂

中华人民共和国长江海事局

中华人民共和国长江海事局是长江航运重要的支持保障系统，是经国务院批准设置的交通运输部直属14个海事局之一。其前身是1965年国务院批准建立的交通部长江航政管理局，1989年7月更名为交通部长江港航监督局，1999年10月成立长江海事局。

长江海事局代表国家依法履行水上安全监管、防止船舶污染和水上人命救助职责，管辖重庆至安徽2100公里长江干线、1000公里支流汉河以及19个水库、湖泊，并担负长江干线宜宾到上海段的安全通信保障和引航管理职责。下设重庆、三峡、宜昌、荆州、岳阳、武汉、黄石 、九江、安庆、芜湖10个分支海事局和长江引航中心、信息中心、长江船员考试中心等局属单位。现有职工8000余人，全线搜救中心、海巡艇、执法车和海事趸船800多座(艘)，固定资产近25亿元。长江海事局是交通运输文化建设示范单位。

长江海事辖区内分布着重庆、武汉和芜湖等27个主要港口，年货物吞吐量18亿吨，各类码头3244座，已(在)建大桥68座，常年航行辖区船舶6万余艘，涉及船公司2200多家。被形象地概括为“六多一杂”：即港区和停泊区多、渡口渡船多、桥区坝区多、油区和危险品作业点多、船舶及船公司多、水运从业人员多、通航环境复杂。

一、文化建设动因

文化，是一个国家、一个民族的根之所系、脉之所维。文化是人创造的，是为人服务的，反过来，文化又熏陶人、塑造人、发展人。文化在社会发展中的作用日益突出，加强文化建设已经从企业向社会各行各业延伸。文化被作为社会核心竞争力的重要内容，日益受到重视。从某种程度而言，文化就是资源，就是品牌，就是生产力。借助文化力量推进管理，更能调动广大职工的积极性、主动性、创造性，增强活力和竞争力。实施文化管理，成为管理革命的新浪潮。

万里长江源远流长，海事文化生生不息。在从航政到港监再到海事不平凡的发展历程中，长江海事局以“革命化、正规化、现代化”为指针，认真践行交通运输行业核心价值观，积极推进海事文化建设，经过试点筑基、全面推进、发展固化3个阶段，形成了以“人和、忧乐、坚韧”精神为核心，以理念文化、制度文化、行为文化、形象文化为主要内容的长江海事文化体系，以文化软实力促进长江海事科学发展。

长江海事局确定建设一流强局的目标后，迫切需要一种精神和文化力量，承担起“营造氛围、凝心聚力”，“激励职工、规范行为”，“提高素质、塑造形象”三大任务，把全体干部职工凝聚成一个有机的整体，以共同的价值观念、共同的目标追求，推动和实现长江海事事业又好又快发展。用文化推进管理、提高职工素质、提升长江海事内在品质、服务海事中心工作，得到全局干部职工的广泛认可和高度重视。同时，用文化的手段巩固海事文明创建成果，也成为海事系统精神文明建设的新突破口。

因此，长江海事局提出“推动管理模式由经验管理、科学管理向文化管理转变”的构想，把文化建设纳入重要日程，组织文化活动，开展课题研究，通过文化的力量，推动长江海事跨越发展，承载起长江海事的强局之路。

二、核心价值理念体系表述

(1)核心价值观：执法为民，服务发展。

(2)使命：让航行更安全，让长江更清洁。

(3)愿景：一流强局。

(4)精神：人和，忧乐，坚韧。

(5)职业道德：恪尽职守，清正廉洁，服务人民，无私奉献。

三、践行效果

2004年初以岳阳海事局为试点，迈开了长江海事文化建设的第一步。同年11月召开现场会，对岳阳海事局文化建设进行了经验总结，并向全线推广。2005年制定出台了《长江海事文化建设指导意见》，明确了“人和、忧乐、坚韧”精神表述语等价值理念及其内涵，奠定了长江海事文化建设的基础。

2006年后，文化践行进入全面推进阶段，出台了《长江海事文化手册》，构建了以“人和、忧乐、坚韧”精神为核心，以理念文化、制度文化、行为文化、形象文化为主要内容的长江海事文化体系。在长江海事文化总体架构指导下，局属各单位结合地域文化和工作特质，开始构建富有特色的海事分支文化，到2011年底，逐步形成了各具特色的13个分支文化体系，长江海事文化体系逐步完善。

2012年以来，组织编撰了“1+13”长江海事文化大系，固化了长江海事10年文化建设成果。先后涌现了芜湖局“八百里皖江一帆风顺”、宜昌局“激情海事·平安峡江”、岳阳局“潇湘三江·人水和谐”、安庆局“和风宜航”、引航中心“国门形象第一人”等影响较大的文化品牌，文化实践活动扎实推进，海事文化落地生根。拟定了《长江海事“十三五”文化建设规划》，明确了在新的历史时期长江海事文化建设的发展思路、任务及目标。长江海事局的文化建设进入发展固化阶段。

长江海事文化建设围绕中心，突出主题，通过实施文化品牌打造、示范单位引领、先进典型培树、文化骨干培养、形象宣传塑造“五大工程”，文化体系持续完善，文化机制不断健全，文化成果更加丰富，践行效果明显，海事系统软实力持续增强。

1.文化建设路径明确清晰

在“文化兴局”战略思想的指导下，2004年出台了《长江海事2020年精神文明建设纲要》,明确了"十五"期末文化建设初步成形,"十一五"期末实现"4个明显","十二五"期末"123"的建设目标。2005年出台了《加强长江海事文化建设指导意见》,明确了文化建设的指导思想、基本原则、主要任务和保障措施。2010年,出台了《"十二五"长江海事文化建设规划》,明确了"十二五"期间文化建设的主要目标和重点任务,即大力实施文化品牌打造、示范单位引领、先进典型培树、运用载体推进、形象宣传塑造等"五大工程",努力打造十大长江海事文化特色品牌,创建20家长江海事文化建设示范单位,选拔培养30名长江海事文化领军和模范人物。2014年,初步制定文化建设"十三五"发展规划,明确了文化建设的发展思路、任务、目标。

2.文化建设机制不断完善

坚持把文化建设作为一把手工程,努力构建党委统一领导,行政全力推进,部门组织协调,全员积极参与的文化建设领导体制和工作机制,实行文化建设与中心工作同部署,同检查,同考核,同奖惩。评选表彰文化建设示范品牌、示范单位,发挥其示范引领作用。成立文化建设专班,组织开展"长江海事文化创新与实践"和"长江海事精神内涵诠释"等课题研究;举办文化骨干培训班,培养文化建设骨干队伍;成立文化建设专家组,为文化建设提供智力支持;形成了长江海事系统的文化建设梯队,3名同志荣获长江航务管理局文化建设双十杰。以长江上、中、下游3个政研分会为平台,加强片区单位精神文明建设和文化建设研究;打造长江海事文化建设网页、网上图书馆等,积极构建海事文化传播平台;积极参与长江作家协会、长江诗词协会、长江文化联合会、长江航运精气神书法协会等文化团体。采取走出去、请进来的方式,借鉴其他行业和单位的经验做法,保持文化创新活力。

3.核心价值理念深入人心

2004年在岳阳海事局进行的文化建设试点,标志着长江海事局文化管理的构想正式启动。随后,广泛开展了提炼核心价值理念、征集长江海事精神表述语等活动,在深入调研、征求意见的基础上,广纳群智,集中研讨,提炼出了长江海事局的愿景、使命、宗旨、目标和精神,形成了以"人和、忧乐、坚韧"为核心的长江海事精神。人和,即以人为本的和谐环境,体现了古老川江的人文历史;忧乐,即责重于山的忧乐意识,蕴含了九曲荆江的湘楚文化;坚韧,即矢志不渝的坚强韧劲,展现了八百里皖江的意志品质。长江海事人首次明确和拥有了感情上真诚认同的价值理念和共同精神追求。

4.特色文化体系完整丰富

围绕核心价值理念和安全发展的使命追求,构建了以理念文化、制度文化、行为文化、形象文化为主要内容的长江海事文化体系。

(1)理念文化建设

提炼形成了以"人和、忧乐、坚韧"的核心的长江海事精神、以13个分支文化体系为支撑的特色文化架构。2009年,提出了队伍正规化、监管现代化、执法规范化、信息网络化、联合执法一体化的"五化"发展战略。2013年,在部党组加强海事系统"革命化、正规化、现代化”建设的重大决策和部署下，长江海事局确定了实施思想政治教育、水上安全监管、海事公共服务、海事创新驱动、行政管理执法和人力资源管理六大工程，实现海事核心价值、监管能力、服务水平、发展内生动力、依法行政水平和队伍素质六大提升的“三化”建设蓝图，丰富发展了理念文化的内涵。

（2）制度文化建设

建立了长江海事局以宏观管理为主、分支机构以业务管理为主、派出机构以现场管理为主的3级管理体制，运行了以安全监管为中心，覆盖海事业务、行政和党群工作的海事管理体系。形成了“456”水上安全预警机制、人命救助“1540”快速反应机制以及船舶、船员、船公司和船检“四位一体”长江水上诚信管理体系；构建了客渡船“116”长效机制、危险品“1+6”管理机制及学生渡“1+5”综合管理机制；辖区2100公里实现分道航行和定线制全覆盖。全系统推行职务等级标识制管理，实施了年度方针目标及绩效考核管理。构建了“199”惩防体系和“2+4”反腐倡廉工作格局，形成了“四级争创”的文明创建格局，实施了党建带团建及青年引航制度。

（3）行为文化建设

全员开展大讨论、大练兵、大比武，组织开展全员军训及成果演练评比，制定落实半军事化“四个规范”，队伍面貌焕然一新。制定实施了行政执法人员行为规范，出台了政风建设七项严禁、执法人员十大忌语，全线推行敬礼执法、微笑服务。开展“八个一”标准化海事处、“四个一”规范化办事处建设；在此基础上，推进海事处“行政执法一面旗”、执法大队“一日工作制”建设。

（4）形象文化建设

按照部海事局局徽、局旗使用管理办法等规定，规范建设了各级海事管理机构办公场所；全面建成局属单位业务用房，建设了长江海事局政务大厅和62个标准化长江水上政务中心；海巡艇从40米级~15米级实现了系列化配备。规范海巡艇、执法车标识以及海事旗、海事徽、海事之歌的使用管理，实施船舶“5S”管理，推行船舶日常管理的精细化、标准化。

5.分支文化特色鲜明

在长江海事文化总体架构下，局属各单位结合地域文化和工作特质，深入开展文化建设活动，按照成熟一个推出一个的原则，形成了重庆局“尚行”文化、三峡局“畅安”文化、宜昌局“激情”文化、荆州局“求索”文化、岳阳局“忧乐”文化、武汉局“责任”文化、黄石局“执行”文化、九江局“争先”文化、安庆局“和谐”文化、芜湖局“对比”文化、引航中心“引航”文化、信息中心“超越”文化、考试中心“发展”文化，13个分支文化体系各具特色、精彩纷呈。

6.文化建设载体逐步丰富

自2004年起，连续11年开展了文化建设“五个一”活动，先后开展了文化理念语（画）和职工诗文征集评选、职工综合技能大赛、半军事化建设成果演示、“廉政故事汇”

巡讲、海事事故典型案例青年 flash 比赛等 50 余项助推文化建设的活动。积极倡导快乐工作，健康生活理念，成立书面、摄影、棋牌、球类等兴趣小组，连续开展 11 届职工综合技能大赛、4 届职工运动会；结合海事工作实际，创作文艺作品，组织全线文艺汇演；加强文化阵地建设，完善职工书屋、流动书箱等群众性文化设施，制作文化宣传展板、专栏，规范文化上墙标语、标识，各单位都制作了各具特色的文化宣传展示中心，推进文化进机关、进处队、进船艇。开展“青年聚智”行动，连续开展 3 届“小发明小创造小创意”活动，激发广大干部职工的创新创造活力。

7.文化建设品牌精彩纷呈

芜湖海事局搭建“看听讲读找”五大服务船员载体，实施“十心惠民”，建设“十全皖江”，打造了深受广大航运企业、船民和涉水管理部门认可喜欢的“八百里皖江一帆风顺”文化品牌。宜昌海事局的“激情海事·平安峡江”文化品牌促进了该局辖区水域连续 5 年无等级以上运输船舶事故、无人员伤亡。岳阳海事局“潇湘三江·人水和谐”、安庆海事局“和风宜航”文化品牌深入人心，引航中心“国门形象第一人”得到了各级领导的高度肯定和行业广泛共鸣。“船员流动学校”送水上安全知识到船头、进船家，长江水上安全信息台“长江之声”搭起海事部门与行政相对人信息及情感沟通的桥梁，享誉长江。全线海事处、引航站、通信处、考试中心争创“一面旗”，文明创建向素质、能力、形象等软实力提升；执法大队推行“一日工作制”，提炼了有自身文化特色的“大队宣言”和工作定位，让规范成为习惯，让习惯符合规范，提升了执法团队文化力。

8.文化产品成果不断涌现

组织开展文化大系之“1+13”的编撰出版工作；推出了《人和》《忧乐》《坚韧》长江海事精神内涵诠释丛书、《长江海事文化理念语集萃》、《江风海韵职工诗文集》、《姚泽炎报告文学》、《从这里出发》、《在全面履职中奉献青春》等一大批文化产品；拍摄了《万里长江海事魂》、《励磨出剑锋》、《众志绘宏图》、《创新赢未来》等一批海事形象宣传片；播出了长江海事首部微电影《校船》；创作了《平安长江》等一批行业歌曲。每年出版一册《聚焦长江海事》新闻作品，编辑出版《长江海事》杂志；《为了母亲河更清洁》荣获 2013 年“杜邦杯”环境好新闻奖。长江海事宗旨、使命、精神、作风、目标、战略等理念逐渐深入人心。长江海事局、芜湖海事局被命名为交通运输文化建设示范单位，宜昌海事局、武汉海事局、岳阳海事局、引航中心、南京通信管理局 5 个单位获荣长江航运文化建设示范单位称号。

9.文化建设助推长江海事科学发展

精心培育的海事文化力，充分发挥了引领、凝聚、鼓舞作用，强力助推了海事各项工作取得新成效，成就了海事新发展。

（1）文化执行力提升安全监管新业绩

近年来，在长江货运量已位居全球内河第一情况下，有效保证了 2100 公里长江干线、1000 公里支汊河道及 19 个水库、湖泊的水上安全和水域清洁，维护了年均 6000 多万人次平安过江，人命救助成功率达99%，实现了辖区连续11年无一次性死亡30人及以上群死群伤事故及重大船舶污染事故，事故4项指标持续低位运行，引航通信保障有力，海事形象全面优化，社会满意度明显提升。

（2）文化创新力催生科学发展新举措

成功锁定辖区“十大风险源”，牵住客渡船“牛鼻子”，形成了“4R”监管新模式，全线推行“有痕管理、无打扰服务”的电子巡航安全监管新模式，构建了船舶、船公司、船员、船检“四位一体”的长江水上诚信管理体系，形成了危险品“1+6”长效管理机制，构建了联合执法机制，安全监管能力及执法水平不断提升。

（3）文化引领力树立海事队伍新形象

大力推进队伍正规化及半军事化建设，开展全员军训及成果演练评比，落实半军事化“四个规范”，开展执法大队“一日工作制”，推行“敬礼执法”和“微笑服务”，实施3年岗位大练兵和百题知识测试，海事人员纪律观念明显增强，工作作风明显改进，行政执法明显规范，长江海事形象全面提升。

（4）文化鼓舞力促进行业文明新发展

两级机关创“五型”、海事处（引航站）创“一面旗”、执法大队创“一日工作制”、海事官员争当“泽炎式标兵”，形成了文明创建“四级争创”格局，文明创建向素质、能力、形象等软实力建设转型。长江海事局连获三届“全国文明单位”，局属13个单位全部跨入省级文明单位行列，其中重庆海事局、培训中心荣获全国文明单位称号，引航中心获精神文明建设工作先进单位称号。

四、主要经验和体会

1.必须增强文化建设的领导力

领导是文化建设最有力的倡导者和培育者。党政主要领导带头示范，大力倡导文化建设，各级领导亲力亲为，一级带着一级干，一级抓给一级看，经过10余年的实践，逐渐形成了党委行政统一领导，各级部门精心组织，全员积极参与的文化建设局面。2012年把“文化强局”列为全年工作的五大关键词之一，文化强局的战略地位更加突出。

2.必须增强文化建设的感染力

文化的实质就是“人化”，功能就是“化人”。文化建设必须坚持用精神凝聚人，用理念教化人，必须坚持以人为本，贴近生活，贴近职工，贴近工作。通过开展群众喜闻乐见的文化活动，完善群众性文化设施，丰富和活跃职工文化生活，实现文化进机关、进处队、进船艇，推进文化入脑入心、落地生根。

3.必须增强文化建设的推进力

海事文化建设，是一个“滴水穿石”的系统工程，不可能“一蹴而就”，必须坚持循序渐进的原则，坚持不懈地开展文化实践活动，变正确的价值观念为职工的群体意识和行为习惯,使广大干部职工自觉成为文化的倡导者、传播者、建设者。遵循这一规律,长江海事局连续11年开展年度海事文化建设“五个一”活动、11届职工综合技能大赛和4届职工运动会。

4.必须增强文化建设的服务力

文化建设不能就文化建设而文化建设,必须紧贴单位改革发展稳定的实际,与单位的发展战略、与中心工作有机结合,提高文化建设的针对性和实效性,运用文化功能服务大局,促进安全监管中心工作。

八百里皖江一帆风顺

中华人民共和国芜湖海事局

中华人民共和国芜湖海事局是长江海事局10个分支局之一，也是历史悠久的分支局，1965年建局。从古代的漕政，近代海关，特别是航政、港监时期，芜湖海事局一直是主管长江安徽段八百里皖江的分支局。2005年5月与皖江沿江六市地方机构合分别组建了芜湖和安庆海事局。目前有6个局属单位，16个机关部门，5个办事处，15个执法大队；人员总数近900人，海事人员近500人，辅助人员近200人，离退休人员近200人；执法车辆50台，海巡艇囤40艘，办公站房30座，信息化系统20套。

芜湖海事局也是长江上管段繁忙的分支局。管辖的长江安徽段水域有：长江干线水域175公里，支流水域157公里，13个主航道8个副航道交汇、弯曲、浅窄，警戒区、渡区、桥区、锚地等复杂水域有60多处；船舶日均断面流量1500艘，高峰2000艘，年均进出港船舶20万艘次，年渡运量700万人次，300万车次；港口码头350多座，年吞吐量近2亿吨，通航最大船舶2.2万吨，小至渡船、渔船、自用船，以及海船、砂船、危险品船、大型船队、吊拖船队，形成混合交通流。海事业务占长江海事局比例：外国籍船舶口岸管理港口国检查占90%，海轮进江船舶安检占50%，船舶登记、公司审核、行政处罚、船员记分占30%，船舶进出港签证、内河船舶安检、船舶船员证书发证占25%，规费征收占20%，港建费征收占50%。

一、文化建设动因

1.社会政治背景

（1）品牌建设是芜湖海事局深入贯彻落实党的十七大精神的具举措

为贯彻党的十七大报告中提出的“文化软实力是综合国力和国际竞争力的重要组成部分。要激发全民族文化创造力，提高国家文化软实力。”全国各行各业掀起了文化建设的热潮，交通运输部提出了文化建设“十百千工程”、长江航务管理局提出文化建设“六大工程”，长江海事局也提出了文化建设“十二五”发展“123”目标。芜湖海事局以党的十七大精神统揽全局文化工作，深入贯彻落实科学发展观，紧紧抓住文化大发展大繁荣的重要战略机遇期，不断加大文化创新力度，用新的文化发展观，推进文化机制创新，促进全局文化事业的大繁荣、大发展。

（2）品牌建设是芜湖海事局践行“三个服务”的努力尝试

2006年7月，交通部党组在建设创新型交通行业工作会议上明确提出了“三个服务”的理念，即服务国民经济和社会发展全局，服务社会主义新农村建设，服务人民群众安全、便捷出行。在2007年全国交通工作会议上,交通部部长李盛霖对做好“三个服务”及交通的本质属性作了深刻阐述,强调指出要把做好“三个服务”作为交通工作的出发点和落脚点,进而提出了交通由传统产业向现代服务业转型的重大命题。随之,长航局、长江海事局等各级领导向全线发出了践行“三个服务”的号召。在这样的历史背景下,芜湖海事局大力实施文化建设惠民工程,以“八百里皖江一帆风顺”文化品牌为全局干部职工践行“三个服务”的有效载体,以“看、听、讲、读、找”五大平台创新服务形式与内容,不断推出“便民利民”新招,深受船员船公司的喜爱好评。

(3)品牌建设是推进长江航运联合执法工作的重要载体

长期以来,由于行政区划、管理体制等诸多因素,影响或制约着长江航运经济又好又快的发展,尤其是行政管理体制的复杂,使得长江历来有“九龙治水”之说,造成了各自为政。在行政审批上,船公司办事难,时间长,在各行政单位之间奔于疲命。而船舶为了躲避检查,集中而行,强行冲关,引发事故;为了弥补重复检查和行政处罚带来的成本,超载航行,违法冒险航行。针对这种情况,2005年末,芜湖海事人在长江航务管理局的正确领导下,率先在长江芜湖区段开展联合执法的试点,开始了政务联合办公、现场联合检查的尝试。“八百里皖江一帆风顺”文化品牌成为联合执法的重要载体,各联合执法单位通过参与品牌建设,共同为航运企业、船民提供安全信息和安全知识服务。

(4)品牌建设是水上从业人员更新安全知识的有效途径

作为涉及公共安全的高风险行业,内河航运业对从业者的安全意识要求很高。而由于水上从业的工作特点,长江上内河船员流动性强、知识更新缓慢、信息相对闭塞,他们遵章守法意识、安全意识淡薄,自我保护意识不强。在现阶段内河驾驶员队伍中,仍然存在着虽然持证但实操能力不能满足工作需要的情况,而目前的内河船员技能培训或者考试中依然存在着培训内容或者考试标准不能完全贴近工作实际的情况。“八百里皖江一帆风顺”文化品牌针对这一现象,通过杂志、广播、流动学校、服务手册和网站等载体,为船员船公司提供最新的法律法规知识、水运管理最新动态,船员考试发证、船舶与船公司管理等知识内容,从而创新船员培训途径,为水上从业人员更新安全知识提供有效途径。

(5)品牌建设满足了社会公众对水上交通安全的迫切愿望

近年来,随着现代水路运输的快速发展和长江黄金水道的大建设大发展,水上通航环境与交通安全形势极为复杂,水上交通安全事故的风险和威胁也随之增加。而社会思想文化的日趋多元以及互联网等新兴传播媒介的广泛运用,加速了社会公众对长江海事部门在水上安全监督管理、公共服务以及应急快反救助中的关注与需求,因此,社会公众迫切需要有一种传播媒介可以迅速了解安全通航环境实时信息和海事在水上交通安全管理中发挥的作用。“八百里皖江一帆风顺”文化品牌承担这一任务,尤其是2009年12月与安徽交通广播电台联合制作的“皖江船员之声”栏目,定期准点播出，满足了社会公众的水上交通监管信息的知情权，提高了社会公众防范渡运风险的意识。

2.安全管理背景

(1)船舶技术条件的复杂多样与船员知识结构的差异

长江安徽段水域集中的船舶种类繁多，有从事运输的干货船、散货船、油船、液体化学品船、液化气船、集装箱船、散装化学品船，从事客运的客渡船、短途客船，以及渔船、农用船等小型船舶，种类较为齐全和复杂。从芜湖长江大桥观测的船舶流量数据显示，货船占86%以上，集装箱船约占7%，危险品船约占6%，其他类型船舶约占2%。船舶总吨位从几十吨、几百吨至几千吨不等。船舶种类的繁多给船员的综合素质提出了更高的要求。而目前，长江上持证船员的职务多以一至五等船舶驾驶和轮机部进行划分，除渡船、危险品船等船员有特殊培训外，并没有严格依据船舶种类的不同来对船员进行培训，船员专业技能不精不强的现状依然存在。

同时，随着社会生产力的进步、科学技术的发展，船舶操纵的智能化有了明显的提高，船舶操纵技术的进步对船员从事水上作业的技能提出了较高的要求。而目前长江上持证船员的知识结构大多存在局限性，知识来源仍然局限于适任考试前的培训内容，内河船员文化素质普遍不高，参加继续教育学习机会较少，知识更新速度缓慢。船舶技术条件的复杂多样与船员知识结构存在差异。

(2)船员综合素质的现状与安全航运要求的差异

通过对近年来芜湖海事局辖区船舶水上险情和事故数据分析，人为因素所占比重接近80%，可以说驾引人员的素质高低直接影响着水运安全形势，直接关系着船公司、水运企业的良性发展。

长期以来，我国水运“重海运，轻内河”的状况使得内河船员的培训滞后于海运船员发展，加之近10年中长江运力需求达到了前所未有的新高，内河船舶运输成为高收益、高回报的热门行业，特别是内河黄砂运输的暴利，导致了社会上纷纷投资建船、造船从事运输，船舶数量急剧增加、船舶吨位不断增大，对船员的需求大幅增加，然而船员市场的发展明显滞后，供求失衡。为了维持船舶正常营运，大量未经培训、未持证、未从事过水上工作的人员从事船员的行业。其中不乏夫妻船、父子船等举家生活在船上情况，以船为家、靠江吃饭。他们很多的人知识水平低、安全意识薄弱、法律意识淡漠。错走航路、船舶严重超载、偷采江砂等违法现象依然屡禁不止，严重威胁到航行安全。船员综合素质的现状与安全航运要求存在明显差异。

(3)辖区内培训机构现状与船员培训市场供需差异

在长江安徽段，船员培训机构有几十余家，其中有相当一部分船员培训组织并非专业办学机构，不同程度地存在重收费、轻培训的现象，船员培训质量难以保证。另一方面，船员培训市场上，多年来以船员适任考试培训为主，具有应试教育的局限性，船员所需的提高航行技能和知识的途径极少，而水上从业的特点使他们获取信息的途径有限。船员对培训的需求与培训市场的现状存在明显差异。目前内河船舶船员存在知识水平低、流动性大、培训渠道少的特点,与长江航运蓬勃发展的经济不相适应。

3.内部建设环境

品牌建设之初,恰逢长江安徽段水监体制改革结束,成立了新一届局领导班子,芜湖海事局干部职工由原来300余人增至400余人(其中,在职职工数300余人),青年职工队伍也迅速扩大。据统计,2005年,35周岁以下青年职工105人,约占在职职工数的1/3。这支队伍如何培养?如何调动其主观能动性为单位发展发挥作用?一直是芜湖海事局新一届领导班子高度重视的课题。在2006年的局长工作报告中明确提出"加强人才队伍建设,实施人才强局战略"的思路,加强青年职工的选拔培养被提上重要议事日程。随着2006年交通部、长江航务局党组践行"三个服务"理念的提出,芜湖海事局领导开始筹划创新服务新形式、创建服务新载体,广泛发动青年参与安全文化品牌建设,充分发挥青年聪明才智,在践行"三个服务"中发挥有效作用,品牌建设锻炼了青年的综合能力,为芜湖海事局青年职工成长发展提供新的舞台。

二、核心价值理念体系表述

核心价值观:安全为天,服务为本。

使命:十全皖江,黄金水道。

愿景:八百里皖江一帆风顺。

精神:对比,和谐,率先。

职业道德:忠诚、敬业、公正、廉洁。

三、践行效果

1."看、听、讲、读、找"五大载体

内河船员流动性的特点、素质低的现象、安全意识淡漠的问题亟须海事部门转变执法理念,多从服务方式上帮船员,多从提供信息上帮船员,多从安全教育上帮船员,多从船员困难上帮船员。为此,芜湖海事局创新监管与服务形式,先后打造了"看、听、讲、读、找"五大载体,用通俗易懂的语言为船员提供内容实用、侧重实践的安全知识服务,深受船员的欢迎。2009年始邀请安庆海事局联办,进一步丰富五大载体服务内容。

(1)赠送船员"看"——为服务对象办刊物。2006年11月试刊,2007年2月创刊,2009年2月与安庆海事局联合办刊,2010年8月发行行政合同单位专刊,该刊设有"帮船员说法、助船员考证、水上红绿灯、船员声音录、码头文化窗、皖江避风港"等12个特色栏目,编写主体扩大至80余家政府机构和企事业单位,每期免费发放5000册。

(2)广播船员"听"——为服务对象开通广播节目。2007年11月,在甚高频12频道开播"八百里皖江一帆风顺"栏目,2010年8月,改为皖江海事之声;2009年4月,开播"平安之声伴您行"栏目,每日零时至6时播出,2011年该栏目更名为"皖江平安之声";2009年12月,与安徽交通广播战略合作开播"皖江船员之声",在调频FM90.8准点播出,水上安全信息的受众面,由单一的船员群体扩大到社会公众。

(3)帮助船员"讲"——为服务对象讲授航行知识。2008年3月,在长江全线率先创立了船员流动学校,组织海事专家、聘请资深船员授课答疑,走进村头、船头、码头,深入船公司、水上加油站,在船员相对集中的地方设立流动课堂,宣讲安全航行知识,演示安全操作技能、帮助船员答疑解惑。短平快的教学形式,实现了培训成本的最小化、社会效果的最大化。

(4)引导船员"读"——为服务对象提供阅读便利。2008年4月,组织专业力量编印发放"巡航、救助、渡口、交管、水工、船舶、船员、危防、口岸、政务"等10本服务手册,让船员花最少的时间、最少的精力,收获最多、最有用的知识。2008年6月,制作发放"平安长江"系列漫画和"安全、生命、小心、避碰、清洁"系列公益宣传画,以喜闻乐见的形式,宣传航行安全知识。

(5)方便船员"找"——为服务对象提供准确信息。2009年12月,与国内首家船员服务协会芜湖长江船员服务协会合作,共同创建芜湖长江船员服务网,为海事等涉水单位与船员、船公司搭建了互动沟通的平台。船员朋友通过网站轻点鼠标,就能查找到所需信息或知识,真正实现"掌"握行情、"掌"握信息、"掌"握安全。

2."安全畅通"六大工程

从2005年开始,芜湖海事局以文化品牌建设为抓手,邀请长航系统各单位参与文化品牌共建,将文化品牌建设与水上安全监管工作紧密结合,启动实施"安全畅通六大工程"。近年来,"六大工程"的持续推进,不断解决不规范、不到位的诸多安全问题,使航运企业和广大船员船民感受到"水上监管一盘棋"的大局,共享到安全文化建设带来的实惠。

(1)水上高速路工程——惠及沿江港航企业。2005年10月与长江江苏段对接实施船舶定线制,2006年7月铜陵航路变更实现全航段各自靠右航行,2010年10月实现长江安徽段船舶定线制全线贯通,碰撞事故下降40%以上,带来皖江航运安全便捷效应。

(2)平安放心渡工程——惠及沿岸百姓出行。实现渡运量500万人次/年,100万车次/年,实施渡船平安行动。制定《一渡一指南》,编印《渡船安全航行与避让行为导则》,实施免费安全培训,补贴渡船通讯费等帮扶措施,连续10年渡运安全无事故。

(3)巡救一体化工程——惠及社会公共安全。2005年设置15个巡航救助基地,实现港区15分钟、航段40分钟快速反应。2006年建成芜湖船舶交通服务系统,重点水域电视监控系统,重点船舶定位系统,2007年全面建成芜湖、马鞍山、铜陵、巢湖搜救(协调)中心,2011年在芜湖试点实施电子巡航现代监管新模式,人命救助成功率98%以上。

(4)船员素质化工程——惠及航运从业船民。辖区在册船民9800余人,年均考试船员3000余人次,2006年以来发放船员证书证件9000余本,2007年建成船员实操考试模拟系统,经交通运输部海事局认证首家取代实船实操考试,已考3000余人次。2008年创办船员流动学校和船员安全宣传站,培训宣传船员两万余人次。2011年建成并投入使用船员考试无纸化考场,将船员适任考试推向新的高度。

(5)安检创精品工程——惠及船舶安全质量。年均进出辖区港口水域的国际航行船舶500艘、沿海船舶4000艘,2006年以来,港口国(PSC)检查99艘次、船旗国(FSC)检查13019艘次,2009年建立长江海事局芜湖海船安全检查站及铜陵、马鞍山分站,船舶安全检查责任事故为零。

(6)安全管理链工程——惠及安全主管部门。2005年试点长航系统联合执法,2006年率先正式运行新机制,2007年与安徽省河道管理局建立联动机制,2010年与安徽省渔政渔港监督局建立联动机制,2010年与长航公安局、航道局建立联动机制,2010年建立由芜湖海事局牵头的长江芜湖段水上交通安全联席会议,联合执法行动年均30余次,形成"水上监管一盘棋"格局。

3.十大创新成果

(1)首创大队一日工作制。以半军事化管理为契机,以争创行政执法一面旗为平台,在裕溪口海事处西梁山执法大队于2009年成功试点的基础上,于2010年在所属15个执法大队全面推行。实现了内容固化、流程科学、程序规范、效率提升,这一做法得到长江海事局的充分肯定,对这一制度进一步提炼完善,并在长江海事系统全面推广。

(2)首办船员流动学校。为增强船员安全意识、法律意识,拓宽船员培训渠道,提高船员安全航行技能,于2007年率先在长江海事全线开办船员流动学校,以村头船上、船公司、海事政务窗口等船员相对集中的地方为课堂,向船员宣讲、传授、普及安全知识,这种花时少成本低的"短平快"教学方式受到船员的欢迎。2008年长江海事局将这一做法在全线推广,长江航务管理局还将此做法列为2009年十大实事之一,社会反响积极。

(3)首推风险源管理。在形成局、海事处、执法大队三级安全监督规律的基础上,引入"风险标识、风险管理、过程干预"的风险管理思路,以危险和隐患为研究对象,分析风险程度,提出超前防范和预先评价,对风险进行预警,达到控制事故的目的。对辖区内的13个重大风险源分别用红色、黄色、蓝色等进行色度标识,形成辖区风险源标识图和重点风险水域情况介绍,免费赠送给船舶单位及船舶。各海事处、执法大队从"防、堵、查、救、纠"五个方面完成了风险源预防预警的"闭环管理系统"。

(4)首试行政合同管理。本着航运公司诚信、海事管理便利原则,按照行政合同管理规则,开展安全服务承诺和公司诚信差异化管理。芜湖海事局与辖区货物运量大、航次流量大和社会影响大的航运公司试行行政合同、行政指导和行政奖励管理模式,在海事部门和航运公司间建立起服务承诺和安全承诺的双向行政合同承诺。在"你诚信,我便利"履约过程中,航运公司诚信度越来越高,海事便利服务质量越来越高,实现了企业经济效益和安全效益、海事安全效益和社会效益双赢。

（5）首建长航联合执法机制。在长航局和长江海事局的领导下，利用区位特点，有效整合执法资源，在长江芜湖区段率先试点联合执法工作。经过一年试运行，取得成功经验，于一年后又率先正式运行，并在全线推广。现已形成长效管理机制，固化成“水上执法一盘棋、政务联合一体化”的联合执法管理模式。随后，相继与安徽省河道管理局、安徽省渔政渔港监督局、长航公安、航道建立联动机制，2010 年建立由芜湖海事局牵头的长江芜湖段水上交通安全联席会议。多项联动机制的建立，在联合安全宣传、交界水域巡航搜救、突出违法行为整治、国内安全规则推进等方面发挥了积极作用。

（6）首用船员实操模拟系统。随着船员队伍与航运市场需求矛盾日益突出。芜湖海事局与上海海事大学联手，建成全国首家内河船舶操纵模拟器，经交通部海事局认证首家取代实船实操考试，并于 2008 年 2 月通过验收正式使用。该系统技术先进，具备内河引航操作、船舶操纵、应急处理等多种功能，方便了船员实际操作考试，提高了考试效率，降低了考试成本，满足了内河船舶船员实操考试和训练的需要，填补了我国船舶操纵模拟器运用于内河实际操作考试的空白。

（7）首设船员服务协会。经过多年发展，芜湖地区无论是从业船员数量，还是运力发展、船舶建造都呈现高速增长的态势，船公司、船员培训机构、船员服务机构、船舶交易市场等的数量创中国内河之最。2009 年 7 月 11 日，全国首个船员服务协会——芜湖长江船员服务协会正式揭牌，该协会由芜湖海事局任会长单位，31 家涉水单位组成。协会的成立有助于水运企业、服务、管理单位相互联系，实现资源共享，促进行业自律。

（8）首开水上政务“朝九晚五”先河。以便民利民为根本，在长江海事全线率先试点“一个窗口受理”模式，为相对人提供“一站式”服务。2007 年，推行“朝九晚五”作息制度，实行超时催办制度，为方便相对人开辟新的绿色通道。2008 年，首创“船员便民日”制度，于每月 15 日接待相对人，帮助解决困难、解答问题。为提高行政许可效率，有效整合内部人力资源，大幅缩短证件办理时间，并处同行领先地位，深受相对人赞誉。

（9）首筑人才培养“青蓝工程”。在 2009 年成立并运行 13 个专业委员会的基础上，于 2010 年创新推出以导师制和师徒制为主要内容的人才培养“青蓝工程”，分理论技术和实操技能两个层面，将全局术业有专攻人员纳入导师和师傅范畴，通过“自由结对、自主选题”方式，开展人才培训活动，实现了培训资源利用最大化、培训成果最快化、培训成本最小化。

（10）首试现代监管“电子巡航”新模式。2011 年 7 月 1 日在长江芜湖段率先实施电子巡航新模式，以地理信息系统为平台，高度整合船舶交通管理系统、船舶自动识别系统、全球定位系统、气象信息系统、闭路电视监控系统、共享水位信息系统等 6 个系统的功能，构建了统一的巡航监控预警平台，为现场巡航执法装上“千里眼”。电子巡航的试运行，进一步规范了船舶航行秩序，节约了执法成本，提高了巡航的针对性、及时性和有效性，“无形监控、有形威慑”的优势逐步体现。

4. 文化惠民十全十心

在文化品牌实践的推动下，芜湖海事局全面实施“十心惠民”，全力建设“十全皖江”。

(1)十全皖江

即，水上高速全畅通、渡运出行全平安、船舶安全全把关、船员素质全提升、危管防污全跟踪、现代监管全覆盖、快速反应全天候、信息宣传全时空、安全风险全防控、联合执法全格局。“十全皖江”是在进一步深化安全畅通六大工程的基础上，再融入监管现代化、执法规范化、信息网络化、反应快速化。各创建成员单位将进一步发挥海事、航道、公安、通信、引航职能，以“零死亡”为目标保障皖江航运安全，实现船畅其运、货畅其流、人畅其心。

(2)十心惠民

是在进一步深化“看听讲读找”五大载体内涵、服务从业船员的基础上，再创新推出“保畅建传培”五大惠民举措、服务航运企业。即：用心编写“看”读本、专心广播“听”安全、精心办学“讲”知识、热心引导“读”指南、实心方便“找”网络，诚心合作“保”便利、全心维护“畅”通道、真心帮助“建”体系、尽心服务“传”信息、智心办班“培”主管等。这也是芜湖海事局为更好解决民生问题，自觉融于服务型政府体系的实际行动和奋斗方向。

四、主要经验和体会

经多年的文化品牌创建和提炼，“八百里皖江一帆风顺”文化品牌形成了独特的定位，焕发出了强大的生命力。

1. 三个关注，彰显文化品牌社会价值

(1)关注航运安全，体现文化品牌的安全价值

安徽是中国内河航运大省，全省拥有营运船舶2.9万余艘，船舶保有量全国第一，其中90%以上船舶常年航行于长江，安徽段船舶日流量高峰值逾2000艘次。芜湖海事局以文化品牌建设为载体，服务航运经济、保障水上交通安全，成绩斐然。辖区运输船舶艘数、总吨位分别增长39.7%、67.9%，航运企业增至128家，较好地保持了水上交通等级事故、碰撞事故、死亡人数、沉船艘数、经济损失指标低位运行，人命救助成功率98%以上，船舶救助成功率90%以上，水上安全形势稳中趋好，凸显了“水运强省”地位。

(2)关注民生工程，体现文化品牌的生态价值

为确保两岸百姓出行平安便捷，芜湖海事局督促渡船更新改造28艘、渡口23道，免费培训渡船船员5970余人次，投入帮扶资金150余万元，督促渡口规范化，渡船标准化，渡线更优化，渡管科学化。长江渡运安全环境明显优化，保持渡船连续10年安全无事故的成绩。

为确保水域环境保护清洁绿色，芜湖海事局在全方位跟踪船舶危险品运输、危险品码头作业、船舶水上排污监管，在危险品吞吐量1100余万吨增长105%、油污水接收量4000余吨增长123.6%、垃圾接收量1000余吨增长64.2%的历史背景下，未发生一起水上污染事件，保障了长江水域清洁。

(3)关注经济效益，体现文化品牌的经济价值

根据皖江承接产业转移重大国家战略的实施，芜湖海事局服务长江黄金水道建设，服务"水运强省"发展。辖区港口企业发展势头强劲，港口货物年吞吐量1.5亿吨，海螺建材、马钢股份、铜陵有色、芜湖港、长航凤凰等一大批沿江大型涉水上市企业市值不断攀升。外贸经济发展日益兴旺，进出口岸国际航行船舶有2000艘次，沿海船舶有2万艘次。主要有煤炭、建材、矿石及大量集装箱货物，外贸出口量数百万吨。沿江重点工程星罗棋布，形成了以芜湖港、马鞍山港、铜陵港为轴心的三大港口群，形成马钢、铜陵有色、奇瑞、海螺等企业专用大型现代化码头群，以及4座长江大桥，逐步构筑出长江两岸便捷交通网络。

2.影响社会，文化成果丰富丰厚

为深化文化品牌实践活动，发挥典型示范作用，扩大文化品牌社会影响力，芜湖海事局始终按照《交通运输文化建设"十百千"工程实施方案》的要求，把文化品牌建设作为提高职工素质和提升水上安全管理水平的重点工程。

(1)品牌提炼

在实践过程中，芜湖海事局注重形成文化产品，实现"用文化理念启发人，用文化成果鼓舞人，用文化作品教育人"的目的。文化产品主要有：

文化品牌建设指导性文件：《文化品牌建设实施纲要》、《文化品牌建设工作方案》、《芜湖海事"十一五"和"十二五"文化建设纲要》、《芜湖海事文化建设体系》；反映文化建设成果的：《芜湖海事对比文化手册》、《"八百里皖江一帆风顺"文化品牌画册》、《文化品牌宣传光盘》、《海事人员行为规范》、《芜湖海事文化系列资料集》、《芜湖海事新闻宣传作品集》、《文化品牌徽标礼品》、《法制文化》系列、芜湖海事文化展示厅与文化网页等；反映安全监管规律探索成果的：《芜湖海事局安全监管规律》、《一渡一指南》、《风险源标识管理手册》；记录职工思想和智慧的：《思潮集》、《思益集》、《问行集》、《怡情集》；反映廉政文化建设的：《思廉集》、《思律集》、《廉政制度集》；服务水上交通安全的：船员安全知识读本、渡船平安报、船员服务手册系列、长江安全公益宣传画、平安长江漫画、船员流动学校教程、芜湖长江船员服务网等。

(2)品牌宣传

近年来，芜湖海事局先后在各级媒体上发表新闻宣传稿件1368篇。新华社安徽分社、中央电视台等中央级新闻媒体以《芜湖海事多措并举打造"八百里皖江一帆风顺"安全文化平台》、《用青春构筑"八百里皖江一帆风顺"》、《长江海事电子巡航运行一个月纠违近5000次》等为题，连续报道芜湖海事局文化品牌建设情况，使文化"名片"在

全国有影响。此外,以《全面履职 让"十心惠民"落地生根》、《以青春之我创八百里"十全皖江"》等为题在中国交通报、水运报等行业媒体上专题宣传,并且每月在中国水运报开设宣传专栏,使文化"名片"在系统有影响。通过与安徽交通广播战略合作开播"皖江船员之声"节目,以《真情护守航运平安》、《大手牵小手护航"学生渡"》等为题在安徽日报头版大篇幅报道,使文化"名片"在全省有影响。通过与长江水上安全信息台合作,实现文化"名片"在全长江流域有影响,长江水上安全信息台正与中央的广播电台洽谈,将促使文化"名片"实现空中传播途径的全覆盖。

(3)品牌辐射

文化品牌也得到了上级领导和业内同仁的认可,在全国上下推行文化建设的热潮下,扮演了"文化输出"的角色。近年来,先后有天津、日照、上海、广西、江苏、浙江海事局与滁州、甘肃地方海事局等海事系统和长航系统共60余家单位210余人次来芜湖海事局观摩交流。芜湖海事局领导也应邀多次到上级举办的培训班和兄弟单位组织的文化培训班上授课。近两年,王潮局长先后在第六届全国交通运输文化高峰论坛、交通运输文化培训班和全国交通运输诚信建设大会上介绍文化品牌建设,并受邀到河北、浙江、山东海事局、安徽省港航管理局等单位就文化建设进行讲授。

(4)品牌成效

文化品牌建设对单位的管理和各项工作发挥了积极作用,产生了明显效果。目前,芜湖海事局各项工作在长江海事全线都处于率先发展的位置。如受长三角区位优势影响的船舶流量、海船安检、港口国监督(PSC)检查量在长江海事全线排名第一;排名第二的是船舶签证、船舶登记、船员考试;内河船舶安检、危险货物进出量、行政处罚量排名第一;船员违法记分排名第五。同时,芜湖海事局海事文化建设、联合执法、通信改革、装备管理、QC活动、信息化建设、专业化队伍建设、文明创建、宣传工作、青年工作等都处于长江海事发展第一方阵。芜湖海事局实现安全发展,业绩良好。截至2011年12月,辖区事故指数创历史最低,等级事故、死亡人数、沉船艘数、经济损失分别下降41.2%、38.8%、52%、20.7%。成功救助遇险人员3029人,人命救助成功率97%,成功救助遇险船舶275艘次,船舶救助成功率91%,为保护人民群众的生命财产安全和水域环境做出了重要贡献。

通过文化行为提升海事工作软实力,使芜湖海事局两个文明建设节节开花。在社会创建中,实现芜湖海事局连续11年5届、铜陵海事处和马鞍山海事处连续8年4届保持安徽省文明单位称号,其他单位100%建成市级文明单位;在行业创建中,获得了全国五一劳动奖状、全国交通运输依法行政示范单位、第二批全国交通运输文化建设示范单位、全国交通运输企业文化建设优秀单位及品牌单位、交通运输诚信建设先进单位、全国海事系统文明执法窗口等称号;在系统创建中,全部建成长江海事局"八个一"标准化海事处和"四个一"规范化办事处。此外,还获得了各级授予的劳动模范、工人先锋岗、青年文明号、青年岗位能手等称号,单位社会满意度和职工满意度逐年提高、测评分年均95分。文化品牌创建促使芜湖海事局率先发展步履加快、蒸蒸日上。

五、文化品牌

八百里皖江一帆风顺

六、文化品牌诠释

芜湖海事局以长江航运文化和海事文化为指导，以突出安全服务为特色，立足于服务皖江航运发展创建的品牌文化，具有鲜明的行业特色、地域特点、时代特征，是芜湖海事局在多年的水上安全监管实践中不断探索“三个服务”方式方法、形成的寓安全于管理、寓管理于服务的文化现象，深受广大皖江航运企业、船民、涉水管理部门认可、喜爱并共同参与，是实现八百里皖江上船舶适航、船员适任、两岸群众安全便捷出行的催化剂，成为皖江航运经济发展的重要助推力，具有重要的社会价值。

七、文化品牌标识诠释

标识上半部分为帆形中国航海日“7·11”字样，寓意长江航运继承和发扬郑和精神；下半部是中国传统图形“水纹”与“如意纹”，组成的图像寓意船航行在水上，代表长江航运；底部蓝色的“八百里皖江”代表长江安徽段，红色的“一帆风顺”托起一艘正在航行的船舶，表现长江航运风帆正劲，红色象征海事人的美好祝愿；左上部的彩虹表达的是通过海事人的安全服务，长江航运必然有着美好的明天和广阔的发展前景，犹如七彩长虹熠熠生辉。整个标识寓意海事人通过不懈努力，使八百里皖江安全畅通文明。芜湖海事局将标识印制在品牌文化宣传主题画、船舶安全宣传主题画上，并且设计制作形象标识文化产品，在政务大厅、服务窗口、工作船艇、运输船舶张贴宣传画，青年志愿者佩戴标识胸牌。

“蓝海文化”成为天津海事局发展引擎

中华人民共和国天津海事局

中华人民共和国天津海事局是全国海事系统中具有航政、船检、航标、测绘、通信等5项管理职能的三大海区局之一。主要职责如下：

航政管理方面，负责天津市沿海及部分内河（海河二道闸以下）约15000平方公里水域（153公里岸线）的水上安全监督管理、污染防治、水上搜救组织等工作；负责北京、天津、河南、陕西、河北（甲类）等5省（市）6万余名船员的管理工作；承担渤海9个海上油田、25个采油平台、3个浮式生产储油卸油装置（FPSO）设施和相关船舶的监督管理；履行天津港口建设费的征管工作职责。

船舶检验管理方面，负责对华北、西北地区8个省（市、自治区）及下属20个船舶检验机构的监督管理工作。

委托管理天津海事公安局，负责天津海事局管辖水域的治安行政管理工作，查处治安案件及有关刑事犯罪案件。

受交通运输部委托管理北海航海保障中心，负责辖区的航标管理、测绘管理、通信管理等工作。

天津海事局现设置20个内设机构，4个处室办事机构，6个分支机构，均为正处级；同时设立中华人民共和国天津海事局后勤管理中心（正处级），为财政补助事业单位。航保中心设置7个内设机构，下设大连、营口、秦皇岛、天津、烟台、青岛6个航标处，天津通信中心、天津海事测绘中心、天津航测科技中心。

一、文化建设动因

1.三大动因：明确文化建设使命担当

（1）事业发展需要文化支撑

天津海事局的每一个进步都伴随着文化的创新和发展，源自于深刻的理论觉醒和高度的文化自觉、自信，在海事事业发展的每一个历史阶段中，在发展思路、价值追求、队伍建设等方面，文化建设始终是各项事业发展的有力支撑。在海事事业发展的新时期，全面提升海事的价值，实现“三个建成”的美好愿景，更需要发挥文化的支撑作用。

（2）开拓创新需要文化引领

按照交通运输部海事局关于海事系统“革命化、正规化、现代化”建设的要求，建成一支听从指挥、素质精良、作风过硬、服务人民的海事队伍；建立职责清晰、管理规范、运转协调、行为统一的海事管理体制机制；形成监管到位、保障有力、反应快捷、服务智能的现代海事服务体系。建立“六个体系”，完成25项工作任务，需要文化提供思想政治保障和核心价值观引领。

(3)实现职工的全面发展需要文化武装

天津海事事业发展离不开高素质的干部职工队伍，文化建设可以让干部职工形成正确的世界观和价值观，使干部职工的行为方式适应海事事业发展的需要，从而提升职业自豪感，培养职业忠诚度，建设好海事人的精神家园，实现全面发展的目标。

2.四条原则：构建蓝海文化体系

蓝海文化体系是由精神、制度、物质3个层面文化，以及蓝海文化建设体系和个性文化支撑体系共同构成的一个纵横交错的综合性文化系统。蓝海文化建设体系主要包括：核心价值体系、落地工程体系、典型培育体系、文化传播体系等；个性文化支撑体系主要包括：安全文化、发展文化、责任文化、廉洁文化、服务文化、团队文化等。

在“蓝海”文化体系构建中，遵循了4项原则：

(1)历史与发展相统一

在文化体系建设中，挖掘历史积淀，赋予其时代精神和行业特色内涵。

(2)传承与创新相结合

天津海事局在长期的发展历程中，创造了许多骄人的工作业绩，形成了不同时期的海事文化，按照新的工作目标，在继承优良传统的基础上，创造更加具有活力和时代感的文化。

(3)提升与实践相统一

按照上下结合、内外结合的方法，表述核心价值理念。在此基础上，推动核心价值理念践行，打造文化品牌，构建共创共享的文化模式。

(4)内强素质外树形象相统一

对内，要成为凝聚力的基础，行为导向的约束，事业的纽带，情感的归宿；对外，要扩大和传播海事精神，宣传海事核心价值观，扩大社会对蓝海文化的价值认同。

3.三项部署：促进天津海事“三化”建设

(1)强化知行合一

如果说蓝海文化体系的构建，解决了“知”的问题，那么，还需要将“知”转化为“行”，才能更好地实现天津海事局的“蓝海之梦”。为此，需要在全局范围内继续开展核心价值体系的学习宣讲活动，按照交通运输部深化培育践行交通运输行业核心价值体系主题实践行动的部署和要求，推进核心价值体系的宣贯活动。一是通过举办文化培训班、文化展示、主题演讲等活动，强化职工的理念认同，形成团队的合力，并且使宣贯活动常态化和制度化；二是紧紧围绕中心工作，开展文明窗口创建活动，营造真实的文化建设环境，让职工在团队的氛围中，获得代表共同价值观的行为模式；三是确立行为标准，发挥典型示范作用，形成价值信服，使干部职工学有目标，超有方向。

(2)引导全员实践

文化建设是一个持续发展的过程，只有全体干部职工努力实践，才能真正凝聚发展的正能量。一要在实践中强化使命感，培养国家意识，依法履职，规范执法，在服务群众的过程中，建立良好的海事业务与社会互动的人际关系，全面提升干部职工公共服务能力；二要展示愿景，增强对海事事业发展的驱动力。在海事愿景的基础上，树立和发展每个干部职工的"海事梦"，把个体的发展目标统一到共同的海事愿景的实践中；三要践行核心价值观，激发崇高感。发挥海事局干部职工文化建设的主体作用，组织他们践行海事核心价值观的传承活动，在活动中完成思想的超越，获得对海事职业的崇高感。

(3)提供政治保障

坚持"围绕中心、推动发展"的要求，全面构建"蓝海文化"体系。按照交通运输部海事局对"三化"建设的要求，用文化建设的方法推动"三化"建设，确保海事队伍忠于党、听指挥、服务人民、奉献社会，以队伍精良、作风过硬、法制健全、科学规范、装备精良、技术先进，构建"蓝海文化"与"三化"内涵相一致的科学体系，为海事事业的发展提供政治保障和思想保障。建立健全水上安全监管体系，提升海事监管能力；建立健全海事公共服务体系，提升海事服务水平；建立健全海事创新驱动体系，提升海事发展内升动力；建立健全行政管理执法体系，提升海事依法行政水平；建立健全人力资源管理体系，提升海事队伍素质；在海事核心价值观的引领下，稳步推进"三化"建设跨上新台阶。

二、核心价值理念体系表述

核心价值观：忠于国家、热爱海事、坚守使命、奉献社会。

使命：保障水上安全、保护水域环境、保护船员权益、维护国家主权、融入地方发展。

愿景：建成滨海新区开发开放的国际化服务窗口、建成北方航运经济发展的综合性保障中心、建成中国海事科学发展的示范性试验基地。

精神：包容、坚毅、务实、卓越。

职业道德：恪尽职守、清正廉洁、服务人民、真诚奉献。

三、践行效果

1.文化落地工程

在文化建设中，人们常常习惯把文化的践行活动称之为"文化落地"。所谓文化"落地"，指在自觉文化建设中把"地上"的文化积淀插上时代的翅膀放飞蓝天-实现理念腾飞；又让价值的种子回归大地落地、生根、茁壮成长，实现价值落地。这是天津海事局在文化建设和践行核心价值理念过程中的一种感悟。因为文化力量最终还是要有效地影响海事实践。主要做法：

(1)组织保障

一是建立健全的组织体系，成立了局党组书记担任组长的文化建设工作领导小组，机关相关处室负责人为成员，各基层单位也根据自身情况设立相应的文化建设组织，文化建设纳入各单位日常工作和考核体系中；二是协同推进文化建设和精神文明建设，部署和落实相关工作计划和方案的执行，分层级、分年度进行跟踪评估；三是资源保障，有一支稳定的文化建设骨干队伍，活动经费纳入年度财务预算。

(2)深化文化主题实践活动

一是在全局范围内开展核心价值体系的学习宣讲活动，通过学习交流强化理念认同，通过宣讲强化使命意识；二是紧紧围绕海事监管和航海保障的中心工作，开展"文明执法示范窗口"、"安全畅通文明航区"、"五型机关"等系列创建活动；三是推动文化主题活动常态化，每年4月设为核心价值体系学习活动月，广泛开展知识竞赛、专题讲座、主题演讲等活动；四是充分利用展板、网站、内部报纸杂志等传统媒体和新型媒体，构成丰富、立体传播体系；五是编辑出版的各种图书、画册、文化手册，创作表现天津海事人生活的诗歌、散文、小说、报告文学、书画作品、歌曲和舞台作品，拍摄展示天津海事人风采、表现工作主体的纪录片、宣传片，反映海事人、海事事的"微电影"，激发职工参与热情。

(3)培树先进典型

一是多种渠道选树典型，先后培树立了全国劳动模范王炳交、完成海军护航任务的船长刘健勇、圆满完成"7·16"溢油清污任务的轮船长李秉泉等具有示范作用的先进典型；二是多种方式表彰典型，利用交通运输部海事局"直属海事系统优秀青年"、"直属海事系统十大青年标兵"的表彰方式推荐先进典型和模范人物；三是多种形式宣传典型，总结宣传了全国五一劳动奖章获得者崔永发的五种"小崔精神"、交管中心的"八环教育培训法"、"青蓝工程"、"大塔文化"等，以道德讲堂、宣讲团等形式，宣传先进典型事迹，加强榜样示范引领，不断汇聚道德力量。

(4)深化文明创建活动

一是深入开展文明执法示范窗口创建活动，多个单位获得了全国海事系统文明执法示范窗口和全国海事系统文明执法示范窗口标兵称号；二是结合天津海事局监管辖区格局分布的实际情况，创建"安全畅通文明"航区工程，获得交通运输部海事局授予的创建"安全畅通文明"航区活动先进单位称号；三是开展"创建星级文明灯塔"主题活动，评选产生了青岛团岛灯塔等3个五星级文明灯塔和烟台成山头灯塔等4个四星级文明灯塔，在传承航标文化，提升知名度和影响力方面取得了明显成效。

2.主要成果及荣誉

近年来，天津海事局按照交通运输行业文化建设要求，并结合局工作实际，扎实开展文化建设工作，确立了与交通运输行业核心价值体系相一致的天津海事核心价值体系，正式颁布表述语，并深入挖掘其丰富内涵，进一步凝练天津海事文化特质命名，确定以"蓝海"为统领，发展天津海事各具特色的子系统文化。天津海事局在发展和深化海事文化建设中,从精神、制度、物质三大核心层面,全面构建了以"蓝海"为特质的天津海事文化体系,着力培育海事精神和核心价值观,使文化建设成果逐步转化为支持海事科学发展的持续动力;同时,注重引导基层单位培育内涵丰富、特点突出、影响力大的文化品牌,作为"蓝海文化"的补充和具体体现。

近年来,天津海事局文化建设活动取得了多项成果。开展文化建设课题研究,分别形成了《天津海事文化建设研究》、《增进天津海事文化建设实效性》、《天津海事文化建设发展报告》3个项目研究成果,初步构建了"蓝海"文化体系;在课题成果基础上,正式印发了《天津海事文化建设实施纲要》、《天津海事局争创文化品牌和文化建设示范单位实施方案》等文件;确定每年4月为核心价值体系学习教育月,已连续开展涵盖摄影展、征文、书法展、微电影展等形式的"五个一"学习教育主题实践活动。核心价值体系学习教育月5项系列活动成效显著,职工认同度提高、归属感增强,逐步做到内化于心、外化于形;形成了《天津海事文化手册》、《天津海事局2012年度文化建设成果集》、《蓝海砺行文化手册》等系列文化手册,打造"畅航津海"、"万里海疆,探路先锋"等文化品牌,拍摄制作了《蓝海梦》局形象宣传片、《坚守使命奉献社会》主题微电影和《山的那边》天津海事局西部船员培养基地微电影等视频宣传资料,进一步提升了天津海事"蓝海"文化的社会影响力。

近年来,天津海事局多次被评为全国交通行业文明单位、全国精神文明建设工作先进单位、全国交通运输文明行业、天津市文明行业、天津市文明单位;并于2011年被评为全国文明单位,2012年被评为交通运输部交通运输文化建设示范单位,其中天津船舶交通管理中心入选第三批交通运输文化建设示范单位。2013年海事局被评为全国交通运输企业文化建设优秀单位,并申报了交通运输部第四批交通运输文化建设示范单位。2013年,天津船舶交通管理中心摄制的微电影《笔尖上的梦想》获得天津市青年新媒体创意创业节微电影比赛三等奖、最佳摄影奖以及滨海杯"中国梦•我的梦"网络短视频大赛最佳剪辑奖;北疆海事局摄制的微电影《致美丽的你》获得"清风海事"廉政警示教育片评选活动三等奖。

中央、行业及地方媒体,多次对海事局文化建设工作进行专题报道。其中,《人民论坛》专题调研组赴海事局就"蓝海文化"建设进行调研,并刊发《文化软实力催生发展硬效应——天津海事局科学构建"蓝海文化"体系》等一组专题调研文章,引起行业内和社会各界的广泛关注,取得了较好的宣传效果,充分展现了天津海事局"坚守使命、奉献社会"的良好形象。

四、主要经验和体会

1.主要经验

遵循自觉到自信的文化建设和发展规律,是天津海事文化建设的一条比较成功的经验。其文化建设和发展的脉络主要体现在自发、自觉和自信3个环节上。

(1)自发:文化积淀

海事文化,是伴随着海事工作实践和社会发展积累起来的,经历了一个由自发到自觉的文化演变过程。早期的天津海事文化就积淀了"不辱使命、不畏艰险"的献身精神,以钟伯源为代表的老一代天津海事人是海事群体精神和行为的真实写照。今天,老一代海事人献身海事的故事对新一代海事人仍然有较强的鼓舞、激励作用。

(2)自觉:文化建设

真正意义上的天津海事文化建设,是从精神文明建设开始的。虽然没有使用文化建设这个词,但精神文明建设的目标、内容、任务、途径和方法,都与现在进行的文化建设相同、相通。无论是条件简陋、工作环境艰苦的创业年代,还是装备精良的现代化、信息化时期,天津海事人一直坚守"忠于国家、热爱海事、坚守使命、奉献社会"的政治信念,始终保持着对文明进步的向往和追求。近两年来,天津海事局在挖掘文化积淀的基础上,通过几上几下、反复推敲、全员参与,完成了核心价值观、使命、精神、愿景的时代特征表述。因此说,天津海事文化具有完整的、延续不断的建设和发展特征。

(3)自信:文化践行

文化自信,是指对文化生命力的信念和信心。多年来,天津海事人坚信,在长期的海事实践中创造的海事文化,始终以一种无形的力量深刻地影响着海事事业的健康发展,引导着天津海事事业实现一次次历史性的跨越。依靠完善的基础设施、现代化的海事装备和先进的发展理念,打造出以"全方位覆盖、全天候运行、全过程监控"为特征的安全监管体系,以"布局立体化、手段智能化、反应快速化"为标志的应急反应体系,以"公正、便民、优质、高效"为宗旨的公共服务体系,形成了监管和服务并举的新型工作模式。这一切都基于对海事文化生命力的信念和信心。未来,天津海事局要实现"三个建成"的愿景目标,形成社会广泛参与的海上安全监管工作格局,需要靠文化自信增强全体干部职工献身海事的自豪感,让共同的理想信念成为奋发向上的思想动力、精神支柱和情感纽带。

2.主要体会

有人说:10 年的发展比经济,50 年的发展比制度,100 年的发展比文化。在天津海事文化建设的过程中,天津海事局体会到:

(1)"蓝海文化"是天津海事凝聚力和创造力的重要源泉

受中国传统文化、海洋文化、地缘文化、行业文化的影响,尽管天津海事系统的文化构成比较复杂,但海事责任使天津海事人从五湖四海走到了一起,"蓝海文化"逐步成为这支队伍情感的归宿和价值的纽带,成为当代天津海事人品格气质的精神基因。它是在各种文化冲突、磨合、交融与发展中,逐步形成和建立起来的,它的"包容、坚毅、务实、卓越",最终成为天津海事创造优秀业绩的精神支撑。

(2)"蓝海文化"是天津海事建设服务型组织的重要支撑

促进地方海事法规的建立与完善,是保障地方经济发展最有效的服务手段;不断丰富与完善海事监管与海事服务机制,运用科技手段和人的智慧,创造更多海事监管方法,不仅仅是航运事业发展的需要,同时也是海事局提升海事服务能力的重要手段,符合建设服务型政府的要求。

(3)"蓝海文化"是提高海事队伍整体素质的重要机制

老一辈海事人务实的工作态度、儒雅的学习风格、卓越的业务品质、廉洁的职业素养,有很多值得弘扬与传承的精神。在文化熏陶下,塑造了良好的天津海事形象,这对于天津海事局更好地服务航运经济发展、更好地满足人民群众需求,都是最有力的保障。借助"蓝海文化"的建设与发展,天津海事局将不断挖掘、完善、传承和发展这些文化品质,不断丰富蓝海文化的价值内涵,激发使命意识和崇高感。

五、文化品牌

"蓝海"文化

六、文化品牌诠释

"蓝海"首先让人联想到湛蓝的大海,体味到"蓝"志向高远的境界和追求卓越的品质,感受到"海"宽广博大的情怀和海纳百川的气概。海事人在保障航行安全、维护海洋清洁的工作实践中,浸润了蓝色海洋的情愫,与蓝海有着不解之缘。

蓝:素有高贵、优雅、纯洁、清澈、唯美等鲜明之个性品质。古往今来,蓝色一直被赋予了诸多的象征意义,蕴含忠诚、安详、理智、尊严、勇气、希望、创新、卓越之意。"蓝"用在"海"中寓指天津海事人砥砺奋进、恪尽职守、清正廉洁、勇于创新、追求卓越的高贵品质。

海:素有包容、博大、宽广、辽阔、大气、厚重、深邃、和谐之精神品格。"海",即"水","水"为善之最高境界,有"上善若水"之说。"海"与"蓝"组合寓指天津海事人博大包容、真诚奉献的思想境界,体现在内部人与人之间为相互理解、尊重、学习、支持,体现在不同业务之间为相互融合、借鉴、促进、协调,体现在与管理相对人之间为有效监管与优质服务的和谐统一,体现在与地方关系之间为主动融入地方经济社会发展,心系民生、力践于行。

"蓝海"是天津海事局秉承"忠于国家、热爱海事、坚守使命、奉献社会"的价值追求,砥砺奋进,在发展中不断挑战自我、不断超越自我的品格象征。他们用生命和智慧筑牢海上安全屏障,诠释"保障水上安全、保护水域环境、保护船员权益、维护国家主权、融入地方发展"的神圣使命,描绘出"航行更安全、海洋更清洁"的美好图景,努力实现天津海事人的蓝海之梦。

畅航津海

中华人民共和国天津海事局船舶交通管理中心

中华人民共和国天津海事局船舶交通管理中心(简称"天津船舶交管中心")坐落在天津港东突堤,是感知船舶和行政相对人的"第一扇窗口"。作为天津港水域交通安全监管部门,船舶交管中心肩负着保障水上交通安全、提高船舶交通效率、保护海洋环境的重要职责。天津海事局船舶交通管理中心目前内设值班室、综合科、装备信息科。共有职工 50 人,全部达到本科以上学历,其中党员 38 人,高级工程师 6 人,11 人具有航海资历,其中 2 人具有船长资历。

近年来,天津船舶交管中心忠诚履职,深入推进窗口品牌建设,持续加强船舶交通服务(VTS)运行管理,主动适应港口发展给辖区通航环境带来的新变化,不断创新监管手段、拓宽服务领域、提高人员素质,形成了在系统内外有一定影响力的品牌和举措,受到港航企业和地方政府的广泛认可,如船舶交通组织"定制化"服务模式、八环教育培训法、青蓝工程、值班人员代码制、海上绿色通道等。2011 年中心先后荣获"全国五一劳动奖状"、"全国工人先锋号"、"交通运输行业文化建设示范单位"荣誉称号。

一、文化建设动因

(1)天津船舶交管中心作为海事局的一员,在港口通航管理方面发挥着重要作用。天津船舶交管中心的组织文化是海事文化的一部分,同时又由于独特的工作分工而具有一定的特殊性。船舶交通服务(VTS)工作责任大、压力大、岗位艰苦程度高,如何凝心聚力、充分激发人员积极性和创造性成为发展难题。

(2)船舶交管中心多年来形成了良好作风和优良品质,但是随着人员的流动,人员结构发生变化,越来越多的年轻人走上船舶交通管理岗位,老一辈的职工则晋升或者调动到其他海事部门,新旧人员比例达到 2 比 1。在新形势下如何保持和发扬天津 VTS 的优良传统,并将这种优良传统打造成一种中心特有的、为全中心干部职工广泛认可并自觉践行的"魂",进而为天津海事交管人和天津海事交管事业提供精神动力和智力支持,营造温馨环境、推进和谐建设,对创新思想政治工作思路、打造文化品牌提出了迫切要求。

二、核心价值理念体系表述

核心价值观:忠于国家,热爱海事,坚守使命,奉献社会。

使命:航行有序,航路畅通,便捷高效。

愿景:社会认可,港航满意,员工愉悦。

精神:勤勉奉献,团结协作,务实为民。

作风:敬业专业,主动迅速,严谨高效。

三、践行效果

(一)2009~2010年:开展文化建设

1.建立切实可行的工作机制

天津船舶交管中心文化建设作为文明创建工作的重要内容,纳入党支部重要议事日程。成立以主任和书记为组长和副组长、各科室负责人为成员的交管文化建设领导小组,建立起支部书记主抓、指定各科室具体人员分工负责的工作机制,制定工作计划、确立建设目标、拟定建设措施,有步骤、有计划地开展各项工作,充分调动全体职工积极参与文化建设的积极性,形成上下联动、密切配合的良好氛围。

2.广泛调研,充分挖掘船舶交通管理文化内涵

按照文化建设工作计划,步步为营,狠抓落实,深入开展各项调研活动,收集和汇总各种文化建设素材,为后续工作开展打下良好基础。

(1)设计调查问卷。组建天津海事交管文化建设课题组,正式启动“天津海事交管文化建设项目”。在局宣传处指导下,邀请南开大学教授,结合天津船舶交管中心工作特点,就如何开展文化建设进行专题研究。根据专题研究结果,结合天津船舶交管中心自身特点,设计文化建设调查问卷。

(2)组织问卷调查。组织问卷调查,调查对象包括现有职工和已调离职工。课题组对回收的有效问卷进行统计分析,并根据统计分析的结果提出改进措施,最终形成《调查问卷分析报告》。

(3)深入走访座谈。在调查问卷的基础上结合专家意见制定《文化建设访谈提纲》,由课题组成员对职工进行访谈。完成访谈工作后,对访谈中显现出来的问题进行梳理、总结,形成《交管文化建设访谈报告》。

(4)撰写调研报告。针对访谈中遇到的问题,本着如实反映的原则客观地写入最终的调研报告中。与南开大学教授进行沟通,对调研报告进行修改和完善,完成《文化建设调研报告》。

3.充分论证,形成文化建设阶段性成果

(1)在全员范围内广泛征集发展历程中的故事,搜集整理反映两代人优秀品质的小故事。在前期调研工作的基础上,提炼天津船舶交管中心核心价值观,进而形成价值观体系,开始文化手册的编写工作,完成《天津 VTS 文化手册初稿》。

(2)认真听取经局领导、天津船舶交管中心领导和南开大学教授以及广大职工提供宝贵修改意见,课题组对文化手册进一步深化、修改完善。

(3)组织开展天津文化论坛,听取与会专家对《大塔文化手册》的修改意见。课题

组对专家意见进行汇总，对《大塔文化手册》修改稿进行完善，2010 年 7 月完成《大塔文化手册》终稿并印刷成册。

(4)举办《大塔文化手册》授书仪式。通过授书仪式使全体职工不断提高对文化建设重要意义的认识，使“大塔文化”深深扎根在每位职工的心中，成为指导个人发展和船舶交通(VTS)管理工作发展的精神源泉。

(二)2011 年：多措并举，推进“大塔文化”落地

在文化建设取得初期成果之后，结合新形势下船舶交通管理工作的特点，把握“四型海事”理念，深入推进文化建设，开展文化落地工程，使“大塔文化”扎根到每位职工的心中，形成良好的工作作风，为各项工作快速、科学发展提供精神动力和智力支持。2012 年 12 月，天津船舶交管中心被命名为第三批交通运输文化建设示范单位。

1.改善办公环境，加强基础设施建设

绿化、铺路和建设广场使办公环境进一步优化。对办公区进行重新调整，增设值班休息室、职工健身室，办公区增加绿植配置。

2.船舶交通管理文化展示

利用场院、办公楼外墙、走廊墙面进行文化展示，增加显著的创建标识，将“大塔文化”、“三个服务”、“四型海事”、“创先争优”活动情况上墙。充分展示交管中心争当“四型海事”建设排头兵、努力推进科学发展的辉煌历程和实现跨越式发展的可喜成果，更好地展望“十二五”时期交管事业的美好前景。

3.“青蓝工程”项目

自 2008 年起，天津船舶交管中心启动了“青蓝工程”项目，由一名经验丰富的老职工与一名新职工结成师徒对子，并通过签订协议、日常传授、定期评估、经验交流等方式强化责任。一方面宝贵的值班技巧和优良的工作作风得以传承，另一方面老职工吸收了先进的思想和理念，实现了以老带新、以新促老，薪火相传，共同进步。“青蓝工程”将长期坚持并在积极吸收前几期活动的基础上更加注重师徒的教学相长。

4.跟踪国际船舶交通管理(VTS)发展动态

主动跟踪和研究国际船舶交通管理发展动态，成立了国际船舶交通管理动态跟踪研究小组，自 2000 年至今，受部局委托，翻译 IALA 制订的有关船舶交通管理的指南、规范和标准化文件 26 份(约 59 万字)，这些材料形成航测工作手册发放各直属海事局指导各局船舶交通管理工作。通过跟踪并参照 IALA 关于船舶交通管理人员培训考试发证 V-103 建议案，建立了包含基础培训、岗位培训、值班见习、随船实习、知识更新等环节的“八环教育培训法”，对人员适任、人才培养发挥了重要作用。通过定期跟踪和学习，锻炼了船舶交通管理专业队伍，一些年轻同志在该项工作中不断成长，成为船舶交通管理业务骨干。

5.凝练核心价值观

通过在全员范围内的征集活动，提炼出能够言简意赅地概括出“大塔文化”的核心

价值观。不断充实和完善“大塔文化”，形成具有行业特色的文化价值观体系。

6.开展先进典型培树

将树立交管品牌、打造单项亮点和培树个人典型有机结合，提出了“三二一”的培树目标，培树三个党员先锋岗，两个党员示范窗口和一个优质工作项目。

7.职工文化素养提升工程

开展主题读书活动，促进广大职工进一步树立起自觉学习，终身学习的理念，为中心工作的顺利开展提供智力支持。举办各类知识竞赛，青年演讲比赛，职工讲堂，丰富职工的文化生活。

8.成立文体俱乐部

建立职工健身房，购入了台球桌、跑步机等运动器材，切实为广大职工的身体锻炼创造条件。成立“海之眼”足球队，定期组织训练，与其他单位进行友谊比赛，定期组织羽毛球、台球、益智类棋牌训练，激发队伍活力和战斗力。

（三）2012年：深入开展文化建设，积极争创海事系统文化建设品牌

天津船舶交管中心进一步明确工作理念，做好开展文化建设的计划、规划，提高社会满意度、知名度和美誉度，为申报工作营造良好的硬件、软件环境。结合《天津海事文化手册》和《天津海事文化建设实施纲要》，继续深入开展文化建设，完善并修定中心的文化手册。加强新闻策划，围绕中心工作，做好重大事项的宣传。

1.凝练文化品牌名称，确定文化价值理念

对文化建设进行重新规划，成立文化建设小组，在全体内部职工范围内进行广泛征集，凝练形成文化品牌名称“畅航津海”、核心理念及应用理念内容。应用理念具体包括：

人才理念：一专多能，有为有位；

服务理念：用心沟通，追求卓越；

发展理念：和谐监管，科技驱动；

管理理念：以人为本，以精促质；

创新理念：把握需求，智能引领；

学习理念：业精于勤，青胜于蓝；

团队理念：富有激情，训练有素。

同时，编写了行为制度：《天津VTS（港口船舶交通管理）工作手册》、《天津VTS值班标准指南》、《天津VTS质量管理手册》、《天津VTS系统操作手册》。

2.打造服务型团队，塑造领军人物

继续提炼交管精神和核心价值观，开展典型人物塑造，打造服务型团队。打造女子值班员典型，塑造在高效服务、应急处置、技术创新等方面成绩突出的代表性人物。

3.加强制度、行为层面的文化建设

健全和完善科学合理的内部管理规章制度、工作程序、工作标准、值班制度等规范

性文件,优化管理流程,推动科学决策,规范管理行为。加强全体干部职工依法行政和行政礼仪的标准化建设,规范海事执法过程中的行政行为。加强职工的教育和培训,将职业道德和行政礼仪纳入培训内容,深入开展"职业道德、社会公德、家庭美德"教育,形成员工"三德"标准和良好行为,不断加强职工文明素质。

4.开展岗位大练兵、全员大健身活动,推进职工素质提升

为持续推进"四型海事"建设,进一步深化创先争优活动,全面落实许如清书记在"学习基层创先争优、共促海事科学发展"座谈会上对天津船舶交管中心提出的"一个排头兵、两个做表率、三个走在前"的要求,开展以"优服务、提素质、强管理、促创新"为主题,涵盖全员、各岗位的大练兵和全员大健身活动,目的是进一步增强工作效能,提高队伍整体业务、身体素质,提升海事履职能力和团队凝聚力。活动遵循"立足岗位、注重实效","人人参与、人人提高"的原则,确立具体的实施步骤和推进时间,保障活动切实可行,顺利实施。

(四)2013年:推进交管文化品牌建设年开展

认真贯彻落实《天津海事文化手册》和《天津海事文化建设实施纲要》的相关要求,充分发挥文化熏陶人、引导人、塑造人、培育人的作用,不断提升职工思想道德、业务技能、文化智力等综合素质,丰富职工文化生活,展示天津船舶交管中心人昂扬自信的精神风貌,激发工作热情和活力,推进交管文化品牌建设年开展。

1.完善品牌标识,丰富品牌产品,提升品牌影响力

2012年12月底,天津船舶交管中心开展了品牌标识社会征集活动,经过文化建设工作组初评、职工投票、专家推荐等多个环节,结合局精神文明建设委员会的指导意见,最终确定了文化品牌标识,2013年11月举行了品牌标识发布会,形成系列文化产品。目前,天津船舶交管中心邀请南开大学及局文化建设专家进行指导,撰写文化建设发展报告,修订文化手册。同时积极开展文化品牌展示与宣传,拍摄文化宣传片,争创全国交通运输文化品牌。

2.对内凝心聚力,丰富文化品牌建设载体

天津船舶交管中心深入开展各项文化建设活动,结合中心青年职工较多的特点,通过举办"四型海事"知识竞赛、举办"践行四型海事,青年勇做先锋"为主题的演讲比赛、开展职工"三人行"讲堂、"百舸争流杯"业务竞赛等多种形式,提供职工展示才能平台,促进业务交流,培养员工的广泛兴趣爱好,进一步在职工中营造争当海事建设排头兵的良好氛围。同时,积极启动了职工关心关爱工程,通过开展工间操活动、成立业余爱好兴趣小组并组织多次文体活动、电子留言板、对有困难职工施以援手等,凝聚了人心,稳定了队伍,为天津船舶交管中心建设深入开展提供了保障。加强道德建设,不断提升职工队伍道德水平。强化宣传教育,倡导广大干部职工诚实守信、遵守社会公德、职业道德、家庭美德。设置中心电子留言板,倾听职工倾诉,领导定期与职工座谈交

流,做好转制时期职工的思想稳定工作。开展送温暖活动,积极开展节日慰问和家属联谊活动;做好离退休人员走访工作,认真开展慰问生病职工及家属活动。

3.对外“请进来,走出去”,积极参加公益活动,提升天津船舶交管中心社会美誉度

天津船舶交管中心设立开放日,邀请天津港多家港航企业代表到交管中心参观、座谈,加深相互了解;在航海日邀请了天津市塘沽区博才外来务工人员子弟小学的40多名小学生参观天津船舶交管中心,为孩子们播种海洋的梦想;积极组织开展了“倾情助学,共享蓝天”活动,组织职工为困难学生捐资助学;为雅安地震灾区及眼癌儿童捐款;分别与引航中心、海事编辑部开展联创互促活动;与五洲国际集团开展“共植友谊之树”活动……以上活动均取得了较好社会反响。

4.深化群众性文明创建活动,广泛开展文化活动和文化艺术创作

以申报海事系统文化建设示范单位为契机,积极倡导现代管理、现代文明、现代服务理念,不断提高文明创建活动的广泛性和深入性,不断扩大群众性文明创建活动的覆盖面和影响力,深化文明单位、工人先锋号、青年文明号、文明执法示范窗口的创建活动。着力抓好“职工之家”、活动场所、培训中心等文化基础设施和文化阵地,积极组织开展职工运动会、文艺演出、知识竞赛等形式多样、职工喜闻乐见、健康有益的文体活动,丰富职工精神文化生活,提高身心素质,促进人的全面发展。创作中心宣传片、微电影,鼓励职工文化创作,从多方面,多角度、多侧面展示天津船舶交管中心事业,提高行业的知名度和影响力。

(五)2014:深入开展文化品牌创建活动

1.深化一个品牌——畅航津海

在文化品牌创建工作基础上,开展文化品牌展示与宣传、撰写文化建设发展报告,修定天津VTS(港口船舶交通管理)文化手册、拍摄中心宣传片和文化宣传片,增进与行政相对人的社会文化交流合作,争创全多交通运输文化品牌。

2.构建船舶交通组织“定制化”服务模式、船舶信息公共服务模式两种模式

(1)船舶交通组织定制化服务模式:天津船舶交管中心在做好安全监管与优质服务的同时,兼顾港口生产与建设,为相对人量身定制服务模式。

特殊通道“定制化”。建立了大型船舶“快捷通道”、电煤运输船舶“绿色通道”伤病船员“生命通道”,2013年,共保障大型船舶2445艘次,保障电煤船舶3533艘次,开启“生命通道”15次,救助(治)人命15名。

特殊天气海况“定制化。天津船舶交管中心通过锚泊秩序管理、重点船舶监管、应急准备等机制性的8项举措有效应对辖区海上大风、大雾、海冰等恶劣天气。2013年,天津船舶交管中心进行重要疏导60次,累计疏导船舶3193艘次,有效缓解了港口生产压力。

特定船舶监管"定制化"。定制操作受限船舶监控、大型油轮、危险品船安全监管方案。2013 年,天津船舶交管中心共保障操作受限船舶 444 次,30 万吨级油轮 114 艘次,保障危险品船 2006 艘次;保障丙烯氰运输船舶 19 艘次,运输丙烯氰 51700 吨。

涉水工程监控"定制化"。提前了解工程特点,定制针对性方案,全力保障了南疆南液化天然气(LNG)码头建设、港池泊位水深疏浚维护、海上石油勘探工程等多个重大工程施工作业安全进行,支持港口建设。其中,30 万吨级航道(一期)工程施工船舶的平均时利率由原来的 85%提高到了 90%以上。

服务民生举措"定制化"。积极拓展海事社会职能,提前了解民政部门需求,保障春秋季海撒顺利进行。2013 年,共计服务海撒船舶 90 艘次,涉及海撒祭奠家属 8779 人次;在服务人民群众便捷出行方面,以"提前协调计划、重点动态监控、优先组织交通、及时信息服务"的 4 项服务举措,全力保障国际邮轮、客轮安全。2013 年,共保障国际邮轮 140 艘次,客轮 237 艘次,运送旅客 534467 人次。

(2)船舶信息公共服务模式:天津船舶交管中心除充分利用甚高频(VHF)发布船舶交通管制信息、水文气象信息、助航等信息服务之外,在深入了解行政相对人需求的基础上,拓展信息服务模式。相继开通飞信、微博、微信等平台,为行政相对人提供政务公开及信息服务,实现与相对人之间的实时互动。另外,天津船舶交管中心正在探索建立专用互通网络,和主要港航单位实现网络互联,和代理等单位实现互联网互访,以科技手段完善船舶交通信息公共服务模式。

2013 年,天津船舶交管中心共完成船舶航行计划 78496 艘次,提供信息服务和助航服务 188372 次,保障重点船舶 21920 艘次,船舶动态兑现率达到 98%以上,重点船舶跟踪率达到 100%。妥善处理船舶机损事故 119 起,化解险情 87 次,未发生任何有海事监管责任的水上交通事故,辖区水上交通安全形势持续稳定。2013 年,天津港完成货物吞吐量 5.0062885 亿吨、集装箱 1301.22 万标准箱。

3.建设三个船舶交通管理(VTS)——专业 VTS、智能 VTS、和谐 VTS

(1)专业船舶交通管理(VTS)以专业化队伍建设推动专业化监管服务

一是开展体系化的培训,加快船舶交管专业人才队伍建设。编制了《天津 VTS 值班人员沟通技巧 100 例》、《天津 VTS 值班人员模拟器培训大纲》,开展知识更新培训、随引航员学习、使"八环教育培训法"不断完善,同时深入开展"青蓝工程"项目;开展覆盖各岗位的全员岗位大练兵活动,进一步提高了全员理论知识水平和业务能力;在理论研究方面,天津船舶交管中心与高校合作开展课题研究,包括"VTS 水域交通风险规律研究","天津港复式航道交通组织"课题研究、"天津港大沽沙航道及附近水域船舶航行规则"研究等;继续跟踪船舶交通服务(VTS)国际发展动态,承担了部局交办的《IALA VTS 手册》(2012 版)的翻译;结合船舶交通服务(VTS)分区管理、工作台设置和监管服务要求,进一步修订完善《天津 VTS 值班标准指南》,针对每个工作台的工作职责、监管区域、工作内容、操作要求等内容做出一般性规定,全面提升船舶交通管理

(VTS)运行标准化、规范化水平。

二是适应港口水域通航环境的新变化,开辟船舶交通监管新模式

保障复式航道开通运行。天津船舶交管中心深入开展天津港复式航道交通管理对策研究,完善《天津港复式航道船舶航行规则》和《天津港复式航道船舶交通组织方案》。2014年1月1日0时起,天津港复式航道正式开通试运行。天津船舶交管中心认真把握交通流特点和船舶避让规律,努力探索交通管理新方法、新措施,采用“进出分时段、大船小船分流、进出转换有效衔接、减少船舶交叉”的原则组织船舶交通,截至目前,使用小船航道进出港船舶约占总体进出港船舶比例40%,大大缓解了主航道通航压力,提高了船舶进出港通航效率,初步实现了大船、小船分流的建设目标。

实施天津船舶交管中心分区分频管理。经过前期充分研究和论证,2014年3月15日起天津船舶交管中心区域实施新调整的分区分频方案,打破了原有的区域交通管理模式,在区域内实施新的分区管理模式,建立新的甚高频(VHF)通信频道配置体系,为每个分区配置单独的通信频道,缓解单一通信频道下的通信拥堵、干扰,为船舶之间通信提供更好的通信资源,确保甚高频(VHF)通信有良好的通信质量和通信效果,便于船舶之间采取及时有效地避让行动,预防因通信不畅问题造成的交通事故,进一步促进天津港口水域船舶交通管理更加规范化、科学化。

建立天津船舶交管中心监视与现场巡航联动机制。天津船舶交管中心为静态、非现场执法,掌握船舶航行计划信息,同时可以通过船舶自动识别系统(AIS)、雷达、闭路电视等设备了解船舶动态。东疆海事局海巡执法支队为动态、现场执法,配备有海巡船等现场执法设备,可以实地实时跟踪船舶动态。天津船舶交管中心和海巡执法支队充分发挥各自资源信息、技术装备等优势建立联动机制,将两种监控和执法模式结合,有利于更好地履行海事监管职能。

下一步,天津船舶交管中心结合天津港二期系统工程建设,开展船舶交通管理系统设备仿真培训系统建设,建设并运行船舶交通管理(VTS)值班模拟培训系统;完善船舶交通服务(VTS)人员培训、考试、发证管理体系,建立航标组织(IALA)标准的管理人员培训中心;运行并不断完善值班标准化,提高执法规范化水平;应对港口通航环境变化,加强港口安全风险评估、建立天津港水域风险评估模型,实施船舶交通管理水域风险管理。

(2)智能船舶交通管理(VTS)强化科技应用创新,提升技术装备水平,加强信息资源应用,建设智能船舶交通管理(VTS)。开展船舶交通管理(VTS)关键技术国产化课题研究。开展航行计划编排的优先权重研究、船舶交通3D智能显示系统研究,实现船舶数据显示和处理的智能化,在现有船舶信息显示基础上,增加船舶安检、签证、护航数据信息交换管理,船舶协查、扣留、滞留、违章、重点船舶跟踪,船舶抵港预报、锚泊管理、在泊管理(区分商业运输船和非商业运输船)进出港或移泊航行计划(区分商业运输船和非商业运输船)管理;船舶载运危险品管理等;另外实现船舶数据统计查询、航

行计划网上申请、值班管理、港口设施等综合显示和查询功能，从而减少船舶交通管理（VTS）值班人员的劳动强度，提高数据的准确性。

（3）和谐船舶交通管理（VTS）强化内部精细化管理，深入推进服务质量体系建设、不断规范内部管理水平，增进岗位配合。关注职工成长，提供职工展示才能和职业发展的平台。发挥党支部建在一线值班班组的优势，结合工会、共青团工作，切实开展好党建工作。建立职工与领导之间、职工与职工之间的交流机制，强化职工关爱，实现“员工愉悦”的内部管理目标。

继续推进并完善诚信船舶机制，鼓励船舶及港航企业加强自我管理，诚信船舶将享有天津船舶交管中心提供的海事相关法律法规宣传及政策咨询服务、动态优先安排保障、定期通报辖区船舶交通流特点、“两船”活动规律、恶劣天气信息、重点水域情况信息、港内作业免除报告船舶动态等便利措施。截至目前，交管中心共评选出交通行为诚信船舶 30 艘，诚信管理机制运行取得良好效果。另外，逐步建立并实施与港口船舶交通参与方的沟通协调机制。继续完善服务相对人联络工作机制，建立并不断完善面向管理相对人的外部评价体系，实现“港航满意”的外部服务目标。

建立中小学生海事教育实践基地，与塘沽工农村小学、博才小学等学校开展海事文化、水上交通安全知识的宣传与教育，增进中小学生对海事的认识，深化海洋强国梦；利用航海日、开放日等开展与行政相对人及社会各界地文化交流与合作，实现互通有无，优势互补。参与和赞助社会公益活动，提高社会影响力，努力实现“社会认可”的公共服务目标。

四、主要经验和体会

1.坚持以人为本、和谐发展的原则

把人视为管理的主要对象和最重要资源，在管理中真正体现尊重人、培育人、凝聚人，通过建立并不断完善培养使用人才机制，最大程度地发挥人的潜能、调动人的积极性和创造性；坚持以和谐文化为支撑、以提高人的素质为根本，形成人与人团结和睦，职工自身心里和谐的内部发展环境。

2.坚持围绕中心、讲求实效的原则

进行海事文化建设，要切合交管中心实际，一切从中心工作出发，不搞形式主义，制定切实可行的海事文化建设方案，建立规范的内部管控体系和相应的激励约束机制，逐步建立起完善的文化体系。充分发挥文化建设的潜移默化作用，促进内部管理、业务建设和职工素质的协调发展。要以科学的态度，实事求是地进行海事文化的塑造，在实施中要求精、求好，搞精品工程，做到重点突出，稳步推进，协调发展、务求实效。真正使中心海事文化建设能够为单位的科学管理和工作目标的实现服务。

3.坚持与时俱进、重在创新的原则

开展海事文化建设，要紧跟社会和时代发展脉搏，天津船舶交管中心着力抓好文化理念、制度和物质3个层面的建设。建立相应的奖惩办法，在激励约束中实现价值导向作用，不断增强海事文化建设的活力。

4.坚持着眼长远，突出特色的原则

文化建设作为一项战略性、长期性的工作，要树立“打持久战”的理念，搞好整体设计，分步推进，分层次落实。必须明确总体目标和阶段性目标，上下合力同心，协调运作，才能把文化建设的任务落实到实际工作中去。工作中必须运用创新的方法去思考，去实践。搞好文化建设关键在于突出自己的鲜明个性，追求与众不同的特色、优势和差别性，培育出适应知识经济时代要求的，具有自身鲜明特色的海事文化。

“精·卫”品牌引领“勇立潮头”

中华人民共和国宁波海事局港口国监督(PSC)团队

宁波港港口历史源远流长,港口航政管理可上溯到宋代淳化三年(992年)明州(今宁波)始设市舶司,延续至今已逾千年历史。随着新中国的成立和国家水监体制改革的不断推进,2001年2月8日,作为全国海事系统最大的分支机构之一,中华人民共和国宁波海事局正式成立。多年来,海事局始终坚持“文化立局”理念,大力弘扬“超越自我、勇立潮头”的宁波海事精神,形成了以“精·卫(LEAD SAFETY)”为品牌名称的独具特色和优势的港口国监督文化品牌,并通过文化品牌创建实现了“形成共识、凝聚人心、提升素质、展示形象、惠及群众、引领发展”的总体目标,为“四个交通”和海事系统“三化”建设,服务宁波海洋经济快速发展做出了积极贡献。

作为国内第一批开展港口国监督(Port State Control,PSC)工作的9个单位之一,宁波海事局自1990年起便开始依托宁波港的迅猛发展探索PSC的科学发展之路。目前,宁波海事局港口国监督团队负责履行局港口国监督(PSC)和船旗国监督(FSC)检查及管理工作。

2001年9月,宁波海事局成立了开展船舶安全检查的专门机构——港口国监督(PSC)团队,主要负责辖区内外国籍船舶的港口国监督检查、部分中国籍船舶的船旗国监督检查及中国籍国际航线船舶的开航前检查,跟踪国际公约及国内技术法规发展,并负责对全局各基层海事处提供船舶安检业务指导和技术支持等工作。

一、文化建设动因

文化是一个集体软实力的重要体现,深深熔铸在整个团队的向心力、凝聚力、创造力和战斗力之中。作为国际航运界公认的海上安全的“最后一道防线”,港口国监督检查肩负着行使国家主权,打击抵港低标准外轮,卫国护港的神圣使命,不断推进宁波海事局港口国监督各项工作再上台阶,对全局工作的发展具有重要的促进作用。宁波海事局港口国监督(PSC)团队自成立之日起,就高度重视共同价值观的培养,坚持业务锤炼与文化建设“两手抓”。

历经多年的沉淀和积累,宁波海事局港口国监督(PSC)团队在管理机制、团队建设、业务技能、业界交流以及装备保障等各方面开展了一系列富有成效的探索与创新,在维护国家主权、保障水上安全以及引领业界安全文化与技术标准发展等方面做了积极贡献,并涌现出一批在港口国监督工作领域具有突出表现的优秀人才。通过文化建设将取得的成绩转化为推动发展的持久动力,有着其现实的基础,也是宁波海事局港口国监督(PSC)团队面对新形势的必然追求。而作为有着良好基础与海事特色的港口国监督工作,更应在海事文化建设中发挥典型示范作用,宁波海事局港口国监督文化品牌的形成将有助于提升全国港口国监督的“软实力”。在二十余年的持续发展中,宁波海事局港口国监督(PSC)团队团队坚持开拓创新、精益求精,经过一代代港口国监督检查官(Port State Control Officer,PSCO)的拼搏进取与不断传承,富有宁波海事特色的港口国监督(PSC)文化逐渐积淀、形成。

在创建过程中,宁波海事局以国家海洋管理新格局为契机,紧紧抓住国家海洋经济发展的大潮,认真践行核心价值体系,贯彻落实上级总体布置,结合宁波经济社会发展实际,不断弘扬宁波海事“超越自我、勇立潮头”的精神,按照“来自职工、依靠职工、用于职工”的原则,在厚积薄发的基础上,形成了以“精 · 卫(LEAD SAFETY)”为名称的文化品牌,依托源源不断的精神力量持续实践着引领业界安全文化及技术标准发展的价值追求。

二、核心价值理念体系表述

核心价值观:忠诚、和谐、开放、卓越。

使命:航运更安全、海洋更清洁。

理念:服务港航、奉献社会。

精神:超越自我、勇立潮头。

愿景:接轨国际、走在前列。

三、践行效果

作为我国较早开展港口国监督(PSC)工作的单位,在20余年的持续发展中,宁波海事局通过不断探索,逐渐形成了富有自身特色的PSC文化品牌,并在日积月累的过程中厚积薄发,特色文化体系日益完善,核心价值理念日益清晰,文化建设实效日益突显,在广大港口国监督检查官以及全局职工中形成了强大的精神张力,有力地促进了相关工作的可持续发展。

在文化建设过程中,宁波海事局港口国监督(PSC)团队认真履行神圣使命,践行核心价值理念,不断丰富创建手段,促进中心工作上不断迈上新台阶,在维护国家海事权益、服务企业转型升级、提升中国海事全球影响力、引领业界技术发展等方面发挥了积极作用,获得了较为广泛的社会认可。

1.维护国家海洋权益,保障水上航运安全

宁波海事局始终以精干的港口国监督(PSC)团队,保持对到港外国籍船舶的持续严格检查。自2011年“港口国监督(PSC)文化品牌建设领导小组”成立以来,2011~2013年港口国监督(PSC)单船检查覆盖率均保持在13%以上,累计开展港口国监督(PSC)检查1435艘次,人均检查180余艘次,发现缺陷5448项,滞留船舶94艘次,滞留率6.55%。中国港口国监督数据中心年报显示，连续多年，宁波海事局对到港外轮的港口国监督（PSC）检查覆盖率、检查艘次、滞留率、单船缺陷数等关键性指标均居全国前列。从2001年至今，宁波海事局港口国监督（PSC）团队共开具“30”缺陷约1050项，未出现一次申请复议，未发生一次有理投诉，有力地维护了港口国权益，真切体现了“LEAD SAFETY——安全引领”的品牌追求，赢得了国际海事界的普遍尊重。

为了优化监管效率，宁波海事局不断创新手段，在系统内率先推行“广义PSC”理念及工作模式，自主研发了“智能化港口国监督现场检查及质量管理系统（I-PSC）”，极大的整合了海事外轮监管资源，有效提高了执法针对性和效率。2012年伊始，借鉴澳大利亚海事局施行多年的FIC（Focus Inspection Campaign）概念，结合到港外国籍船舶特点，宁波海事局对到港外轮展开了不同船型的阶段性集中检查，取得了良好效果。至今，已实施针对集装箱班轮、液货船、废电机船等共计4批次的专项检查，共计检查船舶157艘次，依法实施滞留23艘次，滞留率约15%，有效阻止了到港的低标准船舶。

2.深入实践群众路线，帮扶企业转型升级

践行群众路线，凭借精湛的专业技术助推航运业健康发展是宁波海事局港口国监督（PSC）团队的永恒追求。2012年年初，受“后危机时代”的影响，航运业形势十分严峻。面对这一情况，宁波海事局港口国监督（PSC）团队立足专业优势，在广泛调研的基础上，组建了“宁波海事局服务港航企业讲师团”，致力于为企业提供专业、务实、优质的培训和服务。自讲师团成立以来，已先后为辖区110多家企业，共计400余名企业高管、岸基安全管理人员以及高级船员开展了3500余课时的免费培训，得到企业的一致好评。次年，宁波海事局港口国监督推出了立足航运本质安全的“开放式船舶安全检查”全新理念及工作模式，将船舶安检从原本“最后一道防线”所偏重的执法主导，转变为帮扶企业、船员提升安全意识和管理水平的“第一道防线”，实现了由政府主导的“要我安全”向企业主导的“我要安全”的转变，促进航运业向安全本源的回归。自2013年8月这一新机制正式提出以来，宁波海事局已经对60余艘次中国籍船舶开展了开放式联合安检，并在实践中通过及时详尽的指导以极小的成本解决了上海远洋运输公司近百艘船舶的维修整改难题，为企业挽回损失近千万，获得了企业与船员的高度赞誉。

2013年，宁波海事局港口国监督（PSC）团队结合多年开展船舶安全检查工作实践，以实现“本质的、共同的安全”为目的，兼顾企业自查与海事执法的不同需求，受部海事局委托，编写了《国内航行海船安全检查指导书》和《国内航行海船缺陷处理操作指南》并由人民交通出版社公开发行。书籍一经面世，就以其权威性、指导性、实用性得到了读者的广泛好评。为了进一步统一业界技术标准，在总结书籍编写经验的基础上，宁波海事局于2014年承担了部海事局“同时面向海事管理机构及航运公司的国内航行海船安全检查标准化研究及应用”科技项目的研究工作，并通过座谈、研讨等形式，邀请航运公司和高校全面参与研究工作，这标志着“开放式”理念被延伸到了安检标准制定、推广及应用领域。

3.接轨国际前沿领域,促进我国海事国际影响力提升

宁波海事局港口国监督(PSC)团队立足对航运安全与防污染的深度研究,受国家委派广泛参与各类高层次国际事务,维护国内航运业及海洋工业的发展利益。先后参与了国家“973”课题“海运温室气体减排”、国家自然科学基金等相关研究工作,并以中国谈判代表团核心成员身份先后参加了在泰国曼谷召开的联合国气候变化会议、在天津举行的联合国气候变化会议、在英国国际海事组织总部举行的船舶能效工作组会议等一系列国际会议,围绕我国航运业与国家整体利益展开谈判、发言,得到与会各方的认可。此外,还参与了国际海事组织船舶能效规则制定、“中国-东盟海事磋商机制”、中国海事局履约机制推进、国际海事组织审核机制强制化对策研究等高层次海事事务,并在其中发挥了重要作用,有力维护了国内航运业及造船业利益。

近年来,宁波海事局连续派港口国监督检查官(PSCO)参加了由区域备忘录组织、国外海事机构举办的年会、研讨会,并以此为契机向国际海事界发出“中国声音”。2011年10月,派员赴土耳其伊斯坦布尔参加由全世界最大的专业技术组织——美国电气工程协会(IEEE)举办的学术年,并做主题演讲;2013年9月,派员参加美国海岸警卫队(USCG)、美国海军商船海事协调处(MARLU)等组织的船舶航行安研讨会。自2012年起,宁波海事局受中国海事局和浙江海事局的委派,承担了负责东京备忘录组织集中检查大会战策划、实施的CIC(Concentrated Inspection Campaign,集中检查大会战)工作组,以及代表中国海事局对防止船舶造成污染国际公约(MARPOL)进行跟踪的工作组两项极其重要的工作。在港口国监督(PSC)工作实践和前期大量研究基础上,宁波海事局近年来共完成各类海事提案6份,不断推动业界扫除技术“灰色地带”。同时,代表交通运输部海事局制定防止船舶造成污染国际公约(MARPOL)附则Ⅴ、附则Ⅵ的《港口国监督检查导则》,相关成果即将提交东京备忘录组织,并有望成为亚太地区唯一的检查指引。

4.广泛开展交流协作,引领业界技术发展

一直以来,宁波海事局港口国监督(PSC)团队本着合作、开放、共赢的理念,珍视与国内外海事同行、船级社、航运公司等业界同行的战略协作,先后多次与美国海岸警备队、澳大利亚海事局、马来西亚海事局、香港海事处、马士基航运、达飞航运、地中海航运、马来西亚国际航运公司等同行开展了形式多样、内容丰富的研讨会,广泛倾听业界需求,共商发展大计。在日常检查中,当港口国监督检查官(PSCO)对于某一公约条款的理解与业界各方存在分歧时,不是强硬要求对方遵照执行,而是以开放的心态与其一起研究、磋商并最终形成具有共识的标准做法。目前宁波海事局保持至少每月一次的与挪威船级社(DNV)、英国劳氏船级社(LR)、美国船级社(ABS)、德国劳氏船级社(GL)等国际船级社协会成员的高频次深度业务交流,并在提交公约提案时主动邀请船级社参与讨论,共同提升业界安全技术标准。

宁波海事局多次派港口国监督检查官(PSCO)赴英国、澳大利亚、日本、韩国等国

家参加海事业务交流，在“中国－东盟海事会议”、“东京备忘录 PSCO 研讨会”、“中韩 PSC 双边研讨会”、“中国海事局－马来西亚海事局 LNG 船舶安全管理研究会”、“海峡两岸海洋工程和航海技术研讨会”、“中国造船及船舶交易峰会”等业界活动中作主题演讲，进一步提升了在国内外航运及造船界的影响力。通过交流，宁波海事局完成了一次又一次的精彩“演出”。2014 年 6 月 20 日，历时 3 天的东京备忘录组织港口国监督检查官（PSCO）专业培训班（STC5）在宁波闭幕，作为主要负责方，宁波海事局港口国监督（PSC）团队圆满完成会务工作。同期，巴黎备忘录组织第 57 次研讨会在希腊召开，作为东京备忘录组织选派的代表，宁波海事局港口国监督检查官（PSCO）出席了会议并在会上发言，在国际舞台上充分展示了中国港口国监督检查官（PSCO）的良好形象。

四、主要经验和体会

1.启动及时，组织有力

早在 2011 年，在“文化育人、典型引路、人才兴局、品牌强局”理念指导下，宁波海事局以创建全国文明单位为目标，提出了“打造具有宁波海事特色港口国监督品牌”的要求。随后，宁波海事局专门成立了“港口国监督（PSC）文化品牌建设领导小组”，并配套建立了《港口国监督（PSC）文化品牌建设实施纲要及工作方案》。

由于领导重视、组织有力、上下联动，宁波海事局港口国监督（PSC）文化品牌创建工作开始进入“快车道”，各项工作稳步推进，并做到了“三个到位”。一是思想认识到位，充分认识港口国监督（PSC）文化品牌建设的重要性和必要性，在全局范围内统一思想，举全局之力建设港口国监督文化品牌；二是组织领导到位，领导小组成立后迅速组织开展相关研究工作、精心组织、狠抓落实，把港口国监督（PSC）文化品牌建设措施落到实处；三是任务分解到位，在领导小组的统一协调下，对建设任务进行了分解，并落实到了具体部门和人员，确保各阶段目标如期实现。

根据上级的总体安排，宁波海事局港口国监督（PSC）文化品牌创建方案不断完善，基于总结提炼、承前启后、引领发展的原则，明确了“内外联动”的创建模式，内部持续改进管理模式，培养优秀人才，实现组织机构、人员与管理模式的共同发展；外部本着开放、平等、共赢的心态走近业界，实现与国内外海事同行、船级社、航运公司和行业组织等各方的良性互动，不断提高自身在业界的主动权。

2.立足岗位，以创促建

在品牌创建过程中，宁波海事局始终坚持理念创新、自主创新的工作理念，总结和梳理港口国监督（PSC）工作的好做法和好经验，在制度建设上不断推陈出新，通过品牌创建凝聚各方面的正能量，在更高层次、更高水平上提升宁波港口国监督（PSC）的综合保障和服务能力。

“打铁还需自身硬”，为了打造一支适应国家海洋管理新格局的“拳头部队”，宁波海事局港口国监督(PSC)团队从练习内功开始,不断强化队伍的正规化建设。先后编制和实施了《宁波海事局船舶安检手册》、《宁波海事局安检缺陷释疑指导办法》、《宁波海事局港口国监督17类缺陷跟踪检查标准化流程》等10余项标准化管理文件和技术指南。建立了覆盖工作流程、台账管理、质量控制、人员选拔等在内的“八大机制”,定期组织开展内部执法质量自查。在“安全引领”的指引下,主动融入国际社会,争当标准的制定者,在海事技术的专题研究、深入调查、议案提案等方面先行先试,并确定了常态化的公约跟踪机制,提高了话语权。在“大服务”的探索中,宁波海事局港口国监督(PSC)团队视“兴航”为己任,深刻地理解到“服务不是简单的送温暖,而是踏踏实实解群众之所难,真切的为百姓排忧解难”,于是“开放式船舶安全检查”、“服务港航企业讲师团”、编写出版专业技术书籍等具体举措不断应运而生。

3.注重实效,形成长效

宁波海事局在港口国监督(PSC)团队文化品牌创建过程中始终把握坚持特色、围绕中心、注重实效的原则,在推出一系列文化品牌特色产品的同时,将工作重心放在社会、行业、群众的需求上,通过长效机制建设,有效提升群众满意度和对行业发展的贡献。

要使品牌创建的成果真正落到实处、起到实效,必须使好的制度落地生根,建立起与“精业兴航、卫国护港”总体目标相适应的长效机制,“精·卫”的品牌文化经历了先抽象化、再形象化的发展之路。微电影《精·卫》、《宁波海事局港口国监督风采集》等文化品牌产品,直观反映了“精·卫(LEAD SAFETY)”的品牌内涵,有力促进了品牌文化的传播,形成了持久的影响力,弘扬了品牌精神。2013年建立并实施的“开放式船舶安全检查”机制,得到了业界的一致好评,在此基础上,相关“开放式”的监管和服务理念稳步向宁波海事局其他主要业务领域推广,形成了多方位的效应。《国内航行海船安全检查指导书》、《国内航行海船安检缺陷操作指南》等专业丛书,扩大品牌成果的受众面。“服务港航企业讲师团”起源于一次送教上门,航运公司和船员对相关知识的渴求让“讲师团”不断壮大,而今是随叫随到,提供企业要什么就提供什么的“点单”服务,形成了强大的生命力,品牌的群众满意度也随之提升。中英文版本的《宁波海事局港口国监督年报》连续9年,从未缺席,已成为业界了解宁波海事局港口国监督(PSC)的窗口,阳光执法的理念从未打折。取得明显成绩的“广义PSC(港口国监督)”、“FIC检查”理念及工作方法,有力打击了低标准船舶,成为海事监管的新方式,被兄弟海事机构借鉴学习,品牌长效建设机制持续推进。

4.与时偕行,重在育人

在品牌创建中,宁波海事局紧密围绕国家海洋强国战略,结合交通运输部提出的海事系统“三化”建设和部海事局提出的“四型海事”建设等时代要求,不断锤炼队伍,丰富品牌内涵,提升品牌建设成效。

宁波海事局港口国监督(PSC)团队把“革命化”放在队伍建设的首要位置,始终强调团队成员崇高的价值追求，将工作落脚于“卫国护港”的神圣职责，忠诚于党和国家的崇高利益。宁波港是目前的世界第四大港，年均抵港外轮超过13000艘次，宁波海事局港口国监督（PSC）团队连续数年持续保持对抵港外轮高于13%的检查覆盖率，且滞留率、单船缺陷数等重要指标均保持在全国前列，有力地维护了国家港口权益；宁波海事局港口国监督（PSC）团队着眼于队伍建设和管理工作的正规化，将精细融入了品牌目标，建立了体系化、规范化的管理模式。通过借鉴先进管理理念和国内外业界成熟经验，根据外部环境和内部需求的变化，在实践中不断对制度进行创新和优化，最终实现组织机构、人员与管理模式的共同发展。先后在港口国监督（PSC）领域推出了“一本手册、两部专著、八大机制及十大案例”，为各项工作规范高效运转提供了有力保障；宁波海事局港口国监督（PSC）团队瞄准世界一流水平，致力于“现代化”的监管和服务能力。建立了“船舶安检数据分析系统”，开发了囊括港口国监督（PSC）检查常见的507项主要缺陷的“PSC标准缺陷数据库”，以及有港口国监督（PSC）报告自动生成功能的“港口国监督缺陷自动获取系统”，为高效执法提供了有力的智力支持。2011年，在“数字海事”理念的指引下，研发了I-PSC，实现了港口国监督（PSC）检查的移动智能化。2013年，宁波海事局港口国监督（PSC）团队再次聚集信息技术，探索在东京备忘录新选船机制下，基于宁波港综合业务协调系统（C-BOS）和东京备忘录电子计算机信息系统（APCIS）开发“目标船智能化选择跟踪系统”，以全智能地实施港口国监督（PSC）选船工作。

宁波海事局港口国监督（PSC）团队紧跟时代脉搏，始终将目光放在世界海事前沿，鼓励港口国监督官（PSCO）参与高层次海事事务，团队成员先后在全球气候变化、船舶节能减排、国际海事履约、口岸大通关等领域，以课题主要参与者身份深度参与了国家“973项目”、国家自然科学基金等高层次研究，并在各类国际、国内核心刊物上发表论文110余篇，其中包括入选国际SCI（Science Citation Index，科学引文索引）、EI（Engineering Index，工程索引）检索核心数据源的英文论文6篇，提交各类国际海事技术标准提案6份，努力实现从规则“执行者”到“制定者”的转变。通过“精·卫（LEAD SAFETY）”文化品牌建设，起到了“文化育人”的重要作用，有效地提升了宁波海事局港口国监督（PSC）的管理能力、执法水平、服务质量和社会效益，且在全局干部职工中形成强烈的文化感染，促进了良好文化氛围的形成，持续实践着其“LEAD SAFETY（安全引领）”——引领业界安全文化及技术标准发展的价值追求。

五、文化品牌

精·卫（LEAD SAFETY）

六、文化品牌诠释

“精·卫”，为中国古代传说中填海的神鸟，在我国家喻户晓，人们常用“精卫填海”

比喻坚韧不拔、造福百姓的精神。“精·卫”既是宁波港口国监督(PSC)团队文化品牌的名称也是其团队精神,象征宁波港口国监督(PSC)在保障安全、服务业界方面的无私奉献与坚持执着,也象征了传承新时期“精卫”精神的决心和勇气。精卫品牌的目标是“精业兴航,卫国护港”。

七、文化品牌标识诠释

精業興航　衛國護港

主色调为蓝色,寓意大海以及海事局作为航运安全的主管机关的行业背景;主形状元素——盾牌,一方面象征海事港口国监督(PSC)工作守护水上安全、维护国家主权的职责,另一方面也形似昂起的船首,象征推动业界不断发展;蓝色盾牌上淡蓝色的“甬”字,是宁波城市的简称,即代表宁波;金色的锚象征航海平安;盾牌上方的“LEAD SAFETY”(安全引领)为品牌追求,五星象征国际前列、国内先进的宁波港口国监督(PSC)高质量业务及管理水平;“精业兴航 卫国护港”8 苍劲有力的大字,直观体现了“精·卫”的品牌名称,也融合了中国传统书法文化,“中国风”跃然纸上。

把中国引向世界

中国引航协会

中国引航协会是由引航机构为主，自愿组成的非营利性全国引航行业自律组织。2008 年 1 月 8 日在北京成立，业务主管机关为中华人民共和国交通部，登记管理机关为中华人民共和国民政部。

协会宗旨是：忠于祖国，遵守宪法、法律、法规和国家政策，规范行业行为，维护行业秩序，加强队伍建设，维护行业合法权益，协调行业内部事务，加强对外联络，参与国际引航事务，提升我国引航整体水平和服务能力，保障航行安全和水域清洁，促进我国港口和国民经济的健康发展。

协会共有会员单位 46 家，其中引航机构 45 家，共拥有引航员 2200 名，约占世界引航员总数的 1/7，年引航近 40 万艘次，年引船舶超过万艘的引航机构有 11 家；引航管理信息化，规范化的步伐不断加快。我国在超大型船舶靠离码头的操作上长期走在世界前列，在引领大型船舶通过复杂航道等方面的研究，也处于国际先进水平。在我国港口快速发展、生产经营连创新高的过程中，全国引航员怀着“把世界引进中国，把中国引向世界”的历史使命感，顽强拼搏，凭借良好的引领技术和服务，确保了港口的畅通和到港船舶的安全，赢得港航企业的高度赞誉，得到国际引航界的尊重。

一、文化建设动因

中国引航协会自 2008 年 1 月成立之始，就把创建引航文化品牌作为重要任务。协会抓住改革开放 30 周年、中华人民共和国成立 60 周年、航海日等契机，通过出画册、开网站、编杂志、拍电视、办展览、办论坛、评十佳、树典型，系统总结中国引航发展成就和辉煌历程，深入挖掘中国引航优良传统、思想理念、精神风貌，探索引航文化品牌定位。2009 年国庆前夕，徐祖远同志关于“引航员是水上国门形象第一人”讲话，形象准确地概括了引航员的职业特征和社会定位，指明了中国引航行业发展的方向，阐明了中国引航文化的灵魂。全国引航系统迅速掀起学习热潮，“水上国门形象第一人”作为中国引航文化品牌初步确立。

2009 年底，中国引航协会对“水上国门形象第一人”品牌进行全面解读，并制定了打造引航文化品牌初步方案。全国引航职工自觉按照品牌定位的要求，履行第一人岗位职责，展示一流行业形象，提供一流引航服务。

2010 年 12 月，交通运输部决定在“十二五”全国交通行业学习引航员姚泽炎，并以“水上国门形象第一人”为题介绍他的事迹。引航协会在行业内掀起“学习姚泽炎，当好水上国门形象第一人"的学习热潮，并制定了"水上国门形象第一人"文化品牌发展战略。全国引航职工以姚泽炎为榜样，比职业态度、比技术水平，文化自觉意识不断加强；全国引航机构文明创建热情空前高涨，以真诚服务、诚信服务、阳光服务、"五心"服务为载体，争建中国港口对外开放最明亮的窗口和品牌，引航文化品牌建设工作全面推进。

2012年2月，交通运输部召开全国引航工作会议，明确提出，到"十二五"期末中国引航要成为全国交通运输系统文明行业的奋斗目标。全国引航系统齐心协力共建"水上国门形象第一人"文化品牌的工作格局正式形成。

2012年3月，根据全国引航工作会议确定的目标，中国引航协会制定了《"十二五"期引航文化建设总体目标实施意见》，并组织力量，进一步总结引航文化建设成果，通过挖掘、提炼、吸纳、整合、升华，建立了引航核心价值体系、引航职工行为规范体系、文明引航机构建设标准体系和引航行业标识体系。

2013年3月，引航协会理事会审议通过《引航文化建设规范体系暨打造全国交通运输行业优秀文化品牌实施方案》，并印发全国引航机构实施。各引航机构根据方案要求，迅速制定具体实施细则，充分表达了引航行业打造引航文化品牌的共同意志和坚定决心。4月，协会召开引航文化品牌建设推进会，全面贯彻落实引航文化建设规范体系。7月，与人民交通出版社联合出版《中国引航文化品牌建设手册》，全面阐述规范体系和引航文化品牌战略，指导全行业文化品牌建设。

根据交通运输部指示和港航单位意见，在引航文化品牌建设基础上，本着公开、公正、规范、高效、廉洁的原则，以队伍阳光、机制阳光、理念阳光为标准，协会草拟了《推进阳光引航提升引航服务水平工作方案》并由交通运输部正式发文。7月，交通运输部召开阳光引航推进会，全面推行、贯彻实施。该方案被确定为交通运输部在贯彻落实党的群众路线教育实践活动期间先期拟办的10件实事之一，受到中央相关部门的肯定和国际航运界欢迎。目前，全国引航系统正以认真贯彻落实《阳光引航工作方案》的实际行动，打造中国引航文化品牌升级版，为创建全国交通运输十大文化品牌而努力。

二、核心价值理念体系表述

1.核心价值观：维护主权，保障安全，精心引领，服务港航

引航核心价值观是社会主义核心价值体系在引航行业深入实践的本质体现，是引航行业共同的价值取向，为引航行业的涉外性、专业性、风险性和服务性等基本特征所决定。

维护主权：引航权是航运权的主要组成部分。引航员按照我国法律，对外国籍船舶实施强制引航，维护国家航权，是国家维护主权和尊严的重要体现。

保障安全：安全是引航工作的生命线。引航涉及的区域是水路运输的集结点，也是联系内陆腹地和海洋运输的枢纽，保障港口水域安全对于国家经济发展至关重要。

引航员要利用高超的专业技能，保障船舶安全、人命安全和水域环境安全。

精心引领：引航是一项高风险高技术职业。引航员要以技术为本，服务至上，业务精益求精，为港航企业提供优质安全的引航服务，为中外船舶提供安全、及时、文明、高效的引航服务。

服务港航：引航是联结港口与船舶不可替代的环节，保证船舶高效周转，保障港口有序运行，是引航服务的根本。全体引航职工要树立全心全意为港航单位着想的服务理念，想其所想，急其所急，帮其所需，全面服务于港航企业。

2.使命：把世界引进中国，把中国引向世界

一艘船舶就是一块流动的国土。“把世界引进中国，把中国引向世界”这一口号，源自港航企业对引航的赞美和期望，已成为中国引航人标识性的理念。这句话表明了社会对引航行业的期望和需求，说明了引航行业存在的目的和意义。它把日常引航工作、个人理想同世界的交流、祖国的命运和港口的繁荣紧密联系起来，形象地阐明了引航在我国港航事业发展和国民经济建设中的价值和作用。它流淌着历代引航人精神血脉，彰显着全体引航人的理想追求。

引航员代表着国家形象，忠实履行神圣职责，对进出中国水上国门的外国籍船舶强制引领，维护祖国航权安全。

引航技术代表当代最先进的船舶操纵技术，安全及时引领船舶进出港口，促进港口开放，促进地区经济和国家经济繁荣，让中国与世界因海洋而相近，因引航更紧密。

引航文化代表着先进的中华文化，当好中外文化交流的友好使者，把世界各民族的优秀文化引进中国，把优秀的中华文明引向世界。

3.愿景：建设与海洋强国相适应的一流引航队伍，实现平安引航、快乐引航和谐引航

平安引航：船舶平安、港口水域平安、引航员平安。船舶进出港口，靠、离码头是船舶航行过程中最复杂的一段航程。作为水上国门形象第一人，引航员不仅是船舶引路人，更是风险管理者，要以技术赢得尊重，以服务赢得信赖，紧密团结船舶驾驶台团队，利用所有资源，协调港埠相关服务，化解航行中遇到的各种风险，安全地操纵船舶进出港口，靠、离码头。作为风险亲历者，勇敢机智，历险不惊。作为风险管理者，沉着镇静，指挥若定。作为抢险指挥者，当仁不让，力挽狂澜。

快乐引航：快乐引航，幸福生活。在服务中体验快乐，在挑战中赢得快乐，在事业中实现人生价值，受到社会尊重。船舶进出中国港口能享受高层次内涵、高精神体验的引航服务，宾至如归，感受美丽中国，享受引航的快乐。

和谐引航：和谐引航既是引航发展哲学，也是引航发展追求的境界。

发展和谐——引航发展与港口发展、船舶技术发展、航海科技发展相适应；

团队和谐——职责分明，管理精细，组织严密，团结给力；

过程和谐——程序公开，信息透明，公正公平，阳光操作；

人与自然和谐——精通水性、掌握船性、尊重人性，三性合一，同舟共济，共创港口繁荣，实现和谐发展。

4.精神：敢于担当，真诚服务，开放包容，务实争先

引航精神是引航行业文化的精髓，是行业凝聚力的基础和事业发展的原动力。

敢于担当：担责、担难、担风险，彰显中国引航员服务精神和气魄。中国引航员有担当，只要国家需要、港口需要、船舶需要，都能挺身而出，迎难而上，克服困难，完成使命，在关键岗位发挥关键作用。

真诚服务：彰显引航服务的科学态度。真为美学第一原则，诚为道德最高境界。求真情、讲真话、练真功，树立科学的权威，以技术赢得信赖。诚心、诚意、诚信，一诺千金，以服务赢得尊重。

开放包容：海纳百川，有容乃大。放平心态，虚怀若谷，用世界眼光，引四海巨轮，交五洲朋友，展中华礼仪风范，建和谐温馨港湾。

务实争先：高点定位，追求卓越，开拓进取，勇为人先，走在港口、地区和时代发展的前列。技术精湛、管理精细、装备精良，服务为先，理念领先。

5.职业道德：爱国，敬业，慎独

爱国：水上国门，国脉所系。引航的发展与国家兴衰密切相连，弘扬爱祖国、爱航海、爱港口、爱引航的光荣传统，为实现中华民族伟大复兴，肩负时代使命，自觉维护祖国的主权和尊严。

敬业：万船轨迹，引航人生。引航是一项神圣而崇高的职业，需要很高的职业素养和终身为之奋斗的精神，选择引航就选择了一种人生。我们要热爱引航事业，牢记岗位使命，忠实履行职责，把引航当作事业、当作学问、当作作品，终身追求，终身研习，永不懈怠，兢兢业业，用万船轨迹描绘壮丽的引航人生。

慎独：在独处中谨慎不苟，是中国道德修养的最高境界。《礼记·大学》云："诚于中，形于外，故君子必慎其独也。"引航员在"流动的国土"上独自工作，更应自珍、自重、自强、自律，注重个人品德操守，加强个人道德修养，追求高尚人格境界，不做任何有损国格人格、有违道德信念之事。

三、践行效果

1.引航理念广泛传播，行业形象整体提升

"水上国门形象第一人"文化品牌是中国引航职工的精神家园。它丰富了引航职工的精神世界，提升了引航职工的品位，激发了引航职工的创造精神。其核心理念不仅为全国引航职工高度认同和积极践行，而且成为在交通行业和社会大众中广泛传播的标识性理念，成为美丽中国的一张亮丽名片。中国引航员从来没有这样团结自信，创先争优，英模辈出，中国引航业从来没有这样得到社会认同、政府主管部门重视和国际引航同仁的尊重。

创建引航文化品牌5年来，全国引航系统共涌现出10名省部级以上劳模，其中1名为全国劳模；11个省部级以上文明单位，其中1个为国家文明单位。全国70%以上的引航机构为地市级先进单位。温家宝、张德江、陈至立、孙家正等国家领导人和交通运输部李盛霖、徐祖远、何建中等领导更是多次接见引航员代表，称赞“引航员是中国港口发展的见证人”，“国之宝，业之精”。新中国5位担任过远洋船长(政委)的部领导共同为十佳引航员颁奖，在全国港系统传为佳话，被评为中国水运年度十大新闻。中国引航员群体被评为中国航运年度十大风云人物，中国引航网被网友评为中国十大航海网站，中国引航协会荣获中国国际航运文化节“航运文化建设大奖”。《人民日报》、《新华社》、《中国日报》、《中央电视台》、《中国政府网》等中央媒体和《凤凰卫视》、《新浪网》等知名媒体多次聚焦中国引航，《中国交通报》、《中国水运报》开辟“水上国门形象第一人”专栏，追踪报道，各地媒体重点予以宣传。据不完全统计，近1年多来，中央媒体就50多次报道中国引航业；《中央电视台》更是组织了10次到引航机构的“走基层”报道；新华网、新华每日电讯、人民网、中国电视网、搜狐网等5家媒体同时报道了《外国货轮升起五星红旗》；交通行业媒体报道引航的稿件超过百篇。

2.坚持技术为本，引航技术素质显著提升

在“水上国门形象第一人”引航文化品牌的感召下，全国引航员按先进航海技术代表的要求，掀起了重学术、钻技术的热潮，整体技术素质持续提升。近5年我国引航员队伍发展最快，引航员培训规模最大，参与国际交流人数最多，发表引航学术论文最多，学术研讨最活跃，学者型、专家型引航员大量涌现，在中国航海界和国际引航界拥有了更多的话语权。英国版《航行指南》评价：“中国引航员技术好，比较年轻”。

据统计，全国引航职工每年发表学术论文过百篇，内容涉及水域公共安全、船舶操纵、引航心理、航道建设、深水航道治理、引航与环保、助航设备使用等引航学科前沿课题和重大难题，先后获取中国航海学术年度论文和全国内河驾驶年度技术论文最高奖，有的引航站甚至包揽了地区航海学会、港口协会和科协的年度学术论文一等奖。大批引航员被有关部门聘为技术专家，多名引航员应邀参加国际航海和引航学术会议，获得优异成绩。引航员陆悦铭、宣晓东、于博成、吴永明连续两届走上国际引航大会讲台，其引航业绩、学术报告受到会议高度评价，确立了中国引航员在中国航海界及世界引航界的学术地位。

3.按照世界一流标准，加快引航现代化建设

长期以来，引航基础设施严重落后，大多数引航站没有自己的办公用房，引航交通艇抗风浪能力很低，信息化建设发展不平衡。开展引航品牌创建以来，这一现象得到根本改善。各港按照世界一流水平和港口最亮文明窗口的要求，将引航基础设施建设纳入港口发展总体规划，使各地引航基础设施建设取得了长足进步。各引航机构根据需要建成了引航员基地，大多数引航机构拥有专用引航艇，有的购置了世界最先进的交通艇，有的使用直升飞机接送引航员，保证引航员在各种气候下安全登离被引船舶，

引航员大型船舶模拟操纵培训基地建成启用使引航员的工作、训练、学习、生活条件得到很大改善。

全国引航系统信息化、智能化建设进入快车道,普遍建立了网上引航工作平台,许多引航机构信息化建设达到世界先进水平,有的还享有知识产权。上海港引航站将上海港引航生产安全监控系统升级为引航管理工作系统。长江引航中心实现了引航管理信息化,中心和所属10个引航站通过光纤互通实现了数据、语音、视频三网合一,具有船舶监控、调度管理、信息提示、助航、搜救、船岸通信等多种功能,《计算机》杂志曾以较大篇幅进行报道。厦门、青岛港引航站经过多年刻苦攻关,完成了新型船舶引航系统研发,引航员使用一部3G手机,就能实时查询海水的流速、流向和海上风速、风向、能见度等观测数据,以及近海即时天气预报和预警信息,提高了引航效率。该项目已申报国家级航海类科技成果奖及四项国家专利证书。唐山港引航站大型船舶靠泊仪研发工作取得较大进展。宁波港引航站在信息化管理基础上,提出智慧引航新理念,将众多信息系统,整合为智慧引航管理平台,实现了引航数字化管理。

4.弘扬中国引航精神,提升港口引航服务能力

当今中国港口发展雄居世界,全球十大港口中国独占8席。我国90%以上的外贸货物、99%的矿砂以及90%以上的原油进口都是通过海运来完成。全国2125名引航员奋战在港口生产第一线,他们每天平均引领船舶1000艘次以上,其中特大型船舶和集装箱船舶550艘次以上,年完成引领数量近40万艘次,其中年引领上万艘次的引航机构有10家。中国引航员在服务港航、促进国民经济持续快速发展方面功不可没。特别是在全球航运业持续低迷的近几年,全国引航职工大力弘扬“敢于担当,真诚服务,开放包容,务实争先”的引航精神,积极实施阳光引航,凭借良好的引领技术和服务,保船期、保安全、降成本,确保了港口畅通和到港船舶安全,降低了航运企业的运营成本,为我国港航和国民经济持续快速发展做出了重要贡献。

深圳港引航站年安全引领船舶近3万艘次,集装箱船比例高达91%,在全球集装箱运输严重萎缩的情况下,一枝独秀。大连港引航站创下单日引领6艘30万吨级超大型油轮和3艘国际豪华邮轮的全国纪录,安全引领大连造船厂的半潜式驳船浮装3条驳船出港,支持了东北亚航运中心建设,填补引航技术的一项空白。烟台港引航站组织7名引航员与150多人协同作战,运用8艘大马力拖轮,成功引领世界最大的无动力海上石油管道铺设船“卡斯特1号”出航,展示了中国引航员高超的引航技术和较强的组织协调能力,烟台各大媒体集中报道了这一海上奇观。一些中小引航机构成功引领33万总吨的大矿船、世界最大的液化气船等船舶,标志着中国引航业整体服务能力均衡发展。

5.实行阳光引航,提高引航服务质量

一支阳光引航队伍正在成长。中国引航协会成立以来,公布引航员服务公约,制定引航服务规范,严肃引航工作纪律,推行文明引航服务用语,持续开展优秀引航员评

选活动。全国引航员统一着装,统一标识,改善了引航员的职业形象。一支敢担当、素质高、业务精、心态阳光、形象阳光的中国引航员队伍,正以崭新面貌出现在各国船员面前,让各国船东接受高品质的引航服务,感受美丽中国,享受引航的快乐。

一个阳光引航机制正在完善。全国引航机构在普遍实行服务承诺制的基础上,认真落实交通运输部阳光引航工作方案,努力把引航服务水平提高到一个新的水平。以公开、公正为原则,建设关键环节重点事项的透明体系,公开调派计划、拖轮使用、收费标准;以网络为平台,建设信息透明的运行体系,实行网上申请、网上调派、网上结算、网上查询;以责任追究为保障,建设严密的阳光监督体系,让阳光照亮引航服务的每一个环节,展示诚信中国。

一种阳光服务理念正在大力弘扬。把世界引进中国,把中国引向世界,在世界航运界发挥中国作为世界第一航运大国的作用。中国引航员在当前世界航运寒冬期,以世界眼光,海洋胸怀,为世界航运送去温暖,注入活力。全国引航职工主动走出去,请进来,听取服务对象意见,从港航企业最需要的地方做起,从港航企业最不满意的地方改起,切实改进服务态度和作风,创新服务,保船期,保民生,降成本。

宁波港引航站对通过虾峙门的船舶采用点对点交流组织法,使船舶在宁波运行效率提高 40%;长江引航中心太仓引航站 2010 年以来,经过科学论证,4 次放宽船舶吃水,使单船成本节省 60 多万元,使进港船舶从 7 万吨级,逐步上升至 25 万吨级,每年为太仓港产生直接经济效益过亿元。舟山引航站将引航基地前移,不仅缩短引航员接送距离 20%,而且节省了引航艇燃油消耗成本。上海港引航站洋山分站、营口港引航站充分利用航道资源,实行双向通航,提高船舶运行效率。对于关系国计民生的煤船、油船和集装箱班轮,各引航机构坚持开辟绿色通道,优先受理、优先安排、优先引领。

中国船东协会曾对引航服务质量进行调查测评,认为创建引航品牌,"改善了港口的软环境和公共服务能力,引航机构内部制度建设进一步加强,综合服务能力大幅提高,实施引航服务承诺制,服务质量和服务态度都有很大程度提高"。全国引航机构引航申请受理率达到 99%,按时开航率达到 98%;各引航机构进行的满意度调查结果显示,引航对象对引航的服务质量及服务水平满意度整体提高。

6.打造平安引航品牌,安全形势持续稳定

安全是引航的生命线。船舶进出港口、靠离码头,是风险最大的一段航程,引航的第一要务就是保障船舶和港口航道的安全。全国引航机构将打造平安引航作为文化品牌建设的关键,将安全视为引航工作生命线,自觉将引航安全列为优质引航服务的首要条件,把遵章守纪,不冒险、不违章作为保障引航安全的基本原则,坚决纠正习惯性违章行为,使风险管理、平安引航理念深入全体引航职工心中,公共安全意识、法制意识、人本意识不断增强。

各引航机构普遍建立了引航事故报告和安全形势分析制度;建立和完善了港口引航安全体系;针对重点水域,重点船舶,重点时段,制定各种条件下引航应急预案;加大投入，采用安全性能可靠的新技术、新装备，改善引航安全生产条件；及时调整存在安全风险的登轮点，保障引航员的身心健康和人身安全。全国引航综合应急反应能力和化解风险能力显著提高，多次避免了重大引航事故发生，全国引航安全形势持续稳定，引航事故率逐年下降。

全国引航职工积极参加海上救助，共同建设平安和谐港口，成为海上救助生力军。近年来，全国引航机构多次出色完成海上抢险救助任务，并多次救助受伤生病外籍船员和落水渔民。厦门港引航员在台风压境的情况下，成功协助大型集装箱船"达飞利波拉"脱浅，更被称为"最成功的海上救助案例之一"，让世界"看到了中国政府机制的高效和人员的敬业"。

中国引航良好的安全记录，让马士基获得了信心，在组织对中国港口码头操作和引航拖轮服务调查中，得出引航服务质量为优的结论。今年 7 月，世界最大的集装箱船、装箱量达 18000 标准箱的"马士基 · 迈克–凯尼 · 穆勒"首航选择中国 3 个港口，这是中国平安引航品牌最有力的证明。

7.文化落地，开花结果

(1)编印《中国引航 60 年》大型画册

全面回顾新中国成立以来中国引航的发展历程，系统总结历史经验与发展成就，积极探索中国引航的发展道路，深层挖掘中国引航的历史传统、精神风貌与思想理念，全面展示全国引航机构与引航员的风采，彰显中国引航在我国经济发展中的地位与作用。

(2)拍摄《水上国门形象第一人》电视专题片

围绕新中国水运事业变迁主线，总结新中国成立以来中国在成为水运大国的过程中，中国引航在维护主权、保障安全、服务港航、促进航海技术发展等方面起到的不可替代作用，展示新中国引航员"把世界引进中国，把中国引向世界"的博大胸怀，歌颂中国引航员在各个历史时期面临众多严峻挑战、敢于担当、勇为人先、力排万难的英雄气概，揭示引航员"水上国门形象第一人"主题。

(3)树立引航文化品牌形象代表

开展全国优秀引航员和十佳引航员评选活动，总结整理新中国成立以来省部级劳动模范事迹档案、系列省部级以上先进典型。组织中央和行业媒体采访姚泽炎，拍摄电视专题片，举办姚泽炎事迹展览，组织姚泽炎事迹报告会，编印报告文学《金牌引航员姚泽炎》和《姚泽炎故事》，推广姚泽炎引航十诀，在交通运输部政府网和中国引航网开辟学习姚泽炎专栏，深入持久开展学习姚泽炎、当好"水上国门形象第一人"活动。运用先进典型引导引航文化品牌建设，传播引航文化品牌。

(4)建设引航文化品牌信息平台

按中国航海十大知名网站标准建好"中国引航网"、办好《中国引航》杂志，促进中国引航行业交流，扩大中国引航影响，塑造中国引航以及全体引航员"水上国门形象第一人”的社会形象，提升行业的美誉度与认知度，推进引航文化品牌建设，使之成为宣传引航文化信息、交流引航文化建设经验、共襄引航文化品牌发展的重要平台。

（5）编印引航文化品牌建设成果丛书

编印《中国引航员优秀论文集》、《全国引航职工优秀摄影书画作品集》、《十佳引航员报告文学集》、《媒体聚焦中国引航报道文集》、《观世界说引航——世界引航考察报告和随船远洋实习报告集》等。

（6）在《中国引航网》举办“万船博物馆”

用图片展示出中国引航员引领的中外巨轮雄姿，在每期《中国引航》杂志封面登载全国引航员引领的特色船舶，每年评选全国最有特色的引航船舶，与《中国水运报》联合开办“引航经典”专栏，用万船轨迹展示引航员风采和壮丽人生，见证中国港口和航运事业发展。

（7）办好作为中国航海日系列活动之一的中国引航论坛

每年在中国航海日期间，联合中国航海日组委会等单位，举办中国引航论坛，邀请全国资深引航员、航海界专家、航海院校教授、政府主管部门的领导及专家就引航发展、引航员培训等重要问题发表意见，感悟引航、宣传引航、宣传航海，繁荣引航学术交流。

（8）建立引航文化建设规范体系，编制《中国引航文化品牌建设手册》

统一引航行业核心价值体系、引航职工行为规范体系、文明引航机构建设标准体系、引航行业标识体系，解读文化品牌战略，明确目标任务，规范全国引航文化建设，整体提升引航文化建设水平。

五、文化品牌

水上国门形象第一人

六、文化品牌诠释

“水上国门形象第一人”文化品牌是对中国引航业的科学定位，准确反映了引航工作的职业特征，凝聚了引航行业的核心价值体系，具有较高的社会知名度和较强的导向性。

从引航员工作性质特点看，引航员是“水上国门形象第一人”。作为“流动国土”的船舶进入中国港口，看到的第一个行使国家主权，又能够提供高质量技术服务的中国人就是引航员，当船舶离港时，送走这块“流动国土”的也是引航员。引航员的一言一行、一举一动代表着中国人的形象，代表着中国人在维护和保障国家主权方面的一种敬业精神，体现出我国海运发展的综合管理素质。

从引航工作与港口生产的关系看，引航是港口服务的重要功能，是连接船舶和港口的纽带，是保证港口生产安全有序的重要环节，没有这个环节，港口的整个生产组织将无法正常进行。

从海运与国家对外开放的关系看，我国90%以上的外贸进出口、99%的矿砂和90%以上的石油进口都是通过海运完成的。港口开放首先是对船舶开放，港口物流需要顺畅的船流，而顺畅的船流需要高质量的引航服务，高质量的引航服务需要高素质的引航员。

从新中国成立60多年的实践看，我国引航在维护航权、保证港区安全、提升港口综合服务能力、促进航海技术提升等方面起到了重要作用。目前我国引航员年引中外船舶近40万艘次，要与数以百万计的世界船员打交道，这是展示中国优秀文化和软实力的重要窗口。建设文化强国，需要"水上国门形象第一人"文化品牌。

七、单位标识诠释

圆形图案外圈代表望远镜。

罗经花代表引航指引航向，象征中国引航协会把全国引航职工团结成一个整体，同时也象征全国引航大团结。

地球经纬线象征引航连接世界，把世界引进中国，把中国引向世界。

内圆下部波浪象征舞动的国际引航工作旗，又象征微笑服务，阳光引航。

把世界引进长江

长江引航中心

长江引航中心，1997年在原中华人民共和国长江区港务监督局引航总站基础上成立，是经国务院确认的集中、统一、归口管理长江引航工作的一级事业单位，对外代表国家对进出长江的外国籍船舶实行强制引航，对内为港航企业和船舶单位提供引航服务。在上海宝山至云南水富2830余公里的长江干线上，设有武汉、芜湖、南京、镇江、江阴、靖江、张家港、南通、常熟、太仓、上海11个引航站和扬中、江阴、南通、浏河、宝山5个引航（交接）基地，现有引航员539名（含高级引航员109名），是国内最大的引航机构。曾荣获全国精神文明建设工作先进单位、江苏省文明单位、创建全国交通文明行业先进单位、全国十佳引航机构。所属2个引航站荣获全国青年文明号，9个引航站分获省市级文明单位称号，涌现出以全国先进工作者姚泽炎同志为代表的先进典型。

长江引航中心以"把世界引进长江，把长江引向世界"为己任，竭诚为中外籍船舶提供安全、及时、文明、高效的引航服务，为长江黄金水道建设和沿江地区经济发展贡献力量。

一、文化建设动因

1983年，第一艘外籍船舶"日本商人"号进入长江，拉开长江对外开放的序幕。随之而来，长江引航工作内涵发生了本质改变，在过去的保障船舶安全的基础上更多被赋予维护国家主权的职责，长江引航发展由此跨上了新台阶。经过积淀、探索、塑造，长江引航总结文化成果，深入挖掘其内涵，凝练精华并加以传承，形成较为完整的长江引航文化体系。

1.从长江对外开放至1997年，引航文化建设是引航工作发展的必然需要

强烈的爱国主义精神和民族自豪感始终是长江引航人的精神源泉，是长江引航文化之根。这一时期，长江对外开放，外国籍船舶进入长江，长江引航员代表国家行使引航主权。在"流动的异国国土"上，长江引航员既要引领船舶安全航行，及时到达目的港，又要和外国船员交往相处，代表主权国处置各种行为。进江的外国籍船舶来自世界各个不同社会制度的国家和地区，外国船员所表现出的态度和行为多种多样。不管面对什么样的船员，老一辈长江引航员坚持做到不卑不亢，以礼相待，坚决维护国家尊严，展现大国礼仪之邦的优良传统和文明形象。一位老引航员曾说："当看到五星红旗和引航旗在外轮的主桅上庄严升起，我为自己身为中国引航员感到光荣和自豪。"

艰苦奋斗、无私奉献的精神是长江引航文化之魂。这一时期，进江船舶数量逐年

增长，长江引航员的数量远远不能满足港口发展需要，每位引航员都长期处于高强度的工作状态，办公条件艰苦，时刻面临通信难、交通难和食宿难的环境。但是老一辈长江引航人始终精神饱满，热情高涨，兢兢业业，一丝不苟，从不计较个人得失，发扬艰苦奋斗精神，默默奉献，矢志不渝，用青春、汗水、热血扛起了改革发展的重任。薪火相传，这些长江引航的创业者，或走上领导岗位，或成为长江引航技术专家，他们将这种无私奉献的精神通过领导者的影响力和名师带徒的方式，传给了年轻一代引航人。

敢闯敢试、奋勇争先的精神是长江引航文化之骨。这一时期，长江引航尚未建立大型海船进出江安全评价办法，也没有完整标准的长江沿线引航操作规范。随着沿江经济的迅速增长，为帮助港航企业进一步创造效益，长江港监局逐步放宽了“三超船”进江的限制，进江船舶数量不断增长，尺度不断增大，种类呈现多样化。长江引航人克服长江航道弯曲狭窄，滩多水浅，操作难度大，安全风险大等困难，不断创造长江船舶引航新纪录。20世纪80年代以前，受自然条件和航道条件限制，进江海轮基本上不在夜间航行。为实行夜航，长江引航人先是采取“早起锚、晚抛锚”这种“起早贪黑”的办法适当加快船期，同时逐步提高夜航能力，经过不断的尝试、摸索和总结，逐步开放了夜航服务。这是长江航运的重大突破，开拓进取的长江引航人发挥了关键性的作用，也正是有这样敢为人先的精神，长江引航才创造出辉煌的业绩。

2.从1997—2005年，引航文化建设是引航服务质量提升的必然结果

长江引航中心于1997年6月正式成立，开始对长江全线港口的引航机构实施集中统一管理。如何为经济社会发展提供更好的引航服务，又如何管理这样一个人员、地域分散的组织，让长江引航中心的领导者深思。

组织文化形成从建章立制开始，制度文化建设成为这一时期长江引航文化建设的重要内容。长江引航中心倡导“以顾客为关注焦点”的服务宗旨，大力提高引航服务质量，促进内部管理的标准化和规范化，建立起全国引航机构第一个“质量管理体系”，并通过了英国BSI标准质量协会认证。长江引航中心特别强调引航安全，强调制度化管理。为了加强安全管理，提高安全操作水平，制定了“4+2安全管理机制”，编制了《长江引航安全操作规程》，所属引航站根据老一辈长江引航员的经验，编制了各港口水域的引航操作指南。为了统一长江全线引航生产组织，长江引航中心制定了《引航员调派原则》、《调度操作规程》，规范全线各引航站的生产组织。2001年，长江引航中心对进出常州以上各港的船舶全部实施分段引航，制定了《江阴交接基地管理规定》、《江阴基地引航员调派细则》等7个基地内部管理规定办法。随着长江引航队伍的不断充实，中心还制定了《职工教育管理办法》、《长江引航中心新进职工岗前培训办法》，对培训、学历教育等做出规定。为规范职工序列，激励职工努力工作，制定了《引航员职务任免管理办法》、《引航员技术分档管理办法》，对引航员任免权限、任职条件和程序、免职和降职作了详细规定，明确了三等七档的引航员等级划分。制度的不断完善，使得组织文化的发展有据可依。

文化的建设与意识的强化，从标语口号做起。朗朗上口的标语口号传递着引航文化理念的种种要素，及时有效地传播形式，时时唤起激情，坚定信念，明确目标。这一时期，长江引航中心针对管理提炼出形象实际、毫不空洞的口号。“把世界引进长江、把长江引向世界”，激发起长江引航人的职业神圣感，与崇高的荣誉感、使命感；“安全、及时、文明、高效”、“服务对象的需求就是我们的要求”体现出长江引航人竭诚为中外船舶提供优质引航服务的宗旨；“安全生命线”、“行风高压线”严肃责任和纪律；“严管善待”、“快乐引航，健康生活”体现了以人为本的管理理念；“三化两率先，人人都是责任主体”把单位的发展战略目标与职工的利益、价值、责任紧密结合在一起，激发职工的创业激情。基层的引航班组则提出了“比学赶帮”、“学先进典型，创一流业绩”等口号，反映了基层职工积极向上的精神状态；“创一个品牌，树一面旗帜”发出了朝着目标共同努力的倡议；“管理出效益”体现了长江引航中心管理的重要性。这些标语口号在所属站点高度分散、工作时间有较大差异的引航员集体中，营造了休戚与共、并肩作战、为事业共同奋斗的氛围，为文化理念的进一步提炼奠定了价值基础。

3.从 2006 至现今，引航文化建设是引航业塑造品牌的必然成果

文化管理是最高境界，其强大的功能在于凝聚和激励。只有善于汲取先进文化并创造出自己独特新文化的组织，才能凝聚和激励团队创造更大潜力，成为行业中的佼佼者。

这一时期，“文化理念”一词频繁出现在各类会议和领导干部的讲话中，长江引航人开始思索构建自己独特的文化体系。长江引航中心党委组织开展向长江引航全线征集文化理念语活动，基层单位和机关部门也竞相开展职工“三观”大讨论，搜集全体职工共有的理想信念、美好愿景和价值取向。以江阴引航站为试点，开始了引航文化建设的探索和实践，积极挖掘提炼引航理念，将不同观念进行整合，形成统一的道德理念和规范，并将试点建设的经验和成果在长江引航全线进行推广。在长江引航中心成立 10 周年之际，引航中心发动职工，特别是老职工撰文，重温长江引航的发展足迹，自觉审视过去的文化理念，从而建立起职工与单位之间的精神桥梁。引航中心还成立了引航文化研究会，结合干部职工意见和建议，对自身行业的宗旨、使命、精神、服务方针、发展战略、发展理念、最高追求、工作作风进行了总结和提炼，初步形成了长江引航理念文化。

要使理念真正给组织带来应有的价值，必须鲜明地用文化管理覆盖文化建设，使理念真正植入每个职工的头脑中。长江引航中心从自身文化层面出发，向制度层面、行为层面渗透和转化。引航中心把制度文化当成引航文化建设的有机组成部分，将理念文化贯穿于制度建设之中。用理念文化去审视已有的制度，并加以修改完善。根据质量管理体系的要求，建立了包括引航业务管理、财务管理、内部管理、党务工作、工会和共青团工作、内外监督反馈机制及社会评价体系等一整套制度体系，用以指导行为文化和物质文化建设。引航中心建立了引航行为准则，制定了六

大职业行为规范、八项服务承诺、行风建设十不准，制定《长江引航中心引航员仪表礼仪标准》，规范窗口人员的服务用语；注重发掘符合长江引航核心价值的文化形象代言人，培树了一批以全国先进工作者姚泽炎同志为代表的长江引航先进典型；建立健全了引航中心形象识别和展示系统，统一规范了长江引航形象标识和引航站房、办公室、交通车船的文化风格；不断丰富文化宣贯的载体，采用手机信息的形式将安全警句、廉政警句传递给每一个职工；举办党员轮训班、干部培训班、礼仪培训班、道德讲堂、网络课堂，宣贯长江引航文化；打造一批引航文化产品，创办了《长江引航》杂志，在长江引航内部建立了引航文化的学习和传播阵地，制作并唱响自己的行业歌曲《长江引航之歌》，制作了行业形象宣传片《为了我们的理想》、《为国引航服务长江》，制作了宣传册《我们把世界引进长江》和《长江引航规范文化手册》，编印了《光辉的十年》、《长江引航科学发展报告》、《长江引航发展史》、《姚泽炎报告文学》、《长江引航文化》等书籍；创作了大型男子集体舞《踏浪飞歌》、小品《引航人的情怀》等反映长江引航文化内涵的文艺作品并成功演出。2013 年 8 月，长江引航文化陈列馆在张家港引航站正式建成使用。

几年来，通过文化管理在长江引航各项工作中的实践，长江引航中心在深入总结以往文化建设经验成果的基础上，开展了长江引航核心价值体系培育。长江引航文化研究会广泛征求全线职工的意见和建议，多次组织研讨，利用请进来、走出去的机会借鉴行业内外先进经验和文化成果，既继承长江引航文化建设优秀成果和干部职工在长期实践中形成的精神财富，又与时俱进、勇于创新，在原理念文化基础上，深入挖掘，精心提炼，丰富诠释，赋予长江引航文化新的内涵，编写了《长江引航核心价值体系》一书。2013 年 4 月，交通运输行业、全国引航机构、长航系统文化建设专家，对"长江引航核心价值体系"进行了评估指导，使其更好地体现时代性、把握规律性、富于创造性，充满生机与活力，最终形成了能够充分表达干部职工文化共识、行业内外充分认可的长江引航核心价值体系。

二、核心价值理念体系表述

1.核心价值观：服务长江，安全引航

"服务长江，安全引航"的核心价值观，是长江引航区别于其他行业的重要特征，也是每一个长江引航人必须认同的价值观。

服务长江：是长江引航存在、发展的基础。以经济社会发展需求，建设发展相适应的引航队伍，不断优化服务模式、提升服务水平，为黄金水道开放开发、沿江经济社会发展提供坚强的支持保障。

安全引航：是引航事业的生命线。时刻把安全放在首位，以安全为最高标准来判断组织决策、员工行为的正确性；不断提高引航安全风险的防控能力，为沿江经济社会发展提供安全保障。

2.使命:把世界引进长江,把长江引向世界

“把世界引进长江 把长江引向世界”这一使命形象地表达了长江引航工作性质、特点。长江引航人秉承“服务至上、安全第一”的理念,把世界各国船舶引进长江,把长江各港船舶引向世界。长江引航人保障了长江水域的安全,营造良好通航秩序,把优质的引航服务带给世界各国的船舶;同时,长江引航引来港口经济繁荣,助推地方经济社会发展,把载有中国制造产品的船舶引向世界;汲取世界各国的先进航海技术和优秀文化,同时把中华文化、东方文明引向世界,传递开放、包容、友好的大国形象。

3.愿景:快乐引航,幸福生活

“快乐引航,幸福生活”源于长江引航人的真实表述,是组织和个人共同发展目标的和谐统一,号召员工朝着共同愿景,群策群力、辛勤耕耘,把推动事业发展与自我价值实现、获得高质量人生紧密结合在一起,并与组织共享发展成果,使生活因引航职业而更精彩。

4.精神:扬国威、讲奉献、敢争先

“扬国威、讲奉献、敢争先”是长江引航人在维护主权、保障安全、竭诚服务、促进发展的实践中所表现出的集体性、一致性的行为习惯、职业气质和精神品质,是长江引航人共同的价值基础。它是一个有机整体,充分体现了引航精神与引航核心价值的相互协调、中华民族共性与长江引航人个性的相互兼容、长江引航历史文化底蕴与未来价值取向的相互统一、沿线地域文化与长江引航人气质的相互融合,反映了长江引航人特有的精神风貌和文化特质。

扬国威:引航员代表国家行使引航主权,不仅代表行业形象,更是体现着中国的国门形象。扬国威精神反映长江引航的担当和责任,也是当今文化竞争时代必须强化的价值坐标,感召长江引航人把爱国情感融入事业的发展中。

讲奉献:改革开放后,老一辈长江引航员不计得失,满怀激情,投身在引航一线,一心为发展服务,展现了崇高的奉献精神,这种精神镌刻在长江引航发展历史中,并在一代又一代长江引航人身上得到传承。

敢争先:在引航技术上善于创新,在解决复杂困难问题上敢于担当,在引航服务模式上勇于突破,在本职工作中争当优秀,在长江对外开放中争做排头兵,在推动沿江经济社会发展中争先创优。敢争先既是对老一辈长江引航人战风斗浪精神的传承,也与改革开放的创新精神、江苏引航的“敢闯敢创”精神、江阴引航的“敢攀登”精神相得益彰。

5.职业道德:爱国,敬业,慎独

爱国:爱国主义是中华民族民族精神的灵魂,引航是代表国家行使主权,要求长江引航人怀有深厚的家国意识,自觉把自己的利益同国家的利益联系在一起,维护国家形象,争当“水上国门形象第一人”。

敬业：艰苦奋斗、勤俭创业是中华民族的优良传统，也是长江引航的优良传统，敬业就是这一传统在职业道德上的集中体现。它要求长江引航人要忠于职守，在自己的岗位上勤奋工作，精益求精，对待引航技术如同精雕细琢的艺术品。它体现着长江引航人于对事业的无比热爱、高度尊重和坚定自信。

慎独：引航员长期工作在“流动的异国国土”上，其职业活动具有相对独立的特殊性。慎独是长江引航人追求高尚道德情操，是严格自律，自觉坚守引航职业操守，践行长江引航核心价值观，不做任何有损国格人格、有违道德信念之事。

三、践行效果

近年来，长江引航中心按照交通运输部《交通文化建设示范单位管理办法》、《交通运输文化建设十百千工程实施方案》规定及上级党委关于文化建设的部署要求，在长江航务管理局、长江海事局、中国引航协会指导下，学习行业兄弟单位先进经验，紧密联系长江引航实际，不断丰富文化内涵，深化文化践行，塑造文化品牌，倡导文化管理，推动长江引航事业科学发展。多年的文化管理实践和探索总结，长江引航形成了一套独具行业特色，以理念文化、制度文化、形象文化、物质文化和廉政文化为主要内容的引航文化体系。

1.强化组织领导，完善工作机制

长江引航中心历来重视文化建设工作，始终把文化建设作为单位发展战略的重要组成部分，始终把文化建设作为提升单位软实力的重要手段。

(1)率先启动，谋划长远

“十一五”开局之初，长江航务管理局、长江海事局积极响应交通部文化建设工作的指导意见，在全行业启动文化建设试点工作。长江引航中心主动作为，自加压力，以不缺位、不掉队、建特色、出成效为目标，总结长江引航发展经验，开展文化理念的征集、挖掘和提炼工作，用文化提高全员素质，用文化凝聚人心，成为长江海事系统最早启动文化建设的单位之一。

长江引航中心将文化建设作为单位发展战略的重要组成部分。2004 年在推进“三化两率先”第一步发展战略时提出，实现“三化”关键是管理现代化，强调文化建设在现代管理中的作用和意义；“率先”首先是人的思想理念要率先，加强长江引航文化建设，铸造长江引航之魂，用文化提高全员素质，用文化凝聚人心。2007 年，长江引航中心成立 10 周年之际，全面总结长江引航发展经验，开展长江引航文化年活动，着手文化理念的征集、挖掘和提炼工作。2009 年，长江引航中心全面酝酿“三精两先”引航一面旗的第二步发展战略，将“文化先行”建设指标纳入方案，确立了 2009~2020 年长江引航文化建设三步走。2011 年以来，在《交通运输文化建设十百千工程实施方案》以及长江航务管理局、长江海事局“十二五”文化建设规划指导下，长江引航中心深入开展文化建设工作，建立了逐级创建长江海事局、长航局、交通运输行业文化建设示范单位的工作目标，并按计划稳步推进实施。2012年以来，长江引航中心作为全国引航机构文化建设领军单位，积极参与中国引航协会创建十大交通运输文化品牌的实施工作。

(2)加强组织，营造氛围

在文化建设各个时期，先后成立长江引航(廉政)文化建设领导小组、长江引航思研会、长江引航文化研究会等领导机构和工作机构，明确责任人、主管部门，建立两级单位密切配合、党政工团齐抓共管的管理模式和分工负责、相互协调的责任机制。长江引航中心汲取了现代企业管理理念，建立了适合长江特点的集中统一管理的长江引航管理体制和一整套以《长江引航中心质量管理体系》、《安全管理体系》、《党建综合管理体系》为主要内容的科学化管理制度，使生产组织、岗位职责、工作流程、绩效考核等一系列日常管理有了明确的依据。坚持把文化建设纳入年度工作目标和月度工作计划，定期开展考核评估，发现典型、研究问题、总结经验，确保引航文化建设工作扎实推进。坚持每季度召开一次政工例会，研究落实文化建设目标。坚持每年开展“五个一”文化活动，形成了文化建设的浓厚氛围，从中心领导到普通职工对文化建设的认识和工作的自觉性、主动性普遍提高。

2.挖掘精神内涵，塑造文化体系

长期以来，长江引航人在维护国家引航主权、保障船舶港口安全、竭诚服务港航企业、促进经济社会发展的实践中所表现出的集体性、一致性的行为习惯、职业气质和精神品质，形成了长江引航人共同的价值基础。通过开展文化理念语征集、职工“三观”大讨论、重温长江引航发展历程等活动，收集干部职工对长江引航及道德情感的基本看法、共同愿望和价值取向，深入挖掘内涵，对精华部分加以传承、总结、提炼，塑造了独具特点的长江引航文化体系。提炼概括了“为国引航、服务长江”的引航宗旨，“把世界引进长江、把长江引向世界”的职业使命，“扬国威、讲奉献、敢争先”的引航精神，“安全、及时、文明、高效”的服务方针，“统一、和谐、求实、创新”的发展理念，“引航零事故、服务零投诉、管理零缺陷”的最高追求，“科学、廉洁、公平”的工作作风，成为长江引航核心价值体系的基础。2012年，长江引航中心在原有文化建设基础上，深入组织开展了核心价值体系培育工作，围绕长江引航核心价值观、长江引航使命、长江引航愿景、长江引航精神、职业道德5个方面进行重塑，赋予长江引航文化新的内涵。经交通运输行业、全国引航机构、长航系统文化建设专家评估指导，最终形成了能够充分表达干部职工文化共识、行业内外充分认可的长江引航核心价值体系。

为将核心价值体系渗透到生产组织、安全管理、队伍建设等方方面面，长江引航中心对长江引航质量管理体系、安全管理体系、党建管理体系和相关制度进行不断完善，使规章制度与引航文化内涵相一致。建立了引航行为准则，制定了六大职业行为规范、八项服务承诺、行风建设十项禁令等制度，使文化理念通过制度的执行成为干部职工行为规范。开展基层引航站文化建设试点并推广成果，为引航文化在基层落地生根创造有利条件。建立健全了长江引航中心形象识别和展示系统，统一规范了长江引航形象标识标牌、引航办公风格、职工胸牌，建成长江引航文化陈列馆、职工文化书屋和船文化、引航文化走廊。先后进行了内外部网站建设，大力推行网上文化理念宣传，有效把互联网、办公系统、引航杂志、引航通讯等组织起来，成为承载引航文化的载体，畅通了交流文化信息的渠道。

3.丰富宣贯载体，促进文化落地

长江引航中心将以人为本、以文化人，贯穿到文化宣贯实践，使文化理念植入每个干部职工的思想，从文化层面出发，向思想行为层面渗透和转化。发掘了符合长江引航核心价值的文化形象代言人，结合实际开展“学树创建”活动，一批长江引航先进典型脱颖而出。以身边人讲身边事来引导教育干部职工，通过持续举办党员轮训班、干部培训班、职工综合素质培训班，提升干部队伍文化素养和综合素质。通过选送引航员随外轮出海学习，汲取先进航海技术和优秀文化，通过举办礼仪培训班，增强干部职工对引航绅士文化的理解。通过开设道德讲堂，进一步增强干部职工四德建设。每年 4 月开展文明窗口月活动，以知识竞赛、演讲比赛、征文活动等形式强化核心价值在全体干部职工中的学习教育实践，让职工自由抒发对引航文化的理解和感悟。持续开展半军事化建设，引导干部职工在实践中熔炼团队，连续 4 年获得长江海事成果展示冠军。开展中国航海日活动、引航文化年活动，让干部职工感知郑和文化、引航文化。通过网络课堂、手机短信等形式，随时随地学习宣贯长江引航文化。以培育“江海清流 阳光引航”廉政文化品牌为抓手，打造一支能力强、服务优、作风硬、队伍廉的引航队伍。开展廉内助、优秀引航员家属、引航好儿女评选活动，增强干部职工归属感，进一步理解引航事业与家庭幸福的关系，搭建了一个个长江引航文化实践的平台。

长江引航将深入推进阳光引航，践行“八项服务承诺”作为文化建设的重要实践，提出“第一人的形象，第一流的服务”的口号，把文化品牌与引航服务结合在一起，有效地提升了引航职工的职业责任感、使命感，促进引航服务质量和水平的提升，进一步提升了行业的社会知名度和美誉度。长江引航中心先后荣获全国精神文明建设工作先进单位、江苏省文明单位、创建全国交通文明行业先进单位、全国十佳引航机构、长航系统文化建设示范单位、长江海事文化建设示范单位等称号，涌现出一批以全国先进工作者、交通运输行业先进典型姚泽炎同志为代表的楷模队伍，呈现了引航安全形势稳定、干部职工风正气顺、社会满意度持续提升的良好局面。

四、主要经验和体会

1.引航文化建设 5 点体会

文化建设是单位发展的灵魂。

行业文化是领导班子的战斗力。

行业文化是全体员工的亲和力。

行业文化是单位进步的推动力。

先进文化是单位发展的生产力。

2.引航文化建设三点经验

(1)“塑造文化”要“深挖内涵”

改革开放以来,长江引航人在维护国家引航主权、保障船舶港口安全、竭诚服务港航企业、促进经济社会发展的实践中,所表现出的集体性一致性的行为习惯、职业气质和精神品质,形成了长江引航人共同的价值基础。通过对这些外在表象的不断研究,深入挖掘其内涵,对其精华部分加以传承、总结、提炼,塑造了独具行业特色的长江引航文化体系。

传承优良传统,挖掘文化基因。

结合行业实际,提炼文化理念。

完善制度规范,延伸文化范畴。

长江引航中心把制度建设作为引航文化建设的有机组成部分,将理念文化贯穿于制度建设、执行之中,对长江引航质量管理体系、长江引航安全管理体系、长江引航党建管理体系和其下相关制度进行不断完善,使规章制度与引航文化内涵相一致,延伸引航文化范畴,使文化理念通过制度的执行成为干部职工行为规范。

总结工作经验,塑造文化体系。

(2)“文化落地”要“实践载体”

长江引航中心坚持把“以人为本”的理念贯穿到文化宣贯的实践,使文化理念真正植入每个干部职工的思想,从文化层面出发,向思想行为层面渗透和转化。

坚持文化宣贯与培树先进典型相结合,引导人激励人。

坚持文化宣贯与打造学习型组织相结合,培养人发展人。

坚持文化宣贯与丰富的文化实践相结合,关心人滋养人。

(3)“行业美誉”要“品牌文化”

引航员被称为“水上国门形象第一人”,这一形象称谓准确描绘了引航员的职业特征,凝聚了引航行业的核心价值体系,是对中国引航业的历史总结和科学定位。在中国引航协会指导下,长江引航中心打造“水上国门形象第一人”文化品牌,培树“水上国门形象第一人”的代表姚泽炎,成为中国引航文化品牌建设的试点和先进单位,姚泽炎作为引航行业代表,其事迹在交通运输部机关演讲、展出,展现了长江引航文化品牌代言人的品质和形象。

提升服务质量,强化品牌意识。

统一形象识别,突出品牌内涵。

打造文化产品,输出品牌价值。

五、单位标识诠释

圆形图案外圈代表望远镜。

罗经花代表引航指引航向，象征全体引航职工团结成一个整体，象征长江引航人的大团结。

地球经纬线象征长江引航连接世界，把世界引进长江，把长江引向世界。

内圆下部波浪象征舞动的国际引航工作旗，又象征微笑服务，阳光引航。

引航发展　文化先行

宁波引航站

宁波引航站是统一实施宁波港域船舶引航的引航机构，对外代表国家行使主权，对进出宁波港域的外籍船舶实行强制引航，对内为进出宁波港域的中国籍船舶提供引航服务。引航站坚持以"维护主权，保障安全，精心引领，服务港航"为服务宗旨，以"三个度"（港口事业忠诚度、港口生产保障度、服务对象满意度）和"三精"（技术精湛、管理精细、设备精良）为目标，充分践行"五个一流"（实行一流的管理、打造一流的团队、锻造一流的技术、建设一流的设施、提供一流的服务），努力营造引航文化优势、引航技术优势、引航人才优势、引航服务优势，以适应宁波港口经济发展需求，为港航企业提供公平、公正、高效、统一的引航服务，树立宁波引航品牌形象，年引航量近 3 万艘次。

宁波引航站成立于 1987，现有职工 522 名。引航员 153 名，其中高级引航员 20 名、一级引航员 40 名，二级引航员 49 名，三级引航员 16 名，助理引航员 21 名，实习引航员 7 名。内设办公室、党群工作部、人力资源科、财务科、安全卫环科、物资科、总值班室、引航一科、引航二科、引航三科、引航四科、艇队 12 个职能部门。拥有镇海、大榭、桃花 3 个引航基地，另有象山，梅山 2 个引航基地在建，条帚门、石浦 2 个引航基地在规划。拥有 15 条引航艇。拥有以引航监控、引航导航、引航调度、引航费收、引航考核五大子系统集成的引航信息综合管理平台以及引航艇、车辆 GPS 动态监控系统和宁波港气象监测系统。

近年来，宁波引航站在内部管理、引航服务、队伍建设、技术创新、精神文明建设等方面，敢为人先、追求卓越，在不断完善自我的同时，宁波引航文化品牌对外也留下了极好的口碑，并获得了多项荣誉。目前有全国劳模 1 名、省部级劳模 2 名、交通运输部金锚奖获得者 1 名、全国优秀海员 1 名、全国优秀海员家属 1 名、全国十佳引航员 3 名、全国优秀引航员 4 名、宁波市十大杰出青年 1 名。2010 年，在与浙江海事局联合开展的"引航员登离轮转运装置课题"研究中，宁波引航站主导提出的"引航梯应有永久性长度标志"的建议，被国际海事组织采纳，并在全球推广应用。宁波引航员在 2010 年、2012 年、2014 年连续三届的世界引航大会上代表中国引航员发言，并获得好评。宁波引航站连续获得全国十佳引航机构荣誉。

一、文化建设动因

文化犹如空气，虽看不见摸不到却又无处不在。对一个国家来说，文化是经济社会发展的动力和灵魂，是民族的血脉，是人民的精神家园；对一家单位来说，文化是一种氛围，是软实力和核心竞争力的体现，文化决定了这家单位的生命力、凝聚力和创造力，唯有文化制胜，才能基业长青。

党的十八大进一步吹响了扎实推进社会主义文化强国建设的号角，为我国文化建设指明了前进方向，进一步凸显了文化建设在国家战略层面的重要意义。引航文化作为社会主义先进文化的重要组成部分，是推动引航事业持续向前发展的不竭动力，是引航综合实力提升的力量之源，是引航职工攻坚克难、锐意进取的精神家园，是宁波引航站“树国门第一形象，献四方一流服务”的有力支撑和重要保障。

长期以来，宁波引航站在文化建设方面进行了积极有效的探索，先后推出“五个一流”（建设一流的设施、实行一流的管理、打造一流的团队、锻造一流的技术、提供一流的服务）、“宁波引航品牌”、“智慧引航”、“阳光引航”等文化建设举措，开展“三思三度”创建，即：常思生产单位之难，确立对港口生产的保障度；常思港口长远发展，践行港口事业的忠诚度；常思服务对象所需，提升服务对象的满意度。倡导“三位一体”的引航理念，即对港口生产与航运对象服务到位，对通航安全与海域应急守职在位，对引航攻关与技术创新勇于上位，考评职工时把整治思想、安全意识与引航技术视为衡量整体。宁波引航站充分发挥引航服务职能，依托深水良港优势，谋求引航事业稳步发展，把港口需求作为引航文化发展与创新的动力，多措并举，根据自身特点，摸索出一整套成功的经验，形成了具有鲜明特色的引航文化，有效地促进了宁波引航整体实力的提升。

潮平岸阔帆正劲，砥砺奋进谱新篇。如今，国家实施海洋经济发展战略的擂鼓已经敲响，宁波引航站将本着与时俱进的态度，开创更富创新性、特色性、前瞻性和实效性的引航文化建设工作，为港航企业提供更加安全、优质、及时、高效的引航服务，助推浙江海洋经济的建设和发展。

二、核心价值理念体系表述

1.核心价值观：维护主权、保障安全、精心引领、服务港航

引航核心价值观是社会主义核心价值体系在引航行业深入实践的本质体现，是引航行业共同的价值取向，为引航行业的涉外性、专业性、风险性和服务性等基本特征所决定。

（1）维护主权

引航权是航运权的主要组成部分。引航员按照我国法律，对外国籍船舶实施强制引航，维护国家航权，是国家维护主权和尊严的重要体现。

（2）保障安全

安全是引航工作的生命线。引航涉及的区域是水路运输的集结点，也是联系内陆腹地和海洋运输的枢纽，保障港口水域安全对于国家经济发展至关重要。引航员要利用高超的专业技能，保障船舶安全、人命安全和水域环境安全。

(3)精心引领

引航是一项高风险高技术职业。技术为本,服务至上,精益求精,为港航企业提供优质安全的引航服务,为中外船舶提供安全、及时、文明、高效地引航服务。

(4)服务港航

引航是联结港口与船舶不可替代的环节,保证船舶高效周转,保障港口有序运行,是引航服务的根本。全体引航职工要树立全心全意为港航单位着想的服务理念,想其所想,急其所急,帮其所需,全面服务于港航企业。

2.使命:把世界引进中国,把中国引向世界

一艘船舶就是一块流动的国土。“把世界引进中国,把中国引向世界”这一口号,源自港航企业对引航人的赞美和期望,已成为中国引航人标识性的理念。这句话表明了社会对引航行业的期望和需求,说明了引航行业存在的目的和意义。它把日常引航工作以及个人理想同世界的交流、祖国的命运和港口的繁荣紧密联系起来,形象地阐明了引航在我国港航事业发展和国民经济建设中的价值和作用。它流淌着历代引航人精神血脉,彰显着全体引航人的理想追求。

引航员代表着国家形象,忠实履行神圣职责,对进出中国水上国门的外国籍船舶强制引领,维护祖国航权安全。

引航技术代表当代最先进的船舶操纵技术,安全及时引领船舶进出港口,促进港口开放,促进地区经济和国家经济繁荣,让中国与世界因海洋而相近,因引航而更加紧密。

引航文化代表着先进的中华文化,当好中外文化交流的友好使者,把世界各民族的优秀文化引进中国,把优秀的中华文明引向世界。

3.愿景:建设与海洋强国相适应的一流引航队伍,实现平安引航、快乐引航、和谐引航

平安引航:船舶平安、港口水域平安、引航员平安。船舶进出港口,靠、离码头是船舶航行过程中最复杂的一段航程。作为水上国门形象第一人,引航员不仅是船舶引路人,更是风险管理者,要以技术赢得尊重,以服务赢得信赖,紧密团结船舶驾驶台团队,利用所有资源,协调港埠相关服务,化解航行中遇到的各种风险,安全地操纵船舶进出港口、靠离码头。作为风险亲历者,勇敢机智,历险不惊。作为风险管理者,沉着镇静,指挥若定。作为抢险指挥者,当仁不让,力挽狂澜。

快乐引航:快乐引航,幸福生活。在服务中体验快乐,在挑战中赢得快乐,在事业中实现人生价值,受到社会尊重。船舶进出中国港口能享受高层次内涵、高精神体验的引航服务,宾至如归,感受美丽中国,享受引航的快乐。

和谐引航:和谐引航既是引航发展哲学,也是引航发展追求的境界。发展和谐——引航发展与港口发展、船舶技术发展、航海科技发展相适应;团队和谐——职责分明,管理精细,组织严密,团结给力;过程和谐——程序公开,信息透明,公正公平,阳光操作;人与自然和谐——精通水性、掌握船性、尊重人性,三性合一,同舟共济,共创

港口繁荣,实现和谐发展。

4.精神:敢于担当、真诚服务、开放包容、务实争先

引航精神是引航行业文化的精髓,是行业凝聚力的基础和事业发展的原动力。

敢于担当:担责、担难、担风险,彰显中国引航员服务精神和气魄。中国引航员有担当,只要国家需要、港口需要、船舶需要,都能挺身而出,迎难而上,克服困难,完成使命,在关键岗位发挥关键作用。

真诚服务:彰显引航服务的科学态度。真为美学第一原则,诚为道德最高境界。求真情、讲真话、练真功,树立科学的权威,以技术赢得信赖。诚心、诚意、诚信,一诺千金,以服务赢得尊重。

开放包容:海纳百川,有容乃大。放平心态,虚怀若谷,用世界眼光,引四海巨轮,交五洲朋友,展中华礼仪风范,建和谐温馨港湾。

务实争先:高点定位,追求卓越,开拓进取,勇为人先,走在港口、地区和时代发展的前列。技术精湛、管理精细、装备精良,服务为先,理念领先。

5.职业道德:爱国、敬业、慎独

爱国:水上国门,国脉所系。引航的发展与国家兴衰密切相连,弘扬爱祖国、爱航海、爱港口、爱引航的光荣传统,为实现中华民族伟大复兴,肩负时代使命,自觉维护祖国的主权和尊严。

敬业:万船轨迹,引航人生。引航是一项神圣而崇高的职业,需要很高的职业素养和终身为之奋斗的精神,选择引航就选择了一种人生。我们要热爱引航事业,牢记岗位使命,忠实履行职责,把引航当作事业、当作学问、当作作品,终身追求,终身研习,永不懈怠,兢兢业业,用万船轨迹描绘壮丽的引航人生。

慎独:在独处中谨慎不苟,是中国道德修养的最高境界。《礼记·大学》云:“诚于中,形于外,故君子必慎其独也。”引航员在“流动的国土”上独自工作,更应自珍、自重、自强、自律,注重个人品德操守,加强个人道德修养,追求高尚人格境界。不做任何有损国格人格、有违道德信念之事。

三、践行效果

1.引航文化落地工程之一:宁波引航品牌建设

宁波引航站早在2006年就确立了走品牌之路的发展战略,充分发挥引航服务职能,为客户提供优质高效的引航服务,最大限度保障港口生产,助推港口经济发展。随着引航事业的不断发展壮大,引航站确立了走品牌之路的发展战略,强基固本,与时俱进,不断超越。引航管理质量显著提高,引航员队伍不断壮大,引航技术屡获突破,引航业绩迅速攀升,引航艘次稳步增长,引航服务水平不断提升,取得了引航品牌全面而快速的发展,“宁波引航”服务品牌越来越得到中外业内人士的认同和信服。近年来,为使引航品牌在新一轮发展中赋予新的文化内涵和外在形象,宁波引航站开展当好

"水上国门形象第一人"活动,深入学习、领会、理解"水上国门形象第一人"的内涵要求和引航工作的科学定位,开展座谈讨论,增强引航员的"第一人"意识。抓好品牌质量建设,以品牌文化为引导,着力提高引航员业务技术素质,落实引航岗位服务行为规范。通过思想政治教育、引航价值理念引导、老引航员言传身教、引航实践锻炼、十佳引航员典型的熏陶等方式,培育、铸造吃苦耐劳,作风坚定,乐于奉献,不怕连续作战的引航精神。以提高港口生产保障度和客户服务满意度为出发点,通过创新工作思路和活动方式,不断拓展工作领域和建立新的工作载体,保持"宁波引航"品牌的活力和动力。

2.引航文化落地工程之二:打造"五个一流"

(1)建设一流的设施

优质、高效的引航服务离不开一流的引航配套设施,要本着发展的眼光,在科学的基础上对引航设施不惜投入。要根据港口发展同步跟进相关设施建设,合理规划布局引航基地、引航交通设施、引航通信设施和引航监控设施,不断完善引航服务功能,达到国内国际先进水平。

(2)实行一流的管理

要学习借鉴国内外先进管理理念和经验,创新形成适合引航站的管理方法和管理模式,建立科学的现代企业管理制度、充满活力的内部运营机制和有效的激励体系,充分调动各个部门和职工个人的积极性和创造性,不断提高站的应对能力、创新能力、资源利用率和整体绩效水平。

(3)打造一流的团队

牢固树立"人才是企业最大的财富"的理念,创新用人机制,建立可量化、可操作的绩效考核评价系统。高度注重职工素质的提高和潜能的发挥,加强组织文化建设,增加职工的认同感和凝聚力,培养职工"争创一流,勇于创新"的工作热情和"精通业务,团结协作"的组织氛围,培养一支政治合格、作风优良、业务过硬、工作高效、善于创新、结构合理的一流引航团队。

(4)锻造一流的技术

引航服务的本质是技术服务,要在技术提高上狠下功夫,要建立科学、完善的教育培训体系,以创建学习型企业、知识型职工为载体,激发广大职工学习技术的积极性和主动性,提高引航技术水平。要以港口发展需求为目标,大力开展课题研究和技术攻关,推动引航技术创新,提高港口引航工作在国际国内的影响力。

(5)提供一流的服务

引航是港口递给船方的第一张名片,是港口品牌战略非常重要的一环。要增强职工品牌意识,满足客户的多样化需求,通过一流的服务形成有宁波港特色的引航品牌,不断提升港口核心竞争力。

3.引航文化落地工程之三:打造阳光引航工程

2013年,宁波引航站深刻把握"阳光引航"的内涵,紧紧围绕服务,增强服务意识,改善服务理念,全面提高服务水平,打造阳光引航工程。

阳光工程包括:一工程(阳光工程),二满意(客户满意、社会满意),三共(公平、公开、公正),四心(细心、耐心、信心、责任心),五比(比服务好、比形象美、比素质高、比技术强、比贡献大)。宁波引航站积极推行政务公开,先后出台了《引航安全管理体系文件》、《企务公开管理办法及公开实施细则》、《引航操作规范》、《引航服务规范》及《引航艇六项服务承诺》等文件。对外公布引航申请程序,公开引航计划和引航服务承诺。尽量考虑服务对象的需求,在保安全、保船期的前提下,努力降低各项服务成本,为港航企业分忧解难。

4.引航文化落地工程之四:打造"智慧引航"

随着新一代信息技术的不断发展,2012年,宁波引航站在全国率先提出了"智慧引航"概念,在信息技术以及船舶大型化、自动化飞速发展的背景下,运用信息技术改革传统的引航服务方式和方法,增强引航服务效率和科技含量,通过互联网、物联网、云计算、传感网、计算机技术、ITS、GPS、AIS、ECDIS、无线宽带等技术,建立综合型引航管理平台,促进引航管理信息化、数字化、智能化。宁波引航站大力整合原有的信息系统,着手建设纵向互联、横向互通、资源共享、业务协同的"一体化"业务应用平台和"一站式"信息化服务体系,更加有效地服务港口经济。

5.引航文化落地工程之五:课题研究硕果累累

"引航员转运安全保护措施对策研究"课题顺利通过验收。该课题总结出了各种气象条件下,在不同海域引航员的登离轮方式、引航艇接送引航员的安全操作方法及安全保护措施,有效填补了国内在该领域研究的空白。

"宁波引航安全环境分析与防控措施研究"课题顺利通过评审。该课题在充分分析宁波引航现状和外部通航环境的基础上,结合宁波港域的实际,为宁波港引航安全事故和险情的防控提出了具有操作性的措施建议,为宁波港引航的安全发展、科学发展提供了组织管理保障和技术支撑。

引航站参与的"宁波港雾航管理研究"课题,获首届宁波港科技创新一等奖。

"三星码头整船下水"研究课题成绩突出,第一艘整船已顺利出口,为此,三星公司特地送来锦旗以示感谢。

"1.8万标准箱超大型集装箱船靠离泊研究"课题获得成功,已成功引领该类船舶多次。

"远东码头11号泊位煤炭过驳"研究课题开展有力,靠泊船舶尺度屡屡刷新,稳泊工作富有成效。

"LNG进出期间对港口生产的保障"课题成果突出,使LNG船舶进出口时对港口其他船舶的影响降到可以忽略的程度。

"区域引航方案"研究课题顺利完成,已用于推广和实践。

"引航员职业心理压力分析与对策研究"课题正在按计划推进。

“提高港口引航服务效能的项目管理”课题被评为2013年度全国交通行业管理现代化创新成果一等奖。另有3项课题分别获得省航海科技二等奖、宁波港科技创新一、二等奖，累计获奖项13个。

6.引航文化落地工程之六：引航之最

1995年12月6日，引领巴拿马籍30万吨级矿船“大凤凰”轮进宁波港，该船长333米，吃水18.6米，是当时进入国内港口最大的超大型船舶。

2000年3月21日，引领利比里亚籍27万吨级海损巨轮“威射”号进宁波港北仑矿石码头卸货。该轮在到宁波港之前，已经遭到了其他国家5个港口的拒绝，如果找不到卸货港口，只能炸沉在太平洋。为此，太平洋环保总署发来贺电表示赞许。

2005年3月30日，成功引领现今世界上最大的44万吨级的“泰欧”油轮进靠宁波港。该轮是国内港口迄今接纳的最大的一艘装有货物的海上巨无霸，竖起了我国港口引航史上崭新的里程碑。

2006年3月22日，承担以宁波港命名的“中远宁波”号集装箱船首航引航任务。该轮载量为9500标准箱，时为世界上在航的最大的集装箱船之一。

2006年5月11日，成功引领超大型驳船“首釜”轮靠宁波三星重工U型港池，为此，韩国三星公司专门发来了感谢信。

2007年4月18日，成功引领首航宁波港的世界上最大的集装箱船“爱玛马士基”。该轮长397.7米，载箱量1.1万标准箱。

2009年3月31日，成功引领当时世界上最大的集装箱船载箱量为14028标准箱的“地中海丹尼特”轮。

2009年6月12日，成功引领30万吨级“远盛湖”轮挂靠宁波港。该轮吃水21.5米，刷新了挂靠宁波港的超大型深吃水船舶的吃水纪录。

2010年3月5日，成功引领超大型矿船“普特里”。这是矿石码头至今靠泊最大吃水的矿船，也是通过虾峙门口外人工深水航槽吃水最大的矿船。

2010年8月1日，成功引领大型工程船“海港特001”出甬江。该轮是迄今为止进出甬江最大的驳船，刷新了宁波港滚装船作业最大最长件的纪录。

2012年9月19日，成功引领世界上最大的液化天然气运输船“扎尔加”轮，填补了宁波在超大型液化天然气船舶引领方面的空白，为国家级重点能源建设项目的顺利运营铺平了道路。

2013年3月30日，成功引领无动力整船“宁波1号”，填补了宁波引航史的一项空白，同时为宁波三星重工转型升级打下了基础，宁波三星重工特地送来一面锦旗表示感谢。

2013年7月20日，成功引领超大型集装箱船“马士基迈克凯尼穆勒”，这是AP穆勒马士基10艘Triple-E型集装箱船中的第一艘，也是全球首艘18000标准箱集装箱船。

2014年3月26日，成功引领大型液化天然气船“阿卡西亚”顺利掉头靠泊中海浙江液化天然气码头,实现了该码头自建成以来的首次涨水靠泊。

四、主要经验和体会

1.主要经验

(1)文化理念制度化

要始终把理念普及和文化认同作为引航文化建设的“重点”内容,增强员工对单位的认同感和忠诚度。在文化宣贯普及过程中,把软性的文化与刚性的制度融合起来,形成认同,产生敬畏,形成习惯。

(2)文化实践个性化

紧紧围绕品牌、典型、安全、和谐、人才等方面,在全面推进的同时找准侧重点和着力点,抓住其中某一项或某几项进行深化突破,目标方向上需统一,塑造方式上可各异。探索文化管理新理念、新模式、新载体、新阵地,形成定位科学、特色鲜明的个性文化。

(3)文化传播具体化

推动文化理念标识化、故事化、行为化。注重传播载体的多样化、信息化和时代性,在原有的培训辅导、成果交流展示,加强网络媒体的运用,增强文化长廊、文化格言征集张贴等氛围营造,使文化培训、文体活动、文化环境更具亲和力和感染力。

(4)文化建设系统化

按照“实践—监测—评估—反思—提升”的文化建设步骤,根据协会文明单位创建办法,扎实开展文化建设各项工作,进一步加大制度文化和行为文化的建设力度。及时进行总结提炼,深化交流推广,促进借鉴提高,加强文化建设的经验交流、创新应用和成果申报,实现文化共享,推动文化建设水平的整体提升。

2.主要体会

(1)以人为本,增强引航文化建设的凝聚力

国以才立,业以才兴。人才是引航事业的第一资源和核心竞争力,是引航文化发展和树立引航服务品牌的关键。引航职工是引航文化的承载者和推动者,首先,建设引航文化要尊重引航职工的主体地位,注重人文关怀,把教育人、关心人、理解人结合起来,促进职工素质不断提升。其次,要使广大职工成为引航文化建设的受益者,宁波引航站以人才工程为发展战略要点,积极探索、拓宽人才教育培训途径、渠道,全面打造一流的高素质人才队伍。面对港口经济发展的紧缺型人才,引航站要从引航职工的利益需求、情感需求、职业发展需求等方面出发,紧紧把握了解职工、关心职工、凝聚职工等环节,在工作中体现引航人才的价值,实现引航人才的理想,用良好的文化价值环境吸引和留住人才,调动他们的积极性和凝聚力,使他们能够快乐工作,并最终自觉成为引航文化的推动者。

(2)服务港航,增强引航文化建设的保障力

服务港航是引航工作的天职。引航文化建设要坚持以行业核心

价值体系为主线，以“树国门第一形象、献四方一流服务”为旗帜，以服务港航为根本，保障安全为生命，弘扬敢于担当，真诚服务，开放包容，务实争先的引航精神。随着造船技术和港口的发展，船舶大型化趋势明显，新码头、新泊位不断投产，港口腹地不断延伸，港口之间的竞争更加激烈，客户对引航服务的要求越来越高、越来越多元化。港区内的同行环境不容乐观，恶劣天气对引航工作的影响越来越明显，面对未曾涉足的“盲区”、阻碍发展的“禁区”、矛盾错综复杂的“难区”，要立足服务，发挥引航技术优势，积极开展技术研讨和课题攻关，为港口生产、为蓝色海洋经济保驾护航。

(3)完善制度，增强引航文化建设的约束力

随着引航文化建设的不断推进，宁波引航站各项制度逐渐完善、健全，形成了制度体系。有关引航安全、作业、服务方面的制度、规范建设更为重视、突出，如引航安全管理质量体系、引航文明服务规范、引航作业规程等等。在完善制度的同时加强职工制度意识教育，养成对制度的敬畏意识、严格执行意识，从而内化为工作管理、行为规范，使外在的制度约束变为内在的执行自觉要求。职工遵守制度的自觉意识不断增强，服务意识、技术意识、安全意识、工作责任意识、团队合作意识、引航规范意识都得到了提升。

(4)与时俱进，增强引航文化建设的创造力

文化总是随着时代的发展处于动态的变化之中，随着社会的不断进步，新的理念、新的事物层出不穷，比如随着信息技术的发展，网络平台和通信技术日新月异，引航文化也要在传承引航行业优良传统和文化建设成果的基础上，广泛吸纳中外文化建设精华，构建符合引航特点、体现时代精神，具有科技含量的载体平台和方法途径，提升文化建设的科学化水平。引航发展，文化先行，尤其是在贯彻十八大精神，落实科学发展观的新时期，更需要文化的超前引领，发挥引航文化正能量，形成内核力，进一步增强引航文化的向心力、凝聚力和创造力，使正能量不断迸发，永不枯竭，让“文化”的种子，在“正能量”的滋养下，蓬勃向上，枝繁叶茂，花香四溢。

五、文化品牌

宁波引航

六、文化品牌诠释

品牌口号：树国门第一形象，献四方一流服务。

指导思想：以科学发展观为指导，围绕宁波港“强港”目标，通过实行一流的管理、打造一流的团队、锻造一流的技术、建设一流的设施、提供一流的服务，建设一流的引航文化品牌。

品牌内涵：保障安全，准时引航，技术优良，诚信待客，和谐合作，时刻为港航企业提供一流的引航服务。

开辟美好生活新航道

长江航道局

长江航道局隶属于中华人民共和国交通运输部，是具有行政管理职能的公益性事业单位，主要从事长江干线航道规划、建设、管理、养护和航道行政执法等工作。在长江沿线七省二市设有南京、武汉、宜昌、重庆、泸州、宜宾等6个区域航道局，下辖77个航道管理处；南京、武汉、宜昌、重庆4个航道工程局及科研、培训、测量、救捞等4个支持保障单位。维护着四川宜宾至江苏浏河口2687.8公里的长江干线航道，同时还维护着海轮航道、缓流航道、进港航道、小轮航道以及部分支流航道1874公里，维护总里程达4516.8公里，共设助航标志5300余座。

长江航道局现有职工一万余人，其中中高级技术人员近2000名。持有国家建设部颁发的港口与航道工程施工总承包特级、市政公用工程总承包一级施工企业资质证书和国家测绘局颁发的甲级测绘许可证，并通过了质量、环境、职业健康安全（Q/E/OHS）一体化管理体系认证。全局拥有多种类型配套齐全的工作（程）船舶600多艘，陆地施工设备500台套，拥有固定资产约39亿元，具有年水下炸礁200万方、年疏浚1.2亿方、年测绘10万换算平方千米的能力。

在致力于维护管理长江航道的同时，长江航道局积极开展对外工程经营，业务涉及：航道维护整治、疏浚吹填、土石方工程、水工工程、公路工程、市政工程、水利工程、救助打捞、沿海港口及内河水道测量、航标设置、码头港口航道工程勘察设计及教育培训等。多年来，长江航道局凭借着雄厚的技术实力、科学的管理和良好的信誉，承担了许多大型工程设计和施工任务，足迹遍及海内外。其中马尾、海口、锦州、深圳、珠海等港口；香港、澳门机场填海造地；上海金山化工区、河北曹妃甸工业区、厦门环岛路吹填；防城港钢铁基地造地；长江口深水航道疏浚；三峡库区炸礁；界牌、碾子湾、张南等河段综合治理；武汉市龙王庙水下治理、江滩整治、汉江整治工程以及泰国、缅甸、文莱等国疏浚吹填工程都是长江航道局近年来总承包或参与建设的较大工程。

面对长江航道发展的黄金机遇，根据交通运输部的统一部署，作为全国文明单位的长江航道局在科学发展观的指引下，正在按照“深下游、畅中游、延上游”的总体建设思路，大力实施《长江干线航道发展规划》，积极构建“畅通航道、数字航道、文明航道、和谐航道”，全力推进长江数字航道、智能航道建设，不断提升公共服务水平和能力，为早日实现长江航道现代化，建设世界一流的现代化内河航道而不懈奋斗。

一、文化建设动因

1.实现航道梦想，需要靠文化来凝心聚力、接力奋进

文化是民族的血脉，是凝聚人心最坚固、最紧密的精神纽带，是实现梦想、推动发展的深层动力。习近平总书记指出实现“中国梦”，必须走中国道路、弘扬中国精神、凝聚中国力量。一直以来，长江航道人的梦想就是要建设畅通安全、智能高效、绿色生态的世界一流现代化内河航道，为沿江人民开辟一条人畅于行、货畅于流、通江达海、流金淌银的运输大通道，实现航运振兴，航道兴旺，职工幸福。当前，长江流域已成为国家扩大内需、加快转型的重点区域，国家和沿江省市更加重视和支持长江航道的建设发展。荆江长河段系统治理正式拉开序幕，智能航道建设得到部党组高度关注，《航道法》列入立法程序。长江航道局正在迎接一个机遇叠加、大有希望、大有可为的黄金时代。再干一个5年、10年，建设世界一流现代化内河航道的梦想就会变成灿烂的现实。行百里者半九十，尽管距离梦想越来越近，但需要付出的努力依然艰辛。越是在这样的关键时刻，越需要通过加强文化建设，用文化来统一思想、振奋精神、凝聚力量，引导广大干部职工抢抓机遇、戮力同心、接力奋进，让梦想早日成真，绝不能错过黄金机遇对长江航道发展的历史性惠顾。

2.推动航道转型发展，需要靠文化来开启民智、锐意创新

文化是推动社会变革的源泉，是促进观念更新的火种。一个民族的兴盛，必定是从文化的启蒙和觉醒开始的；一个行业的进步，离不开文化所孕育的创造精神和创新活力。党的十八大提出要深化改革开放，实施创新驱动发展战略。全国交通运输工作会议把坚持创新驱动，着力推动交通运输转型升级作为五大战略任务之一。对于长江航道局来讲，贯彻落实党的十八大精神和全国交通运输工作会议精神，重点是要加快转变发展方式，推动长江航道行业由劳动密集型向智能服务型转变，打造长江航道发展的升级版，建设世界内河一流的智能航道、生态文明航道。这是对传统航道发展理念和发展模式的一场变革，是内河水运领域一项开创性的事业。打好发展转型这一攻坚仗，关键是要发挥文化引领作用，积极营造创新发展的文化氛围，使广大干部职工从行业文化中汲取精神营养，解放思想、更新观念，保持敢闯敢试的锐气，焕发创新创造的激情，从而以新的思路、新的举措破解发展难题，实现主动转型、加快转型，使长江航道科学发展的道路越走越宽广。

3.践行水运“三个”服务，需要靠文化来铸造品牌、惠及民生

航道作为社会公益性基础设施，本质属性是服务，由此决定了航道文化是一种服务文化。航道公共服务能力的提高离不开服务理念的升华。近年来，正是由于践行“三个服务”的理念，恪守“一切为了畅通”的宗旨，履行“开辟美好生活新航道”的使命，航道服务能力不断提高，向全社会树立了长江航道服务水运、奉献社会、造福百姓的良好形象。今后一个时期，按照全面建成小康社会“两个倍增”的部署，长江沿江经

济社会将继续保持快速发展的势头，人民生活水平将稳步提高，这必将给长江航道带来更多的水运需求，也将对长江航道服务品质提出更高要求。这就迫切需要加强行业文化建设，引导广大干部职工进一步增强服务意识，着力打造“绿色航道·畅通服务”品牌，不断拓展服务内涵、丰富服务形式、提升服务品质，使长江航道切实“担得起”服务沿江流域全面建成小康社会的发展重任，让绿色高效的长江航运不断惠及流域百姓。

二、核心价值理念体系表述

核心价值观：一切为了畅通。

使命：开辟美好生活新航道。

愿景：当负责任护航使者，做可信赖水工专家。

精神：团结，诚信，奉献，卓越。

职业道德：忠诚事业，恪尽职守；诚实守信，廉洁奉公；服务人民，奉献社会；进取创新，追求卓越；团结和睦，开放包容；文明友善，勤俭节约；热心公益，助人为乐。

三、践行效果

长江航道局大力加强长江航道核心价值体系建设，把社会主义核心价值体系建设作为长江航道的“主心骨”、作为航道发展的灵魂工程全力推进，紧紧围绕建设世界一流现代化内河航道这个中心任务，着力加强长江航道行业核心价值体系建设。为全面提高职工素质、航道维护管理水平和市场竞争能力，营造有利于长江航道建设发展的内部环境和人文氛围，培育积极向上的行业精神，塑造良好的外部形象，提升行业美誉度。近几年，长江航道局依托行业文化建设为抓手，在践行核心价值体系中做了大量卓有成效的工作。

1.文化育人成效明显

长江航道局积极发挥文化育人作用，坚持把社会主义核心价值体系教育作为文化建设的灵魂工程来抓，组织党员干部认真学习中国特色社会主义理论体系，深入开展行业核心价值体系宣讲教育活动，全局上下筑牢打造智能航道、奋力建设世界一流现代化内河航道的思想基础。与时俱进抓好形势政策教育，扎实开展“喜迎十八大，再创新辉煌”、“学习十八大，推动大发展”、“新战略，新作为”等主题宣讲活动，兴起了学习贯彻十八大精神的热潮，使长江航道事业沿着十八大精神指引的方向继续阔步前进。注重发挥先进典型的示范引领和传帮带作用，在全线深入开展道德领域突出问题专项教育和治理活动，在青年职工中大力实施“青年引航”工程，在生产一线成立“启湘工作室”、“劳模创新工作室”带动职工比学赶帮超，使全局上下学习先进、崇尚先进蔚然成风，先进典型不断涌现。

2.文化品牌日益响亮

大力推进文化品牌建设，明确以“四品”工程（即培育职工品格、提高服务品质、提升文化品位、打造航道品牌）为载体，以智能航道建设为支撑的文化品牌建设总体思路。在主品牌建设上，开展了创建文化品牌示范窗口活动，在全线先后推行“三个一”（即一句话承诺、一站式服务、一体化管理）等服务举措，推动文化品牌建设与中心工作深度融合。“绿色航道・畅通服务”文化品牌受到各级领导的充分肯定，成功进入全国交通运输企业文化品牌建设单位行列。

同时，局属各单位文化品牌建设更加重视结合实际，突出特色。重庆航道局“航行千里・道行天下”文化品牌彰显川江特点、库区特色、服务特质；南京航道局“智创卓越・行畅江海”文化品牌围绕中心、特色鲜明，受到上级局党委的充分肯定；武汉航道局“极目楚天・畅行荆江”获得社会初步认可；“疏江浚海・诚信致远”助推武汉工程局提升形象、开拓市场；长江航道测量中心“经纬文化”宣贯有力，助推航测腾飞。局本部连续两次获得交通运输文化建设示范单位称号；重庆航道局等5个单位荣获“十二五”期首批长江航运文化建设示范单位称号。

3.文化成果层出不穷

注重繁荣文化创作，精品力作不断涌现。组织创作了反映郑启湘先进事迹的长篇报告文学，编撰出版了《党旗飘扬航道辉煌》党建论文集，编印了《创先争优英雄谱》、《航道好歌曲》、《长江航道文化故事集》等文化成果，《当代长江航道发展史》编纂工作进展顺利。精心创作《畅通长江》行业歌曲迅速唱响，在全线开展《长江儿女》、《大江放歌》等行业歌曲传唱活动，弘扬了行业主旋律。重大新闻宣传成效明显，成功策划组织了智能航道、生态文明航道等主题宣传活动，特别是配合中央电视台“新春走基层”节目组深入航道一线采访报道，在行业内外产生强烈反响。组织评选10名首届长江航道文化使者，成立长江航道文联，为职工搭建了广阔的文化活动平台。

同时，局属各单位更加注重对行业文化体系内涵的阐释，一批生动感人的文化故事、文化作品应运而生。南京航道工程局以“蔚蓝色故事”、“蔚蓝色讲座”、“蔚蓝色论坛”为主要载体，着力打造“蔚蓝色文化”，深受职工欢迎；重庆航道工程局《航道工程之歌》词曲优美，在长江航运行业歌曲“青春长江万里歌”演唱会上荣获“最佳表演奖”。

4.文化引领发展成绩斐然

注重把文化建设与航道发展深度融合，以文化引领发展，提升发展质量。坚持用文化来激发创造活力，发扬敢为人先的精神，在世界内河率先开展智能航道建设，经过1.0版、2.0版、3.0版的不断升级，长江电子航道图即将于2014年7月1日向社会全面推广。坚持用文化来增强发展动力，继续保持基本建设大建设大发展的势头，长江航运的“卡脖子”河段荆江航道整治工程于2013年开工建设以来，在工程质量、工程管理、生态环保、廉政建设以及文化建设等诸多方面都创造了许多新亮点。坚持用文化提升服务品质，积极创新服务理念，继续提升航道维护水深和标准，扎实推行半军事化管理和行政执法“四个统一”工作，航道公共服务水平不断提高，船东协会组织满意度测评，长江航道局得分持续保持优秀并逐年提升。坚持用文化树立航道形象，深入开展文明创建工作,继续保持全国文明单位称号。

5.文化惠民利民成果丰硕

坚持文化惠民,持续深入开展文艺小分队下基层、送文化下基层等“文化兴基层、文化心连心”活动,丰富基层一线职工文化生活。按照“趸船景观化、站房宾馆化、基地园林化、码头标准化”的标准,一批现代化、景观化的航道站房、码头、趸船相继建成,一批荣誉室、图书室、健身房逐步覆盖到基层一线。目前,全线已经建成标准化的职工书屋93个,书柜211个,其中有2个成为全总优秀职工书屋,2个成为全总优秀职工书屋建设示范点,为航道文化建设创造了良好的条件。职工文体活动丰富多彩,成功举办了全线职工智能大赛,组织了一系列高质量的职工文艺会演、职工书画摄影作品展,让职工共建共享文化成果,行业文化在基层落地生根。

四、主要经验和体会

1.文化建设必须科学谋划,持续推进

长江航道局党委行政把加强文化建设作为促进长江航道科学发展的重大任务,经过十多年持续不断的探索和实践,长江航道文化较好地实现了4个转变:从自发形成、自然存在到自觉建设、深化发展的根本性转变,从行业文化顶层设计向文化理念落地转变。从文化凝聚内部力量向文化增强发展实力转变,从主要由示范单位带动、文化工作者推动向合力共建、全员参与转变。文化建设已步入常态化运作、动态化管理的轨道。

2.文化建设必须注重历史传承与时代创新

行业文化建设的切入点以及方式方法多种多样,但悠久的行业历史、深厚的文化底蕴永远都是行业宝贵的精神财富,更是开展行业文化建设可资利用的重要资源。同时,行业文化的生命力源自于个性的张扬,不同的行业、不同的时代孕育着不同的行业文化,抓住了不同点就是抓住了要害和关键。

3.文化建设必须坚持以职工为主体

职工既是文化建设的直接参与者,又是行业形象的具体展示者,只有善于运用和创造职工喜爱的文化载体开展活动,增强文化对职工的亲和力,通过职工全员、全过程的参与,才能进一步增强职工的认同感、责任感和归宿感,促进行业文化的落地和生根。

4.文化建设必须融入中心,促进发展

必须把文化建设的重心放在创新实践上、放在科学发展上,深深扎根于航道生产实践之中,使文化建设与推进发展互动互融、互促并进,切不可搞“两张皮”,这是开展文化建设的永恒主题。

五、文化品牌

绿色航道　畅通服务

六、文化品牌诠释

"绿色航道 畅通服务"文化品牌内涵：长江航道人将肩负开辟美好生活新航道的神圣使命，恪守"一切为了畅通"的宗旨，秉承"团结、诚信、奉献、卓越"的航道精神，加快推动长江航道由劳动密集型向智能服务型转变，勇于世界智能航道之巅，以智能化的管理和服务，实现航道通航潜力的充分释放，服务品质大幅提升，船舶营运效益稳步提高，运输能耗逐步降低，生态环境有效保护，使流域百姓和各行各业进一步享受到航道畅、信息畅、物流畅、心情畅的高品质航道服务。

七、文化品牌标识诠释

徽标图案是"团结、诚信、奉献、卓越"的长江航道精神和"一切为了畅通"的核心价值观的抽象体现。徽标内圈图案既是汉字"畅"的变形，又是汉字"好"的变形，橙色部分如熠熠生辉的灯标，绿色部分似蜿蜒的长江航道，蓝色部分则代表浩瀚的大海，象征通江达海的长江航道又好又畅。徽标外圈由蓝色、红色圆环组合，同长江航道文化视觉识别系统相一致，与内圈共同构成"绿色航道　畅通服务"文化品牌标识体系。整个徽标寓意长江航道人以"三个服务"为宗旨，以"开辟美好生活新航道"为使命，以建设"绿色航道　畅通服务"文化品牌为载体，努力打造现代文明与绿色生态相和谐，畅通高效与优质服务相统一的世界一流现代化内河航道。

海上抢险打捞先锋

交通运输部烟台打捞局

交通运输部烟台打捞局的前身是交通部烟台海上救助打捞局，成立于1974年9月12日。是交通运输部所属自收自支的事业单位，承担着中国北方海域的非人命救助、沉船沉物及遇险航空器打捞、难船溢油清除等国家公益性职责，是中国北方最大的海上救捞和海洋工程公司。

救捞基地坐落于中国最大的陆连岛——烟台芝罘岛上，占地面积74万平方米，总资产38多亿元，拥有各类船舶40艘，职工3000多人。

1974年建局以来，交通运输部烟台打捞局以“让海运通畅，让海洋清洁，让事业兴盛，让职工富足”为宗旨，圆满完成海上应急抢险作业千余次，成功救助各种遇险船舶300余艘，随船获救3000多人，成功打捞大型油轮、大中型货轮及海上钻井平台65艘，其中11·24特大海难救助打捞工程、5·7空难救助打捞工程及“WD FAIRWAY”(奋威)船救捞工程举世瞩目，成为中国北方海区安全保障系统和海洋工程领域的中坚力量。在生产经营方面，交通运输部烟台打捞局已经形成了以应急抢险打捞为主业，以海洋工程、大件运输及吊装、港口经济、船舶修造为支柱，以房地产开发、海员职业培训为增长空间的产业模式，有效推动了烟台打捞经济的健康、持续、快速发展，取得了良好的经济效益和社会效益，得到了社会各界的广泛赞誉。

一、文化建设动因

2003年救捞体制改革后，国家赋予打捞局应急抢险打捞的神圣职责，要求我们必须不断改进打捞技术装备，增强履责能力；不断提高生产经营能力，完成“以经营养打捞”的重任。这就决定了打捞局虽为事业单位，但却是一个在市场经济大潮中求生存、谋发展的经济主体。因此，发展对于烟台打捞局来说是第一位的。只有发展，才能完成国家赋予的应急抢险打捞职责，不负“以经营养打捞”的历史重任；也只有发展，才能不断提高职工的物质文化生活水平，增强单位的向心力和凝聚力，从而推动打捞事业不断迈向新的台阶。

但是，救捞体制改革完成后，交通部烟台打捞局与兄弟局相比面临着更多的困难和矛盾，主要表现为：应急抢险打捞技术装备严重滞后，能够从事海上打捞作业的船舶仅有1艘350吨打捞起重船和1艘打捞工程驳船，难以胜任全局所辖海区内的沉船沉物打捞和应急抢险职责；生产经营装备资源匮乏，所拥有的22艘船舶中，除“九五”期间建造的“德润”轮外，其他船舶均为老旧船舶，即将达到报废年限；社会负担沉重，原由烟台救捞局承担的水、电、暖运行管理,以及交通班车、环境绿化、医院、学校、托幼、治安管理等社会公益职能全部由打捞局承担;职工社会养老问题矛盾尖锐,不仅承担着原烟台救捞局665名离退休职工的养老费用,而且伴随退休职工人数的不断增加,职工养老负担越来越重。这些困难和矛盾,对严格履行国家职责、完成"以经营养打捞"的任务形成巨大挑战。不仅如此,更重要的是部分干部职工思想观念相对落后。传统的计划经济观念依然在全局生产、经营、管理、分配等各个领域占据相当市场,不适应市场经济的竞争要求,不适应现代企业管理的需要,导致一系列顺应市场发展要求和变化趋势的管理措施难以有效推行,形成了事业发展中的滞障。

闻"战事"而思良策,如何解决烟台打捞局发展中面临的诸多困难和矛盾,抓住机遇,应对挑战?局决策层从救捞体制改革后的两年实践中深切意识到:文化的先进是本质的先进,观念的落后是根本的落后;文化建设是最根本的建设,要应对挑战,必须首先解决干部职工思想观念相对落后的问题。为此,烟台打捞局义无反顾地走上了"创建学习型组织,加强打捞文化建设"之路。

二、核心价值理念体系表述

核心价值观:团结和谐,务实创新,持续发展,奉献社会。

宗旨:让海运通畅,让海洋清洁,让事业兴盛,让职工富足。

愿景:抢险打捞先锋,和谐快乐家园。

作风:雷厉风行,团结协作;吃苦耐劳,不畏艰险。

职工工作准则:忠心事业,专心工作,诚心合作,热心服务。

三、践行效果

自2005年7月,烟台打捞局以科学发展观统领全局,不断解放思想,更新观念,战略性地提出了实现"一个目标",坚持"两个推进",规范"三个系统",建设"四个平台",促进"五个提升"的"创建学习型组织,加强打捞文化建设"工作(简称"创建工作")体系与格局。实现"一个目标":就是实现建设独具特色的烟台打捞文化的工作目标。坚持"两个推进":一是坚持推进学习型组织建设工作,二是坚持推进烟台打捞文化理念落地工作。规范"三个系统":就是规范和实施局理念识别系统、行为识别系统、视觉识别系统。建设"四个平台":就是做好学习、活动、制度、宣传等平台的建设工作。促进"五个提升":就是促进提升员工的工作能力、提升职工对烟台打捞的认同、提升烟台打捞对社会的影响、提升社会对烟台打捞的识别、提升全局创建工作的水平。通过系统、科学、持续地开展创建工作,用先进文化凝心聚力,用高尚精神统一思想,用先进管理理念和管理方式规范工作,有效保证了应急抢险打捞职责的履行和打捞经济的健康持续快速发展。2009年、2010年,烟台打捞局连续两年被评为"全国交通运输企业文化建设优秀单位"称号,2011年、2012年、2013年连续三年被评为"全国交通运输企业文化建设卓越单位"称号。局属船厂文化建设事迹成功入选中央党校出版社编写的《学习型组织建设与创先争优活动成果全书》,文化建设工作取得了丰硕的成果。

1.健全保障体系,夯实创建工作基础

(1)组织保障建设

为加强对文化建设工作的组织领导,烟台打捞局及所属基层单位成立了"创建学习型组织,加强打捞文化建设"工作组织领导机构,党、政、工齐抓共管。2005 年 7 月,成立了以局长为组长的工作领导小组,设立"创建工作办公室",各基层单位也相继成立了工作组织领导机构。2007 年 4 月,成立了文化建设工作常设组织机构创建工作办公室,负责全局创建工作的规划组织与实施。近年来,烟台打捞局每年初都要召开专题会议,对创建工作进行研究、安排和部署。

(2)制度保障建设

为确保创建工作扎实有效、稳步推进,烟台打捞局结合实际,制定实施了《关于创建学习型组织加强打捞文化建设的决定》、《烟台打捞局 2009~2012 年"创建学习型组织,加强打捞文化建设"工作规划》、《烟台打捞局 2013~2015 年"创建学习型组织,加强打捞文化建设"工作规划》,明确了创建工作的基本内容、指导思想、总体目标、主要任务和实施步骤。此外,烟台打捞局建立了创建工作完备的工作制度、学习制度、考核监督制度和奖惩机制,制定实施了《交通部烟台打捞局创建学习型组织,加强打捞文化建设学习制度》、《交通部烟台打捞局创建学习型组织,加强打捞文化建设工作考核办法》及《烟台打捞局加强和改进机关作风建设工作方案》等文件,并将文化建设工作纳入基层单位经营管理业绩考核体系与机关处室绩效考核体系,将文化建设推进情况作为重要内容纳入局精神文明评比表彰体系,切实保证了"创建学习型组织,加强打捞文化建设"工作落到实处。

(3)物质保障建设

创建工作开展后,烟台打捞局每年都设立创建专项基金,用于局文化建设的开展与推进工作。每年,局教育培训经费达到或超过职工工资总额的 1.5%以上,并优先保证一线职工的培训经费使用。近 5 年,局各处室部门为一线船舶送图书 10000 余册,充分满足了一线员工学业务知识、增技能才干的意愿,为一线职工立足岗位、加强学习提供保证。

2.提炼打捞文化理念,构建打捞核心价值体系

文化建设工作的最终目标是进一步解放思想,更新观念,为烟台打捞事业的发展注入活力。烟台打捞局在文化建设工作中,紧紧扣住部分干部职工思想观念相对落后这一根本症结,主动将镜子转向自己,深入剖析自身存在问题,从内部查找原因,进行系统思考,锤炼打捞文化,积极塑造事业发展之魂。

2005 年 9 月,烟台打捞局开始在全局范围内开展打捞核心理念大研讨活动。在打捞文化理念的提炼过程中,秉承继承与创新的辩证原则,结合《企业文化修炼》的学习,

采取自上而下、上下结合的方式，在广泛征求干部职工群众意见和建议，寻求多数干部职工认同的基础上，形成了包含“抢险打捞先锋，和谐快乐家园”的共同愿景；“让海运通畅，让海洋清洁，让事业兴盛，让职工富足”的打捞宗旨和“团结和谐，务实创新，持续发展，奉献社会”的打捞价值观；以及“把生的希望送给别人，把死的危险留给自己”的救捞精神；“权责明确，精细规范，公开公正，协调高效”的管理理念；“严、细、全、实”的安全理念；“雷厉风行，团结协作，吃苦耐劳，不畏艰险”的打捞作风等核心理念在内的，独具烟台打捞行业特点的，适应打捞经济发展需求的文化理念体系。

为了保证烟台打捞文化理念的持久性、连贯性，烟台打捞局及时将打捞文化体系编辑成《烟台打捞文化宣言》手册，发放给全局干部员工，成为指导全局创建工作的管理法典，员工日常学习的第一教材。2013年，根据工作安排，局对《烟台打捞文化宣言》手册作修改完善。

3.加强学习型组织建设，打造创建工作品牌

学习型组织的真谛是让组织成员在学习的过程中提高综合素质和学习能力，成为全面发展的人。烟台打捞局“创建学习型组织，加强打捞文化建设”活动，坚持自我超越，由自我走向自觉，由学习力提升为创新力，凝聚了团队，提高了素质，为事业注入了强大的生机与活力。

（1）加强创建学习的计划性

按照《关于创建学习型组织加强打捞文化建设的决定》的要求，创建工作办公室紧密结合每年的中心工作，制定切合实际的创建工作年度计划及集体学习计划。在学习内容上，既充分考虑局整体目标和中心工作的需要，又充分尊重员工的学习意愿，做到促进“两个一致”，即局整体目标和员工个人发展目标的一致，创建工作计划、集体学习计划与中心工作的一致。

（2）积极搭建职工学习平台

一是加强学习阵地建设。认真抓好员工图书室、阅览室、学习室建设，给职工提供学习场所和机会。目前全局共有“国家级模范职工书屋”1处，“市级模范职工书屋”1处，全局每个基层单位及局机关都建立了图书室、学习室；二是搭建岗位学习成才平台，以开展职工技能比武为契机，大力开展职工岗位练兵、技术比武等活动，提高职工的业务技能素质；三是建立创建学习例会制度。按照局年度创建学习计划及各单位、处室学习计划安排，局创建工作办公室按期组织全局性集体学习活动，各单位、处室负责本单位学习组织，并形成固定化、制度化、常态化，并定期组织检查。

（3）扎实构建创建学习体系

文化建设工作中，烟台打捞局从学习培训入手，组织各种集体学习活动，扎实构建创建学习体系。

一是丰富创建学习形式。本着“缺什么补什么”的原则，烟台打捞局在创建工作中开展了内容丰富、形式多样的学习活动。组织机关及基层单位领导干部进行专题学习

活动，学习新的管理理念和管理技能；组织多种形式的沟通交流会，加强局领导、机关与基层单位间的沟通交流；举办论文交流会，组织处级领导干部撰写论文，为局发展建言献策；举办专题研讨会议，针对局重点难点问题，开展专题研讨，统一思想，寻求对策。形成了单位、班组、职工全员学习、全程学习、团队学习和工作学习化、学习工作化的氛围。

二是重视干部培训工作。从2005年创建工作开展以来，全局共举办了处级干部培训班、中青年干部培训班、船舶政委培训班、团干部培训班等各类培训班100余班次，建立形成了多层次、多类型、广覆盖的干部培训体系。其中充分发挥局党校作为交通运输部烟台分校的阵地作用，“十一五”期间，举办了2期为期3个月的处级干部理论进修班，2012年、2013年，又举办了2期处级干部进修班，提高了烟台局干部培训的层次与水平。

三是重视专业技术人员培训工作。烟台局高度重视各专业技术类别人员的业务培训工作。近年来，分别举办了打捞技术软件培训、商务人员培训、安全人员培训、财务人员培训、计算机应用培训等各类培训班次，在全体专业技术人员中掀起了学业务、长本领的新高潮，切实提高了业务素质和管理水平。

四是重视职工学习工作。坚持组织全局性集体学习活动，近3年来，共邀请专家教授、各级领导作专题报告40余场次，7000余人次参加了学习。在各单位、处室建立了学习例会制度，由各单位、处室组织本单位职工进行相关工作的政治学习与业务学习。通过学习与培训，全局干部职工的整体素质得到了较大提高，学习力迅速转化为烟台打捞事业发展的助推力。

4.加强文化活动平台建设，不断丰富职工文化生活

（1）重视职工技术创新工作

以劳动竞赛、技能比武、岗位练兵、创建工人先锋号、安全竞赛等为载体，大力开展职工技术创新活动。认真组织“安康杯”及水运系统安全竞赛活动，全局参赛单位相继成立领导小组，结合各自实际制定落实措施。各有船单位不但成立了处活动领导小组，还在各船舶成立了以船长为组长的安全活动工作小组，从组织上保证了全处上下活动的顺利开展。

（2）广泛开展技术比武劳动竞赛活动

各基层单位结合工作实际，围绕安全、质量、生产、成本等方面广泛开展劳动竞赛、技术比武活动。水上单位开展了包括撇缆、打绳结、探火服穿戴、机工知识问答、机械加工、钳工、烹饪技术等技术比赛活动。陆地单位开展车辆安检、售票技能和客梯操作、高强度钢焊接、造船设备安全操作、电工、应急消防演习、教师讲课以及汽车驾驶员、计算机知识比赛等。

（3）开展创建“工人先锋号”活动

制定了具体创建办法和创建标准，全局所有船舶和陆地二十多个班组参加了创建

活动。有30多(次)艘船舶和班组获得局“工人先锋号”称号,有11艘(次)船舶和班组被上级工会组织授予“工人先锋号”称号。

(4)大力开展以学业务、学法律、学管理、练技能、练绝活为主要内容的岗位练兵活动

总结以往职工技术比武的工作经验,根据烟台局职工队伍整体素质的状况,提出了当前及今后一个时期,着重开展以三学两练为主要内容的岗位练兵活动。鼓励、督促、提倡全局广大职工要干什么、学什么、练什么,缺什么、学什么、补什么,在自己的岗位上练习技能、练习绝活。

(5)组织开展丰富多彩、职工喜闻乐见的文体活动

每两年组织一届职工运动会,救捞体制改革后至今已举办了4届;每年定期举办元宵节游艺活动和三八节活动;组建了足球、篮球、羽毛球和乒乓球、台球“五球”兴趣小组,有200余名职工经常性的参加活动;还组建了书画摄影兴趣小组,举办了3期书画摄影作品展,展出作品达到130多幅。基层各单位也根据各自的实际,举办灵活多样的文体活动,极大丰富了职工的文化生活。

5.服务中心工作,致力构建“和谐烟台打捞”

服务中心工作,不断提升管理效能,提高打捞核心竞争力是文化建设工作的中心目标。烟台打捞局在文化建设工作开展过程中,准确把握它在全局各项工作中的定位,将科技创新与管理创新作为文化建设工作的有效延伸和拓展,与局同期开展的“管理发展年”活动、“专业化建设”工作、转变经济发展方式工作、“救捞能力建设”、“科学救助年”等各项工作紧密结合,保证了各项中心任务的完成,有效促进了烟台打捞事业的健康持续快速发展。

(1)加大科技创新力度

为不断增强打捞技术装备水平,提高应急抢险打捞作业能力,烟台打捞局制定了科学规划,逐步加大科技投入力度,引进研究新技术、新设备、新工艺,改善管理方式和工艺流程,提高施工效率,提高管理与施工的科技含量。2009年7月,“烟救捞5”船采用水下攻打千斤洞的新工艺,仅用7个有效工作日,顺利完成了“畅通”轮艉段7道千斤洞的攻打及钢丝穿引工作,将采用传统工艺需100天的工期缩短90%;同样在“畅通”轮艉段打捞工作中,首次利用多组联控液压拉力千斤顶抬浮技术和水下非开挖机械攻打千斤洞技术,圆满完成了“畅通”轮艉段打捞施工,实现了烟台打捞局沉船打捞技术的新突破,也将中国沉船打捞技术提高到了一个新水平。新技术、新工艺的应用大大提高了应急抢险打捞及各项管理工作的工作效率。

(2)开展“管理发展年”、“救捞专业化建设”、“救捞能力建设”、“科学救助年”等活动

2005~2007年,根据部救捞局“管理发展年”活动要求,结合烟台打捞局管理工作实际,积极开展了“管理发展年”活动,推动管理的不断创新。同时,还建立了对基层单

位和机关处室的考核体系，对基层单位实施经营管理业绩考核办法，对机关处室开展作风改进工作，逐步推进量化考核工作。根据部救捞局的工作安排，2008~2010年，开展了为期3年的“专业化建设”工作，全面提升救捞专业化水平。为了全面提高救捞抢险能力、提升生产经营能力，2011年，又启动了“六个救捞能力建设”活动。救捞能力建设是上级领导做出的重要工作部署，是关系烟台打捞局长远发展的一项系统工程。为落实能力建设，烟台打捞局制定了详细的实施方案，通过具体项目与措施，不断提高单位的综合竞争力，不断提高海上应急抢险能力。2012年8月，根据部救捞局的工作部署，于2012~2014开展为期两年的“科学救助年”工作，目前，该项工作方案已经完成，全局各单位部门正根据方案逐步落实各项部署安排。

（3）开展加强与改进机关作风建设工作

2006年下半年，烟台打捞局印发《交通部烟台打捞局加强和改进机关作风建设工作方案》，提出了加强和改进机关作风建设的具体目标和工作任务，2010年3月，又对该项工作进行了深化，提出建立学习型、服务型、高效型、创新型机关的建设目标。2013年，烟台打捞局进一步加强了机关作风建设，制定了《进一步加强和改进机关作风建设实施意见》、《交通运输部烟台打捞局催查办工作实施办法》，重点强化工作作风养成，提高了机关执行力、落实力和服务力。通过深入开展机关工作作风建设，促进了机关工作作风的转变，增强了服务的能力和意识，提高了管理效能和服务水平，取得了初步成效。基层单位对机关工作作风的满意度在不断提高，局外业务合作伙伴也对局救捞体制改革以来的发展变化，特别是职工精神状态的变化给予了高度赞许。

6.烟台打捞文化建设成果

烟台打捞局通过创建工作，不断加强组织学习，积极塑造烟台打捞文化，整合了队伍力量，提升了队伍素质，为队伍建设和事业发展插上了奋飞的翅膀。

（1）干部职工队伍思想观念转变，向心力和凝聚力显著增强

在经历救捞体制改革，保持思想不乱、工作不丢、队伍不散的基础上，积极开展创建工作，塑造打捞文化，弘扬救捞精神，促进了干部职工思想观念和工作作风的转变，向心力和凝聚力显著增强。干部职工思想中原有计划经济条件下形成的等靠要思想，随遇而安等市场、等客户上门一类被动适应市场的现象逐渐消失，开始主动研究市场规律，研究市场形势的发展变化，主动寻找商机，市场竞争意识、忧患意识和服务意识明显增强，市场竞争理念逐步确立。

（2）救助打捞快步发展，经济结构得以优化

作为国家专业救捞队伍，至2013年年底，烟台打捞局成功完成包括“奋威”轮打捞、“畅通”轮打捞等各项应急救捞任务70余艘次，营救200余人。另外还成功打捞30万吨坞门、45吨门机及失事战斗机黑匣子等设施设备，较好地履行了救捞职责，圆满地完成了应急抢险任务。作为地方经济建设的重要力量，烟台打捞局也认真履行公

益职责，支持地方经济发展，积极为港口建设和海上运输提供优质服务。

在保证履行应急抢险打捞职责的基础上，烟台打捞局坚持“有所为有所不为”的发展原则，积极调整经济结构，壮大海洋工程和港口经济等支柱产业规模，促进多种经营，压缩非生产单位规模，实现了生产经营的快步发展。“让海运通畅，让海洋清洁，让事业兴盛，让职工富足”的打捞宗旨在此得以充分体现。

(3)管理渐趋规范，水平不断提高

结合文化建设工作，积极开展“救捞专业化建设”、“救捞能力建设”活动，利用学习型组织的“将镜子转向自己”、“深度会谈”、“系统思考”等工具，不断发现并解决生产、经营、管理中存在的问题。创建工作开展以来，积极开展规章制度的修订工作，不断理顺和完善已有的规章制度，规范管理工作内容；修订工作规则，规范工作程序；建立沟通制度和制度执行规定，逐步提高制度的执行力度，走“权责明确，精细规范，公开公正，协调高效”之路，有效促进了管理水平和管理能力的提高，为打捞经济的健康持续快速发展提供保障和支持。

(4)学习氛围日渐浓厚，职工素质不断提高

自创建工作开展以来，局创建工作办公室及其有关部门定期组织全局性的专题讲座，各单位、部门也紧密结合单位实际组织集体学习活动，积极营造学习氛围。职工个人自学热情不断提高，不但结合个人岗位职责的履行学习有关知识，提高工作能力，而且不少职工还自加压力，在工作之余进行自学进修。这样，全局在工作中学习，在学习中工作的氛围逐步形成，职工整体素质不断提升。

(5)积极维护职工权益，和谐烟台打捞建设取得优异成绩

构建和谐烟台打捞，为经济建设提供一个团结稳定、奋发向上的工作环境是烟台打捞局工作的主要内容，也是保障打捞事业健康发展的前提。2006年烟台打捞局被烟台市职工维权领导小组评定为AAA级和谐劳动关系企业，通过依法规范劳动关系，为构建“和谐烟台打捞”奠定基础。自2007年开始，烟台打捞局多次被中共烟台市委、烟台市人民政府评为“烟台发展贡献单位”。为全面落实党中央、国务院关于构建和谐社会的指示精神和交通部党组关于建设和谐交通行业的有关要求，烟台打捞局从2008年，结合工作实际，构建富有特色的和谐烟台打捞。并将构建和谐烟台打捞工作列为重点抓好的4项长期工作之一，与文化建设工作、创新工作、机关作风建设工作紧密融合，协同推进，共同推动烟台打捞事业的不断发展。

通过全局职工的不懈努力，烟台打捞局的创建工作取得了可喜的成效。救捞体制改革以来，烟台打捞局共获得“全国创建文明行业工作先进单位”、“全国青年文明号”、“创新示范岗”等40多个部、省、市级荣誉称号。同时，烟台打捞人的思想观念和精神面貌发生了深刻变化，广大干部职工乐业志学、开拓创新、重视人才的意识在增强，求真务实、真抓实干、顽强拼搏的作风在强化。在创建工作的带动下，全局的生产管理技术创新迈出新步伐，战略性结构调整积极推进，经营效益大幅增长，和谐烟台打捞建设

取得新的成绩。

四、主要经验和体会

1.领导体制和工作机制是创建工作得以有效开展的保证

学习型组织和企业文化建设理论都是企业管理理论,同属于管理范畴。烟台打捞局将学习型组织和文化建设合二为一,把"创建学习型组织,加强打捞文化建设"工作作为关系全局长远发展的一项战略任务来抓,党、政、工齐抓共管,成立了创建工作领导小组,下设工作办公室,受局长直接领导,成为名副其实的一把手工程;建立了创建工作学习制度、创建工作考核办法,修定了局精神文明建设考评办法,将创建工作直接纳入年度考评内容;设立创建工作专项资金,为创建工作的有效开展提供经费保障。这样就从领导体制、工作和评价机制以及经费保障上为创建工作的有效开展提供了基础性保障。

2.领导者的示范和导航作用是创建工作得以有效开展的关键

创建工作只有起点,没有终点。在创建的初始阶段,通过有组织有计划的方式来进行推动是必要的,因此,领导者的示范作用非常关键。领导者不仅要发挥好示范作用,还要善于学习,具有创新精神和系统思考能力,能够积极传经布道,做文化修炼的导航员,做组织发展的"设计师",推进创建工作稳步持续健康发展。

3.立足实际、务求实效是开展创建工作的根本要求

学习型组织理论和企业文化建设理论作为一种思想工具正在被越来越多的企业组织管理者借鉴和使用,但是如何行之有效地使用这种工具,运用于组织内部的实践活动,学习型组织理论的研究者包括彼德.圣吉在内,都还在探索之中。如何创建学习型组织,没有也不可能有一个固定的模式。只有立足于单位组织的文化实际,紧密结合单位、行业特点,从找到并破除自身特有的学习智障入手,创建学习型组织才可能产生实效,才可能塑造出具有自身鲜明特点的生命力文化,从而推动组织的持续发展。

4.形式多样是创建工作得以有效开展的动力源泉

任何工作都不能拘泥于一种形式,否则就会形成厌倦懒散情绪,形成工作障碍,创建工作也是如此。烟台打捞局在创建工作中,本着创新的精神,积极探索学习形式,实现了集中学习与分散自学、请进来与走出去、理论学习与问题研讨、观看录像与专题报告、撰写论文与交流沟通等多种学习形式的有机结合,有效提高了干部职工参与创建工作的积极性和主动性,推动了创建工作的开展。

伴随创建工作的深入开展,烟台打捞局"在工作中学习,在学习中工作"的氛围将更加浓厚,更加科学、严谨、务实的学习之风必将在烟台打捞这片土地上蔚然兴起,更具创新活力的变革之火也必将在烟台打捞这片土地上激情燃烧。

用心浇注您的满意

中交第一航务工程局有限公司

中交第一航务工程局有限公司创建于1945年，是新中国第一支筑港队伍，素有"筑港摇篮"之美誉。一航局现已发展成为以港口、水运、路桥、市政、铁路、房建、机电设备安装等为一体、拥有雄厚设计施工总承包能力、行业领先的国有大型综合性现代化骨干施工企业，也是世界五百强企业——中国交通建设股份有限公司旗下基建板块规模最大的全资子公司。一航局现拥有12个全资子公司，2个控股子公司，13个分公司、事业部，3个参股公司，1个教育培训中心，并拥有1个工程总承包特级资质、14个工程总承包一级资质、17个专业承包一级资质。2013年，一航局新签合同额478亿元，营业额380亿元，被评为中国建筑业百强企业第18位，连续多年位居天津建筑企业之首。截至2014年年初，共有长期在岗员工10624人，拥有总资产423亿元人民币。施工涉及国内30个省市自治区以及境外28个国家和地区。

多年来，一航局先后荣获国家优质工程金奖和银奖37项、鲁班奖13项、詹天佑大奖19项、中国市政工程金杯奖8项、省部级优质工程奖153项。一航局还先后获得全国优秀施工企业、全国用户满意施工企业、全国安全生产优秀施工企业、全国安全文化建设示范企业、全国科技创新先进单位、全国设备管理优秀单位、全国实施卓越绩效模式先进企业、全国守合同重信用单位、全国精神文明建设工作先进单位、首批30家中央企业企业文化建设示范单位、全国企业文化建设示范基地、全国模范职工之家、全国青年文明号等荣誉称号。

一、文化建设动因

一航局的企业文化，发轫于新中国成立初期老一辈筑港工人"四海为家、流动为荣"的优良传统，曾留下"宁让汗水漂起船，不让工期拖一天"的文化经典，也经历过改革开放和市场激烈拼争时期"血与火"的洗礼，在长达数十年的文化积淀历程中，形成了竞优、诚信、坚韧、和谐的优秀文化基因。进入21世纪以后，一航局深切感受到企业文化对于企业发展的强大助推作用，几代领导集体在带领企业走向科学发展之路的过程中，始终将企业文化建设作为支撑战略、引领管理、凝聚员工的一项重要工作来开展。2002年，以颁布《企业文化建设纲要》（第一版）为标志，一航局在全国同行业中较早迈出了开展企业文化建设的步伐，至今已走过11个年头。11年来，通过强有力推动企业文化建设，一航精神和竞优意识得到大力弘扬，团队意识和攻坚能力不断增强，项目管理水平和履约能力持续提升，员工素养和文明水平显著提高，企业形象和社会地位不断提升，企业也实现了长足发展。2002 年，一航局完成合同额、营业额、利润总额分别为 49 亿元、30 亿元、0.27 亿元；2012 年，上述三大主要指标已达到 450 亿元、356 亿元、10.5 亿元。

在长期的企业文化建设中，一航局确立了以“干一流的、做最好的”核心价值观，“用心浇注您的满意”服务信条为主要内容的核心价值理念，并形成了以发展观、市场观、创新观、质量观等为内容的经营理念，构成了一航文化的理念识别系统；确立了以一航局员工行为规范为准则，《员工礼仪手册》为执行标准的行为识别系统；确立了以员工优秀、产品优良、服务优质、环境优美、管理优异为标准的“五优形象”，制定了《形象视觉识别系统实施手册》、《项目形象建设作业指导书》，构成了一航文化的视觉识别系统。

在文化建设推进过程中，一航局一方面着眼于企业文化和发展战略的匹配性，加强顶层设计，根据企业发展战略的变化适时调整企业文化建设方向，突出文化与战略相融相促，先后两次对《企业文化建设纲要》进行完善修改；一方面始终致力于推动文化“落地”，认为一航文化只有下沉到工程项目才能“落地”，坚信文化只有“落地”才能发挥效用，坚持眼睛向下，紧密结合建筑施工企业管理特点，将工作重心放在项目上，从而走出了一条特色鲜明的项目文化建设道路。

二、核心价值理念体系表述

1.核心价值观：干一流的，做最好的

一航核心价值观是企业和全体员工行为共同的指导思想。

干一流的：任何工作都要争一流，同台竞技更要争第一。这里主要包括 3 个层面：

干一流的工程：工期最短、投入最少、效率最高、效益最好；

创一流的业绩：创精品，创国优，创出名牌；

做一流的服务：想业主所想，急业主所急，以扎实的行动，满足业主各方面的需求。

做最好的：这是一航局的管理目标和员工的行为准则。主要包含 3 个层面：

对一航局自身来说，要坚持走精细化管理之路，规范公司治理，做最优秀的企业，实现一航愿景；

对各单位和项目来说，要做到技术、设备、物资、成本控制有序，工期、质量、安全、效益、文明工地建设有条不紊，努力做到最好；

对员工来说，具有强烈的事业心和工作责任感，不断提高自身素质，干好本职工作，做最优秀的员工。

2.使命：为国内外交通基础设施建设提供一流产品和最优服务

一航使命是一航局所肩负的重大责任和义务，是一航局在市场经营中的总定位。一航使命进一步明确了一航局发展的方向。

国内外交通基础设施建设：是一航局的经营定位，表明一航局目标是国际化，经营领域是大土木工程所涵盖的水工、路桥、机场、市政、地铁、铁路、工民建、大型成套设备安装等所有交通基础设施建设项目。

一流产品：优质、高效、安全、文明施工，锻造精品工程。

最优服务：百分之百满足业主要求，依法经营，爱护环境，履行社会责任。

3.愿景：行业领先，国内一流，国际知名

愿景是一航局的理想，是对一航局未来发展的一种期望和描述，是企业和员工为之奋斗的目标。

行业领先：立足中国交建基建板块，放眼国内整个交通基础设施建设行业，确保生产、经营、效益水平处于领先地位。

国内一流：瞄准国内一流企业，完善法人治理结构，建立科学的管理体制，提升企业现代化管理水平，实现经营结构多元化、管理现代化、效益最大化、创新自主化。

国际知名：积极参与国际市场竞争，用心浇注和推介“中交一航”品牌，提高“中交一航”品牌在国际市场的竞争力和知名度。

4.精神：创新务实，崇尚科学，拼搏奉献，永争一流

精神是一航局全体员工共同一致、彼此共鸣的内心态度、意志状况和思想境界。它可以激发全体员工的积极性，增强企业的活力。它是构成企业文化的基石。

创新务实：永不满足，开拓创新，自我加压，勇攀新高，脚踏实地，勤奋工作；

崇尚科学：紧紧把握交通基础建设领域先进科技的脉搏，坚持科技兴企，勇于科技争先，用现代化科学技术推动企业持续发展；

拼搏奉献：发扬一航人四海为家、敢打硬仗、勇往直前的硬骨头精神，以更广阔的胸襟和更出色的胆略征战海内外市场，为国家的强盛做出贡献；

永争一流：思维超前，立志高远，追求卓越，干一流的，做最好的。

三、践行效果

自2008年以来，一航局的项目文化建设先后经历了认识提升、典型引路、规范建设等阶段，如今已形成了常态化工作机制，项目文化与项目管理形成了相融相促、互补互益的良性关系，项目文化建设的成效开始逐步显现。

1.大幅提升了项目整体形象

各单位将形象标识系统建设作为项目文化建设的重要一环，认真执行《项目形象建设作业指导书》，全局上下近500个工程项目形象建设整齐划一、规范大气，体现了央企风范。各项目部自觉将文明工地建设作为项目文化建设的重要载体来推进，高起点规划、高标准建设，起到了较好的窗口示范作用。如有的单位扎实践行“文明工地创建就是管理”的理念，循序推行定置化“6S”管理，进一步细化了区域划分、物资存放、安全管理、形象宣传标准，促进了施工现场文明施工常态化。同时，通过项目文化建设提升了员工的自主管理能力和文明礼仪素养，广大员工在对外交往中表现出较高的素质

能力,体现了公司良好的“软形象”。

2.锤炼了素质过硬的员工队伍

项目文化是员工团队精神的黏合剂、行为习惯的清新剂、自我管理的催化剂,对团队品质具有强大的提升作用。通过持续开展项目文化建设,一航局的员工队伍体现出极强的战斗力,涌现出以全国劳模、全国技术能手张志华为代表的一大批优秀员工,他们在工程建设中敬业奉献、舍身忘我,成为企业最为宝贵的财富。特别是在参建世界级工程——港珠澳大桥建设的过程中,一航人众志成城、凝心聚力、攻坚克难,在极其困难的条件下胜利实现了东西人工岛“当年动工、当年成岛”的目标。在大桥建设最为关键的海底沉管铺设施工中,一航人成功攻克了“复杂海域沉管浮运安装、46 米水深沉管无缝对接、隧道软土地基不均匀沉降控制”三大世界性技术难题,成功走在了大型跨海通道建设技术的世界最前沿。

3.全面提升了企业品牌形象

项目文化建设取得的实际效果之一,就是塑造了项目部良好的员工形象、产品形象、服务形象、环境形象和管理形象,展示了企业的综合实力和文明程度,进而提升了品牌声誉。如一航局在实施神华黄骅港三期总承包项目中,针对该项目参建单位多、工程规模大、工期紧、施工组织协调难度大等特点,提出了“一盘棋、一条心、创一流”的文化理念,大胆创新管理模式,激发管理效能,在几乎不可能的情况下,实现了提前合同工期 13 天进行重载试车,业主董事长称赞该项目码头是“镜面一样的码头”。通过该工程的组织实施,一航局展示了出色的施工组织能力、卓越的工程质量、优异的管理水平,赢得了业主的高度满意和行业的广泛认可,为顺利承揽后续的黄骅港四期工程和其他同类总承包项目奠定良好的品牌基础。

4.培育了独具特色的管理经验

优秀的项目文化,通过文化理念植入制度,形成员工良好的行为习惯,必定能培育比其他项目部更为优异的特色管理经验。如公司下属的设计院青岛分公司,是一家以水运工程设计为主业的中小型设计单位,通过倡导“真诚、娴熟、永恒”的文化理念,实现了以真诚的服务赢得市场,以娴熟的技术打造特色,以永恒的创新铸就品牌的目标,在近年来水运市场整体形势下滑的大环境下,依旧实现了持续科学发展,成为山东省港湾设计行业的一面旗帜。再如公司下属的一公司第六项目部,扎根营口鲅鱼圈港 30 余年,提出“让业主不能割舍”的项目文化核心理念,并从“进度超速、质量超值、服务超越”三大方面为业主提供全方面服务,不断超越业主期望值。过去 12 年间,项目部共向业主交付 50 个码头泊位,合同履约率达到 100%,提前履约率达到 80%以上,从而和业主单位建立了战友般的情谊,创造了施工单位和业主单位之间风雨同舟、患难与共、肝胆相照亲密关系的行业佳话。该项目部也成为中国交建数百个基层项目部的杰出代表,驰誉业内。

一航文化建设尤其是项目文化建设,经过持续不懈的探索,初步取得了一些成果,近年来,先后获得"全国交通运输文化建设优秀单位"、"全国交通运输文化建设示范单位"、"全国企业文化建设优秀单位"、"新中国60年企业精神60佳"、首批30家"中央企业文化建设示范单位"、中国建筑业和天津首家"全国企业文化建设示范基地"等荣誉,得到了较为普遍的认可。

四、主要经验和体会

1.施工企业文化"落地"的着力点在项目

早在2003年,一航局就在第二次企业文化建设工作会议上提出,将项目文化建设作为一航文化践行的重点。2008年,一航局召开首次项目文化建设推动会,并下发了《项目文化建设指导意见》,正式在全局上下明确提出,以提高项目管理水平、提升项目管理层次为目标,全面深化项目文化建设,推进一航文化落地生根。在此之前,一航局在推动企业文化建设的过程中,对文化"落地"的方向、途径、方法经历了一个漫长的摸索过程,最终决定把文化"落地"的着力点选在项目上,主要基于以下考虑。

(1)从项目员工的主体性考虑

毫无疑问,员工是企业文化建设的主体,而作为建筑施工企业,一航局90%以上的员工在项目上。企业文化建设的目的就是凝聚人心,通过优秀文化理念进制度、入人心,提升员工的自主管理能力。因此,只有在项目上开展文化建设,才能使公司母文化倡导的方向深植员工心中,最终培育良好的行为习惯,形成良好的文化氛围。

(2)从项目管理的重要性考虑

项目管理是施工企业最核心、最基础、最根本的管理单元,项目管理水平的高低决定了企业的整体管控能力。一航文化倡导的竞优、诚信、创新、效益、共赢等理念要深入人心,必须要主动融入项目管理的各个环节。同时,通过良好的文化导向引领,也有助于项目管理水平的不断提升。

(3)从项目单体的独特性考虑

企业文化是一种组织文化,每一个组织都有自己的文化,作为企业最基层组织单元的项目也不例外。一航局有150余个成建制项目部,每个项目部都有各自的特点,如人员组成、发展定位、竞争优劣势、项目经理管理方式等,因此必须要在一航文化的整体框架下,在存有共性的前提下突出个性,鼓励和引导各项目部结合自身发展定位,确定不同的文化建设方向,形成独特的文化氛围,打造管理上的比较优势。

(4)从项目对外的社会性考虑

项目部是施工企业直接面对社会展示品牌的窗口,一航局的形象和口碑主要是通过项目现场向相关方展示的。通过大力开展项目文化建设,可以实现文明施工水平、员工综合素质、企业文明程度、项目管理水平的多重提升,对企业知名度和美誉度的提高具有重要意义。

(5)明确一航文化和项目文化的关系

项目文化是一航文化的重要组成部分，是一航文化在项目上的个性化表现方式。具体来说，是项目部作为施工生产组织在践行一航文化过程中，结合项目实际而形成的共同价值观念和行为方式，也是项目管理者的管理思想在项目管理各个环节上的体现。两者的关系是，一航文化为干，项目文化为支。项目文化必须坚持共性，尊重个性，在确保一航文化核心内涵在项目"落地"的前提下，将母文化的各项要求细化、落实到项目上，从而进一步丰富一航文化内涵。

2.培育管理者的文化自觉，为项目文化建设提供先决条件

（1）切入点在两级领导班子

企业文化在一定程度上属管理者文化，主要领导不倡导，不重视，不实践，文化建设便无从谈起。一航局党委主要领导在多个场合提出，对企业文化要"真学、真懂、真信、真用"，只有首先解决意识认识问题，在各级领导中形成高度的文化自觉，上行下效，文化建设工作才能得到真正有效的推动和落实。

自2002年以来，一航局先后召开8次全局范围的企业文化建设大会，3次项目文化建设专题推动会，党政主要领导参加了历次会议，并提出明确的工作要求。党委工作分管领导每年亲自率队深入基层一线进行项目文化建设调研，直接推动项目文化建设工作。在局领导的率先垂范下，所属各单位对文化建设工作非常主动，党委领导每年均率队开展专项调研、指导和推动，结合本单位工作重点和难点，对文化建设提出相应的要求，并推动文化建设考核办法的出台，形成了良好的常态化工作机制。

（2）关键点在项目经理

项目经理作为项目组织的关键核心人物，对项目文化建设的作用是至为关键的。一航局明确提出，项目经理是项目文化建设第一责任人，没有文化管理思维的项目经理难当大任等，要求项目经理全面参与到项目文化建设过程中，努力推动项目文化建设融入施工生产筹划、管理目标分解、安全质量进度管控和考核评价体系等各个环节中，做到同步策划、同步落实、同步检查、同步奖罚"四个同步"；认识到位、工作到位、责任到位、投入到位"四个到位"，实现用文化管理手段提升项目管理水平。几年来，一航局涌现出一批具有良好文化管理思维、善于运用文化管理手段的优秀项目经理队伍。在日常工作中，这些项目经理能清晰地根据项目发展的定位，确定文化建设方向，提炼项目文化理念，并将理念导入管理制度，逐步转化为员工的自觉行为。可以说，项目经理在推动项目文化建设的过程中起到了关键作用。

3.建立行之有效的工作机制，为项目文化建设提供根本保障

项目文化建设是一项系统工程，绝非一朝一夕之功，需要有完善的工作机制来保障。

（1）建章立制，规范建设

自2008年以来，一航局分别下发了《项目文化建设指导意见》、《铁路项目文化建设实施意见》、《海外项目文化建设实施意见》3个指导性文件，对项目文化建设的内

容、方法、步骤、组织机构、考核监督等方面进行了规范，对文化融合工作提出了明确思路；2010年初下发《项目文化建设规划框架模板》，要求各项目部结合自身实际情况，制定科学可行的《项目文化建设规划》。目前，一航局150余个成建制的项目部(分公司)已全部制定《项目文化建设规划》，这些《规划》和项目生产管理紧密结合，各有侧重，都经过了几上几下的讨论，有完善的宣贯推进措施、激励约束机制、制度和组织保障，可以用来指导今后一段时期本单位的项目文化建设。

(2)及时总结，典型引路

一航局利用每年的企业文化建设工作会或项目文化建设推动会，交流项目文化建设经验做法；连续3年均发掘一批较为突出的项目文化建设成果，并将其工作经验汇编成3册《项目文化建设典型案例》，下发至全局各基层单位，供各项目部借鉴参考。同时还编发《一航员工文化手册》和《一航员工礼仪手册》等书籍，下发每名员工和部分协作队伍手中进行学习提升。定期表彰项目文化建设先进集体和个人，推广其先进经验和做法，大大提高了基层项目部建设项目文化的热情和激情。

(3)调研指导，考核督促

从2008年开始，一航局连续6年进行大规模的项目文化建设调研检查指导，每年走访所属各单位以及大型项目30个左右，为项目文化建设把准脉搏、明确方向、确定重点。根据分类指导，整体提升的工作思路，一航局分管领导和文化管理部门在调研中直接帮助项目部在思想认识、理念体系、建设方法融入管理等方面进行纠偏，有力推动了项目文化建设开展。此外，一航局初步建立了针对项目文化建设的“双考核、双挂钩”机制，即由一航局对各单位进行项目文化建设推动情况的整体考核，结果与一航局党委对各单位领导班子年终考核挂钩；由各单位对所属基层项目部开展项目文化建设具体考核，考核结果与项目部班子年终考核挂钩，从而形成了项目文化建设的长效机制。

4.把握系统的建设方法，为项目文化建设定好方向

在项目文化建设的方法上，一航局通过多年的摸索，形成了系统化的工作思路，着重强调抓好几个关键步骤。

(1)确定项目核心理念

首先要求各项目部在一航文化的整体框架下，根据市场需求、工程特点、自身竞争优劣势等，明确一段时期内项目部发展的定位，据此提炼具有自身特色的项目核心理念，明确文化建设主导方向。既符合项目部生产经营实际，又能为广大员工所接受，便于员工入脑入心。如有的项目部依据一航服务信条“用心浇注您的满意”，提出了“让业主不能割舍”、“不断超越期望值”、“24小时为业主守候”等项目文化核心理念，一方面突出了一航文化注重服务的内涵，另一方面也充分体现了各自管理特色和管理需求。

(2)融入管理提升层次

在核心理念的引领下，针对效益、安全、质量、人才、服务、创新、执行、责任、团队等

方面的管理需要，找准项目文化建设的着力点或落脚点。如一航局一个常年从事混凝土构件预制的项目部，从确保预制品质量的角度出发，根据一航文化质量观，提出了“预制工艺品”的核心理念，并从“员工优秀、工艺领先、操作精细”3个方面，对核心理念形成了有效支撑，并实现了项目文化核心理念和项目管理的全面融合，推动了项目管理水平的全方位提升。

(3)理念引领完善制度

要求项目部根据倡导的文化建设方向，逐步完善与之相应的管理制度，使之与一航理念、项目核心理念要求相适应，通过强化制度的执行，形成员工良好的行为习惯。如有的项目部针对长期严峻的安全管理形势，提出了“我要安全、行胜于言”的项目文化核心理念，以人身安全、生产安全、质量安全、经济安全为4大内涵，出台了11项扎实有效的保障措施，使员工的安全意识显著提升，确保了工程安全和项目效益。

(4)抓好载体推动践行

要求项目部抓住文明工地创建等多种载体以及开展多种文化建设活动，包括业余文化活动，进一步加深认同，最终促进良好文化氛围的形成，提升项目凝聚力和员工管理自主性。如一航局去年开始在国内外项目部大力推行定期“班前宣誓”制度，大大增强了海内外员工的凝聚力；下发《一航员工礼仪手册》，在一线员工中掀起了学文明礼仪、做优秀员工的高潮，员工文明素养明显提升。

(5)文化建设成果转化

从理念提出到文化氛围形成的过程非常重要，但这并不是文化建设的最终目的。一航局强调，要通过特色项目文化建设，形成项目部在管理上的比较优势和特色管理经验，员工具备更为优秀的品质，所建工程质量更为优良，项目效益更加突出，项目发展更加科学可持续。从调研情况看，已有多个项目部在安全、质量、服务、诚信、执行、团队建设等方面形成了独具特色的管理成果，拉动了本单位乃至全局项目管理水平的整体提升。

5.推动项目文化向协作队伍延伸，建立文化责任价值链

协作队伍尤其是农民工队伍已经成为我国改革开放和工业化、城镇化进和中成长起来的新型劳动大军，是当代产业工人的重要组成部分。在建筑施工企业生产一线，协作队伍的素质和能力对于工程项目安全、质量、进度等各项管理具有决定性作用。因此，一航局把协作队伍放到人力资源的重要组成部分的高度来认识，放到企业做强做大的重要保证的高度来认识，将一航文化向协作队伍延伸作为项目文化建设的一项重要内容，努力与协作队伍建立文化责任价值链，实现责任共担、合作共赢。

(1)维护合法权益

从维护合法权益的角度，将维护农民工合法权益与保障企业员工合法权益统筹考虑。各单位、各项目部建立了对协作队伍劳动报酬支付监控体系，坚决杜绝拖欠农民

工工资事件的发生；同时要求将加强农民工思想教育、文化认同和技能培训作为培训工作的重要组成部分，几乎每个项目部都建立了“新市民夜校”，不定期地组织学习交流、技能比武，不断提高农民工个人的素质和技能水平，促使农民工由技能匮乏向适应岗位需求转变。

（2）实施人本关怀

从人本关怀的角度，要求各单位、各项目部以情感的力量温暖、以一航核心价值观的力量启迪、以一航局发展的愿景引领农民工，不断提升他们对一航文化和管理模式的认同，共同打造中交一航品牌；以人格的尊重和关心，增强农民工的主人翁意识，促使大多数农民工行为变被动为主动，最大限度发挥施工管理的积极性。

（3）保障民主权利

从保障农民工享有民主权利的角度出发，多年来重视发展本企业农民工加入工会，要求各单位工会帮助协作队伍组建工会并吸纳农民工入会，邀请协作队伍负责人参加本单位的职代会建言献策，参加项目部的生产管理会议，增强农民工对企业的认同感和归属感。

6.选择重点延伸

从注重实效的角度，分层次，有选择、有重点地延伸文化，对于长期合作的协作队伍，引领他们积极参与项目文化建设，和项目部员工理念同宣贯、规划同部署、责任同落实；对于合作时间不长的队伍，首先从形象建设入手，对其提出明确要求，逐步向文化内涵认同推进。

一航局富有感染力的文化和科学规范的管理，对协作队伍形成了较大的触动，产生了良好的辐射效应。大多数协作队伍和一航局项目部已经成为并肩作战、唇齿相依、同频共振、合作共赢的友好合作伙伴，一些合作时间较长、管理有基础的协作队伍甚至主动提出请一航局项目部帮助他们建设和一航对应的企业文化。许多农民工已经成长起来，成为项目部的生产骨干，表现突出的已经被各单位录用为合同工甚至是正式员工。

五、文化品牌

中交一航

六、文化品牌诠释

“中交一航”代表“中国筑港摇篮，把公司逐步建设成为具有一定国际竞争力的综合性现代化大型建筑企业”这一概念。

“中交一航”表明了隶属关系，为中交股份公司的子公司，同时在多年的工程施工中，“一航”这一名称已被广大业主认可，也赢得了员工认同，便于推介，而且，企业名称与品牌名称统一，宣传品牌的同时也宣传了企业。

固基修道　履方致远

中交第三航务工程局有限公司

中交第三航务工程局有限公司是一个以港口工程施工为主，全土木多元化发展、国际化经营的国有大型骨干施工企业。具有港口与航道工程施工总承包特级资质，公路、市政公用2个施工总承包一级资质，地基与基础工程、桥梁、隧道等6个专业承包一级资质，水运行业工程设计甲级资质。被冠以“中国的脊梁”国有企业称号，先后参与承建了洋山港、东海大桥、杭州湾大桥、港珠澳大桥、世博轴、京沪高铁、东海大桥海上风电场等多项国家级重点工程，多次被评为全国优秀施工企业、全国用户满意施工企业、全国工程建设质量管理优秀企业、中国企业文化管理创新十强、上海市企业文化创新十佳品牌等。

中交三航公司总部设在上海，下设30个全资子公司、2个控股公司、16个分公司及1个教育培训中心。工程地域涉及全国各地及东南亚、中东、非洲、南美等17个国家和地区。打造水工、路桥、市政、铁路和轨道交通、海上风电、投资建设6个核心板块。

近年来，积极贯彻“五商中交”，实现转型升级，成为集投资建设、设计咨询、设备安装、物流商贸、船舶服务等业务为一体的综合性优秀现代建筑企业。

一、文化建设动因

中交三航公司自系统构建具备时代特征、行业特色、企业特点并面向未来的企业文化体系，致力于满足企业强基固本、筑魂塑形的需要。

(1)文化建设是建立企业共同的思想基础和价值追求的需要。应对快速、科学、持续的发展态势，企业急需建立起共同的思想基础和价值追求，统一员工的价值取向，规范员工的管理行为。

(2)文化建设是建设“现代”企业的需要。时代的发展，迫切要求企业优化管理思想、改进管理方式，用现代管理知识调整知识结构，用现代管理手段提高工作效率，以适应激烈的市场竞争。

(3)文化建设是建设完整、科学的企业文化体系的需要。中交三航公司在60年的发展过程中积累了丰富的文化资源，通过对这些资源的发掘、扬弃，使之规范化、系统化、制度化，增强企业文化的生命力，进一步引领员工为企业共同目标而奋斗。

(4)文化建设是打造无法模仿的核心竞争力的需要。企业文化是企业核心竞争力的重要组成部分，对于企业的健康、科学、可持续发展，对于企业综合素质的提升以及对企业核心竞争能力的增强都具有不可替代的作用。

二、核心价值理念体系表述

核心价值观:诚信固本,共同发展。

使命:固基修道,履方致远。

愿景:到2020年,通过持之以恒地努力,成为一个中国交建旗下主营业务突出、经营业绩领先、管理高效有序、竞争能力强大、品牌广泛认同、内外环境和谐的核心公司之一。成为市场尊敬、顾客信赖、社会认可、员工热爱的,国际先进,国内一流的中国优秀现代建筑企业之一。

精神:挑战自我,合作进取。

员工行为规范:重德敬业,遵纪守法。

三、践行效果

中交三航公司围绕"诚信、创新"核心文化,一以贯之地持续推进,使文化成为管理提升的驱动要素。企业文化建设多次获评中国企业文化管理创新十强、全国交通运输企业文化建设优秀单位、上海企业文化创新十佳品牌、上海市企业文化建设示范基地等荣誉。

公司企业文化建设牢牢把握住一个建设思路——文化管理,使企业文化持续成为项目管理工作的驱动要素,提升管理水平。围绕我是谁、成为谁、做什么、怎么做、谁来做等文化建设问题,制定了文化纲要、战略规划、管理大纲、单元手册和岗位职责。以文化引领管理方向、贯穿管理过程,使企业文化和项目理念真正融入思想观念中、沉淀在工作流程中、落实到具体岗位中、体现在实际行动中。

1.围绕目标、理念、工作、落地,构建企业文化践行的5个体系

(1)文化目标体系明确

适应公司"多元化、国际化、信息化"战略目标的要求,加强企业文化的融合与创新,建立与现代企业制度相符合、与企业和员工共同发展需求相一致的文化体系,建设对内有较强凝聚力、对外有较大影响力、特色鲜明的优秀企业文化。

(2)文化理念体系丰富

公司半个多世纪来4个发展阶段、3个重大跨越积累、沉淀、传承、融合成"诚信、创新"的核心文化。以诚信为本,倡导规范履约、公平竞争、精益求精、安全发展、恪尽职守、关系和谐。以创新致远,倡导管理创新、市场开拓、科技攻关、知识更新。企业文化在传承并创造性地实践企业核心价值观的过程中,不断融入经营理念、质量观、安全观、执行观、学习观和员工行为规范等,充实、改进和丰富文化内涵。

(3)文化工作体系完备

公司重在构筑企业文化的总体架构和发展方向,做好顶层设计,制定了《企业文化

建设纲要》、《VI 视觉系统规范》、《文化手册》，构建管理架构和体制。分（子）公司重在制定具体的实施方案。项目部层面，以项目经理为文化建设第一责任人，支部书记具体布置，明确建设目标、理念体系、落地方向、建设措施、组织保证、制度体系等。

（4）文化落地体系扎实

中交三航公司抓住特点需求、注重常态长效，特色文化建设多面开花，使企业文化融入管理一线，落地生根。

项目文化连续 9 年广泛开展，“诚信、创新”核心文化、《项目文化手册》、VI 视觉识别得到有效贯彻，工地培训教育、业余活动、交流学习平台丰富多彩。

安全文化连续 6 年推进，通过《安全文化手册》、安全短信、平安家书、安全镜、安全卫士评选等实现对员工、家属、业主、监理、劳务工的全方位渗透。

营销文化建设中编制《营销文化手册》，倡导“法、诚、和、新”理念，实现企业文化的商业化“升级”。

海外文化中前瞻性文化体系、本土化文化战略、标准化文化管理、全方位文化疏导有效规避文化差异带来的各种风险，成果获上海市建筑施工行业协会一等奖。

（5）文化评价体系到位

围绕企业文化建设的体系，整合企业文化工作、思想道德建设和文明创建活动三者的资源优势，统筹实施，形成合力，实行组织领导一体化、机构管理一体化、内容形式一体化、检查考评一体化。通过企业文化建设测评体系的运行，不断推进文化建设向常态、长效化发展。

2.以文化建设为基础，形成了一系列卓有成效的文化成果

（1）成果之一——项目文化建设

中交三航公司作为建筑施工企业根基在项目部，企业文化的落脚点也在项目部。目前共有项目部 200 多个，遍布国内及世界各地。项目部是最基层的组织，是经营生产的基本单元，是提高引导力、凝聚力、管控力、执行力的重要基础，是扩大品牌影响力和培养核心竞争力的重要窗口和载体。为此，公司一直以来将项目文化建设视为抓手，从 2003 年的 5 个示范点，到期间 3 次推进会，按照企业文化建设体系和规律全面部署、实施和推进，致力于使项目文化持续成为项目管理工作的驱动要素。

公司各层面的文化建设意识不断增强，项目部的探索和实践不断破解着文化建设的诸多难题，也越来越凸显出 5 个有效的建设措施。

首先，确立管理理念和规范流程，提升文化助推发展的管理效应。中交三航公司围绕“诚信、创新”的核心价值观主轴，指导和帮助项目部找准定位，结合领域特征、工程特点、业主要求、自身竞争优势等要素明确文化建设目标，提炼和确立具有特色的管理理念。

中交三航公司出台的纲要、《项目文化建设条例》等基础性文件，为项目文化建设的落地在操作层面提供了指导，《项目文化手册》一套 4 册，既有“诚信、创新”核心价值观解读和实践案例故事，又有包括职业道德、安全、质量、仪表、接待、外事、船舶等的行为规范与礼仪，既集锦了多个项目部基于理念引领之上的制度规范，又为项目部各区域的标准化布置提供了简单易携的简本，成为项目文化建设指南。各项目部在执行各项制度的同时，也基于项目理念引领，建设一套有自身特色的个性化制度，并融入安全、质量、经营、效益等具体管理中，使"珍爱生命，安全发展"、"生产是经营的延续"等理念深入人心、融入制度、注入行为，摘得过多项"鲁班奖"、"詹天佑大奖"等荣誉。

其次，重视工地标化和行为养成，呈现文化"塑形"的三航魅力。项目部是企业展示良好形象、传播三航文化的综合平台和前沿阵地。中交三航公司重视工地标化，因地制宜地提高"塑形"标准化。公司《视觉识别系统规范手册》的出台为项目部的标准化形象布置奠定了基础。多数项目部做到视觉形象建设策划与工程策划同步，大到施工设备、活动板房，小到一个信封、一个茶杯，都刻上了三航印记。

项目部还通过开展综合素质讲座、员工大学堂、制定道德公约、行为规范等提升员工素质，使文明的素养、礼貌的用语、周到的待客成为项目部对外交往的一张名片。

第三，找准建设路径和传播载体，彰显文化建设的个性特征。中交三航公司鼓励各个项目部在文化建设上遵循规律、找准路径，根据项目部特点、环境特点、现阶段要求等，建设富有自身特色的项目文化。在成功的案例中，项目部有些以安全为路径，有些以质量为路径，有些以廉政为路径，并发挥辐射效应，带动整体工作的提高。

载体设计对于加强文化感染力、营造文化氛围非常重要。项目部设立文化廊、健身房、阅览室等丰富员工生活；建立工地小报、项目部网站、QQ 群等加强沟通与交流；开办多层次培训教育，加大文化感知与认同；开展文化用语征集等活动，深入"文化体验"；培养优秀的通讯员队伍，加强企业形象和文化宣传；对经验进行提炼推广和传播，推进项目文化成果的转化。还注重与其他管理工作相结合，如与重点工程立功竞赛、创先争优等主题活动相结合等。

第四，注重团队锻造和文化传承，发挥文化的凝聚、激励、导向作用。中交三航公司项目部是人才成长的培育基地。公司构建学习机制，通过实行导师带徒等制度，在长效机制上做出保障；搭建学习平台，通过开设"总工讲座"、"工地党校团校"、"工地夜校"、"素质讲座"等，为员工创造学习机会；加强学习激励，采用证书月度补贴方式激励专业技术人员考证，调动学习积极性；建立学习考核，通过月度点评、季度考评、年度答辩等形式，保证学有专业、学有所用；公司网络学习交流平台已把共享学习覆盖到所有项目部，改变了流动分散学习难的现状。

同时较好地处理了项目文化传承与发展的关系，致力于使优秀的项目文化得以积淀、发扬光大，让团队的精魂生生不息。

第五，多元融合，延伸发展，显现文化的开放性特征。中交三航公司在新领域、新地域的拓展中坚持文化的多元融合、为我所用，致力于管理的创新和发展。面对不同领域、不同地域的规范标准、思维行为方式、语言文字、管理形式等差异，以标准化弥合地域差异、以规范化锻造品牌团队、以精品化打造优质工程。中国驻缅大使李军华在视察项目部时赞扬道:“你们用实际行动给中缅友谊做了最好的诠释,你们是传播中缅友谊的外交使者”。

公司还使项目文化建设向协作队伍延伸渗透,注重将公司文化、项目理念等,通过组织开展“农民工电影周”、技能培训等富有感染力的文化活动,求得协作队伍的真心认同。

在优秀项目文化的引领下,公司项目管理实现了“干好工程、创造效益、拓展经营、带好队伍、塑造品牌”五大目标,管理水平进一步提升,凝聚力进一步增强,经营业绩进一步攀升,三航品牌得到进一步彰显。

(2)成果之二——安全文化建设

首先,建立“层层分解,压力传递”的安全文化建设责任落实传导机制。安全文化建设一级抓一级,安全责任自上而下逐级传导。我们成立三级安全文化建设领导小组,建立起“三级负责、四位一体”的安全文化网络体系,即“决策层、管理层和操作层”各负其责,党政工团一体化(目标一体、责任一体、运作一体、考核一体)运作的安全文化网络体系。

其次,坚持以人为本,注重“四化”,把“安全第一”的理念真正贯穿于生产全过程。

一是营造内化“人的生命高于一切”的精神文化。公司把职工群众的利益作为安全工作的根本出发点和归宿点,建立三级网络式安全文化宣传体系,营造强势氛围。除外网、三航报、探索杂志等自己的媒体,加强在外媒上的宣传;下属各公司也同步开展安全文化建设活动,召开员工家属亲情恳谈会、发放安全调查亲情卡、对农民工实行送教上门、建立了农民工安全信息卡及安全知识教育卡、开设劳务工业余学校,有效形成了安全教育网络体系,逐渐把公司安全文化核心价值观根植到员工心灵深处。

二是逐步深化“人人为安全负责”的管理文化。推行“逐级负责、分工负责、系统负责、岗位负责”的安全生产责任制文化,明确各级干部、各个部门、各个岗位在安全管理中的责任,把安全责任落实到生产过程的每一个岗位和环节;把所有员工及其家属、业主、监理、劳务工、农民工都吸纳到安全文化建设这一共同体中,请业主、监理共同参与,听取他们的意见和建议。公司还对安全管理人员进行安全生产责任制履约情况考核,考核记录达到100%符合。

三是持续强化“人人保安全”的行为文化。中交三航公司建立“全员、全过程、全方位、全天候”的“四全”安全监督管理文化,变事后补救为事前预防。制定《三航局隐患治理管理规定》,实行“总部监督、分级管理、企业负责”的管理方法。不断创新安全文化建设载体:创建手机短信平台,家企互动;布设安全文化墙;编印《安全文化手册》;安全大脚印;安全镜;开展“安全卫士”和季度“安全之星”评比活动;举办“说案例,讲安全”故事会;组织各项安全知识技能竞赛和安全生产知识辩论赛;“安全伴我行”演讲比赛等。努力体现安全文化建设的人文内涵,促使安全文化落实到员工的行为、行动上。

四是着力固化“安全为大家”的物态文化。安全物态要素除了指中交三航公司安全的硬件条件，还包括员工的安全素养。中交三航公司及所属分公司对所有新员工、换岗位员工尤其是外来务工人员进行安全教育、培训与考核。公司建立项目管理网络信息平台，实施专职安全员委派制，对项目工地进行动态管理。我们更注重施工安全前期策划，强化施工组织设计和专项施工方案中安全技术措施的有效性、针对性。推广先进安全技术成果，不断改善劳动环境和作业条件，尝试各种安全新工艺、新材料，实现生产过程的本质安全化。

第三，注重安全文化建设延伸与渗透，打造“分享信息经验，安全信誉评价，实现双赢”的安全文化建设平台。中交三航公司把安全文化建设延伸、渗透到分包商队伍中去，积极打造“分享信息经验、安全信誉评价”的安全文化建设平台。建立健全协作队伍安全管理一体化系统，即实行“六个统一”：制度要求、组织机构、教育培训、监督奖惩、安全防护、内业资料的统一，制定出台了《工程分包安全管理办法》等内部规章制度。建立外协队伍安全信誉评价体系，被评为禁用的，永远禁止在公司范围内承担施工任务。

第四，重心下移，坚持强化现场安全文化建设。中交三航公司加强员工的行为控制，健全安全监督检查机制，使员工在安全、良好的作业环境和严密的监督监控管理中，没有违章的条件。同时，加强现场文明生产、文明施工、文明检修的标准化工作，保证作业环境整洁、安全。规范岗位作业标准化，预防“人”的不安全因素，使员工干标准活、放心活、完美活。

第五，引入安全文化评估机制，初步建立“严格规范、跟踪评估”的安全文化考核奖罚机制。中交三航公司在安全文化建设上引入评估机制，评估指标体系的6个一级指标为：“一、组织管理；二、理念文化；三、制度文化；四、行为文化；五、环境文化；六、安全绩效”。实行一看表态、二看组织、三看规矩、四看领导、五看监督、六看投入、七看现场、八看事件、九看会议和十看业绩的评估检查方法，对中交三航公司安全文化建设情况进行评估，有效推动中交三航公司安全文化建设不断上台阶，助推企业更好更快发展。安全文化建设是一项长期的系统工程，随着中交三航公司所面临的更加广阔的发展空间，安全工作同样也面临着更多的新局面和不可预知的新挑战。中交三航公司将通过持之以恒的理念创新、机制完善，使安全文化成为安全生产的灵魂和内在动力，为企业跨越式发展保驾护航！

(3)成果之三——海外文化建设

随着国际化进程的不断推进，企业跨国经营活动规模和范围不断扩大，跨文化障碍与冲突时有发生，为此，中交三航公司加强跨文化管理，通过跨文化理解和跨文化沟通达到跨文化融合，有效规避文化差异带来的各种风险。

近年来，中交三航公司海外项目从原来的东南亚到非洲，至南美、中东等18个国家和地区。跨文化管理让中交三航公司风静时可驶，浪惊时可避，护送中交三航公司到达梦想彼岸，使三航文化、中国文化不断走向世界，通途达天下。

首先，前瞻性文化体系预警政治风险。国际市场情况复杂多变，各国宗教信仰、环境、政治、法律制度、风俗习惯、思维方式、语言文字等各不相同，造成中外文化的差异，由此引发的文化风险很容易导致工程的失败和企业信誉的缺失。

为更好预见文化冲突可能造成的风险，在海外项目施工前，中交三航公司就对相关市场进行充分调研，对当地法律法规、宗教习俗、政治环境都做重点关注，认真分析各类风险系数，一一制定对应策略。为此，中交三航公司成立本部、分(子)公司、海外办事处、海外项目部4级联动预警风险体系，预先测量和评估项目风险，做到有预案、有举措。

例如，在政治局面不稳定的阿尔及利亚施工，中交三航公司在熟悉和了解当地法律法规和国情的前提下，进驻伊始就立即组织人员对项目现场情况进行更详细的分析和分解，编制了风险策划书，制定适用于项目部的《危险源识别与评价清单》，并建立应急响应系统，一旦出现动荡，马上启动预案。

凡事预则立不预则废，前瞻性文化体系很好的预警了环境和政治风险，为海外工程走出第一步打下了坚实的基础。

其次，本土化文化战略规避环境风险。每个国家都有其独特人文、地理等环境文化，中交三航公司采用本土化文化战略来规避这一风险，在履行好社会责任的同时，劳务、设备、材料、管理人员也尽力做到本土化，事事与地方共赢，力求达成文化认同。中缅原油管道工程现场地处热带雨林，雨季往往持续数月之久，进出只有一条山路，路况奇差，常因下雨泥石流爆发而中断。当地资源极其匮乏，当地民风也很彪悍，原住民皎漂当地人曾对当地的印度裔人进行清洗。在预警风险机制下，中交三航公司决定以本土化文化战略来规避这一风险，确定了将“经济效益、社会效益与国家形象”的建设三者有机结合的理念。工地医务室在没有医院又交通不便的缅甸皎漂马德岛上，免费为当地居民看病。大量使用当地工人，对他们进行安全教育和技能培训。中交三航公司还开设缅工食堂、捐建子弟小学等。

在埃及等信奉伊斯兰教的国家，项目部请来当地厨师准备食物。伊斯兰教一天要进行几次祷告，项目部专门腾出一个房间。每到斋月，尽量避免让戒饮食的当地雇员进行重体力劳动。

在印尼公主港，中交三航公司施工人员甚至把所有的工艺都示范一遍，手把手地教当地招聘来的施工队伍。

中交三航公司在境外项目中认真履行社会责任，得到当地政府和民众的信任，为本土化发展创造良好的人文和施工环境。对当地风俗的尊重、对当地雇员的关怀，让中国文化逐步得到了所在国的认同，合理规避了环境风险、又打造了中国企业负责任的品牌形象，形成了多方互赢的良性局面。

第三，标准化文化管理控制合规风险。海外工程因文化差异，政策法律、制度规范、语言各有不同,合规风险尤其凸显。国际上,合同是业主和承包商的法律纽带,防范合同风险和加强合同索赔是企业在项目管理上能否最终取得利润的关键所在。

唯有标准化方能国际化。海外建筑市场一般都执行 FIDIC 合同条款,公司根据这一条款,制定一系列海外工程标准化制度,在管理上与国际真正接轨。

新加坡大士南工程,按照合同规定,项目延误一天工期的违约金是 25 万新元,项目部根据公司海外工程标准化制度,制定各类内部管理和施工管理制度几十项。员工从开始的不习惯到后来变成自觉行动、工程从开始的不顺畅到最后提前主体竣工,都是通过标准化管理控制了合规风险。

中交三航公司把海外员工管理、应急响应系统也纳入标准化制度中,建立涵盖基本流程和内控系统的风险管理平台,动态掌握海外项目运营的各项信息,资源共享。

在埃及,项目部建立员工个人详细信息档案,实行动态跟踪管理,规定外出请假审批制,每月及时更新信息并上报中国大使馆备案;与当地医院、交通、安全保卫部门签订长期的委托协议,确保在应急情况下人员的疏散。针对当地复杂动荡的局势,制定安全突发事件反恐应急预案,并定期进行演练。

标准化文化管理多角度的防范和规避了项目的合规风险和员工的人身风险。

第四,全方位文化疏导化解心理风险。海外施工远离家人和熟悉的日常环境,员工生活和工作压力如果不能及时疏导,个人健康将会受到极大影响,负面情绪的传递也讲给工作带来困扰。

中交三航公司海外项目党组织以跨文化建设为载体,利用全方位的人文关怀对海外员工进行心理疏导,积极营造和谐、向上的家文化环境。

休息时间,支部总会找员工聊天。春节期间开展包饺子活动,圣诞节推出互赠礼品“感恩”活动,增加员工归属感。举办各类文体、娱乐活动为员工压抑的情绪提供“宣泄口”。

传统节假日,国内对海外员工家庭进行走访慰问,召开家属座谈会,拍摄、制作家属慰问祝福视频传到海外,使在海外员工能够安心放心。

依据不同海外项目编写出国人员培训教案,并组织进行业务、企业文化和外事纪律培训,积极开展创建学习型团队、打造适应性组织活动,利用工余时间经常举办各类业务技能和外语培训班。海外员工队伍在履践企业责任的同时,自身素质与能力也有明显提升,个体与群体共同成长,继而促成中交三航公司走向海外综合能力和业绩的不断壮大。跨文化管理还不断化解着舆情风险、商务风险、劳务风险、资金风险……使企业不但有好业绩,更有好形象、好声音。中交三航公司人正是以跨文化管理的实际行动,默默延伸着国际化的进程,实践着中外文化的融合和认同,宣传着中交三航公司的精神,续写着“建一个工程,树一个品牌、育一批人才,强一支队伍、交一批朋友,拓一片市场”的恢宏篇章。

四、主要经验和体会

以文化引领、提升管理，以管理促进、支撑文化，三航文化的引航效应不断体现：公司的合同额、营业额连年增长；施工领域和地域不断拓展，完成了从筑港“王牌军”到海上风电建设“先行军”，再到铁路建设“主力军”的突破；科技创新能力不断增强，科技成果领跑行业发展，公司技术中心被认定为国家级企业技术中心；企业社会责任的履践不断得到认同，被誉为上海援建队伍的“主力军”。

中交三航公司在企业文化建设实践中，总结出了4个方面的经验。

1.需要创造性地演绎好公司核心价值观

核心价值观是企业文化最深层、最内在的内容，是企业文化驱动企业发展的“动力源”，旗帜鲜明地指出应该做什么、不应该做什么，内化为员工的价值观、行为和习惯，固化为规划、制度和机制，并辐射到企业的外部。企业文化建设中要创造性地演绎企业核心价值观，既要紧紧围绕企业文化的主轴，又要在建设路径、载体、方法上进行创新，凸显项目部的自身特色。

2.需要融入中心工作，选择合适的路径和载体

项目文化建设路径的选择，一是要始终围绕公司的重点工作和项目部的中心工作；二是要以项目部为本，符合项目部特点、环境特点、现阶段要求。三是要遵循文化建设的客观规律，与整体性要求和阶段性要求相统一，选择符合文化建设阶段发展要求的建设路径，重点突破。

3.需要全体公司员工的共同践行和推进企业文化建设

企业文化建设有一个“全员”的概念，文化建设不是个别人、个别部门的工作，而应该形成公司全体管理者和全体员工齐抓共管、同创共建的工作体系。

一是强调管理者发挥能量，变“人治”为“法治”，变“人格魅力”为固有理念、机制，使优秀的项目文化得以传承；二是强调相关职能部门发挥作用，注重同创共建，既要与思想政治工作、文明工地创建、党建工作相融合，又要与质量、安全、进度、效益、市场等管理工作相结合；三是强调不断激发员工参与文化建设的热情，强化员工对公司核心价值观的认识、体验和认同，满足员工的文化需求和文化品位。

4.需要坚持常态化和长效化

文化建设是打基础、管长远的事。项目文化建设绝不是“有事时才搞搞活动”，需要从思路到制度到执行的支撑。同时，企业文化建设又是一项长期工程，不可能一蹴而就，但文化的东西一旦形成，渗透于内在的管理水平之中，就会长久地发挥作用。因而企业文化要做好长期建设的准备，坚持常态化和长效化。

浚海坦途　履方致远

中交烟台环保疏浚有限公司

中交烟台环保疏浚有限公司成立于1975年，原为交通部天津航道局第二工程处，1998年改制为天津航道局第二疏浚公司，2006年6月更名为中交烟台环保疏浚有限公司。公司具有港口与航道工程施工总承包壹级资质、土石方和地基处理总承包贰级资质、市政工程、水利水电以及河湖整治工程施工总承包叁级资质，并具有境外工程承揽资格，能够从事航务工程、吹填造地、河湖疏浚、滩涂整治、市政工程及相关工程任务的设计和施工。

公司注册资金5亿元，现拥有18艘先进的大型主力施工船舶和辅助船舶，其中3500立方米/小时绞吸式挖泥船6艘，2500立方米/小时绞吸式挖泥船1艘，斗式挖泥船4艘，自航驳、拖轮、起锚艇等7艘，装机总功率达到105532千瓦，能够承担各种类型、各种工况的疏浚、吹填、码头等各类港口与航道工程。

公司先后通过了ISO 9001质量管理体系、ISO 14001环境管理体系、GB/T 28001职业健康安全管理体系、中华人民共和国船舶安全营运和防止污染管理规则（NSM）国内安全管理体系认证，已形成了一整套科学合理的管理体系，具备国内一流的设计、施工能力，能够承担各种类型、工况的疏浚工程（含环保疏浚工程）和水工工程，市场范围覆盖全国30多个沿海和内河重要港口，并延伸至沙特、阿联酋等国家。

近年来，公司坚持“服务用户、奉献社会”的企业宗旨，承担了天津、秦皇岛、盘锦、大连、烟台、青岛、上海、厦门、广州、澳门等地区以及国外上百项疏浚、水工工程。工程合格率、合同工期履约率100%，工程优良率80%，其中烟台西港池2号码头泊位基槽及北航道工程、青岛港内航道工程、秦皇岛煤港东航道工程、日照港木材码头内航道工程等多项工程荣获交通部优质工程奖、水运工程质量奖，詹天佑土木工程奖，山东省建筑工程质量泰山杯奖。公司先后获得全国优秀施工企业、山东省守合同重信誉企业、天津市五一劳动奖状、全国交通运输企业文化卓越单位等荣誉称号。

一、文化建设动因

1.优秀的企业文化是企业进步的根本动力

30年来，烟台公司充分发挥吃苦耐劳、不畏艰险、敢打硬仗的精神，从无到有，一步步壮大，不仅形成了一整套科学合理的生产流程，还具备了国内一流的设计、施工能力，能够承担各种类型、各种工况的疏浚工程和水工工程，市场范围已覆盖全国30多个沿海和内河港口、湖泊及澳门等地区,2008年烟台公司还成功进入苏丹、沙特、阿联酋等国外疏浚市场。公司先后承担了天津、唐山、秦皇岛、盘锦、大连、烟台、青岛、日照、上海、厦门等国内港口、湖泊的上百项工程,工程合格率、合同工期履约率一直保持了100%,工程优良率80%。

在艰苦创业、不断前进的发展征途中,烟台公司始终坚持文化引领,不断加强企业文化建设,深化思想政治工作,强化职业道德教育,提高队伍整体素质。在几十年的发展过程中,烟台公司在高温、大风等恶劣的环境下忘我工作,以献身航道事业为己任,战风斗浪,备尝艰辛,拿下了一个又一个时间紧、难度大的硬任务,逐步培育了"战风斗浪、开拓向前、同舟共济、勇于争先"的企业精神。在这种精神的激励下,烟台公司人无私奉献,为企业的持续健康发展、为繁荣祖国的水运事业做出了不可磨灭的贡献,在深深的海底树立起了航道职工不朽的丰碑。

2.文化建设是企业增强竞争力、持续发展的根本战略

在新的发展时期,烟台公司面临的市场竞争压力越来越大,一是疏浚行业僧多粥少的格局越发明显,同行之间在成本、技术、质量、管理乃至公关等各方面的竞争将会更加激烈;二是一些具有实力的企业通过兼并重组中小型疏浚企业,开始参与疏浚市场的角逐,竞争将日趋白热化;三是业主对承包商的要求更加严格,履约压力越来越大。

面对重重竞争和压力,烟台公司必须要充分把握促进发展的有利条件,更加清楚地认识和着力解决发展进程中的突出矛盾,从市场、资本、资源、标准等各方面实现与国际化、全球化的全面接轨,这也对公司企业文化、经营理念、体制机制、管理方式提出了更高的要求。烟台公司企业文化建设只有紧跟市场规律和现代企业制度的基本要求,发现不足、研究探索新规律,为不断提升企业竞争能力,确保企业科学发展、跨越发展提供智力支持。

3.文化建设是公司新时期实现跨越发展的根本需要

新时期下,烟台公司有了长足的进步,公司审时度势,及时以"把企业发展成经营管理型和科技进步型相结合,以疏浚、水工为主,市政、公路及土木建筑为辅,多元化产业共同发展的现代化综合建筑企业"为中长期战略定位,并以"追求领先发展,打造强势烟台公司"为行动纲领,始终坚持高目标导向,将"成为行业领先者"作为纲领性目标,这必然要求包括企业文化建设在内的各项战略重点进行新的定位和调整。

总而言之,通过文化建设的不断深入将上述高目标导向融入全员心智,形成高效的战斗力和实现强势发展的信心;通过项目和船舶文化建设提升管理水平、管理效率和生产效率,使企业生产能力达到国内先进疏浚企业的先进水平;通过创新文化建设营造自主创新企业氛围,在船舶和施工等方面掌控具有自主知识产权的技术优势;通过品牌质量战略的实施打造"强势烟台公司"品牌形象,提升企业国内外市场影响力和美誉度等等,是企业文化建设的主责重任,也是推动企业成为国内一流疏浚公司,实现

企业跨越发展的根本需要。

二、核心价值理念体系表述

核心价值观：诚信服务，追求卓越，共赢共担，共创和谐。

使命：浚海坦途，履方致远。

愿景：让交通更便捷。

精神：战风斗浪，开拓向前，同舟共济，勇于争先。

职业道德：爱岗敬业，技术求精；服务用户，履约守信；吃苦耐劳，乐于奉献；遵章守纪，团结协作。

三、践行效果

1.企业发展速度明显加快

在烟台公司企业文化的引领下，按照现代企业建设要求，进一步调整生产组织结构，理顺企业管理体制，努力优化资源配置，逐步与市场经济接轨。烟台公司大力弘扬“战风斗浪 开拓向前 同舟共济 勇于争先”的企业精神，不断提高企业管理水平，切实将企业文化力转化为企业生产力，有效提升企业的核心竞争力，推动了企业全面健康快速发展。从1997年到2005年，企业连续9年以平均每年递增50%的幅度实现了飞跃式发展，综合实力明显增强。从2006年年底到2012年年底，营业收入年均迅猛递增，实现了跨越式的发展。2013年公司生产产值超过26亿元，经营额突破30亿元。目前，公司已逐步成长为以疏浚吹填施工为龙头，多元化、跨行业、跨地区的国有大型综合施工企业。

2.企业规范管理日趋深化

在企业快速发展过程中，烟台公司特别注重把企业文化建设与企业管理创新、制度创新相结合，制度刚性管理与人性化管理相结合，实现企业管理与文化理念的对接。把企业精神、经营理念与核心价值观内化为广大员工的动力和自觉行动，渗透到管理过程的细节之中，逐步建立系统规范的管理体系，有效规范了管理行为，增强了执行制度的文化约束力，促进了企业管理升级。烟台公司先后建立健全了企业党委会和总经理办公会制度，坚持“三重一大”的制度化、规范化和流程化，推进民主管理，不断完善职代会制度和企务公开制度等，先后开展了规范管理年、责任管理年、精细管理年等活动。根据战略发展需要调整了管理架构，梳理了管理流程，进一步完善了管理制度，提高了全员的责任意识和制度执行力。特别是进一步强化安全管理，加大安全检查和奖罚力度，并加强法律知识的学习培训，加强合同管理，加强效能监察和内部审计监督，质量、安全、环保保证体系运行更加规范，风险防范意识得到提升，内控能力得到提高。

3.全员思想认识水平普遍提高

随着企业发展新理念和新目标的深入人心，员工的思想认识有了全面提高和升华。“领先”、“和谐”、“分享”等关键词已为员工普遍接受，抓住机遇，千方百计加快发展的意识在公司上下得以树立。在认识水平上，全员赶超先进的竞优意识、学习先进的成才意识和“争第一、拿大奖”的高目标导向逐步得以确立。领导班子的危机意识、发展意识、责任意识、领先意识得到锤炼。特别是近几年来，烟台公司以加强企业文化建设为突破口，大力加强思想教育，先后开展了“明形势、补弱势、强内功、铸强势”、“跨越，从自己做起”解放思想大讨论等一系列主题实践活动，把转变观念作为推动和深化企业改革的突破口，着力破除“等靠要”等传统思想观念，在全员中牢固树立抓机遇、抢市场、重人才、创效益的工作思路，积极营造统一思想、勇挑重担、全力攻坚的良好氛围，有效推动各项目标任务的完成。

4.技术创新成效明显增强

面对竞争日趋激烈的市场环境和业主日益增长的需求，烟台公司唯有不断创新，才能抓住发展先机，促进企业的持续健康发展。在企业文化的建设中，烟台公司努力营造宽松氛围，尊重员工的创新热情，鼓励员工积极应用创新成果，逐步形成了鼓励创新、积极创新的氛围。公司持续开展了我为企业发展献一计、技改技革等活动，突破制约企业转型发展的思想障碍，实现新的发展优势和技术创新。近几年来，烟台公司紧紧围绕提高行业技术研发水平、提高船舶生产效率和效益以及技术储备，推进自主创新，突出实用技术研究，调整充实技术中心，加大科技投入，加快研发成果推广。公司全面深化了以技术创新为主题的全员劳动竞赛，组织开展群众性技术创新活动，以职工姓名命名创新成果，表彰蓝领专家、创新明星，进一步激发了员工的创新激情。公司先后获得7项国家实用新型专利，2项水运协会科技进步奖三等奖，1项省部级一级工法、2项集团和国家级工法等。

5.公司品牌影响不断提升

通过文明工地创建、星级船舶管理以及品牌创建等活动载体，项目文化和船舶文化建设取得明显进展：项目部、船舶文明创建、团队建设目标更加明确，外在形象严格执行《中交股份公司视觉识别系统》；在组织开展生产经营工作的同时，通过开展丰富多彩的文化创建活动，强化员工的诚信服务意识、团队意识，推行员工基本礼仪规范，这些举措使得员工和企业的形象都得到较大改变。公司承建工程项目先后获得山东省水运系统、秦皇岛市、潍坊市、葫芦岛市等各类省市级文明工程称号。

在对外媒体宣传上，公司积极和《中国交通建设》杂志等社会媒体联系，宣传公司的先进事迹，树立公司品牌形象。每年在行业及其他社会报刊上发稿近百篇，反映了公司在生产经营、工程管理、安全管理、技改创新、先进典型、企业文化、诚信服务、社会责任等方面的事迹和经验，对扩大公司的社会影响、树立公司的品牌形象起到了一定的作用。

6.队伍和谐稳定得到加强

企业文化是员工的共同价值观和共同利益的集中体现，具有强大的感召力和影响力，能把员工的思想、行为引导到实现企业目标上来，并通过共同的价值观，使员工产生对工作的责任感、自豪感和使命感，增强员工对集体的认同感和归属感，从而引导和凝聚员工。烟台公司在企业文化建设过程中，通过举办企业文化理念宣贯培训班、统一形象标识、文化案例征集等多种形式，有效推进了企业文化纲要的宣贯，提升了员工对企业核心价值观的认同。同时，公司创新推出了领导信箱、公司网站、职工思想动态分析等形式多样的沟通方式，加强了企业与员工之间的沟通和联系，体现了企业对员工的尊重与人文关怀。同时，公司用实际行动关心关爱员工，落实公司相关制度，结合实际积极开展针对员工的心理疏导和人文关怀，解决员工困难、舒缓员工压力、提高员工技能，让员工感受到公司的温暖和关怀，企业向心力、凝聚力不断增强。近 10 年来，公司领导走访慰问离退休职工、困难职工、职工家属 1000 余人次，发放补助款、慰问金、慰问品累计 300 余万元。

四、主要经验和体会

近年来，烟台公司围绕文化建设目标，坚持物质文明和精神文明同步协调发展，营造浓厚企业文化氛围。

1.注重企业文化建设的加强

首先是加深了对企业文化建设重要性的认识，充分认识到现代企业间的竞争，归根到底是文化之间的竞争，从而自觉加强了对企业文化建设的领导，加大了文化建设的投入。其二是强化了对核心价值的认同度。企业核心价值反映企业根本特质，是构成、支撑企业，导引和决定企业行为及其存在与成长的核心要素。通过培育和构建企业核心价值体系，发掘员工群体中蕴藏的巨大创造才能，使之成为推动企业跨越发展的动力之源。其三是将文化建设深入到项目、船舶、班组和每一个岗位。在最基本的生产及管理单元，开展丰富多彩的文化创建活动，使企业文化具备了强大的生命力，取得了实实在在的成效。

2.注重企业文化建设的融合

企业文化与管理是相融相促的关系。每一项管理行为都是文化理念的具体体现，而文化理念是统率每一项具体管理行为的原则。企业文化建设注重融入企业的生产经营和管理实践，文化理念的提炼。文化体系的构建、文化活动的开展等紧密结合了企业的生产经营和管理实际，同时，在具体的生产经营和管理实践活动中，处处体现了烟台公司文化所倡导的价值观。

为了加强管理文化与文化管理的紧密联系，公司十分注重管理文化的科学性及其指导、规范、推动企业管理深入改进的实际效能，增强了企业文化与管理的“融合性”，提高了“融合度”，时刻注意把握企业文化的载体、形式和现场管理活动相互贯穿、有机互动的关系，通过这些加强了二者之间的联系。

3.注重企业文化建设的固化

企业文化所倡导的价值观和理念要通过一定的形式进行固化，才能形成独特文化个性，才会融入员工的具体行为之中。为此，烟台公司企业文化建设从企业和全员的实际发展要求出发，悉心提炼、不断充实、重在践行了企业核心价值体系，并通过持续深入宣贯沟通和反复锤炼，在全员中建立起了一致信奉的“文化坐标”，逐步形成了企业文化对全员思想和行为的牵引力和约束力。具体来说，一是将企业文化建设固化于制度，通过各种规章制度和行为规范，固化为一定的行为方式；二是将企业文化建设固化于形，通过规范统一到视觉识别系统，展示企业独特的品牌形象。

4.注重企业文化建设的转变

文化建设的成果要转变为企业效率、效益，转化为业主及社会各界对企业良好评价，转化为员工岗位价值的增值，促进每一名员工都能健康成长。烟台公司正确处理与业主、股东、员工以及社会相关各方的关系，处理环境与自然的关系。忠实践行了“让交通更便捷”的核心理念，使广大员工共同为烟台公司的进步而同心协力，共同分享烟台公司进步带来的机会和成果。

明灯指路　引航天下

宁波航标处

宁波航标处组建于1981年8月，原隶属于交通部上海航道局，机构几经变迁，现隶属于交通运输部东海航海保障中心，地处浙江省宁波市镇海区，为正处级公益性事业单位。主要负责浙江东部沿海（南起三门湾、北到长江口）航标的建设和养护，现有职工272名，管理维护1329座航标，其中国家级文物且百年以上历史灯塔10座（分别是花鸟灯塔、白节山灯塔、半洋礁灯塔、鱼腥脑岛灯塔、小龟山（小板山）灯塔、洛伽山灯塔、七里屿（峙）灯塔、东亭山（外洋鞍岛）、太平山（大鹏山）灯塔、东门灯塔）。

现机构内设办公室、计划财务科、人事教育科、航标管理科、运行保障科、航标信息科、技术装备科、党群工作部和工会办公室9个职能科室及上海海事局第六派出所，下设航标养护中心、后勤事务中心、船舶管理中心3个办事机构和镇海航标管理站、定海航标管理站、岱山航标管理站、象山航标管理站、嘉兴航标管理站、嵊泗航标管理站6个派出机构。

宁波航标处拥有办公楼、职工培训中心、航标养护基地、航标作业船舶、航标船码头、航标巡检车等设施设备，固定资产达3亿多元。其中1400吨大型航标作业船1艘，500吨油水补给船1艘，150吨登陆艇3艘，13米高速巡检船1艘，具备沿海航标作业能力，可保证辖区范围内航标的维护和应急反应工作。同时还配有专用航标养护码头4个，海上溢油应急设备库1个，船舶自动识别系统（AIS）岸基站14个（另外内河基站12座），AIS船舶自动识别系统监控中心1个、全球卫星定位差分系统（DGPS）台站1个、并有集成了航标遥测遥控、通用分组无线服务技术（GPRS）车船跟踪、船舶自动识别及无线视频监控等系统的航标动态综合监控指挥系统，基本建成了全方位覆盖、全天候监控、快速反应的现代化水上综合助导航服务系统。

一、文化建设动因

作为全国18个航标处中管理航标数量最多、管辖范围最广、百年以上的历史灯塔最集中的沿海航标机构，宁波航标处肩负着服务世界第一大港宁波-舟山港航海保障重要使命，同时还承担着保护国内百年灯塔最多、历史沉淀最深远的航标历史文物的责任和义务。

自1981年成立以来，在一代代宁波航标人的辛勤耕耘下，在发展事业的同时也创造了优秀的航标文化。“燃烧自己，照亮别人”的灯塔精神，就是宁波航标处30多年文化积淀的生动写照。以全国著名劳动模范叶中央为代表的先进人物,代表着宁波航标处整体的职工队伍形象。弘扬灯塔精神,传承航标文化,已成为宁波航标人义不容辞的使命和责任。

二、核心价值理念体系表述

1.核心价值观:明灯指路,引航天下

在“忠信廉直、同舟共济、崇尚弘德、不辱使命”上海海事核心价值观的统领下,宁波航标处以服务地方经济发展为宗旨,延伸了宁波港的“港通天下”的价值理念,提出了“明灯指路,引航天下”的核心价值取向。

明,指宁波市,古代称明州;灯,指航标。“明灯指路”寓意宁波航标人默默守护着苍茫大海,亮起一盏盏不灭的明灯,为来往浙东沿海的船只指引航向。

引航天下:宁波航标人崇尚妈祖精神,以助导航为己任,确保过往船只安全、便捷地走向世界。

即是说,不论宁波航标处各项事业的发展,还是职工个人职业的发展,都需要明灯指路。全体宁波航标处点燃心中这盏不灭的明灯,就能够在平凡的工作岗位上,在恶劣的工作环境中克服困难、不畏艰险、不辱使命,努力把宁波航标处建设成为国际一流的航海保障服务组织。

2.使命:点燃不灭的明灯,让舵手不迷失回家的路

给航海者提供助、导航服务是航标人的宗旨和根本职责所在,宁波航标人永远牢记自身存在的意义,在浩瀚的海面上,默默地坚守着一座座巍峨的灯塔,用信念和热血点燃着一座座永不熄灭的生命之光,擦亮、守护着海之明眸,把希望、信赖和光明赐予海上航行的船舶,引导航海者避开危险与暗礁,确保所辖海域之上南来北往的航船在航标的指引下安全通行,顺利归航。

3.愿景:成为国际一流的航海保障服务组织

浙东海域是我国船舶通航密度最高的海域之一,宁波—舟山港目前是世界第一大港。在这一海区为航海者提供安全、畅通、便捷的航海保障服务是宁波航标人的责任所在、使命所在。宁波航标处时刻牢记这一使命,不断提高服务质量,提升服务专业水准,健全服务保障机制,努力使航标管理水平达到国际领先水平。

4.精神:燃烧自己,照亮别人

灯塔工身处惊涛骇浪的危险之中,所驻之处,处境岑寂,与世隔绝,一灯孤悬,四周幽暗,海风挟势以狂吼,怒潮排空而袭击,常年承受着孤独和寂寥,以岛为家。但纵使环境如此恶劣,也依旧义无反顾、默默无闻地如灯塔般点燃自己的生命之火,为茫茫大海上过往的船只指点迷津,给予他人光明与希望。随着科技的进步,航标人的生活、工作环境虽然得到很大的改善,但燃烧自己、照亮别人的航标精神仍需历代传承。

5.职业道德:坚守奉献、忠诚履职、追求卓越、服务强港

坚守奉献:航标是航海人的指路明灯,以灯塔工为代表的航标人在孤寂的荒岛上,

默默无闻地工作和奉献，他们与灯塔相依、孤岛为伴，用无悔的青春点燃一盏盏不灭的明灯，为过往的船只指引航向。他们不辱使命，任劳任怨，汹涌的碧波为他们奏响一曲曲奉献的赞歌。

忠诚履职：忠诚是事业成功的基石，宁波航标人忠于航标事业，倾心倾力对待每一个岗位和每一项工作。以诚待人、以信立业，以强烈的责任感和使命感，履行好海上安全保障的神圣职责。

追求卓越：宁波航标人自始至终恪守“航标出精品，服务上台阶”的理念，对待工作高标准、严要求，以科学的工作方法提升工作效率，以先进的人物事迹鼓舞人心，创先争优，努力实现“成为国际一流的航海保障服务组织”的愿景。

服务强港：航标是公益性、社会性、公众性的服务性行业，宁波-舟山港是世界第一大港，建设国际性强港是甬舟两市追求的目标，航标助航保障能力是建设强港的重要内容之一，提供高品质、全方位的航海保障服务是宁波航标人的职责所在。

三、践行效果

经过多年持续不断的航标文化建设和对航标文化的宣传，航标这个鲜为人知的行业其知名度在不断扩大，良性的作用在逐步地显现，职工的凝聚力、自豪感和敬业精神在不断增加，航标主业工作和精神文明建设得到极有力地推进和提升。

1.增强了文化自觉和自信，提升职工归属感和凝聚力

20 世纪 80 年代初，航标刚从部队移交时，仅管理维护 100 余座航标，而如今从业人员减少情况下，管理的航标增加了近 10 倍，航标工作的正常率和使用率均超过交通部颁标准。

2.提升了单位精神文明水平，构建和谐发展氛围

通过发挥航标文化特色品牌建设的优势，明显加快了文明创建步伐，2009 年初宁波般标处评为浙江省文明单位。另外，通过开展内容丰富、形式多样的航标文化品牌建设活动，促进人的全面发展，营造和谐、敬业、奉献的工作环境和“幸福生活、快乐工作”团队氛围。

3.有力推进了主业扩展升级，塑造良好外部形象

一方面，随着辖区内海上大工程建设和航运业的发展，加上航标行业认知度的扩大，现在无论是海上工程建设、沉船标设置和需增设航标，建设单位和当地政府都会主动地向宁波航标处提出申请，为宁波航标处对社会、对航海者服务提供了更大的空间。另一方面，通过不断与外部进行文化的沟通、交流和融合，提升了文化感召力和社会知名度。通过与地方政府部门、涉水管理部门、服务相对方、媒体、学校、博物馆、文化名人等等外部环境各要素的沟通与交流，潜移默化地促进了航标文化品牌与社会价值理念和地方历史文化的有机融合，更切切实实地提升了社会对航标、航标人的认知度和认可度。

经过近几年的不懈努力，宁波航标处文化建设取得了一些的成果。2012 年和 2013 年，连续两年荣获“全国交通运输企业文化建设品牌单位”称号，并在第七届全国交通运输企业文化建设高峰会上作了经验交流发言。2011 年 10 月“浙东沿海近代灯塔群”被国家文物局评为“第三次全国文物普查百大新发现”之一。2013 年 3 月，“浙东沿海灯塔”被国务院列为第七批全国重点文物保护单位。

四、主要经验和体会

近年来，宁波航标处积极创导了“典型引路、文化铸魂、科技兴处、品牌强处”的文化发展战略，并落实到文化建设的具体工作中，概况来讲就是“用共同的理想去激励职工，用求精的精神去完善服务，用文化的手段去改善管理，用有效的传媒去塑造形象”。从核心价值体系建设、航海保障安全文化、历史文物保护、品牌文化宣传、先进典型培育等 5 个方面开展文化建设实践，丰富了航标文化价值。

1.加强文化总体设计，为文化建设谋篇布局

文化建设的发展也需要做总体设计，逐步推进。2011 年初，按照宁波航标文化建设实施纲要的总体设计原则，结合工作实际和年度方针目标，制定了具有指导作用的航标文化建设实施方案，对文化建设工作的指导思想、目标任务、组织结构、重点工作和经费保障进行了明确，围绕文化价值理念宣贯、视觉识别标识推广应用、航标特色文化策划、文化品牌宣传、航标文化资源的保护传承和文明创建工作的推进等 6 个方面，开展了一系列的文化建设活动，从而为文化建设工作有效开展统一了思想，提高了认识，指明了方向。

2.提炼核心价值体系，丰富文化品牌内涵

自 2010 年开始，宁波航标处多次在全处范围内组织提炼核心价值理念，并邀请中国交通运输企业文化建设发展战略委员会专业人士对处文化建设现状和发展思路进行指导与帮助，同时聘请第三方文化咨询机构对文化建设进行全面指导。成立了专门的文化建设课题领导小组和工作组，通过组织调研、个人访谈、现场观察、问卷调查、会议讨论等形式对处航标文化建设进行调研、梳理和诊断。经过全处上下多次反复酝酿讨论，广泛征询意见建议，确立了“明灯指路”的文化品牌和企业识别系统（VIS）品牌识别系统，并报国家商标局注册确认，最终提炼了反映宁波航标特色的核心理念和应用理念。先后制定了《航标文化发展纲要》、《航标文化建设实施方案》、《员工行为规范》、《（VI）视觉识别手册》和《航标文化手册》，一系列的工作和成果为宁波航标处文化建设打好了基础，指明了方向，使宁波航标“明灯指路”文化品牌建设迈出了新步伐。

3.注重航标实物保护，打造航标文化精品

一是建章立制，打下坚实的制度基础

宁波航标处建立了航标文化建设与保护工作机制，成立了航标文化建设与保护工作组织机构，建立了专职的航标文化建设与保护工作队伍。同时，还建立了一整套航

标实物登记和保护制度，为深入推进航标文化建设与保护提供了有力依据。

二是收集整理，提供丰富物质基础。宁波航标处较早地开展了有文物价值的实物收集和整理。发动全体职工收集各类航标历史实物和相关历史实物；以修旧如旧的原则改造百年历史灯塔；保护在改造中更换下来的旧灯器及其装具；到原航标管理机构——部队航保部门收集航标实物，使其发挥文物价值。

三是创新举措，提升文物保护层面。

在一些容易被人破坏的航标周围安装技防设备加强监控，加强灯塔文保单位申报工作，从根本上确保重要航标设施的永久性延续。继花鸟山灯塔被国务院列为第五批全国重点文物保护单位的基础上。2013 年 3 月，浙东沿海 11 座百年灯塔被国务院列为第七批全国重点文物保护单位。此外，还联合地方建立灯塔博物馆。利用收集到的灯塔文物较多的优势，与当地政府合作，建设完成了中国首个灯塔博物馆——岱山灯塔博物馆，收到了很好的效果。

四是深入挖掘，拓展非物质文化

持续开展了“航标故事”系列丛书资料征集活动，收集整理“航标故事和经典”和“我和航标的故事”并编印成册。

4.精心策划宣传，多视角塑造品牌形象

航标历史悠久，有深厚的文化积淀和崇高的航标精神，虽然航标是一个鲜为人知的行业，但对当地经济的发展和海上重大工程建设所发挥的作用是不可或缺的。通过精心策划，加强宣传力度，多视角、多渠道地宣传航标人和航标文化品牌，让社会民众了解航标，了解“指路明灯”文化品牌，热爱和共同保护航标。

（1）构建品牌传播载体，营造特色文化氛围

近年来，在有人值守灯塔建立各具特色的展厅。先后在花鸟山灯塔、太平山灯塔、处机关大厅、洛伽山灯塔、白节山灯塔、岱山航标站和七里灯塔上陆续建立了航标文化史料陈列展室（厅），运用实物和图片展示了灯塔的发展历史。在处机关和 6 个基层航标站布设了 200 多幅反映航标特色文化的精美挂图。创建航标文化走廊，营造航标特色文化氛围，提升职工对行业自信心和自傲感。2013 年在舟山定海航标站内建立灯浮文化长廊，运用图文、实物等展示各类灯浮的构造、原理等，让更多的人进一步深入了解航标业的魅力和内涵。

（2）制作航标文化作品，演绎文化品牌精神

宁波航标处制作了航标文化系列化产品，如制作了花鸟灯塔纪念邮票、航标终身荣誉奖纪念奖章、老一辈灯塔主任手模、全国劳动模范叶中央蜡像等。完成了“五片三册二书一小品”，五片即《宁波航标三十年发展历程》、《寻找精神的灯塔》、《宁波航标处文化建设掠影》、《灯塔工的一天》、《指路明灯》等电视宣传片，三册即《花鸟山灯塔140 周年纪念邮册》、《宁波航标三十年辉煌》画册和《中国灯塔历史文化鉴赏》画册，二书即《宁波航标故事》丛书和《宁波航标文化建设研究》，一小品即以全国劳模叶中央同

志为原型的《灯塔人家》小品，较好地实现了宁波航标文化的可视化和可听化表达。

(3)积极融入地方，提升文化宣传的影响力

近年来，先后开展了“迎接奥运、展示航标、爱我海疆”航标文化展，与浙海关旧址博物馆联合举办了“宁波海上丝绸之路航标展”和“航标文化大讲堂”，与花鸟乡政府联合举办了“首届花鸟山灯塔文化节”，与浙江省文联联合举办了“浙江文化名人灯塔行活动”和浙江省首届海洋运动会圣火采集仪式等大型活动，展示了宁波航标行业的深厚文化底蕴和现代科技航标的魅力，通过举办航标文化系列化活动，促进了航标文化与地方历史文化的融合，提升了宁波航标文化和“指路明灯”文化品牌的社会影响力和精神感召力。

(4)加强航标文化资源的挖掘、保护和传承

文化产品是一个单位文化的符号和名片，是一个单位文化的重要载体。为了让更多的人深入了解航标行业的魅力和内涵，宁波航标处党委加快文化产品的系列化建设，实施了“一书一模一厅一长廊”文化工程，通过加快这些文化产品和实物的推进力度，让本单位的职工和社会大众更加了解和热爱航标业。比如，定海灯浮文化长廊和七里屿灯塔展馆开馆展示是宁波航标处近年文化建设的重点，通过对文化长廊的精心设计、展馆展品的选品、制牌和布展工作，更加注重灯塔展馆的日常维护和保养，确保资料和物品的完好。宁波航标处灯塔保护小组，也通过历史文化资料尤其是音像资料的收集、保存，对有价值的文化资料进行了整理和归档。

(5)采取走出去、请进来的方式，加强文化交流与合作

自2009年以来，宁波航标处与宁波、舟山两地文保部门建立合作机制，经过多次实地勘察、翻研史料、走访挖掘等方式，积极推进辖区百年历史灯塔入选“国保”这一重大文化发展战略。在长达3年多的不懈努力下，2013年3月，“浙东沿海灯塔”被国务院列为第七批全国重点文物保护单位。同时，紧紧抓住“浙东沿海灯塔”入选“国保”和“国保”立碑两个重要契机，进行了大力度、大范围的宣传报道，并以此为平台，着重策划、宣传和推广宁波航标处“明灯指路”特色文化品牌。浙江日报、新民晚报等多家大型媒体进行了多次报道。

5.以和谐为主旋律，创建精神文明新局面

稳定和谐的工作氛围是航标事业发展不可或缺的有利环境。在新的形势下，为更好地密切党群干群关系，宁波航标处以和谐为主旋律，不断开创精神文明新局面。譬如，坚持把服务党员、群众作为各级党组织最基础、最关键、最核心的工作来重点部署，在认真总结分析以往工作经验的基础上，顺应基层组织和党员群众所需所盼，创造性实践，探索出了加强和改善党的基层组织建设的有效载体，即建设“学习型、服务型、创新型”基层党组织，并作为一项中长期的战略目标任务来推进和落实。

(1)把握和谐稳定的主旋律

作为基层党组织要切实把握内部稳定主旋律，做好海事核编政策和事业单位分类改革政策的宣传工作，加强职工的思想引导。一方面要引导职工正视改革，加强舆情

监测分析，成立专门的政策研究咨询工作小组，对涉及改革的相关政策进行及时发布，对涉及的热点问题进行专题分析，公开透明地向群众做好有关政策的宣传、解释工作。另一方面要重视解决思想问题和实际问题，积极主动向上级争取有利于单位长远发展和关系职工切身利益的政策，同时也注重人文关怀和心理疏导，引导干部职工用正确方式处理人际关系、表达利益诉求。

(2)持续推进文明创建工作

“十二五”文明创建规划已正式启动，要深入贯彻“巩固、创新、提高”的文明创建工作思路和“文化兴处、智慧航标”的创建战略，做到早准备、早计划、早部署。深入开展以综合治理先进单位、各专业先进单位、特色班组、文明先进科室、青年文明号、和共创共建等为主要内容的创建活动，拓展创建内涵，丰富创建载体。健全内部宣传网络，加强宣传队伍的培训和实践锻炼，强化内部宣传指标考核，扎实做好全年宣传工作的策划与宣传，继续运用媒体的影响力来扩大航标处的影响力，积极主动与地方各级文明办的联系沟通，努力向新的创建目标迈进。

(3)发挥工团联系群众的优势

宁波航标处工会组织在做好“暖心凝心”传统做法的同时，贯彻好“幸福生活、快乐工作”的理念，不断创新，组织开展好适合不同职工特点的情趣健康、格调高雅的文体休闲娱乐活动，探索切实提高职工技能水平的竞技活动。深入推进“职工之家”创建活动。利用工会组织的网络，及时收集反馈民意，畅通职工诉求渠道，维护好职工的合理诉求和合法权益，不断增强工会组织的吸引力，切实为党组织发挥好桥梁纽带作用。

团总支找准服务青年的结合点，充分发挥青年在航标各项工作的生力军作用，充分发挥青年在重点工作、重点活动、重要任务和突发事件中的突击队作用；将外聘青年职工吸收到团组织中来，充分挖掘和发挥他们的聪明才智，更好地服务主业工作。

五、文化品牌

明灯指路

六、文化品牌诠释

“明灯指路”的寓意是，宁波航标人在苍茫大海上的坚守就像一盏盏不灭的明灯，为来往浙东沿海的船只指引航向。

当年叶中央同志的无私奉献也是照亮人们心灵的一盏指路明灯。岁月走过一年又一年，这盏明灯依然光耀四方，他的事迹依然震撼人心。宁波航标处结合“树立社会主义荣辱观，争当刚毅式海事人”等学习教育活动，引导干部职工以叶中央同志为榜样，继承和发扬“燃烧自己，照亮别人”的灯塔传统，亮起一盏盏指路明灯，以劳模精神激励自己，爱国爱局爱处，忠于航标事业；刻骨钻研，提高创新能力；文明管理，树立服务理念；团结互助，共建和谐环境。

七、文化品牌标识诠释

该文化品牌是交通运输系统组织文化的高度凝练，是航标服务高水平的标志，既是文化品牌，也是服务品牌。宁波航标处通过内练素质，外塑形象，以该文化品牌为抓手，引导干部职工继承和发扬“燃烧自己，照亮别人”的灯塔传统，亮起一盏盏指路明灯，以劳模精神激励自己，爱国爱局爱处，忠于航标事业，刻骨钻研，提高创新能力，文明管理，树立服务理念，团结互助，共建宁波航标和谐环境。

宁波航标处“明灯指路”的文化品牌有着鲜明的特点。

(1)独特性。航标文化品牌，是有关航标自身特有的文化，航标就像一盏盏永不熄灭的指路明灯，照亮海上航程，确保航行安全，因此，具有鲜明行业特色。

(2)广阔性。品牌的精髓是敬业与奉献，这种价值理念能增强人们的精神动力和凝聚力，在当今各行各业中，这种品牌衍生的精神极具适应力和广泛性。

(3)时代性。它代表的是一种对珍爱生命的信仰，对滋润心灵的抚慰，对人生事业的忠诚，对于当下社会的价值取向，尤具现实意义。

(4)极具生命力。航标文化是历史的积淀，是爱国的标记，也是精神的结晶，具有强大的衍生力，有利于传承和弘扬。

创建世界一流大港

天津港(集团)有限公司

天津港(集团)股份有限公司,前身为天津港储运股份有限公司。1992年12月21日,经天津市经济体制改革委员会批准,天津港储运公司实行股份制试点,由天津港务局作为独家发起人,通过定向募集股份设立股份有限公司。

天津港处于京津城市带和环渤海经济圈的交汇点上,是首都北京的海上门户、我国第二大外贸口岸、连通海上和陆上两个"丝绸之路"的重要节点,是连接东北亚与中西亚的纽带。天津港是世界等级最高的人工深水港,目前主航道水深已达-22.0米,30万吨级船舶可乘潮进出港。2013年天津港复式航道试通航,使航道通航能力在双向通航基础上实现了再次升级。

天津港是中国北方最大的综合性港口,现有水陆域面积336平方公里,陆域面积132平方公里,拥有各类泊位总数160个,其中万吨级以上泊位103个。2013年,天津港货物吞吐量突破5亿吨,世界排名第四位;集装箱吞吐量突破1300万标准箱,世界排名第十一位。

天津港对外联系广泛,同世界上180多个国家和地区的500多个港口有贸易往来,每月航班500余班,直达世界各地港口。天津港对内辐射力强,腹地面积近500万平方公里,占全国总面积的52%。全港70%左右的货物吞吐量和50%以上的口岸进出口货值来自天津以外的各省区。

天津港服务功能完善、区域辐射带动能力强,是我国唯一拥有3条亚欧大陆桥过境通道的港口;已经建成的天津国际贸易与航运服务中心是全国目前最大的"一站式"航运服务中心之一;成功实施"三个一"通关模式,口岸通关环境不断优化;内陆腹地设立的5个区域营销中心、23个"无水港"和物流园区,进一步完善了覆盖内陆腹地的物流网络体系。

作为天津港的主体,天津港(集团)有限公司目前资产总额达到1140亿元,旗下拥有二级公司70余家,包括上海和香港两家上市公司,连续12年入选中国500强企业,2013年居第399位。

一、文化建设动因

天津港要在高台阶、高水平上实现新的跨越发展,必须以加强企业文化建设为重要支撑点,着力打造企业核心竞争力。

1.加强企业文化建设有利于提高企业文化品位和科技含量,提升企业形象,增强核心竞争力

当前,企业之间的竞争日趋激烈,竞争手段已从单一的追求扩大生产规模转向提高核心竞争力。核心竞争力的本质内涵是让客户得到真正好于、高于竞争对手的不可替代的价值、产品、服务和文化。面对激烈的市场竞争,天津港要想取得竞争优势,仅靠传统的竞争手段已经难以支撑,必须要树立新的竞争观念,大力培育和建设优秀的企业文化,提高文化品位和科技含量,塑造企业新的形象,增强核心竞争力。通过加强企业文化建设,引导员工牢固树立积极进取、爱岗敬业的精神,规范全体员工的行为,形成一种强大的合力,为参与市场竞争并取得优势发挥积极作用。

2.加强企业文化建设有利于提高管理水平,激发员工活力,实现天津港全面、健康、持续发展

随着社会主义市场经济的不断完善,企业的竞争从粗放的规模效益型转向集约的质量效益型,管理创新和技术创新已成为驱动企业发展的两个重要轮子,企业文化作为企业管理中的重要内容,对于促进企业发展和推动企业管理进步具有不可替代的重要作用。

企业管理的基本职能就是调动企业的两种力量,既要调动物质力量,也要调动精神力量,两者相辅相成,都是实现企业目标的手段和资源。企业文化为两者的有机结合提供了有效载体。一方面,企业文化是在企业范围内以企业发展目标为轴心,根植于企业的物质基础之上,引导员工为实现企业发展目标努力做贡献;另一方面,企业文化围绕实现企业目标,启迪广大员工在为实现企业目标的过程中,去追求自身价值的实现,从而唤起强大的精神力量,使企业需要调动的物质、精神两种资源有机结合起来,形成企业管理的优势,为实现企业发展目标奠定坚实的基础。

3.加强企业文化建设有利于全面提高广大员工职业道德素质和文明程度,增强企业凝聚力

职业道德通过内在约束力,规范员工的职业道德行为,提高员工遵守和贯彻企业规章制度及企业经营战略的自觉性,使员工个人价值与企业价值融为一体,从而形成强大的凝聚力,促进企业发展目标顺利实现。

企业文化建设的核心内容,就是在企业内部形成共同的价值理念和行为规范,对员工产生一种内在约束力,使每个员工都能够按照企业共同的价值理念和行为规范约束自我,充分发挥本职和本岗的职能、保持职业目标、完成岗位任务,从而保证企业制度和经营战略的有效实施。因此,在加强企业文化建设过程中,努力培育企业的道德准则和员工行为规范、工作纪律及文明用语,使每个员工都养成按标准工作的习惯,营造一种纪律严明、管理科学的文化氛围。

二、核心价值理念体系表述

核心价值观:发展港口,成就个人。

使命:承载社会期盼,集散中外文明。

愿景:世界一流企业,员工快乐之家。

精神:爱港,包容,务实,创新。

企业文化理念体系模型

(注:企业文化理念体系模型 4+2。

核心理念层:企业愿景、企业使命、核心价值、企业精神,明确了企业的发展目标和价值追求,是企业前进的指南针和火车头,引领着企业的可持续发展。

应用理念层:管理理念、经营理念,明确了企业管理和运营的指导思想与实现途径,是企业前进道路上的交通线,规范着企业的良性发展。)

三、践行效果

2002 年以来,天津港开始系统加强企业文化建设,至今已经 10 多个年头,企业文化建设取得了一系列重大成果。天津港逐步形成了三足两耳"鼎"文化体系,"发展港口、成就个人"的核心价值观为广大员工普遍认同,并在社会上保持了持久的影响力。

1."发展港口、成就个人"的核心价值观深入人心,得到广泛认可

港口规模的扩大,产业链的不断延伸,提供了更多的就业机会,为员工创造了更多施展才华的舞台。大家普遍认为,成就个人是发展港口的原动力,将个人的追求融入天津港事业发展之中是成就个人的最好选择。天津港核心价值观还得到了社会各界的普遍认同。集团公司先后荣获全国文明单位、全国和谐企业、全国交通企业文化建设优秀单位、首批全国交通文化建设示范单位,连续两届入选全国企业文化示范基地。

以全国劳动模范、全国道德模范孔祥瑞为代表的一大批先进典型脱颖而出,为天

津港树立起了一面旗帜;建成了全国港口规模最大的博览馆,扩大了天津港的对外影响力;天津港企业文化案例入选《中国品牌实践案例》,被收录到《北京大学案例库》;成为全国港口行业第一家全国企业文化示范基地;建立了北京大学研究生实习基地;调研报告《创企业特色文化 建世界一流大港》荣获2012年中国政研会课题研究成果一等奖,并刊载在中国政研会《调查与研究》刊物上,孙春兰书记在报告上做出重要批示,对天津港集团企业文化建设给予了高度肯定;形成了《奔跑者的追求》、《缔造优势》、《天津港企业文化案例集》、《走向深蓝》、《潮涌津沽》等一批企业管理和文化建设专著,在社会各界引起了广泛关注。可以说,企业文化贯穿于企业发展的各个层面,为企业的持续稳定发展特别是世界一流大港的建成发挥了重要的思想引领和文化支撑作用。

2.企业实力得到进一步增强,员工生活极大改善

2013年末,集团总资产达到1140亿元,连续12年入选中国500强企业。员工人均年收入持续增长,逐步建立了爱心传递工程、企业年金、休(疗)养、带薪年休假、退休员工企业文化纪念品、免费工间餐等制度,员工福利体系进一步加强。在岗员工中近半数新购置了商品房,近1/3购置了私家车;劳务员工中,2548人新购置了商品房,2151人购置了私家车。10年来共帮扶困难职工12236人次,投入资金近600万元。

3.在文化支撑下,创建世界一流大港战略目标得以顺利实现,建设世界一流企业战略成为全港新的共识

天津港历来高度重视企业文化对战略目标的支撑作用,特别是在重大事项的决策和实施过程中坚持以企业文化核心价值理念作为衡量的标准,保证了各项工作同战略目标的高度一致。在基本完成建设世界一流大港战略目标之后,追求卓越的企业文化基因又引领着天津港抢抓机遇、乘势而上,在开辟创建世界一流企业的道路上继续前进。

4.围绕着"一个家庭、一支军队、一所学校"的企业文化建设三大目标,一大批想干事、会干事、能干成事的干部和专业人才快速成长起来

天津港在人才培养、干部选用、绩效管理等诸多方面进行了改革,形成了企业文化与人才管理的全面对接,卓有成效地推动了员工队伍整体素质的提升。在岗员工中拥有大学本科以上学历5241人,比10年前增长了2.7倍,拥有4名博士后,16名博士,437名硕士。10年累计投入科研经费17.75亿元,完成科研项目4783项,获国家授权专利330项,设立了博士后工作站和国家级企业技术中心。

5.忠实履行"承载社会期盼、集散中外文明"的企业使命,勇于承担社会责任,得到了广泛认可

天津港每万吨吞吐量拉动就业12个岗位,贡献增加值206万元。在吞吐量迈上亿吨台阶以及其他重大纪念日,天津港坚持不搞庆典活动,而是代之以爱心捐助的形式,同时举办高水平的文艺演出来答谢社会各界的支持。天津港连年开展回报社会的爱心捐助活动,10年来共向社会捐款捐物累计折合达3740万元,建立了2所希望小学、4

个爱心厨房，开展向汶川地震灾区捐款和派遣医疗队、为SOS儿童村献爱心、成立解困基金等社会公益活动，向社会公众塑造了"主动、承担、关爱"的责任品牌。天津港不惜投入巨大的资金和宝贵的岸线资源，在东疆港区建设人工沙滩，为广大市民提供亲水场所。

6.坚持企业文化理念落地生根，企业管理水平和综合实力显著提升

坚持企业文化与企业管理全面对接，文化核心理念进制度、促管理，实现落地生根。在先进文化理念的引领下，天津港集团在法人治理结构、组织架构、经营管理等诸多方面进行了一系列改革，不断推进企业管理现代化进程。近10年来，天津港集团大力推进用人、用工、薪酬分配制度改革，进一步激发企业活力；大力加强风险管控和防范，内控水平明显提高；积极推进全面质量管理，卓有成效地实施全面预算管理，经营管理的规范化水平进一步提高。集团先后荣获全国质量管理小组活动优秀企业、袁宝华企业管理金奖、全国和谐劳动关系优秀企业、第十八届国家级企业管理现代化创新一等奖等多项荣誉。

四、主要经验和体会

经过多年系统建设，天津港企业文化日益丰富完善，并逐步融入员工工作、学习和生活的各个层面。总结起来，天津港企业文化建设经验可归纳为"一个一、四个三"工作法。

"一个一"就是企业文化建设必须始终围绕企业发展战略这一中心。无论从体系建设，还是宣贯落地，始终围绕企业战略来展开、构建。2002年，天津港围绕世界一流大港战略构建企业文化体系，2010年，天津港围绕世界一流企业战略改造提升企业文化体系，实现了战略与文化的高度耦合。

"四个三"：即在理念体系建设上把握3个环节、在行为体系建设上突出3个重点、在制度体系建设上建立3个机制、在宣传贯彻上运用3个载体。

1.在理念体系建设上把握体系构建、宣贯落地、完善提升这三个环节

（1）把握体系构建环节

企业文化建设，首要任务之一就是构建起既体现鲜明时代特征、又具有本单位特色的文化理念体系。在这一过程中，广泛开展调研，充分了解公司主要领导及广大干部员工对文化理念的关切、认知和理解，使企业文化理念在构建之初就得到大家的普遍认知和认同。

（2）把握宣贯落地环节

企业文化建设的最终目标是实现文化理念的认知认同并落地。在这一环节，按照"高管提升、中层强化、全员普及"的原则，广泛开展企业文化全员培训，确保文化理念为全体员工所认知和认同。同时，以《企业文化手册》、企业文化专刊《家园》等为宣传载体和阵地，以爱心传递、带薪年休假、退休员工企业文化纪念品、免费工间餐等人文

制度为依托，以《员工文明行为手册》、《高管文明礼仪手册》为约束，积极推动企业文化宣贯落地，使天津港文化理念融入员工工作、生活的各个层面。

(3)把握完善提升环节

时代在变化，企业所面临的社会文化环境也在不断发生变化，企业文化必须适应环境的变化进行完善提升，即企业文化必须具有先进性，符合时代潮流。

2.在行为体系建设上突出领导带头、树立标杆、规范行为这3个重点

(1)领导带头是关键

领导不带头，企业文化就难以有效推进。在企业文化建设之初，天津港就成立了以总裁为组长的企业文化建设领导小组，建立起“党政共同领导、行政全面负责、主管部门协调推动、职能部门分工落实”的工作机制。集团主要领导利用讲座、会议、论坛、调研等多种形式，带头宣讲加强企业文化建设的重要性和必要性，成为企业文化建设的倡导者、引领者、示范者和实践者。

(2)标杆示范是重点

经过多年建设，天津港涌现出了一批企业文化示范单位，如石化码头、五洲国际、一公司等单位，都形成了各具自身特色的企业文化，成为各单位学习的标杆。天津港秉持“发展港口、成就个人”这一核心价值理念，大力选树先进典型，先后涌现出以全国劳动模范、全国道德模范、蓝领专家孔祥瑞，全国道德模范张丽丽，全国劳动模范、港口工程专家李伟，劳务员工的先进典型苏现凯等为代表的一大批先进典型，成为广大员工学习和赶超的标杆。

(3)规范行为是保障

企业行为文化是规范组织架构、业务流程、员工行为等活动的制度准则。在文化理念的引领下，天津港先后编辑印发了《员工手册》、《员工文明行为手册》、《高管文明礼仪手册》，以此规范员工行为，使广大员工自觉倡导和践行行为规范、价值理念和道德准则，明确企业提倡什么，反对什么，知道什么该做，什么不该做，塑造天津港良好的公众形象。

3.在制度体系建设上建立统分结合的构建机制、实用有效的评价机制、人文关怀的践行机制这3个机制

(1)建立统分结合的构建机制

天津港的企业文化不是大一统的企业文化，而是依据各单位的行业特点和自身实际，给予一定的文化建设自主权，做到既统一又灵活运用。即在统一核心价值理念、统一企业文化日、统一标识、统一港歌四统一的大前提下，发展各具特色的企业文化，使天津港的企业文化兼修并蓄、百花齐放。

(2)建立实用有效的评价机制

天津港没有专门就企业文化建设这一项工作进行考核，但这并不代表天津港对企业文化采取随波逐流、放任不管的态度。实际上，从集团层面总体上进行统筹，将企业

文化建设工作融入企业相关考核评价体系之中，如文明单位考核、思想政治工作杯考核、经营承包责任制、竞聘上岗制等，实用有效，有力推动了企业文化建设工作。

(3)建立人文关怀的践行机制

天津港建立了一系列体现人文关怀的制度，如爱心传递工程、退休员工企业文化纪念品、新入职员工教育、员工职业生涯评价等，充分彰显“发展港口、成就个人”的核心价值理念，营造了家的氛围，增强了员工的归属感。

4.在宣传贯彻上运用传统媒介、企业文化日、文体活动这3个载体

(1)运用传统媒介和阵地进行宣传

天津港充分运用一报一台一站一刊一馆(即《天津港湾》、天津港电视台、天津港网站、《家园》、天津港博览馆)等自身资源，大力宣传企业文化。同时，加强同国内知名高校、协会及社会媒体的合作，扩大天津港的知名度和社会影响力。

(2)运用企业文化日活动进行宣传

2013年，天津港举办了首届企业文化日活动，开展劳模论坛、道德大讲堂、微电影展示、期刊首发式、参观交流等系列活动，搭建起企业文化交流和展示的平台，加强集团内各单位的横向沟通与交流。

(3)运用员工日常文体活动进行宣传

企业文化是企业家倡导的全员文化，需要全体员工共同参与并创造。为此，天津港十分注重在日常文体活动中宣传企业文化。比如在员工运动会、艺术节、庆祝大会的开闭幕式中演奏港歌，增强员工的爱港意识；采取评剧、快板、相声等员工喜闻乐见的艺术形式，讴歌天津港的建设者；开展读书交流、周末沙龙活动，在学习和互动交流中感知感悟文化的真谛。

五、单位标识诠释

天津港标识为圆形，中间是一艘帆船，下方为水纹，水纹由粗渐细将帆船围成一个圆环，通体为白色。中间底衬呈海蓝色渐变，产生出透光效果。外圈是黑色底衬，内外

环边沿呈凹凸形状,具有立体效果。外圈上方为"天津港"英文书写体,下方为"天津港"中文书写体,均为白色。

天津港标识由天津港地形演变而来。中间帆船船体为南疆港区地形,船帆为北疆港区和东疆港区地形,由水纹围成的圆环表示天津港港区集中在一定区域内。蓝色底衬为深邃的大海,白色水纹恰似海上跳动的浪花,蓝白相间象征通往世界各地的海洋。外圈象征地球,表明天津港航迹五洲、通达全球。黑色代表港阔水深和历史悠久,象征天津港是一座国际化、现代化百年深水大港。

整个图案寓意天津港乘风破浪,扬帆远航,欣欣向荣,兴旺发达。

精心绘通天下

湖南省交通规划勘察设计院

湖南省交通规划勘察设计院成立于1960年，是具有对外经济合作经营资格的国家甲级综合大型勘察设计企业，同时是湖南省高新技术企业。持有国家工程勘察综合类、公路全行业、水运全行业、市政公用行业（含道路工程、桥梁工程、城市隧道工程、公共交通工程）和建筑行业（建筑工程）等5大类甲级勘察设计资质，还具有国家工程咨询、工程测量、试验检测、地质灾害防治等4大类甲级资质。

全院600余名在职员工中，博士硕士研究生学历178人，专业技术人员比例达86%，高、中级专业技术人员比例达73%；其中有全国工程勘察设计大师1人，省部级专家160余人，还有“新世纪百千万人才工程国家级人选”、“光召科技奖”、“全国优秀科技工作者”、“中国青年科技奖”、“享受国务院特殊津贴专家”、“交通青年科技英才”等荣誉称号获得者40余人。获国家、部省级优秀工程勘察设计、咨询、科技进步奖330余项，其中，国家级奖项40余项，包括1项国家科技进步一等奖，5项国家科技进步二等奖，7项国家优秀工程勘察、设计金奖，3项詹天佑土木工程大奖，1项国家环境保护百佳工程奖，2项国家环境友好工程奖和4项建国六十周年60项公路交通勘察设计经典工程奖。

近5年年均产值5亿元，业务遍及中国14个省（区）和11个亚非国家，是全国勘察设计行业AAA级诚信单位，位列全国工程勘察设计企业百强和中国建设系统综合实力企业百强。先后获“全国五一劳动奖状”、“全国优秀勘察设计院”、“湖南省文明单位”等荣誉称号。

一、文化建设动因

“精心绘通天下”文化品牌是湖南省交通设计院企业文化建设由自醒走向自信的必然成果。

“精心勘察”、“精心设计”是湖南省交通设计院自成立以来始终保持和发扬的优良传统。1992年，设计院就成为国内首批悬挂国家质量奖旗的勘察设计单位；2000年，通过了长城（天津）质量保证中心ISO 9001:1994标准质量体系认证，并把“精心设计”作为质量方针的主要组成部分和质量目标的重要内容，为全体勘察设计人员共同遵守。而且，在设计院集体创作的院歌《勘察设计之歌》中，把“精心设计，精心测量，我们是交通建设的先锋”作为全歌的高潮部分，反复吟唱。2000年以来，围绕“精心”这一元素，设计院从中引申出了“责任”、“价值”内涵，并以此为本质特征，构建了包括核心价值理念体系和应用理念体系在内的企业文化的基本理念框架，为文化品牌建设打下了坚实基础，凝练出了“精心绘通天下”文化品牌的深刻内涵。

2001年底，省人事厅编制办核销了设计院的事业编制，实现了由事业到企业的重大转变，成为科技型企业。设计院领导班子在进行企业文化管理的过程中，越来越感觉到对于以知识分子为主体、以高技术含量为主要产品的企业，简单的制度管理还不足以激发企业员工从被动到主动的转变，只有在共同的价值观引导下，在文化管理的感召下，员工才能更好地发挥其自主能动性，才能激发创造力，迸发创新热情。而且确确实实认识到制度管理发展到一定阶段，必须上升到文化建设上来，通过发挥文化管理潜移默化、长效久远的作用，实现管理的升华。因此，设计院选择了企业文化建设这种全新的管理方式。

随着设计院以“责任、价值”为核心的企业文化的深入实施，企业文化管理内聚职工、外塑形象的效力不断彰显，很好地推动了设计院各项工作，开创了设计院成立以来发展最快、成绩最为显著的一个时期，企业文化建设水平也提升到了一个新的层次。多年持续不断的企业文化建设及所取得的丰硕成果，日益彰显出品牌效应，大大增强了设计院对企业文化建设的自信。为了使企业文化真正成为企业持续发展的软实力，不断增强企业文化内聚外树的效力，设计院在加大以“责任价值”为核心的企业文化建设的力度上，进一步提炼深化，推出了“精心绘通天下”的企业文化品牌。

二、核心价值理念体系表述

核心价值观：为社会做贡献，为企业求发展，为客户创价值，为员工谋利益。

使命：让世界更畅通，让我们更优秀。

愿景：成为一流的国际咨询公司。

精神：务实、严谨、创新、谦恭。

职业道德：明礼、诚信、团结、协作、严格、严谨、创新、务实、敬业、自勉、进取、超越。

三、践行效果

“精心绘通天下”文化品牌建设实施以来，效益明显。

1.大大提升了软实力，促进了经济快速发展

在“精心绘通天下”文化品牌引领下，设计院软实力不断增强，促进了经济快速稳定发展。“精心绘通天下”文化品牌实施以来，通过培养和引进，设计院大学以上文化程度员工的比例从61%上升到89%，中高级专业技术人员比例从48%上升到75%，专业技术人员比例从63%上升到86%，技术力量有了质的飞跃。市场份额得到进一步的巩固，省内平均市场占有率已达53%，并相继在广东、贵州、广西、山西、四川等省中标，签订合同30多个，合同额近4亿元，同时海外市场也有了重要进展，签订了重要的国际

工程总承包合同。近10年以来，单位经营收入增长了4.7倍(由2001年的8174万元增长到2011年的38394万元)，企业总资产增长7.4倍(由2001年的6765万元增长到2011年的50210万元)，上缴税金增长5.3倍(由2001年的745万元增长到2011年的3911万元)，各项经济指标在全国交通勘察设计行业中居于前列，综合实力显著增强，两度进入全国工程勘察设计企业百强榜，三次进入全国勘察设计企业勘察设计收入五十强，并被评为中国建设系统综合实力百强企业。

2.奉献精品力作，彰显品牌效应

“精心绘通天下”文化品牌实施以来，设计院向社会奉献了大量精品力作。近10年共获得国家、部省级优秀成果奖近200项，占建院50余年来总数的65%，其中国家科技进步一等奖1项、二等奖4项，国家优秀设计金奖3项、银奖1项、铜奖3项；省科技进步一等奖近20项、省勘察设计一等奖30多项；詹天佑土木工程大奖3项；并获国家专利10余项。优良的勘察设计产品带来了巨大的品牌效应。不少业主主动找上门来邀请设计院承接勘察设计项目。如长沙伍家岭立交桥，因有关主管部门不满意，在其他单位已经完成设计的情况下，设计方案，找到设计院要求重新设计，结果设计院提供的设计产品得到有各方的认可，伍家岭立交桥满足了各项性能要求，获长沙市民喜爱的桥梁称号。设计院品牌效应还彰显在各级对设计院的充分肯定上，近年来，设计院先后被授予“全国五一劳动奖状”、“全国工程勘察先进单位”、“全国优秀设计单位”、“全国优秀勘察设计企业”、“全国交通系统先进集体”、“中国文化管理示范单位”、全国交通运输系统和住房与城乡建设系统“企业文化建设示范单位”、“中部地区十大企业文化品牌”、“全国工程勘察与岩土行业诚信单位”、“创建全国交通文明行业先进单位”、“湖南省文明单位”、“湖南省思想政治工作先进单位”、“湖南省厂务公开与民主管理先进单位”、“湖南省AAA级信用单位”等荣誉称号。

3.文化品牌处于行业领先，传播推广迅速，推广价值很大

目前，全国交通勘察设计单位明确提出文化品牌的仅湖南省交通规划勘察设计院一家，处于行业领先地位。鉴于设计院“精心绘通天下”文化品牌建设的力度、强度和效果，交通运输企业文化建设协会2008、2009、2010年连续3年授予设计院全国交通运输系统“企业文化建设优秀单位”；2011授予设计院全国交通运输系统“企业文化建设卓越单位”。交通运输部2010年授予设计院全国交通运输系统“企业文化建设示范单位”；2011年，住房与城乡建设部授予设计院全国住房与城乡建设系统“企业文化建设示范单位”；2012年，首届中部企业文化高峰论坛授予设计院“中部地区十大大企业文化品牌”；2010年湖南省直工委授予5家企业为省直文化建设示范单位，设计院是其中之一。设计院文化专题片获得全国10佳文化宣传片称号，院歌《勘察设计之歌》在2012首届中部企业文化高峰论坛上，被评为“中国中部优秀企业歌曲”。

“精心绘通天下”文化品牌形成以来，传播推广迅速。2010年湖南省和交通运输厅企业文化建设现场会均在设计院召开；设计院题为《转变经济增长方式，打造特色文化

品牌》的文化专题片成为精选的3家文化宣传片在全国文化论坛上展播；设计院的主要领导多次在全国交通企业文化论坛、全国住房与城乡建设企业文化论坛上发表演讲或做主旨发言，近30家单位还先后前往设计院学习企业文化品牌建设的经验，《中国交通报》、《湖南日报》、《交通企业管理》杂志以及红网、中国桥梁网等数十家媒体对设计院文化建设作了全方位的宣传报道，社会反响强烈。在2012年4月交通运输部组织专家进行十大文化品牌评审时，专家组对设计院“精心绘通天下”文化品牌评价认为：“具有文化品牌的基本要素，行业特征鲜明，文化内涵丰富，价值理念独特，与其推行的核心价值理念和交通运输业的核心价值体系内涵保持一致。有良好的对外传播基础”。

四、主要经验和体会

1.以文化品牌目标为根本，建立健全机构机制湖南省交通

(1)打造文化品牌，首要的是明确文化品牌目标

湖南省交通设计院回眸几十年的发展历程，通过对本行业从业特点、工作性质、产品责任等进行充分研究，总结提炼出“精心绘通天下”文化品牌，其目的就是服务于企业发展的方向、服务于企业发展的需要。“精心绘通天下”文化品牌的终极目标定位于实现设计院“成为一流的国际咨询公司”的企业愿景，完成“让世界更畅通，让我们更优秀”的企业使命。文化品牌目标的正确定位，为设计院“精心绘通天下”文化品牌建设指明了方向，注入了活力，使设计院文化品牌与生产经营和企业发展紧密结合，展现出强大生命力。

(2)必要的机构是打造“精心绘通天下”文化品牌的保障

设计院成立了“精心绘通天下”文化品牌建设领导小组和办公室。领导小组由党委书记任组长，院长和分管领导任副组长，其他院领导为领导小组成员。领导小组下设办公室，办公室主任由院领导兼任，成员由院综合管理、人力资源、生产经营、技术质量等职能部门主要负责人及党群工作部门全体同志组成。领导小组负责对“精心绘通天下”文化品牌建设规划、方案等重大事项的决策，确保文化品牌建设所需的人、财、物。文化品牌建设办公室归口管理“精心绘通天下”文化品牌建设日常事务，负责对院属各单位文化品牌建设进行指导以及文化品牌建设各项具体工作的实施。

(3)完善的机制是确保“精心绘通天下”文化品牌向纵深发展的助推器

为此，设计院形成了部署考核有序、员工积极参与、持续完善提升的机制。设计院将文化品牌建设纳入重要工作范畴，在《建设与发展“十五”、“十一五”、“十二五”规划》中，明确文化品牌建设的主要工作。在制定年度工作计划时，将文化品牌建设各项工作分解到每年，将其与业务工作同样部署、同样检查、同样考核；设计院坚持“从员工中来，到员工中去”的文化品牌建设思路，在此基础上形成易于员工接受并自觉践行的文化理念体系；设计院持续完善提升文化品牌。为真实反映员工对文化品牌的认同

度，设计院聘请专家进行文化诊断，通过开座谈会、个别谈心、无记名测试等方式，了解员工对设计院文化品牌的真实想法，并根据测试情况，分析评价，找出存在的问题，及时加以改进。使企业文化理念与员工的价值理念诉求取得深度共鸣，以求实现员工对产品的追求，从规范的“必须”到自觉的“应该”，从规范要求的“合格”到自我追求的“卓越”的转变。

2.以持续发展为依托，物质文化为“精心绘通天下”文化品牌提供支撑

物质文化是由全体员工创造的产品和各种物质设施等构成的器物文化，是以物质为形态的表层企业文化，是精神文化、制度文化和行为文化的显现和外化结晶。设计院牢牢把握发展是硬道理，通过企业持续发展打造丰富多彩的物质文化，为设计院“精心绘通天下”文化品牌提供强有力的支撑。

(1)更新设计理念，打造设计精品

理念指导行动，行动决定效果。作为交通基础设施建设的先行者和先锋官，设计理念不仅是整个工程的基石，决定着工程的导向和生命以及勘察设计产品的质量，而且是“精心绘通天下”文化品牌的灵魂。近年来，为保持经济可持续发展，国家对安全和环保采取了更严的措施，提出了建立资源节约型和环境友好型两型社会的要求。作为交通基础设施建设蓝图的描绘者，设计院紧跟时代步伐，提出“注重环境友好，把每条路都设计成生态路、环保路、景观路”的设计新理念，为经济增长方式根本转变铺路架桥，为建设两型社会尽责尽力。

在设计新理念的指导下，湖南省交通设计院奉献了一大批为业内和社会称道的精品力作。如：在湘潭至耒阳高速公路勘察设计过程中，设计院专业技术人员不断修改、优化设计，尽可能保持高速公路沿线的植被和地质地貌，最终少占农田12638亩，少伐森林2518亩，该项目获得当时全国公路唯一的国家环境保护百佳工程奖以及国家优秀设计金奖。再如：在常德至张家界高速公路项目的勘察设计中，设计院专业技术人员从6套详细方案中优中选优，道路选线避开了自然保护区、风景名胜区和绝大多数居民集中居住区；设计上采取以桥代路、路基分离等形式减少对自然环境的破坏；对沿线护坡、人行天桥、隧道口区域进行了绿化和美化；为保护澧水，在伴行段和桥梁处加装纵向排水设施，修筑事故池，准备了基本的化学品运输事故应急器材。该项目还注重自然环境和人文环境的和谐。在设计取土方案时，与当地政府和群众充分商议，尽量选用荒山、废地；需要征用耕地或熟土时，先移开熟土搁置，取完生土以后再予复耕。当地政府和群众切身感受到了设计者对环境保护的良苦用心，也自发对红线外山地进行绿化、美化。该项目获得了第二届国家环境友好工程奖和国家优秀设计金奖。

(2)落实发展战略，不断开拓市场

打造“精心绘通天下”文化品牌，需要与之相配的企业发展战略。设计院实施“立足湖南，服务全国，走出国门”的发展战略，实行“经营围着市场转，机构围着经营转，人员随着机构变”的“两转一变”工作机制，不断提高本省市场份额，不断开拓新的市场。

先后增设了隧道勘察设计、综合交通规划与研究、智能交通、养护设计和检测等新的机构，形成了新的经济增长点。在保持和扩大省内市场份额的同时，省外和国际市场的开拓也取得了重大进展、取得了骄人的成绩。“十一五”以来，设计院省内市场年平均占有率达到了53%，在广东、贵州、广西等省区共中标30多个合同。2010年与老挝人民民主共和国正式签订万象市基耐摩—哈多乔—他纳凉公路项目和南部占巴塞省孟孔区跨湄公河大桥项目EPC总承包合同。据统计，设计院仅“十一五”就完成公路总里程工可3000多公里，初步设计和施工图设计各2000多公里，特大、大型桥梁50座，隧道设计300多公里，港航工程18项，建筑设计120多万平方米。

(3)优化、美化环境，提高幸福指数

环境是文化品牌建设的外在象征，幸福指数是员工对文化品牌的感知程度，它折射出文化品牌的个性特点。设计院环境包括工作环境和生活环境两个部分。工作环境要求整洁、明快、清新、有序，突出知识和文化气息；生活环境要求干净、舒适、宜人，突出绿化和服务意识。近年，在新建办公楼、试验楼、综合服务楼的同时，设计院对办公和居住小区进行了绿化、美化、亮化工程，在办公区域设立吸烟区、休息室，聘请专人进行卫生打扫，绿化护理等，使设计院成为“湖南省直优秀物业管理小区”和“长沙市花园式单位”，办公楼成为“全国物业管理示范大厦”。同时，设计院还专门在综合楼划出两层楼，投入近百万元购买了健身器械，各类书籍、报刊，开辟了健身房、乒乓球室、台球室、棋牌室、体操房和阅览室等，为丰富全院职工的业余生活，提高身体素质和文化素质创造了硬件环境。员工的福利保障是企业文化的重要组成部分，也是企业发展的重要目的之一。为提高员工的幸福指数，设计院在实行五保一金的基础上实行企业年金，是湖南第一家为员工办理企业年金的单位。设计院还通过为员工办理补充医疗保险、实行免费午餐制度、建设员工宿舍、开展丰富多彩的文体活动等措施，改善职工吃、住、行、玩等条件来提高职工的生活质量和幸福指数。

(4)统一器物形象，进行视觉识别系统(VI)设计

器物形象是文化品牌的物理标识，视觉识别系统(VI)设计是文化品牌的直观反映。设计院器物包括勘察设计产品、勘察设计仪器、设备、交通工具、办公用品、文化实物等方面的内容，其核心内容是勘察设计产品。设计院的勘察设计产品遵循科学发展观的要求，向社会提供符合国际国内市场需要的勘察设计产品，在业界树起了良好的口碑。设计院在主要办公工具电脑屏幕上统一设置代表设计院企业文化理念的标识，其他如交通工具、办公大楼楼顶、勘察设计仪器、设备、生活用纸杯等器物上都有设计院企业文化的相关标识，设计院还将反映文化历史的勘察设计工具、设计院企业文化产品等文化实物在设计院展厅中展览，警醒职工创业的艰难以及创新和与时俱进的重要。形象识别通过外塑形象，全面提高企业的综合影响力。设计院委托策划和广告公司精心设计载体，以经过国家工商总局注册登记的院徽为标识，以天蓝为标准色，设计塑造鲜明的企业形象，这种鲜明的企业形象通过统一的标识、统一的办公用品等体现

出来。此外，设计院还设计产生了自己的院歌、院旗和文化品牌形象标识等。

3.以人本管理为重点，用制度文化为“精心绘通天下”文化品牌规划方圆

(1)以改企转制为契机，全面清理、重建制度体系

湖南交通设计院原为事业单位，根据国务院有关文件精神，2001年底注销事业单位，改为自主经营、自负盈亏的企业。改企转制10年来，设计院对以前事业单位的制度体系逐步进行全面清理，共废除各项不符合企业实际的制度共计120多个，修改和重新制定制度180多项，涉及生产、经营、文明建设、党务管理等各个方面，做到了全院各部门全覆盖、工作各环节全兼顾，构建了符合企业运行与发展的制度体系，制度文化建设得到长足发展。

(2)关注人才工作，完善人才制度

企业的竞争说到底是人才的竞争。设计院非常关注人才队伍建设，为员工提供了专业成长和管理晋升两条成长通道。在专业成才方面，通过实施《员工教育培训规定》、《专业技术职称评聘、考核办法》、《专业技术人员须具备相应的注册执业资格暂行规定》等制度，引导、鼓励专业技术人员提升专业技术水平，走专家型成才之路。在职务晋升与管理方面，通过实施《员工招聘与解聘办法》、《劳动合同管理办法》、《员工奖惩办法》及《中层管理人员聘用、考核管理办法》等制度，不断规范人力资源管理，为员工健康成长创造良好环境。一系列人才制度的完善与实施，为设计院人才建设带来了明显的效果。目前，设计院拥有湖南交通系统和勘察设计行业第一个博士后工作站，拥有博士研究生10余人，硕士研究生140余人。高级专业技术人员200余人，中级专业技术人员230余人，推荐入选国家、省部专家库成员达140多人。还有20多人次分别荣获“国家工程设计大师”、全国“百千万人才工程第一层次人选”、“享受国务院特殊津贴”以及“交通科技英才”、“湖南省光召科技奖”、“中国青年科技奖”等称号。

(3)重视科技创新，建立激励制度

科技创新是企业活力之源。设计院重视科技进步与科技创新，通过实施《学术带头人评聘、考核办法》，鼓励专业技术人员钻研新理论、学习新技术，在专业成长道路上发挥自己的聪明才智；通过实施《科技进步与技术创新奖励办法》，支持和鼓励专业技术人员勇于探索，大胆创新，通过创新来推动科技进步。重视科技创新和激励制度的建立，使设计院近年来科技成果频频涌现，连续被核定为高新技术企业。

(4)突出行业特色，构建廉政制度体系

由于国家加大对交通基础设施投资的力度，交通行业一度被认为是高风险行业，设计院前任党政主要负责人也出了问题。为此，2000年以来的新一届领导班子对廉政问题尤为重视，先后出台了《领导人员廉洁从业的有关规定》、《党风廉政建设责任制实施办法》、《关于处理失职、渎职行为的规定》、《物资采购暂行规定》、《三个不直接分管》、《设计代表廉政规定》、《地质外协廉洁规定》、《境外项目人员廉洁从业规定》等制度，努力建设勤政廉政的员工队伍，收到了很好的成效，近10年来，没有发生严重的违

法乱纪行为。

健全而实用的制度文化，为“精心绘通天下”文化品牌规划了方圆，起到了很好的规范企业、员工行为的作用。

4.以职业形象为载体，行为文化为“精心绘通天下”文化品牌增光添彩

设计院在塑造行为文化时，着重构建职业形象，提升服务水平，使设计院的行为文化为“精心绘通天下”文化品牌增光添彩。

(1)提升员工职业道德修养

锻造行为文化，关键是打造一支注重职业操守的优秀团队。设计院向员工发出以“爱岗敬业知荣辱，诚实守信存正气”为主要内容的倡议，号召员工学习袁隆平、丛飞等“道德模范”的优秀品质；通过全院征集、网上投票、规范诠释等程序，提炼出“明礼诚信、团结协作、严格严谨、创新务实、敬业自勉、进取超越”的24字勘察设计人员职业操守，并在职代会上予以审议通过，在全院施行，全面提高员工职业道德素质。特别是通过开展职业生涯设计、演讲、征文比赛等活动，加深对“精心绘通天下”文化品牌下行为文化的理解，内化于心，在全员中形成诚实守信、尽职守责、敢于负责的风气，使职工队伍成为一支敢于负责、敢打硬仗的优秀团队。近两年，湖南有30条高速公路开工建设，勘察设计前期工作量大。作为湖南省唯一有交通勘察设计全行业甲级资质的单位，设计院肩负起了保证项目开工的重大责任，全院员工在“精心绘通天下”文化品牌的凝聚下，加班加点，攻坚克难，确保了工程建设的顺利开展，据不完全统计，设计院生产单位两年中员工年平均加班达50多天。

(2)建设优秀的管理者队伍

管理者队伍起着火车头的带动作用。设计院不仅非常重视院领导班子建设，而且非常重视中层管理队伍建设。在院领导班子建设上，院领导身先士卒，带头践行院各种文化理念，经常深入基层了解情况，为员工排忧解除难，慰问一线员工，亲自带队进行设计回访，重大事情民主决策等等。在中层干部队伍建设上，实行“干部能上能下”的聘用制，每三年严格按个人述职、群众谈话、群众测评等程序对中层管理人员进行一次大范围的民主评议，评议结果作为是否继续聘用的重要依据。对中层管理人员的严格考核、严格管理，使设计院领导行为成为员工示范，为广大员工认同、接受。

(3)提供优质勘察设计服务

优质服务是行为文化的重要组成部分。设计院确立业主至上，设计至精，服务至善，守信至诚的经营策略，践行“恪守诚信，缔造共赢”的经营理念和“务实高效，顾客满意”的服务理念，提出合同履约率100%，年度顾客满意率高于95%，逐步实现零投诉的目标，在后期服务中，设计院提倡及时服务、周到服务、满意服务的三个“服务”要求，做出在确认业主服务要求提请后，施工现场距长沙200公里以下的24小时内达到，200公里以上的48小时内到达的服务承诺，树立了良好的企业形象，顾客对设计院服务的满意度逐年提高，2009年以来更是达到了100%。

(4)统一礼节礼仪,培养严谨作风

为塑造整齐划一的职业形象,设计院专门请教授进行礼仪专题讲座,职能部门根据各自工作的性质、特点,结合现代礼仪习惯,编制出版了《实用礼仪手册》,从人际行为、语言规范到个人仪表、穿着进行规定,同时进行有效培训,反复演示,反复练习,从而提高员工的整体素质。还编制《员工手册》、《行为规范手册》等来规范员工行为。设计院实施《办公秩序管理规定》,对员工个人着装、办公室环境卫生、用电安全等由综合管理、人力资源、行政监察、后勤服务等部门组成的联合检查组每月不少于两次进行抽查,对抽查情况及时公布,对违反《办公秩序管理规定》的行为进行处罚,对达到违规上限次数的单位和个人取消评先资格。这些措施的采取,对培养员工严谨的工作作风发挥了重要作用。

职业形象全方位的塑造,使设计院行为文化建设步入到一个崭新的境界,为“精心绘通天下”文化品牌增添了光彩。

五、文化品牌

精心绘通天下

六、文化品牌诠释

精心:是精细精致、精确精巧、精益求精的意思,它表述了勘察设计工作所应具备的工作态度和工作作风,同时也包含了湖南省交通设计院对员工的从业要求。

绘:是用线条、色彩把实在的或想象中的物体形象地描绘出来的意思,它表述了设计院从事交通规划、勘察、设计、科研、咨询的工作性质与特点,这些工作都是用“绘”出的图纸作为产品的。

通天下:是通达中国和世界的意思,它表述了设计院的工作成果和发展愿景。

“精心绘通天下”,其中“精心”既是对“绘”的要求,也是实现“通天下”的保障;“绘”是勘察设计工作其内容、性质所具有的特点,也是“通天下”的工具和手段;“通天下”是“绘”的目标,也是“精心”的源动力。

“精心绘通天下”的“精心”,有3个层次的内容,即:“精心”之源,“精心”之义和“精心”之用。

所谓“精心”之源,是基于交通建设,设计先行,工程设计,承载历史。设计院所提供的每一件勘察设计作品,都是社会公共产品,都必须要经得起时代和历史、社会和人民的检验。设计作品关乎国计民生、社会和谐,设计院要实现“国际一流咨询公司”的伟大愿景,精心勘察、精心设计、精心创新、精心运营势在必行;员工要实现自己的职业追求和人生价值,必须去精心勘察、精心设计和精心创新。不断精心地为交通发展提供勘察设计精品,这正是设计院让世界更畅通,让我们更优秀的企业使命所在。

所谓“精心”之义,是基于不同的行业,“精心”有着不同的内涵。对于勘察设计企业来说，创作出每一件勘察设计精品，务实、严谨和创新是必须始终坚持的精神和态度；对于设计院勘察设计的员工来说，要成为一名优秀的勘察设计从业人员，诚信、协作、敬业、超越等是必须具备的职业品质。企业也好，员工也好，对待自己的工作和每一件作品，都必须一如既往地精益求精，这正是设计院务实、严谨、创新、谦恭的企业精神所在。

所谓“精心”之用，是基于“通天下”是“精心绘”的方向和目标。设计院“精心绘通天下”的“精心”，从价值观方面而言，就是要实现社会、企业、客户和员工这 4 者的价值，这包括不断提供经济、安全、环保、舒适的勘察设计精品，满足百姓出行的便利和为经济社会发展创造畅通条件；不断扩大企业规模，拓展市场份额，提高企业知名度，谋求更大的盈利能力；不断为客户提供符合其要求的产品和服务，积极为客户创造可能的增值空间；不断满足员工的正当利益诉求，为其最大程度地实现各层次需求创造条件。这正是设计院为社会做贡献，为企业求发展，为客户创价值，为员工谋利益的核心价值观所在。

“精心绘通天下”作为设计院文化品牌的名称，能与设计院的工作性质、工作特点紧密相关，个性非常明显；文字简练，内涵丰富，不仅朗朗上口，文化意境佳，而且融设计院企业使命、企业愿景、企业精神和企业核心价值观等为一体。

成为卓越的智能交通服务商

北京速通科技有限公司

北京速通科技有限公司（以下简称“速通科技公司”）成立于2007年6月15日，是一家主营高速公路电子收费及智能交通系统的设计、集成、安装、调试、管理、维护、清分结算等技术服务的高新技术企业，目前正以不停车电子收费系统（ETC）速通卡的应用为核心，积极拓展多车道自由流、智能停车等应用，立志成为卓越的智能交通服务商。成立7年来，速通科技抓住行业大发展的机遇，始终注重企业文化对企业发展的引领作用和对精英团队的凝聚作用，创造了一流的业绩，成为（ETC）不停车电子收费系统运营领军企业，先后荣获“中国公路学会科学技术奖特等奖”、“全国绿色交通运输企业”、“国家级高新技术企业”、“中关村高新技术企业”等多项荣誉。

一、文化建设动因

速通科技公司一直高度重视企业文化建设，企业文化也为推动公司发展做出巨大贡献。2014年，在国企深化改革的大背景下，在首发集团打造“百年首发”的目标引领下，在云星宇公司筹划上市的推动下，结合公司发展所积累的用户规模、技术、服务优势，公司领导班子提出转型，决定从不停车电子收费系统（ETC）运营服务商转向智能交通服务商。基于公司发展实际和战略调整，速通科技意识到需要对企业文化进行一次重大的、系统的梳理，构建匹配战略发展的企业文化体系，让公司企业文化更具特色、更具生命力、更加适应未来发展的需要。

1.企业文化建设是内聚外和的需要

企业文化具有凝聚作用，如同一根纽带，把员工和企业的价值追求紧紧联系在一起，是员工归属感的源泉。企业文化具有激励作用，把人作为企业的第一资源，强调尊重每一个人、信任每一个人，在共同价值观指导下思考问题、解决问题，最大限度地激发员工的积极性和创造性。企业文化具有协调作用，有助于形成“速通一盘棋”的大局意识，强调共识、增进协作，让企业的目标高度趋同，行动协调一致。企业文化具有约束作用，这种约束力是无形的，潜移默化地约束员工要做什么、不做什么，形成共同的道德规范和行为准则。企业文化具有塑造形象作用，积极向社会大众展示独特的管理风格、强烈的社会责任感和亲切的品牌形象，赢得社会各界的信赖与支持。

2.企业文化建设是总结优秀经验的需要

速通科技公司用7年时间走过了创业起步期、快速成长期，现在正式进入到转型发展期，发展速度惊人，也取得了令人瞩目的成绩。7 年的发展，速通科技公司积淀了“开拓创新、务实奉献、规范严谨、服务至上”的优秀文化基因。在快节奏的发展历程中，公司积淀了很多优秀的文化因子、积累了丰富的管理经验，面对转型带来的更大挑战，有必要对优秀经验进行总结，传承优良传统、提升管理水平，为再一次出发打下坚实基础。

3.企业文化建设是支撑发展战略的需要

速通科技公司 7 年磨一剑，以强烈的责任感、使命感，坚持“创新引领、绿色发展”，以服务为主线，以创新为动力，创造了国内领先、行业一流的发展业绩，成为国内智能交通的标杆企业。要在行业内持续领先，必须不断增强自身的核心竞争力。由于智能交通是新兴产业，存在发展方向不明、技术标准不一、市场有待培育等问题，需要进一步锁定发展方向，聚焦核心能力。速通科技公司已初步确立了向智能交通服务商转型的战略构想，这一新的战略构想给公司的经营思想、营销思路、技术理念、服务理念等带来了全新的变革，对公司的科技创新能力、优质服务能力和精细管理能力提出了全新的挑战，对全体员工的思想意识、精神状态、行为模式、业务素质提出了全新的要求。企业文化是战略实施的有力保障，加强企业文化建设，构建既能引导战略又能支撑战略的企业文化体系，统一认识、提振精神，齐心协力推动战略落地，为公司发展续写辉煌。

4.企业文化建设是开创新商业模式的需要

随着国家对智能交通的大力推动，随着科学技术的快速发展，智能交通将迎来大发展。在智能交通发展的大潮流中，速通科技公司不满足于不停车电子收费系统（ETC）运营，致力于通过应用拓展开拓更广阔的市场，在智能停车应用等方面进行了积极探索。新业务的拓展和应用，必将打破以往不停车电子收费系统（ETC）运营的思维模式，商业模式也必将发生改变，因此，需要更市场化的思维和新的商业模式。通过企业文化建设，强化开放创新、包容合作等精神特质，推动员工突破发展思维，以更主动、更积极的姿态去创新应用、探索商业模式，从而实现新业务的快速发展，实现公司持续的成功。

2014 年，在国企深化改革的大背景下，在首发集团打造“百年首发”的目标引领下，在云星宇公司筹划上市的推动下，结合公司发展所积累的用户规模、技术、服务优势，速通科技公司领导班子提出转型发展的思路，明确了公司要从不停车电子收费系统（ETC）运营服务商转向智能交通服务商转型。

在此战略构想的指导下，速通科技公司对企业文化进行一次全面、系统的梳理，对文化现状、品牌现状、管理现状等方面进行诊断，结合未来挑战和员工诉求，提出了企业文化建设的方向，明确了“以人为本、坚持创新”的核心价值观，系统架构了以核心价值观为原点的企业文化体系。

二、核心价值理念体系表述

核心价值观:以人为本、坚持创新。

使命:引领绿色出行,服务人车生活。

愿景:成为卓越的智能交通服务商。

精神:谦逊,精诚,争先。

职业道德:牢记责任,达己达人。

三、践行效果

为推动企业核心价值理念落地,围绕公司"人本、创新、服务、高效"这 4 个重要的价值观,速通科技公司重点展开四大落地工程,以主题活动为主要载体,与日常工作相结合,与管理实践相结合,进行核心价值理念宣贯,促进核心价值理念的深植,使之内化于心、固化于制、外化于行、显化于物。

1.人本工程:走近员工,全面关爱

以人为本是速通科技公司自创立以来一直突出强调的价值观,公司重视人才,秉持公平选人、真心育人、全面用人、事业留人的观念,为员工提供价值展现平台、创造成长空间,实现员工与企业共进共赢的目标。实施"人本工程",从关怀关爱入手,培育简单、和谐的工作氛围,构建速通科技公司幸福的大家庭。

(1)员工关爱计划

员工是速通科技公司最宝贵的财富,关爱员工是一切工作的前提。除了在制度上落实人本外,速通科技公司还制定员工关爱计划,多角度关怀员工。公司全面落实"八个一工程":一部好电影、一本好书、一个慰问、一个祝福、一首好歌、一份关爱、一封慰问信、一份爱心,给每位员工发放电影票,通过短信平台为过生日员工送上短信祝福及生日卡,贴心周到,关怀备至。对于重负荷员工、弱势员工,速通科技公司进行特别鼓励,如为客服人员设立专门的"委屈奖",对为照顾公司利益而受到客户诘难的客服人员进行抚慰。速通科技公司还真切关注员工心理健康,邀请专家进行培训和座谈,在互动分享中提升员工压力应对、情绪管理等方面的技能,并畅通员工诉求渠道,疏导负面情绪,引导积极心态。

(2)员工健康管理办法

一切的幸福源自于身心的健康。针对员工工作节奏快、坐班时间长等特点,速通科技公司加强健康管理,提升员工的健康活力,促进员工身心健康。首先,大力弘扬"运功换健康"理念,号召全体员工利用业余时间积极投入健身运动,每天组织员工做工前操,为员工购置健身卡,并举办以"健康、快乐、和谐"为主题的羽毛球、乒乓球比赛等,推动员工去运动、爱运动。其次,根据员工健康需求,外聘专家学者举办讲座,并利用网站、宣传栏等多种渠道,宣传健康生活理念,丰富员工健康知识。公司还定期组织全员健康查体,对员工健康状况进行评估,根据员工的不同健康状态,提供有针对性的健康指导。针对营业员工作压力大的状况,公司设立"委屈奖",表彰他们为公司创造的价值,并且通过开展文体活动、心理辅导,帮助员工释放心理压力,建立阳光心态。

(3)打造"速通人·幸福家"

速通科技公司是一个大家庭,这个家庭不仅包括所有员工,员工的家人也是重要的一部分,在这个简单而又充满温情的氛围中,大家为着共同的理想而奋斗,共同谱写速通科技的成长、成功。公司高度重视员工之家的建设,扩建图书室,增添书柜、电脑、桌椅等硬件设施,购置政治理论、专业技术、科普、法律法规、小说、工具书等书籍,方便员工学习,满足员工的文化需求;建立活动室,购置乒乓球、台球、羽毛球等健身器材,方便员工工作之余运动健身,员工之家成为真正的贴心之家。在此基础上,公司深入开展以"互助送温暖,服务促和谐"为主题的送温暖活动,开展"慰问一线员工、帮扶困难员工、关爱劳模先进、情暖退休员工"系列走访慰问活动,把公司的关怀和祝福送到员工家中。同时,针对困难员工,公司展开困难员工摸底调查工作,全面、真实的把握困难员工的基本情况,为困难员工的生活保障提供帮助,切实解决困难员工的实际困难。

2.创新工程:创新驱动,创新引领

作为一个快速发展的高科技企业,创新是速通科技公司成长最重要的推动力,也是公司在转型升级中最需要的核心动力。公司一直重视创新精神的培育,弘扬勇于创新、敢于突破的创新观念,并为创新构建良好的氛围。实施"创新工程",以加强管理创新、技术创新、服务创新为目标,为公司发展提供源源不断的助力。

(1)创新主题年活动

每一年度,速通科技公司都会根据发展需要制定年度工作主题,明确年度主要工作方向,而创新始终是年度主题活动中突出强调的重点。2011 年公司提出"质量管理年"主题,强调以完善制度体系推动管理创新、以开展课题研究推动科技创新、以启动流程监管推动服务创新。2012 年公司提出"标准化管理年"主题,强调以质量管理手册的贯标推动管理创新、以客户分析推动服务创新、以做好技术攻关及储备推动科技创新。2013 年公司提出"信息化管理年"主题,强调以提高电算化水平推动管理创新、以课题研究推动技术创新、以优化体系推动服务创新。

(2)创新技术交流

创新意识是创新的基础,速通科技公司根据发展的需要,重点培养生产、服务一线急需的技能型人才,特别是高技能人才。公司积极引导员工不断提高创新意识和创新能力,鼓励员工学习技术、掌握技能、争当高技能人才,充分调动广大员工投身经济技术创新活动的积极性和主动性,提升员工创新意识和创新水平。公司还大力推进员工技术交流,充分发挥员工技协在技术开发、技术转让、技术咨询、技术协作和技术服务中的作用,加快科技成果转化。

(3)营造比拼氛围

在首发集团公司的领导下,速通科技公司开展百日劳动竞赛和技能大练兵活动,选出及宣传先进典型,为员工树立工作榜样,为员工创新添加动力。公司在员工中广泛开展岗位练兵、技能比武、技术交流、“一帮一”师带徒等活动,掀起学技术、比技能、创一流的热潮,大家在比较、竞争中相互学习、共同进步,培养造就了一大批知识技能型、技术技能型、复合技能型人才。

3.服务工程:客户导向,真诚服务

速通科技公司是不停车电子收费系统(ETC)运营服务商,服务是公司的灵魂。随着客户量的迅猛增长,随着公司应用拓展的不断深化,速通科技将与消费者产生更紧密的接触,服务将是公司赢得竞争、赢得未来的关键。速通科技成立以来,就把服务放在重中之重的位置,架构服务网点、深化服务内容、提升服务质量,致力于为用户带来随时、随地、随心、随行的服务体验。实施“服务工程”,就是从服务意识入手,以服务品牌建设为抓手,培育服务人员良好的服务态度和服务能力,全心全意为用户服务。

(1)服务品牌塑造

为提高服务质量,实现客户服务标准化、规范化、优质化,速通科技公司在窗口服务人员中开展了“微笑速通·亲情服务”主题活动。公司邀请专业讲师对服务人员的仪容仪表、服务用语、服务规范等多方面进行详细讲解,并通过形体展示、互动实训、模拟实景等方式,帮助服务人员掌握服务知识。同时,结合岗位特点,编制了《微笑服务标准》和《客服中心服务礼仪培训教程》,进一步强化服务意识,统一了服务标准。实践证明,活动让服务人员对服务流程有了更全面清晰的认识,服务意识明显增强,服务水平全面提升,客户反响良好,速通科技“微笑服务”品牌塑造取得初步成功。

(2)服务明星评比

为增强服务人员的自主性,发挥其能动性,速通科技公司开展“营业厅流动红旗评比”活动和“星级评比”活动,以评比竞争活动推动服务水平的提升。营业厅“流动红旗”评比活动每季度举办一次,主要从营业厅考勤、营业厅业务、营业厅服务3个方面对营业厅管理进行评比,辅助对安全、卫生等内容进行评价,其目的在于提升营业厅的管理能力和整体服务水平。“星级评比”则针对个人,以营业厅月考核为基础,结合综合季度考核,按季度综合成绩来划分业务员的星级等级,对星级人员按不同等级实施力度不同的奖励,以激励服务人员做好服务,促使他们不断提高服务水平和业务水平。

(3)内部服务改进计划

随着互联网的飞速发展,用户对服务的要求越来越高,特别是随着用户量的迅猛增长,服务将成为衡量不停车电子收费系统(ETC)运营企业综合实力的核心标准。满足客户需求并超越客户期望,是速通科技公司一以贯之的服务追求,因此,公司将不断地改进服务作为一项重要课题,从思想、行动上着手,持续提升服务水平和服务能力。思想上,树立全员服务的“大服务观”,形成职能部门为业务部门服务,技术部门与客服部门高度协同的大服务格局;牢固树立以客户为中心的服务理念,一切工作以客户为导向,以满足客户需求为目标,一口对外,内转外不转。行动上,从制度规范、奖励约束机制等方面,一步步改进提升,推动服务不断优化。

4.高效工程:持续优化,不断提升

高效是速通科技公司成功的关键因素,是应对竞争、快速发展的法宝。速通科技公司追求高效,通过组织结构调整、流程制度完善夯实基础管理,通过执行力提升提高整体效率,实现公司运转顺畅、执行有力。实施"高效工程",以制度不断完善为抓手,以执行力提升为补充,持续改进,不断提升效率。

(1)管理优化行动

速通科技公司重视管理,以严谨规范为原则,以精细高效为目标,对管理制度、流程不断进行优化。2011年,公司导入ISO 9000质量管理体系,编制运营管理手册,完成制度汇编,随后每一年,公司都会组织对制度体系进行修订完善。同时,公司不断梳理、优化流程,实现管理制度化、制度流程化、流程表单化,以分工明确、责任清晰的工作流程,助推工作效率的提升。2013年公司启动人力资源咨询项目,探索完善薪酬架构和绩效考核体系,建立以能力业绩为导向的考核体系和薪酬制度,确保人才合理配置,适应公司发展的需求。在最新出台的方案中,畅通了技术人员和客服人员的发展通道,明确了职能工资制薪酬模式与服务星级工资制薪酬模式的薪酬划分模式,重点完善了技术人员的津贴与单项奖、与客服人员的服务星级工资制等激励政策,使激励的指标更科学、手段更多元、力度更大。

(2)执行力提高班

速通科技公司重视落实、强调执行,将执行力提升作为重要工作任务。针对中基层管理人员、骨干员工,公司举办系统性的执行力提高班。班级授课内容围绕工作中的核心任务,邀请内外部专家,讲授个人执行、团队执行、心态管理、时间管理等系列课程;并开展执行软障碍分析,通过案例或问题的研讨,进行执行力影响因素的深入剖析,锻炼分析与解决问题的能力的同时,结合实际提出改进措施,制定执行力提升计划;并推广优秀执行方法,切实提高企业效率效能。

四、主要经验和体会

回顾速通科技公司的成长轨迹,公司在一个全新的领域起步,抓住行业大发展的机遇,凭借自身的努力,从制定国标、地标到提升行业技术,从技术研发、系统优化到输出技术,一步步成长为推动行业发展的领军企业。在这辉煌而又充满挑战的发展历程中,企业文化成为速通科技公司的软实力,为推动公司发展贡献了源源不绝的动力。

1.真实文化为引领

企业文化建设,目的在于发挥文化的引导作用,而要做到这一点,前提是相信。就像相信每一名员工都愿意为企业尽心尽力付出一样,速通科技公司深深相信文化能对企业发展发挥积极而且重要的作用，包括引导员工行为、调节员工心理、丰盈员工人生等。在相信的基础上，还要做到“三真”。

(1)真实提炼文化，文化提炼形成必须脱胎于企业实际状况。速通科技公司的文化来源于实践，高于实践。价值体系的形成，是通过访谈、问卷、座谈、深度研讨等方式，找到共性价值观，进行提炼升华而成。这就确保了速通科技公司的企业文化不仅仅是领导班子的文化，而是来自全体员工的真实声音。

(2)真心认同文化，在公司发展与员工诉求中寻找共同利益、共同价值，从关爱员工入手，让员工感受到公司的真心，激发员工的积极性，让员工真正感觉到自身和企业同发展、同成长。

(3)真诚管理文化，通过采取宣传、教育、监督、考核、奖励等为一体的文化管理方法，促进员工对企业文化由认知到认同，由认同到践行的转化，发挥文化对企业发展和员工日常工作的引领作用、指导作用。

2.长效机制为保障

企业文化建设是一项长期、系统的工作，必须有良好的机制，为文化建设提供稳固的保障。速通科技公司建立企业文化建设领导小组和企业文化建设工作小组两级机制，领导小组以董事长为核心，囊括所有中高层，为公司企业文化建设提供决策支持；工作小组以综合管理部牵头，吸纳公司文化活动积极分子，具体负责企业文化建设的落地与执行。两者相辅相成，为企业文化建设提供坚定的组织保障。

此外，速通科技公司针对以往企业文化建设管理不力、执行不力等弊端，建立企业文化建设长效管理机制，对企业文化建设加强管理，包括建立企业文化管理制度、企业文化建设责任体系、考核评价和激励机制，完善制度保障。公司还设立企业文化建设专项基金，将文化建设的经费列入年度预算，以加大企业文化软硬件设施的投入，充足资金保障。

3.科学规划为指导

与常规工作任务不同，企业文化建设没有终点，贯穿于企业发展的始终。以往企业文化建设随机性较强，突发性较强，计划性较弱，往往是根据上级的安排或临时的需要组织文化活动，常规的文化建设行动也缺少连续性。要实现企业文化对公司持续、积极的引导作用，目标清晰、重点明确的企业文化建设规划不可或缺。

以速通科技公司的实践为例，无计划和有规划差别巨大。公司明确提出要以《纲要》统筹速通科技公司企业文化的发展，以速通科技公司核心理念和文化体系逐步替代各种散乱、随机的文化现象，从而推动各部门有效开展企业文化建设活动。文化落地实践过程中，速通科技公司文化应围绕《纲要》为主线来展开；各部门要以《纲要》为指导，在公司核心价值观的统领之下，根据自身特点，开展相对个性化的子文化系统设计与建设。在形成了企业文化建设纲要后，公司在年初就会对主要企业文化建设工作进行全盘统筹，有的放矢地推进，不再是疲于应付，工作效率明显提升。而系统性的文化宣传对员工的熏陶更是效果突出，通过理念、行为规范的分步导入，员工对理念的理解不断加深，员工行为也是逐步规范，速通人蓬勃向上、开拓进取、务实创新、严谨规范的形象愈加突出。

4.三个融入为策略

(1)企业文化融入企业战略

企业战略与企业文化是相辅相成的关系，企业战略规定和指导着企业文化建设的目标和方向，企业文化又是企业战略实现的精神动力和智力支持。速通科技公司高度重视战略与文化的协同，特别是在迈入转型升级新阶段后，针对性建立了相配套的企业文化体系。公司用实践证实，只有建立起能够为企业上下共同认同的核心价值观、使命、愿景和战略目标，才能有效地将员工的思想和意志统一起来，形成具有竞争力的整体合力；相对应，在战略规划谋划制定时，也同样必须遵循速通科技公司的核心价值理念，这是战略关注的首要问题，也是速通科技公司文化建设的重要目标和任务。

(2)企业文化融入日常管理

在管理学范畴，文化管理是最高的层次，但文化管理并不取代日常的制度管理，只是制度管理的方向应与文化理念的精神追求相一致。在发展过程中，速通科技公司将企业文化建设紧紧围绕管理活动来展开，与经营责任制、党风廉政建设责任制等相结合，使文化促进公司管理工作的全面改进。在具体执行过程中，公司推动文化建设朝着优化和提升企业运作效率的方向进行，把企业文化建设与公司中心工作结合起来，并贯穿到管理活动的各个岗位、各个环节。同时，公司还根据企业文化理念导向，梳理现有制度，对不符合企业文化理念倡导的管理行为、制度进行修订，从而逐步实现从制度管理向文化管理的跨越。

(3)企业文化融入全员实践

企业文化必须管理层亲自抓，这一点，在速通科技公司企业文化建设过程中已被完全落实。公司管理层平均年龄不高，技术专家多，思维活跃，对新鲜事物接受能力强。创业至今，公司的管理层积极承担着企业文化建设倡导者、设计者和组织者角色，是员工的思想引领和行为表率，成为企业文化建设的典范，发挥了良好的示范和领头作用。他们充分展现自身的人格魅力，以民主的态度倾听、以亲和的态度沟通，和员工打成一片，有力增强了公司的凝聚力。公司中、基层管理者也充分发挥了承上启下的桥梁作用，在岗位管理实践中成为公司文化的培育者、推动者，为基层员工做了良好的直接表率。

公司员工既是企业生产活动的主体，也是速通科技公司文化的实践者、发展者，又是优秀企业文化的享受者、受益者。因此，速通科技公司在企业文化建设过程中高度重视员工并看重员工的广泛参与，充分发挥广大员工在企业文化建设中的主体作用，广泛发动员工，集中员工智慧，让文化建设行动体现员工愿望，为文化建设积累了广泛的、深厚的群众基础。

5.与时俱进为要求

在社会发展越来越迅猛的时代,在市场变革、竞争加剧的时代,企业文化在传承自身优秀文化因子的基础上,还需要保持更新,才能具有持续生命力,才能更好地为发展提供切实的引导。速通科技公司对于文化更新有着切身的体会。早期从优良传统中提炼企业文化,很好地支撑了那一时期公司的发展,但面对经济形势和市场环境的变化,以往的企业文化内涵已不能完全适应未来发展需要。面对更加严峻的发展挑战和更错综复杂的发展环境,速通科技公司意识到企业文化建设必须与时俱进、兼收并蓄,探索适合长远发展要求的文化价值观念,研究企业文化建设的新内容、新途径和新方法,使速通科技公司的企业文化既体现优良传统、又突显时代特色。因此,速通科技公司重新梳理企业文化,以期让企业文化理念体系更贴近发展着的形势,建设路径更科学,对未来指导更有力。

五、单位标识诠释

标识中"C"代表了速通科技公司地处于首都(Capital)的中心地位,也代表了交通行业在我国工业中基础、骨干的地位,寓意着速通科技公司的服务核心价值在于便捷(Convenient),而"C"也是速通卡(Card)的首字母。"H"则是高速公路(High way)的首字母,是速通科技公司的立身之本。

标识整体以红、绿为主,"红色"寓意希望与热情,如初升的朝阳;"绿色"体现了绿色出行、低碳发展的理念,彰显了科技企业的活力,两种颜色的组合,具有强烈的视觉冲击力,给人以深刻的印象。

首都养路人

北京公联洁达公路养护工程有限公司

北京公联洁达公路养护工程有限公司成立于2000年7月18日，是服务于首都道路养护事业的国有企业，目前承担着北京市区三环路、四环路、联络线和其他线路，共计72条高等级道路以及877座桥梁、过街天桥、地下通道的养护管理、抢险防汛、路产维护、运行保障等工作，管养的道路设施几乎占到城区市管道路设施总量的50%，还承担德贤路、110国道等公路的养护管理工作。

一、文化建设动因

公联养护公司在长期的生产、经营、建设、发展过程中逐步形成了一套完整的经营思想、管理模式、运营理论、群体意识以及与之相适应的思维方式和行为规范，它渗透于养护公司的各个领域，在工作中逐步树立起独具特色的企业形象和行业口碑。公司顺应发展趋势，适时推出了以“首都养路人”文化品牌的文化体系建设战略规划，并以习总书记对首都提出的要“坚持和强化首都全国政治中心、文化中心、国际交往中心、科技创新中心”的核心功能为立足点，着力打造“保障首都，服务人民”的首都道路守护神。

二、核心价值理念体系表述

核心价值观：国家、人民的利益高于一切。

宗旨：保障首都，服务人民。

愿景：做首都公路守护神。

精神：求实、创新、协作、敬业。

职业道德：特别能吃苦、特别能奋战、特别能奉献；及时高效、优质舒适。

三、践行效果

根据企业发展战略和集约化经营模式的规划，北京公联养护公司针对不同时期的具体情况和变化，采取多种措施，从各个方面来调整工作意识、凝聚企业力量、激发员工潜能。例如，各种安全生产宣贯、质量监督检查、人生观价值观讨论、技能技巧培训、技术发明创新、节能降耗活动、文体艺术活动等。一系列的学习、实践活动不断塑造、丰富着“首都养路人”文化体系内涵，取得了令人瞩目的成效。

1."首都养路人"成为公司员工精神世界的凝聚源

2010年,公联养护公司明确了以"首都养路人"为品牌的文化体系的构建方针,并开始进行前期调研、分析总结和规划设计。以推出《公联养护之歌》为标志,正式拉开以"首都养路人"为文化品牌的文化体系建设帷幕,随后推出的《岗前歌》、《我们》、《相聚》等一系列企业歌曲,把对"首都养路人"的敬意和对首都道路养护事业的热爱挥洒得淋漓尽致,尽情绽放着"首都养路人"无私无畏的风采、深厚朴实的深深大爱和沉沉责任。

2011年1月,公联养护公司创办了内部交流刊物《公联养护》报,作为企业文化发展的传播媒体,塑造"首都养路人"的文化形象。《公联养护》报贴近经营、贴近管理、贴近生产、贴近员工的思想和生活,及时传递行业最新资讯和公联养护公司的发展思路,忠实记录公联养护公司的奋进步伐,充分展示"首都养路人"文化品牌的优秀文化理念,逐步成为公联养护人新思想、新经验、新理念的阵地,成为撞击思想火花、不断学习进步的阶梯,成为鼓励和推动公联养护公司不断奋进的号角,它不仅是公联养护公司文化思想的结晶,还是"首都养路人"创新精神的表现,更是一个凝聚智慧、携手发展的平台,使"首都养路人"逐步融入了公联养护人的日常生产、生活和思想意识之中。

2.文化机制的确立,推动了公司员工学习热情,提高了员工整体素质

北京公联养护公司建立了在全公司推广"首都养路人"意识的重要工作机制——一课制。包括"岗前岗后一课制"和"周课制","岗前岗后一课制"分为部门"一课制"和生产单位"一课制"。部门"一课制"指各部门每日召开班前、班后碰头会议,达到班前部署、班后总结、日事日清的目的。生产单位"一课制"指公司所属各生产单位在出车前及收工后列队进行的检查、交底和总结。在班前一课,所有参加职工共同齐呼"安全是生命,质量是饭碗,保障首都,服务人民",这朴实简约、通俗易懂的口号,把"首都养路人"的核心精神铭刻在每一位公联养护人的心里。

"周课制"是公联养护公司独特的学习培训和集体办公机制,在每周生产例会前的半个小时,公司主要领导组织公司管理岗以上全体成员进行充电学习,"首都养路人"的内涵和精髓就在这里得到不断的完善和升华。

为使上级领导、业界同仁、友好人士以及广大员工深入了解公联养护公司,了解"首都养路人"品牌的文化内涵,公司自行采编、拍摄、剪辑、配音、制作了不同时长、不同形式、不同内容的多媒体资料,并随时更新。针对不同的场合播放适宜的影视片或幻灯片,生动、形象、直观地记录、展示公联养护人的生产、生活状况,使"首都养路人"品牌及所体现的精神得到不断巩固和加强。

北京公联养护公司在日常生产、生活中注重培养有思想、能干活的"首都养路人",随时随地为大家提供不断充电、学习的机会,努力使员工同志们成为企业所需要的实用型人才,提出"增识长智、管用实用"的培训方针,以"忙时干活、闲时培训、见空加课、生产学习两不误"为原则,开展多种形式的学习培训,实际工作中缺什么就学什么,需

要什么就培训什么，几乎每周都有大大小小、不同内容的培训课，自己人讲自己事，各级、各层领导讲各层级的课。更提倡有特殊技能的员工讲课大家学，在全公司内形成了良好的学习风气。公司全体员工从认识培训到被动接受，再到欣然而受教的过程中发现，此时的培训已不只是企业的需求，而是每个人的精神需求与成长需求，学习已经成为一种境界，一种精进不止的超越自我的人生境界。每一名“首都养路人”都在日积月累的学习中发生着变化，其精神境界和实践品质不断升华。其中，部分公司层级的大型讨论学习有：海尔管理模式；“幸福是什么”；《正能量》的激发；“生命第一”；“安全、质量、效益”关系；“扫除力”的作用；统筹学的应用；中联重科集团考察感想；《一根羽毛的重量》观后感；“细节决定成败”案例分析；“认真是一种可怕的力量”等，并在《公联养护》报上刊登优秀讨论文章，使每一次的学习讨论都能深入到基层员工，日积月累地逐步统一员工的思想认识，提高精神境界。

为使企业文化更好地与实践工作相结合，北京公联养护公司还调动员工的聪明智慧，从实际出发，采集、总结施工作业中的经验和技巧，编写通俗易懂的培训教材，开展多种形式的特色教育。如被北京交通大学土木工程学院选为实习教材的《道桥养护三字经》、交通安全导行作业上岗培训、直观明了的《防汛抢险安全手册》等。

3.文化建设促进了公司创新机制，提升了工作效率

在灵活实用的学习机制和培训教育中，公联养护公司把创新作为丰富、扩展企业文化内涵的重要机制，并以一切创新为了解放生产力为原则，积广大员工集体智慧，努力发挥员工的积极性和创造性，在生产生活实践中，注意发现问题，并开动脑筋，迎难而上，化繁为简。本着什么地方存在问题解决什么，需要什么研发什么的创新思路，员工解决实际问题的意识和能力迅速提高，改变了思维模式，充实了文化精神，有力地推动了企业的发展。每年春季的“养护作业技能竞赛”、“能工杯、巧匠星”评选都会涌现出一大批发明创新成果。自主开发的养护管理系统、不中断交通更换桥梁板式技术、无线视频监控传输系统、锥筒自动收放设备、养护手机系统等大大提高了工作效率。三元桥提级改造的“56小时连续施工法”为今后类似工程提供了宝贵的经验。而一线员工在工作实践中，脚踏实地，实事求是，对工作中烦琐的、不顺手的、恼人的问题不躲避、不厌倦，积极想办法，动手动脑改进作业方式，发明改造设备、工具，不仅能干肯干，更加会干巧干，各种小发明派上了大用场。3年来共研制出20吨水车喷头改造、老海挂板车、手动吊车、放线车、立体雨水篦子、中央绿篱灌溉喷水管、车载绿篱机、轻便移动式吊篮、防眩板清洗机、沥青混凝土保温箱、车载绿篱机第二代、人工清扫机、移动式龙门架、滑行吊篮、中央绿篱修剪机、橡皮锤、摇旗机、遥控锥筒、铝合金搂耙、LED箭头灯改造、防阻夹、胜军笤帚、除雪冲刷两用喷水嘴、悬挂物清理铲、回转灯支架加固、限速牌支架改造、汽车水箱预热器、第二代摇旗机、第二代防眩板清洗机、隧道壁清洗机、摇旗标志牌、防风沙袋、清扫车进气管等33项发明。创新存在于企业的每一个细节之中，细节来自员工工作中的用心。工作中单调地重复的每一个细节、每一件小事都是

企业生命的基石、发展的动力、创新的源泉，更是“首都养路人”文化品牌的深厚根基。

2010年，公联养护公司受交通委委托，组织编写北京市首个道桥养护作业规程《北京市道路养护作业规程》和《北京市城市桥梁养护作业规程》。

4.文化建设升华了公司员工的精神世界

公联养护公司成立后，每年都要排除各类道路险情，例如近年来较大型的三环路京广桥、国贸桥、北太平庄桥、新兴桥以及西大望路、大屯路、北辰西路等多处重大道路突发事件的应急抢修工作；四环路蓝靛厂桥、四海桥、海淀桥、窑洼湖桥，三环路三元桥、华威南天桥、团结湖天桥、丽泽南天桥、大钟寺西天桥以及莲芳西天桥等多起重大桥梁应急抢修工程；7·21特大暴雨防汛；11·4延庆暴雪抗灾等。在各项抢险任务中，公司以敢打硬仗、能打硬仗的工作作风，大胆采用多种新工艺、新技术，反应迅速、措施果断、恢复及时，多次受到了上级领导的赞扬。表现出北京公联养护公司特别能吃苦、特别能奋战、特别能奉献的顽强拼搏精神。

2010年4月14日早晨，青海省玉树县发生7.1级地震，公司郭世权同志主动报名，成为北京市对口支援和经济合作工作领导小组青海玉树指挥部的一员。在500多个日日夜夜里，他用自己顽强的意志、扎实的态度、细致的工作和旺盛的斗志荣获了“北京玉树援建先进工作者”的荣誉称号，谱写了一曲青春无悔的赞歌，让“首都养路人”的旗帜高高地飘扬在了青海高原的上空，把公联养护公司服务人民的宗旨拓展向更广阔的天地。

北京公联养护公司还以丰富多样的载体、喜闻乐见的形式、亲切生动的内容从不同的角度和层面全方位展示“首都养路人”文化品牌建设成就，使员工更直观地体会到“首都养路人”的品牌内涵，极大地增强了企业凝聚力，其中多项大型活动得到了上级领导的好评和赞扬：

2012年1月14日，公联养护人把2011年里开展的主要工作和成绩浓缩、提炼、升华成了一场《爱在公联》文艺演出，饱含着诚挚的真情和深沉的感恩，在八一剧场用“责任在公联”、“欢乐在公联”和“感动在公联”三个篇章向各级主管部门汇报，向关心、支持养护公司的各界朋友做汇报，向所有的员工和员工家属做汇报。虽然看到的是舞蹈、歌曲、朗诵、快板，甚至时装秀，但那每一个节目都是“首都养路人”真实工作的描述和缩影，是对过去一年的回顾，对未来一年的期望。很多农民工演员流着眼泪给远在家乡的父母打电话：“爸、妈，我要登上北京八一剧场的舞台了，这辈子可能也就这一回，你们一定要来看啊，我给你们买机票……”新颖的外在形式包含的依旧是传统的总结内涵，带给北京公联养护人的是另一种激情和动力。

5.各种文化活动，增强了团队协作意识

(1)纪录电影《我们》隆重推出

2013年初，由各单位和各项目部历时一年，员工拍摄素材、公司最终剪辑的真真切切地展示2012年的工作、生活，让领导、朋友和家人一起来经历“首都养路人”的风霜雪雨，一起来体会“首都养路人”的酸甜苦辣的纪录电影——《我们》隆重推出。当大家看着电影里一个个镜头闪过，回想起这十几年，每一代领头人都坚守着共同的信念，每一位“首都养路人”都付出了全身心的努力，从创业的艰难到现在的辉煌，从寥寥数人到现在的人才济济，从简单的机械到现在的智能化设施，从单一的小修保洁到现在的重大工程……凝聚了多少人的血汗、多少人的支持、多少人的奉献。骄傲、自豪、感动、激昂、奋发……个中滋味让这些甘苦与共的兄弟们终生难忘。虽然最精彩、最靓丽的画面并没有被记录下来，但这些细小的沙石依然绽放出了绚丽的光彩，把无言的大爱传递给了每一位观众、每一位亲人，就像主题歌中唱的：“没有鲜花，没有喝彩，没有得与失的忧患；有志男儿，爱在心间，摆脱了名与利的纠缠；男儿大爱散播在天地间，我们的故事回荡在心田……”。

(2)文体队伍展现风采

为多角度、全方位展现员工的风采，公联养护公司以一线员工为主组建了工人合唱队，并聘请了专业的声乐老师来指导。大家在全力保障生产的同时，利用业余时间集中合练，认真揣摩，用心体会。2011 年 6 月，合唱队首次亮相，就凭借一首《在希望的田野上》在市交通委举办的“庆祝建党九十周年红歌合唱比赛”中，获得了合唱三等奖和创意表演三等奖；2013 年，合唱队又以《公联养护之歌》荣获了北京市交通行业第三届文化艺术节歌曲类金奖第一名和最佳创作奖两项大奖。2013 年 7 月，公司话剧团参加了北京市交通行业平安交通“让生活更美好”主题情景剧竞赛，并获得三等奖。

足球队、篮球队、钢鞭队、长走队、地书队……活跃在员工中的各种兴趣小组，把不同兴趣、特长的员工紧密地团结在一起，充分展示着健康生活、快乐工作的企业理念。

公司还组织春季运动会、五四青年拓展活动、登山比赛等，增强员工体质，丰富文化生活，营造积极、健康、向上的企业文化氛围，提高企业凝聚力、向心力。在各项活动中，所有参加者团结互助，相互鼓励，充分显示了“首都养路人”深厚的兄弟情义和不甘落后的进取精神。

(3)军训活动锤炼队伍

为进一步规范员工行为，提高北京公联养护公司正规化管理水平，培养和固化员工雷厉风行的作风，加强公司“一课制”的落实，2013 年 12 月 16 日至 27 日，公司再一次组织员工分两批到共建单位——中国人民解放军海军某训练大队进行封闭式军事训练。训练期间，所有参训人员不分单位、年龄、职位，穿插分配房间、班组；并采取军事训练与业务教学、室内学习与室外训练相结合的方式，从早晨起床、训练、就餐，一直到晚上的学习、就寝，训练科目和生活方式完全按照新兵的要求进行。通过军训，提高了企业各级团队负责人的团队控制意识、习惯养成意识和组织管理能力，强化了认真严谨、令行禁止的工作作风，形成了一个步调一致、听从指挥的坚强团队，在“保障首都，服务人民”的大旗下，勇往直前。

(4)美丽家园评比培养集体意识

北京公联养护公司除了机关办公楼以外,各项目部都有独立的生产驻地,大部分员工也居住在各个驻地,这里既是工作场所,也是公联养护人的“家”。为了使工作环境更亮丽、办公场所更整洁、住宿条件更温馨、活动场所更美观,公司开展了“美丽家园”评比活动。评比中,比的是广大员工爱企、爱家的意识,在一点一滴的小事上、在一砖一瓦的细微处都有人关心、有人建设、有人维护,处处窗明几净,整洁、有序,才是大家同心共处的和谐氛围。各单位根据评选目的和内容,结合各自生产、生活实际,有计划、有组织、见缝插针地安排相关建设和维护工作。很多单位还以此为契机,相互取长补短,切磋技艺,下大力气改善驻地软环境,许多不属于评比项目的工作也随之得到了改进和提高。每年 7 月,公司召开年度总结大会,为成效显著的优胜者颁发“美丽家园杯”。

(5)美食文化、亲情之旅营造“家”的氛围

在一年一度的中秋佳节和国庆节期间,为了尽快放松全体员工汛期的紧张状态,冲淡过度疲劳后恰逢佳节勾起的思乡情怀,稳定员工思想情绪,积聚积极、阳光、向上的正能量,给大家创造同欢共乐、增进友情的机会,增强企业凝聚力,激发员工创新力,北京公联养护公司以服务基层、慰问员工、放飞心情、两节同庆为目的,本着厉行节约、勤俭欢乐的原则,举办美食文化节。文化节以各驻地为单位,各单位遵照总策划的整体要求,因地制宜,扬长避短,发挥各自的聪明才智,制定不同的实施方案,以新颖别致、全员参与、无碍生产作息的活动形式给全体“首都养路人”送上真诚的慰问和节日的祝福。

道路养护工作辛苦,日常养护、应急抢险、夏季防汛、冬季扫雪等,任务重、工期紧,一年到头都在忙碌。北京公联养护公司的大多数员工来自外省市,他们把全部热情和心血都投入到首都城市道路的养护事业上,与家人团聚的时间甚少。公司为把工作真正落实到群众的心里,想群众之所想,精心策划了“亲情之旅”活动,以邀请优秀一线员工家属走进北京、走进公联的形式来表达企业对员工及员工家属的感谢,加深员工及家属对企业的理解与支持,体现企业与员工、员工与家属、家属与企业的亲情。公司机关和各项目部把员工当家人,把家属当亲人,积极筹备,精心安排,紧密配合,细心热情地迎接亲人的到来,共同欢庆家人的团聚。公司领导陪同家属们一起观看影像资料,向大家介绍公司的发展情况和未来的规划;家属们还深入公司各项目部了解员工在公司的生活和工作情况,与员工一起分享养护工作的酸甜苦辣;公司还安排大家游览北京著名的旅游景点,共同感受首都的魅力。在活动中,没有浮华的形式、没有虚伪的客套、没有高高在上的官架子,公司领导与员工和家属就像一家人一样畅所欲言。深受感动的家属们纷纷表示:自己的亲人在这样的企业中工作,我们放心;他们能够为首都交通贡献力量,我们骄傲,一定会一如既往地支持亲人工作。

四、主要经验和体会

北京公联养护公司作为国有企业，不仅要大力发展养护产业，为首都道路养护、保洁、防汛、扫雪、应急抢险等提供优质服务，还担负着引领员工正确思想认识、树立良好道德风尚的社会责任。为此，就应该在物质和文化建设上双管齐下，齐头并进，充分发挥企业文化在引领企业发展战略、促进企业科学管理、增强员工综合素质、塑造企业品牌形象、提升企业核心竞争力等方面的不可替代的作用，以企业文化聚人心、促发展、保稳定、创品牌。

"首都养路人"品牌既不是用嘴说出来的，也不是标语口号喊出来的，它是全体员工在公司企业文化品牌的指引下，强化公联意识，秉承公联精神，在日常的生产实践中脚踏实地，一点一滴地积累、沉淀、凝练，并进而丰富、提升、拓展，逐步形成"首都养路人"文化品牌，并且使其焕发出灵动浑厚的生命力，为北京公联养护公司的文化建设增添亮丽的光彩。

北京公联养护公司采取了多种措施和形式进行企业文化体系建设，每一个活动、每一项工作都紧紧地围绕着企业发展规划的目标和要求，都由公司领导和不同部门、不同专业、不同特长的员工参与研讨、制定和执行，充分调动人民群众的主人翁意识和积极性，用集体的智慧进行深入、细致、系统的研讨，做到活动主题"从实践中来"、解决方案"从群众中来"、实施践行"到群众中去"。以"首都养路人"为文化品牌的北京公联养护公司文化建设与业务发展同步共进，形成个性鲜明、积极灵动的企业氛围，引导员工根据公司发展的目标和要求提高自身素质和能力。

服务意味着责任，服务蕴含着发展。作为首都，北京有特殊的政治责任，更有得天独厚的资源优势，公联养护公司努力把这种资源优势转化为发展优势，在全体员工的共同努力下，已经逐渐形成了具有鲜明特色的，以"首都养路人"为文化品牌的企业文化，其丰富的精神内涵、卓越的创新意识、独特的管理制度、沉稳的行为规范，极大地促进了企业的各项工作，将与养护公司一起迈上新的征程。

五、单位标识诠释

东升的太阳

铁锹头

首都养路人

北京公联养护公司自创立至今，在全体员工的辛勤努力下，用汗水和行动逐渐铸造起自身的企业精神和企业文化，其内涵还在不断地丰富和扩大。公司总结、概括了企业文化精神的基本内涵，并将其形象化地寓意在企业标识体系内，凝结成了公联养护公司的魂魄所在。

公联养护公司的标识由两个“公联养护”的印章式图案——“东升太阳”、“铁锹头”和“首都养路人”5个文字组成，其中包含4层意义：

其一，东升太阳寓意着公联养护公司的发展蒸蒸日上，充满勃勃生机；铁锹头则形象地展示了公联养护公司始终强调的深入细致、扎实落地的工作态度——“工作要落实到工人的铁锹头上”。

其二，太阳东升与铁锹头落地寓意公司“想问题要长两级，做事情要低两级”的处事之道，宏观战略要站得高、看得远，微观战术要观得细、做得精。

其三，太阳东升与铁锹头落地包裹着“首都养路人”，既寓意“首都养路人”不分昼夜、不分四季地实施着首都道路养护工作，也寓意着公联养护公司的一切工作都要围绕着“首都养路人”这个核心使命。

其四，铁锹头是两枚中国古钱币——刀币的组合，寓意企业的经济效益来源于每一位员工的辛勤努力，只有靠全体员工的共同努力才能托起太阳东升。

用卓越服务创造美好生活

山东省交通运输集团有限公司

山东省交通运输集团有限公司作为国有大型专业运输集团,近年来,积极转方式、调结构、促发展、惠民生,企业规模不断扩大,经济效益稳步提升,成为中国交通百强企业、中国物流百强企业和中国服务业500强企业,是交通运输部重点联系企业、国家发改委、山东省经信委发展物流重点扶持企业。

山东交运集团公司目前有两大主营业务:交通运输业、旅游服务业,经营范围涉及公路客货运输、客货场站经营、危化品运输、大型货物起重运输、物流仓储、城市客货出租运输、国际国内旅游、汽车维修、销售、海河运输、浮桥港口经营、油气站等,已初步构建起大场站、大客运、大物流、大旅游的产业格局。在主业突出、多业并举、综合运营的过程中,成功推出"山东交运"、"中华第一站"、"济宇高速"、"兔兔快运"、"山东交运物流"、"山东交运旅游"、"山东交运快修"等行业知名品牌。

一、文化建设动因

企业文化是企业的灵魂,是企业全体员工共同的价值观体系,是促进企业提升核心竞争力的一项重要系统工程。学习型组织理论证明:"企业未来唯一持久的竞争优势,就是比你的竞争对手学习得更快的能力。"创建学习型组织,建设企业文化,对于贯彻落实科学发展观,树立企业核心价值观,提高全体干部职工的素质,增强其使命感和责任感,深化集团体制、机制改革,推进产业结构、组织结构和人才结构调整,实现集团战略目标,无疑具有重要的意义。

1.先进企业文化是推动企业持续健康发展的重要保证

企业文化是企业共同价值观的凝结和体现,是企业在长期的生产经营实践中逐渐形成的理念、愿景、精神、道德、习惯、风尚的综合与统一。近年来,山东交运集团公司通过完善公司治理结构、组织架构再造、体制机制创新、实施资本运营战略等举措,使企业的管理模式、运行体制机制,以及业务运营流程发生了根本变化。目前,集团公司正处于"十二五"发展战略的关键时期,只有坚持不断提升和推进企业文化建设,才能不断增强企业凝聚力、提升企业品牌价值、加速无形资产的积累;才能使企业的"硬管理"与"软管理"相辅相成,进一步增强全体员工的主人翁意识,充分发挥员工积极性、主动性和创造性,真正把山东交运集团公司建设成为管理水平一流、盈利能力一流、竞争能力一流的现代化交通运输大型综合服务企业。

2.发展企业文化是提高企业核心竞争力的必然要求

企业文化是现代企业核心竞争力的基石,21 世纪的企业竞争最终是企业文化力的竞争。其核心是企业价值观,实质是以人为中心,以文化引导为手段,以激发职工的自觉行为为目的的一种企业经营管理思想。企业文化的根本任务是重视人、相信人、理解人、发动人、引导人、教育人、培养人和塑造人。企业文化作为企业的核心竞争力,像一只看不见的手,在自觉和不自觉中对企业的经营管理起着重要的引导作用。山东交运集团多年的运营管理实践证明,在传统交通运输业向现代服务业不断转变的过程中,只有持续提升服务能力、提高服务品质,才能不断满足旅客需求、迎合发展形势。这种服务能力和品质只能来自员工的敬业精神、对企业的忠诚、对社会的责任感和高尚的道德情操,而这一切,只有依靠企业共同的价值观和先进的企业文化才能实现。因此,集团公司党委深刻认识到加强企业文化建设,对提高经营服务质量、增强核心竞争力、促进企业科学发展的重要性,始终坚持将加强精神文明建设、发展企业文化作为树立良好企业形象、加快自身发展的重中之重,贯穿于生产经营、企业管理的各个方面。

3.进一步提升与完善企业文化是集团公司新的历史使命

作为一家具有 60 多年历史的国有企业,山东交运集团公司在不同的历史发展阶段,积淀了一定的企业文化财富。特别是近年来,通过深入开展“创建学习型组织,建设企业文化,构筑和谐交运”等一系列企业文化创建活动,集团公司逐步建立起以“诚和”文化为核心的企业文化体系。纵观集团公司发展历史,尤其是进入 21 世纪以来,山东交运人体现出敢于改革、勇于创新、诚信重义、创新经营的责任意识,奋发有为、克难奋进的精神,是集团公司企业文化的优秀基因。继承并发扬光大这些优秀的文化基因,建设以“诚和”文化为核心的企业文化,是作为一家大型专业运输集团对国家、对社会、对客户、对员工的郑重承诺和历史使命,也是利益相关者对山东交运信赖和支持的基础。

二、核心价值理念体系表述

核心价值:用卓越服务创造美好生活。

使命:引领行业,服务大众,熔铸品牌,富裕员工。

愿景:区域当排头,全国成一流。

精神:团结,奉献,创新,发展。

职业道德:忠诚,明理,敬业,合作。

三、践行效果

近年来,山东交运集团公司坚持以“诚和”文化为核心,以提升“山东交运”品牌形象为目标,积极开展“建设企业文化,构筑和谐交运”活动,按照文化引领、精细化管理、科学发展的思路，构筑起“文化理念、制度体系、行为规范”三大企业文化系统。通过愿景导航、VI系统建设、企业核心价值观，不断推进站区文化、班组文化建设，促进企业文化进基层、进班组，以文化创新带动观念转变，凝聚了人心、激发了斗志，在干部职工中形成岗位建功、奉献企业的良好风气。

1.职工队伍素质显著提高，自主创新能力不断增强

通过长期不懈的加强企业文化建设，集团公司形成了“创建学习型组织，争做知识型员工”的良好氛围，广大干部职工忠诚事业，忠诚企业，爱岗敬业，岗位成才，表现出了良好的精神风貌。在全集团公司范围内掀起了围绕岗位技能要求，刻苦钻研技术，敬业爱岗的高潮。员工学习能力的增强、自身素质的提高带来的是自主创新能力的提升，集团公司各单位的干部职工立足自身岗位，结合工作实际情况，踊跃开展管理创新、服务创新。集团公司下属的各车站从旅客的需求出发，推出了个性化服务措施，得到了广大旅客的欢迎。各个科室形式各异、细致全面、富于特色的管理方式和文化理念开始盛行起来，出现了许多经典的服务案例，有力地推动了生产经营活动的健康发展。

在创建企业文化过程中，集团公司所属济南长途汽车总站通过开展班组自主化管理，全员参与企业文化创建，提炼出了“和谐、奋进、忠诚、优质、高效、卓越”的文化理念、“把理由让给旅客”的服务格言和“为了企业也为了自己和家人而努力工作”、“幸福、快乐与奉献同在”的员工信念，并致力于打造员工学习的舞台和施展才华的舞台，实现了企业与员工的齐成长、同进步。科室文化建设搞得有声有色，出现了许多经典的教学案例。如售票处推出的“十项正激励”、“温馨小提示”、“服务格言展示”等；检票处员工广泛接受的“砍树杈”理念，他们认为一棵树在成长过程中必须不断修剪多余的枝枝杈杈，才能使树长得又高又大，一个科室（班组）要想在众多科室中脱颖而出，保持领先地位，必须不断改进工作、创新工作。同时，各科室分别结合工作实际提出了各具特色、源自实践的服务信念，如“幸福、快乐与奉献同在”、“飞越激情，适当归零”、“把麻烦留给自己，把方便带给旅客”、“用我甜美声音，传递完美服务”等，这些服务理念贴近了班组文化看板，也刻进了每一个员工心里，融入了服务工作的每一个环节。由于基础工作扎实，自下而上的自主学习和管理模式已深入人心，以维护和提高企业形象为己任，勇于创新求效的工作理念蔚然成风。汽车总站南区将全体员工的核心价值观作为加强文化建设的基础，努力塑造共同愿景，通过不断创新形成了集约型、科技型、服务型等的特色班组文化，丰富了科室管理理念。在科室文化的熏陶下，凝聚了精神，增强了内在动力，使科室工作和员工面貌焕然一新，涌现出许多先进人物和创新管理模式，“王涛工作法”、“小铁人精神”等在集团公司得到了推广，促进了车站与人的“和谐发展”。作为山东高速客运排头兵的“济宇高速”公司，在服务模式上实现了由“航空式”服务向“全新服务”模式的转变，该公司金牌乘务员在工作程序多、劳动强度大的乘务工作中，用心观察、用心思考，推出了“六个一”家庭式特色服务，即：见到老、

弱、病、残扶一扶,见到餐板上有污渍擦一擦,见到旅客看书把阅读灯开一开,见到有特殊旅客主动问一问,见到旅客睡着时用毛毯盖一盖,见到地上有污物捡一捡,受到了乘车旅客的好评。山东交运物流公司提出了“以顾客为本,物畅其流”的工作理念,强调特别能吃苦,特别能战斗,特别能奉献、特别能创新、特别能进取的五种工作精神,赢得了“山东铁军”的称号。

2.服务质量显著提高,企业核心竞争力不断增强

作为省属最大的社会服务窗口单位,山东交运集团公司始终将保障安全生产、提高服务水平作为企业发展的生命线。在开展企业文化建设过程中,集团公司所属客运场站以“旅客满意”为标准,以打造“微笑车站”为目标,不断丰富服务内容,创新服务形式,展现出良好的行业文明形象。在济南长途汽车总站,针对节假日女士购票拥挤不便,设立了女士购票窗口。为了更好地服务于外国友人,在候车厅设立了“英语、哑语服务岗”。在情人节、母亲节、老人节等到来之际,推出鲜花免费速递服务项目。针对孩子单独乘车问题,推出“千里一卡系,亲情伴您行”儿童专送等服务。济宇高速公司从准确的市场定位入手,从旅客的需求着眼,坚持待客真诚、服务守信,规范严谨的安全检查制度和行车操作规程,优质超前的驾乘服务,使全“心”服务,有了全“新”感受,让广大旅客的旅程“只有家庭的温馨,没有旅途的烦闷”,在树立品牌的同时,也赢得了骄人的经营业绩。交运物流按照现代物流产业发展的要求,建立起功能齐全、服务完善的物流体系,物流信息操作平台,凭借雄厚的运输实力和全方位的无缝隙服务,先后与日本东芝、韩国 LG、北京电力等国内外大型企业建立长期稳定合作关系,多次为国家西气东输、西电东送、南水北调、抗震救灾等重点项目和重大活动提供运输保障服务。旅游集团以特色的“运游结合”旅游模式,创新推出的“巴士旅程”和“好运游”产品成为全国旅游行业一张独特的名片。同时,汽车售后服务、交运出租、交运港航等一个个产业也蓬勃发展,呈现出百舸争流、百业俱兴的强劲发展势头。

3.先优典型不断涌现,企业凝聚力显著增强

山东交运集团公司坚持用与时俱进的先进文化打造“山东交运”服务品牌,将 CIS 企业形象识别系统渗透到集团全方位工作中,并与对标精细化管理、两保两树、四化管理、创先争优等活动有机结合,注重发挥先进人物的榜样示范和典型引领作用,进一步增强了企业的凝聚力和向心力。近年来,集团公司结合运输企业点多、线长、流动、分散等特点,围绕经营、服务、安全、节能等重点工作,提出了争做山东交运“五类先锋”活动,即:争做各岗位创新经营先锋、创新服务先锋、创新管理先锋、创新节能先锋和安全生产先锋,带动了各产业板块一大批先锋集体和先锋个人的涌现。通过大力开展“先锋工程”建设,先后成功培养选树了十八大党代表、山东省优秀共产党员李文,山东省道德模范、最美司机宋洋,山东省劳动模范贾湘鸣等多位引领行业风尚,具有社会影响力的先锋模范人物,形成了先进典型层出不穷,新老典型交相辉映的生动局面,有效激发了干部职工岗位建功、积极奉献的内在动力。

集团公司党委坚持选一名先锋,树一面旗帜,立一个标杆,带动一个群体的工作标准,从不同产业、不同岗位推出叫得响、立得正、树得稳的先进典型,号召广大干部职工对比先进、学习楷模。根据各类先锋模范人物的不同特点,按照贴近实际、贴近生活、贴近群众的原则,采取形式多样的宣传推广措施。一是以各类先锋、标兵先进事迹为主题,先后出版了《先锋之歌》、《李文的故事》和《颂扬满天下》等企业文化系列丛书,从不同侧面反映先锋模范的成长道路和感人事迹,启迪心灵、催人奋进。二是通过座谈讨论、巡回演讲、主题报告、现场交流等方式,有计划地组织各类先进典型面向各岗位员工介绍经验、宣讲事迹、互动交流,使先进典型的事迹和优秀品质更加深入人心,先进工作法和服务技能在更大范围内推广。三是通过采写党员先锋报道、制作宣传展板等形式,营造学习先进、赶超先进的良好氛围,形成党员带群众,党内带党外,典型带全员的良好企业文化氛围。

党的十八大代表李文同志是济南长途汽车总站一名普通的检票员,她却用心把这份工作做到了极致。凭借出色的业务技能和服务本领,她连续5年被集团公司评选为明星职工和服务标兵。李文同志光荣当选党的十八大代表,是严格按照省委要求的"三上三下"推荐程序,经过自下而上、上下结合、反复酝酿、逐级遴选后选举产生的,是一名素质优良、群众公认、威信较高的一线党员代表。回顾李文同志的成长历程,从一名普普通通的检票员,到行业服务之星、省富民兴鲁劳动模范、全省优秀共产党员,经过了组织的多年培养。为充分发挥李文同志的典型引领和党员先锋模范作用,交运集团公司党委有针对性地开展了一系列对标学习活动,由李文同志领衔成立榜样的力量先锋事迹巡讲团、组织开展了"向李文学什么"、"李文工作法启示"座谈讨论会等,以创新经营管理、提升服务品质为目标,分享李文同志立足一线、扎根基层的成长历程和工作经验,在党员和职工队伍中竖起了一面高扬的旗帜。目前,李文同志作为一名总服务指导师,继续在车站的一线服务岗位传、帮、带,并形成了以感恩之心、阳光之心、责任之心为代表的"三心"工作法,推出了"李文示范岗"等特色服务,成为在生产经营中发挥攻坚克难和示范引领作用的突出表率。

4.勇于担当社会责任,企业文化影响力逐步提升

建设先进企业文化的着眼点是实现企业和员工的共同成长,实现企业和社会的和谐发展。山东交运集团公司始终以"服务人民,奉献社会"为宗旨,时刻不忘作为国有企业应承担的社会责任。集团公司党委带头开展"爱心回报"活动,引领所属各单位积极参与社会公益事业,如:汽车总站员工与济南市社会福利院孤残儿童结成帮扶对子,连续15年通过各种形式开展爱心捐助活动;总站南区大力开展"泉城义工关爱号"活动,形成了独特的"义工文化";各单位还分别开展了扶贫济困送温暖、关注农民工子女等公益服务活动,推出了五大直通车、党员示范岗、雷锋服务岗、为民车队、党员快修点等便民举措和特色服务活动,赢得了社会各界的广泛赞誉和上级部门的充分肯定,进一步彰显了勇于担当社会责任的良好企业形象。

经过不断深化和发展企业文化建设，山东交运品牌已在社会上具有了较高的知名度。目前，在“山东交运”旗下拥有“中华第一站”、“济宁高速”、“山东交运物流”、“兔兔快运”等诸多子品牌，形成了集团主品牌下，众星捧月、互动生辉的品牌格局。同时，山东交运集团公司企业文化建设工作也得到了各级领导的肯定和称赞，先后荣获全国交通运输企业文化建设优秀单位、中国企业文化建设百强单位、中国最具成长力服务品牌、全省企业文化“创新实践奖”、山东省企业文化“创新成果奖”、山东省服务名牌、山东省“60年60品牌”、山东省企业文化建设示范单位、山东省创建学习型企业示范基地等诸多荣誉称号。

四、主要经验和体会

企业文化建设是一个长期的过程，只有起点，没有终点。多年来，山东交运集团公司通过不断加强和发展企业文化建设，取得了实实在在的成效，也积累了许多宝贵的经验和体会。

1.企业文化建设离不开领导者的言传身教

企业文化首先是企业领导者的文化。企业文化建设的切入点是形成先进的理念系统。企业价值理念系统的提炼，必须以企业发展实际为背景，以企业深化改革发展的既定目标为参照，用来统一员工思想，规范员工行为。企业文化建设的关键是要把优秀的企业价值观、经营管理理念真正落到实处。建构理念体系，需要企业领导者的重视、支持和以身作则，需要强有力的制度作保证，在企业的规章制度中真正渗透企业文化精神。培养优秀的企业文化，领导者要率先垂范，不仅带头遵章守纪，在言谈举止、工作作风等方面都要起到表率作用。在“十二五”重大战略调整的关键时期，各级领导者的价值观念和经营理念的先进性将决定着企业文化建设的先进性。因此，集团公司各级党组织作为企业文化建设的领导者，首先从自身做起，认真学习领会和贯彻落实科学发展观，认真学习领会和贯彻落实集团确定的企业文化理念体系，做企业文化创新的先行者，成为企业文化的忠诚“传教士”和坚定推行者。

2.企业文化建设必须坚持以人为本、全员参与

企业文化理念的本质特征是倡导以人为中心的人本管理哲学，把人视为管理的主要对象和企业的首要资源。在企业文化建设中，必须坚持以人为本，努力培养和造就“四有”职工队伍，引导职工树立正确的理想、信念、人生观和价值观。同时要努力满足员工的需要，充分考虑员工的精神需求，尊重员工的个性和价值，平等对待每一位员工，构建企业与员工的“命运共同体”。企业文化建设是一项全员参与、全过程控制的系统工程。既需要集团上层的强势推动，各级领导干部和职能部门要积极协同、全力实施，更需要广大员工的广泛参与、共同培育，建设共同的愿景，遵循共同的行为准则，形成共同的价值观。因此，必须采取全面推进的方式，对全体员工进行企业文化理念教育，形成全员认知、认同并自觉实践的企业文化理念体系。只有坚持全员参与，才能

建立一个上下认同，具有山东交运特色的企业文化体系，将企业战略转化为员工的共同愿景，转化为大家的自觉行动，依靠企业文化来激活和整合内外部资源，实现文化制企、文化塑企和文化强企的目标。

3.加强企业文化建设必须树立学习和创新意识

任何企业文化和愿景不是一成不变的，先进的企业文化必须紧跟时代发展的脚步，适应企业和市场的发展与变化。既要以科学的态度继承山东交运集团公司优秀的企业文化基因和长期经营过程中形成的优秀企业价值观和管理思想，又要积极借鉴和吸收国内外企业文化建设的先进成果，用发展观念、创新思维对现有企业文化进行整合、提升和创新，坚持与时俱进，创新企业文化建设的形式和内容，适应时代赋予的责任。集团公司党委通过开展"创建学习型企业，争做学习型员工"活动，积极倡导全员学习、团队学习、全程学习和终身学习的理念，使广大干部职工在掌握新知识、新技术、新理论、新方法中实现自我价值，不断提升职工队伍综合素质的整体创新能力。同时深入推进"对标·精细化管理"，通过对标学习找差距，精细管理增效益，积极与企业文化建设标杆单位找差距、找不足，通过设标、对标、追标、达标，推动团队管理，打造团队精神。通过开展各类培训和企业文化建设活动，不断增强员工深化改革、创新发展的意识，使企业员工在激烈的竞争中，保持旺盛的斗志和乐观的态度，从而使企业员工以积极的态度迎接新的挑战和考验。

4.企业文化建设必须紧密围绕生产经营中心工作

企业文化建设离不开物质文化作保障，企业发展归根到底是促进生产力的发展，服务于社会，惠及广大职工。因此，开展企业文化建设必须坚持与生产经营紧密结合，做到不务虚名，不走过场，切合实际，注重实效。要在深入调查的基础上，抓住深化改革与经营发展面临的"瓶颈"、"难点"问题，采取有效的方式，把企业文化建设与解决改革与发展中的实际问题结合起来，凝聚广大员工的智慧和力量，创造性地开展工作，充分发挥企业文化在深化体制改革和促进业务发展中的强大功能。在企业发展的同时，要为员工创造良好的工作、生活空间，让员工置身于和谐大环境中生活、工作，自然而然地感受到一种文明的氛围，并使其成为集团公司乃至员工一种珍贵的品质与财富。要注重加强文化阵地建设，保障资金投入力度，根据企业文化建设的需要，积极开展健康有益的文体娱乐活动，进一步完善文化设施和场所，以满足员工日益增长的文化需求。通过健康向上的企业文化凝心聚力，促进集团各项事业的蓬勃发展。

5.企业文化建设与党建和精神文明工作密不可分

企业党建思想政治工作作为国有企业的优良传统和政治优势，既是中国特色企业文化的重要内容，同时也从政治上、思想上、组织上为企业文化建设健康发展，发挥作用提供了有力保证。文化是企业的灵魂，是企业发展的不竭动力，是凝聚和激励职工的重要力量，是构建和谐企业的有效途径，也是党组织有效开展工作的重要载体。党建工作和企业文化建设最大的共同点就是都面对广大职工，目的都是为提高职工的思想道德素质，培育良好的职业素养，调动职工生产工作的积极性，增强企业的凝聚力。因此，要把加强党的建设、精神文明工作和创建企业文化三者相结合，有针对性地加强教育和引导，进行党的基本知识教育、革命传统教育，使广大职工坚定共产主义信念，自觉践行社会主义核心价值观，形成健康向上的企业文化和浓厚的政治氛围。只有将企业文化建设与企业党建思想政治工作相融共进，企业的文化优势与政治优势结合互补，才能转化成企业的竞争优势，为企业改革发展提供强大动力。

企业文化建设是一项需要在实践中不断总结、完善、提升的工作，其生命力在于与时俱进和不断创新。随着企业文化和品牌创建工作的不断深入，山东交运集团公司逐步形成了以“诚和”文化为核心的系统企业文化体系，得到了社会和广大干部职工的充分认可。在今后的工作中，将持续不断地提升与完善企业文化，将其有机地融入企业生产经营的各个方面，让企业文化落地生根，有力助推山东交运集团公司持续健康稳定发展。

五、单位标识诠释

标识由上倾的银灰色椭圆和变形蓝色大雁构成，使之富于动感和现代审美意识，给人以积极向上、奋进拼搏的感觉。奋飞向上的蓝色大雁，具有动感，富有韵律。昂首和飞翼跃出椭圆，寓意企业在市场竞争中奋力进取、拼搏，不断寻求突破、创新和自我完善，以求更高、更快、更强的发展之路。大雁的变形设计，暗含“交”“运”拼音开头字母为“J”和“Y”；上倾银灰色椭圆，中间留白，形似疾驰车轮，既象征企业行业属性，又寓意企业具有团队开拓精神，银灰色还彰显创造财富和实业荣誉。白色轨迹用中国传统书法的表现形式，赋予标识以文化内涵，象征企业继承齐鲁文化传统之精髓，企业紧跟时代，不断开拓前进的光辉历程，并寓意企业负有神圣的社会使命。整个标识简介而又内涵丰富，具有现代美感和视觉冲击力，突出了交通运输企业独有的形象特征和文化内涵，体现出企业继往开来的求实精神。

文化引领卓越　满意创造价值

江苏省扬州汽车运输集团公司

江苏扬州汽运输集团公司为国有大中型企业，中国道路旅客运输一级企业，经营领域覆盖道路旅客运输、城市出租、汽车修理、商贸旅游、职业培训等多种产业，为扬州地区规模最大的公路客运龙头企业。

集团公司下辖17个分公司、12个子公司，现有职工1734名，资产总值7亿多元，各种营运车辆851辆，经营公路客运线路137条，公路客运日发班次1000余班次，年发送旅客775万人次，公路客运线路辐射18个省和直辖市。2003年通过国际质量体系认证，2012年通过职业健康安全体系认证，2013年9月底，公司被认定为第一批交通运输部交通运输企业安全生产标准化一级达标企业，成为首家获得3项（道路旅客运输、汽车客运站、机动车修理）认定的道路客运企业，为扬州市国资委系统重点监管企业。

多年来，集团公司坚持以发展为第一要务，外树形象，内强素质，锐意进取，开拓创新，为繁荣地区经济、方便群众出行、促进文化交流发挥了重要作用，取得了良好的经济效益和社会效益，企业文化建设取得了丰硕的成果，公司先后荣获全国质量奖、全国企业文化建设示范基地、全国交通运输企业文化建设品牌单位、中国文化管理十佳单位、全国道路运输百强诚信企业、全国实施卓越绩效模式先进单位、全国实施用户满意工程先进单位、全国厂务公开民主管理先进单位、全国安全文化示范企业、全国质量管理小组活动优秀企业、全国模范职工之家、中国用户满意鼎、连续3年获全国交通运输企业文化建设卓越单位等称号。

一、文化建设动因

当今社会，企业文化已成为一个企业的核心竞争力，决定着企业的战略方向、经营理念、管理水平和员工素质，对于促进企业持续、快速、健康发展，建设高标准的现代化企业有着重要的现实意义。交通部《交通文化建设实施纲要》也明确指出大力加强交通文化建设，在建立和完善适应现代交通运输业发展要求、符合先进文化发展规律、具有鲜明时代特征、体现行业发展特色的交通运输行业核心价值体系的过程中，用先进文化凝心聚力，用高尚精神统一思想，用科学管理规范行为，用优秀品牌提升形象，使交通运输行业发展的综合实力和竞争力得到全面提升。同时认真组织实施文化建设“十百千”工程，打造十大交通运输文化品牌，创建一百家交通运输文化建设示范单位，培养一千名交通运输行业先进典型，评选表彰一批在行业文化建设方面做出突出贡献的组织者，不断扩大交通运输行业的社会美誉度和影响力。

作为一家60多年历史的国有老企业，如何在激烈的市场竞争中保持基业长青、实现可持续发展，是扬汽集团公司认真研究的重要课题。对此，公司在理性分析市场走势、统筹安排长远发展规划的同时，提出以文化力打造核心竞争力的发展思路，只有以优秀的文化引领企业发展，培育企业竞争优势，才能为企业可持续发展提供强有力的支撑。

二、核心价值理念体系表述

核心价值观：满意创造价值。

使命：奉献社会，造福员工。

愿景：品牌一流，行业领先。

精神：团结，奉献，创新，超越。

职业道德：诚信，守法，顺道，重人。

三、践行效果

经过多年企业文化的建设，扬汽集团公司形成了企业发展的核心优势，发挥了以共同愿景激励人，以先进理念武装人，以管理文化规范人，以服务文化熏陶人，以员工文化培育人的良性互动和整体效应，一支具有凝聚力、忠诚度、事业心的员工团队正在加速形成，企业文化成为企业发展的立足之基、力量之源、成长之本。2013年公司荣获全国交通运输企业文化建设品牌单位，并已连续3年获全国交通运输企业文化建设卓越单位。

1.突出以人为本，灵活多样丰富文化活动

为把企业文化从员工的意识中落实到行动上，扬汽集团公司以各类活动为载体，推动企业文化活动向纵深发展。2009年举办《扬汽之歌》演唱竞赛，全公司300多名员工踊跃参加。2010年举办“满意创造价值”企业核心价值观演讲比赛。2011年公司组队参加首届“江苏企业文化节”活动，公司被评为江苏省企业文化建设先进单位、《扬汽之歌》荣获“江苏省优秀企业十大金曲”，在企业歌曲决赛中，取得第一名的好成绩。2012年选派3名员工参加中质协组织的以“筑质量大堤、享美好生活”为主题的全国企业员工质量演讲赛，取得较好成绩。2013年公司先后举办广告语征集大赛，质量和企业文化征文活动，均得到了广大员工的热烈响应。通过每年开展不同形式的企业文化主题活动，使公司的企业文化理念、策划成果得到了进一步的巩固和升华，快速提升了企业知名度、美誉度。

扬汽集团公司积极开展劳动竞赛活动，通过劳动竞赛、练兵比武、节能减排等方面的有机结合，加快技能人才培养，提高职工技能水平。通过各类技能竞赛和文娱活动，给员工成长搭建平台。2010年在扬镇常三市36名选手参加的站务、修理、驾驶三个项

目操作技能比赛中,公司囊括三项个人一等奖,荣获两个团体优胜奖。2011年在扬州交通产业投资有限公司举办的建党90周年红歌赛和知识竞赛中,公司派出的选手获得两个一等奖、一个二等奖、三个三等奖的佳绩。2012年公司车站员工编排的《七彩扬汽—员工行为规范操》参加扬州市总工会直属基层工会主办的职工全健排舞比赛,获得了一等奖的佳绩,充分展示了公司职工业余文化生活的风采和昂扬向上的精神风貌。2013年12月,在市政府主办的第二届扬州技能状元大赛暨第二届江苏技能状元大赛中,驾驶员周庆被授予扬州技能状元称号,集团公司获高技能人才摇篮奖。

2.恪守核心价值观,全面提升企业综合素质

核心价值观是企业应明确并向社会公示的最为关键的价值取向,是公司理念体系的核心和主体,是企业为实现愿景、承担使命而提炼出来并予以践行的价值标准。在企业文化的建设过程中,扬汽集团公司根据主营业务以服务为主的特点将核心价值观确定为"满意创造价值",着力打造员工满意、客户满意、市民满意、政府满意、相关方满意,并围绕"五个满意"开展各项工作。

为使员工满意,公司积极推行企务公开、民主管理制度。每年为在岗职工调升工资。为职工办理企业年金和意外伤害保险;发放退休职工慰问补助、特殊病种医疗补助、医疗补充补助等各类补助;建立职工急难救助基金,对苦、脏、累工种发放津贴;坚持每年为职工体检;对劳模先进实行工资性奖励;每年举办驾驶员贤内助表彰大会;实行困难职工结对帮扶联系制度。

为使客户满意,公司鼓励基层班组不断总结和提炼自己的服务方法,快客服务班的"三多、五心"工作法和综合服务组的"十点十要操作法"不仅符合行业特点和工作实际,还充分调动了班组成员的主动性和创造性,获得了旅客的广泛好评。公司还定期开展用户满意优质服务季活动和一系列服务创新的活动,如:设立乘客消费积分系统,将顾客当股东;建立顾客出行俱乐部,将顾客当朋友;建立社区顾问,把顾客当邻居;招募"神秘顾客",为服务的改进提供依据。

为使市民满意,公司增加售票网点,开通网上购票,送票送车到企业、学校;积极投身公益事业,近3年公益资金投入近2400万元;并于2012年开始建设扬州西部交通客运枢纽,为旅客提供更优美更便捷的出行环境。

为使政府满意,公司每年保质保量完成春运农民工运输、新兵运输及抗战雪灾等抗灾保通任务,为发生水灾、地震的地区进行捐款、捐资助学、无偿献血、敬老志愿者活动。积极响应政府节能减排的号召,使用天然气车辆代替燃油车辆,扬汽集团公司成为江苏省道路客运行业首家在长途班线运营中使用新能源客车的企业。并于2012年被交通运输部评为交通运输行业第五批节能减排示范项目,连续两年被评为全国交通运输节能减排优秀贡献企业。2010年9月,公司在省内同行中首创手机售票系统,该系统现已在省内同行全部推广运用。

为使相关方满意,举办社区文体活动、与结对村签订扶贫协议,给予资金、项目帮

扶。与移动公司班组结对、举办联谊会、商务座谈会等。

3.顾客满意度逐年提高

扬汽集团公司建立不同的顾客满意度调查测评体系，分别采取自我测评、委托第三方（江苏省用户评价中心）调查方式对顾客满意度进行调查，并对调查所获得的顾客满意度信息进行分析评价并用于改进。调查显示2010~2013年自我测评、第三方调查结果显示顾客满意度、品牌忠诚度逐年上升。2010年“细分顾客市场，满意创造价值”的研究成果被评为第十七届江苏省企业管理现代化创新成果一等奖，“实施以提升顾客满意度为目标的卓越绩效管理”的研究成果获2011年全国交通企业管理现代化创新成果一等奖。

4.强基固本，推进班组文化建设

为推动班组文化建设，扬汽集团公司在车站设置了各班组的文化活动园地，“职工之家”也都相继落实完善。现在已涌现出扬州汽车站综合服务组、快客服务组、快客分公司张彤驾驶班、吉祥分公司1035爱心车队等一批企业文化建设先进班组。班组还结合“党员示范岗”的特点，制定了党员示范岗服务规范，赢得了旅客的赞扬。公司鼓励基层班组不断总结和提炼自己的服务方法，快客服务班的“三多、五心” 工作法和综合服务组的“十点十要操作法”不仅符合行业特点和工作实际，还充分调动了班组成员的主动性和创造性，获得了旅客的广泛好评。

全国劳模、省“工人先锋号”快客分公司张彤驾驶班班长张彤总结出的“四段式驾驶工作法”被评为扬州市十佳工作法。并在全公司范围内把“张彤工作法”进一步规范化，程序化，按照“张彤工作法”的要求，对各班线进行出车前、迎客时、旅途中、到达后4个方面进行考核，并加大奖惩措施。

扬州汽车站快客服务组将“快乐工作，快乐生活，快乐无处不在”的工作理念化为行动，让“快乐陪伴您的旅途”的服务目标得到实现，使“温馨之旅”品牌有了更深厚的内涵。班组先后获得省级青年文明号、市级文明班组、学习型先进班组、全国巾帼示范岗、省用户满意服务明星班组、全国质量信得过班组等荣誉称号，被广大旅客誉为扬州窗口行业的又一道美丽风景线。

向十七大献映的影片《江北好人》取材于吉祥分公司1035爱心车队，它是由15名驾驶员自发组成的一个活动小组，他们以 “文明行车、热情服务、扶危帮困、见义勇为、无私奉献”为活动宗旨，三年来，队员们无偿服务人均30多个工作日；每人每月拿出30元用于公益活动，帮助弱势群体；主动上交乘客失物和现金价值10万余元；主动向困难学生和学校捐献人民币五千余元；爱心车队被评为扬州市和江苏省用户满意服务明星班组、队长贝建勇被评为江苏省用户满意服务明星。

5.打造亚文化，丰富文化体系

（1）开展“提升质量文化、确保用户满意”的质量文化活动，确立“年年活动、年年创新、年年进步”的活动目标活动取得了丰硕的成果，扬汽集团公司连续获得国家、省、市级优秀质量管理小组活动优秀企业称号，2003 年至今获 13 项国家级、29 项部、省级优秀质量管理小组称号，现有 2 名国家级 QC 诊断师、8 名省、部级 QC 诊断师，2 名管理者、8 个班组、8 名个人被评为省市用户满意服务明星。

(2) 建立运输企业安全文化

扬汽集团公司围绕"遵纪守法、关爱生命"的安全理念构筑起安全第一、预防为主、综合治理、珍惜生命，文明行车的安全文化体系。通过深入开展"安康杯"竞赛、"安全生产月"等活动，不断提高企业安全生产水平。2012 年公司获得全国安康杯竞赛优胜单位和 2011 年度全省交通运输行业安康杯竞赛优胜单位；建设以人为本的安全生产机制和规章制度体系，分专业、分岗位编制和执行作业指导书，全面提高了现场作业工作安全水平和工作质量，夯实了安全基础；从提高一线职工安全自防自保意识和业务素质入手，广泛开展职工业务技能和安全技能培训，增强了职工按规律办事、按制度办事的自觉性。2012 年获全国安全文化建设示范企业荣誉称号。

(3) 着力打造一流的车厢文化

扬汽集团公司在每辆班车车厢内醒目位置放置统一制作的警示牌。驾驶员按行为规范的要求统一着装上岗，规范礼貌用语，班车发车前向旅客进行文明喊话和安全提示。在车厢中统一放置装有常用药品、针线、创可贴等的"便民盒"，免费向旅客提供一次性纸杯、方便袋等便民用品，播放宣传企业形象和宣扬社会主义精神文明的影视节目等。

四、主要经验和体会

1. 主要经验

(1) 领导重视是文化建设的前提

企业领导既是文化建设的倡导者，又是文化建设的带头实践者，在推动文化建设中起着至关重要的作用。只有领导重视了、支持了、参与了，文化建设才能持之有效的开展。

(2) 员工积极参与是文化建设的基础

员工是文化建设的参与者、实践者，又是文化建设的体现者、展示者，文化建设的深层次渗透没有员工的积极参与是不可能实现的，要使文化建设深入人心，必须充分发挥全体员工的积极性和创造力。

(3) 文化建设是一项系统地、长期地工程，是企业发展必不可少的竞争法宝

首先，着力抓好理念、行为、视觉三大系统的导入，充分发挥企业文化的融合功能、渗透功能、激励功能，外化于行、内化于心，让员工在潜移默化中感受企业发展的成果、管理创新的特色、扩大企业文化的认同。

其次，牢牢抓住"企业文化落地"这个关键，通过分支文化的建设，推动企业文化建设向纵深发展，同时持续开展多项以企业文化核心内容为主题的竞赛活动，通过汇报

演出、交流演出等形式，使企业文化以鲜活的形象展现在员工面前。

第三，在抓好企业经济效益的同时，全面落实以人为本的管理思想，大胆探索和创新文化管理模式，把文化建设活动融于生产、经营、管理的各个环节，既促进了文化建设与企业管理工作“两张皮”问题的解决，也使文化建设找到了新的切入点和着力点，充分发挥了企业文化导向、激励、约束、发展、凝聚、美化、协调七大功能，促进企业的科学发展和快速发展。

第四，企业文化建设是一个渐进的过程，它不可能一蹴而就，一劳永逸，随着企业的发展，需要不断的灌输、推进。专设企业文化策划处负责日常策划工作，并给予企业文化建设充足的资金保障。制定企业文化推进计划，实行目标责任制管理，同时制定《企业文化建设项目实施和考评办法》，对企业文化建设的各项工作进行量化考核。制定 3 年期的短期规划、10 年期的远景规划和 5 年期的亚文化建设规划，确保企业文化稳步、可持续发展。

2.主要体会

(1)把握尺度，协调关系

文化建设是思想政治工作与现代企业管理相结合的有效途径和重要载体，是建设社会主义精神文明的重要内容和有效载体。加强文化建设，要正确把握文化建设与生产经营、管理之间的协调关系，紧紧围绕生产经营中心工作，开展思想政治工作、精神文明建设，并使三者形成合力，全面推进文化建设的蓬勃发展。

(2)在继承中创新，在创新中发展

文化建设要坚持“以人为本、强化责任、细化管理，狠抓落实”工作原则，进一步完善企业制度，岗位规范等相关规章制度，使公司管理和员工行为均有章可循，提高各项工作管理水平。倡导在共同的文化品牌下完善激励约束机制，不断在继承中创新，在创新中发展，全力打造适合自身特色的优秀的文化品牌，实现公司自我价值的升华。

(3)探索标准化的建设模式

加强精神文化建设，使企业文化，内化于心；完善制度文化建设，使企业文化固化于制；强化行为文化建设，使企业文化外化于形；服务物质文化建设，使企业文化体化于物；促进企业业绩提升，使企业文化实化于效。

五、文化品牌

新旅途　心满意

六、文化品牌诠释

新旅途，心满意：即是从新旅途收获心满意。“新旅途”是扬汽集团公司启动的全新创新服务计划，力求给顾客带来一种全新的感官冲击及不一样的旅途体验；“心满意”则是扬汽集团公司从心出发，全心全力，最终实现各方满意。

直挂云帆济沧海

安徽省合肥汽车客运有限公司长运分公司

安徽省合肥汽车客运有限公司长运分公司隶属于安徽省合肥市国资委全民所有制企业——安徽省合肥汽车客运有限公司,是一家专门从事道路旅客运输的交通企业。公司组建于1985年10月。2002年5月至2008年6月期间,为满足安徽省合肥市政府发展规划要求,公司积极响应政府号召,分别经历了改制、重组与合并。2008年6月,长运分公司并入安徽省合肥汽车客运有限公司,现已发展成下设“六部一厂”,即:站务一部(合肥旅游汽车站)、站务二部(合肥汽车客运西站)、运行一部(公营车辆管理)、运行二部(承包车辆管理)、综合部、财务部、修理厂。其中,所属两站均为安徽省AAA级道路一级客运站,站务营收达2亿元,年旅客发送量360万人次。

2010年底,长运分公司在以李政总经理为核心的新一任领导团队带领下,以“文化强国”为源发背景,强力推出“文化强企”的战略思想,并通过企业文化体系构建到以文化人、以文育人等一系列企业文化建设活动的持续开展,走出了一条独具特色勇于创新的发展道路,年利润由2010年的1400万元增长到2013年的3000万元,经济效益和社会效益持续稳步攀升。

长运分公司始终坚持“以客为尊,温馨伴全程”的服务理念,树立“诚信为本,崇德尚新”的社会主义核心价值观,不断发扬敢为人先、追求卓越的企业精神,外塑形象,内抓管理,循序渐进地不断推进企业文化建设,并以“精彩360”为体系核心,构建了“管理360、服务360、文化360”为内涵的360企业文化体系,同时辐射完成了从硬件到软件、从员工到旅客、从行为符号到视觉符号的全方位改变,使公司“人、车、站”均发生了翻天覆地的巨大变化。通过企业文化建设的纵深推进,公司不仅拥有一个“团结拼搏、务实创新,有思路、有力度、懂经营”的领导团队,更是打造出了一支“爱岗敬业、乐于奉献,有理想、有作为、有干劲”的员工队伍。他们以“真心、热心、尽心、精心、细心、耐心”360度为广大旅客提供全方位满意服务,在365天的每一个日子里,以真诚和微笑服务于每一位天涯旅人,用热心和爱心为旅客亲情奉上一段段温馨难忘的精彩旅程。

在长运分公司发展的历史长河中,如今的长运正如一叶轻舟,在浩瀚的大海中,乘风破浪,扬帆起航。长运人以勤劳与汗水、团结与奉献,正昂首远踏宏伟征程,在不断前行的道路上,浓墨重彩地书写着一页页崭新的历史篇章。

一、文化建设动因

1.动因之一——自身变迁的需求

自1984年12月公司组建至2008年6月期间,企业经历了改制、重组与合并等历史变迁。一直以来,虽然长运分公司均以从事道路交通旅客运输行业为主,但在变迁过程中,经历了出租汽车旅游公司、公共交通公司以及汽车客运公司等主体业务不完全一致的时段,因此,价值理念也有所不同,这对企业按照自己的意愿开发市场和自主决定发展方向是有较大影响的。然而,企业生存和发展就在于提供价值的能力,因此,要求企业的管理者和全体员工必须树立新的观念,以求得本企业成员生存理念和发展理念相同,并实行创新改革和寻求发展。这种精神需要用一种文化的形式完整表述出来,从而形成企业自己的个性文化——企业文化。

2.动因之二——重树价值观念的需求

企业要想在行业内树立标杆形象,必须要构建一整套具备自己特色的企业文化体系。长运分公司前后经过多次身份变化,每次变化都会产生一些新的价值观念,这些观念对企业的发展均起到过积极的影响,但是,不同时期,不同标准下产生的价值观念有时会相互矛盾,或多或少影响和制约企业的发展,所以,要想使企业有一个全新的面貌,必须对不同时期产生的不同价值观念进行重新认知,结合现在的长运公司实际及发展需求,在原有的基础上,树立新的价值观念以便更好适应生产可持续发展,提高市场竞争力。企业要创新发展,在同行业中起到先进示范作用,必须要重新树造适合本企业、管理者以及全体员工的共同价值观,只有在共同价值观念的引导下,才能心往一处想、劲往一处使,以实现企业自身的总体价值目标。在重树价值观念过程中,企业的行为既要遵循对国家、员工和社会负责的原则,又要自觉接受法律和道德的约束。只有重树企业价值观念,才能紧密地将管理者、员工和企业之间紧密相连,相互依存。

3.动因之三——创新管理的需求

长期以来,由于企业经营发展近30年间,一直处于改制、重组与合并等不稳定状态,加上管理者的更替交换以及员工的频繁增减,队伍的不稳定给企业的规范管理带来了一定难度,造成干部懒散、员工萎靡、服务对象满意度降低、效益流失等一系列不良现象,导致企业发展步伐缓慢,职工生活得不到大幅度改善。为了使企业恢复活力,改善企业员工面貌、提高市场竞争力,创新管理已成为公司新任领导班子的当务之急。尽管管理具有共同的规律,但为了体现以人为本和创新管理的理念,公司结合企业自身特点,制定各岗位行为规范,并将管理理念作为企业最基本的要求,写入企业自己的文化之中,使之成为企业每一位管理者和员工的行动指南。

4.动因之四——员工期望的需求

企业的多次变迁,除了给企业的持续发展提速带来阻碍因素外,同时也给员工带来强烈的不安全感。因为每经历一次变迁,企业的价值理念都会有所改变,人员极易发生流动。特别是部分老员工,因不断改变早已习惯的工作环境、工作流程,会产生不适应、不满意、急躁等不良情绪。为此,员工需要有稳定的价值导向以及优质工作环境。为稳定干部职工队伍,激发员工工作热情,正确引导员工创造企业价值和实现自身价值,分公司必须要向那些愿意为企业工作和奉献的人们表达企业与员工的依存关系以及表达对员工价值体现的认可,并且能时刻使员工受此影响。而企业文化建设是使员工需求与企业需求相互沟通,实现融合的最简洁的方式。通过企业文化这一特定语言方式进行表述后改变现状立竿见影,并最终与员工达成目标一致。

5.动因之五——竞争态势的逼迫

道路旅客交通运输行业也是处在市场经济中的企业,面临着铁路、高铁以及私家车的多面冲击,如果单纯从如何提高经济效益上下功夫势必会被市场淘汰,甚至就此消失。因此,作为窗口服务行业,提高行业竞争力在提高服务质量的同时,必须要向社会和服务对象做充分的表达,展示企业的公众态度,企业文化即成为求得社会和服务对象广泛认同的有效载体和重要途径,它既起到广而告知的效果,同时也达到内在沟通的效果,有效搭起了企业与社会、企业与员工、企业与服务对象之间的沟通桥梁,成为市场竞争的内驱力。

6.动因之六——长远发展的需求

企业做大做强,必须要制定长远规划。然而,一个企业的长期生存主要依赖于管理干部和基层员工。企业除了要做好当前的生产经营,为员工提供正常的技能培训、素养培训以提高员工综合素质外,还要营造良好的积极向上的环境氛围,向员工有效表达企业与员工同呼吸、共命运、齐发展的意念。这种表达方式不能仅仅通过集会等场合用语言表达,而是更需要运用另一种载体去表达企业的这种展望未来的态度和理念,企业文化正是实现这个需求的最好表达方式。它既公开展示了企业精神和企业对未来的展望,同时又使员工受到企业文化的良好熏陶,增加了企业与员工之间的凝聚力和爱岗敬业精神。由此,建立企业文化也具备一定必要性。

二、核心价值理念体系表述

1.核心价值观:诚信为本,崇德尚新

诚信为本:长运分公司把诚实守信作为最基本的处世准则,做到言必行、行必果。员工对企业诚信,自觉遵守规章制度,自觉维护企业形象,主动学习,主动工作;企业对员工诚信,兑现承诺,采纳员工合理化建议,帮助员工实现自我价值;企业对社会诚信,守合同,讲信誉,公平竞争,履行社会责任。

崇德尚新:“崇德”即推崇高尚道德、敬守社会公德、谨守职业美德、严守个人品德。“尚新”即提倡与时俱进、推陈出新。长运分公司倡导“崇德尚新”的核心价值观,就是要通过思想道德的导向作用,营造道德氛围,提升群体道德的约束能力;就是要建立创新机制,保持创新激情,提升创新能力,传承创新精神。

2.使命:服务顾客、发展企业、成就员工、回报社会

服务顾客:对于始终处在服务第一线的长运分公司来讲,“服务”永远是公司肩负的社会使命。通过为顾客提供温馨的服务,赢得顾客持续信赖与尊重,这就是分公司存在的意义和价值。

发展企业:是全体员工赋予分公司的重任。分公司在尽职尽责履行“服务顾客”社会使命的同时,通过多种渠道、多种形式,抓住各种发展壮大企业,使分公司的综合实力和竞争力得到提高,实现企业和员工的持久价值。

成就员工:长运分公司的每一步成长壮大都凝聚着员工的智慧和汗水,没有员工对分公司的认同和辛勤的劳动付出就没有分公司的今天和未来。所以,分公司致力于为员工搭建一个施展才华、成就自我的平台,让员工与分公司共同发展。

回报社会:体现了长运分公司作为“企业公民”对顾客负责、为国家奉献的高度社会责任感和公共使命感。分公司通过提供优质服务,支持公益事业,扶危济困、警民共建、吸纳残疾人就业等实现“回报社会”的责任和使命。

3.愿景:一流客运,百年伟业

一流客运,百年伟业:的愿景是长运分公司员工的不懈追求,展示的是长运分公司“打造优秀的现代运输企业”和“持续发展”的理性思考。“一流客运,百年伟业”意味着分公司必须用一流的理念、一流的服务、一流的管理、一流的效益,展示给社会一流的公司形象;意味着分公司只有继续发扬敢为人先,追求卓越的企业精神,不断探索、勇于创新、永续发展,才能铸就百年伟业的辉煌。

4.精神:敢为人先、追求卓越

敢为人先,追求卓越:是一种不断自我超越的进取精神,一种永不满足的追求境界,代表着长运分公司人做人做事的原则和信念。“敢为人先”,表现出长运分公司人解放思想、开拓创新的勇气。“追求卓越”,阐释了长运分公司人永不满足、超越自我的气势。敢为人先,追求卓越是指导公司全部工作的基本准则和广大员工的行动指南,意味着合肥客运人在思想上有敢为人先的胆识,在工作上有敢为人先的意识,在作风上有敢为人先的勇气;意味着长运分公司人以国内外先进企业为标准,以只争朝夕的精神开展工作,不断学习、追赶超越,在各项工作中不断创建佳绩。

5.职业道德:爱国守法、遵章守纪、诚实守信、优质服务、团结协作、敬业奉献、忠诚勤勉

爱国守法:热爱祖国,奉公守法。

遵章守纪:第一,服从大局。牢固树立“一盘棋”思想,听从上级指挥,做到令行禁止,雷厉风行,局部服从全局,个人服从整体;坚决贯彻“安全第一、预防为主、综合治理”的方针;第二,严守规章。严格遵守企业的各项规章制度,认真执行工作标准、岗位规范和作业规程;模范遵守劳动纪律,不发生违章违纪行为。

诚实守信:诚信做人。以诚实守信为基本准则,表里如一;对自己,加强修养,完善

人格，扬善祛恶，光明磊落；对工作，求真务实、恪守职责，坚持真理、修正错误，以诚实的劳动创造财富、获取报酬。

优质服务：第一，恪守宗旨。坚持“以客为尊，温馨伴全程”的服务理念，满腔热情地为社会、为顾客服务，做到让顾客满意；第二，真挚服务。认真执行长运分公司规范化服务标准和文明服务行为规范，自觉接受社会监督，虚心听取顾客意见，做到服务态度端正、服务行为规范、服务纪律严明、服务语言文明；第三，讲求质量。牢固树立以质量求生存、求发展的思想，不断提高服务质量和服务技术水平。

团结协作：第一，紧密配合。大力弘扬团队精神，正确处理开展竞争与团结协作的关系；上下班次互相负责，前后工序互相把关，单位部门之间紧密配合，不各自为政，不推诿扯皮，不搞内耗，齐心协力干好工作；第二，同心同德。上下级互相尊重，领导支持下级工作，维护职工民主权利，关心群众疾苦，自觉接受监督；下级服务上级管理，对工作勇于负责，创造性地完成领导交办的任务，维护企业的整体利益和形象；第三，团结友善。同事间和睦相处，互相帮助，相互支持，善待他人；一切以工作为重，求同存异，不计较个人恩怨得失，做到处事宽容、大度，善于理解和谅解别人，努力营造心情舒畅、温暖和谐的工作氛围。

敬业奉献：长运分公司每个员工都应当把个人追求的目标融于企业的目标、愿景之中，热爱自己的工作岗位，为实现企业目标做出自己的贡献，在为企业奉献的同时，实现个人的价值。

忠诚勤勉：忠诚勤勉是成就事业的根本保证，企业热爱、尊重、关心员工，员工对企业忠诚，把个人的命运与企业的兴衰紧密地结合在一起，要不断努力学习专业技能，掌握先进的工作方法，全面提高自己的综合素质，勤奋工作，不怕困难，团结同事共创长运分公司事业新的辉煌。

三、践行效果

1.构建体系，强化宣贯

(1)目标

构建企业文化体系(含理念识别体系、行为识别体系和视觉识别体系)；搭建企业文化建设平台；初步普及企业文化理论，宣传推广企业文化体系相关内容。

(2)内容

①构建公司企业文化理念识别体系和行为识别体系。打造优秀企业文化首先必须要建立优秀企业文化体系，它明晰了企业文化的深刻内涵和科学内容，明晰了企业战略，是塑造优质的企业形象和形成良好人文环境的基础。因此，长运分公司首先通过全员参与，群策群力，在总结、发掘、提炼与继承企业优秀文化传统的基础上，集思广益，博采众长，形成分公司具有时代特色的企业文化理念识别体系和行为识别体系。

②健全管理制度，建立管理机制。以文化理念为指导，重新审视、修订和完善长运

分公司原有的管理制度、企业规章和行为规范，把文化理念融入具体的管理规章制度之中，促使企业文化与企业管理紧密结合。针对服务行业特点，建立“零缺陷”的管理机制，促使服务质量与管理理念的生成。

③构建视觉识别体系，提升企业视觉识别质量。根据企业文化理念，尤其是企业核心价值观和企业精神，构建企业视觉识别体系，并逐步在长运分公司内部及外部进行宣传应用和推广，统一企业整体形象宣传，树立公司新形象。

④搞好站场建设，夯实企业物质层文化建设。以文化理念为依据，做好基础设施建设，完善硬件设施，打造优美的车站、文明的乘车环境，提升企业形象力。

⑤成立建设机构，完善企业文化宣贯渠道。成立企业文化建设专职部门，全面推进企业文化建设。另外，多方面、多角度地完善企业文化宣传与推广的渠道。如：企业文化宣传栏、宣传橱窗、企业内刊、企业画册、企业网站、报纸、电视台、广播台等，促使员工全面接触、认知深植企业文化理念。

⑥加强企业文化学习，促进企业文化觉醒。企业以理论培训和实践训练相结合方式，加强企业文化理论宣传与学习，对企业文化理念及行为规范等主要内容进行书面测试，全面掀起学习热潮，促进全体员工，特别是领导干部和管理员工，全面增强企业文化理论宣贯水平，提高对企业文化理念的认知能力，促进企业文化觉醒。

(3)重点

企业文化体系的构建；中高层领导的培训学习；企业理念的初步宣贯。

2.加强学习，内化于心

(1)目标

通过深入学习宣贯，促使全体员工初步认知、认同和确立企业核心价值观及行为规范，优化物质环境，激发员工工作积极性、主动性，提高企业的凝聚力及员工的士气和归属感，打造企业和谐的人际关系，增强团队精神和活力，促使企业凝聚力、形象力、创造力与竞争力明显增强。

(2)内容

①构建学习型组织，推动企业文化建设。学习型组织是企业可持续发展的根本保障。完善学习体系，从理念识别体系、行为识别体系、视觉识别体系入手，以学习力促进文化力，以学习力推动创新力，以学习力提升竞争力。构建学习型组织，完善学习制度与机制，并紧紧围绕学习目标开展各项学习活动，形成由领导到职工、由内部到外部的学习氛围和环境，并促使学以致用，进一步推动企业文化建设与发展。

②重点培训，内化于心。在强化企业文化理论教育和企业文化理念学习的基础上，实行重点培训，全面强化提高建设水平。培训内容以企业理念和行为规范为重点，采取专场培训、专题讲座、主题报告、参观考察、演讲比赛等形式多样、灵活有效的方式。通过培训，促使员工全方位接触企业文化理念，深刻理解与思考企业文化理念的内涵与价值，领会企业文化建设的重要意义；促使员工掌握价值判断、评价和选择的正

确标准，掌握拥有工作、珍惜工作、团队合作、共促发展及处理人际关系的技能和艺术。全面强化员工对企业文化理念的认同、传播和履行。通过重点培训，使企业文化理念内化于心。

③打造品牌，重点突破。把企业服务理念内化于员工的心中，外化于员工的行动，大力提高员工服务水平，以优良的工作品质与高端的工作标准，保证服务质量，全方位提升企业的服务文化，以品质打造服务品牌，为广大旅客提供高标准、超价值的优质服务，使旅客体验到品牌服务带来的温馨旅程。

④全力以赴，提高企业效益。以文化理念为指导，充分发挥企业文化建设的作用，调动员工的积极性和主动性，发掘员工的潜能与智慧，增强企业的活力，将企业文化与企业战略、拓展市场相互融合，通过文化理念的内化于心、固化于制、外化于行的过程，全力以赴实现企业文化与企业管理的融合统一，促使员工既有价值的导向，又有制度化的约束，制度标准与价值标准协调同步，激励约束与文化导向优势互补，提高企业经济效益与社会效益。

⑤反复宣贯，营造企业浓厚的文化氛围。从企业文化建设的实际出发，科学而合理地调整、完善企业文化建设保障体系，统筹安排各种企业文化活动，如：企业文化演讲比赛、征文比赛、文艺演出、评先选优、树立典型等活动，反反复复地利用各种场所、各种形式宣传与推广企业文化理念，以文化育人，确保公司企业文化建设的持续性。

(3)重点

以学习型组织的深度创建为抓手，突出员工企业文化的重点培训。

3.提升形象，深植内心

(1)目标

企业形象是企业精神文化的外在表现，塑造和提升企业形象，有利于企业价值观的内化和丰富企业精神文化。通过全面提升企业形象，不断扩大企业知名度和影响力，增强企业的凝聚力及员工自豪感、自信心和归属感，促使员工从内心深处自觉认同企业文化的核心理念，牢记于心，并自觉地把个人价值追求统一于实现企业目标之中，同时做到外化于行，自觉践行企业文化理念，促使公司企业文化的贯彻变得更加流畅而坚实，基本形成和谐融洽的人文氛围，增强企业凝聚力和竞争力，提高企业新形象。

(2)内容

①全面实施企业品牌战略，稳固提升企业形象。以企业文化理念为指南，优化机制，完善管理，抓住重点，全面实施企业品牌战略。依靠不断创新，促使企业在市场领先。同时打造精干的干群队伍，完善制度，优化流程，增强管理，促使企业生产运营管理位居行业前列，显现企业的实力，全面实施品牌战略，着力打造“精彩360班组”和“合肥至铜陵”品牌专线，以服务品牌取胜，全面稳固提升企业形象。

②规范员工行为，树立企业人的形象。企业文化反映着企业的素质与实力，是衡量企业文明程度的基础。企业通过修订完善各岗位行为规范以及绩效考核制度等形

式，从制度执行以及督查规范仪容、仪表、仪态、语言、行为、流程、服务等细节抓起，全面规范员工行为，树立企业整体良好风貌与形象，提高企业市场竞争力。

③优化企业环境，传播企业文明。企业取得全面进步，需把企业理念融入“三个文明”建设之中，不断推进企业物质文明、政治文明和精神文明的协调发展，促进企业人、车、站的和谐统一，树立企业人、车、站的良好形象，强化基础建设，美化乘候车环境，优化办公环境，塑造企业的文明公众形象，全方位向社会传播企业文明。

④加强对外宣传，提升企业影响力。以企业网站、微博、《客运人报》以及省市新闻媒体等为活动载体，统一思想，统一形象宣传，加强企业对外宣传力度，提升企业的影响力和知名度。公司将现代宣传工具和传统的宣传方式有机结合，做好企业文化各项宣传工作，及时、准确地宣传企业文化建设优秀成果。

⑤深化宣贯，促进企业文化建设。深化、细化各种企业文化建设的宣贯渠道，反复加强企业文化宣传与推广力度，并强化个人学习与团队学习，始终贯彻落实“40+4”职工学习制度，以学习力提升竞争力，在深化宣贯中不断促进企业文化向前推进。

(3)重点

以企业行为规范为切入点，全面实施企业品牌战略，竭力提升企业形象。

4.践行理念，养成习惯

(1)目标

通过企业文化核心理念的深入宣贯，全面培养职工践行企业理念，并养成行为习惯，形成企业文化氛围，促使员工行为与企业文化的和谐统一，全面激发企业文化的内部能量，促进企业快速发展，培育更多先进模范人物和先进班组、先进集体等。

(2)内容

①完善体系，全面履行。全方位完善企业文化建设的宣传与推广体系和保障体系，以保证各种企业文化宣传、落地顺畅有序，让员工无论工作还是休息都能感受和体验到企业文化的气息，都能由内而外地发生质的改变，促使他们不知不觉地把文化理念当成工作的指南，并自觉履行，从而逐步成长为对企业、对社会有用的人。

②创新制度，形成习惯。以企业理念为创新依据，并根据企业发展的自身需求与现状，不断寻求创新发展之路，科学有效地完善现有管理体制与机制，增加“40+4”学习制度、“干部每日督查”监督机制等，全面促进员工自觉并坚持履行企业文化理念，并养成良好的行为习惯，实现员工对企业文化的自觉践行。

③强化道德文化，提高自律。良好的道德观念确立和升华，需长期培养教育。因此，加强干部职工的道德修炼、学习自省、行为自律，强化道德文化，是从更高层次上提升了干部职工对企业文化核心理念的认同，促使上至企业领导，下至普通员工，从内心深处认同、履行文化理念，全面提升和完善自我。通过强化道德文化，提高了干部职工自律性，进一步强化员工与企业共命运、同发展和为社会做出积极贡献的良好意识。

(3)重点

制度的创新和企业文化理念的践行，并养成行为习惯。

5.全面总结，规划发展

(1)目标

通过全面总结，充分展示企业文化建设成果，增强员工成就感、自豪感，实现企业文化与企业发展、员工发展的高度统一，实现企业管理由制度管理向文化管理的转变，并制定企业文化建设的下一个长远规划。

(2)内容

①总结成绩，自我诊断。全方位对企业文化理念识别体系、行为识别体系、视觉识别体系、宣贯落实体系、保障体系以及培训体系、考核体系等进行归纳总结，从中总结经验，及时发现问题、纠正失误、吸取教育，形成自我诊断、自我完善和自主创新的企业文化建设新体系。

②展示成果，凝心聚力。通过各种渠道，如企业网站、宣传栏、橱窗、内刊、报纸等多方面多角度地展示企业文化建设成果，进一步提高员工的士气、自信心、自豪感、成熟感和归属感，不断推动企业文化向深度发展。

③吸取经验，制定新发展规划。企业文化建设是一个复杂而长期的系统工程，并不是一劳永逸的工作。企业要在企业文化初期发展的基础上，根据企业的发展趋势明确新方向，理清新思路，把握全局，统筹安排，制定科学合理的长远建设发展规划。

④协调发展，永葆生机。与企业文化建设成果的展示相适应，协调安排各种宣传与推广活动，大力宣传与发扬企业文化建设中出现的先进典型，发挥典型与先进的力量，永葆企业文化建设旺盛的生机与活力，促进企业经济效益与社会效益不断同步增长。

(3)重点

总结企业文化建设成果，制定更加科学合理的企业文化建设发展长远规划。

6.成果展示

在企业文化建设过程中，长运分公司通过理念识别体系、行为识别体系、视觉识别体系的建立，创新完善了各项制度与机制，增加各类文体活动与学习场所，设置了干部与员工沟通平台，大大提高了企业软实力和硬实力，使人、车、站均发生了巨大变化。长运分公司以走廊文化、车厢文化、视频文化、墙体文化、橱窗文化等各类形式，全方位宣贯“精彩360”文化理念，使文化理念深入人心，促进员工自觉言行、规范言行，提高干部科学管理水平及团结凝聚力。通过企业文化建设的不断推进和深化，公司将文化融于各类活动中，更树立了干部职工正确的人生观、价值观和世界观，有效发挥以文化人、以文育人的强大功效，增强了党员干部廉洁自律和廉政经营的意识。

长期以来，长运分公司组织党员干部及优秀团员青年或全体职工，经常性积极参加希望工程、春蕾女童捐资助学、看望儿童福利院孤残儿童、募捐冬衣冬被、帮扶空巢老人、慰问农民工演出等社会公益活动，受到省市领导及社会各界的一致好评和各类表彰。先后培育出了“合肥市三八红旗手”、“合肥市五一劳动奖章”、“安徽省最美青工”等先进模范人物。“精彩360班组”荣获了“合肥市城乡建设妇女岗位先进集体”、“合肥市志愿者服务示范基地”、“合肥市巾帼文明岗”等荣誉称号。“合肥至铜陵”品牌专线荣获“市际文明班线”、“合肥市安全青年示范岗”荣誉称号，以及由中华全国总工会颁发的“工人先锋号”。长运分公司荣获合肥市“文明单位”、安徽省“道路旅客运输先进集体”、合肥市窗口行业“礼貌待人、诚信服务”先进集体、“安徽省廉政文化进企业示范点”以及“全国交通运输行业企业文化建设优秀单位”等各类称号。

四、主要经验和体会

通过企业文化建设，长运分公司明确了发展目标和前进方向，完善了企业各项制度，规范了企业各岗位流程和员工行为，进一步提升了员工服务意识和爱岗敬业精神，增强了干群凝聚力、战斗力。同时通过文化品牌打造，树立了良好的社会形象，进一步提高了企业影响力和竞争力，促进经济效益和社会效益同步增长，使“三个文明”建设再上新台阶。主要体会在以下几方面。

1.文化铸就企业发展灵魂

企业文化建设对于企业生存发展至关重要。俗话说：“小型企业以人管人、中型企业以制度管人、大型企业以文化管人”。在竞争日益激烈的道路交通行业，要保障企业可持续发展，必须要建设一流的企业文化，既是内在的约束，又是外在的约束，它不仅为现代企业管理理论和管理方式提供了丰富的内涵，更带动了企业深化改革与创新。先进的文化理念为企业的创新与发展提供持续不断的精神动力，是一个企业发展的根本灵魂所在。企业及企业员工正是在这文化的引领和感召下，有目标、有方向地不断前行，用理念、用创新、用智慧创造了一个又一个创新发展的奇迹。

企业文化建设的核心内容是企业价值观、企业精神和企业经营理念的培育，它渗透于企业管理的各个领域，对职工积极性、创造性的发挥，能不断提供巨大的激励力量，充分发挥企业职工的主人翁精神，在集体智慧中实现个人价值，体现企业文化的系统性。文化不仅是一个企业发展的灵魂，更是一个企业不断前进的驱动力。

2.文化促进机制更加完善

在企业文化建设过程中，长运分公司以“360文化体系”为中心，以文化理念为指导，以管理规范和行为规范为要求，不断建立和完善企业各项管理制度以及各岗位工作流程和员工行为规范。在完善机制加强对各岗位工作流程和员工行为规范的监管工作过程中，通过建立绩效考核制度，全面调动了干部职工的主观能动性，规范了员工言行及工作流程，提高工作效能，服务质量明显提升，文化影响力全面显现。同时，公司建立了有效的客户反馈机制，进一步加强了员工自我约束力。通过文化建设，逐步形成本企业的行为符号，向社会提供了职业化的服务形象、专业化的服务技能和亲情化的服务态度，进一步促进企业各项机制不断完善。

3.以文育人、以文化人

通过企业文化建设，文化氛围日渐浓厚，企业无论从硬件到软件均发生了质的变化。长运分公司不仅增加了“40+4”职工书屋、“心灵乐吧”、“忘我宣吧”、“博弈棋吧”、“乒乓球健身活动室”、“文明道德讲堂”等文化学习、体育健身活动载体，同时增设了电子显示屏、宣传栏、宣传墙、落地水牌等文化宣传载体，广泛宣传“中国梦、企业梦”以及中华美德、社会公德、安全教育和廉政教育等各类内容。企业以墙体文化、走廊文化、灯柱文化等形式载体，使文化理念和中华优秀传统文化落根于员工的心里，既陶冶了员工道德情操又激励员工向前奋进。不仅如此，公司还举办职工演讲、外出学习交流、迎春晚会、秋季运动会等文体活动，通过寓教于乐，增强了干部群众的凝聚力。在学习文化过程中，公司制定的“40+4”学习制度更是使广大干部和优秀员工，从每周撰写一篇读书笔记的学习过程中汲取到各类文化知识的丰富营养，并践行于行动中。通过企业文化建设活动开展，违规违纪的人少了，爱岗敬业的员工多了；思想消极的干部少了，积极创新的干部多了；职工的怨气少了，幸福指数更高了。文化不仅教育人、文化更能感染人，坚持走文化发展的道路定能提高市场竞争力。

4.以文化品牌提高社会影响力

如果说文化是一个企业发展的灵魂，那么文化品牌就是一个企业向社会展示的灵魂之窗。在道路交通运输行业，作为服务社会的窗口，若欲长期立于市场而处于不败之地，除了靠文化强企，更重要的是靠品牌制胜。正是在这种战略思路的指引下，长运分公司结合行业属性及自身特点，从管理、服务、文化 3 个层面出发，打造出以品牌制胜的文化体系，并重点打造了“精彩 360”服务班组和“合肥至铜陵”品牌专线。通过拍摄“精彩 360”企业文化宣传视频资料，编写“精彩 360”歌曲以及编印《员工风采》、《精彩 360》、《精彩长运责任相随》、《岗位职责规范汇编》、《企业发展回顾与员工风采》、《典型案例汇编》、《合铜在线》等各类画册以及车厢文化的引入，结合“微笑服务，温馨交通”活动开展，文化品牌逐步建立，员工素质不断提升，服务水平不断提高，好人好事频繁不断，多次受到电台、报纸、电视等媒体的宣传报道，优秀的文化品牌服务已在社会中赢得良好的口碑和广泛赞誉，各类荣誉的取得在社会中也产生了一定的社会影响力，经济效益和社会效益同步增长，更加促进企业“三个文明”建设再上新台阶，为企业的长远发展如虎添翼。

“车厢文化”构造魅力人文公交

阜阳市公共交通总公司

阜阳市公共交通总公司成立于1972年(简称阜阳公交公司),现有职工2300人,其中拥有营运车辆733台,营运线路31条,线路总长579公里,固定资产超亿元。2013年企业实现营运收入9000万元,完成营运里程3920万公里,客运总量1.71亿人次(含免费乘车群体)。是阜阳市唯一一家经营城市公共交通客运的公益性服务企业。

阜阳公交公司经过多年的稳健经营和发展,目前已发展成为以城市公共客运为主业,兼营车辆出租、旅游、驾驶员培训、宾馆、加油站、广告等多种经济成分并举的国有中型企业。公司的经营方针是:稳定、巩固、优化市区公交线路,逐步开通城区近郊线路,促进城乡公交一体化。狠抓星级服务,打造公交服务品牌,争做公交优秀,以优质的服务赢得乘客,占领市场。大力发展第三产业,形成以三产扶公交的经营格局。

阜阳公交公司自2005年实行减员增效,加大科技含量投入以来,先后在市区公交线路上全部推行了无人售票、一元票制和IC卡刷卡乘车;2010年全面推行了星级服务;2011年投资建设完成了GPS卫星定位、车辆监控和智能调度系统,2012年6月首次开通4条空调线路,首次购置8台双层巴士投放线路运营。近年来,公司狠抓车辆形象提升工作,于2012年至2013年共新增188台公交车,计划2014年新增100台空调公交车,通过这些措施的实施,加快了企业现代化建设进程的步伐,企业的经济效益和社会效益显著提高,各项建设得到了迅猛发展。

一、文化建设动因

近年来,随着社会的全面发展,人民对城市公共交通服务需求日益增加,要求越来越高,优先发展城市公共交通事业已成为各级党委、政府的共识。阜阳公交公司在市委、市政府和市交通运输局的领导下,坚持以邓小平理论和“三个代表”重要思想为指导,深入贯彻落实科学发展观,学习实践社会主义核心价值体系,围绕中心、服务大局,扎实开展车厢文化宣传活动。

1.文化建设对于打造阜阳公交亮丽品牌具有重要的战略意义

城市公交的本质属性是公共服务。阜阳公交公司以服务乘客为着力点,积极营造卫生、文明、规范、健康的车厢环境。大力发展“车厢文化”建设活动,在“微笑服务、温馨交通”精神文明创建活动中发掘出行业的新举措,具有时代精神、体现行业发展的文化品牌。车厢文化是指以各种图文并茂的形式承载、传播企业文化的媒介体,它是企业文化得以形成与扩散的重要途径，车厢文化的载体和企业追求的目标紧紧相连，在企业发展的过程中建立健全车厢文化，通过合适的载体使车厢文化具体化、人性化、系统化。科学发展车厢文化建设，有利于更好地满足经济社会发展和人民群众出行的新需求，这种做法对于创新行业服务、丰富本土文化建设、打造阜阳公交亮丽品牌具有重要的战略意义。

2.开展“车厢文化”建设活动，是把握服务使命，不断完善为乘客服务的本领

城市公交的服务群体是人民群众，只有不断完善服务乘客的本领，才能向全面建设小康社会的阶段发展，城市公交由物质型向服务型、文化型的延伸，不仅是人文素质的提升，更是企业凝聚力的增强。2012 年 5 月，为更专业地打造车厢主题文化，阜阳公交公司成立企业文化工作室，由专人负责，专门从事车厢文化的研究，收集整理乘客的意见和建议，不断改进车厢文化建设内容。从此，公交车厢成了介绍历史、宣传阜阳、传承公益、倡导文明、弘扬正气、服务乘客的流动平台。

3.开展“车厢文化”建设活动，是满足城市公交日益渐增发展的需求

开展“车厢文化”建设活动以来，阜阳公交公司把推广车厢文化作为扩散企业文化的重要途径，运用图文并茂的宣传方式，努力推行“一车一景观，一车一主题”的车厢文化，把车厢内的商业广告转化成文化宣传阵地，通过春风化雨般的灌输引导和良性机制的有力探索，把祖国厚重道德文化和阜城文化新风吹进了广大乘客的心坎里，使车厢文化建设成为颍州大地精神文明建设一道靓丽的风景线。

二、核心价值理念体系表述

核心价值观：建设“车厢文化”，构造魅力人文公交。

使命：发展现代城市公共交通体系，不断完善服务体系，让政府满意、让市民满意、让员工满意。

愿景：科学发展车厢文化建设，有利于更好地满足经济社会发展和人民群众出行的新需求，共同营造卫生、文明、规范、健康的车厢环境。

精神：传承公益、倡导文明、弘扬正气、服务乘客。

职业道德：实事求是、团结奋进、服务人民、奉献社会。

三、践行效果

1.注重四个突出，丰富车厢文化内涵

开展“车厢文化”建设活动，按照“一车一景观，一车一主题”的方针，阜阳公交公司注重 4 个突出，包括公益性、主题性、服务性、时代性，以打造阜城靓丽品牌为出发点，丰富车厢文化内涵，不断完善创新体制。

(1)突出公益性

阜阳公交公司把公益广告的制作发布作为车厢文化建设的核心内容，对车厢内部

的商业广告进行了全面调整转化，舍弃广告收益，自筹资金，对阜阳733台车辆进行合理的布局安排，设计制作了涉及“讲文明、树新风”通稿、二十四孝、十二生肖、民风民俗、文明礼仪、中华美德、二十四节气、励志成语、公交服务规范、交通安全宣传、公共场合自救措施等内容的宣传图片或文字。除此之外，车厢主题内容还包括阜阳风景名胜、阜阳六大名片、阜阳“四风行动”、中国文化遗产、生活小常识、低碳生活、论语、三字经、笑话大全等等，近百余项内容的公益广告作品。

(2)突出主题性

为进一步增强车厢文化的生命力，阜阳公交公司增强宣传内容的可读性和针对性，车厢文化建设按照“一车一景观，一车一主题”的方针，对不同线路的主题文化进行了探索。在试点阶段，首先选择了安徽省劳动模范“喻明车组”，以“喻明线路服务标准”为主题，打造“喻明车组”服务品牌。喻明车组试点成功后，又以“因车制宜，因路制宜”这一特点，相继打造了多条主题线路，例如，对途经中小学校较多的线路，打造“道德礼仪安全教育”主题文化；对途经党政机关较多的线路，打造“时事政治廉政教育”主题文化；对途经老城区市民居住地多的线路，打造“阜阳历史名胜古迹”主题文化等。

(3)突出时代性

车厢文化建设始终坚持与党的路线方针政策相统一，与各级党委政府的舆论导向相统一，与各项中心工作的宣传需要相统一，全面凸显时代新特征，新内涵、新成就。其中宣传内容的更换周期维持在3个月左右，确保及时更新，与时俱进。

(4)突出服务性

为增强服务意识，进一步延伸车厢文化内涵，阜阳公交公司在车厢内部陆续添置了棉坐垫、小盆景、晕车药、针线包、书报袋等便民利民的小物品，供乘客免费使用。车厢玻璃和座椅周围的窗花贴纸、小树叶等装饰与车厢内的文化宣传相互映衬，有效美化了视觉效果，衬托了文化主题。随后开展“文化进车厢”活动，4名宣传员身穿统一服装，佩戴胸牌和扩音器，在车厢内宣传公交文化的同时向乘客送一个微笑、送一声问候，表达祝福，传递温情。

2.文化落地工程

我们习惯把车厢文化的践行活动称之为“文化落地”。只有公司不断地强化车厢文化保障措施，提升车厢文化品位，不断开拓进取，踏踏实实以企业为中心发展车厢文化，才能确保文化落地工程的顺利进行。阜阳公交公司经过近3年的不断探索总结和提高，使得车厢文化落地工程建设的路子越走越宽，形成了一套较为成熟的工作机制。

(1)组织保障

专门设立车厢文化和企业文化工作室，2011年，推行车厢文化的工作思路确定以后，阜阳公交公司成立了专门的车厢文化和企业文化工作室，作为车厢文化建设的主要谋划着与实施者，每个文化专题从策划、设计、定稿到制作、发布、更新都需要经过工作室的严格把关，在车厢文化的推广中，还充分利用市场资源，择优选取、引进高质量的广告公司进来，有效保障了车厢文化的进一步拓展。

(2)资金保障

保障资金投入，已累计投资230余万元的专项资金用于车厢文化建设，截至目前，已发展主题车厢文化733台，包含31条线路及7个优秀车组，占全部车组的100%。2014预计投资150万元，对所属公交线路主题内容全面整合，提升车厢文化品质和形象。

(3)技术保障

不断提升技术层次，在车厢文化的建设推广中，阜阳公交公司不断提升技术层次，始终保持技术更新，一方面提升展板质量，采用铝制扣板，轻巧易安装，方便后期更换；另一方面陆续启用LED灯箱展板等节能环保材料，努力坚持打造高品质可持续的车厢文化。

3.主要成果及荣誉

阜阳公交公司自推行车厢文化以来，在打出企业文化品牌的同时极大地改善乘车环境，实现以文化人，车厢文化绘文明风景，广大市民积极参与互动，车厢文化建设取得了实实在在的多重效果。

(1)乘车环境得到改善

优雅温馨的乘车环境使乘客和驾驶员心情舒畅，很大程度上避免了各种矛盾的发生，在卫生环境改善的同时，更有效地改善了乘车秩序。乘客从上车起，在一幅幅各具特色的主题文化展板伴随下向前移动，直至到站下车。及有效消除了部分少年儿童放学途中在车厢内打闹存在的安全隐患，也使广大乘客在行车途中得到熏陶，有所收获。阜阳公交公司新上线的空调车厢内采用的是新型环保材料LED灯箱展板，在夜间行驶时开启LED灯箱，不仅美化车厢环境，而且突出了车厢主题文化，以更好的视觉效果面对乘客，很受乘客欢迎。

(2)乘客道德素质得到提升

车厢中二十四孝、三字经等传统美德耳濡目染的环境，对广大乘客会产感召作用，引导其互相关心，互帮互助。粗言秽语、矛盾争执的现象基本消失，让座让位、拾金不昧、搀扶老弱病残上下车等好人好事不断涌现。市民群众每天都在这些流动的“道德讲堂”中洗礼熏陶，文明素养也在潜移默化中得到提升。这不仅是一个流动的道德讲堂，更是精神文明建设宣传阵地，乘客在乘车的同时，传播文明、传递关爱，让文明在流动中传播，在乘车中培育。

(3)企业凝聚力明显增强

阜阳公交公司车厢文化建设推广以来，广大乘务人员以创星级服务为工作目标，主动增强服务意识，提高自身文化素养，甚至自掏腰包制作窗花、坐垫，积极参与到车厢文化宣传推广中来，迅速形成“比学赶超”的工作氛围，在企业中引起强烈共鸣，有力地提高了企业的凝聚力和核心竞争力。

(4)深受社会广泛欢迎

3年来,这一做法受到中央、省市各级领导的充分肯定,各类新闻媒体单位也多次报道给予好评。省委宣传部有关领导来公司调研精神文明创建活动时,称赞"车厢文化"建设活动是全省城市公交优质服务品牌,在这么好的乘车环境下,乘客舒心、驾驶员也舒心。

阜阳市委宣传部、市文明有关领导在视察车厢文化时也表示,"车厢文化"建设,内涵丰富,作用明显:第一,创新行业服务、丰富本土文化建设,显示出阜阳滨水园林城市发展模式;第二,体现以人为本的企业发展目标,增强企业凝聚力,有利于从各方面来发展城市公共交通工作;第三,以创新意识不断开拓公交事业的新局面,使公交发展适应现代化、科学化发展的要求。

中央文明办有关领导也做出批示,肯定阜阳公交"车厢文化"建设。认为阜阳公交车厢文化的发展前景很大,具有很好的推广价值,他们清晰地认识到企业文化与城市文化发展之间的关系。同时,也清楚地认识到公交事业在我国城市公共交通发展中的重要地位和作用。更为重要的是,他们把这种责任感和责任意识执着地落实在自己的创新实践中。

市民网友在阜阳168论坛、阜阳新闻网多次发起表扬贴。阜阳日报、颍州晚报、阜阳广播电视台、中国文明网、安徽文明网、优酷网等新闻媒体以《公交车厢文化一道亮丽的风景线》、《文化进车厢,文明随路传》、《强力推行车厢文化,打造阜城靓丽公交》、《阜阳公交公司打造主题文化车厢提升服务形象》等等为标题,纷纷予以报道。2011年,在对阜阳公交公司的政风行风民主评议中,阜阳公交公司的评议结果由原来的第10名提升到第6名,2012年又上升到第2名。在政风行风热线上线解答群众问题节目中,一位热心市民打进第一个电话,积极称赞阜阳公交公司车厢文化工作。2013年阜阳公交公司开通网上微博、微信客户端和广大网友进行车厢文化建设活动的互动,对车厢文化的建设活动进行监督。目前,"车厢文化"建设活动已成为阜阳公交企业文化的重要组成部分,通过车厢文化建设带来的品牌增长和延伸,全面打造服务品牌、提升公司形象的格局已初步形成。

四、主要经验和体会

推行车厢文化建设以来,遵循企业文化建设的发展规律,是阜阳公交公司文化建设的一条比较成功的经验。运用图文并茂的宣传方式,把车厢变成传播文明、引领风尚的阵地。

1.加强公益广告宣传,丰富文化内涵

把公益广告的制作发布作为车厢文化建设的核心内容,对宣传阜阳公交公司的企业文化,提升公交企业形象起到了很好的作用。公司设计的传统美德、文化遗产、地方名胜、励志成语、生活常识、公交服务规范等广告内容,不但传播了社会主义精神文明,也是广大民众喜闻乐见的，为乘客提供了一份丰盛的文化大餐。一些乘客形象地称车厢为“流动道德讲堂”。

2.针对线路特色，设计不同主题

按照“一车一景观，一车一主题”的要求，针对不同线路设计相应的主题。针对途经中小学校的“道德礼仪安全教育”主题；针对途经党政机关“实事政治廉政教育”主题；针对途经老城区的“阜城历史名胜古迹”主题等，乘客反映很好。在宣传内容上，融入党报党刊摘要、理论创新成果、群众意见建议等内容、增强宣传的时代感。

3.走出去，请进来，提升公司软实力

2011年在阜阳公交公司党委书记、总经理李立盛的倡导下，转变观念，采取走出去，开阔视野的做法，组织部分班子成员赴吉林长春等地学习考察，学习考察让班子成员大开眼界，深深感悟文化是企业的软实力，企业文化是提升企业软实力的关键。同年公司率先在全省取消车厢内商业广告，大力推荐具有宣传、学教结合的文化题材，为阜阳公交车厢文化发展奠定了基础。

4.美化车厢环境，提供更多便利

为凸显车厢服务功能，在车厢内部添置的棉坐垫、小盆景、晕车药、针线包、书报袋等便民利民小物品，在座椅周围布置窗花贴纸、小树叶等装饰，不仅美化车厢，还营造出一种和谐温馨的乘车环境。

5.公司高度重视，确保工作落实

阜阳公交公司成立了车厢文化和企业文化工作室，安排固定人员和办公场所，具体负责每个文化专题的策划设计、定稿制作、发布更新等。充分利用市场资源，择优选取广告公司参与，增强工作力量。舍弃车厢商业广告收入，并提供经费保障，累计投入200余万元，发展主题文化车厢733台，包含31条线路及7个优秀车组占全部车组的100%。

五、文化品牌

阜阳公交车厢文化

六、文化品牌标识诠释

车厢文化标志以阜阳公交公司大写字母FYGJ抽象而来，并配有蓝色丝带，整个图案灵动而有生机，像朵含苞待放的花朵，蓝色丝带又象征着花朵的绿叶，绿叶衬托着花朵，象征着公交事业未来的广阔前景。蓝、红为主基调，蓝色代表着沉稳，寓意着蓝天。红色代表着热情和温暖，寓意着火、太阳和土地，传达着公交事业的繁荣发展。

诚通颍州　爱融万众

阜阳市汽运集团长途汽车中心站邹侠服务班

阜阳市长途汽车中心站隶属阜阳市汽车运输集团有限公司，位于阜阳市一道河东路108号，为一级汽车客运站。始建于1949年，1999年搬迁至现址，新站房占地60亩，建筑面积15000平方米，候车室售票大厅面积为1900平方米，车站配备了先进的智能化办公设施、全方位安全视频监控系统、消防系统以及先进的安全检测仪器。内设中央空调、电子显示、微机售票、自助电子寄存柜、中心广播系统等设施，系阜阳市重要的交通客运窗口之一，担负着京、津、沪、苏、浙、鲁、豫、冀、赣、晋、闽、鄂、陕及省内各地、市、县的客运服务，年营收额达亿元以上。现有跨省、跨区、跨县以及农公班车等营运线路128条，日接发班车800多台次，日运送旅客量达10000人次。现有员工537人，设有党政工团及15个业务班组。

阜阳长途汽车中心站秉承科学发展的理念，积极承担社会责任，坚持"旅客第一，服务第一，信誉第一"的宗旨，以客运生产为主，努力改善服务设施，不断提升服务水平；坚持安全第一、预防为主、综合治理的安全生产方针，严格执行"三不进站，六不出站"安全管理制度，从汽车客运站安全生产源头关抓起；自建站以来，以"三优"、"三化"的优良业绩闻名遐迩。中心站紧密围绕车站经营发展实际，不断提高车站管理水平、服务质量，促进车站两个文明建设工作不断发展，先后获得全国模范职工小家、省交通系统文明单位、首届旅客最满意汽车客运站等荣誉称号、安徽省文明单位。阜阳长途汽车中心站以关注旅客需求，坚持服务无极限，真诚每一天的服务理念，弘扬集团"诚为根，勤为品，创为魂"的企业精神，深入开展各项文明创建工作，守法诚信经营，倾心服务旅客，以客运市场为导向，以旅客满意为主导，以改革创新为动力，以文明和谐为目标，全力打造让百姓放心满意的诚信站场，为回馈社会的支持与厚爱，精心打造"邹侠服务班"品牌，深入开展各项文明创建工作，守法诚信经营，在行业内发挥着文明示范作用，受到社会各界的广泛赞誉。

一、文化建设动因

2011年7月8日，阜汽集团高层领导参加了安徽省公路运输管理局在滁州召开的全省道路运输行业服务品牌创建推进会，会后集团高层领导根据会议部署，立即组织召开创建服务品牌座谈会，决定利用阜阳市"全国五大民工输出地"之一的优势，围绕服务"农民工"为主题，创建一个在全国范围内能够打响，且有地域特色的服务品牌，为农民工返乡、返岗提供长期化、全年化的优质服务。经过座谈、讨论，结合阜阳地域特色、行业特点，拟以安徽省劳动模范、阜阳长途汽车中心站职工邹侠同志为领军人物，成立服务班，服务班成员由7位同志组成，班长由邹侠担任。2011年7月29日经阜阳市交通运输局、阜阳市文明办、阜阳市总工会、阜阳市妇联联合会研究决定，以安徽省劳动模范邹侠的名字命名成立"邹侠服务班"。

二、核心价值理念体系表述

1.核心价值观：人本、诚信、务实、创新

人本：人不仅是实现企业价值的必要资源，人的全面发展更是发展企业的根本目的。以顾客为本，不断研究顾客需要，提供人性化服务，为顾客创造价值。以员工为本，为员工构建事业平台；帮助员工实现职业理想；协助员工创造幸福生活。

诚信：诚实守信是阜阳长途汽车中心站立人兴企之本。绝不恶意欺骗顾客，保持对公司的绝对忠诚，严守社会公德和信用，是每一个阜阳长途汽车中心站员工做人做事的基本原则。

务实：实事求是是阜汽人的基本作风。不求轰轰烈烈，但求踏踏实实，竭力做好每件平凡普通的工作，通过量的积累，使工作品质得以提升。阜阳长途汽车中心站倡导遇到问题先从自身找原因，多为成功找方法，不为失败找借口的工作习惯。反对华而不实、急功近利和表面文章。

创新：没有创新就没有活力，没有活力就没有竞争力。阜阳长途汽车中心站坚持以经营创新和管理创新推动企业持续进步，赢得竞争优势，保持领先地位。创新无处不在，创新永无止境。阜阳长途汽车中心站鼓励每位员工在工作中学习，在实践中创新，并宽容由于创新而可能带来的失败和损失。

2.使命：顾客满意、员工满意、社会满意

使命和责任就是庄严的承诺，就是不渝的信念，就是不懈的追求。没有使命的企业，就会成为无源之水，无本之木，必将失去存在的价值，也就难以获得持续发展。

顾客满意：顾客满意是阜阳长途汽车中心站的首要使命，是阜汽存在和发展的根本追求。

阜阳长途汽车中心站以顾客需要为导向，进行业务定位，为顾客提供客货运输等多元化服务。以顾客满意为目标，提供快捷、便利、安全、高效的服务，推进顾客满意工程。

永远追求与顾客心贴心、零距离，永远想的比顾客更多、更细、更远，不断进行服务创新，努力做到比顾客期望的更好。

员工满意：阜阳长途汽车中心站在实现企业机制转换、优化员工结构的前提下，通过科学的绩效管理、合理的报酬激励管理、完善的职业成长管理、健康的团队沟通管理，体现以人为本的管理思想，让员工在健康积极的氛围中，为社会进步、企业发展、自己和家庭的幸福生活而努力工作。

社会满意:阜阳长途汽车中心站以产业报国为己任,通过不断完善自我,塑造优秀企业,为社会创造更多税收、提供更多就业机会,并为促进运输行业进步,推动地方经济发展做出自己的贡献。

阜阳长途汽车中心站无论过去、现在还是将来,都将恪守社会公德,遵守社会秩序,承担社会责任,弘扬社会正气,增进社会福利,支持社区建设,保护自然环境,造福家乡,回报社会。

3.愿景:创一流品牌,做常青企业

创一流品牌:品牌是企业的经营定位,是消费者对企业的认知,是社会对企业的普遍评价。

没有品牌,阜阳长途汽车中心站就没有灵魂;没有品牌,阜汽就失去生命。任何工作质量上的瑕疵都是对阜汽品牌的玷污。决不允许一切有损阜汽品牌声誉的行为和现象存在。不仅要在安徽创造运输行业的一流品牌,还要成为全国的著名品牌,并努力跻身国际一流企业之林。

做长青企业:成功的企业不一定长久,长久的企业一定成功。阜阳长途汽车中心站不是追求短暂眼前的利润增长和规模扩大,而是要做长久持续发展的企业。

4.精神:诚为根,勤为品,创为魂。

诚为根:诚信、坦诚、不渝。诚是阜阳长途汽车中心站员工的精神特质,是“进德修业之本”、“立人之道”、“立政之本”。是阜阳长途汽车中心站的生存发展的基石。

勤为品:勤勉、奉献、敬业。勤是阜阳长途汽车中心站员工的行为品格,意味着高效、快捷、认真、执着。阜阳长途汽车中心站提倡快捷高效,团队合作,爱岗敬业的工作作风,反对敷衍了事、相互推诿。

创为魂:开拓、拼搏、超越。创是阜阳长途汽车中心站的精神追求,阜汽人面对困难不因循守旧,敢挑重担、勇于探索,解放思想,真抓实干,锐意进取,超越自我。

5.职业道德

爱站守法、勤俭自强、团结友善、明礼诚信、爱岗敬业、服务群众、奉献社会。

三、践行效果

邹侠服务班成立后,阜阳长途汽车中心站通过组织成员外出参观学习,拾遗补阙,先后投资近500万元,装潢美化站房、硬化车场地坪,增加绿化面积,完善硬件服务设施,更换候车室座椅,更新微机检票台,改造总服务台、引进品牌超市入驻候车室、利用候车室内玻璃、梁柱张贴阜城历史名人、阜阳风景名胜等宣传画,加大对阜阳人文景观的宣传,突出阜阳厚重的历史文化。

“邹侠服务班”在组建和成长的过程中,得到省市各级领导的帮助和指导,服务项目不断拓宽延伸,班组成员也由原来的7人扩增至现在的10人。现在邹侠服务班大到方便儿童玩耍的滑滑梯、学步车、方便残疾人行动的轮椅、免费上网电脑，小到针线包、急救箱、血压计、雨伞、水笔，便笺纸、方便袋、手机充电器等，基本满足了旅客出行需求。邹侠服务班的爱心捐款箱，在为困难旅客提供帮助的同时，也迎来了旅客的爱心回流，经常会有旅客在此驻足，或摄影留念，或奉献爱心。

"邹侠服务班"成立以来，每年累计向旅客发放各种应急药品7万余人次，帮扶老弱病残孕等特殊旅客达到8000人次，资助旅客购票、购买食物、赠送衣物等达到600人次，现金2万余元。每天接待旅客咨询5000人次以上，春运时高达2万人次以上。汗水换来沉甸甸的收获，荣誉纷至，收到旅客送来的锦旗26面，留言簿上留下了近千条感谢话语，贺卡、感谢信、手机信息千余件。在邹侠服务班的带动下，阜阳长途汽车中心站全员努力，站点营收逐年攀升，连续两年总营收突破亿元，并先后荣获安徽省第九届文明单位、阜城首届微笑服务形象窗口、阜阳市首届价格诚信建设示范单位等称号。

"邹侠服务班"品牌的成功塑造引起社会各界关注，也引起省市各级媒体关注，据不完全统计，邹侠服务班自成立以来，先后200余次受到省市报纸、广播、电视等媒体宣传报道，如：2011年11月24日，《阜阳日报》1版在醒目位置刊发题为《邹侠服务班点滴都是情》图片新闻，对邹侠工作班优质服务工作进行宣传；2012年2月28日，《安徽日报》A1版"记者走江淮"栏目刊发题为《娘子军情暖旅客》的文章，对敬业奉献的服务班成员进行报道；2013年2月21日，《中国交通报》以《上班时用跑代步》为题对敬业奉献领军人物邹侠进行宣传；2013年2月6日，《颍州晚报》以《客运站里娘子军温暖旅客回家路》为题，用图片记录邹侠服务班成员春运期间用责任、爱心服务旅客的画面；2013年3月2日，阜阳电视台《关注》栏目以《青春无悔竞芳华》为题对邹侠服务班进行长达15分钟的深入采访报道。2013年5月23日《中国交通报》报道"邹侠服务班"爱心通道助人的事迹；2013年5月30日《工商导报》刊登《阜汽汽车站邹侠服务班获表彰》的消息；2013年5月30日《阜阳日报》刊登邹侠服务班获全国五一巾帼标兵称号的消息。

四、主要经验和体会

邹侠服务班组品牌的成功铸造，得益于"创新"理念的运用，在近两年的岗位实践和积极探索，邹侠服务班形成了创新服务理念，创新服务形象，创新服务班组、创新服务方式，创新学习文化、创新和谐文化等具有"六个创新特色"的服务品牌

1.创新服务理念

邹侠服务班在服务理念上提炼出"诚通颍州、爱融万众"的服务理念和"一句问候暖心，两米目光迎接，三声服务到位，四周情况掌握，五星服务标准，六项宣传全面，齐全答疑释惑，八方宾客满意，久而久之坚持，实践'文明和谐'"的服务承诺。

2.创新服务形象

邹侠服务班立足实际，设计出一套服务形象建设方案，从人员筛选培养、服务形象

设计、服务承诺提炼和服务培训,礼仪培训到服务主题构思,服务内容策划进行了大胆创新和精心策划。比如,注意服务细节,从谈话的语言、语调、语速、眼神、注视的范围、角度、持续时间,到员工的外形设计,服务姿势,服务礼仪等各个环节,形成了整套服务操作规范,强化对行为文化共有价值观的培养,让每个成员形成,自己不仅仅是班组、车站形象的代言人,更是运输行业的文明,城市形象,甚至是阜阳风采的"展示"的思想共识,在进行制度标准,思想教育的同时,班组自编整套服务礼仪操。

3.创建班组文化

邹侠服务班是车站最基本、最基层、也是最重的服务部门,"邹侠服务班"构建了以沟通文化、安全文化、制度文化为内容的班组文化建设"三部曲"。一是提炼"主动热情"的沟通文化,在岗位的实践中,服务班组总结提炼出具有车站服务特色的沟通文化,比如,说好一句话,礼貌用语问好,招呼语使用要主动,说话语气要恰当,服务用语要融入感情,说好"对不起、"不说"不知道",二是推行"贵在细节"的安全文化,班组紧跟车站工作安全形势,注重安全运输细节等方方面面的管理,开展丰富多彩的安全文化建设活动,如开展"喜迎重大节日、安全保畅通"志愿者服务活动,"安全带=生命带"宣传演示活动,深入旅客,走进车厢,向旅客宣传安全乘车常识,向车主进行安全嘱咐,在服务中,提醒旅客有序进站乘车,为老弱病残孕等特需旅客提供一站式服务等。三是创建"贵在坚持"制度文化。班组探索了一套"逆向思维奖励法。"员工自觉遵守规章制度,不仅有获得嘉奖的机会,更会养成严谨作风而终身受益。全新的理念,加之丰富有效的宣传载体,改变了班组成员由过去对制度的漠视、抵触和被动执行到逐渐理解,欣然接受,自觉落实。班组内形成了共同的思想意识和全员行知合一的制度文化。

4.创新服务方式

邹侠服务班坚持"以人为本"的服务理念,针对旅客需求的变化,在常规服务项目的基础上,不断延伸和创新服务内容,如:设立延时旅客休息室,农民工爱心服务队,急难旅客义务救助站,开展特需旅客绿色通道,春运推出农民工一站式服务,冰雪雨雾恶劣天气推出滞留旅客温暖服务,新生开学推出迎校服,暑运推出凉爽服务、中秋节推出团圆服务、国庆节推出旅游服务、麦收季节推出返乡直通车等精细化、亲情化的服务,受到旅客的喜爱,得到社会各界的广泛赞誉。

5.创新学习文化

邹侠服务班成员每天面对层差不齐,需求各异的旅客群体,而且成员又是由年轻人组成,对此,针对年轻人好学、善学、活跃等特点,她们总结出一套实用有效的学习守则,一是制度先行,建立一套全面系统的学习制度,形成年计划、月考核,季评比的学习制度体系。二是丰富内容。制定集行业法规、业务知识、服务礼仪、英语手语、行为规范、有效沟通、紧急救护、心理需求等学习计划,基本满足了员工的学习需求。三是创新形式。推行部门交流学,班组竞赛练的以老带新,党员先锋岗、服务示范岗、邹侠服务班 QQ 群等方式,引导成员个人自学、班组共学,成员互学,如开展"每月一题"主题学习活动，倡导“人人都是老师”、“人人都是学生”的理念，让大家在快乐中学习，在学习中快乐，从而营造出比、学、赶、帮、超的学习氛围，为全面提升员工素质奠定了基础。每月站里学习型员工评比中都有2至3名员工脱颖而出。

和谐是当今社会发展的主题，作为公共服务窗口单位，汽车站肩负传递社会文明、建设和皆社会光荣使命，为充分发挥汽车站公共服务功能，使广大旅客在温馨、便捷的服务中感受社会的文明与和谐，班组以创先争优活动为载体，以内外兼治，和谐共建为宗旨，将公益活动与志愿服务活动相结合，使各项工作稳步推进，班组会同团市委、文明办、交警、运管等单位，发挥阵地优势，积极开展“关爱生命、预防艾滋”，“文化年货带回家”、“学雷锋志愿服务”、“走进无声校园”、“爱心助考”、“春风行动-义务献血”、“关爱老人”、“资助困难群体”等公益活动，将关爱在奉献中延伸，开展“心系司乘送温暖”、“情系旅客送清凉”等文明创建活动，共同为旅客营造温暖旅途。

五、文化品牌

阜汽集团长途汽车中心站邹侠服务班

六、文化品牌诠释

爱心服务，快乐你我。

用我们的双手托起爱心，用我们真心服务赢得您的满意，快乐心情连接你我。

金孔雀飞翔在七彩云南

云南金孔雀交通运输集团有限公司

云南金孔雀交通运输集团有限公司位于云南省普洱市，公司以道路运输为主导，集客运、物流、旅游、国际运输、危货运输、公铁联运、站场经营、水上运输、汽车销售、车辆维修、汽车检测、城市公交和出租车、驾驶培训、房地产开发、建筑装修、宾馆酒店、工业和医疗用氧生产、现代农业、电子商务、国际贸易为一体的大型交通企业集团，拥有高中档豪华客车、大型冷藏专用车、危货车、牵引车、自卸工程车3000余辆，国家级汽车客运站81个，在云南省同行业中具有一流的运输能力。公司下属分、子公司45个，从业人员6000余人，工程技术人员500多人，分布在普洱市九县一区、昆明、西双版纳、老挝波乔省和泰国曼谷等地，是云南省和国家交通运输部重点交通骨干企业。

一、文化建设动因

铸百年老店，树名优品牌，是金孔雀交运集团公司的企业目标。面对激烈的国内、国际竞争，金孔雀交运集团公司要树立科学发展观，使集团公司在资产配置、资源利用、资产质量、市场规模、创新能力、管理水平、发展潜力等方面的优势得以发挥，集团公司发展壮大成为主业突出、多元发展、自主创新、核心竞争力强，具有可持续发展能力和抗风险能力的名优企业。品牌是企业市场竞争的王牌，赢得市场的法宝，培育一个个国家认可、社会认知的名优品牌，从而实现公司立足普洱、依托昆明、背靠全国、面向东南亚的发展战略目标。

要想铸百年老店，树名优品牌，文化建设是核心，没有文化的品牌是没有生命力的，也是不成立的。

二、核心价值理念体系表述

1.核心价值观：以相融共生，携手共进

相融共生，携手共进：体现了天、地、人3者是一个完美的整体。天地人共生是自然界的普遍规律，是企业兴旺、事业成功的基础，也是社会和谐的标志。企业改革、创业、发展的目的是建成小康社会，达到共同富裕，它是员工与企业、企业与旅客、企业与市场的共融共生，也是企业与社会、企业与环境、企业与自然的文明进步。相融共生，体现了金孔雀交运集团公司把员工放在首位，尊重人、培育人、提升人，和谐相处、团结奋斗、共同富裕，从而造就自己的美好人生。

2.宗旨：服务社会、造福员工

服务社会，造福员工：既是金孔雀交运集团公司崇高的价值观境界，又是集团公司不懈追求的目标。服务社会就是为国家创造财富，满足人民群众需求。社会需要交通、交通服务人民。勇于担当社会责任，这是金孔雀交运集团公司最大的价值体现。没有员工就没有企业，没有企业就不能造福员工。造福员工就是让公司员工过上有尊严的幸福生活，也是企业改革、创业、发展的根本任务。集团公司在创造物质文明的同时，创造精神文明、政治文明和生态文明，实现人与人、人与自然的完美和谐。集团公司一切源于社会，发展得益于社会各方面的支持。集团公司自觉履行社会责任，服务社会，造福员工，为企业兴旺、国家富强、社会进步做出贡献。

3.愿景：心在一起，共建家园，幸福人生，自己塑造

金孔雀交运集团公司的企业愿景建立在共建家园和幸福人生两个基点上，即企业物质文明实力增强及精神文明同步提升。金孔雀交运集团要做好、做强、做优，走全面、协调、可持续发展道路，让金孔雀成为全国道路运输业的知名品牌；让员工工作环境和生活质量全面提高；让员工有相对稳定、施展才华的岗位，有学习提高的机会，有丰富的精神文化生活，与企业共同成长。同时员工要立足岗位，创造价值，得到企业和社会的认可，塑造幸福人生。谋国家富强、企业昌盛、员工幸福，把员工梦和企业梦、企业梦和国家梦紧密联系在一起，共谋国家、社会、企业和员工的美好明天。为云南交通运输事业的发展做出应有的贡献，是金孔雀交运集团公司的共同愿景和不懈追求。

4.精神：追求卓越，艰苦创业

追求卓越：体现了金孔雀交运集团公司的拼搏进取精神，也是集团公司铸百年老店的必然要求。卓越，就是品质，不但是服务品质，还包含人的品质、企业的品质。办好企业、搞好服务的关键，就是要做好人，好人品决定好产品，它是集团公司发展的根本所在。艰苦创业，体现了集团公司员工勤劳朴实，不怕困难，勇于挑战的魄力和勇气，建一流的企业，创一流的业绩，不断向新的高度攀登。

三、践行效果

1.企业在改革创业发展中发生了巨大变化

云南金孔雀交通运输集团有限公司前身为有近50年历史的国有企业云南思茅交通运输集团公司，在改革开放大潮中几经沉浮，艰难前行，直到2004年，经过改制，重组为现在的金孔雀交运集团公司。普洱市原交通行政主管部门等单位《思茅地区国有道路运输企业调查报告》记述了2004年改制前全市12家国有运企的情景：“交通运输是改革开放较早，竞争比较激烈的行业之一，但我区国有运企除少数单位在深化改革方面有所突破外，多数单位只停留在建章立制，小改小革，小打小闹的浅层水平上，始终不能摆脱旧体制的束缚，甚至心安理得躺在政府的襁褓中，依赖于政府的特殊政策保护，因此，政企不分，产权不分，责权不分，管理不善等问题长期依旧，企业实际上还未

摆脱政府的附属物地位成为真正意义上的法人实体和市场经济主体,因而很难适应市场经济的要求,一旦失去政府的特殊保护将随即陷入困境”。“1997 年 12 个企业中,效益较好的只有 2 个,亏损达 8 个,占 67%,有 5 个企业历年累计亏损 134.12 万元,其中地区运输公司累计亏损 88 万元。职工收入也较低,人均月收入只到 450 元左右,个别单位人均月收入在 250 元以下”。“普洱(即现宁洱)县运司总资产 329 万元,但负债总额高达 317 万元,资产负债率达 96.5%,可谓债台高筑”。“景谷县运司从 1997 年至 1998 年 10 月已欠交养老保险 19 万余元,48 个离退休人员已有 3 个月每人只能领取 120 元的生活费。墨江县运司因债务负债较重及管理不善等原因,于 1997 年 4 月已经陷于瘫痪,调查组到该企业所见到的是一片破败的景象,职工住房低矮潮湿,近 10 辆车子遗弃在杂草丛中,企业 30 名职工除 7 名退休人员由县政府特殊照顾,通过社保人均每月发 300 元养老费外,其余都是自谋职业,如经理与人合伙开车,会计因年老体弱在家种菜养猪,捂豆芽卖,景况令人感慨。”作为全市最大的道路运输企业交通集团公司,也曾经连发放职工工资都要靠举债。在企业最困难的时候,年检 5 份工商营业执照还申请减免 250 元年审工本费。走进昔日国有运输企业,老旧落后的汽车,断壁残垣的厂房,杂草丛生的车站,潮湿低矮的住房,心中一片凄凉。企业吸毒人员最多时达 125 人。公司没有名气,职工缺乏勇气,日子没有生气,在社会上到处受气,有路子的人纷纷自找门路离开了企业。

改革开放是党在新的时代条件下带领全国各族人民进行的新的伟大革命,是当代中国最鲜明的特色。2003 年下半年,云南思茅交通运输集团公司企业产权制度改革,2004 年 1 月成立了云南金孔雀交通运输集团有限公司。在各级党委、政府领导下,集团公司员工深化改革、二次创业,使企业发生了历史性巨大变化。云南边疆千里运输线上,深深地铭刻着金孔雀交通集团风雨兼程,艰苦奋斗的光荣历程。

改制 10 年来,云南金孔雀交运集团公司经营规模扩大 10 倍,上缴国家税收增长 10 倍,公司员工从改制前 2000 多人增加到现在的 6000 多人,员工平均收入比改制前增长 4 倍,一举进入普洱市和云南交通运输先进行列。党和人民给了交运集团公司很高的荣誉,公司 2008 年 4 月荣获中华全国总工会全国模范职工之家称号。2011 年 8 月荣获首次全国非公有制企业党建强、发展强双强百佳党组织称号。2012 年 6 月荣获全国交通运输节能减排优秀贡献企业称号。2012 年 7 月荣获国务院全国就业先进企业称号。2013 年 4 月荣获中华全国总工会全国五一劳动奖状,荣获云南省委、省政府 2013 年社会扶贫先进集体,荣获 2013 年度全国交通运输企业文化建设优秀单位称号,2014 年 5 月又荣获全国交通运输行业诚信企业称号。公司董事长、党委书记龚新强荣获首届中国道路运输企业管理十大杰出人物、云南省劳动模范、云南省优秀中国特色社会主义事业建设者和云南省五一劳动奖章, 2014 年又荣获全国交通运输行业诚信企业家称号。今日的云南金孔雀交通集团,员工意气风发,企业欣欣向荣,实现跨越发展,已经成为云岭大地上贯通全省,跨出国门,进军东南亚的一支劲旅。

金孔雀交运集团公司企业改制10年来二次创业发生的巨大变化，首先是有各级党委、政府的正确领导，其次有一个团结奋斗的领导班子和一支艰苦创业的员工队伍，还有一套促进企业改革、创业、发展的优秀的企业文化。正是有了优秀的企业文化，才使金孔雀交通运输集团插上了腾飞的翅膀。

2.企业文化建设使金孔雀插上了腾飞的翅膀

金孔雀交运集团公司企业文化是企业领导创新和倡导的，为企业员工普遍认同并付诸实践的，在企业长期生产经营和发展过程中形成的具有本企业特色的价值观，是企业全体员工的精神家园。公司的企业文化包括3个层次，物质文化层（企容企貌、企业标识、企旗企歌、文化传播网络等），制度文化层（企业的各种规章制度及其所遵循的理念，以及人力资源理念、服务理念、员工理念以及技术业务和质量安全管理措施等），精神文化层（企业的核心价值观，包括企业精神、企业宗旨、企业理念、企业道德等）。精神文化层为物质文化层和制度文化层提供思想基础，是金孔雀交通集团企业文化的核心；制度文化层约束和规范精神文化层和物质文化层的建设；物质文化层为制度文化层和精神文化层提供物质基础，是企业文化的外在表现和载体，三者互相依存、融会贯通，共同构成了金孔雀交通集团企业文化的主要架构。

（1）在物质层面上，树立公司形象，用真情服务彻底改变落后面貌

金孔雀交运集团公司位于昆（明）曼（谷）国际大通道国内600多公里中段，既没有交通的区位优势，又没有运输的资源优势，只有靠以心换心，真情服务，才能使一个边疆民族地区的道路运输企业得以生存发展，实现和谐双赢。在道路旅客运输中，金孔雀交运集团“春暖旅途”客运品牌的推出，使整个客运服务突出了一个“暖”字，提出了享受尊贵从金孔雀快客“坐”起的服务理念。只要你看到金孔雀快客的驾驶员或乘务员，就会发现他们身上折射出的是视旅客为亲人的那种深厚情怀。当你坐上金孔雀客车，就会有如沐春风的感觉，这股春风在旅客心中一路荡漾。

正是有了高度的职业责任和深厚的服务情怀，才在金孔雀客运中涌现出无数感人事迹。2009年6月7日凌晨，两名歹徒在金孔雀交运集团公司澜沧运输分公司上允至昆明的长途卧铺客车上盗窃旅客财物，该车驾驶员面对歹徒的刀尖，临危不惧英勇搏斗，和旅客一起制服了歹徒，保护了旅客生命财产安全。2012年7月21日深夜，金孔雀交运集团公司普洱运输分公司两位驾驶员驾驶卧铺大客车从昆明返回孟连勐啊，忽然一位外籍产妇在客车上分娩，母子生命垂危。在语言不通，产妇未带钱的紧急关头，两位驾驶员联系医院，带头捐款，把满身血迹的产妇抬下车，确保了母子平安。

正是靠安全运输，优质服务的不懈努力，金孔雀交运集团公司在云南边疆各族人民心中树立了金孔雀客运的美好形象。他们把“五心”服务发挥到极致，即服务旅客真心，待人接物诚心，排忧解难热心，助老扶残爱心，驾驶车辆小心。金孔雀客运还推出了“托送”儿童和老人的服务，把服务的视角和触角向更广泛的空间延伸。对儿童在候车、乘车过程中提供特别照顾，保证到站时将孩子安全送交接站人；对老人也不例外，

特别对70岁以上的老人，更是全程悉心关照，免除老人子女的后顾之忧。碰到接站人是老人的情况，乘务人员便热情上前代替家人接站、搬运行李。人到站车，心到旅客，成了金孔雀交通员工的服务坐标。

金孔雀交运集团公司坚持把服务工作规范化细微化，只要进入金孔雀客运的视野，你从站姿、坐姿、神情、言谈诸多方面都能感受到金孔雀站务员得体而又温馨的服务。一米见问候，一米见规范，一别送祝愿和老弱病残幼旅客专用的爱心通道，涵盖了金孔雀客运的任何角落，这是一种对服务理念的认识和挖掘。

金孔雀交运集团公司精神文明建设硕果累累，涌现出了大批优秀乘务人员，优秀驾驶员和大批文明客车。数十名驾驶员、乘务员被云南省交通运输厅和运管局分别授予"文明客车"、"十佳客车"、星级客车驾驶员、星级客车乘务员称号；在全省交通系统和全国交通系统举行的QC小组竞赛上，金孔雀快客QC小组分别获得第一名和优秀奖。正是有了一个个从优质服务到超值服务的转变，迎来了社会的广泛赞誉，也迎来了千千万万旅客的高度认可，使金孔雀交通集团每年安全运输旅客达1500多万人次。优质的服务品质和人文关怀、以心换心最终促进了企业与旅客和谐双赢。

云南金孔雀交运集团公司坚持以市场为导向，以旅客为中心的经营目标，做强做优企业，以员工为中心的发展目标，处处饱含着对旅客和员工的一片真情。员工是企业改革发展的主力军，是旅客优质服务的提供者。只有企业心中有员工，员工心中有企业，才能充分调动员工的积极性和创造性，这是集团公司管理层一致的共识。只有员工的满意，才能用真情服务带来旅客的满意。金孔雀客运找到了旅客满意与员工满意的共生秘诀，那就是优秀的企业文化。金孔雀交运集团董事长、党委书记龚新强说："作为金孔雀的员工，不能融入金孔雀的企业环境中来，不仅难以成就金孔雀的事业，也难以成就他个人的事业。一个人不认可企业的文化，他就没有事业发展的舞台"。他认为，一粒好的种子需要一块好的土壤才能茁壮成长；一块好的土壤有了好的种子，这块土地才能创造价值，企业就是员工施展才华，奉献社会，实现人生价值的沃土。他把企业与员工、员工与企业、企业与社会相融共生作为企业文化的核心，牢牢植根于广大员工心中。十年来，无数立志于从事交通运输事业的人，在金孔雀大家庭里迅速找到了自己的位置，实现了美好人生。

(2)在制度层面上，加强科学管理，靠优秀品牌在竞争中树立自己的旗帜

昆曼公路从昆明起、经老挝到泰国曼谷，是中国连接东南亚的国际大通道，被人们称为黄金大道，该线旅客运输市场竞争十分激烈，仅国内600多公里的运输线上就有七八家省市级交通运输集团在经营。企业领导者只有在风起云涌瞬息万变的市场中，自主创新，科学管理，勇于争先，高起点，高标准地打造国际化的客运服务品牌，才能在道路运输市场上占有一席之地。

面对这样的形势，金孔雀交运集团注重在树立优秀品牌上下力气。在客运车型选购上，金孔雀交通集团领导进行了市场细分摸底，对各条运营线路的客流量进行缜密

调查，在充分考虑了安全、豪华、舒适、美观的同时，选购在国际或国内具有领先水平的高、中档客车作为主力车型更新替代原有的老旧客车。具有领先时代车型的金孔雀运营客车奔驰在云岭大地上，树立起金孔雀品牌的外在形象，深受国内外旅客的欢迎。

金孔雀交运集团各客运公司领导和业务管理人员，在班次排定以及发车密度方面围绕人文关怀大做文章，最大限度地减少旅客在站场候车的时间。从现代生活要求出发打好安全舒适快速牌，通过机动灵活，高频发车，随到随发等运营手段，满足了现代人高质量、快节奏的生活需求。

将星级酒店式服务和航空领域才有的微笑服务引入从站点、途中到终点的整个运营过程，使旅客有一种生活在移动的微型社会之感，点心、茶水、矿泉水和专用餐厅里的饮食都是免费提供的，旅客不再是旅途中的孤行者，把昔日的枯燥之旅变为快乐出行，金孔雀客运成为七彩云南千里道路上一道亮丽的风景。

正是金孔雀品牌安全、高效、温馨、舒适的四大法宝紧紧抓住了国内外旅客的心，实现了昆明、普洱、西双版纳等地 20 多个兄弟民族人民群众“千里边疆一日还”的梦想。

通过对与公司化经营和市场要求脱节的挂靠经营进行公车公营改造，按照新时期道路客运市场规律实行现代公车公营的公司化经营管理模式，有利于全面加强客运市场管理和提升客运服务质量，使客运企业与旅客利益高度统一。

全面提升道路旅客运输服务质量的“四统一票到”客运模式的推出，统一了规划、统一了投资、统一了管理、统一了经营，实现了限时到达、一票到底的运营目标。从旅客就是上帝这一主旨出发，调动一切积极因素，开展“党员先锋车”、“星级服务车”、“星级司乘人员”、“安康杯”、“春暖旅途”等丰富多彩的竞赛活动，调动了广大员工的积极性和创造性，大幅度提升了客运服务的软实力。金孔雀客运所产生的品牌效应，赢来了空前的企业、社会、公众多赢的大好局面。

如今，金孔雀交运集团公司所属云南金鹿物流，西双版纳金象运输，普洱茶城直快，普洱彩云之南旅游客运，普洱交通驾校，普洱鸿达车市，普洱通达维修，普洱清风小汽车维修和各县运输分公司等一批金孔雀交运集团的支柱产业，金孔雀已成为享誉当地的知名品牌，如群星荟萃闪耀着金孔雀交通集团的品牌天空。各级党政领导和业内人士对金孔雀交通集团的发展模式和所取得的成就表示充分肯定和高度赞扬。

金孔雀交运集团公司以提高服务质量为手段，以高科技为支撑，以道路改善为基础，以市场规范为前提，以关注旅客利益为原则，以企业效益和旅客权益有机统一为目标，催生了金孔雀客运闪光的金字招牌。品牌的背后，凝聚着一种品质。这个品质就是科技创新与运用，GPS 卫星定位系统和 DVR3G 视频监控系统实现了对车辆运行状态、技术状况，尤其是安全动态的全过程监控，旅客的安全和服务流程、服务质量，在管理高效化和专业化中得以实现。没有优质的个性化品牌不能赢得市场，“只有民族的才是世界的”。金孔雀的豪华客车，日夜穿梭于昆曼大通道上，金色的孔雀代表了幸福、吉祥、善良的边疆各族人民追求美好生活的愿望。也是这只金色的孔雀,连续10多年获得北京恩格威ISO 9001、ISO 2000质量管理体系认证和GB/T 28001-2001国际职业健康安全管理体系认证,全面规范提升了管理水平和服务质量,企业管理全面与国际先进水平接轨,成为云南省交通企业率先通过两项国际认证的专业交通集团公司。

(3)在精神层面上,培育企业文化,打造公司创新发展的强大动力

金孔雀交运集团公司的企业文化,反映了集团公司对自身价值、宗旨、发展目标、经营战略、管理思想、管理方式、行为规范等形成的一系列战略共识。它是集团公司打造优强企业的重要标志,也是企业核心竞争力的重要组成部分。集团公司企业文化以增强员工队伍的向心力、凝聚力、创造力,提高企业的核心竞争力,实现企业和人的全面发展为目的,以固本、铸魂、塑形为手段,作用于企业生产经营和创业发展的全过程,使企业文化力转化为现实的生产力、发展力、竞争力。金孔雀交运集团公司的《金孔雀》报,金孔雀公司网站,就是公司弘扬企业文化、与员工互动交流、传播正能量的重要思想宣传阵地。坚持以员工为中心,相融共生,携手共进,金孔雀交运集团企业文化追求的是在继承和学习的基础上不断创新和发展,在创造企业价值中实现自身价值,从而实现企业价值与员工价值的完美结合。

对个人,对社会的责任担当,如同血液一样在金孔雀交通员工身上涌流。2013年1月12日下午,集团公司所属宁洱运输分公司驾驶员李志逵驾车从宁洱前往昆明,行驶至元磨高速墨江路段时,对向行驶的一辆大货车零件突然脱落飞越中央隔离带,击穿了李志逵驾驶的大客车前挡风玻璃砸在李志逵左眼上方眉头上,顿时头上鲜血喷涌而出。李志逵强忍剧痛,沉着应对,冷静操作,仅用13秒时间将大巴车靠右缓缓停下,并打开警示灯安全示警,不久就昏迷过去,李志逵用生命和意志确保了全车旅客的生命财产安全。仅过了11天,同年1月23日,集团公司所属金鹿物流有限公司油罐车驾驶员王崇伟驾车行驶至磨思高速思茅城北路段时,车辆突然打滑,他将失控车辆紧急处置安全停放在公路最右侧,发现几辆车因路面湿滑已经撞在一起。为保障他拉的14吨多汽油安全,王崇伟下车向后跑出150米开外用手警示来车小心慢行,成功堵停了3辆汽车,当他又向一辆中巴车示警时,因道路湿滑客车发生侧翻,导致王崇伟避让不及致双脚重伤。目睹现场的旅客十分感动地说:"如果不是王师傅舍身示警,不知会造成多大的事故"。李志奎、王崇伟的英雄事迹,是金孔雀交运集团优秀企业文化培养出来的一代新人,在国家和人民最需要的关键时刻,绽放出绚丽夺目的光彩。

在优秀企业文化的引导下,企业改制10年来,金孔雀交运集团有上百位优秀员工加入党组织,数千人次员工获得各种先进模范光荣称号。仅2013年,集团公司就有3位员工荣获云南省五一劳动奖章,2014年有两位员工荣获云南省劳动模范称号,涌现出全国最美驾驶员,全国职工职业道德建设先进个人,云南省道德模范和云岭楷模李志逵;优秀驾驶员,全国见义勇为英雄司机王崇伟,成为金孔雀交运集团公司员工的优

秀代表。

四、主要经验和体会

优秀企业文化，是金孔雀交运集团公司在中国特色社会主义理论指导下，公司领导和企业员工长期生产经营和文化建设实践经验的科学总结，它顺应了时代发展潮流，符合企业发展需要，是我们建成小康社会，实现员工梦，企业梦也就是中国梦的强大动力。

1.坚持以马克思主义为指导，牢牢把握培育先进企业文化的正确方向

当前，我国社会正在发生广泛而深刻的变革，社会思想多样，社会价值多元，社会思潮多变。作为边疆民族地区道路运输企业，员工年龄较轻，文化程度不高，以先进企业文化引领企业生产经营和员工队伍建设，是公司深化改革，科学发展的重大任务。金孔雀交运集团公司要不断加强和改进企业党的领导，充分发挥党在企业的政治核心作用和政治引领作用，坚持用中国特色社会主义理论体系和社会主义核心价值观统领企业文化建设，不断深化对企业文化建设规律性的认识，与时俱进，勇于创新，不断丰富和发展具有中国特色、符合时代要求的优秀企业文化，确保企业沿着中国特色社会主义的正确方向前进。

2.自觉践行党的群众路线，充分发挥广大员工在企业文化建设中的主体作用

金孔雀交运集团公司员工是建设优秀企业文化的深厚土壤和力量源泉，要充分发挥公司广大员工在企业文化建设中的主体作用，做到企业文化建设为了员工，企业文化发展依靠员工，企业文化建设的成果由全体员工共享。坚持以员工为中心，以满足公司员工精神文化需求，促进员工全面发展，塑造员工幸福人生为根本目的，面向基层，服务员工，群众参与，推陈出新，把公司员工培养成为有理想、有道德、有文化、有纪律的社会主义公民，这是公司改革创业发展的最深厚的基础。企业文化建设要主题突出、特色鲜明、积极向上，丰富员工文娱活动，发挥企业文化教育人、鼓舞人、激励人的作用。大力发现、培养、总结、表彰各方面的先进典型和先进群体，大张旗鼓地宣传他们的先进事迹，用榜样的力量鼓舞人、教育人、激励人，用生动鲜活的人和事教育人、熏陶人、启迪人，确保公司员工朝优秀社会主义事业建设者方向提升。

3.提高认识加强领导，是企业文化建设顺利实施不断深化的重要保障

金孔雀交运集团公司领导十分重视企业文化建设，公司成立了企业文化建设工作委员会，由党委书记、董事长任主任，党委副书记、总经理任副主任，委员由党委、工会、党群工作部、文化信息部、团委和各单位主要领导组成。按照公司创业发展和适应市场竞争的要求，用制度来保证企业文化建设顺利开展，使企业文化建设走向制度化、科学化、规范化的轨道。公司党委、工会、共青团既明确分工，各负其责，又相互支持，密切配合，共同肩负起实施企业文化建设，推进企业文化建设的重大责任。对企业文化建设工程要精心组织，周密布置，认真考核，把企业文化建设工程的成效纳入公司各单

位领导班子和主要领导的年度工作考核内容，并作为先进集体、先进单位的主要评选条件之一。同时，对公司企业文化建设工程要总体规划，做出预算，统筹安排，分步实施，为公司企业文化建设工程提供必需的资金支持和物质保证，确保金孔雀交运集团的企业文化建设不断向社会主义文化强企的方向发展。

强队伍　铸品牌　促发展

珠海机场汽车运输有限公司

珠海机场汽车运输有限公司成立于1995年，现有近400台车型多样、技术先进、装备豪华的车辆，拥有一支专业管理队伍和技术精湛、训练有素、安全可靠、服务规范的司乘队伍。公司业务以航班旅客陆路运输保障为主，集旅游包车、企事业单位行政用车、商务会议用车、大型活动交通保障用车、出租车、汽车租赁和汽车维修等多种特色服务为一体。

公司民航班车服务站点和班线覆盖珠海市各个区域、口岸及邻近的中山、江门等城市。公司拥有珠海市最大的旅游车队，旅游包车量居珠海市之首。公司为珠海市数十家国内外大型企业和政府单位提供职工上下班车、行政用车服务，建立了长期的合作关系。公司拥有全国百余座大中城市的汽车租赁连锁资源，为各界人士提供日租、月租、年租、代驾、接送等专业汽车租赁服务。公司承接企事业单位及各种社会活动项目的用车，是政府和交通部门指定的大型活动主要运输保障企业，是历届中国(珠海)国际航展主要运输保障单位之一，是珠海市唯一一家参加过广州亚残运会、深圳大运会道路交通保障工作的单位。

公司以“陆路头等舱—延伸航空服务”的服务理念独树一帜，并以运力雄厚、服务多样、温馨周到、安全可靠、舒适快捷的服务赢得了广大乘客的信赖和社会各界的好评。“珠海机场快线”、“珠澳直通快线”、“国信租车”等品牌在广东省内，乃至全国均具有广泛的知名度和较高的认可度。公司各项业务的纵深发展和快速推进，为自身的发展壮大提供了更加广阔的平台，也满足了客户多样化的用车需求。

公司规范管理，诚信经营，主动承担社会责任，是珠海市率先通过国际质量管理体系认证的汽车运输企业。公司先后荣获全国企业文化建设先进单位、全国交通运输企业文化建设优秀单位、广东省诚信示范企业、广东省中小企业信用评级AAA级、广东省守合同重信用企业、2010年广州亚残运会道路交通保障工作先进单位、广东省“三会”交通运输安全保障先进集体、2009·ZHTV观众最喜爱的珠海品牌、中国国际航空航天博览会交通运输保障先进单位、珠海市模范职工之家、珠海市诚信文明运输单位、珠海市企业扶残助残先进单位、珠海市交通运输行业文明先进单位等多项荣誉称号。

一、文化建设动因

珠海机场汽车运输有限公司企业文化建设最早要追溯到2002年，当时公司刚刚由国有企业改制为自然人参股的有限责任公司，仅5台租用车，15名员工，民航班车仅有一个服务站点、一条班线，可谓举步维艰。陈钦生担任公司的总经理后，首先想到的不仅是增加车辆、站点和线路这些硬件措施，更在思考如何凝聚团队力量，打造服务品牌，更好地为旅客提供优质服务。在经过深思熟虑和提炼总结后，公司首先根据主营业务性质提出了“陆路头等舱—延伸航空服务”的服务理念，随后又提出了“同路创未来”的核心价值观。有什么样的理念就有什么样的服务，公司员工在“同路创未来”和“陆路头等舱—延伸航空服务”的文化共识下，展示出的不仅是真诚与亲切的笑容，还有奋发与执着的风采。

经营状况稍见起色，可以说刚刚感到可以松一口气的时候，公司领导层做出了出人意料的决定：投入资金，一是加大企业文化建设的力度，设计了公司独特的视觉识别系统（Ⅵ）；二是规范内部管理，获得了ISO9000：2000国际标准质量管理体系、GB/T28001：2001职业健康安全管理体系认证证书，成为珠海市首家获得国际认证的汽车运输公司。在当年，特别是在运输行业，民营企业中，这似乎让人觉得不可思议，甚至有人觉得多此一举。当珠海机场快线统一的车身外观展示在众人面前时，人们不禁眼前一亮，珠海机场快线的车辆迅速成为珠海街头一道亮丽的风景，同时，公司以平稳的安全生产和精益求精的优质服务，珠海机场快线在人们心中树立了良好的形象。管理水平的不断提升，也使公司经营管理全面走上了更加规范化的轨道。

公司企业文化建设可谓是起步早，步伐稳，处处从实际出发。最初的目标十分直接，就是要调动员工积极性，以优秀的企业文化引导员工的思想观念和行为规范，通过自我加压，规范管理，打造品牌，让客户体验到珠海机场快线的安全、便捷和舒适。企业文化建设的成效也更加坚定了公司上下深入推进文化建设的信心。

随着公司的稳步发展，管理体系和运营机制的不断成熟，公司“珠海机场快线”、“国信租车”、“珠澳直通快线”等业务品牌，在广东省内，乃至全国均具有广泛的知名度和较高的认可度，特别是“同路创未来”的企业核心价值观，在实践中逐步成为公司的文化品牌，这些都对公司的企业文化建设提出了更高的要求。公司进一步对企业核心价值理念进行了归纳总结和凝练，印制了《企业文化手册》，创作了企业歌曲《同路创未来》，使公司文化体系成为一个有机系统。不仅如此，公司把企业品牌的打造和维护作为一个长期工程，通过全方位的努力，不断为企业发展注入新的活力。

如今，深入推进企业文化建设已经成为全体员工的共识，通过企业文化建设，在企业形成共同的理想信念、强大的精神支柱和基本的道德规范。公司还将进一步调动员工的积极性、创造性，激发组织活力，使员工在一个积极向上的氛围中工作，保持爱岗敬业，务实创新的工作状态，增强企业凝聚力，最大限度地挖掘企业潜能，提高企业声誉，使文化成为公司走向成功的强大动力和重要法宝。

二、核心价值理念体系表述

核心价值观：同路创未来。

使命：服务客户，成就员工，回报社会。

愿景：打造客运首选品牌。

精神：尚德敏行，敢为善成，精诚精进，任重道远。

职业道德：爱岗敬业，诚实守信，服务群众，奉献社会。

三、践行效果

企业文化是企业发展的灵魂，多年来，公司按照系统化、科学化、实用化的思路，创建特色鲜明的企业文化体系，将企业文化渗透于企业一切活动之中，使企业文化建设真正内化于心、固化于制、外化于行，形神统一，提升了企业的影响力和竞争力。

1.形神兼备——凝练构筑企业文化体系，以优秀文化指导实际工作

卓有实效的企业文化建设能够传承优秀的企业精神，凝聚团队力量，为企业的稳定快速发展贡献力量。经过近 20 年的积淀提炼，公司形成了独具特色的文化体系。公司领导层高度重视企业文化建设，而企业文化建设的成果更加坚定了公司上下继续推进文化建设的信心。为进一步深化企业文化创建活动，制定了《精神文明建设规划纲要》。为了概括和反映公司的发展历程、企业文化形成及建设情况，弘扬企业精神，组织收集、整理、编印了《企业文化手册》。与专业团队合作，创作了企业歌曲《同路创未来》，歌词内容充分体现企业发展理念和企业奋斗精神，歌曲旋律恢宏大气，充满激情，对员工有着振奋精神、鼓舞斗志、增强企业凝聚力的作用，显示了企业的活力、提升企业的形象。

公司积极宣传公司企业文化，注重文化建设与实际工作相融合。以多种方式、多渠道及时报道和宣传公司动态、员工中的好人好事等，使宣传内容更加丰富和广泛。积极向上级行业管理部门、各协会组织和外部媒体的报刊网站投稿，展示公司优质服务、经营活动、安全生产、精神文明等方面的亮点工作，交流争创诚信经营、安全文明运输企业活动经验。在生产一线机场客运站、公司后勤保障基地和公司办公场所设置文化展板，以鲜明的主题、贴近生产一线的内容和图片报道的形式反映生产一线现场动态和员工的精神风貌。公司组织服务人员为市内大型活动提供礼仪服务，组织员工组建志愿者队伍服务社会，为慈善机构提供无偿服务等，进一步提高了公司知名度。

公司有意识地培育和倡导积极向上的企业文化，推崇爱岗敬业、积极上进的工作作风，着力将企业核心价值观与服务理念体现在各项服务工作中，不断提升服务质量，为旅客、客户提供高品质的服务，创建交通运输行业品牌。近年来，增设了“珠海机场快线”在珠海市区的服务站点，调整了运行线路和发班班次，在邻近城市中山、江门等地设立了服务站点，大大方便了当地居民选择珠海机场出行的乘车需求，得到了广大

旅客的肯定。公司投入资金，设计开发了手机客户端系统，利用科技手段实现手机购票，乘客可以通过手机随时查询珠海机场快线班车时间、途经站点，在线购票简单，检票上车方便，给旅客带来了不一样的便捷体验。开通了24小时人工接听服务热线电话，得到了乘客的好评，走在了本行业企业的前面。公司还在珠海电台多个频道的黄金时段开播了“珠海机场快线”即时资讯专栏，通过媒体发布最新的班线信息，向公众宣传企业服务内容，为乘客提供便利。

在优秀文化的影响下，全体员工各司其职，以良好的精神风貌做好各项工作，为企业的不断发展做出自己的贡献。特别是一线的驾驶员、服务员帮助乘客排忧解难的事迹屡见不鲜，例如，2013年的一天，一位台湾旅客到机场后，发现忘记归还朋友家的钥匙，十分着急。最终，他选择信任一位“陌生人”——珠海机场快线驾驶员幸建文。幸师傅欣然接受委托，晚上10点多下班后，将钥匙送到那位朋友家里。若不是半年后一张来自台湾的写满了感谢文字的卡片，连幸师傅身边的同事都不会知道这件事。2014年，珠海机场汽车运输有限公司收到一封来自山西的旅客的感谢信和锦旗，原来，是这位旅客到珠海旅游期间，丢失了钱包，钱包中有5000元现金和数张银行卡。“珠海机场快线”拱北锦江之星站的工作人员捡到钱包并及时稳妥地交还给了已经回到山西的旅客。这位远在山西的旅客在信中表达了对珠海机场快线工作人员的感激之情，信中写道：“非常感谢贵公司培养出这么优秀的员工，这么优秀的团队……谢谢你们所有人传递出的正能量，让我们感到温暖，看到希望。”公司员工的优质服务和文明表现，得到了旅客的赞扬，这不仅体现了员工个人的良好素质，更体现了公司文化建设的效果。

公司良好的服务形象、口碑和服务能力赢得了广泛的关注和肯定，许多国内外大型企业都主动与公司建立了合作关系，公司服务的知名企业包括中航通飞研究院有限公司、伟创力制造（珠海）有限公司、沃尔玛（珠海）商业零售有限公司、神华粤电珠海港煤炭码头有限责任公司、珠海格力新技术研究所有限公司、中国联合网络通信有限公司珠海分公司、东方海外货柜航运（中国）有限公司珠海分公司、北京师范大学—香港浸会大学联合国际学院、珠海市国土资源局香洲分局等。在与各类型客户合作的过程中，公司的文化品牌不断得到认可和提升。

2.软硬兼顾——文化装进制度，融入管理，以优秀文化鼓舞和激励员工

企业文化既属于意识形态又属于物质形态的特性，企业文化建设与经营管理工作的有效结合，可以指导员工的行为，所以，企业文化建设是企业管理工作的重要内容和有效载体。公司将文化理念融入企业管理体系，用科学、系统、规范的管理规章制度，确定以人为本立文化、以安全和服务为根立企业的发展思路。作为民营企业，公司没有小富即安的经营思想，也没有求大求全的经营理念，而是善于从实际出发，关注市场需求，以管理规范化、系统化的长远思维指导经营管理工作，努力在激烈的竞争中站稳脚跟，并获得长足发展。公司制定了一套完善的管理制度体系，明确了各部门、各岗位的责、权、利，定期召开的办公会议快速有效地协调、解决了部门之间存在的困难和问题。例如,会议制度明确了公司总经理办公会议、月度生产经营分析会、月度安全生产分析会、员工安全培训等会议召开的时间、上会内容和召集人职责等,通过会议了解情况,讨论在生产经营和工作过程中存在的问题、难题,并提出解决办法和改进措施。通过各种会议,使公司政令能够完全被理解和执行。

将企业文化与安全管理工作紧密结合,大力推进安全文化建设。定期召开安全生产工作会议,部署安全生产工作任务,对安全生产阶段工作进行总结,针对问题明确解决方案。广泛开展各种宣传教育活动,加强全体员工,特别是一线员工的安全知识和劳动卫生知识培训,举办安全知识竞赛,同时鼓励并激发广大员工自觉学习安全生产知识,掌握自我防护技能。召开司机座谈会和员工家属座谈会、制作宣传板报和宣传标语、组织开展手机短信宣传活动,利用公司网站、微博和发放宣传单张等形式,宣传安全生产法律法规和安全知识,进一步增强全员安全生产法制意识,营造良好的安全氛围。开展应急预案演练活动,增强安全防范意识。通过行之有效的措施,提高了员工安全生产意识,使安全文化深入人心,提高了企业的安全生产管理水平,有效遏制了重特大生产安全事故发生。

公司在狠抓内部管理的同时,积极为员工成长成才提供更多的舞台和条件。公司加大培训资金的投入,选送优秀员工进入高校进修专业和管理课程、组织全体管理人员进行系统性培训、安排岗位业务技能培训等,通过对全体员工全方位的系统培训和指导,提升员工对公司文化的认同,逐步增强了员工在公司中的责任感和自豪感。经常性且有针对性的员工培训活动可谓内容丰富、形式多样,除了为员工提供外部培训机会,不断提升个人能力、增长见闻外,公司的内部培训也极具实用性,取得了较好的效果,如组织业务技能、管理方法、沟通技巧、应急预案演练、礼仪知识、写作知识、摄影技术等培训,充分地体现了公司团结和谐的文化氛围,同时也进一步提高了员工的服务意识和服务水准,增强了企业的凝聚力和员工的归属感,构建和谐企业文化的自觉性不断提高。

积极培育先进典型,表彰先进员工,形成典型引路,学习、赶超先进的良好氛围。结合实际,对原有评选条件、评选时间进行修改和完善,在年度表彰奖励的基础上增设月度和季度奖,进一步提升了员工的服务水平,提升了工作热情和荣誉感,起到了较好的激励作用。培育并对外宣传公司先进典型人物,使“人便于行,货畅其流,服务人民,奉献社会”的行业核心价值理念转化为广大员工的生动实践,近年来培育了常玮验、彭永锋、雷绍筹等优秀员工。驾驶员彭永锋被评为珠海市“道德模范员工”,驾驶员雷绍筹被珠海市交通运输局选送参加广东省交通运输厅和广东省文明办举办的“寻找最美巴哥巴姐、的哥的姐”活动。这些优秀员工在平凡的岗位上兢兢业业,用心服务,用细致和真诚感动乘客,他们助人为乐,用自己的爱心向社会传递正能量,诠释真善美,为旅客安全出行、畅享交通奉献着自己的光和热,不仅展示了公司员工的风采,更展示了交通运输行业工作者的良好形象,进一步提高了社会公众对交通运输行业核心价值体系的认知和认同度。

3.内外兼修——关爱员工,凝聚团队力量,关注社会,履行社会责任

公司重视每一位员工的力量,鼓励每一位员工在岗位上建功立业,凝聚团队合力,积极构建和谐企业氛围。关心员工生活,工会经常组织员工开展丰富多彩的文娱活动,还经常举行篮球、乒乓球、拔河、唱红歌、趣味运动等各类赛事活动,丰富了员工的业余文化生活,进一步增强了员工的团队合作意识和企业的凝聚力。在细节上关心员工,如外来工办理积分入户、申请经济住房、廉价租房、孩子入学等手续时需要了解政府相关政策,工会总会不遗余力地给予帮助,提供信息和建议。每逢中秋、春节等传统节假日,公司领导都会与外来员工一起吃团圆饭,一道过节,使他们充分感受到公司大家庭的温暖。如有员工伤病或住院,公司各级领导都要前往探望和慰问。发动和组织员工为重病员工和员工重病家属自愿捐款,缓解燃眉之急,来自大家庭的温暖感动着企业的每位员工。此外,公司还不断投入资金改善员工的住宿条件,提高员工住宿质量。公司无微不至的关怀令员工有了归属感,调动了员工自发地将责任感和主动热情的服务表现在工作中,使企业的文化与企业的发展互为动力,相得益彰。

公司在自身发展壮大的同时,处处不忘企业的社会责任。为了解决大学园区师生出行难的问题,公司与北京师范大学珠海分校、北京理工大学珠海学院、中山大学(珠海校区)、暨南大学珠海学院、吉林大学珠海学院、珠海北大附属实验学校等高校签订了长期的服务合同,特定的服务模式受到了广大师生的好评。

公司不求利益,积极为政府各类大型活动和社会各界商务活动提供用车服务,一次次圆满完成了运输保障任务,得到了珠海市政府、行业主管部门以及广大市民的好评。在第九届中国国际航空航天博览会期间,公司积极做好公共交通服务保障工作,并为政府提供了包括3位神九航天员:景海鹏、刘旺和刘洋在内的贵宾接待服务。继圆满完成广州亚残运会、深圳大运会交通服务保障后,再次实现“安全行车零事故,车辆途中零抛锚、旅客服务零投诉”的目标,赢得了各地参展商及社会各界的广泛赞誉,公司获得了“第九届航展交通运输保障先进单位”荣誉,10位员工被评为“第九届航展交通运输保障先进个人”。

在国家住房和城乡建设部倡导,中国城市科学研究会、广东省住房和城乡建设厅、珠海市人民政府共同举办的2013城市发展与规划大会期间,公司承担了大会的运输保障工作,为1800余位国内外知名学者和专家提供了专业的用车服务。公司统一车型、统一标识的70台商务车,以及28台“珠海机场快线”大巴车给参会人员留下了很好的印象,与会专家和主办方用“非常满意”4个字高度评价了此次用车接待工作,大会组委会特别向公司赠送了“运力充足、保障有序”的锦旗。

爱心文化是企业文化的重要内容。公司积极开展并参与社会公益活动,如,组织全体党员组成扶贫帮困小组前往珠海市贫困地区斗门莲洲镇三角村慰问年龄较大的贫困党员。参加为四川地震灾区雅安举办的“爱在珠海 心系雅安”赈灾义演公益活动,50位员工与逾百名珠海市音乐人、文艺志愿者共同放歌义演。公司参演的节目是

合唱本企业歌曲《同路创未来》,表达了公司全体员工对雅安地震遇难同胞的深切哀悼,以及为雅安人民祈福,为救援者加油的深切情感。为慈善组织开展的中秋敬老慰问活动提供免费用车。为珠海市慈善总会组织的儿童节活动提供免费用车,为聋哑儿童能过一个快乐的节日而尽一分力量,活动组织方对公司的大力支持表示感谢,向公司赠送了"慈心爱儿童,善念保平安"的锦旗。

通过一系列充满温情、爱心与强烈社会责任意识的活动,体现了公司的良好社会责任,塑造了本公司在当地的良好形象。

四、主要经验和体会

公司将企业文化的理念与企业发展有机地结合起来,为企业注入了更多的现代和人文元素。公司独特的视觉识别系统(Ⅵ)设计、统一的车身外观、齐整的服务队伍,体现出了公司的亮点和特色;公司准确的服务定位,规范的管理体系、科学的经营机制、团结的员工队伍,展示出了公司科学管理和文化管理的水平。从视觉上的认知到心理上的认同,从内部凝聚力的增强到外部影响面的扩展,从公司核心价值体系的有力贯彻到文化内涵在实践中的不断丰富,打造出了一个具有良好声誉的品牌公司,公司在企业文化建设方面也积累了一些经验。

1.企业文化建设要坚持从企业实际出发

企业文化建设要以社会主义核心价值观为准绳,突出行业特色,坚持从企业实际出发,因地制宜、因企制宜。要将企业文化建设与企业发展结合起来,与解决企业实际问题结合起来,与安全生产、经营管理和精神文明建设结合起来,弘扬求真务实精神,不搞花架子。要不断深化对文化发展规律的认识和把握,更加坚定、更加自觉、更加主动地推进企业文化持续健康发展,有效促使企业文化建设稳步向前推进。

2.充分认识到企业文化建设的重要意义

企业要获得持久深层的发展动力,在激烈的市场竞争中立于不败之地,必须具有符合时代要求和企业特色的文化作为支撑。优秀的企业文化能够提升企业核心竞争力,有利于树立企业形象,为企业带来不可估量的收益。例如,公司将企业文化建设与塑造良好的企业形象结合起来,"同路创未来"的文化品牌,不仅加深了用户对公司的认识,而且促进了企业的长足发展。

3.企业文化建设牢固树立以人为本的理念

要关注员工的成长和发展,将企业文化内化进每位员工的心,鼓励员工把个人的目标与公司的发展目标相结合,发挥企业文化的凝聚、导向、激励和转化功能,用远景鼓舞人,用精神凝聚人,用机制激励人,用环境培育人,激发员工的积极性、创造性和团队精神,实现员工价值升华与企业蓬勃发展的有机统一。对外要以满足客户的需求为目标,努力提供优质服务,赢得社会的信任和客户的信赖。

4.企业文化建设要持之以恒

企业文化建设的长期性,在于企业文化伴随着企业发展的全过程,企业文化理念转化为员工的自觉行为，是一个循序渐进的过程。经过10余年的企业文化建设，公司深刻体会到，企业文化建设不是一朝一夕的事情，要把企业文化建设当成一种习惯，在企业经营的过程中持之以恒地营造、推进和开展，不可急功近利。只要坚持把企业文化建设作为一项长远系统工作，认真抓好，必然会对企业发展起到积极的作用。

5.企业文化建设要不断创新

坚持用时代的眼光和发展的视角审视企业文化建设，以改革创新精神推动文化建设，积极创新内容形式、方法手段、体制机制，增强吸引力和感染力，努力做到体现时代性、把握规律性、富于创造性。随着企业的发展，要准确把握企业员工精神文化需求的新变化，对文化理念不断创新和完善，推陈出新，坚持正面宣传引导，提高文化建设的吸引力、亲和力、影响力，使文化理念深深扎根于员工的日常行为中。

五、文化品牌

同路创未来

六、文化品牌诠释

“同路创未来”这一文化品牌最早来源于公司的核心价值观，与公司的服务产品有着紧密的联系，体现了公司交通运输企业的性质。随着公司业务的延伸和扩展，同路创未来并不仅仅拘泥于交通运输行业，被赋予更多的内涵。

同路创未来就是公司与员工休戚与共，步调一致，实现共同成长；公司与客户合作共赢，互惠互利，实现共同发展；公司与竞争者相互激励，共同奋斗，不断满足经济社会和人民群众日益增长的交通运输需求；公司与各行各业相辅相成，开拓创新，共同推动经济社会的全面进步。

同路创未来表达了公司与员工、客户、同行业竞争者和各行各业共同进步，互相促进，共同发展的意愿。

车站就是我们的家

天河汽车客运站

天河汽车客运站由广州新天威交通发展有限公司负责经营，是一家中新合资企业。天河汽车客运站位于广州市天河区燕岭路633号，1997年1月建成投入使用，占地面积4.6万平方米，是国家交通管理部门核定的一级主枢纽站场。首期投资1.4亿元建成客运大楼，建筑面积2万多平方米，客运大楼集客运服务、行车服务、办公和商贸等功能于一体，为旅客提供舒适的售票和候车环境。车站主停车场面积2万余平方米，发班卡位70多个，可供200多台候发班车同时停放；同时车站还设有购物休闲、母婴室、报刊阅览室等配套服务实施；此外，天河汽车客运站大力推进信息化建设，陆续投入超过500万元对客运管理等信息系统进行升级改造，车站信息化管理水平不断提升。2001年建立并通过ISO 9001质量管理体系认证，经过10多年的持续改进，质量管理体系日趋完善。

天河汽车客运站班车主要经营华东的江苏、浙江、安徽、福建、江西等省际，以及省内广梅、广汕等方向的班车，是辐射华东、粤东的枢纽站场。目前，天河汽车客运站经营班车通达20多个省、直辖市、自治区和省内的粤东、粤西、粤北等地区，班车线路242条，其中省际线路129条、省内线路113条；参营班车1,500余台，日均发班1900个班次，日均发送旅客3.7万人次，高峰日发送旅客近10万人次。

天河汽车客运站交通极其便利，广州地铁六号线与三号线交汇于此，广惠高速公路、广深高速公路、北环高速公路相伴左右，毗邻公交总站，30多条公交线路途经或始发，旅客出行便可实现零距离换乘。

近年来，天河汽车客运站不断推出的创新服务，提升了天河汽车客运站品牌形象，目前设立了惠州地区旅客售票候乘专区、粤运VIP候乘专区、深圳光明快车VIP专区、饶平专区等特色服务专区，使旅客购票方便快捷，候车轻松舒适，乘车称心愉快。此外，天河汽车客运站成立了电话服务中心，设置专线电话020-37085070，为旅客提供班车咨询、订票、投诉监督、失物挂失等服务。

一、文化建设动因

“我们的车站，共同的家”为主导的经营服务理念，对员工绩效具有激励作用。

1.天河汽车客运站的企业文化能够为员工提供一个良好的组织环境

有“家”的氛围，员工的人际关系自然以“家人”相待和睦相处。在这样的环境中，员工对事业的追求和高度责任感的释放，就有了基本的条件能把企业的发展与自己的职业规划顺畅地连在一起。在良好的“共同的家”的文化氛围中，员工的贡献付出能够得到充分的肯定、赞赏和回报，使员工产生满足感、荣誉感和责任感，以极大的热情投入到工作中去。

2.优良的企业文化能够满足员工的精神需求

“我们的车站，共同的家”，把车站的“大家”与个人的“小家”融合起来，彼此互为依托，唇齿相依，为这个“家”的发展而努力工作，从而起到精神激励作用。只有从人的内心激励才能真正调动人的积极性，恰当的精神激励有时比许多物质激励更有效、更持久。对员工来说，“我们的车站，共同的家”实质上是一种内在激励，激发出企业内部管理和员工的积极性和创造性，而这种积极性和创造性同时也成为企业发展的推动力。

3.培育共同(核心)价值观

天河汽车客运站共同(核心)价值观，是对天河站全体员工共有的观念意识、传统习惯、行为方式中的积极因素进行总结、提炼及倡导的结果，是全体员工有意识地实践所体现出来的，是今后长时期共同信守的群体行为准则。“我们的车站，共同的家”作为天河站企业文化的凝聚功能被员工共同认可后，它就会成为一种粘合力把各个方面成员聚合起来，从而产生一种巨大的向心力和凝聚力。这也是价值观的集中体现。

二、核心价值理念体系表述

核心价值理念：建设华南第一、全国一流的客运站，满足旅客出行需求，让政府和群众满意，实现社会效益和经济效益双丰收。

宗旨：安全、优质、方便、快捷。

目标：天河站是我们的车站，共同的家。

精神：专注本业，专注品牌，专注创新。

三、践行效果

广州天河汽车客运站于1997年1月建成投入运营，经过天河站人10多年的不懈努力，已经发展成为广州地区公路客运主枢纽站场之一，以其品牌、业绩为支柱的站场综合实力跻身全国百强站场。目前，一个具有综合实力、多功能的城际交通主枢纽站场雏形已经形成。

1.锻造企业精神，培育企业核心价值观

(1)确立发展目标

2011年天河汽车客运站编制了《天河汽车客运站十二·五发展规划》(简称《规划》)，在《规划》中确立在“十二五”期间，以“求生存，促发展；固本守源，拓新图增”的发展思路，通过不断努力和创新，争取到2015年客运业务年发送旅客1500万人次，快件业务营收突破3000万元，努力成为广州乃至全国客运站场同行业的领跑者。长期目标是建设华南第一、全国一流的客运站，满足旅客出行需求，让政府和群众满意，实现社会效益和经济效益双丰收。

(2)锻造企业精神，培育核心价值观

“天河站是我们的车站，共同的家”是天河汽车客运站全体员工的共同信念和追求的经营目标，这样的信念与经营目标同客运站的企业精神、服务宗旨、管理理念等到企业文化因素构成了客运站的核心价值观，引导着公司的经营业绩稳步上升，企业竞争力不断增强，服务质量不断提高，由一个默默无闻的新车站发展成为让人们瞩目的主流客运站场。这是企业文化建设铸就的辉煌。

“我们的车站，共同的家”是全体员工认同的价值观，它具有导向作用。在它的引导下，天河站“十二五”发展规划中，把建设“全国一流的客运站”作为发展目标。车站等于家的价值观是客运站发展目标实现的坚实保障。

2.建立完善科学的管理制度，营造积极向上的风气、风格，完善员工的行为规范，形成独具特色的管理模式

天河汽车客运站在制度层面规定了员工应当遵守的行为规范，它主要包括以下几个方面。

(1)一般制度建设

指带有普遍意义的工作制度和管理制度，以及各种责任制度。如:《公司员工守则(经多次修改，目前为2013年版)》、《客运管理规范(1998年版)》、《ISO9001:2008质量手册(2012年第4版)》，其中，天河汽车客运站自主编制的《天河客运站客运管理规范》，是全国道路客运行业比较完整的首部管理服务规范，填补了这一方面的空白，2000年交通部向全国客运站场同行推荐，沿用至今。

(2)特殊制度建设

主要是指天河站非程序化的制度。如:“年度优秀班组、优秀员工评选表彰制度”、“新加坡康福德高公司热忱奖活动方案”、“中层管理人员年终考评”、“公司年度教育培训制度”、“岗位责任指标考核”等等，同一般制度相比，特殊制度更能反映一个企业的管理特点和文化特色。

(3)企业风俗锻造

企业风俗是指天河汽车客运站长期沿用、约定俗成的习惯性行为。譬如:班前列队、举办“迎春晚会”、节假日活动、员工生日会、组织员工旅游等。相对来说天河站成立时间还短，要成为“百年老店”，具有本土特色、人文风情浓厚的企业风俗还需进一步开发和传承。

3.建立并培育企业文化品牌特色

天河汽车客运站的品牌是服务，是服务的提供，是为旅客实现“空间位移”的服务品牌。在客运市场竞争下，班线、时间、车型等客运服务趋向同质化，服务差异日渐缩

小，这就要求公司开拓设立“差异化”的服务品牌。

(1)创新服务功能，锻造特色文化服务品牌

面对激烈竞争的客运市场，一个车站的(包括客车)外观形象是否有吸引力，硬件设施是否完善，购票是否方便，服务是否到位，候乘是否舒适，班车是否安全快捷准点等等均是服务品牌的组成部分。其附加值是指售票前与售票后服务、文化特色与人文关怀等，是旅客享受服务的总和。若让旅客进入车站就感觉到家的舒适方便或超出他的期望值，那旅客就认为，在天河站购买同样一张车票相比其他车站提供的服务更能令其满意，因此，旅客就认同天河站的服务品牌。对天河站而言，企业文化不是服务，而是服务艺术的结晶。

天河汽车客运站以“追求最规范的管理，最优质的服务，最良好的公共关系”为企业发展优势，奉行“天河站是我们的车站，共同的家”的经营服务理念。大力推进企业文化建设和服务创新，倾力打造车站核心竞争力，塑造交通行业文明窗口单位文化特色，有力促进了企业各项工作的协调发展和企业经济建设。天河站建成投入使用时始，就致力于企业文化服务品牌的建设，从引领客运站经营领域潮流的“高速直达快车中心”到“优质服务示范班”；从“惠州地区旅客候车服务中心”到“深圳专区”再到“VIP候车室”；从“行包快运中心”到“快件货运中心”等等创新的服务功能不断绽放天河站文化服务品牌特色。

(2)培育特色文化服务品牌促企业发展，成效显著

2007年以来每年行包快件营收均超过2000万元，2008年客运量均超过1000余万人，2009年客运量达1040余万人，2010年客运量1230万余人，2011年客运量1269万人次。2012年客运量达1306万人次，年营业收入超过1.4亿元人民币，快件行包年营收超过2.6万元。天河汽车客运站先后荣获全国文明汽车客运站称号，2012年和2013年连续荣获“全国交通运输企业文化建设优秀单位”称号，2007至2013年连续三届荣获“全国道路运输百强诚信客运站”、万里杯—全国旅客最满意汽车站、广东省优秀企业、广东省道路客运20强诚信站场等荣誉称号，2009~2012年连续荣获广东省诚信示范企业称号，2011年荣获“广州市文明优质服务示范窗口单位”、广州市用户满意服务明星企业、广州市最佳服务单位、广州市先进集体、广州市价格诚信单位、广州交通行业诚信建设先进单位称号，连续6年被授予广州市A级纳税人企业荣誉。天河站取得经济成就的同时，勇于承担社会责任，热心公益事业，2008年为汶川地震灾区捐助款项近32万多元，近年来为特困群众和灾区捐款捐物累计超过100万元。

4.打造形成天河客运站特有的视觉、听觉系统，培育特色文化品牌

(1)打造独具特色的企业文化视听系统

早在建站之初，天河站就拍摄制作了《前进中的天河客运站》电视专题宣传片，随着企业不断发展，综合实力、市场竞争力的增强，2012年2月，重新拍摄制作了第二版电视宣传片，名称还是沿用《前进中的天河客运站》。第二版宣传片的表现力、宣传力

度、形象传播等得到更大的提高与升华。《活力天河站,和谐新天威》作为天河站站歌,与电视宣传片并驾齐驱,体现出“专注本业,专注品牌,专注创新”企业文化的内涵,诠释了企业文化经营理念“我们的车站,共同的家”的深刻意义。

天河汽车客运站15年的发展一直重视建立具有合资企业特色的视听识别系统,把企业理念、企业特色、服务内容、风格个性、员工形象等等抽象语言转换为具体符号,以个性化的有声语言、可视形象传播给社会公众,从而塑造天河客运站独特的、为旅客服务的良好形象。

(2)培育具有特色的企业文化载体

2005年创刊的《天河客运站》期刊是天河汽车客运站自行采编、自主设计而创立的报刊,是全体员工共同参与培育具有鲜明个性特色的企业文化建设园地。《天河客运站》围绕不同时期、不同阶段的党政工作展开宣传舆论报道,为生产经营活动摇旗呐喊,营造良好的舆论环境,弘扬中华民族乐善好施、扶危助困精神。《天河客运站》期刊致力于培育企业文化品牌,员工、通讯员、编辑团结一起,把“专注本业,专注品牌,专注创新”的企业文化精神作为红线贯穿始终,创作出一大批员工喜闻乐见、形式多样、生动活泼好作品,鼓舞激励员工为企业的社会效益和经济效益而努力工作。

2011年,《天河客运站》期刊被广东省企业联合会、广东省企业报刊促进会授予“广东省十大优秀企业报刊”荣誉称号,成为天河站在企业文化建设中不可或缺的文化品牌。《天河客运站》期刊获此殊荣,提升了天河汽车客运站的品牌美誉度,对品牌影响力起到积极的推动作用。

此外,被天河站员工称赞为“天河春晚”的新春联欢会。每年的农历正月初八定期隆重上演。每年的国庆节过后,员工们彼此相约,自由组合,利用工余时间自排自练自演文艺节目,不在乎有没有舞蹈细胞,不在乎有没有嘹亮的歌喉,这些都不重要,重要的是员工们能够参与一年一度的盛典。它是天河站企业文化建设中的品牌,同时也是弘扬企业文化、传承文化品牌的舞台。

(3)建设企业形象识别标识

企业标识的历史及延用。从建站之初的“天河客运站”标识至2010年,在广州交通集团统一下属各单位标志的战略规划下,强势推出了“GTG”为集团品牌标识,下属各站场、各单位对社会形象展示统一冠之“GTG广州交通集团”。为此,天河汽车客运站对外展示形象时,统一标识为“GTG广州交通集团天河客运站”,并且,在使用该标志,其字体、颜色、比例大小、排列顺序等作了规定,不允许随意改动。对内业务往来,票据单据,文件档案等则沿用“广州新天威交通发展有限公司”的标识及名称。

目前,广州交通集团规定使用的“天河客运站”字体,是特殊设计、刻意加工而成,电脑字库是没有的。而标准色是指经过设计后被指定的代表企业形象的特定色彩。“GTG广州交通集团天河客运站”指定为橙红色。

综上所述,企业文化是企业在发展过程沉淀下来的、促进企业发展的思维理念和行为方式，是企业必须拥有的文化因素。企业文化只有来自于企业本身，才能植根于企业，才会有枝繁叶茂。天河汽车客运站企业文化品牌的锻造和铸就，彰显出员工的智慧和力量，弘扬了员工们迸发出来的时代精神，形成了天河站取之不尽、用之不竭的精神财富，为天河汽车客运站的可持续发展提供了精神动力。

四、文化品牌

广州天河汽车客运站

五、文化品牌诠释

广州天河汽车客运站以“专注本业，专注品牌，专注创新”为企业精神；“安全、优质、方便、快捷”是企业的服务宗旨；“追求最规范的管理，最优质的服务，最良好的公共关系”是企业的管理理念。奉行“天河站是我们的车站，共同的家”经营理念，作为天河站企业文化的凝聚功能被员工共同认可后，它成为天河站强大的向心力和凝聚力，这也是天河站核心价值观的集中体现。“天河站是我们的车站，共同的家”——让旅客有到家的温暖，让参营单位有在家的方便，让员工有家的幸福和责任。这就是企业崇尚的文化品牌。

至坚至远　缔造钻石企业

北京银建投资公司

北京银建投资公司(以下简称“银建公司”)是一家专业从事道路客运及其相关业务实业投资的公司,注册资金人民币4.8亿元,截至目前,银建公司及其下属子公司总资产人民币80亿元,在北京、上海、天津、河南、江苏、山东、广西、海南、吉林、贵州、湖北和新疆等12个省、自治区和直辖市拥有全资、控股或参股公司52家,在北京、天津、海口、南宁、济南、洛阳、上海、南京、桂林、贵阳10个城市的出租汽车营运规模共计23980辆。在北京拥有三大出租汽车品牌企业:北京银建实业股份有限公司,营运规模5773辆,出租汽车驾驶员8323人,管理人员150人;北京金建出租汽车有限公司,营运规模5501辆,出租汽车驾驶员7861人,管理人员158人;北京金银建出租汽车有限公司,营运规模为1427辆,出租汽车驾驶员1964人,管理人员40人。在天津,拥有天津市规模最大的出租汽车品牌企业:天津市银建的士有限公司,营运规模6575辆,出租汽车驾驶员8428人,管理人员58人。

一、文化建设动因

1.将银建公司在长期的生产经营活动中逐步培养形成的文化核心加以凝练,是推进银建公司企业文化建设的首要动因

银建公司企业文化,是企业长期经营与管理积累的价值所在,是推动企业发展壮大的内在源泉和不竭动力。

(1)在主观上银建公司希望巩固深植企业文化

自20世纪90年代开始,银建公司在良好的市场态势下快速壮大和发展,实现了能够适应内外环境,持续健康增长的科学管理方法,培育了具有鲜明个性和鲜活生命力的特色文化,在此背景之下,银建公司产生了对企业发展的精神动力以及企业核心价值观进行提炼与总结的强烈愿望。

(2)在客观上银建公司需要提取基业长青基因

企业在披荆斩棘的发展道路上,也越发迫切地亟待提取一种能够永葆基业长青的文化基因。可以说,银建公司初期企业文化建设,是对银建公司发展史的重新审视与总结提炼,是对企业成功背后所形成的文化轨迹和影响魅力的深思。

2.集聚、储备和传播美好、健康的企业正能量,是推进银建公司企业文化建设的动因之二

人是引领企业成功的关键,是企业兴衰的核心因素。理性、科学地提升员工的幸

福指数,可以发挥有限资源的最大效益,企业才具有向前发展的动力。

(1)创造生机的发展环境

面临新的形式、新的任务、新的机遇、新的挑战,要想在激烈的市场竞争中取胜,实现企业跨越式发展,就必须树立"用文化管企业,以文化兴企业"的观念,对现有文化进行整合和创新,营造培育先进的企业文化,积极推进文化强企战略,营造企业有生气、产品有名气、领导有正气、员工有士气的发展环境。

(2)打造幸福的企业氛围

建设企业文化的目的,不是为了创造利润,而是创造幸福。通过建设企业文化,从而打造一个幸福企业,是银建公司的一个创新式思维设想,这和银建公司的企业理念"让勤劳者更富有"是相得益彰的。

3.将知识形态生产力转化为物质形态生产力,是推进企业文化建设的动因之三

进入知识经济时代,企业之间的竞争实际上就是企业文化的竞争。企业文化是企业综合实力的体现,是一个企业文明程度的反映,也是知识形态生产力转化为物质形态生产力的源泉。

企业文化作为知识形态的生产力,能够为员工创造美好的人生、能够为客户提供更高的价值、能够为社会做出巨大的贡献,从而转换为物质形态的生产力。

企业文化作为知识形态的生产力,不是强化管理霸权,而是引导人们自我管理,解放劳动者的心灵,进而解放生产力和创造力。

4.优质良好的社会责任感,是推进企业文化建设的动因之四

长久以来,银建公司探索绿色发展道路,在实现可持续成长的基础上,共创人、车、自然和谐共存的美好未来。这不仅是一种劳动创造,也是一种生活方式;不仅塑造着自己,也建设着社会;不仅是一个利益共同体,也是一个道义共同体,不仅致力于有限的物质奋斗,更注重无限的精神生活;不仅输出商品,而且输出人才;不仅回报人类,而且守护自然。

(1)承担管理责任

银建公司倡导以人为本的企业理念,为员工开创良好机遇和发展平台,使员工在思想上、心理上、感情上对企业产生了认同感、公平感、安全感、价值感、工作使命感和成就感。

(2)承担公益责任

银建公司一直致力于公益活动,表达了真诚奉献、回报社会、回报消费者的意愿。

(3)承担环境责任

银建公司以"钻石标"为企业徽标,具备高洁、纯净的钻石品质,自觉实施低碳、减排、节能、环保的行业措施,大力发展绿色事业,落实可持续发展的企业方针。

(4)承担法律责任

银建公司在实施发展的过程中,注重树立完美的企业形象,严格遵守法律法规、行

业制度、社会公德和商业道德，一贯诚实守信，坦诚接受社会和公众的监督。

5.以社会主义核心价值观为总体目标的全员思想高度统一，是推进银建公司企业文化建设的动因之五

一直以来，在社会主义现代化道路上大步前进的银建公司，正致力于决策的科学化和民主化，这就要求银建公司上下全员思想高度一致、稳定统一。银建公司成立25年以来，积淀了较为深厚的文化底蕴，探索出一条符合企业实际的可持续发展的文化建设之路：

以“倡导富强、民主、文明、和谐，倡导自由、平等、公正、法治，倡导爱国、敬业、诚信、友善，积极培育社会主义核心价值观”为实现企业文化总体目标的思想保证和行动指南。

以“让勤劳者更富有”为银建公司理念，打造“银建奉献完美”这一文化品牌，以“主攻精神文化、规范制度文化、推进行为文化、提升物质文化”为总体发展战略，集中体现了企业决策者的与时俱进与革故鼎新意识，从“思想上高度统一，行动上绝对一致”的战略高度保障了企业文化的建设。

二、核心价值理念体系表述

核心价值观：和谐发展。

宗旨：藉科学运作和银建精神，促事业恢宏、业运长久；
以规范经营和银建理念，保员工发展、股东满意；
施卓越管理和银建理想，得钻石企业、社会赞誉。

愿景：成就知名品牌缔造钻石企业。

精神：求新求变探索不止的创新精神；
雷厉风行神勇善战的实干精神；
精诚团结同心向上的团队精神；
脚踏实地爱岗敬业的奉献精神。

职业道德：敬业，诚信，自律，勤勉。

三、践行效果

银建公司深知，推动企业文化落地，主要是通过“内化于心、固化于制、外化于形”的方式使企业文化真正落实到企业经营管理的各个方面，是企业文化建设的根本出发点和落脚点。银建公司经过探索和改革，将深奥的哲理式文化演变为通俗易懂的大众文化，从而走进员工心里，并且逐步得到行业、大众高度认同，真真正正做到落地、生根、开花、结果。只有落地的企业文化，才能转化为有效的战斗力和执行力，保障与发挥企业的核心竞争力。因此企业文化落地对银建公司具有十分重要的现实意义。

企业文化的建设是一个长期的、系统的工程，银建公司各级领导高度重视，坚持秉承银建公司理念，扎实的将企业文化之根深深扎牢。在银建公司，企业文化建设成效

显著，通过推进企业文化的建设也有效地促进了企业的持续、健康发展。

1.创建银建公司 CIS（企业形象识别系统）

（1）对银建 MI（理念识别）层面进行构建

编制《银建企业文化手册》，其作为银建 CIS（企业形象识别）系统的核心，是企业文化最高决策层，为银建公司企业文化建设奠定了理论基础和行为准则。《银建企业文化手册》将优秀的企业文化以文字形式沉淀下来，便于保存、学习、宣讲和传播，从企业宗旨、理念、精神、核心价值观、职业道德、应用价值等方面表达了企业发展的原动力，通过创建“让劳动者更富有”、“钻石企业完美奉献”、“革故鼎新”、“俱时充盈”等朗朗上口的口号以及广泛传唱《银建之歌》，使企业文化价值理念生动化、形象化，便于员工更好地理解并贯彻执行。

银建 MI（理念识别）是企业的精神符号，发挥其特有功能，无形中对员工产生潜移默化、敦促教导的作用，对在公众和舆论面前展现企业精神风貌、树立企业气质形象有极大的加速作用。现经多年广泛传播，已得到社会、行业、员工普遍认同，体现银建公司自身个性特征，反映企业经营观念的恢宏长远。

（2）对银建 VI（视觉识别）层面进行构建

编制《银建 VI 手册》，其作为 CIS（企业形象识别）系统中最具传播力和感染力的层面，将企业文化延展为可被人们感知的可视内容，方便企业贯彻落实。银建公司的企业 VI（视觉识别）以银建红、银建蓝、银建黄、钻石徽标、钻石旗等为主要元素，囊括了银建主要标识及其具体含义、应用尺寸、应用环境等基本内容，形成了银建公司统一的视觉识别体系。除此之外，银建公司针对 VI（视觉识别）系统创建了丰富多样的应用形式，例如名片、合同书、纸杯、专用请柬、工作装、楼体外观、车体外观、指引标识、公共设施标识、公告栏、灯杆灯箱等。

通过编纂银建公司 VI（视觉识别）手册，统一视觉识别体系，使银建明显地与其他公司区分开来，同时也确立了银建明显的行业特征及服务特征，确保银建公司在经济活动当中的独立性和不可替代性，明确银建的市场定位，是银建公司无形资产的一个重要组成部分。

（3）对银建 BI（行为识别）层面进行构建

制定《银建员工行为规范》，《出租汽车驾驶员行为规范》、《出租汽车驾驶员安全行车规范》等，其作为 CIS（企业形象识别）系统中最具动态发展潜力的识别层面，直接反映企业经营理念的个性和特殊性。银建的 BI（行为识别）系统，从宏观视角上看，包括对内的组织管理和教育、对外的公共关系交流和互动；从微观视角上看，包括举办消防安全培训、《银建企业标准 · 标准编写》培训、《银建企业标准 · 公文编写》培训、员工岗前培训、银建驾驶员培训、银建高级管理人员竞聘、丰富多样的企业文化活动、参与行业文化交流活动、市场经营活动、行业促销活动、社会公益活动等。

此外，银建公司大力实现科学发展构建和谐企业，在此方面的行为包括：确定企业组织形式、建立健全企业组织机构、合理划分部门、有效确定管理幅度、科学授权等，充分保障企业主体架构和运行机制完善。

2.加强银建公司制度建设

《银建制度手册》的编纂反映了银建公司企业制度落实和深化的过程，通过标准化的制度体系使职工既有价值的导向，又有制度化的规范。《银建制度手册》让经过提炼定格的文化模式落到实处，建立起必要的制度保障，使企业文化有形并具有可操作性。其中，《银建业绩考核制度》的发布实施，对于落实银建公司管理者经营责任制，促进银建公司提高核心竞争力和实施可持续发展等诸多方面都具有至关重要的意义；《银建工资制度》的发布实施，标志着银建公司在完善员工薪酬体系方面又迈出了坚实的一步；《银建预算制度》的发布实施，标志着银建公司全面预算体系超出了传统财务预算的范畴，覆盖了财务、人力资源、生产、销售、采购、营运、工程等所有部门的行动计划和预算；《银建绩效评价制度》的发布实施，为提高银建公司机构法人的核心竞争力，创造行业领先的经营管理绩效，指明了努力方向，对企业实现整体战略目标具有现实意义；《交通安全制度》的发布实施，旨在加强银建公司交通安全管理，预防和减少交通事故，保护银建公司机动车驾驶人、顾客和他人人身安全，保护银建公司和他人财产安全，维护道路交通秩序，引导和培养驾驶人树立首善意识、安全意识和责任意识，努力为乘客提供安全、快捷、方便、文明、舒适的出行服务，充分体现了企业以制度规范管理、指导管理的管理理念。

3.营造文化环境

银建公司充分利用办公场所道路两侧、楼梯间、走廊、食堂墙体以及休闲场所等空间，以文化海报、宣传橱窗、宣传版画、文化走廊等形式，把“让勤劳者更富有”的企业理念等文化体系体现在公司工作的各个场所中，让每个员工随时随地都能看到，起到耳濡目染、潜移默化、润物无声的效果。

银建公司各个营运基地的围墙及办公房屋均涂刷了统一的银建黄与银建蓝组合，银建公司及其控股子公司的营运车辆喷涂统一的图案。在营运基地的大门安装银建公司“钻石标”的标识，在入门及公司的显要位置镶刻凸显银建公司核心价值理念的银建公司口号“让勤劳者更富有”，让所有银建人在融洽、祥和的工作氛围中舒心工作。

在有条件的营运基地，建设银建公司游泳馆、羽毛球馆等职工活动场所，在职工活动场所中张贴、摆放用以宣贯银建公司理念的标语、旗帜等。让员工在优美、舒心的环境中办公，从内心上对银建公司有一种深层次的归属感，使得每一位银建人感受到幸福的企业氛围。

4.保障职工权益

银建公司以人性化的企业文化感染熏陶到每一位银建员工，秉承坚持以人为本的理念，保员工发展、股东满意。

(1)加强科学管理，保障员工劳动权益

银建公司全面贯彻落实劳动保障法律法规和政策规定，规范企业经营和用工管理，不断完善公司劳动管理规章制度，切实做到3个100%，即：员工劳动合同签订率100%，社会保险参保率100%，工资、岗位补贴和燃油补贴发放率100%，充分保障员工个人合法权益。

银建公司根据北京市交通委员会运输管理局《关于出租汽车行业建立企务公开制度的通知》精神，制定《银建司务公开和驾驶员知情制度》，定期向驾驶员公布营运收入、承包定额、工资、职工福利费、工会经费、职工教育经费和社会保险费等企业经营信息和驾驶员个人信息，确保驾驶员对涉及自身利益方面内容的知情权。

(2)践行员工发展，保障员工健康权益

银建健康体检中心，以"尊重生命，创造价值"为根本，秉承做"职工的健康顾问，职工的私人医生"的服务理念，致力于对职工健康状况和身心状态进行全面检测和评估，提供健康咨询和指导，传导科学的健康生活方式，从而有效干预健康危险因素，达到维护、改善、促进职工健康，提高生活生命质量，延长健康寿命的目的。银建健康体检中心每年度定期为职工进行两次体检，保障职工的健康，消除职工的后顾之忧。银建健康体检中心拥有独立的健检环境，建筑面积达2100平方米，分设男宾、女宾健检专线，每日可提供300人受检。银建健康体检中心提供的项目，涉及12个科目100余项内容，这些项目依据世界卫生组织(WHO)提出的5点建议而制定。资深的专家教授亲自坐检，奠定了银建门诊部的医学品质，终检医师为受检者呈上专业、准确的健康评估和指导报告；经过专业培训的导检护士能为职工提供便捷、良好的服务。银建公司关爱员工身心健康，注重员工生命质量，这既是银建公司核心价值理念的直接宣示，也表达了银建公司努力完成企业责任使命的积极愿望。

(3)推进法制落实，保障员工合法权益

银建法律援助中心，以保障企业和员工合法权益为宗旨，秉承维护司法公正，捍卫法律尊严的原则，为银建机构法人提供法务服务，为驾驶员群体和困难职工无偿提供法律帮助，在企业的经济发展、法制建设及构建和谐劳动关系中起到了重要作用。银建法律援助中心，在协助处理出租汽车营运所涉及的交通事故法律纠纷过程中，每年接待近千名驾驶员、开具500余份证明、参加400余次庭审、代写600余份法律文书，解答法律问题、提供法律建议、接受法律委托、代理事故调解不计其数。银建法律援助中心的成立，在企业内部真正实现了法律面前人人平等，保障了从国家、社会、行业、企业等不同的角度规定员工享有的种种权利。法律援助是银建公司企业文明和法律文化发展到一定阶段的必要产物，是经济效益增长、员工素质提高和法治观念增强的必然结果。

(4)秉承服务宗旨，为驾驶员提供服务保障

北京银建汽车修理有限公司，成立10余年，属一类综合修理厂，下设3家分厂，厂站分布覆盖了北京南、西、北3个区域，充分满足驾驶员及社会客户就近维修的需求。客服中心现已实现24小时不间断维护作业，并提供24小时免费道路救援服务，用高端品质和完美服务满足车主和驾驶员的需求，提供不间断的运营安全保障。另外，客户

还可享受超值衍生服务，如贵客（VIP）室休息、就餐、洗浴及洗车一条龙服务。客服中心始终坚持以服务、诚信、保障的综合价值为标准，通过发布社会责任报告，与客户、与社会、与政府加强沟通，建立信任，形成可持续发展共识，最大限度地发挥企业价值，服务客户，为出租汽车运营保驾护航。

（5）发展公益事业，创建和谐劳动关系

银建公司开展多项困难驾驶员帮扶和提升驾驶员福利的专项工作，以实际行动体现对员工的关心和关爱。

“银建送温暖基金”建立多年，已累计向近3700名驾驶员发放各项补助资金近200万元；积极加入北京市总工会成立的“出租汽车司机专项温暖基金”组织，每年投入10万元专项资金，已帮扶10名驾驶员，共申领补助13万余元；组织员工参保“在职员工住院医疗互助保障计划”和“在职员工意外伤害互助保障计划”，减少员工医疗费用支出30余万元；多次组织员工为重患驾驶员筹集善款合计达20余万元；每年为员工提供免费体检服务，发放防暑降温药品，保障员工身体健康。

5.宣贯企业文化，开展多种多样的文体活动

多年来，银建公司工会以弘扬银建文化为载体，以促进队伍稳定为目标，积极开展内容丰富的职工文体活动和文化交流活动，特别大力组建银建公司合唱团，定期开展活动训练，积极参加由北京市交通委举办的北京市交通行业第三届文化艺术节合唱比赛，同时，银建公司还参加了独唱、舞蹈和器乐演奏等项目的比赛，最终荣获综合类比赛二等奖、器乐比赛三等奖、舞蹈比赛三等奖的好成绩，为企业赢得了荣誉。

银建公司体育代表团参加由北京市交通委主办的，以“践行北京精神、弘扬交通文化、凝聚行业力量”为主题的北京市交通行业第二届职工运动会，银建公司职工以良好的精神面貌和顽强的拼搏精神在运动会上创造佳绩，荣获了广播操比赛二等奖、团体总分三等奖、优秀组织奖和精神文明奖，为银建公司赢得了荣誉，也在交通运输行业的盛会中展示了公司积极进取、顽强拼搏的企业形象，展示了银建公司精诚团结同心向上的团队精神。

十几年来，银建公司坚持举办高水平的银建中秋联欢晚会，全部由银建公司职工自己组织、编排、表演文艺节目，通过广大职工积极地参与、精心的策划和艺术性的编导，使历年银建公司中秋联欢晚会的文艺演出精彩纷呈，充分展现了银建公司员工的艺术才华，进一步丰富了银建公司企业文化的内涵。

除此之外，银建公司特成立登山协会、摄影协会、羽毛球协会、乒乓球协会等，每年定期组织员工出游登山、摄影，举办银建职工合唱比赛、银建职工拔河比赛、银建职工歌咏比赛、银建职工足球比赛、银建职工篮球比赛、银建职工羽毛球比赛、银建职工乒乓球比赛和银建职工摄影比赛等，在宣贯企业核心价值理念的同时，丰富和保障员工的精神文化生活，提高职工的身心健康和文化水平，促进干群之间、职工之间人际交往，融洽感情，从而营造一种和谐、活跃、宽松的工作环境，更加有利于各项生产经营工

作的顺利开展。

6.组织多种形式的专业教育培训

为提高职工的综合素质，培养职工的统一的企业认同，银建公司加大了职工培训力度，建立了以新员工岗前培训、岗中培训、员工自学为主的培训、学习体系。培训、学习内容涵盖了企业理念、核心价值、规章制度、公文管理、消防常识、防抢防盗、服务礼仪等各个方面。

银建公司教育培训，秉承"革故鼎新，俱时充盈"之训，以教育培训促组织进步和人力资源增值，特设银建培训学校，倡导培训的持续性，旨在创造学习型组织，实现在工作中培训，在培训中工作；通过分析和预测当前和未来企业需求，进行有针对性、预见性和超前性的培训开发，储备急需的和充足的人才资源。银建培训学校为银建公司出租车驾驶员提供专业的教育培训，灌注"银建人与银建共生存，银建与银建人共发展"的思想观念，使银建企业文化深入人心，明确树立驾驶员的价值观，强化驾驶员的服务理念；以《银建管理者宣言》和《银建出租汽车驾驶员宣言》为引导，强化银建公司管理者和银建出租汽车驾驶员的层级服务意识。

7.履行社会责任，真诚回馈社会

(1)组建银建公司"共产党员车队"，为社会和公众奉献完美的服务

北京银建公司的士管理有限公司(下称"银建的士")共产党员车队，成立于2002年7月1日，由银建的士党总支领导，由北京银建实业股份有限公司、北京金建出租汽车有限公司、北京金银建出租汽车有限公司优秀共产党员选拔组成，现有成员51名，银建的士党总支办公室副主任李磊同志担任队长。

共产党员车队充分继承了我党的优良传统，真正用行动践行社会主义核心价值观，不断传承雷锋精神，坚持秉承银建文化，旨在以"树党员先锋形象、展社会正风正气，保行业稳定发展，创优质运营服务"为宗旨，践行北京精神，努力为乘客提供全心全意服务。多年来，共产党员车队不断总结创新，不断发展壮大，使整个队伍充满活力，思想进步，共产党员车队成员始终以党的宗旨为目标严格要求自己，不断通过学习党的理论知识武装思想，提升职业技能和服务水平，并以成为共产党员车队的一员而感到光荣。

(2)成立"银建理想创新工作室"，为行业、社会和公众提供专业化科学服务和技术支持

为大力推进首都职工素质建设工程，鼓励广大职工提高自主创新能力，积极促进经济发展方式转变，2009年在北京市石景山区总工会大力支持下，银建理想创新工作室正式挂牌成立。由于表现优秀、成果突出，2010年荣升为北京市市级银建理想创新工作室。银建理想创新工作室成立以来获取3项发明专利和16项软件著作权证书，并取得大量骄人成绩，充分调动了广大职工投身经济技术创新活动的积极性、主动性和创造力，为建设"人文北京、科技北京、绿色北京"和世界城市提供坚强的人才保障。

(3)组织开展"免费送高考生服务活动"，切实为群众排忧解难，提供实惠服务，真

诚回馈社会

银建公司本着服务社会、服务公众的原则，为方便高考考生赴考出行，缓解考场周边车辆拥堵，倡导低碳出行、绿色环保，多年来坚持开展“免费送高考生服务活动”，并始终坚守免收考生的出租汽车车费、燃油附加费和预约叫车服务费，保障100%预约派车成功的庄严承诺。

在北京，银建96103电召中心本着服务社会、服务公众的原则，为方便高考考生赴考出行，缓解考场周边车辆拥堵，倡导低碳出行、绿色环保，自2011年至2014年连续4年推出“96103免费送高考生服务活动”。自活动开展以来，累计有1968名高考生通过96103免费送考活动顺利搭载银建出租车赶往考场参加高考，赢得了家长及考生的一致好评。“96103免费送高考生服务活动”获得北京日报、FM103.9交通台、北京漫步杂志、京华时报和消费日报等媒体的一致赞扬和高度宣传推广，更于2014年5月28日高考前夕，在北京日报和消费日报大幅版面刊登《六月爱心比天热 拨打96103预约车辆免费送高考生到考场》的文章，向公众推广银建“96103免费送高考生服务活动”。

在南宁，南宁银建公司自2004年以来，持续10年参加“爱心送考”公益活动。南宁银建公司发动全公司所有车辆和驾驶员踊跃参与到“爱心送考”的行列当中，讲文明树新风，用爱心传递社会正能量，弘扬银建公司奉献精神，以超高的营运服务水平保障了历年高考送考活动的圆满成功。尤其是在2014年高考期间，南宁银建公司所有在营的489辆出租车，全部系上带有“爱心送考”标识的“黄丝带”，所有出租汽车LED显示屏均显示有“爱心送考”的耀眼字样，全体南宁银建公司出租汽车驾驶员踊跃奔赴“爱心送考”的第一线，无论是预约或临时搭乘的考生和家长，均享受免费乘坐公司出租汽车赶赴考场的优惠。公司还特别组织了35辆车况、服务质量较好的车辆于考试当天分别在南宁市第十五中学和第二十中学进行“点对点”接送任务，极大地保障了考点的交通便利，缓解了考点周边交通拥堵的状况。

在南京，南京银建公司“钻石明星车队”作为全市38支“博爱车队”成员之一，积极参与和支持南京市出租汽车行业发起的“爱心送考”活动，活动期间，公司开通热线电话025-52607137，提供预约免费用车和付费用车两类服务，对家庭困难或情况特殊的考生，提供全程免费用车服务。公司为每辆送考车配备了矿泉水、风油精、仁丹、签字笔等物品，以备不时之需。用实际行动诠释了“文明、敬业、诚信、友善”的社会主义核心价值观和“钻石企业、完美奉献”的银建理念，凝聚崇德向善的正能量，为企业品牌发展助力，不断提高企业文化软实力。

8.充分得到社会各界认可，屡获殊荣，树立行业和企业品牌形象

银建的士共产党员车队，2013年被交通运输部授予“全国出租汽车行业和谐劳动关系创建活动优秀车队”荣誉称号；被中华全国总工会授予“工人先锋号”荣誉称号；2014年被北京市交通委员会运输管理局党委命名为“共产党员车队和特色服务车队”。这些都充分体现了银建共产党员车队近几年来所做的努力和贡献，大力弘扬了社会主

义核心价值观,始终坚持并遵从车队成立的初衷,得到了乘客和社会各界的认可和好评,树立了行业和企业品牌形象。

银建"的姐"李伟洁,20 年如一日,始终用自己的实际行动诠释着全心全意为人民服务的宗旨,用优质的服务和亲切的笑容迎送来自全国各地乃至全世界的乘客。2006 年和 2008 年,李伟洁两次被首都见义勇为基金会评选为"首都十大的士英雄";2010 年被北京市人民政府评选为"北京市劳动模范";2014 年获得北京市妇女联合会、北京市总工会、北京市人力资源和社会保障局联合颁发的"北京市三八红旗奖章"。

银建出租车驾驶员肖文,在多年的营运工作中不断严格要求自己,急乘客所急,想乘客所想,秉承全心全意为每一位乘客提供优质服务的态度和奋发有为的精神状态,工作中从未发生过任何服务投诉和营运违法违纪行为。2013 年,肖文荣获北京市总工会颁发的"首都劳动奖章";同年,又被首都见义勇为基金会评选为"首都的士英雄"。

银建出租车驾驶员李旭,一贯用自己积累的经验和实际行动,带动周围驾驶员安全驾驶、文明行车、优质服务,营造了良好的服务氛围,赢得了乘客的好评和驾驶员的认可,起到了先锋模范作用。2014 年,李旭荣获北京市总工会颁发的"首都劳动奖章"。

北京金银建科技发展有限公司总工程师谭理想,以其精湛的技术成就和先进的创新理念,带领专业科技团队,攻克多个交通行业技术难题。2010 年被北京市人民政府评选为"北京市劳动模范"。

2014 年,北京市交通委员会联合北京市人力资源和社会保障局授予北京市 2036 名出租汽车驾驶员"的士之星"荣誉称号。其中,银建驾驶员 416 人,占行业总数的 20%。这充分体现了银建公司在出租汽车行业精神文明建设方面取得的骄人成果,以实际行动推动行业和谐关系的深入创建,充分发挥先进典型的示范带动作用,全面提升出租汽车服务水平,树立行业新形象。

四、主要经验和体会

1.主要经验

(1)加强组织领导,完善组织架构

银建公司党委、董事会高度重视企业文化建设情况,坚持把企业文化建设工作摆在突出的位置,在企业文化建设过程中专门成立了企业文化小组,组建了企业文化部,及时收集整理企业文化有关的基础数据,健全管理制度,制定工作计划,为切实做好企业文化工作打下坚实的基础。

(2)主动适应行业的发展需要

经历了企业文化初期的探索阶段,银建公司主动适应政府发展规划、行业环境发展趋势、市场经济发展速度,调整并确定了银建公司企业文化发展思路,制定了银建公司《企业文化建设实施纲要》,探索出一条真正符合实际的企业文化可持续发展之路。

(3)强化公司的规范化运营

在企业文化实施阶段，银建公司通过制定、修订各项制度规定，健全、完善银建公司企业文化体系结构，已逐步形成制度化、规范化的品牌培育长效机制，能够指导银建公司企业文化的全面实施。

(4)培育、鼓励创新精神

银建公司在推广企业文化阶段，将创新精神作为接受市场监测、评估传播效果的一个重要指标。面对日益深化、日益激烈的国内外市场竞争环境，银建公司深切认识到创新是企业文化建设的灵魂，能够赋予企业文化鲜活的生命力，更是提高企业竞争实力的关键。在工作中全面贯彻求新求变探索不止的创新精神，职能部室及所属各机构将创新管理方式、创新工作方式作为年度的重大经营管理目标，年初对本年度的创新工作作出计划并上报公司领导机构，年终领导机构对年初创新工作目标的完成情况进行考核，将创新精神、创新措施融入银建公司工作的每一个具体环节。

(5)打造企业品牌，推广企业形象

在公司经营中坚持顾客至上的原则，以诚为本，重合同，讲信誉，遵纪守法、公平竞争，为社会提供质量优良、价格合理的产品，为顾客提供完美的交通运输服务，塑造银建钻石企业、完美奉献的企业形象。

为社会提供优质产品和服务的同时，银建公司积极践行自己的社会责任，每年高考季节为参加高考的考生提供免费的送考活动，既承担了自身的社会责任，也维护了公司良好的社会形象。

(6)保持职工队伍的和谐稳定

银建公司创新人才揽获模式，2013 年在公司内部开展 9 场有针对性的竞聘活动，涉及多个中高级管理岗位，通过资格审核、笔试考核及现场答辩的方式成功从 183 名应聘者中选拔出 56 名中高级管理人员。管理人员公开选拔的方式，不但为企业甄选了优秀的人才，也为更多有志之士提供了展示自我的平台，同时对企业战略的有序推进确立了人才保障，保持了职工队伍的和谐稳定。

银建公司通过对传统企业文化加以发扬改革，率先提出“打造幸福企业”这一创新式思维设想，集中体现了企业决策者的与时俱进与自我革新精神，体现了银建公司作为多元化集团所具备的传统优良、底蕴深厚、行业领先、服务专业等鲜明特征，形成了银建公司企业文化乘风破浪、勇往直前的鲜明个性。

2.主要体会

(1)银建公司在企业文化建设方面取得的成效，成为提升企业核心竞争力的持久因素

多年来，银建公司在思想、理念等隐性文化和制度、教育、科学、文学、艺术、卫生、体育等显性文化方面的培养和设施建设，塑造了企业核心竞争力，推动了企业综合实力的成功跃进，同时也为企业战略的完善提供了方向和目标。文化对于打造企业核心竞争力，推动企业生存与发展有着决定性的作用。

(2)银建公司在企业文化方面取得的成效,成为银建公司广获行业认可和社会高度赞誉的决定因素

银建出租汽车和驾驶员是银建公司企业文化的载体,也是银建公司企业的流动窗口,更是银建公司企业形象的“名片”。银建公司通过引领出租车驾驶员积极参与企业文化建设,倡导驾驶员以优良的服务态度和高尚的职业情操去服务公众,成功打造高水平服务驾驶员队伍,提升驾驶员的职业道德,约束驾驶员的职业行为,建立驾驶员与乘客、企业和社会等方面的和谐关系。

银建公司企业文化作为出租行业服务窗口的模范典型,深得行业认可,广获社会赞誉,作为生产力中最活跃的因素作用于企业的发展之中。

(3)银建公司在企业文化方面取得的成效,成为银建公司揽获人才、培育员工的制胜因素

银建公司以培育职工品格,强化服务能力,提升企业文化品位为目标,开展各类文明创建和系列员工文体活动,激励员工进一步发扬银建精神,为员工成长成才搭建平台,营造和谐发展氛围,增强企业凝聚力和向心力。

优秀的企业文化是卓越企业的鲜明标志,是员工身上的永恒烙印,会内化为员工的优秀品格,是企业持续发展的润滑剂。

五、文化品牌

银建奉献完美

六、文化品牌诠释

银建公司将以安全、快捷、方便、文明、舒适为标准为社会奉献银建特色的完美服务。银建公司出租汽车驾驶员的工作不只是简单完成客运任务,更重要的是为乘客奉献完美的服务过程。

七、文化品牌标识诠释

银建金凤,其形凤凰回首,其色银建黄。

凤凰是万众之灵,银建公司将凤凰无私、宽厚、心系天下、甘于奉献的高洁品质喻为企业文化品牌之魂,以“凤凰回首”的视觉效果表达“回报社会”的诚挚意愿。银建金凤,寓意银建公司“完美服务,誉满人间,腾渊百年,奉献社会”的高远文化取向。

通向都市新生活

上海申通地铁集团有限公司

上海申通地铁集团有限公司是上海轨道交通投资建设、运营管理的责任主体，全面统筹协调、组织实施上海轨道交通的建设、运营管理，现有企业员工28000余人，总资产约2400亿元，是上海城市交通行业中的重要骨干单位。目前，上海轨道交通（含磁浮线）已有14条运营线路，运营线路总长度为567公里，运营车站332座，日均客运量达800多万人次。

一、文化建设动因

申通地铁集团企业文化建设，坚持突出“地铁，让出行更便捷”的思想，以“文化引领，凝聚职工、促进管理、服务社会”为宗旨，努力把上海地铁打造成“名列世界前茅的网络地铁；市民依赖放心的安全地铁；倡导城市文明的文明地铁，充满浓郁文化的文化地铁，体现人本思想的和谐地铁。”

二、核心价值理念体系表述

1.核心价值观：社会责任第一，安全质量第一，团队协作第一

社会责任第一：申通地铁集团始终把社会效益放在首位，确保运营畅通有序、市民出行安全便捷，努力为社会提供最优质的服务；始终坚持以民为本，服务社会的理念，主动发挥地铁文明引领城市文明的先导作用，把地铁建成展示社会先进文化的实践基地；必须高度重视人与自然的和谐发展，注重生态环境保护，为建设资源节约型、环境友好型社会做出不懈努力。

安全质量第一：申通地铁集团按照“管建并举”的指导思想，坚持以管理为重、以安全运营为本，强化安全质量意识，树立脚踏实地、一丝不苟的科学态度，严格规范制度和操作程序，广泛采用高新技术和先进管理手段，努力向社会和公众提供优质的工程和优良的服务，确保运营安全、资金安全、施工安全和队伍安全。

团队协作第一：申通地铁集团大力倡导培育集团内部单位之间的团队合作精神，依靠集体的智慧和力量，攻克轨道交通基本网络管理过程中的困难和矛盾；大力倡导培育集团和其他行业、周边地区的同创联建精神，恪守诚信，坚持公平、公正、公开，与工作伙伴和协作单位建立良好的合作关系，主动服务，实现互利共赢。

2.使命：申城地铁，通向都市新生活

构建科技、人文、绿色的申城轨道交通网络，提供安全、高效、便捷的人性化轨道交

通服务，拓展都市空间，引导都市布局，提升都市功能，创造全新的都市出行、消费、居住模式。

依托轨道交通网络化管理平台，完善建设模式，提升运营效能，输出技术管理，形成具有一流的网络综合集成能力，实现企业和员工的共同成长。

3.精神：敬业，奉献，求实，创新

敬业：让员工在地铁事业中实现人生价值。

奉献：使乘客在地铁捷运中感受温馨服务。

求实：让平安在地铁管理中体现民本理念。

创新：使地铁在城市发展中永葆生机活力。

4.行为准则：严字当头，爱岗敬业，忠于职守

严字当头：严格履行职责，自觉且出色地做好本职工作，同事间相互信任，相互补台，发生问题勇于承担责任，从自我查找原因，自觉遵守法律法规、公司各项规章制度和职业道德操守。

爱岗敬业：崇敬热爱自己的工作，以认真负责的态度、孜孜不倦的精神，兢兢业业，勤奋好学，从全身心投入工作的过程中找到快乐，在快乐的工作中实现个人价值与企业进步偕同发展。

忠于职守：养成职业的责任感和对事业的高度忠诚，自觉遵守职业操守和职业规范，学习并掌握新技术、新工艺，每一项工作不仅做到合格、规范，而且注重细节，追求卓越。

三、践行效果

申通地铁集团为了上海地铁的安全通畅和温馨文明，在企业文化建设上，坚持“申城地铁，通向都市新生活”的企业共同使命，坚持“文化引领，凝聚职工、促进管理、服务大众”的基本方略，围绕轨道交通网络化建设和运营管理，深入开展申通地铁企业文化建设，先后被交通运输部、建设部评为“企业文化建设优秀单位”、“企业文化建设示范单位”。2012~2013年度荣获了“上海企业文化创新十佳品牌”。

1.坚持以人为本理念，以服务文化建设为重点，构筑上海地铁靓丽品牌

申通地铁集团大力培育管理、服务和技术创新等方面的具有时代特征、上海特点、地铁特色服务品牌，运用文化的凝聚、辐射效应，发挥品牌的引领示范作用，促使地铁服务成为社会大众所青睐的品牌。

(1)全面实施品牌战略，不断完善服务品牌体系建设

积极开展上海地铁品牌建设研究，先后编制了两个五年的《企业发展战略规划纲要》和《企业文化发展规划》，制定了《上海地铁服务品牌建设纲要》，从企业全局发展、文化打造方面，提出了“安全可靠、方便快捷、环境温馨、服务规范、特色服务、社会参与”的服务品牌要素，为上海地铁服务品牌建设提供了纲领性的指导。品牌建设纲要

以服务为主体内容,融地铁员工的职业道德、专业知识、情感化的服务艺术为一体,对实施路径、测评体系等做了详尽的规划。

上海地铁品牌建设战略,注重思想、态度、责任、价值观等方面的宣传教育和实践,并从哲学、文学、美学、艺术等多角度对全员进行品牌战略的灌输渗透,实施以科技为先导,人本为理念,运载温馨、营造和谐为核心,标准化作业为根本,爱心活动为载体的地铁服务品牌建设。地铁服务文化,蕴涵的是深刻的价值内涵和情感内涵,代表着一种价值观、精神追求和品味格调。巨峰路的“地铁大爱车站”,东安路站的“微笑伴你行”等上海地铁服务品牌,已经初步形成了一支服务规范、特色鲜明、社会赞誉度高的服务品牌团队。

(2)积极传导人本理念,创建温馨和谐服务文化特色

申通地铁集团的人本文化是地铁文化的核心内容,强调以广大乘客需求为中心的服务理念,完善服务标准,规范服务流程,开创服务特色。

在服务信息传导上,率先建立了以“上海地铁客流信息诱导系统(TOS)”平台为主的服务信息立体告知系统,与上海电视台等合作,在早高峰时段实现“地铁信息进电视新闻”;与移动电视合作,实现运营信息在全网约5700个列车和车站的视频终端及时播出;与广播电台合作,定时发布高峰时段运营信息;率先使用新媒体技术,“上海地铁shmetro”、上海地铁微信,形成了从行业、运营单位、线路车站到一线员工的四级微博、微信体系,及时滚动发布信息、迅速有效改进工作、主动策划提升服务、真诚友善面对批评和建议。在服务乘客、宣传地铁、应急处置突发事件中发挥了积极作用。

在创新服务举措上,积极落实便民措施,推出温馨服务承诺,延伸爱心服务,开创了“小熊服务台”、“爱心指示卡”、“导游式服务”、“天使心语导医特色服务”等服务品牌,推行爱心伞、爱心鞋、爱心通道等系列爱心服务举措,为残障人士开展爱心接力活动。水城路站服务盲童的故事党员教育电视片《我们在一起》,去年被中组部评为全国党员教育电视片观摩交流活动一等奖。

(3)大力培育先进典型,发挥明星带动群星的效应

申通地铁集团运用地铁宣传阵地和社会媒体等,大力培育和广泛宣传具有时代特征、行业特色、岗位特点的领军人物,注重在基层一线挖掘员工的闪光点,大力宣传蕴藏在职工队伍中的先进事迹,弘扬先进精神。

以上海市劳动模范、80后女孩熊熊为首的年轻站务员,建立了“熊熊3D劳模工作室”,共同研究服务新方法,互相切磋服务新体会,发挥了明星的示范作用。四线换乘世纪大道站的孙春霞在平凡的服务岗位上,服务用心细心,注重服务细节,从一名外来媳妇成长为全国五一劳动奖章获得者。她善于探索和总结,把日常的服务体会编成《春霞日记》,从迎世博的2009年到今年上半年,已经先后出版了3集,为上海地铁的服务文化增添了光彩。

(4)着力创新宣传平台,充分挖掘基层员工中的闪光点

申通地铁集团已连续9年在全体职工中开展“上海地铁风采人物”推荐评选活动，以年度文艺会演的形式，对近百位来自基层一线的项目经理、维修工、站务员、调度员等进行褒奖，被广大员工称为“我们自己的奥斯卡”。

申通地铁集团近年来还大力开展了小人物、真故事为主题、以微电影、封面人物等为载体的先进宣传活动，明确提出将一线员工的闪光点作为宣传点，摄制了20余集以地铁站务员、接车师、清洁工、志愿者、车间工人、结构设计师为主角的《地铁上行线》微电影，在网络、电视台、地铁移动电视和基地食堂中播放。

世博会期间创刊的《地铁画报》，将基层员工作为头版封面人物，配以深入挖掘的小故事，推出了东安路站“天使妹妹”、“大工匠”李鹃伟、老杨“听”地铁、地铁里的上海“老爷叔”等近百位一线工作者，还把这些一线明星照片制作成年度台历、灯箱广告，引发了广大员工的共鸣，充分发挥了宣传工作的榜样引领作用。

2.坚持核心价值导向，以责任文化建设为保证，提升凝心聚力内在动力

申通地铁集团坚持把企业的价值理念与社会主义核心价值观的教育结合起来，大力开展社会责任第一、安全质量第一、团队协作第一的企业核心价值观教育，不断增强员工的社会责任意识，使企业文化的张力不断得到增强。

(1)紧扣企业文化思想主线，不断强化地铁核心价值观

坚持“三个第一”的核心价值观为指导，开展文化建设推进工作，编制企业文化战略发展纲要，不仅编印了《集团企业文化手册》、《企业文化建设案例集》等多种宣传资料，还充分运用了地铁电视、内外媒体、微博微信等众多平台，而且还紧密结合上海地铁发展的重要节点开展宣传。如在2007年三线两段近百公里同时通车、2010年实现400公里网络建成目标、世博会期间创造700万大客流新纪录、2013年地铁1号线通车20年等前后，都利用文艺演出、征文摄影等形式形成社会互动，宣传上海地铁企业文化核心理念。

(2)紧抓“一信四德”素养培育，不断提高员工队伍的综合素质

申通地铁集团围绕轨道交通建设运营总体目标，在职工中开展以诚信为重点的社会公德、职业道德、家庭美德和个人品德的“一信四德”教育。申通地铁集团的职工平均年龄31岁，青年职工思维活跃，可塑性大，需要强化责任意识、服务意识、大局意识等理念教育。集团坚持把企业的共同使命、价值理念和战略目标，充分融入广大员工的岗前、岗中的培训考核每个环节，融入每年举办的职工运动会或地铁艺术节，引导职工潜移默化自觉认同。

积极推动职工素质工程，创建青年优质服务车站、青年优质安全生产班组活动。开展上海职业青年建功行动，开展“青年文明号”等青年特色品牌建设。开展多种形式“双结对”，如各基层组织与沿线社区困难家庭和学生“帮困结对、爱心助学”，增强企业员工的社会责任意识。与市红十字会、团市委联合举办地铁青年造血干细胞志愿者行动，引导地铁员工担当社会责任，涌现出多位奉献造血干细胞的先进个人。实施推进

班组建设3年行动计划，开展争创活动，申通地铁集团被评为上海职工素质工程先进单位。

(3)紧密结合文明行业创建，不断增强企业文化建设凝聚力

申通地铁集团坚持开展精神文明建设和文化建设相融合，把"地铁文明引领城市文明"作为集团公司文明创建的主线，激发广大职工共同参与地铁文明建设的热情。在文明创建中，以文明行业建设为总抓手，建立了文明班组、文明车站、文明单位和文明行业4个层面的创建平台，以文明车站创建，保障窗口服务形象；以文明单位创建，提升行业文明水平，实施创建工作的全覆盖。创建活动中，拟定工作规划，细化创建标准，适时推进检查，严格评选推优。各层面的创建活动各有重点、各成体系，又相互关联、相互推进，形成了许多创建特色，培育出一大批创建品牌。申通地铁集团有1家单位被评为"全国文明单位"，9家单位被评为"上海市文明单位"。上海轨道交通行业连续4届8年荣获"上海市文明行业"称号。

3.坚持传播正能量宗旨，以公共文化影响力为推进，搭建企业文化建设大舞台

申通地铁集团10年来，不断重视在地铁中注入公共文化元素，先后以城市建设、公共安全、精神文明、艺术瑰宝、廉政文化、爱心慈善等为主题，以建筑装饰、电子屏、灯箱、磁卡、公益活动等为载体，实施了500余个公共文化项目，推出车站装饰、雕塑、艺廊、景观等互为一体的文化展台，实施拓展企业文化建设的影响力。

(1)提升企业站位，主动承担公共文化建设责任

申通地铁集团在积极为城市构建一个世界级的地铁网络同时，更在努力为这座世界级的城市创造一个与之相适应的文化氛围。经过地铁公共文化发展研究策划，提出上海地铁公共文化建设纲要，针对地铁公共文化"行业公共性、对象公众性、空间开放性、载体多样性、项目互动性、形态速读性、成效愉悦性"的特点，梳理了"长期固定区域、短期广告位、虚拟平台、衍生品、活动区域"等5种展陈空间，突出"建筑艺术、艺术展示、典型宣传、文艺活动、知识普及、合作交流"等6大类表现主题，提出整体性和站点特色相结合、"抓眼球"和注重教化相结合、固定展示和动态活动相结合、专业团体和群文团队相结合等8条建设原则。运用地铁企业文化促进地铁公共文化建设，同时又以公共文化来影响推进地铁的企业文化建设。在上海地铁企业文化中，运用"5M"理念，即Music(赏音乐)、Masterpiece(观杰作)、Museum(长知识)、Model(学先进)、Metro(爱地铁、爱上海)，推进企业文化和地铁公共文化建设，既让广大员工能够感受"5M"理念作用，又让乘客市民能够"赏音乐、观杰作、长知识、学先进"，进而"爱地铁、爱上海"。

(2)形成互动机制，提升公共文化的正能量

地铁公共文化建设是一项社会性、公众性的文化传导活动，申通地铁集团全力争取社会各界支持、共同参与，运用地铁舞台，吸纳文化艺术等社会团体，共建地铁公共文化阵地。坚持举办申通地铁集团公共文化宣传，以"搭展台、建长廊、立灯箱、开园

地、设专列”等方式，从点到面，构建公共文化圈，形成了科技、文学、艺术、音乐、体育、园林等文化之间的互动。

虹口足球场站的上海地铁科普文化角、体育角、洞泾站和南翔站的上海地铁绿化角、东安路站的健康文化区、西藏南路站的当代艺术画廊、浦东国际机场站老上海风情墙等等，“角、区、廊、墙”，彼此呼应，各具特色。通过文化艺术的展示，使地铁员工和广大乘客在地铁车站感受到艺术熏陶和美的享受。

(3)打造文化地铁，拓展地铁文化的渗透力

通过地铁资源开发、地铁文化交流、地铁形象展示，拓展申通地铁集团文化的渗透力和影响力。世博会前申通地铁集团推出了吉祥物——畅畅，之后不断进动画、上磁卡、演广告，成为申通地铁集团在安全、文明地铁宣传中的形象大使。将地铁文化建设导入社区、学校，努力打造具有时代性、前瞻性、艺术性的“上海地铁文化空间”。在人流如潮的人民广场站，组建的“上海好儿女”宣传长廊，先后展现劳模、党代表、“少年爱迪生”、优秀教师等各类先进，为城市先进文化和精神文明提供正能量。“上海地铁音乐角”，坚持了上演70余场，不仅有上海交响乐团、上海民乐团的高雅艺术，也有琴行艺校、老干部文艺团的群文演出，引发了许多动人故事。依托地铁视频、灯箱、报纸杂志等阵地资源，连续数年开设地铁“五一劳模墙”、“上海基层优秀党代表风采”、建党纪念活动红色系列等展示，成为公益文化宣传的重要阵地，同时也成了申通地铁集团企业文化建设的主战场。

四、主要经验和体会

申通地铁集团企业文化建设，在核心价值倡导、文化氛围塑造上，注重把握时代发展方向，定位清晰，使企业文化建设纳入全方位、系统化管理，形成了“集团主导、多元融合、主调一体、特色各异”的文化格局，充分了发挥了地铁企业文化的积极效应。

1.抓好核心价值导向，坚持“社会责任第一，安全质量第一，团队协作第一”的理念

地铁是城市公共交通，担负着城市交通畅通重任，为社会服务，保证城市交通安全运行是第一责任。为保证运营安全有序，需要整个地铁团队的紧密合作，在明确责任目标思想指导下，强化企业核心价值取向的确立和践行，大力宣传引导企业核心价值观，积极培育塑造“三个第一”的先进典型。通过弘扬先进事迹、先进精神，传导企业核心价值观，把“三个第一”的价值理念形成全体员工的价值取向，在思想上培育，在行为上规范，在氛围上营造，使申通地铁企业文化建设有“精魂”、有主线、有方向、有目标。

2.抓好主导和主体的统一，坚持立足实践创新发展

开展地铁企业文化建设，要紧紧围绕企业的中心工作，因地制宜、因时制宜、因人制宜，结合实际，以创新发展的理念去推进企业文化的建设发展。落脚点要放在依靠和服务职工群众上，把经营管理者主导作用与广大员工的主体作用进行有机地结合和

统一，充分发挥广大职工群众的积极性和创造性，让职工群众充分感受到主人翁的地位和作用，使职工群众感受到在企业的愉悦，培育职工的归属感和职业荣誉感，打造企业的凝聚力和向心力。

3.抓好制度建设，坚持常抓不懈长效管理

企业文化建设的一个重要内容就是制度建设，完善的企业管理制度和操作规范，健全的制度体系和工作机制，才能为企业文化落地生根提供保障。申通地铁集团在“人性化服务、精细化管理、标准化建设”的工作方针指导下，将企业文化理念融入具体的规章制度之中，同时又以企业文化建设促进制度的完善和工作流程的优化。保证了内部管理和操作体系，职业道德规范、岗位行为规范、文明服务标准等制度，能有效体现企业文化的核心内容。企业文化建设要保持长效机制，企业文化建设随着时间、条件的变化需要不断丰富、发展和完善，要想传承优秀的企业文化基因，要想创新发展企业文化，都必须做到常抓不懈。在工作实践中持续不断地完善制度规范，探索建立长效工作机制，建立好企业文化建设链条中的各项保障机制。通过机制保障，确保企业文化建设长效持续，确保企业文化保持生机活力，确保企业的健康长远发展。

让市民出行更便捷

上海浦东新区公共交通有限公司

上海浦东新区公共交通有限公司,是按照上海市人民政府公交改革总体部署要求,在浦东新区人民政府及有关职能部门的高度关心、重视下,于2008年12月28日挂牌成立,注册资金1.5亿,是浦东新区国有独资特大型城市公共交通运输企业。

至2009年底,浦东公交公司已先后完成了对原浦东巴士、原上南巴士、原浦东大众、原南汇大众以及原锦江、原华夏、原弘达等公交企业的收购、兼并和重组。现有杨高、金高、上南、南汇4家直属公交营运公司。2010年11月1日起,原申浦公交的955、588路2条营运线路和所属员工整建制归并至浦东公交公司。

至2012年12月31日,公司共有员工近15000人,3759台公交车辆,278条城市公交线路;共有155个首末站点,15个停车场,其中,2009年10月28日启用的上海浦东新区成山路超大型立体公交停车场,可同时停放1200辆公交车,其规模与场站设备水平处于世界一流。

公司除主营公交营运以外,还经营公交基础设施建设、公交企业的投资与管理业务。公司秉承社会公益性和市场化运作并重的理念,不断提升员工综合素质和科学化、信息化、规范化管理水平,为广大市民提供安全、快捷、舒适、温馨的出行服务。

一、文化建设动因

围绕《全国交通运输行业精神文明建设十二规划》和建设现代化国际大都市的目标,以共同的理想、价值观和行为方式凝聚员工、鼓舞员工、规范员工,提升浦东公交软实力,塑造浦东公交新形象;

传承上海百年公交优秀文化和优良传统,凸显创新转型新形势下行业的公益性和管理的市场化,为市民提供更安全、更温馨、更便捷的交通出行。

二、核心价值理念体系表述

核心价值观:乘客舒心,员工安心,社会放心。

使命:浦东公交,让市民出行更便捷。

愿景:公交优先,浦交领先。

精神:爱岗敬业,增光添彩

职业道德:高层管理人员的职业道德:胸怀全局,人文关怀。

中层管理人员的职业道德：思想统一，言行一致。

基层管理人员的职业道德：同甘共苦，关爱员工。

基层员工的职业道德：团结敬业，爱岗乐岗，诚信待人，互助合作。

三、践行效果

上海浦东新区公共交通有限公司下辖4家直属企业，近1.6万名员工，240余条线路，近3600辆车，日均营运180万左右人次。

作为在公交改革中组建的新公司和拥有百年发展历史的传统服务行业，公司组建伊始，便把企业文化建设作为公司改革和发展的核心任务之一，力求通过企业文化建设，不断增强企业凝聚力，不断提升企业形象和服务品牌，成为企业创新发展的重要支撑和保障。

1.在传承发扬的基础上，构建具有时代和行业特色的企业文化

公司企业文化建设与公司挂牌同步启动。浦东公交公司首先从组织和网络架构上加以落地，分别在公司与直属企业两个层面成立了由主要领导挂帅的领导小组，相关部门、人员组成的工作小组，并面向全国广泛接触了社会上的企业文化策划单位，借助社会智力，开展公司文化建设的策划和落地。

在策划和推进企业文化建设的过程中，浦东公交公司始终把握这样一条基本原则：浦东公交的企业文化，应当既是百年公交文脉的传承，更能充分展示时代和行业特色，为1.6万员工所接受和体验的文化。

以浦东公交的使命为例，从百年前"乘客可坐"到20世纪90年代上海巴士的"绿色巴士，服务到家"、"一切为了大众"，无不贯穿着温馨服务的理念。当前，伴随着我国社会经济的快速发展，城市的交通出行日益成为社会各界关注的热点，尤其是在上海这样人口密集的特大型城市中，市民的出行体验已成为这座城市生活水准和生活质量的重要标志之一，而浦东公交正是肩负着这个光荣而艰巨的使命——让市民出行更便捷。于是，"浦东公交，让市民出行更便捷"也就应运而生。

从启动企业文化建设到基本建成较为完整、完善的浦东公交文化体系，经历两年多的时间。在此过程中，共发放各类调查问卷、试卷2万余份，访谈、培训、参加相关知识竞赛超过1万人次。并得到市、区领导的高度关注和支持。市交通港口局孙建平局长、新区原分管副区长陆月星，分别都对公司企业文化建设提出了十分具体的修改和指导意见。正是在广大员工积极参与、各级领导的关心支持下，铸磨出了既有深深的"百年公交"优秀文化痕迹、又具有时代和浦东公交特色的企业文化，并也因此荣膺2011年全国交通运输企业文化建设优秀单位。

2.为企业创新发展提供有力支撑和动力的文化，才是真正具有生命力的企业文化

反复提炼、逐步形成完善的企业文化体系的过程，也是将企业文化不断融入浦东

公交公司各项工作、融入广大员工的思想、具体业务和日常行为、形成基本道德规范的过程。

在2010年世博会期间，浦东公交公司直接服务世博交通，仅免费接驳车就投入2.3万辆次，运送客流超过1100千万人次，总运行公里将近400万公里。

在2011年中，公司更是将“公交优先，浦交领先”的浦东公交发展愿景贯穿于各项工作的全过程。

（1）“最后一公里”攻坚克难率先创新突破

2011年，在市、区行业管理部门的大力支持下，浦东公交公司率先迈出了破解“最后一公里”难题的第一步。3月12日，全市首批两条“最后一公里”1001路、1002路线路在周浦地区开通。立即以“五个一点”（车型小一点、线路短一点、站距近一点、车次密一点、票价低一点）的创新转型，引起社会巨大反响，成为全市公交“十二五”开局之年的点睛之笔。至年底，浦东公交公司共开通“最后一公里”线路25条，运客近500万人次，成为公交客流新的增长点。

（2）常规线路车型结构转型突破

常规公交线路载客率不均，是“老大难”问题。继首开全市瞩目的“最后一公里”线路后，在市交通港口局和新区相关职能部门的大力支持下，浦东公交公司打破常规一线一车型的做法，大胆尝试同一线路大小车型“混合行驶”。在不增加营运成本的前提下，增密了行车班次，提高了早晚高峰时段的供应能力。充分体现了“公益利民，市场创新”的经营理念。

（3）智能公交率先探索突破

浦东公交公司有5个项目分别列为市、区先行先试课题；完成了GPS全覆盖；实现了74条线路650辆公交车的集群调度；在三条线路两个候车点建设了车辆到站信息发布屏，在公交车到达预报方面取得了重大突破，受到了全市各方面的关注和肯定。

（4）文化强企领先突破

在全国交通运输企业文化建设123家优秀单位中，浦东公交公司榜上有名，也是全市地面公交唯一获此荣誉的企业。

（5）安全服务历史性突破

浦东公交公司通过开展全员参与新区创评全国文明城区活动，“文明相伴，温馨同行”的服务理念得到进一步固化，也使广大市民真切感受到了公交改革前后的巨大变化，在浦东新区14个窗口行业的行风测评中，浦东公交公司从2008年第八名到2010年跻身第六名，2011年更是登上了第四名的历史新高。

3.员工的理解、认同，是推进企业文化建设的根本

浦东公交公司企业文化所确定的核心价值观是“乘客舒心、员工安心，社会放心”。“三心”中，“员工安心”是基础，只有员工认同企业，安心岗位，安全服务水平才能不断提升，乘客、社会才能真正舒心和放心。

3年来，浦东公交公司坚持做到文化建设与关爱职工相辅相成，同步推进。公司成立后第一个大动作，就是将3600辆公交车全部整治一新，使“海宝蓝”的浦东公交车成为道路上一条靓丽的风景线。同时，按照5部委文件的要求，以每年8%至10%的递增速度为员工增资增薪，并提前更新了员工的识别服。3年中，政府财力还投入近1000万，整修了近134个场站。员工们无不骄傲地说：“穿新衣，开新车，拿新资，是我们对公司最实际的感受”。

要使企业文化真正成为每位员工的自觉行为，还必须通过加强制度建设和提升精细化管理。在不断健全完善各项规章制度的同时，注重抓细节、抓规划、抓监督。例如：将企业文化理念，各级管理人员和职工行为文化、文明用语汇编成册，发至每位员工，并通过开展每月一次的“整洁行动、礼貌行动、激励行动”的三行动检查，反复灌输，渐成自觉。再如：加大投入做到GPS车载信息系统的全覆盖，通过加强对行驶过程的安全监控，使“平安无价，责任如山”的安全理念真正落在了实处。

企业文化建设的根本目的，是为了提高每位员工的综合素质，按照“加油人生，驾驭未来”的学习理念。浦东公交公司逐年加大技术比武、岗位练兵的力度，仅2011年，参加各类技术培训员工数就达2.6万余人次，涉及项目120项。在2014年全市公交行业技能比武大赛中，公司获得6个团体奖项，16名一线员工取得个人优异成绩。其中在市公交汽车维修技能大赛中，公司选手囊括个人前三甲；在全市公交“申奥杯”节能减排技能大赛中，公司5名选手荣获上海公交行业“十大安全节油明星”的光荣称号；驾驶员张华作为浦东唯一的选手，在北京“2011年全国城市公交客车节油技能大赛”中荣获柴油自动组第一名的优异成绩。

四、主要经验和体会

1.与时俱进，企业文化在传承和发展中得以延续

在新时期新发展过程中，浦东公交公司在对八家单位整合形成“一总四子”的过程中，着力加强对企业文化的继承与发展，从20世纪90年代巴士集团的“绿色巴士、服务到家”、大众公司的“一切为大众”等优秀文化中汲取养分，进而形成以和谐文化为主题的全新的、个性化的、系统化的浦东公交企业文化体系。

（1）建立核心，形成网络

企业文化建设工作是一项系统工程，关键在于文化的宣导和落地。浦东公交公司于2009年起着手筹备企业文化建设工作，成立了以党委书记、总经理、执行董事王国军为领导小组组长，分管领导为工作小组组长的第一网格体系，明确了党群工作部和综合办公室为牵头和具体落实部门，各直属企业党委负责建立所在单位的企业文化领导和工作小组建设，积极配合和推进各项工作。在全公司范围内广泛招募企业文化宣导员，建立了30余人的专门骨干队伍作为第二网格体系，主要负责企业文化的宣导工作。以全体党团员、班组长为主体，形成第三网格体系，主要负责基层一线的企业文化

宣传工作。

(2)谋划在前,起步为先

经过1年的筹备,浦东公交公司先后接洽了全国各地优秀的企业文化策划单位20余家。对这20余家方案的研究、筛选过程中,也是对企业文化建设的深入的学习过程,最终,公司结合自身的特点和需求,选择了一家专业的策划团队。于2010年的7月率先召开了企业文化建设动员大会,公司两级班子成员以及各级管理人员共100余人参加会议。大会的召开预示着上海新一轮改革后的第一家公交企业的企业文化建设正式拉开序幕。

(3)整合提升,传承发展

浦东公交公司的企业文化是在对原有各家企业文化的重新整合和再次提升,进而形成以"公交优先,浦交领先"为核心的企业文化体系。

浦东公交公司的企业文化既是一个传承历史的文化,更是一个面向未来创新发展的文化。这些理念和思想将逐步演化为公司的制度和措施、员工的行为和习惯、企业的品牌与形象。并将逐渐固化于全体员工心目中,固化于公司的企业行为之中,为建设国际化大都市增光添彩。

2.精准把握,企业文化建充满生机和活力

浦东公交公司的企业文化是对老文化的传承和发展,是在新的时期,面对新的任务和挑战,而形成的新理念、新目标,这种全新的企业精神,全面真实地反映了企业的个性和职工的精神风貌,激励和凝聚着职工为企业的发展而奋发努力。

(1)诊断评估,找准脉搏

企业文化策划组共发放调查问卷1000余份,访谈各类人员200余人次,对浦东公交公司的昨天、今天和明天进行了全面而详细的考量和评估,形成了《企业文化测评诊断报告》和《行业分析(同业竞争力)研究报告》。《诊断报告》利用各种测评手段,分别从文化类型测量、文化维度测量、文化特征分析、企业文化评价和文化建设构想对浦东公交公司各职能部门以及直属企业作了深度的剖析,明确了打造具有浦东公交特色的企业文化的建设目标。《研究报告》从上海市公共交通现状、行业市场结构、行业竞争力分析以及浦东公交未来发展战略的建议等4个方面予以阐述,对企业文化核心理念的定位打下了坚实的基础。

(2)文化落地,培训跟上

《企业文化愿景行动方案》是浦东公交公司对企业文化建设进行的一个较长时期的整体策划方案,也是阶段性实施企业文化建设的战略方案,它的出台保证了企业文化建设的落地。通过导入期、深化期、提升期3个阶段的宣导,针对不同层面(如:新进员工、基层员工、中层干部和高层领导)开展的教育培训,企业文化传导到公司的各个方面,成为企业可持续发展的精神源泉。

首先,针对高层领导层的"企业文化研讨营",主要任务对企业文化核心理念研讨。

其次,针对管理层的专题培训主题有:“企业文化与品牌文化”、“服务意识的培养”、“安全文化与安全行为”、“优秀员工职业化塑造”、“团队沟通技巧”,主要任务通过专题配合深入理解企业文化与企业发展实际的关联。

第三,针对全体职工的“员工行为文化”培训,主要任务宣传和灌输公司员工行为文化和公交文明用语及服务禁语。

第四,《企业文化案例集》,通过历史篇、改革篇、服务篇、安全篇、岗位篇、世博篇与和谐篇等7个篇章讲述40个公司普通员工的真实故事,以此折射企业文化的深刻内涵。

3.文化引领,为企业发展提供强大的推动力

企业文化建设是企业发展的助推器、催化剂,浦东公交公司在企业文化的建设过程中,不仅对企业本身有了更为明确的定位和认识,提升了整个团队的综合实力,而且通过文化大讨论,形成了良好的企业文化舆论导向,解决了公司在改革发展初期所产生的疑惑,员工队伍积极向上的精神面貌,企业的凝聚力、向心力和战斗力都有了明显的提高。

(1)企业文化对形成良好和谐的企业风气起到积极作用

随着企业文化建设的不断深化,浦东公交公司社会和经济两个效益不断提高,社会、经济效益的提高,带动了社会、政府、职工3个满意度的提升。通过围绕企业核心价值观等开展的不同层面、不同内容的教育培训,使广大党员、干部和职工的精神面貌、敬业精神、服务质量与水平有了新的变化和提高,使各级领导、政府部门与广大市民真切地感受到了公交改革前后的巨大变化。2013年行风测评在全区14个窗口单位中名列第三,连续4年居于中上游水平。

(2)企业文化对职工队伍综合素质的提升起到积极作用

浦东公交公司以“人才强企”、“人才资源是第一资源”深化全员素质工程,不断提高员工的综合素质。开辟人才招聘和引进新途径,优化人力资源结构。通过“师带徒”等人才培养制度,各单位为每名大学生设计了职业规划,出台了指导老师制度,缩短了大中专毕业生的成长周期。以事业、感情、待遇、环境、文化留人,为人才成长创造良好条件,各级各类人才在各自岗位上发挥了突出作用。

后　　记

经过精心策划组织编写，在全国各省、市、自治区交通运输企事业单位的鼎力配合下，《交通运输文化建设案例集锦》付梓出版了。

本书由中国交通企业管理协会发展战略工作委员会负责具体的组织和编写工作。赵忠义、王诗杨、沈静等同志对本书的架构、内容、编写体例设计都付出了辛勤的劳动。

本书的出版得到了北京市首都公路发展集团有限公司、北京公联洁达公路养护工程有限公司、河南省交通运输厅京珠高速公路新乡至郑州管理处、湖南省交通规划勘察设计院、垦利县交通运输局、长江三峡通航管理局、中华人民共和国深圳海事局、霍州至永和关高速公路东段建设指挥部、云南省公路局玉溪公路管理总段、芜湖海事局等单位的支持，在此表示感谢！

人民交通出版社共同策划组织了本书的编写，在编辑过程中，对本书的体例、结构和版面都提出了宝贵的建议，并对文字的润色做了大量细致的工作，为本书增色很多，在此一并表示感谢！

由于从策划到组织实施时间较短，加上许多单位提供的资料不尽相同，在编辑过程中难免会出现不妥甚至错误之处，敬请广大读者批评指正。

《交通运输文化建设案例集锦》编审委员会

2014 年 10 月

中国交通企业管理协会发展战略工作委员会简介

中国交通企业管理协会发展战略工作委员会（简称“中交企协发展工委”）是国家民政部批准成立（社证字第4220-11号），交通运输部主管的社团组织。汇集了众多行业知名专家、学者，秉承“诚信、奉献、高效、创新”的精神，以“行业专业化、团队专业化、服务专业化”为特色，致力于交通运输文化建设和绿色交通研究与实践。曾承担交通运输部重大软课题-交通企业文化建设研究课题、交通事业单位文化建设研究课题，出版了《交通企业文化》、《交通事业单位文化》专著，研发了《交通运输文化建设测评系统》（简称《TCA系统》）、《交通运输文化品牌建设测评系统》（简称《TBA系统》）、“交通运输行业培育践行核心价值体系行动方案及相关测评体系”、“交通运输企业节能减排能力提升研究”等专题研究工作。同时，受交通运输部精神文明建设办公室委托，承担交通运输文化建设有关事务性工作，得到了部领导的充分肯定。

中交企协发展工委根据《交通运输文化建设“十百千”工程实施方案》和《交通运输行业培育践行核心价值体系行动方案》总体部署，积极配合交通运输部认真打造十大交通运输文化品牌，创建一百家交通运输文化建设示范单位，培养一千名交通运输先进典型。

中交企协发展工委连续八年成功举办了“全国交通运输文化建设高峰会”，围绕交通运输企事业单位自身建设和发展需求，适时开展各类培训、文化建设咨询指导、能源管理体系咨询、标准化建设等服务，为交通运输企事业单位引进先进管理理念、提升软实力和核心竞争力发挥了积极的作用，在交通运输行业享有良好的口碑。为推动交通运输行业践行社会主义核心价值观活动，加快推进“四个交通”发展提供精神动力和思想保障。

咨询热线：010-65293366